“十四五”时期国家重点出版物出版专项规划项目

黑龙江省优秀学术著作出版资助项目

东北粮食主产区
农业面源污染综合防控技术

王玉峰 谷学佳 主编

图书在版编目（CIP）数据

东北粮食主产区农业面源污染综合防控技术 / 王玉峰，谷学佳主编．——哈尔滨：黑龙江科学技术出版社，2022.12
ISBN 978-7-5719-1221-5

Ⅰ．①东… Ⅱ．①王… ②谷… Ⅲ．①粮食产区－农业污染源－面源污染－污染防治－研究－东北地区 Ⅳ．①X501

中国版本图书馆CIP数据核字(2021)第243841号

东北粮食主产区农业面源污染综合防控技术
DONGBEI LIANGSHI ZHUCHANQU NONGYE MIANYUAN WURAN ZONGHE FANGKONG JISHU
王玉峰 谷学佳 主编

责任编辑 梁祥崇 赵 萍
封面设计 林 子
出　　版 黑龙江科学技术出版社
地址：哈尔滨市南岗区公安街70-2号
邮编：150007
电话：（0451）53642106
传真：（0451）53642143
网址：www.lkcbs.cn
发　　行 全国新华书店
印　　刷 哈尔滨市石桥印务有限公司
开　　本 787 mm×1092 mm 1/16
印　　张 30
字　　数 600千字
版　　次 2022年12月第1版
印　　次 2022年12月第1次印刷
书　　号 ISBN 978-7-5719-1221-5
定　　价 198.00元

东北粮食主产区
农业面源污染综合防控技术

编委会

主　编　王玉峰　谷学佳

副主编　（按姓氏笔画排序）

牛世伟　朱　平　张　磊　林春野　娄翼来　阎百兴

编　委　（按姓氏笔画排序）

王　伟　王　军　王　玥　王　娜　王开军　王玉军
王玉峰　王晓燕　牛世伟　叶　鑫　田莉萍　司　洋
吕　岩　朱　平　乔显亮　刘　颖　刘红梅　刘志发
刘希涛　刘海生　孙　阳　孙　斌　孙良杰　苏芳莉
李　怀　李　强　李纯乾　李德忠　谷学佳　怀宝东
宋吉青　迟光宇　张　颖　张　磊　张　鑫　张庆柱
张秀芝　张环宇　陈　磊　林春野　欧　洋　周雪全
郑庆福　南　哲　钟　华　娄翼来　袁　梦　徐莹莹
徐嘉翼　高洪军　曹　博　阎百兴　隋文志　隋世江
彭　畅　韩　硕　景宇鹏　曾　媛　路　阳　褚宗慧
翟琳琳　潘亚清　潘晶婷

序

东北地区是我国粮食主产区，在国家粮食安全中占有举足轻重的地位。粮食产量的高速增长依赖化学肥料的大量投入。据统计，东北地区化肥年投入量（纯量）达 600 万 t 以上，并呈现逐年增加趋势，秸秆产量超过 1.4 亿 t。由于东北地区具有区域自身特点：地处冷寒地区，冻融交替作用强烈，慢坡慢岗地形多，降雨集中，作物生育期短，农用化学品施用期集中。东北地区诸多因素造成该区域农田氮磷易流失，农业秸秆不易腐解、利用率低等严重后果，给东北粮食主产区带来现实的环境威胁。东北地区在农业面源污染防控上急需研发集成适合的防控措施，为实现东北粮食主产区农业面源污染有效控制和农业的可持续发展提供支持保障。

党中央、国务院对治理农业面源污染问题高度重视，习近平总书记指出，农业发展不仅要杜绝生态环境欠新账，而且要逐步还旧账，要打好农业面源污染治理攻坚战。2015 年农业部下发了《关于打好农业面源污染防治攻坚战的实施意见》，提出到 2020 年农业面源污染加剧的趋势得到有效遏制，实现“一控两减三基本”的目标。

“十三五”期间，国家重点研发计划设立“农业面源和重金属污染农田综合防治与修复技术研发”专项，旨在解决农业面源和重金属污染农田治理修复、安全利用等问题。其中“东北粮食主产区农业面源污染综合防治技术示范项目”于 2018 年启动，项目组由黑龙江省农业科学院土壤肥料与环境资源研究所、辽宁省农业科学院、中国农业科学院农业环境与可持续发展研究所、北京师范大学、中国科学院东北地理与农业生态研究所、吉林省农业科学院、东北农业大学、黑龙江省农垦科学院、黑龙江八一农垦大学、吉林农业大学、吉林建筑大学、中国科学院沈阳应用生态研究所、沈阳农业大学、大连理工大学、农业农村部环境保护科研监测所、中国农业科学院植物保护研究所、中国环境科学研究院、首都师范大学、北京市农林科学院、内蒙古自治区农牧业科学院、内蒙古民族大学、黑龙江省兴凯湖农场、吉林地富肥业科技有限责任公司、哈尔滨华美亿丰复合材料有限公司、黑龙江笃信农业高科有限公司等单位组成。

项目组充分依托“十一五”“十二五”相关工作基础，经过3年的攻关，紧紧抓住东北地区春季冻融以及作物秸秆两大特点，机制上探明了东北地区冻融时空变化规律，技术上形成了五大关键技术体系，填补了东北地区冬春季面源污染防控的缺口，破解了东北地区秸秆利用的难题；突破了氮磷控源减失、农艺减蚀固土、降水蓄积利用、冻融水热调控、耕层扩容增汇等关键技术，集成冻融型旱田氮磷流失污染阻截技术体系；集成壮苗培育技术、振捣提浆技术、侧条施肥技术等关键技术，形成水田全过程氮磷负荷消减技术体系；集成微生物强化原位消减控制技术、化学强化组合消减技术、农田排水吸附降解联合消减技术，形成农田有毒有害化学污染防控技术体系；集成了基质－植物－微生物多介质综合调控的生态沟渠污染拦截技术体系和水质－水量联合调控蓄水回用－退化湿地生态补水的技术体系，形成农田排水污染减排与循环利用技术体系；研发形成了适合东北冷凉气候条件的玉米秸秆全量还田关键技术和水稻秸秆全量还田关键技术、秸秆肥料化利用关键技术和秸秆基质化利用关键技术，建立了东北粮食主产区秸秆和畜禽粪便综合利用技术体系。项目组集成了东北粮食主产区农业面源污染综合防控技术模式，实现了对氮磷、农药等污染物以及秸秆、畜禽粪便等废弃物的全覆盖；从空间上形成覆盖旱田－水田－沟渠－湿地的全过程防控模式；从时间上形成覆盖从春季冻融期到作物全生育期的周年防控模式；形成了关键技术＋机械配套＋产品配套的秸秆及畜禽粪便综合利用模式。项目组建设和改造了环保型肥料、秸秆快速腐解菌剂生产线各1条，生产能力超过1万t和200 t；建立秸秆肥料化示范区1个，集成秸秆综合利用设备、工艺1套；建立黑龙江、吉林和辽宁3个综合示范区，核心区1.3万亩，示范区2.5万亩，技术辐射推广30万亩；示范区氮磷、农药污染负荷消减23%以上，农田有毒有害污染物残留量降低21%以上，农业有机废弃物无害化消纳利用率超过95%。

《东北粮食主产区农业面源污染综合防控技术》是在项目研究与示范工作的基础上，由项目组科技人员共同编写的科技专著，是对项目成果的总结和凝练，可构建东北粮食主产区农业面源污染综合防控技术模式，实现农业生态环境质量和农产品质量有效提升，为东北地区面源污染防控提供技术支撑。

本书同时得到农业农村部东北平原农业环境重点实验室和黑龙江省“头雁”团队——作物栽培技术创新研究团队的大力支持，在此一并表示感谢。

本书所形成的技术体系和技术模式还需要在生产实践中进一步修订与完善。同时，书中难免有些错误与缺点，敬请广大读者批评指正！

目录

1 东北地区环境现状

1.1 自然状况

东北地区包括辽宁省、吉林省、黑龙江省及内蒙古自治区东部五盟市（呼伦贝尔市、通辽市、赤峰市、兴安盟、锡林郭勒盟）。东北地区自南向北跨中温带与寒温带，属温带季风气候，四季分明，夏季温热多雨，冬季寒冷干燥，年平均温度 -7 ~ 11 ℃。自东南至西北，年降水量自 1 000 mm 降至 300 mm 以下，从湿润区、半湿润区过渡到半干旱区。水绕山环、沃野千里是东北地区地面结构的基本特征，土质以黑土为主，腐殖质含量高、土壤肥沃，是形成大经济区的自然基础。南面是黄、渤二海，东面和北面有鸭绿江、图们江、乌苏里江和黑龙江环绕，仅西面为陆界。东北平原（具体可分为松嫩平原、辽河平原、三江平原）、呼伦贝尔高平原以及山间平地面积总和，与山地面积几乎相等，东北拥有宜垦荒地约 1 亿亩，潜力之大国内少有。

1.1.1 东北地区自然地理特征

1.1.1.1 海拔分布与土壤类型

东北三省位于我国东北部，介于北纬 38° 43′ ~ 53° 33′、东经 118° 53′ ~ 135° 05′，平均海拔约为 200 m，高海拔区域从黑龙江北部贯穿至辽宁东部，主要为东北—西南走向的长白山山脉和西北—东南走向的小兴安岭山脉，分布于黑龙江北部和中部、吉林东南部以及辽宁东缘和西缘地区。总面积约 7.87×10^5 km^2，是世界上三大黑土带之一。土壤类型以暗棕壤（23.9%）、草甸土（18.0%）、棕色针叶林土（6.7%）、棕壤（5.5%）、黑土（5.3%）为主。

1.1.1.2 降水分布及降水年型

东北地区春耕时间普遍从 4 月开始，农作物种植期为 4—10 月，东北地区降雨也主要集中在这段时间，为衡量降雨对农业氮磷迁移产生的影响，选择 4—10 月降雨总和作为生长季降雨总量。

采用干旱指数 DI 对东北的降水年份进行划分，干旱指数公式如下：

$$DI = \frac{P - \overline{P}}{\sigma} \tag{1-1}$$

其中，DI 为干旱指数，P 为年生长季降雨总量（mm），$\overline{P}$ 为 P 的多年平均值（mm），σ 为多年降雨标准差。

参考干旱指数划分阈值的研究，将干旱指数 $DI \geq 0.35$ 的年份划分为丰水年（2012、2014、2015 和 2016 年），$0.35 > DI \geq -0.35$ 的年份划分为平水年（2009 和 2013 年），$DI < -0.35$ 的年份划分为枯水年（2008、2010、2011 和 2017 年）。各降雨年型平均降雨量分布（表 1-1）显示，丰水年生长季降雨量均值范围为 459.5 ~ 908.6 mm，平水年为 317.7 ~ 710.0 mm，枯水年为 241.5 ~ 573.5 mm，整体均呈现出南部高、北部低的状态。但在丰水年、平水年、枯水年的同年南北降雨量差距在逐渐减小，同点位丰水年、平水年、枯水年降雨量差距也在减小。

表 1-1 东北三省丰、平、枯水年生长季降雨量差异

降雨年型	生长季降雨量均值 /mm			同点位与平水年差距 /mm		
	最大值	最小值	极差	极大值	极小值	极差
丰水年	908.6	459.5	449.1	275.2	48.5	226.7
平水年	710.0	317.7	392.3	—	—	—
枯水年	573.5	241.5	332.0	-236.8	-47.4	189.4

1.1.1.3 河网分布

东北三省分布着我国两大水系，即松花江水系与辽河水系，分别对应了黑龙江流域和辽河流域。其中，三江平原与松嫩平原处于黑龙江流域范围中，辽河平原处于辽河流域范围内。松花江水系流域面积约 54.5 万 km^2，地跨黑龙江、吉林两省，占东北地区总面积的 60%。辽河流域地跨内蒙古自治区、辽宁省，辽宁省内约 4.2 万 km^2。

1.1.2 黑龙江省自然状况

1.1.2.1 地理位置

黑龙江省辖 12 个地级市、1 个地区，位于中国最东北部，中国国土的北端与东端均位于省境。黑龙江省东部和北部以乌苏里江和黑龙江为界河与俄罗斯为邻，与俄罗斯的水陆边界长约 3 045 km；西接内蒙古自治区，南连吉林省。介于北纬 43° 26′ ~ 53° 33′、东经 121° 11′ ~ 135° 05′，南北长约 1 120 km，东西宽约 930 km，面积 45.4 万 km^2（含加格达奇和松岭区）。

1.1.2.2 地形地势分布情况

黑龙江省西部属松嫩平原，东北部为三江平原，北部、东南部为山地，多处平原海拔 50 ~ 200 m。黑龙江省地势大致是西北部、北部和东南部高，东北部、西南部低，主要由山地、台地、平原和水面构成。西北部为东北—

西南走向的大兴安岭山地，北部为西北—东南走向的小兴安岭山地，东南部为东北—西南走向的张广才岭、老爷岭、完达山，土地约占全省总面积的24.7%；海拔高度在300 m以上的丘陵地带约占全省的35.8%；东北部的三江平原、西部的松嫩平原，是中国最大的东北平原的一部分，平原占全省总面积的37%。

1.1.2.3 气候类型

黑龙江省气候为温带大陆性季风气候。全省年平均气温多在 -5 ~ 5 ℃之间，由南向北降低，大致以嫩江、伊春一线为0 ℃等值线。无霜冻期全省平均介于100 ~ 150 d之间，南部和东部在140 ~ 150 d之间。大部分地区初霜冻在9月下旬出现，终霜冻在4月下旬至5月上旬结束。

1.1.2.4 自然资源分布特点

（1）水资源

黑龙江省年降水量多介于400 ~ 650 mm之间，中部山区多，东部次之，西、北部少。在一年内，生长季降水为全年总量的83% ~ 94%。降水资源比较稳定，尤其夏季变率小，一般为21% ~ 35%。黑龙江省有黑龙江、松花江、乌苏里江三大水系，有兴凯湖、镜泊湖、连环湖和五大连池4处较大湖泊及星罗棋布的泡沼。全省流域面积在50 km^2以上的河流有1 918条，全省多年平均地表水资源量为686.0亿m^3，多年平均地下水资源量为297.44亿m^3，扣除两者之间重复计算量173.14亿m^3，全省多年平均水资源量为810.3亿m^3，人均水资源量2 160 m^3，均低于全国平均水平。全省总用水量为286.23亿m^3，其中地表水用水量171.82亿m^3、地下水用水量114.41亿m^3。

（2）太阳能及风能

黑龙江省年日照时数多在2 400 ~ 2 800 h，其中生长季日照时数占总时数的44% ~ 48%，西多东少。全省太阳辐射资源比较丰富，与长江中下游相当，年太阳辐射总量在4.4×10^9 ~ 5×10^9 J/m^2之间。太阳辐射的时空分布特点是南多北少，夏季最多，冬季最少，生长季的辐射总量占全年的55% ~ 60%。年平均风速为2 ~ 4 m/s，春季风速最大，西南部大风日数最多、风能资源丰富。

1.1.2.5 用地情况

黑龙江省农用地面积3 950.2万hm^2，占全省土地总面积的83.5%。建设用地148.4万hm^2，占全省土地总面积的3.1%。未利用地615.5万hm^2，占全省土地总面积的13.01%。农用耕地1 187.1万hm^2，占农用地的30%；园地6万hm^2，占0.2%；林地2 440.3万hm^2，占61.8%；牧草地222.4万hm^2，占5.6%；其他农用地94.5万hm^2，占2.4%。全省大于25° 的陡坡耕地有 1.9 万 hm^2，占全省耕地总面积的 0.2%，低于全国平均水平。全省人均耕地面积 0.31 hm^2。

1.1.3 吉林省自然状况

1.1.3.1 地理位置

吉林省地处东经 122° ~ 131°、北纬 41° ~ 46° 之间，面积 18.74 万 km^2，占全国面积的 2%。位于中国东北中部，处于日本、俄罗斯、朝鲜、韩国、蒙古与中国东北部组成的东北亚几何中心地带。北接黑龙江省，南接辽宁省，西邻内蒙古自治区，东与俄罗斯接壤，东南部以图们江、鸭绿江为界，与朝鲜隔江相望。东西长 650 km，南北宽 300 km。东南部高，西北部低，中西部是广阔的平原。吉林省辖长春、吉林、四平、松原、白城、辽源、通化、白山 8 市和延边朝鲜族自治州，另直管梅河口、公主岭 2 个县级市。

1.1.3.2 地形地势分布情况

吉林省地貌形态差异明显。地势由东南向西北倾斜，呈现明显的东南高、西北低的特征。以中部大黑山为界，可分为东部山地和中西部平原两大地貌区。东部山地分为长白山中山低山区和低山丘陵区，中西部平原分为中部台地平原区和西部草甸、湖泊、湿地、沙地区。地貌类型主要由火山地貌、侵蚀剥蚀地貌、冲洪积地貌和冲积平原地貌构成。主要山脉有大黑山、张广才岭、哈达岭、老岭、牡丹岭等。主要平原以松辽分水岭为界，以北为松嫩平原，以南为辽河平原。火山地貌占吉林省总面积的 8.6%，流水地貌占 83.5%，湖成地貌占 2.6%，风沙地貌约占 5.2%。

1.1.3.3 气候类型

吉林省属于温带大陆性季风气候，四季分明，雨热同季。春季干燥风大，夏季高温多雨，秋季天高气爽，冬季寒冷漫长。从东南向西北由湿润气候过渡到半湿润气候再到半干旱气候。吉林省气温、降水、温度、风及气象灾害等都有明显的季节变化和地域差异。冬季平均气温在 −11 ℃以下，夏季平原平均气温在 23 ℃以上。吉林省气温年较差在 35 ~ 42 ℃，日较差一般为 10 ~ 14 ℃。全年无霜期一般为 100 ~ 160 d。吉林省多年平均日照时数为 2 259 ~ 3 016 h。年平均降水量为 400 ~ 600 mm，但季节和区域差异较大，80% 集中在夏季，以东部降雨量最为丰沛。正常年份，光、热、水分条件可以满足作物生长需要。

1.1.3.4 自然资源分布特点

（1）水资源

吉林省河流众多，主要为五大水系：东部延边朝鲜族自治州主要为图们江水系，包括布尔哈通河、海兰江和珲春河等；东南部鸭绿江水系，浑江流经白山和通化；西南部四平、辽源一带为辽河水系，主要为东辽河和西辽河；延边朝鲜族自治州汪清和敦化一小部分是绥芬河水系；其余均为松花江水系，支流有辉发河、伊通河、牡丹江、拉林河、饮马河、洮儿河、嫩江等。吉林省河流和湖泊水面积 26.55 万 hm^2，省内流域面积在 20 km^2 以上的大小河流有 1 648 条。主要的湖泊有：长白山天池、松花湖（最大的人工湖泊）、雁鸣湖、查干湖和月亮泡。吉林省东部水能资源丰富，有 13 座大型水库，水能资源 98% 分布在东部山区，有白山、红石、云峰、丰满等较大的水电站。西北部松原、白城一带多沼泽湿地。

（2）林牧资源

吉林省是中国的重要林业基地，森林覆盖率高达 42.5%。现有活立木总蓄量 86 089 万 m^3，列全国第 6 位。长白山区素有“长白林海”之称，是中国六大林区之一，有红松、柞树、水曲柳、黄波椤等树种。“长白松”为长白山特有的珍稀树种，因其树干挺拔、树皮鲜艳、树形娇美而被称作“美人松”，已被列入 1999 年国务院公布的《国家重点保护野生植物名录》。

吉林省是中国八大牧区之一。全省草地总面积 69.3 万 hm^2，约占全省土地面积的 3.6%，其中可利用面积占全省草地面积的 70% 以上，主要分布在东部山区丘陵和西部草原。东部草地零散，产草量高；西部草场辽阔，集中连片，草质好，尤以盛产羊草驰名中外，是适宜发展畜牧业的重要地区。近年来，吉林省在西部 13 个县（市、区）进行生态草保护建设，加强草原生态保护，减轻草原承载压力，草原植被得到明显恢复。

1.1.3.5 用地情况

吉林省现有耕地面积 553.78 万 hm^2，占吉林省土地面积的 28.98%；人均耕地 0.21 hm^2，是全国平均水平的 2.18 倍；土地肥沃，土壤表层有机质含量为 3% ~ 6%，盛产玉米、水稻、大豆、油料、杂粮等优质农产品，具有发展高效农业、绿色农业的有利条件。农用地（包括耕地、林地、草地、农田水利用地、养殖水面等）总面积约 1 640 万 hm^2，占土地总面积的 86%，高出全国平均水平 17%。

1.1.4 辽宁省自然状况

1.1.4.1 地理位置

辽宁省南临黄海、渤海，东与朝鲜一江之隔，与日本、韩国隔海相望，是东北地区唯一的既沿海又沿边的省份。全省总面积约14.7万 km^2。辽宁省辖14个地级市、59个市辖区、16个县级市、25个县(其中含8个少数民族自治县)。辽宁省陆地海岸线东起鸭绿江口，西至绥中县老龙头，全长2 292.4 km，占全国海岸线长的12%，居全国第5位。辽宁省有海洋岛屿266个，面积191.5 km^2，占全国海洋岛屿总面积的0.24%，占全国总面积的0.13%，岛岸线全长627.6 km，占全国岛岸线长的5%。主要岛屿有外长山列岛、里长山列岛、石城列岛、大鹿岛、菊花岛、长兴岛等。

1.1.4.2 地形地势分布情况

辽宁省地形概貌大体是“六山一水三分田”。地势大致为自北向南、自东西两侧向中部倾斜，山地丘陵分列东西两厢，向中部平原下降，呈马蹄形向渤海倾斜。辽东、辽西两侧为平均海拔800 m和500 m的山地丘陵；中部为平均海拔200 m的辽河平原；辽西渤海沿岸为狭长的海滨平原，称“辽西走廊”。境内山脉分别列东西两侧。东部山脉是长白山支脉哈达岭和龙岗山的延续部分，由南北两列平行山地组成，海拔在500 ~ 800 m，最高山峰海拔1 300 m以上，为省内最高点。主要山脉有清原摩离红山，本溪摩天岭、龙岗山，桓仁老秃子山、花脖子山，宽甸四方顶子山、凤城凤凰山，鞍山千朵莲花山和旅顺老铁山等。西部山脉是由内蒙古高原向辽河平原过渡构成的，海拔在300 ~ 1 000 m之间，主要有努鲁儿虎山、松岭、黑山等。

1.1.4.3 气候类型

辽宁省属于温带大陆性季风气候。境内雨热同季，日照丰富，积温较高，冬长夏暖，春秋季短，四季分明。雨量不均，东湿西干。全省阳光辐射年总量在420 ~ 840 J/cm^2之间，年日照时数2 100 ~ 2 600 h。春季大部地区日照不足；夏季前期不足，后期偏多；秋季大部地区偏多；冬季光照明显不足。全年平均气温在7 ~ 11 ℃之间，最高气温30 ℃，极端最高可达40 ℃以上，最低气温 -30 ℃。受季风气候影响，各地差异较大，自西南向东北、自平原向山区递减。年平均无霜期130 ~ 200 d，一般无霜期均在150 d以上，由西北向东南逐渐增多。辽宁省年降水量在600 ~ 1 100 mm之间。东部山地丘陵区年降水量在1 100 mm以上；西部山地丘陵区与内蒙古高原相连，年降水量在400 mm左右，是全省降水最少的地区；中部平原降水量比较适中，年平均在600 mm左右。

1.1.4.4 自然资源分布特点

（1）水资源

辽宁省境内有大小河流300余条，其中，流域面积在5 000 km^2以上的有17条，在1 000 ~ 5 000 km^2的有31条。主要有辽河、浑河、大凌河、太子河、绕阳河以及中朝两国共有的界江鸭绿江等，形成辽宁省的主要水系。辽河是省内第一大河流，全长1 390 km，境内河道长约480 km，流域面积6.92万 km^2。境内大部分河流自东、西、北三个方向往中南部汇集注入海洋。

（2）生物多样性

辽宁省动物种类繁多，有两栖、哺乳、爬行、鸟类动物7纲62目210科492属827种。其中，有国家一类保护动物6种、二类保护动物68种、三类保护动物107种。具有科学价值和经济价值的动物有白鹳、丹顶鹤、腹蛇、爪鲵、赤狐、海豹、海豚等。鸟类400多种，占全国鸟类种类的31%。辽宁省近海生物资源丰富，品种繁多，有三大类520多种，第一类浮游生物107种，第二类底栖生物280多种，第三类游泳生物137种。辽宁省有各种植物161科2 200余种，其中具有经济价值的1 300种以上。药用类830多种，如人参、细辛、五味子、党参、天麻、龙胆等；野果、淀粉酿造类70余种，如山葡萄、猕猴桃、山里红、山梨等；芳香油类89种，如月见草、薄荷、蔷薇等；油脂类149种，如松子、苍耳等；还有野菜类、杂粮类、纤维类等。截至2000年，辽宁省有林业用地面积634.4万 hm^2，其中有林地面积464.1万 hm^2（含经济林面积141.5万 hm^2），占林业用地的73.16%；疏林地面积5.69万 hm^2，占0.9%；灌木林面积22.75万 hm^2，占3.58%；未成林造林地面积17.37万 hm^2，占2.74%；无林地面积123.9万 hm^2，占19.52%；苗圃面积0.63万 hm^2，占0.1%。森林覆盖率为31.84%。全省活立木总蓄积量1.85亿 m^3，林分面积322.6万 hm^2，林分蓄积量1.75亿 m^3。其中，幼龄林面积162.4万 hm^2，蓄积量2 903万 m^3，分别占林分面积、蓄积的50.34%和16.61%；中龄林面积105.5万 hm^2，蓄积量8 067万 m^3，分别占32.72%和46.15%；近熟林面积30.33万 hm^2，蓄积量3 710万 m^3，分别占9.39%和21.23%；成过熟林面积24.33万 hm^2，蓄积量2 797万 m^3，分别占7.55%和16.01%。

1.1.4.5 用地情况

辽宁省耕地面积409.29万 hm^2，占全省土地总面积的27.65%，人均占有耕地约0.096 hm^2，其中有80%左右分布在辽宁中部平原区和辽西北低山丘陵的河谷地带；园地面积59.85万 hm^2，占土地总面积的4.04%；林地面积569.07万 hm^2，占土地总面积的38.47%，是各类土地中面积最大的一类（东部山区是全省的林业基地，其他地区则是以防风固沙等保护性的生态林为主）；牧草地面积 35.01 万 hm^2，占土地总面积的 2.37%，主要分布在西北部地区；其他农用地面积 49.96 万 hm^2，占土地总面积的 3.38%；居民点及独立工矿用地面积 113.47 万 hm^2；占土地总面积的 7.67%；交通用地面积 8.82 万 hm^2，占土地总面积的 0.6%；水利设施用地 14.8 万 hm^2，占土地总面积的 1%；未利用土地面积 138.31 万 hm^2，占土地总面积的 9.3%。

1.2 农业生产概况

1.2.1 现状及分布

东北地区是中国重要的粮食生产基地，是全国人均粮食及粮食商品率最高的地区，对保障全国粮食安全具有举足轻重的作用。尤其是近年来，随着我国粮食生产重心不断向东北偏移，东北地区在全国粮食生产中地位的重要性不断凸显。根据国家统计局统计，2010 年全国粮食产量为 54 647.7 万 t，东北三省粮食产量为 9 620.7 万 t，占比为 17.60%；2017 年全国粮食产量达到了 61 790.7 万 t，东北三省的粮食产量为 11 875.5 万 t，占比达到了 19.22%，提高了 1.62 个百分点。东北三省的粮食产量占全国的比例在不断提高，占比将近 1/5。我国用全球 10% 的耕地、6% 的淡水资源生产的粮食，养活了全球近 20% 的人口。过去几千年长期困扰中国人民的温饱问题已经成功解决，逐步实现了由“吃不饱”向“吃得饱”，进而追求“吃得好”的历史性转变。但是，我国每年还要进口超过 1 亿 t 的粮食，大豆对外依存度更是超过 80%。相关研究表明，近年来全国粮食增产，东北地区是贡献率最大的地区之一，但不容忽视的现实是，粮食产量增加的同时，粮食生产结构也发生了明显的变化，粮食产量的增加，除了单产提高的因素以外，很大程度上是由于粮食生产结构的调整导致的。东北地区粮食生产结构的变化尤为明显，最主要表现为大豆产量的大幅度下降，玉米和水稻产量则大幅增加。尤其是 2008—2015 年，由于玉米临储政策的实施，种植玉米的收益要显著高于种植大豆，客观上造成了东北地区玉米的种植面积和产量都大幅度提高。研究表明，东北地区粮食内部种植结构的调整对粮食增产的贡献最为突出，在全国各个区域的对比中，成效最为显著。然而，这种结构调整也带来了一系列问题和结构性的矛盾。一方面，大豆产量的急剧减少，造成了我国大豆严重依赖进口的形势日益严峻；另一方面，由于玉米收购价格虚高，市场消化困难，造成了东北玉米库存的严重积压。此外，玉米生产的大幅度增加，也给东北西部生态环境脆弱地区带来了巨大的生态压力。为了应对这些问题，国家相继提出了推进“镰刀湾”地区玉米结构调整和取消玉米临储政策等决定。推进农业供给侧结构性改革是东北地区农业发展的必由之路，其中改变玉米的结构性调整是重要的目标任务。

1.2.2 东北地区粮食生产结构的时空演化

1.2.2.1 东北地区粮食生产总体结构特征

东北地区是我国玉米的主要产区，由于其得天独厚的气候和土肥条件，被誉为世界上三大“黄金玉米带”之一。总体上看，玉米始终是东北地区产量最高的粮食品种，玉米产量占粮食总产量的比例始终是最高的。根据统计，2010 年，东北地区总体的玉米产量比例约为 66.42%，而到了 2015 年则达到了 74.05%。此外，东北地区有辽河平原、松嫩平原和三江平原等非常适合水稻生产的水资源充沛的平原区，因此也是全国早熟单季稻的主要产区，水稻是东北地区的第二大粮食品种，在东北粮食生产结构中占有相当的比例。2010 年，东北地区水稻产量所占比例约为 18.63%，到了 2015 年，该比例为 18.05%，总体而言是比较稳定的。此外，东北地区也比较适合大豆的生产，一直是全国大豆的主要产区，是国产大豆最主要的生产基地。近年来，由于进口大豆的竞争和生产成本的上升，种植大豆的收益明显低于种植玉米和水稻，使得东北地区大豆生产严重萎缩，进而导致大豆产量所占比例急剧下降。在 2010 年，东北地区的大豆产量占粮食总产量的比例尚有 8.14%，而到了 2015 年，大豆产量的比例仅有 3.59%，下降非常明显。近年来，由于大豆进口量逐年增加，国家为了保障大豆生产的安全，推出了多项利好政策，大豆播种面积近几年有所回升，2019 年全国大豆播种面积 1.4 亿亩，比 2018 年增加 1 382 万亩，增长 10.9%。黑龙江省是我国最大的国产非转基因大豆产区，在多重利好因素影响下，2019 年农民种植大豆的积极性提高，全省大豆种植面积达到 427.93 万 hm^2，约占全国大豆总面积的 45.9%。此外，东北西部地区还有小麦、杂粮、杂豆等其他粮食作物的种植，但其占粮食总量的比例较小。

1.2.2.2 东北地区粮食生产结构的空间分异

2010 年，玉米产量在东北大部分地区占比均较高，其中占比最高的地区集中分布在东北中部地区，由辽西、辽北经由吉林中部地区至黑龙江中部地区连成“轴带式”分布。而到了 2015 年，绝大多数地区的玉米占比都有明显的提高，玉米生产的优势地区越发突出，玉米占比的高值区显著扩大，占比超过 80% 的县（市）明显增加。根据统计，2010 年玉米占比超过 80% 的县（市）为 54 个，而到了 2015 年，则达到了 91 个，几乎翻倍。从空间分布格局上看，2015 年，原有的中部轴带向两侧扩展的同时，东北西部地区的通辽等大部分县市的玉米占比均进入了高值区，形成了中部地区和西部地区集中连片的分布格局，东北东部地区的玉米占比的高值区也在不断扩大。可以认为，东北大部分县（市）粮食生产结构都逐渐变成玉米绝对主导的情况。相比于玉米，水稻产量占比较高的县（市）要少得多。2010 年，东北地区水稻产量占比的高值区，黑龙江省分布在东部三江平原所在的县（市），如绥滨、友谊、虎林等，以及黑龙江中东部地区松嫩平原所在地区，如通河、方正、延寿、泰来等县；辽宁省主要集中在辽河平原所在的营口、盘锦一带；吉林省水稻占比普遍不高，较高的区域仅有前郭、镇赉、蛟河等几个灌区集中和水资源充沛的地区。2015 年的水稻占比分布格局较 2010 年变化不大，几个高值区仍然保持，黑龙江中东部地区高值区有所扩大。大豆产量占比高值区在东北地区分布较少，主要集中在黑龙江省和吉林省东部地区。2010 年，大豆占比高值区集中分布在黑龙江中北部和西北部的伊春市、黑河市和大兴安岭地区所辖的各个县（市）。同时，黑龙江省东南部的牡丹江市所辖的林口、穆棱以及吉林省东部的汪清、敦化等县（市）的大豆产量占比也相对较高。而到了 2015 年，黑龙江省中北部和西北地区的大豆产量仍然保留较高的占比，但大豆占比高值区域显著减小，高值区仅仅集中在漠河、塔河以及中部的伊春市辖区两个片区。

1.2.3 东北典型黑土区简介

1.2.3.1 自然情况

黑土是大自然给予人类的得天独厚的宝藏，是一种性状好、肥力高，有机物质平均含量在 3% ~ 10% 之间，特别利于包括水稻、小麦、大豆、玉米等农作物生长的一种特殊土壤，主要分布在温带。世界上仅有三块黑土平原：美洲的密西西比平原、欧洲的乌克兰平原、亚洲的中国东北平原。东北典型黑土区泛指其土壤全部为黑土、黑钙土及草甸黑土，且集中连片分布的区域，在我国主要分布在黑龙江省和吉林省，包括海伦、德惠等 50 余市（县）。其范围北起黑龙江省嫩江县，南至吉林省四平市，东到黑龙江省铁力市和宾县，西达大兴安岭山麓东侧，总面积约 1.20×10^5 km^2，形成了一条南北狭长的完整“黑土带”。

东北典型黑土区水土流失现状：与同为黑土区的密西西比平原和乌克兰平原相比，东北黑土区开发较晚，但水土流失却更为严重。东北黑土区初垦时，黑土层厚度 60 ~ 90 cm，开垦 20 ~ 30 年后黑土区土层厚度减少至 60 ~ 70 cm；自 20 世纪 50 年代以来，多数地区的黑土层厚度减少近 50 cm，仅余 20 ~ 30 cm，甚至有些地区发现成土母质出露现象，尤其以黄土母质出露最为明显，被称作“破黄土”。2015 年底，据水利部《全国水土保持规划（2015—2030）》统计，东北黑土区水土流失面积有 2.53×10^5 km^2，水土流失治理效果不明显。据研究发现，目前典型黑土区内表层黑土仍以每年 0.3 ~ 1.0 cm 的速度流失，农业生产能力不断下降。沈波等研究也指出，某些黑土平均每年流失速度 0.7 ~ 1.0 cm，而形成同等数量的黑土层却需要 300 ~ 400 年。黑土区水土逆向流失严重，土壤的物理、生化性状恶化，土壤发生板结，土地生产力下降。东北典型黑土区水土流失形式多样，包括水力侵蚀（含坡面侵蚀和沟壑侵蚀）、冻融侵蚀和风力侵蚀等类型，又以水蚀作用为主，冻融侵蚀次之。水土流失主要发生在坡面位置，尤其在坡度为 4° ~ 5° 且坡长较长的地区坡面侵蚀更为明显。黑土区水土流失还导致侵蚀溶沟的增多，沟壑侵蚀多发生在区域内大规模降雨集中，且坡面坡度大于8° 的地区。截至目前，东北典型黑土区内仍有较大型侵蚀溶沟近6万条。

1.2.3.2 水土流失成因分析

（1）自然因素

1）气候因素。东北典型黑土区地处中温带半湿润季风气候区，降水、气温的季节变化和风力吹蚀成为水土流失的主要诱导因素。典型黑土区全年降水量为500 ~ 600 mm，其中近90%的水分集中在夏季，降雨强度大，多连雨天。另有调查数据显示，大雨到暴雨的降水量占全年降水量的50%左右，夏汛明显。此时正值农作物生长期，植被覆盖率普遍不高，因此强降雨往往带来较大的冲蚀力，导致地表径流突然增多，对地表的冲刷能力也随之增强，造成较为严重的土壤侵蚀和水肥流失。典型黑土区冬季均温约 -19 ℃，夏季均温约22.4 ℃，气温年差较大。受严寒条件影响，冬季土壤冻结期较长，可达5个月左右，每年10月表层土体水分逐渐冻结膨胀，冻结深度可达150 ~ 200 cm，土体压力增大。随气温变化，表层土壤反复冻融，至春季表层冰雪融化，下部冻层由于传热慢，解冻也慢，形成不透水层，积雪融化带来的春汛也容易造成水土流失。春季往往有低压系统南下经过黑土区，形成大风天气。数据调查显示，历年大于5级风的日数平均约134 d，其中春季占比约46%，年均气候干燥度不高于1，这也使黑土区西部形成风蚀区，加之春季表土解冻后，较为松散，风蚀严重，土壤流失明显。

2）土壤因素。东北典型黑土区土壤成土母质主要为第四纪更新世黏土沉积物和第四纪全新世黏土沉积物，大多具有典型的黄土状特征，少部分具有特殊的红土状特征。因此，黑土区土壤母质质地黏重，土壤结构性相对较差，孔隙度小，透水性差，容易形成隔水层，水分较多时极易饱和超渗，产生较强的地表径流。另一方面，黑土区具有较为深厚的腐殖质层，多为植物残体等腐烂堆积形成，因此表土多孔隙，土壤的团聚体含量高，透水性强，质地相对疏松，抗冲蚀能力较差，因此易被径流裹挟冲刷，形成水土流失。同时，土壤的大面积板结会影响土壤结构，保水蓄肥能力下降，也会导致水土流失。

3）地形因素。东北典型黑土区地表起伏和缓，多为波状起伏台地，一般被称作“慢岗地”，占典型黑土区总面积的58%左右，主要形成于新构造运动中，是高平原、阶地等受不同程度切割侵蚀影响下发育的地貌，坡度较大，大多为2° ~ 6° ，而坡面相对较长，可达到几百至上千米。波状起伏台地前，受坡度影响，往往形成较大的汇水区，坡面侵蚀较为明显，在汇水线处也容易形成沟蚀，导致水土流失。除此之外，黑土区还有较大面积的冲积平原，坡度较小，坡长在500 ~ 1 500 m之间，尤其集中在黑土区西部的内蒙古草原及嫩江平原，植被覆盖以草地为主，易受风力吹蚀。

（2）社会因素

1）不合理的耕作制度。东北典型黑土区以农田为主要利用方式。黑土区夏雨集中，正值作物生长期，因此顺坡作垄能够将夏秋两季的农田积水迅速排出，避免因过多的水分积累下渗影响作物的生长，有效减少作物烂根等现象，因而顺坡开垦成为备受农民喜爱的方式，但是数据显示，顺坡作垄产生的径流量为横垄径流量的 3 ~ 5 倍，对土壤的冲刷作用也更强，水土流失加剧。另一方面，由于黑土区初垦时土层深厚、土壤肥力充足，因此农民往往形成“种地不养地，照样大丰收”的固化思维，广种薄收、撂荒轮垦的现象十分明显，这导致土壤肥力急速下降，有机质不断流失损耗，土壤质地变差，出现板结，且土层厚度也在不断减少，土壤侵蚀加剧。至近代，土地分户承包，土地利用与管理的分散，使许多地区大型农用机械的使用不便，土地的深耕次数不断减少，翻耕深度也减少为 8 ~ 12 cm，犁底层不断变浅，土壤的持水能力不断下降。同时，伴随着对产量的追求，化肥的使用量不断增加，而有机肥用量却不断减少，导致土壤质量逐渐下降，加剧了水土流失。

2）过度的植被破坏。早期人们只能通过扩大耕地来增加粮食产量，而这不可避免地会造成植被破坏，以 1970—1980 年为例，10 年内耕地面积增加约 130 万 hm^2，占黑土区耕地面积的 24% 左右，而这其中有近六成的面积是通过毁林、毁草开荒形成的。林地、草地面积的骤减，使原本稳定的林 - 草生态系统转变为脆弱的农田生态系统，植被的持水固土能力大幅下降，水力冲蚀严重。而在黑土区西部草原区，过度放牧的现象同样明显，数据调查显示，过去的 30 年间，草地面积减少近 5 万 hm^2，加剧了植被破坏和风力吹蚀，沙化面积逐年增加。同时，早期东北黑土区有较大面积被开发成建设用地，加之掠夺性的开挖矿山、大河淘沙、林木破坏、修路建房等现象也破坏了当地的环境，使植被覆盖率减少。

1.2.4 东北三省高标准粮田基本情况

东北黑土区是世界上仅有的三大片最适宜耕作的黑土地带之一，是我国粮食主产区之一，近年来由于黑土质量下降而广泛受到国内外众多学者的关注。在该区域制定具有生态意义的不同类型区高标准农田建设标准既有助于科学规范开展土地生态整治活动，又利于完善高标准农田建设标准体系，实现“高标准”在区域特征上的差异化。

2019 年黑龙江省共完成 2019 年和过去年度结转的高标准农田建设任务 780 万亩，目前全省建成总量达到 8 548 万亩。2020 年农业农村部下达黑龙江省高标准农田建设年度总任务 843 万亩，其中地方年度任务 693 万亩，北大荒集团年度任务 150 万亩。为全面促进年度高标准农田建设任务的落实，黑龙江省农业农村厅研究制定了《2020 年一季度农业经济运行工作方案》，完成了 2020 年财政补助高标准农田建设任务分解及资金下达计划，会同黑龙江省财政厅起草了《黑龙江省农田建设资金管理办法》，完善了农田建设“项目 + 资金”制度体系，落实 14 个灌区田间配套工程建设任务分解，做好部分灌区休耕指标调配。《关于切实加强高标准农田建设提升国家粮食安全保障能力的实施意见》指出，2020 年底吉林省建成 3 300 万亩集中连片、稳产高产、生态友好的高标准农田，到2022年建成4 000万亩，以此稳定保障每年350亿kg以上的粮食产量。2020年，辽宁省耕地面积7 523万亩，划定永久基本农田5 528万亩，建成高标准农田2 376万亩，确保非农建设占用耕地占补平衡，全面完成4 600万亩粮食生产功能地区划定任务，粮食综合生产能力稳步提高。

1.2.5 东北三省秸秆问题

1.2.5.1 现状

现阶段，东北地区作为国家重要的粮食生产基地，其作用和价值越来越重要。为保证粮食作物的稳定供应，东北地区粮食产量逐年提高，作为农业种植的副产品，秸秆的数量也随之增加。在对农作物秸秆的能源化利用前，首先应明确秸秆资源的产量分布情况。黑龙江省、吉林省和辽宁省作为东北地区粮食生产与加工的主阵地，每年产出的秸秆资源十分丰富。总体上分析，黑龙江省种植区玉米、水稻和大豆资源明显高于吉林省和辽宁省。数据表明，2019年东北地区农作物秸秆产量超过2亿t，黑龙江省秸秆产量占比接近50%，对秸秆资源综合利用具有重要现实意义。

近年来，由于东北地区经济发展及农村能源利用结构的改变，农作物秸秆在田地里进行焚烧处理成为常态化，不仅浪费生物燃料，而且对农村自然环境保护产生不利影响。目前，因为不合理的秸秆焚烧引发的空气质量问题成为人们关注的重点话题。对秸秆的不合理利用，严重阻碍农村经济的健康稳定发展。东北地区秸秆焚烧总量较大，整体焚烧数量达到全国首位。秸秆焚烧带来的地区气候条件、水文环境和种植业结构的变化成为亟待解决的问题。秸秆的能源化利用是综合性较强的工程项目，相关领域研究人员应根据地区种植环境和生态农业的发展要求，对秸秆资源经济价值进行全面分析，以期提升秸秆的应用效益。

近年来，东北地区各级政府采取了必要的管理措施和监督手段，对农村秸秆焚烧问题进行了整治，致力于推进农村地区生态文明建设。相关部门在大气污染的政策部署和秸秆焚烧的行政处罚等多个方面强化了整治力度，由此促进农村经济的健康稳定发展，为农业循环经济的发展做出有益贡献。目前，中国秸秆优质化能源开发利用水平得到显著提升，从2009年的每公顷7.54 kg标准煤上升到2016年的每公顷30.51 kg标准煤，年增长率达到22.96%。然而，在具体的发展过程中，也应看到目前秸秆处理和应用的产业化趋势不够明显、相关技术不够成熟等现实问题。

1996—2016年，东北地区主要作物秸秆（水稻、玉米和大豆）的总量均呈增长趋势，以5年为一个时间节点，4个历史阶段平均增长率约13%。到2016年，东北三省秸秆总量为13 600万t，其中玉米秸秆总量约8 900万t，水稻秸秆总量约3 800万t，占东北三省作物秸秆总量的90%以上，而3种作物种植面积依次为玉米、水稻和大豆。在实行市场化收购与补贴新机制背景下，与2015年相比，2016年东北地区玉米播种面积有所下降，水稻面积提升，旱改水面积持续增加，秸秆总产出量基本保持在13 000万t左右。总体来看，20年间东北三省秸秆总量呈现波动式上升趋势，其变化和玉米产量波动范围基本一致。黑龙江省由于水稻面积从2005年开始有增大趋势，因此秸秆的总产出量在后10年受玉米和水稻的影响较大，而吉林、辽宁的秸秆总产量整体受水稻、大豆种植生产的影响较小。辽宁、吉林、黑龙江三省的秸秆主要来自玉米和水稻大宗粮食作物，20年间随着机械化程度和农业生产力提升，作物产量和秸秆产生量整体呈上升趋势。其中，2016年黑龙江省秸秆产生量最高，约占东北地区秸秆总量的65%。黑龙江省从1996年开始，水稻、玉米产量基本稳步上升，至2006年，玉米产量增加23.9%，水稻产量增加79.6%。2006—2014年，玉米产量有所下降，而水稻产量保持平稳上升趋势。2014年后，玉米、水稻产量均呈持续上升趋势，至2016年，玉米、水稻产量分别比2006年增加94.9%、91.2%。大豆产量20年间表现平稳，呈缓慢上升趋势。吉林省玉米产量从2000年开始呈持续快速上升趋势，而水稻产量总体缓慢上升，大豆产量表现平稳。至2016年，玉米和水稻秸秆分别占秸秆总量的80.5%和17.2%，秸秆产生量基本与玉米产量变化趋势一致。辽宁省玉米产量呈波动式上升趋势，水稻产量缓慢上升，大豆产量平稳，秸秆总体产生量相对较少。至2016年，秸秆总产生量为2 300万t，玉米、水稻秸秆分别占秸秆总量的75.1%、23.0%。20年间辽宁省秸秆产生量变化趋势与吉林省相似，以玉米和水稻大宗作物为主。辽宁、吉林省这两种作物的秸秆产生量均占秸秆总量的95%以上。

1996—2016年东北三省秸秆可回收总量保持在700万～2 200万t，呈波动式上升趋势，与玉米秸秆增长趋势基本一致。2016年，东北地区主要作物秸秆可收集利用总量为2 100万t，与1996年相比，增长112%。其中，玉米和水稻秸秆可收集利用量分别为1 600万t、300万t，玉米秸秆占到71%。若将上述可回收利用秸秆进行炭化，按照平均出炭率约35%计算，2016年东北三省秸秆生物炭的产出潜力约为735万t，至2020年，产炭潜力达768万t。上述研究结果表明，东北地区秸秆可回收资源量及产炭潜力巨大，东北秸秆生物炭产业发展具有原材料来源“大量、稳定、可持续”的特点，具备丰富的资源基础条件。

1.2.5.2 东北地区秸秆能源化利用现状调查与前景分析

（1）秸秆的综合利用和技术研究

目前，就东北地区秸秆利用现状而言，主要利用方向和发展前景为能源化发电和肥料还田。根据现有的加工技术和处理方式，农作物秸秆的饲料化应用也是未来发展的重要领域。现阶段，我国农作物秸秆产量较大，倘若对其处理和应用不合理将造成严重的环境污染问题，不仅影响农村经济发展，也阻碍农民收入的稳定增长，为此相关领域研究人员应开发秸秆利用综合技术，加快农村循环经济的构建与发展。秸秆综合利用技术可参考以下方面：①秸秆饲料，对秸秆进行机械加工，并且通过使用饲料添加剂的方式来提高饲料品质。②秸秆发电，农作物秸秆是可再生资源，将其应用在热能发电领域具有重要的经济价值和社会效益，相关技术的应用可有效缓解农村能源浪费问题，实现农村经济绿色健康发展。此外，农作物秸秆也可应用在沼气发电和建材加工领域，相关部门应看到秸秆经济发展的产业化前景，促使秸秆资源的优化合理利用。

（2）加强农作物秸秆资源化管理

东北地区秸秆可用作日常的应用能源。东北地区气候寒冷，冬季农村取暖需求较大，对秸秆进行必要的处理后，可用作供热原料。经过技术处理后的农作物秸秆，含有丰富的碳、氢等燃烧物质，具有能源利用效率高、发热量集中和清洁环保等优势，可有效替代木炭和木材等燃烧材料，由此延长农作物经济产业链条，促使农村经济循环、绿色发展。“绿水青山就是金山银山”，针对农村地区发展而言，需要强化资源合理利用和环境保护，而秸秆燃料转化技术的应用，则很好地解决了农村能源问题，为农村经济转型发展做出贡献。在农村经济转型与发展的过程中，需要强化对农作物秸秆的能源化利用和管理，以获取良好的收益。目前，根据现有的技术条件分析，秸秆燃料转化途径和技术实现方式主要有以下3种，即高效燃烧技术、固化成型技术和混合发电技术。首先，高效燃烧技术。该技术的应用比较传统和粗犷，是将秸秆作为能源直接用于燃烧的方式，因此，其经济效益较低，秸秆燃烧过程也会产生大量的烟尘和粉尘，对农村绿色经济的发展产生不利影响。其次，固化成型技术。随着新农村建设和城镇化进程的不断深入，对农业种植中产生的秸秆进行捆装，并运送到指定区域进行能源化利用，使得秸秆的处理方式更加科学合理。最后，混合发电技术。目前，部分农村正逐渐拓宽农作物秸秆的能源化利用途径，使得秸秆成为发电燃料的重要组成部分，并且随着固化成型燃烧锅炉的使用，秸秆作为混合燃料的应用价值得以提升。

（3）产业化与无害化的应用前景

秸秆综合利用和资源化管理对农村经济发展产生积极促进作用，可节约能源和资源消耗，真正实现农村循环经济发展。在促使秸秆能源化的过程中，应注重对其产业化发展模式和无害化处理技术的应用前景进行分析，确保农村经济的绿色健康发展。在实践中，应构建秸秆利用的综合管理体系，善于在合理制度和完善方案的前提条件下，对秸秆进行收集、运输、储藏和应用，并协调秸秆处理使用期间各参与方的经济利益，确保秸秆加工处理的产业化。目前，在产业化生产与加工中，应逐渐应用并推广秸秆的气化处理技术，通过热解气化和生物气化方式将秸秆转化为气态能源，供给发电企业和热能工厂。农作物秸秆的产业化应用综合体现在建筑行业、食品加工领域及饲料生产企业等，为进一步解放与发展农村生产力、促进农村经济产业链一体化模式的实现，需要对秸秆的经济价值进行技术分析，综合利用秸秆无害化处理技术，对农作物秸秆进行青贮、物理加工和化学处理，实现秸秆资源利用价值的最大化。同时，针对农村循环经济发展的要求，在农作物秸秆处理与深加工过程中，应重点评估技术应用对农村自然环境和土地环境的影响，真正实现农作物秸秆利用的产业化与无害化。

1.2.5.3 存在问题

（1）传统秸秆焚烧处理习惯根深蒂固

我国悠久的农耕历史和农耕文化形成了精耕细作的传统，农民习惯将前茬作物的秸秆丢弃或就地焚烧，使田间面貌重新恢复整洁，便于下茬作物种植。在实施严格的秸秆禁烧制度前，普遍采用就地焚烧的方式解决秸秆问题，其优点在于：一是操作简单，省工省事成本低；二是焚烧秸秆可以杀死寄存在其间的大部分害虫和病菌，减少病虫害的发生；三是秸秆焚烧后留下的草木灰是很好的钾肥。事实上多数农民环保意识不强，对秸秆还田技术的认知程度、接受程度和技术掌握还远远不足。当地实行的禁烧秸秆制度主要采取网格化管理手段，依靠行政管理“堵”的方式，在“疏”的方面还缺乏有效措施。

（2）秸秆粉碎还田及相应的耕、种装备供给不足

机械化收获作业后大多数秸秆未进行切碎处理，导致秸秆自然腐烂速度慢，对春耕、春播造成较大影响。现有的农机具装备水平无法满足当前秸秆全量还田后的耕整地、播种作业需要。玉米收获时留茬较高，土地耕整时对机械作业质量要求较高，整地后常规播种机作业适应性不高，出苗率得不到保证；水稻秸秆较为坚韧，整地时易缠绕打浆机，一方面降低了作业速度，另一方面影响了作业质量，对机插秧造成不利影响。

（3）秸秆腐熟间接还田方式日渐式微

利用秸秆沤制农家肥、实现间接还田是我国农民的优良传统，为保持土壤肥力做出过贡献。但是，随着城镇化进程的加快，农村劳动力的转移，费工费时、占用场地的传统堆沤腐熟秸秆还田方式在农村已经逐渐消失。即便是新兴的秸秆生物反应堆、炭化还田等运用生物和机械措施加工有机肥的现代技术，在广大农村推广应用也前景堪忧：一方面年轻人不愿意从事农业，传统农民又不容易掌握相关技术；另一方面现代有机肥生产投资成本高、回收慢，农家肥见效慢，企业生产和农民使用的积极性不高。

（4）机械化还田、离田的综合经济效益不明显

在东北地区，秸秆机械化还田主要采用大中型拖拉机配带秸秆粉碎机、圆盘耙或铧式犁等农具进行耕整地、灭茬等作业，增加了作业成本，而且在播种环节的种子用量和后续的病虫害防治方面投入也相应提高。相对地，在

田间焚烧秸秆成本几乎为零，农民对秸秆还田技术推广应用缺乏积极性和自觉性。秸秆的收集与粮食的收获几乎是同时进行，季节性强。一方面，农民难以分出精力收集秸秆；另一方面，利用机械化手段收集秸秆所得的收入，还不足以支付作业和运输费用。再者，秸秆大量存贮，既要防火，又要防水，储存难度大、成本高，制约了农机服务组织、农村经纪人和农民参与秸秆综合利用的积极性。

1.2.6 东北地区施肥情况

根据2014—2017年东北三省的省级统计年鉴及黑龙江垦区统计年鉴数据可知，东北三省年均氮施用量达到31万t，年均磷施用量16.4万t。其中，黑龙江年均施氮量11.3万t，年均施磷量7.7万t；吉林年均施氮量11.4万t，年均施磷量5.4万t；辽宁年均施氮量8.3万t，年均施磷量3.2万t。

从近年施用量来看，东北三省在2014—2017年的统计施肥量相对稳定，但有单种化肥施用减少、复合肥施用增加的趋势（图1-1）。

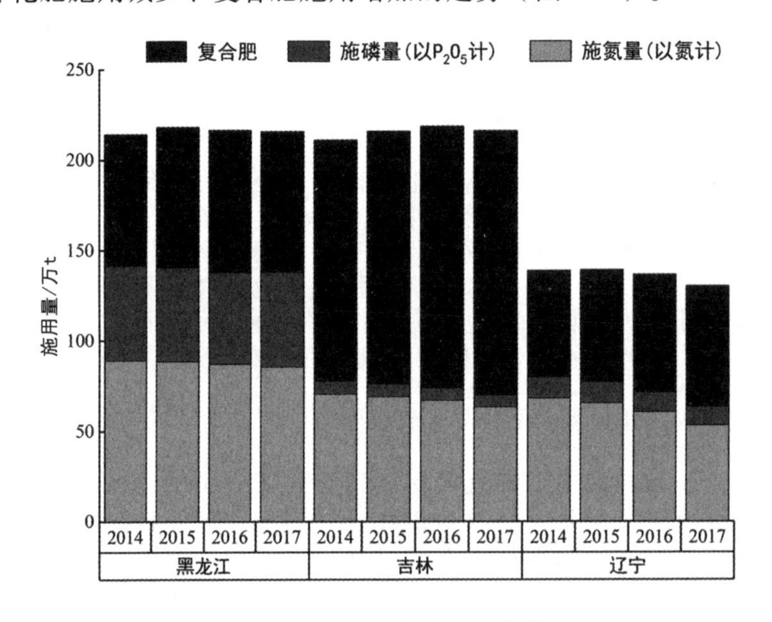

图1-1 2014—2017年东北三省施肥量

目前，东北地区的土壤养分现状为氮素基本持平，磷素水平有较大幅度的提高，钾素显著下降；土壤有机质含量下降；土壤的耕层变浅，犁底层加重，活土量减少，土壤结构变差，生产能力下降。主要原因：

（1）盲目施肥现象严重，养分投入不平衡，肥料利用率低

农民盲目施肥现象普遍存在，有的地方亩施尿素 50 kg、磷酸二铵 40 kg，却忽视钾肥和微肥的使用；施肥的方法不合理，施肥机具不配套，氮肥深施技术没得到大面积的推广。氮肥一次性施入面积较大，在一些地区易造成前期烧种烧苗和后期脱肥；氮、磷、钾比例不合理，造成土壤养分失衡，地力下降，肥料利用率不高，投入增加，效益降低，影响作物产量和品质的提高。肥料品种结构不合理，施肥方法不当。目前，市场上肥料的品种较多，而优质肥料、生物肥料过少，品牌效用不高，且乱配、乱混现象严重，生产中，农民为省时省事盲目施肥的现象非常严重。施肥方法的不当，严重降低了肥料的利用率。

（2）有机肥料投入急剧减少

由于出现了大面积的“卫生田”，使土壤保水保肥能力大幅度下降。按照玉米科学施肥的要求，亩施有机肥应达到 2 m^3 以上。但大多数的农民在玉米种植过程中仅仅施用化肥，追求短期的效益，逐渐造成了土壤物理性质的恶化，土壤耕性、保水、保肥性能降低，对抗自然灾害的能力下降。

（3）缺少深耕深翻

由于长期使用小型农机具，很少使用大型深耕深松机具，一般只做简单的灭茬处理，很少开展深松深翻，致使土壤耕层仅为 12 ~ 15 cm，有的地区甚至更浅。活土层薄，土壤通透性明显降低，保水保肥能力下降，土壤对水肥的调节能力降低，影响玉米根系发育，易旱易倒伏，不利于作物高产优质。

（4）土壤肥力状况不明确

科学施肥技术的基础研究和推广都很薄弱。国外对氮肥损失途径，磷、钾肥在土壤中的释放、转化及植物对营养元素的吸收机制等已做了深入研究，并取得一系列的成果。而我国在这些方面的研究起步较晚，目前推广的平衡施肥技术，也仅考虑了氮、磷、钾之间的平衡，而对常量元素与中量元素、常量元素与微量元素之间的平衡仍缺少深入系统的研究。有关“肥粮比”、肥料“高效区”仍缺乏随年度变化的准确数据。每个地区的土壤情况各不相同，不能采取统一的东北地区作物施肥标准进行施肥，应该对当地的土质进行养分测定，参照土壤养分丰缺指标来进行配方施肥。

（5）高产高效施肥技术欠缺

推广高产高效施肥技术，提高肥料利用率，是保证作物高产稳产、降低生产成本、提高农业效益的重要措施。但现在从事田间生产的大部分是妇女和老人，文化程度普遍不高，对高效施肥技术的接受能力不强，在施肥上存在很大的盲目性，很难全面开展高产高效施肥技术，保证技术到位。这就需要技术推广部门提供测土、配方、生产、供肥、施肥指导的一体化服务，提高技术到

位率。

（6）缺少针对性强、技术含量高的肥料新产品

目前市场上90%以上的肥料都是通用型，缺少作物专用肥。缓释肥、控释肥效果不明显，由于包膜材料效能低，缓释剂效果差，养分释放过快或者过慢，控释肥的养分释放模式与作物吸收养分的模式协调度差。市面上复混肥普遍缺少中、微量元素肥料。生产中很多农户有的只施氮磷肥，有的施入氮、磷、钾肥，但无论什么作物都是一个标准量，一个配比比例。近年化肥价格上涨，有的农户受某些复合肥生产厂家或经营销售者的不科学宣传影响，大量投入比例不合理的复合肥，导致肥料有效投入量远远不足，严重制约了粮食作物产量提高。

1.2.7 东北三省耕作方式

1.2.7.1 目前耕作状况

东北地区风害频繁，黑土风蚀强烈，近年来该地区大力推广保护性耕作方式，着眼于改变以翻耕、旋耕为主的传统耕作模式，减缓耕地风蚀、水蚀，恢复和培肥。目前，东北地区少耕、免耕保护性耕作应用面积382.67万hm^2。严格免耕的保护性耕作应用面积为221.4万hm^2，占东北地区适宜推广面积的17%。近年来，保护性耕作的一些单项技术也在东北四省区得到广泛应用。2017年深松整地600万hm^2、秸秆还田1 040万hm^2、免耕播种257.33万hm^2。目前，东北地区保护性耕作在玉米种植上已探索形成三种较为成熟的技术模式，分别为秸秆粉碎还田覆盖地表集行免耕播种模式、高留根茬秸秆还田覆盖地表免耕播种模式、秸秆均匀覆盖还田免耕播种模式。此外，黑龙江省还探索形成了秸秆还田、一年深翻或深松、两年免耕播种的“一翻两免”保护性耕作模式。目前，东北地区高性能免耕播种机保有量约3万台，多为近5年最新购置。适应农户地块规模特点，机型以两行种肥一体化作业为主，漏种缺肥报警装置已成免耕播种机标准配置，生产企业已投资建成物联网动态监测云平台，作业质量和机具状态可实现实时数字化监控。近年来，吉林省按照“一乡一农机强社”发展布局，在全省开展新型农业经营主体农机装备建设，对农机专业合作社购置免耕播种机给予国省“双补”。黑龙江省2015年以来建设省级保护性耕作示范县55个，每县安排20万元支持开展保护性耕作技术试验示范。吉林省按照“村建点、乡建片、县建区”梯次推进的发展布局，建立网格化样板示范区。辽宁省结合玉米全程机械化示范项目，在7个县开展不同模式的玉米保护性耕作对比试验，完成核心示范面积10万亩。吉林省2015年以来连续4年开展新型经营主体农机装备建设，扶持培育保护性耕作农机专业合作社，目前秸秆覆盖还田免耕播种作业能力较强的合作社已达500多家；黑龙江省泰来县利用财政资金建设了11个保护性耕作现代农机专业合作社，全县推广保护性耕作面积2.67万hm^2。这些年东北地区保护性耕作从无到有、从点到面，有了一定发展。目前，在东北地区除北部冷凉区、水

稻种植区、黏重土壤区外，适宜实施保护性耕作的1.95亿亩（占东北地区耕地总面积的59%）中，还有1.3亿亩仍在沿用传统耕作方式。目前，针对东北地区不同的区域特点提出了不同保护性耕作机械化模式，辽宁省提出了浅旋覆盖模式、灭茬覆盖技术模式、重耙覆盖技术模式、高留茬技术模式、深松覆盖技术模式及免耕覆盖技术模式；吉林省提出了玉米垄侧栽培、宽窄行交替休闲种植、行间直播等保护性耕作技术体系；黑龙江省是农业大省，也是全国机械化程度和水平最高的省份，拥有全国最大面积的农场，搞保护性耕作也是较早的区域之一，秸秆粉碎还田机械收获基本实现全程机械化。

1.2.7.2 保护性耕作存在的主要问题

机械化保护性耕作技术，实现了机械化耕种，减少了作业次数，具有明显的节能降耗作用，经济效益、社会效益和生态效益显著。东北地区传统耕作掠夺经营使我们最好的耕地地力持续下降，水蚀和风蚀严重，黑土层变薄，急需新的耕作技术变革传统耕作方式，机械保护性耕作技术符合时代需求。通过秸秆覆盖，降低风蚀和水蚀，通过有机物料还田恢复地力，通过蓄水增加有机质含量来保育黑土厚度，但目前保护性耕作还存在诸多的问题。

（1）秸秆全量还田，影响机械播种质量

东北地区基本属于雨养农业区，一年一熟制，年降水300 ~ 900 mm，分布不均，而且降水集中。本区播种作物主要有玉米、水稻和大豆，其中又以玉米为主，玉米秸秆产量非常高，与籽粒产量基本持平，秋季收获后，秸秆全量还田，覆盖地表，进入漫长而又干燥的冬季，由于冬季雨雪较少，秸秆难以与表土接触腐烂，从而影响春季播种质量，造成出苗不全。对化学药剂除草技术掌握不好，杂草丛生，影响产量，使农民对机械化保护性耕作技术产生误解，制约保护性耕作技术在东北地区的推广。

（2）燃烧秸秆、污染环境、降低土壤肥力

随着生产力的提高，生活水平的改善，农村不再以秸秆作为主要燃料，动力机械代替以畜力为主的耕作方式，秸秆不再作为牲畜饲料，农田产生大量剩余秸秆无法消化，农民多采取就地焚烧，焚烧产生大量烟尘，污染空气，既给交通带来安全隐患，也对人的身体产生危害。而且焚烧秸秆释放出大量的热，炙烤土壤，使得土壤成分发生变化，有机质得不到补充，直接在田间焚烧秸秆会降低土壤肥力，这也是机械化保护性耕作推广的一个重要原因。

（3）保护性耕作农民接受度不高

东北地区地广人稀，现今以小四轮拖拉机为主要动力进行春玉米种植。由于长期受传统农业耕作方式的影响，加之当地农民生态环境保护意识淡薄，且该技术对机械化程度和种植方式的要求较高，农民主动采用该项技术的积极性不高。因而，对农民应明确保护性耕作的优势和增产效应。要使农民从思想上接受保护性耕作，还需要有关方面进行更多的宣传和试验对比。

（4）专业人员技术支持和指导力度不够

国内农民受教育水平低，能使用网络获得消息的可能性较小，因此对于技术人员现场指导的需求更为强烈。而现今基层农技推广人员知识水平偏低，技术熟练程度不高，对于保护性耕作认识不够，这在很大程度上影响了保护性耕作的推广发展。因此开展保护性耕作示范工程，培训专业推广人员，实地指导耕作，从根本上解决农民技术难题，有利于保护性耕作的大面积推广应用。

（5）农机发展与保护性耕作适配性不强

专用农机的配套、农机的适用性和可靠性等需要在试验中进一步加强。不同地区发展起来的有区域特点的保护性耕作，如吉林省的宽窄行耕作方式，对于农机的要求也存在差异。因而对于保护性耕作模式发展先行地区，应加强配套机械的研发，保证保护性耕作的播种质量，防止断垄现象，影响农民实施的积极性。国外保护性耕作发展快，经验丰富，特别是美国寒地实施的保护制度，很适合我国东北地区学习借鉴。但美国是以大型机械为主，对于国内以小型个人机械为主的保护性耕作方式，需要针对特定环境来研究，解决农业机械制约我国保护性耕作发展的难题，从根本上明确保护性耕作定义，建立符合我国特点的保护性耕作制度。

1.2.8 东北三省畜牧业

1.2.8.1 畜牧业现状

东北三省是我国的农业大省，也是畜牧大省。到2020年，东北现代畜牧业建设取得明显进展，产业结构调整基本完成，畜产品供给质量和效率持续提高，品牌知名度和影响力大幅提升，种养结合、农牧循环的绿色发展模式基本形成，优质安全畜产品生产供应能力明显增强。畜禽养殖规模化率比“十二五”末提高15个百分点，肉类和乳类产量占全国总产量的比重分别达到15%和40%以上。预计到2025年，东北畜牧业基本实现现代化，成为国家肉蛋乳供给保障基地、种养结合高效发展示范基地和优质绿色畜产品生产基地。

1.2.8.2 存在问题

东北地区的畜牧业发展至今已经有40多年的历史，取得的成就非常大，对我国的经济发展起了较大的推动作用。首先，从20世纪80年代前后开始，东北地区的畜牧产品的供给能力开始逐渐增强，其畜牧业规模在不断扩大，推动了东北经济的发展。但长期以来，受饲养方式粗放、畜产品加工和运销能力不足等因素影响，东北畜牧业发展水平与丰富的粮草资源不相称、不同步，主要表现为“冷”“远”“高”“低”四方面：“冷”，指设施条件差，牲畜在冬季低温严寒中能量消耗大，增加了养殖成本；“远”，指区位偏远，运力不足，资源优势和产品优势不能转化为市场优势；“高”，指玉米临时收储政策推高了价格，与东部沿海地区大量使用低价进口玉米和高粱比，失去了竞争优势；“低”，指生产方式粗放，畜牧业生产效率总体低于全国平均水平。如畜禽遗传资源保护不到位，防疫工作不到位，科技化水平较低以及生态环境方面的问题等，这些问题都需要在未来的发展中逐步解决，在坚持可持续发展的前提下，发展东北地区的畜牧业。

1.3 农业面源污染特征

1.3.1 农业面源污染定义

面源污染又称非点源污染，主要由土壤泥沙颗粒、氮磷等营养物质、农药、各种大气颗粒物等组成，通过地表径流、土壤侵蚀、农田排水等方式进入水、土壤或大气环境。其具有随机性、广泛性、滞后性、模糊性、潜伏性等特点，加大了相应的研究、治理和管理政策制定的难度。

1.3.2 农业面源污染现状

近年来，东北三省持续推进农药化肥零增长和农业农村污染环境治理攻坚战行动，乡村绿色发展加快推进，农村生态环境明显好转。但全区农业面源污染问题不容乐观，主要表现在：化肥、农药单位面积使用量高，资源配置不合理，养分不平衡，忽视钾肥和微量元素肥料的施用；农膜成为农业增产、稳产的主要投入品，但其强度低，易破碎，回收困难，降解率低；肉类消费品需求大增，水产、畜禽养殖业迅速发展，畜禽粪便的排放处理和污染问题严重；农副资源综合利用率不高，秸秆焚烧现象普遍，环境受到污染。根据第二次全国污染源普查公报，黑龙江省农业源水污染物排放量：化学需氧量 44.72 万 t，氨氮 0.64 万 t，总氮 4.20 万 t，总磷 0.53 万 t。种植业水污染物排放（流失）量：氨氮 0.24 万 t，总氮 1.51 万 t，总磷 0.15 万 t；秸秆产生量为 8 281.73 万 t，秸秆可收集资源量 7 052.42 万 t，秸秆利用量 5 436.04 万 t；地膜使用量 1.28 万 t，多年累积残留量 0.15 万 t。畜禽养殖业水污染物排放量：化学需氧量 44.06 万 t，氨氮 0.37 万 t，总氮 2.55 万 t，总磷 0.37 万 t。吉林省农业源水污染物排放量：化学需氧量 35.46 万 t，氨氮 0.33 万 t，总氮 2.45 万 t，总磷 0.38 万 t。种植业水污染物排放（流失）量：氨氮 94.91 t，总氮 3 568.60 t，总磷 107.77 t；秸秆产生量为 3 868.58 万 t，秸秆可收集资源量 3 438.03 万 t，秸秆利用量 2 625.68 万 t；种植业地膜使用量 2.24 万 t，多年累积残留量 0.84 万 t。畜禽养殖业水污染物排放量：化学需氧量 35.41 万 t，氨氮 0.32 万 t，总氮 2.08 万 t，总磷 0.37 万 t。

1.3.3 农业面源污染成因

农业面源污染指农村生活和农业生产活动中，溶解的或固体的污染物，如农田中的土粒、氮素、磷素、农药重金属、农村畜禽粪便与生活垃圾等有机或无机物质，从非特定的地域，在降水和径流作用下，通过农田地表径流农田排水和地下渗漏使大量污染物进入受纳水体（河流、湖泊、水库）所引起的污染。

农业面源污染是目前中国农村环境质量下降的主要形式，尤其是导致流域水环境和水资源的恶化，从而影响到人类赖以生存的淡水资源。因为农业面源污染随机性大、时空范围广、潜伏周期长、成因复杂，使其近年来成为国内环境领域普遍关注的一个重要问题，可以归结如下原因。

1.3.3.1 过度施用化肥

许多研究表明，化肥过量施用是造成水体污染和富营养化的最主要原因。吉林省近年由于农业生产带来的面源污染问题呈日益加剧趋势，单位耕地面积化肥用量的年增长率为 6.2%。从 2007 年开始，吉林省启动了计划年增产 500 亿 kg 的粮食生产能力建设工程，这就需要投入更多的肥料和农药来提高产量。2009 年数据显示，全省化肥用量接近 400 万 t。玉米种植普遍采用“一炮轰”施肥的方式。吉林省施用的化肥主要为氮肥、磷肥和钾肥。相关资料表明，化肥施入农田中被土壤有效吸收的部分很少，氮肥、磷肥当季的有效利用率分别为 30% ~ 40% 与 10% ~ 20%，有效利用率较低。若施肥方式缺乏合理性，出现表面施肥多于深度施肥现象，会使化肥的有效利用率更低。氮肥的流失率在 10% ~ 40% 之间，磷肥的流失率在 10% ~ 30% 之间。地面径流形成时氮肥流失率为 10% ~ 20%，磷肥流失率为 5% ~ 7%，随着地面径流流失的氮、磷最终均进入水体，同时也会造成土壤板结、酸化、营养成分供应不协调，致使土地生产力下降，会影响到农作物及蔬菜的品质。

辽宁省为增加农田单位面积产出，提高经济效益，过去 40 年间的化肥施用量逐年增加。据统计数据显示，发达国家防止化肥对水体造成污染所设置的安全上限是 225 kg/hm^2，而近年来辽宁省平均每公顷化肥施用量超过国际安全限值。以 2008 年辽宁省凌海市为例，化肥施用总量 24 650 t，其中氮肥施用量为 13 915 t，磷肥施用量为 2 377 t，钾肥施用量为 2 528 t，复合肥施用量为 5 830 t。平均化肥施用量 308.1 kg/hm^2（播种面积按 80 017.7 hm^2 计算）。

黑龙江省化肥施用比例不平衡，氮磷肥施用量过高，钾肥施用不足。氮肥、磷肥的长期过量施用会加速剩余养分的流失，造成环境污染。并且土壤肥力严重下降，表现在土壤的物理性状不良，易耕性差，土壤中氮磷钾的比例失调，土壤有机质下降。

以我国东北三省（黑龙江、吉林、辽宁）为研究对象，研究统计了东北36个市级行政单元的化肥施用情况，分析了东北三省近10年的化肥施用趋势，利用氮地下淋溶流失系数估算了农田化肥氮地下淋溶流失量，量化了东北三省各行政单元的氮地下淋溶流失强度。结果表明，近10年我国东北化肥施用量呈上升趋势，吉林省化肥施用强度最高，其次是辽宁省和黑龙江省；氮地下淋溶流失强度的平均值为0.314 4 kg/(hm^2·年)。

1.3.3.2 农药大量使用

我国自20世纪40年代使用有机氯农药以来，化学农药发展非常迅速，施用量由1950年的0.05万t增加到现阶段的30多万t，占全球使用量460万t的6.5%；品种由原来的100多种增加到2 000多种；类型由原来的矿物源农药波尔多液、石硫合剂等，发展到使用有机磷、有机氯、氨基甲酸酯类剧毒高残留化学农药；用药次数由过去每年1 ~ 2遍，发展到现在的十几遍，尤其是果园和菜园已成了被农药充斥的沙场。然而这些农药除仅有30% ~ 40%被利用外，大部分农药都残存在自然环境中。农药对自然环境的污染可直接毒化大气、水系和土壤，还能在气象条件和生物作用下，在各环境要素中循环，并重新分布，使其污染范围极大扩散，致使全球大气、水体（包括地表水和地下水）、土壤及生物体内都含有农药及其残留。

吉林省的大田作物以玉米为主，其病害和虫害较轻，施用的农药主要是玉米田除草剂，其产生的面源污染是吉林省主要的农药污染，其中以阿特拉津投入量最大，其次是乙草胺等品种。近年国内生产的农药尤其是有机农药，毒性剧烈、易留难解、易对环境造成持久性污染。农药喷洒过程中，作物表面会附着30%，其余70%则侵入土壤，造成难以恢复的污染，并通过食物链进入人畜体内，诱发各种疾病，因此农药使用已成为吉林省农业面源污染的重要成因和重大隐患。

近年来，辽宁地区蔬菜商品化趋势明显，蔬菜生产相关产业发展迅速。而农药施用量也在相应增加。化学农药总使用量1 476.4 t，耕地（播种面积按80 017.7 hm^{2}计算）农药用量平均为18 kg/hm^2，是全国平均农药用量的近7倍。辽宁省的农药施用过度情况日益严重，过量施用的农药给农村带来了严重的面源污染问题，农户农药使用不合理问题普遍存在。

2019年，黑龙江省农药结构大体为：除草剂70%多，杀菌剂15%左右，杀虫剂10%左右，植物生长调节剂等其他农药比重不大。由于种植品种单一，长期使用同一类型的杀虫剂、杀菌剂、除草剂，使作物抗病性下降，相反使得虫、草的抗药性增加，反过来又迫使种植户增加施药量。目前所使用的喷药机械也不能保证均匀喷洒，种植户为了追求喷药效果，往往把剂量成倍上调，造成作物药害和大量的农药残留，这些都造成黑龙江农药使用过量，从而进入江河湖泊，引发农村面源污染。

1.3.3.3 畜禽养殖

改革开放以来，养殖业得以迅速发展，但在发展中忽视了粪便的处理和综合利用，因而使畜禽粪便对环境造成了严重的污染，同时也严重阻碍养殖业持续稳定发展。并且畜禽粪便中含有各种病原体，对水体污染影响巨大，应用畜禽粪污染的灌溉水或未经无害化处理的粪肥可导致食用农产品污染。

养殖户分布在各个村落，每天产生大量的畜禽粪便，由于粪便的还田率只有 20% ~ 30%，散置的粪便随意排放，产生氨、硫化氢、二甲硫醇等恶臭气体污染，重金属污染，病原菌污染等，造成大气、地表水和地下水严重污染。随着畜禽业的发展，养殖大户不断涌现，但畜禽粪便资源利用率不足 50%，剩余部分粪便随着冲洗水、径流水和渗透水会进入水体构成污染。另外，少数养殖户将畜禽圈舍建在池塘边，粪便未经处理直接排出，也会造成水体的污染。截至 2018 年底，辽宁省畜禽粪污无害化处理、资源化还田利用率为 72%，畜禽规模养殖场粪污处理设施配套率为 82%，“两率”指标高于国家规定指标 10 个百分点以上，但畜禽养殖废弃物治理仍然压力重重，地方政府承受的环保压力巨大。

1.3.3.4 生活垃圾

生活污染一直是水体污染的重要来源，一方面，农村地区由于缺乏良好的排水系统，生活污染物大部分直接排放到附近的沟渠；另一方面，农民由于长期以来形成的不良生活习惯，污水任意排放，地面各种生活废弃物不及时处理，导致在雨水的作用下，大多数生活污染物进入附近江道。

吉林省农村人口分散，无专门的垃圾收集、运输及处理系统，有的垃圾点和简易厕所就设在河边、路旁，不仅影响到村容村貌，而且对水体、土壤和空气极易造成污染，农膜生产过程中添加的助剂会向土壤和水中渗透、迁移而造成污染，尤其是含 Pb、Cd 等重金属的有毒添加剂富集于蔬菜、粮食及动物体中，人食用后会直接影响健康。

近年来辽宁省农村生活所产生的废水和垃圾量日益增多。据统计，2017 年全省生活污水排放量达 113 633 万 t，生活垃圾达到 400 多亿 t。这些生活污水和生活垃圾大都没有得到有效处理，辽西部分农村地区河流已经成为生活污水和生活垃圾的聚集地。随着农村经济发展和农民生活水平的提高，以及各种现代日用品的普及，产生了大量的农村生活垃圾。辽宁省农村居民人均日产生生活垃圾约 0.9 kg，全省每年农村生活垃圾量接近 660 万 t。大部分农村地区垃圾的管理仅仅停留在末端治理。受环保、经济等因素的制约，处理模式相对单一，且资源利用率低，远远达不到农村生活垃圾安全有效处置的目的。

黑龙江省是我国北方农业大省，农村所占比重较大，加上经济基础薄弱，缺乏先进的垃圾处理技术，以致全省农村垃圾问题不容忽视。通过走访黑龙江省三个典型地区，发现黑龙江省农村地区垃圾主要由生活垃圾、畜禽粪污、农作物秸秆、种植业生产废弃物四大部分组成。其中可生化降解类垃圾（厨余垃圾、果皮、植物残存等）占到 30% ~ 60%；生活垃圾中塑料袋、快餐盒、废电池、医疗废弃物、种植业生产废弃物等不可降解垃圾数量逐年增多。

1.3.3.5 农用薄膜

农膜在农业生产中能够提高土地利用率和提高农作物产量，因而得到广泛的运用。由于农膜在自然条件下难以降解，在土壤中不断累积，破坏了土壤的通透性，影响到作物的正常生长及养分的吸收，最终导致作物产量和品质的下降。据统计，覆膜 5 年的农田每公顷农膜残留量可达 78 kg，目前，我国有 670 万 hm^2 覆盖地膜的农田污染状况已日趋严重，成为农田污染的主要来源之一。据农业农村部调查显示，我国地膜残留量一般在 65 ~ 85 kg/hm^2，最高可达 155 kg/hm^2。我国地膜覆盖技术已有 30 余年的历史，累计已超过 2.5×10^9 kg 地膜进入土壤，而地膜残留量为使用量的 1/4 ~ 1/3。

吉林省近年农用薄膜的用量逐年上升，而回收率只有 70%，尚有 30% 的薄膜散落到田间地头并残留在土壤中，约需要 60 年的时间才能完全降解。长期积累残留在农田土壤中的残膜会造成耕地土壤的物理、化学和生物学环境变坏，农田残膜分解产生有毒、有害及不降解的物质，在降解过程中一些有害物质的渗透也会对水体造成一定的影响，从而造成农业面源污染。

在辽宁省，地膜覆盖是农业高产增收的重要手段，但近些年由于地膜的大量使用加之清理不及时、处理难等问题，破坏农业环境，影响农业生产。对辽宁多处地区采点监测，发现辽东、辽中和辽北地区地膜残留总量相对较少，地膜残留污染较小。

地膜覆盖技术是黑龙江省重点推广的农业技术。据调查，黑龙江省每年地膜覆盖面积都在几万公顷以上，且种植的作物种类及面积在逐年增加。然而随着覆膜面积的推广及覆膜年限的增长，不少地方出现了白色污染。由于使用的都是无机地膜，地膜残留在土壤中不能分解致使耕地质量下降、土壤通透性变差，影响农作物根系的发育和对水分养分的吸收，给后续的整地工作带来了很大的影响，并且造成了极大的面源污染，严重影响了当地的生态环境。

1.3.3.6 农作物废弃物

我国是一个农业大国，也是秸秆资源最为丰富的国家之一，随着农作物单产的提高，秸秆的产量也随之增加。吉林省仅有极少量的秸秆被应用到沼气池发酵，另有约 1/4 用于家庭燃用，其余大部分得不到及时处理。而在田间焚烧，焚烧过程中会释放大量有毒、有害气体，污染大气环境的同时也危害群众的健康。还有部分秸秆未得到及时处理，长期在农田中堆放或被推入河沟，日晒、雨淋、浸泡腐烂，造成水体污染。近年来，吉林省的农牧业发展迅猛，规模、数量不断增加，畜禽养殖所产生的污水、粪便等污染物，已演变成当前农村农业面源污染的主要来源。由于规模化养殖场的污染物无害化处理率长期偏低，养殖场本身又没有能力解决，大多数污染物依然处于直排状态；一些散养农户畜禽粪尿等污染物直接排放，粪便堆放场不经过防渗而露天堆放、堆肥，经雨水冲刷，地表水径流，进入水体，形成农业面源的“二次污染”。

辽宁省农村沿袭“重薪柴、轻秸秆”的传统用能习惯，一部分农民始终认为秸秆是既占地又耽误农时的废弃物，不烧没法种地。还有一部分农民认为烧秸秆的草灰中含有钾肥，可以作为肥料还田，同时能把草籽、虫卵等烧死，有利于肥田，但却没有认识到秸秆焚烧将土壤有机微生物全部烧死，造成土壤板结、肥力下降等危害。秸秆的“五化”综合利用技术虽已成熟，但项目成本较高，投资资金回收期限长，社会资本投资积极性不高。2018 年全省秸秆饲料比例约 30%，燃料化比例约 20%，全省秸秆综合利用量约 2 430 万 t，综合利用率约 85%。资金、土地、技术、人才、市场、政策也有十分大的影响，尚未形成秸秆规模化、产业化经营格局。同时秸秆收储点和收储中心建设数量与全省的实际需要相比缺口较大，建设标准不高，收储能力不大，缺少专业的收储运队伍和配套机具设备。部分农户承包经营的土地地块零散，高起垄、修埂筑沟等措施难以实施，农机具统一实施秸秆粉碎、深翻作业困难，对秸秆还田与增施有机肥等措施缺乏主动性。

近年来，黑龙江省秸秆资源量呈波动上升的趋势，秸秆资源占全国总量的 1/8，但是与其他省份相比，秸秆综合利用率和还田利用率仍然较低，尚有 2500 万 t 以上的秸秆没有得到有效利用。从目前调查情况看，大部分秸秆被直接还田或用作燃料，只有少部分被用作造肥原料利用。

1.3.3.7 水土流失

水土流失是一个世界性的难题，根据水利部遥感技术应用中心多年的调查统计，目前我国水土流失面积为 367 万 km^2，占国土总面积的 38.2%。水土流失的原因主要有两个方面：一方面是自然因素，森林覆盖率低、环境承载能力差等因素造成自然灾害频繁发生；另一方面是人为因素，滥垦、滥牧、滥伐是导致植被破坏、水土流失加剧和生态平衡失调的重要原因之一，大面积开挖，破坏地貌，人为扩大水土流失的情况十分严重。水土流失易破坏土地资源，造成淤泥堆积、旱涝灾害等。在降水的冲击作用下，土壤结构发生破碎，田地中的污染物质随地面径流而迁移，因此污染物质随着地面径流汇入水体中，造成水环境污染、生态系统失衡。

吉林省东部以坡耕地为主，中西部地势较为平坦，地形多为波状起伏平原和台地低丘，坡度多在 3°～7° 之间。表层土壤中的 N、P 等养分在天然降水的作用下必然产生水土流失，引发了水体富营养化等一系列问题。以松花湖流域为例，松花湖流域水土流失呈现出从东南向西北逐渐加重的趋势。最轻的为松花江源头区，强度侵蚀集中在辉发河入湖口的中部地区。全流域大部分为微度侵蚀，强度侵蚀面积小且集中，年平均侵蚀模数为 1 570.70 t/km^2，年最大侵蚀模数为 7 754.52 t/km^2，年侵蚀总量为 6 268 万 t。

辽宁省水土流失情况较严重，尤其辽河流域更为突出，是其规模最大、危害程度最严重的农业面源污染源。辽河中下游地区流失面积约占流域面积的 19%，土壤侵蚀模数平均为 1 500 t/ 年，下游河水含沙量达 36.6 kg/m^3。辽河干流自柳河河口以下 160 km 河段，由于泥沙淤积，河床每年抬升 10 cm，形成地上“悬河”。

由于地处北纬寒地黑土区，受季节性冻融作用和漫川漫岗的地形地貌特点影响，黑龙江省农耕土地自开垦后水土流失问题逐年加剧。

据2013年水土普查公报显示，东北黑土区水土流失总面积为25.88万km^2，其中黑龙江省为 8.78 万 km^2。东北黑土区有侵蚀沟 29.57 万条，吞噬耕地约 48.3 万 hm^2，如按每公顷坡耕地生产玉米 7 500 kg 计算，每年损失粮食 36 亿 kg。黑龙江省侵蚀沟 11.6 万条，且新生沟仍在不断地发展，发展的速度和强度远大于原始沟，土壤中的氮磷元素、农药等重金属进入生态系统中，面源污染日趋严重。

1.3.4 东北农田氮磷流失风险识别方法

农业非点源污染空间上具有异质性和广泛性，而时间上则具有滞后性和潜伏性等特点，在很大程度上加大了农业非点源污染研究的难度，且影响因素众多，如降雨量、地形、农作物类型等。在实际区域分布中，通常会有污染负荷集中的区域产生大量负荷，对水体质量具有决定性的影响，这些区域被称为关键源区。由于成本的约束，对关键源区进行识别和控制，针对主要的污染来源区域进行治理，是优化管理非点源污染的前提。故选择合适的方法对非点源污染进行评估成为提高管理效果的首要条件。

经过近半个世纪的探索，加之空间技术与计算机技术的发展，区域性的非点源污染关键源区评价已发展出了各种方法。其中典型的方法根据计算目的的不同可分为两类：模型法与指数法。其中，模型法主要包括了机理模型法与经验模型法，其评价思路主要是通过计算负荷来达成，常用的机理模型包括了 CREAMS、ANSWERS、HSPF 等纯机理模型，也有 SWAT、BASINS 和 AGNPS98 等半机理模型，此类方法可以得到相对准确的输出负荷，但由于所需数据量大而精细，且参数调整过程困难而漫长，导致其运用的难度较高；而经验模型法以输出系数法最为常见，在计算输出系数时，首先要通过大量监测数据，分析不同景观与污染物浓度之间的关系，从而确定不同景观单位面积或单位时间的污染物输出系数，建立污染物输出与景观特征的函数，然后应用于较大范围或者具有类似景观特征的集水区或流域。此类方法虽然在应用时相对简单，但由于其输出系数的值域需要大量具有区域针对性的前期资料才可确定，且所得值在空间上设置时以均值存在，故在区域负荷计算上会产生一定的不确定性；而指数法则采用在不进行实际负荷值计算的基础上，通过构建概念模型来评价相对风险的分级方法，包括磷指数法、阻力值法和污染潜力指数法等。其中磷指数法以其思考逻辑简单、结构及因子构架灵活而被广泛运用。

1.3.4.1 氮、磷指数综合评价体系介绍

磷指数法最早由 Lemunyon 和 Gilbert 提出，综合考虑了影响非点源污染的主要因素如土壤侵蚀、地表径流、土壤磷素状况、磷肥种类和施用方式等，建立了 8 个因素的评价体系，该方法在美国和欧洲得到广泛应用。此方法的模式后来被推广应用于氮流失风险评价。国内由张淑荣等最早应用在于桥水库地区的磷流失风险评价；王丽华在 2006 年对密云水库上游地区应用了磷指数法进行危险性评价，并对磷指数法的修正和本地化应用提出建议；刘永美建立的磷指数体系对我国主要流域进行了农业非点源磷污染评价，完成了大尺度下的磷指数评价体系构建及风险评估。然而单独考虑氮或磷都无法完整评价养分流失带来的水体富营养化问题，且氮磷流失的主要形式、途径等存在差异，需要综合二者进行风险评价。张平等对氮指数在密云水库进行了本地化尝试，对氮磷流失风险进行评估；李如忠等在对不同形态氮磷含量分析测试的基础上，采用氮磷指数法量化土壤氮磷流失风险；申小雨等综合考虑汾河水库空间特征及人口影响，构建氮指数体系对该地区流失风险进行了评价；国内其他学者也应用氮磷指数法在各研究区做了相关工作。然而，目前氮磷指数法也存在一些问题，一是氮磷指数体系普遍使用传统的专家打分法，存在主观因素，有一定缺陷，应试图寻找一种相对客观的评价体系。二是应当针对氮磷不同流失特征和区域特征，在因子选择上有所区分，使得氮磷指数评价体系更能根据研究区的特点反映其风险分布情况。

经过世界各地研究者的探讨，目前磷指数风险体系根据因子之间的计算关系已有了三种主要表达形式，分别为相加法、相加 - 相乘法和相乘 - 相加法。除计算结构外，研究者还根据研究区特点不断引入新的因子。王丽华等指出，在磷指数模型评价体系下，假如源因子水平很高，但迁移因子很小甚至为零，仍然得到较高的磷指数值，会与实际情况不相符。为保证氮、磷流失计算结果同时满足源因子和迁移因子的分布，乘法关系保证了磷流失高风险区同时满足源因子和迁移因子的条件，使评价结果更加符合实际情况。参考 Bechmann 和 Gburek 修正的磷流失风险评价体系，将氮、磷指数计算表现为相加 - 相乘的方式。

$$I=\left(\sum_{i=1}^{m}S_iW_i\right)\times\left(\sum_{j=1}^{n}T_jW_j\right) \tag{1-2}$$

式中，I：氮磷指数；S_i：归一化的源因子评价指标 i；W_i：源因子评价指标 i 相应的权重；T_j：归一化的迁移因子评价指标 j；W_j：迁移因子评价指标 j 相应的权重。

1.3.4.2 氮指数体系构建及因子特征

（1）源因子

1）土壤全氮

土壤中氮磷含量会直接影响其向水体的传输量，本研究从中国土壤数据库中获得各省份不同土壤类型的土壤全氮含量，对同一地级市下的相同土壤亚类的土壤全氮求平均值，对应地级市的土壤类型图赋值，缺失数据使用周边地级市的数据补充，得到土壤全氮空间分布图。

东北三省土壤全氮含量范围为 0 ~ 13.10 g/kg，呈现出东北部高西南部低，但整体分布较为平均的分布。高值区主要分布在黑龙江省北部的大、小兴安岭地区，其次为黑龙江省中部、东部和吉林省的东南部。按照行政区域来说，黑龙江省土壤全氮含量最高，平均值为 3.12 g/kg，土壤全氮高值区分布在伊春市、大兴安岭地区、双鸭山市、七台河市与鸡西市，最大值为 13.10 g/kg；吉林省东南部以林地为主，其耕地分布偏少，土壤全氮含量平均值为 2.14 g/kg，高值区分布在白山市、吉林市、辽源市、通化市、延边朝鲜族自治州，以及白城市、松原市、长春市和四平市的部分区域，最大值仍为 13.10 g/kg；辽宁省最低，均值 1.01 g/kg，高值区分布于丹东市、抚顺市、鞍山市的部分地区，最大值为 5.48 g/kg。

2）施氮强度

外源肥料投入是土壤氮磷含量的一个重要来源。通过查阅东北三省的统计年鉴，获得各地级市的氮肥施用量数据，并得到氮肥折纯量，对于缺失数据通过查阅其他年鉴数据或根据已获得数据进行估算。参考粮食作物区域大配方与施肥建议及文献报道中对东北地区施肥情况的调研结果，通过计算每种旱地作物与水田作物施肥量的比值，对地级市氮肥折纯量进行按比例分配，再根据播种面积计算其施氮强度，公式如下：

$$FI_{paddy}=\frac{F_{net}}{\sum_{i=1}^{n}K_i\cdot A_i} \tag{1-3}$$

$$FI_{upland}=\frac{F_{net}-FI_{paddy}\cdot A_{paddy}}{A_{all}-A_{paddy}} \tag{1-4}$$

FI_{paddy} 为地级市水田施氮强度，FI_{upland} 为地级市旱田施氮强度，F_{net} 为地级市所在省年氮素折纯施用量（以 N 计），K 为作物施肥系数，A 为作物播种面积。地级市年氮素折纯施用量 F_{net} 及作物播种面积 A 均为 2015—2017 年各省统计年鉴数据，其中复合肥按通用复合肥氮磷钾比例 1:1:1 进行折纯。作物施肥系数 K 为每种旱田作物平均单位面积施氮量与水田单位面积施氮量的比值。

东北三省 2002—2017 年的化肥折纯施用量在 2014 年以前呈稳定上升趋势，2014 年后化肥施用量增长速度减慢，施肥量维持稳定甚至略有下降。黑龙江省从 2002 年 125.7 万 t 增长至最高的 2015 年 255.31 万 t，增长幅度 103%；吉林省从 117.03 万 t 增长至最高的 2016 年 233.61 万 t，增长幅度 99.62%；辽宁省从 111.41 万 t 增长至最高的 2015 年 152.09 万 t，增长幅度 36.51%。其中，黑龙江省的化肥施用量约占东北三省总施用量的 39.98%，黑龙江省是我国农业大省，2018 年粮食总产量居全国首位。本研究选取 2014—2017 年化肥施用量数据，能够更好地反映近年来化肥施用对磷流失的影响。

东北地区施氮强度空间分布差异较大，其中，黑龙江省施氮强度最低，平均值仅有 76.55 kg/hm^2；辽宁省最高，达到 192.89 kg/hm^2；吉林省次之，为 185.59 kg/hm^2。东北地区中部施氮强度较高，呈现由中部向四周递减的趋势，辽宁南部也分布有施氮强度较高的地区。玉米是一种喜氮作物，在作物施肥建议中相较水稻及小麦氮肥施用量高，吉林省玉米播种面积及产量为东北三省最高，尽管辽宁施氮强度略高于吉林，但结合施氮量分析来看，吉林省总施氮量达到 1.14×10^5 t，远高于辽宁省的 8.29×10^4 t。吉林省在保证粮食产量的情况下，施用了大量的氮肥。孙铖等人分析了 2013 年东北地区氮肥使用情况，辽宁省整体施用强度处于中等水平。而本研究分析 2014—2017 年的氮肥施用情况发现，辽宁省的氮肥施用量仍在继续增加，氮肥施用管理应该得到重视。

（2）迁移因子

1）降雨径流因子

降雨产生的地表径流是氮素流失的重要途径之一。以往研究显示，降雨量大小与年氮磷流失量关系密切，不同降水年型下氮磷流失的风险存在差异，丰水年产生的非点源污染较平水年和枯水年更多。本研究采用 Wischmeier 经验公式来计算，站点月降水数据选择 4—10 月：

$$R=\sum_{i=4}^{10}1.735\times10^{\left(1.5\log\frac{P_i^2}{P}-0.8188\right)} \tag{1-5}$$

式中，P 为年平均降水量（mm）；P_i 为月降水量（mm）。计算出的 R 单位为 $MJ\cdot mm\cdot hm^{-2}\cdot h^{-1}\cdot a^{-1}$。

东北三省降雨径流因子在丰水年、平水年和枯水年间普遍呈现“北低南高”的分布趋势，但各水文年间也有差异。丰水年降雨径流因子均值为 199.5，范围在 133.1 ~ 417.8 之间，低值区主要分布在黑龙江省西北部与东部，包括大兴安岭地区和位于三江平原区的鹤岗市、佳木斯市、双鸭山市、七台河市、鸡西市及牡丹江市。高值区分布于吉林省东南部与辽宁省东部，包括丹东市、本溪市、通化市、抚顺市、鞍山市、大连市、营口市、辽阳市和白山市；平水年降雨径流因子均值为 185.3，范围在 120.2 ~ 276.5 之间。低值区主要分布于吉林省西部与辽宁省西南部，包括白城市、松原市、朝阳市和葫芦岛市。高值区同样分布于吉林省东南部与辽宁省东部，包括白山市、通化市、本溪市、丹东市和抚顺市；枯水年南北差异较小，均值为 171.4，范围在 136.5 ~ 224.8 之间，低值区主要分布于黑龙江省东部、吉林省西部与辽宁省西部，包括鸡西市、七台河市、双鸭山市、佳木斯市、鹤岗市、牡丹江市、哈尔滨市、四平市、松原市和白城市。高值区分布于黑龙江省西部和辽宁省东部，包括齐齐哈尔市、大庆市、丹东市、本溪市、抚顺市和通化市。

2）坡度坡长因子

地形因子主要包括坡度因子（S）和坡长因子（L），坡度体现一个区域地形起伏状况，坡长通过影响坡面降雨径流的流速快慢与流量大小，从而影响水流挟沙力，进而影响到土壤侵蚀强度。通过对 DEM 数据进行提取和处理得到 LS 因子，计算公式如下：

$$LS=\left(\frac{L}{22.1}\right)^{m}(65.4\sin\theta^{2}+4.56\sin\theta+0.065) \tag{1-6}$$

式中，L 为坡长，S 为坡度，θ 为坡度角，m 为坡长指数。

东北三省坡度坡长因子平均值为 2.12，分布于 0 ~ 47.3 之间，其分布来源于坡长坡度，故分布表现为零散碎片化。其中，低值区主要分布在黑龙江省西南部与东部、吉林省西部与辽宁省中部平坦区域，与农田区分布相对一致，但也有部分农田分布区域坡度坡长因子较高，如黑龙江省东部与辽宁省西部，包括双鸭山市、七台河市、鸡西市、牡丹江市、朝阳市和葫芦岛市。

3）距离因子

距离因子反映出某种土地利用单元与汇水路线的距离，潜在的氮磷污染源距离河流越近，越容易发生迁移且流失的风险性越高。距离因子的确定方法多种多样，本研究采用经验公式计算，表达式为：

$$D_i=e^{-0.090\,533\cdot d_i} \tag{1-7}$$

式中，D_i 表示距离因子，d_i 表示单元 i 到汇水路线的栅格距离，−0.090 533 为经验指数。

运用 ArcGIS 平台的计算功能，根据 1 ~ 5 级河流、水库及湖泊的分布图计算了东北地区距河因子 D，均值为 0.6，范围在 0.02 ~ 1.00 之间。D 代表了从污染源产生的污染物到水体前受到的削减作用，污染物削减量与到水体距离呈正相关，污染源距离水体越近，流失风险就越高。东北三省地区整体水体分布较为平均，西部大庆市因分布有较多湖泊及水库，距离因子数值较高。

4）氮径流及地下流失因子

农田地表径流和地下淋溶是氮素流失的主要途径。目前我国的大量研究侧重于氮素径流流失，地下淋溶流失监测较为困难，淋溶多发生在强降雨或不合理灌溉条件下，溶出的氮随地下淋溶迁移，造成养分流失从而引发环境污染。由于水田犁底层的存在，渗漏率较低，流失途径以侧渗为主。基于以上原因设置氮径流及地下流失因子。

以农业农村部《全国农业非点源污染流失系数手册》及祝惠等的研究中对于农田氮径流及地下淋溶流失量为基础，参考孙铖等的加权平均法，计算水田或旱田的氮径流或地下淋溶流失系数，具体计算公式如下：

$$\mu = \sum_{i=1}^{n} \mu_i \times S_i \tag{1-8}$$

式中，μ 为该水田或旱田氮径流或地下淋溶流失系数；S_i 为某类种植模式面积占水田或旱田总播种面积的比例（%）；μ_i 为该类种植模式农田肥料氮径流或地下淋溶流失量，单位为 kg/hm^2。

其中，地表氮流失因子平均值为 0.95，范围在 0 ~ 4.42 之间，其中农田相对低值区分布在黑龙江省中部和东南、吉林省东部和辽宁省西部与东部，包括黑河市、大庆市、牡丹江市、白城市、吉林市、延边朝鲜族自治州、白山市、阜新市、朝阳市、葫芦岛市、抚顺市、本溪市、鞍山市、丹东市和通化市。高值区则分布在黑龙江省东部、中西部、吉林省中部和辽宁省中部，包括双鸭山市、佳木斯市、鸡西市、七台河市、长春市、四平市、沈阳市和盘锦市。

地下氮流失因子平均值为 1.40，范围在 0 ~ 11 之间，其中农田相对低值区分布在黑龙江省中北部与西南部、吉林省西部与东部和辽宁省西部与东部，黑河市、大庆市、牡丹江市、延边朝鲜族自治州、白山市、通化市、抚顺市和本溪市。高值区则分布在黑龙江省东部和辽宁省中部，包括鹤岗市、佳木斯市、双鸭山市、鸡西市和盘锦市。

1.3.4.3 磷指数体系

（1）源因子

磷指数源因子与氮指数相似，包含了土壤有效磷与施磷强度。

1）土壤有效磷

东北地区土壤有效磷含量范围在 1.0 ~ 43.6 mg/kg，整体来看黑龙江省土壤有效磷含量最高，平均值为 15.8 mg/kg，辽宁省最低，平均值为 6.2 mg/kg。有效磷较高的地区集中在黑龙江省东部三江平原及西部松嫩平原以及吉林省的东南部，包括佳木斯市、双鸭山市、七台河市、鸡西市、绥化市、哈尔滨市、白山市和延边朝鲜族自治州。三江平原及松嫩平原属东北黑土区，土壤肥沃，吉林省东南部地区以林地为主，虽耕地分布较少，但地力水平较西北更高。

2）施磷强度

东北地区施磷强度空间分布差异较大。其中，吉林省平均施磷强度最高（87.45 kg/hm^2），集中在吉林省中部四市及辽宁省铁岭市、大连市，其中四平市施磷强度达到了 130.08 kg/hm^2。结合东北三省的作物单位面积产量来看，吉林省 2017 年粮食单产达到 7 492.83 kg/hm^2，为三省最高。吉林省施磷强度最高的三个市分别为四平市、辽源市和吉林市，水稻和玉米产量占粮食产量的比例分别为 97.6%、97.4%、95.3%，这与高施肥量吻合。

（2）迁移因子

土壤侵蚀是磷迁移的重要载体，采用目前应用最为广泛的修正土壤侵蚀模型（RUSLE）计算土壤流失，其基本形式为：

$$A=R\times K\times LS\times C\times P \tag{1-9}$$

式中，A 为土壤流失量（t·hm^{-2}·a^{-1}），R 为降雨和径流因子（MJ·mm·hm^{-2}·h^{-1}·a^{-1}），K 为土壤可蚀性因子（t·hm^{-2}·h·hm^{-2}·MJ^{-1}·mm^{-1}），LS 为坡度坡长因子，C 为植被与经营管理因子，P 是水土保持措施因子。

1）降雨径流因子

此处参考氮指数中降雨径流因子的计算方法。

2）土壤可蚀性因子

土壤可蚀性表征的是土壤性质对侵蚀敏感程度的指标，即在标准单位小区上测得的特定土壤在单位降雨侵蚀力作用下的土壤流失率。Wischmeier 根据美国主要土壤性质，分析了 55 种土壤性质指标，筛选出粉粒和极细沙粒含量、沙粒含量、有机质含量、结构和入渗 5 项土壤特性指标，建立了 K 值与土壤性质之间的诺谟（Nomo）图模型。本研究中，土壤可蚀性因子数据采用国家科技基础条件平台——国家地球系统科学数据中心的制作数据。

3）坡度坡长因子

此处参考氮指数中坡度坡长因子的计算方法。

4）植被与经营管理因子

植被覆盖因子 C 因子值能反映地表植物覆盖对土壤流失的影响，当地面完全暴露而不受保护时，C 值取 1，当地表得到植被很好的保护时，C 值取 0。植被覆盖因子 C 与植被类型和覆盖度有关，因此在土地利用的基础上，结合植被覆盖率来确定 C 因子的取值。本研究中，参考第二次全国土地调查数据库资料信息及相关报道确定 C 值，依据表 1-2 进行计算。

表 1-2 东北地区植被与经营管理因子

土地利用类型	草地	林地	水田	旱地	建设用地	未利用地	水域
P 值	0.1	0.006	0.18	0.26	1	1	0

5）水土保持措施因子

水土保持因子是经过水土保持措施的土壤流失量与顺坡种植时的土壤流失量的比值，也是影响水土流失的主要因素之一。参考相关文献，将 *P* 的取值范围定为 0 ~ 1，以自然植被和坡耕地为主的防护 *P* 值取 1，完全没有防护措施的 *P* 值取 0。根据《土壤侵蚀分类分级标准》（SL190—2007）将东北地区土壤侵蚀模数计算结果进行划分（表 1-3），东北地区存在一定土壤侵蚀风险，侵蚀分布与 *LS* 因子分布趋势接近。*R* 值计算时选取了 4—10 月作物种植期的降水数据，故侵蚀程度相较全年情况会有一定降低。结合有关文献的报道，东北地区侵蚀面积占比在 17% ~ 20%，本研究中丰水年轻度以上侵蚀等级占比为 14.58%。空间分布上与其他研究基本一致，以吉林省南部为界，北部地区侵蚀程度较轻，少部分地区有中度侵蚀，吉林省以南地区土壤侵蚀模数相对较高，主要分布在辽东长白山千山山地丘陵区和辽西燕山山脉东段，包括本溪市、丹东市、鞍山市、营口市、大连市、朝阳市和阜新市。对东北地区轻度及以上土壤侵蚀等级的土地利用类型进行统计，旱地占 43.94%。有研究显示，坡耕地水土流失面积占黑土区水土流失面积的 46.39%。

表 1-3 东北地区水土保持措施因子

土地利用类型	草地	林地	水田	旱地	建设用地	未利用地	水域
P 值	1	1	0.05	0.35	1	1	0

时间分布上，不同降水年型下土壤侵蚀模数的分布有一定规律性变化（表 1-4），表现为由丰水年到枯水年微度侵蚀等级占比增多，微度以上等级占比减少。丰水年与枯水年相比约有 2% 的侵蚀面积增加，达到轻度侵蚀等级；中度及以上侵蚀等级占比略有增加。

表 1-4 东北地区不同降水年型下侵蚀等级占比

	微度 0 ~ 200	轻度 200 ~ 2 500	中度 2 500 ~ 5 000	强烈 5 000 ~ 8 000	极强烈 8 000 ~ 15 000	剧烈 >15 000
丰水年	85.42%	13.30%	0.81%	0.26%	0.14%	0.07%
平水年	87.13%	11.97%	0.62%	0.15%	0.09%	0.05%
枯水年	87.72%	11.50%	0.54%	0.12%	0.07%	0.04%

结合不同水文年型的 R 值分析，在空间分布上南部地区最高，北部松嫩平原中等，东部地区降水偏少，呈现一定规律性。丰水年 R 值分布差异较大，南部极高，北部松嫩平原地区 R 值较低，而在枯水年时 R 值南北分布较为平均，北部地区的 R 值相较丰水年略有升高，平水年与枯水年 R 值分布变化不大。因而在土壤侵蚀模数上表现为由丰水年到枯水年南部侵蚀模数降低，北部侵蚀模数略有升高。

（3）距离因子

此处参考氮指数中距离因子的计算方法和结果。

1.3.4.4 TOPSIS 法权重确定

指标的权重对被评价对象的最后得分影响很大，传统的专家打分法存在主观因素，有一定缺陷，改进的理想解法（technique for order preference by similarity to ideal solution, TOPSIS）能够很好地解决该问题。风险评价目标是识别出土地利用单元中潜在的污染严重区域，要求客观并且接近真实值，评价的过程中不能太过激进也不能过于保守。TOPSIS 法能够一定程度地反映区域内部风险变化的趋势。权重计算方法参考文献中报道的权重计算方法，公式如下：

首先对各因子做归一化处理，方法如下：

$$r_{ij} = \begin{cases} (x_{ij} - x_{j\min})/(x_{j\max} - x_{j\min}), x_{j\max} \neq x_{j\min} \\ 1, x_{j\max} = x_{j\min} \end{cases} \tag{1-10}$$

式中，x_{ij} 表示第 i $(i=1,2,3,\cdots,m)$ 个土地单元第 j $(j=1,2,3,\cdots,n)$ 个指标分值，r_{ij} 表示归一化的值。$x_{j\min}$ 和 $x_{j\max}$ 分别表示第 i 个和第 j 个指标的最小值与最大值。

假设某指标对应的权重为 w_k，那么第 i 个土地利用单元与风险最高 $(1,1,\cdots,1)$ 和风险最低的 $(0,0,\cdots,0)$ 单元的加权距离平方和为：

$$f_i(w) = f_i\left(\sum_{k=1}^{n} w_k\right) = \sum_{j=1}^{n} {w_j}^2 (1 - r_{ij})^2 + \sum_{j=1}^{n} {w_j}^2 {r_{ij}}^2 \tag{1-11}$$

假设第 i 个土地利用单元与风险最高和风险最低的单元的加权距离平方和最小，那么 i 趋向于收敛风险最高与风险最低的中间，相反那些风险较高或者较低的单元都能被优先识别出，由此建立单目标规划模型：

$$minf(w) = \sum_{i=1}^{m} f_i(w) \tag{1-12}$$

其中

$$\sum_{j=1}^{n} w_j = 1 \& w_j \geqslant 0, \qquad j = 1,2,3,\cdots,n \tag{1-13}$$

构造拉格朗日函数：

$$F(w,\lambda) = \sum_{i=1}^{m}\sum_{j=1}^{n} {w_j}^2 \left[\left(1 - r_{ij}\right)^2 + {r_{ij}}^2\right] - \lambda\left(1 - \sum_{j=1}^{n} w_j\right) \tag{1-14}$$

为求得拉格朗日函数解，令

$$\begin{cases} \dfrac{\partial F}{\partial w_j} = 2\sum_{i=1}^{m} w_j \left[\left(1 - r_{ij}\right)^2 + {r_{ij}}^2\right] - \lambda = 0 \\ \dfrac{\partial F}{\partial \lambda} = 1 - \sum_{j=1}^{n} w_j = 0 \end{cases} \tag{1-15}$$

解得

$$w_j = \frac{\mu_j}{\sum_{j=1}^{n} \mu_j} \tag{1-16}$$

其中

$$\mu_j = \frac{1}{\sum_{i=1}^{m} \left[\left(1 - r_{ij}\right)^2 + {r_{ij}}^2\right]} \tag{1-17}$$

1.3.4.5 风险分区方法

目前，氮磷流失风险的分区阈值没有统一的分区划分方法和参考阈值依据。根据负荷量计算的风险识别方法通常可以借助负荷量、负荷强度等进行基于实际物理量的阈值划定。而采用氮磷指数等指数评价方法的特点在于其风险值均为相对值，即无论实际污染负荷情况如何，总会出现风险的相对高区和相对低区，难以进行基于实际物理量的阈值划分，划分依据通常伴随着主观性判断。本研究为了减少主观人为因素对风险分区划分结果的影响，通过 ArcGIS 软件内置的自然断点法（Jenks Natural Breaks）对结果进行分区。自然断点法是一种数据分类的数学方法，其分类基于数据中固有的自然分组，对分类间隔加以识别，可对相似值进行最恰当的分组，即将被分组数据划分为多个类，可使各个类之间的差异最大化。不同分类会在数据值的差异相对较大的位置处设置其边界，以此边界作为风险划分阈值。

1.3.5 东北农田氮磷流失风险评价

1.3.5.1 各因子总体分布

（1）源因子总体分布

1）氮流失风险源因子

根据 TOPSIS 权重结果（表 1-5）计算的东北地区氮流失源因子分布结果在整体分布上有较为明显的农田区大于非农田区的趋势，流失潜力较高的地区主要为吉林省中部以及辽宁省中部和北部，包括长春市、四平市、松原市、锦州市、盘锦市、阜新市、铁岭市和沈阳市，这与吉林省和辽宁省的施氮强度较高有直接联系，频繁的农业活动带来的氮素输入对氮素流失的影响不可忽视。而黑龙江省由于施氮强度在东北三省中相对较低，土壤全氮含量对源因子分布的影响有所提高。

表 1-5 氮指数权重结果

因子		丰水年权值结果	平水年权值结果	枯水年权值结果
源因子	施氮强度	0.491 5	0.491 5	0.491 5
	土壤全氮含量	0.508 4	0.508 4	0.508 4

2）磷流失风险源因子

东北地区磷流失指数权重结果见表 1-6，不同降雨年型之间的迁移因子差异不显著。以丰水年为例，流失潜力较高的地区集中在黑龙江省东部和中西部、吉林省中部与辽宁省北部，包括嫩江沿岸的齐齐哈尔市、绥化市和哈尔滨市，松花江中游的鹤岗市、佳木斯市和双鸭山市；吉林省中部的长春市、吉林市、四平市、辽源市和通化市；辽宁省北部的铁岭市，南部的大连市、营口市和盘锦市等。三江平原和松嫩平原是东北农田的主要集中区域，频繁的农业活动带来了大量的磷素输入，导致磷流失潜力较农业活动水平低的地区更高。

表 1-6 磷指数权重结果

因子		丰水年权值结果	平水年权值结果	枯水年权值结果
源因子	施磷强度	0.462 1	0.462 1	0.462 1
	土壤有效磷含量	0.537 8	0.537 8	0.537 8

（2）迁移因子总体分布

1）氮流失风险迁移因子

根据 TOPSIS 计算的权重结果，得到不同降雨年型下的氮流失迁移因子分布（表 1-7）。整体来看，高值区均分布于东北西部、南部与东北角，分布无显著变化，这与不同降水年型的降雨量分布趋势一致，呈现丰水年南部降雨偏多，平水年与丰水年东北南部与北部差异较小的趋势。但不同降水年型下数值略有差异，高值区分布以吉林省和辽宁省为主，黑龙江省偏少，包括黑龙江省鹤岗市、双鸭山市、鸡西市和绥化市，吉林省长春市、通化市和四平市，辽宁省盘锦市、辽阳市、沈阳市、丹东市和铁岭市，平水年与枯水年分布无明显变化。

另外，高值区与土地利用类型，特别是农田的分布具有较强的相关性。东北降雨无法完全满足农业生产的需求，需要河道灌溉水进行补充，导致农田分布于河网密布位置，其流失的氮更易进入河流中，导致农田区域迁移因子值更高。

表 1-7 氮迁移因子权重结果

因子		丰水年权值结果	平水年权值结果	枯水年权值结果
迁移因子	降雨径流因子	0.241 0	0.224 4	0.214 9
	坡度坡长因子	0.168 2	0.171 9	0.174 0
	距河因子	0.235 4	0.240 6	0.243 5
	氮径流流失因子	0.182 9	0.186 9	0.189 2
	氮地下流失因子	0.172 2	0.176 0	0.178 1

2）磷流失风险迁移因子

尽管磷的流失主要以颗粒态的形式，土壤侵蚀的程度与其密不可分，但在本研究体系中，土壤侵蚀模数权重占比较低，导致土壤侵蚀因子对磷流失迁移因子的影响相对较小，从污染物迁移的角度讲，应当更重视距离水体更近的潜在污染源。故从迁移因子的分布来看，距河因子是其影响的重要因素，呈明显的正相关关系，东北地区与水体距离越近的潜在污染源其磷流失风险程度越高，整体来看，东北三省磷迁移因子分布相对平均，且在不同水文年间差异不明显（表 1-8）。高值区主要分布在黑龙江省西南部与吉林省西北部，包括大庆市、白城市与松原市的部分区域。

表 1-8 磷迁移因子权重结果

因子		丰水年权值结果	平水年权值结果	枯水年权值结果
迁移因子	土壤侵蚀模数	0.396 2	0.396 1	0.396 6
	距河因子	0.603 8	0.603 8	0.603 4

1.3.5.2 氮磷综合流失风险

（1）不同降水年型下氮指数及氮流失风险分区

依照氮指数体系，运用 ArcGIS 的栅格计算器将源、迁移因子进行叠加计算，生成东北地区不同降水年型下氮流失风险分布图。高氮指数区域的分布显示出其与农田分布密切相关，且旱田区域，特别是吉林省西部与辽宁省中部的旱田具有最高的氮流失风险。黑龙江省中南部和东部地区的旱田与水田区域氮指数也较高。

不同降水年型下，氮指数呈现较一致的分布趋势，高值区域主要出现在吉林省中部、辽宁省中部与黑龙江省中南部和东部地区，包括吉林省长春市、四平市、辽源市和松原市，辽宁省盘锦市、沈阳市、锦州市、阜新市和铁岭市西部区域，黑龙江省鹤岗市、双鸭山市、七台河市、鸡西市、绥化市和哈尔滨市西部区域。但整体氮指数值域具有一定差异，丰水年具有最高的氮指数上限（0.405），枯水年的上限最低（0.385），说明降雨量确实对东北地区氮流失风险产生了促进作用。且随着降雨量增加，降雨中心也向南部移动，导致丰水年吉林和辽宁两省的氮流失风险较其他降水年型年份更高。

以平水年氮指数分布为基础，采用 Natural Jenks Break 方法，对数据进行最适聚合度的分区，将平水年氮流失风险分区划分为四个风险级别，低风险区（0 ~ 0.034）、中风险区（0.034 ~ 0.078）、高风险区（0.078 ~ 0.133）和极高风险区（0.133 以上）。丰水年与枯水年均按照此划分阈值进行划分，得到不同降水年型下东北地区氮流失风险分区。其中，极高风险区主要分布于黑龙江省东部与中部部分区域、吉林省中部与西部部分区域以及辽宁省中部，包括双鸭山市、鹤岗市、鸡西市、绥化市和哈尔滨市沿河区域，吉林省长春市、四平市、白城市、辽源市和吉林市，辽宁省沈阳市、铁岭市西部、辽阳市西北部与锦州市。而高风险区则主要分布于吉林省中部与辽宁省中部，包括吉林省长春市、吉林市、辽源市、四平市和白城市，辽宁省盘锦市、锦州市、鞍山市以及丹东市和大连市南部沿海区域。不同降水年型下分区显示，相比平水年，丰水年极高风险区和高风险区的比例略有扩大，扩大的主要位置出现在辽宁省中部与吉林省西部地区，而黑龙江省东部的极高风险区和高风险区范围缩小，转化为中风险及低风险区。而相比枯水年，平水年的风险区没有显著的空间分布变化，仅极高和高风险区在原位略有扩张。

不同降水年型下风险区级别的占比变化显示，低、中、高风险区占比相对稳定，变异系数（coefficient of variation，CV）在5%以下（表1-9）。极高风险区虽面积占比变化不大，但变异系数达到16.09%，有一定的差异性。总体变化呈现丰水年高风险区以下级别面积占比减小，极高风险区面积增加的趋势，说明东北地区的生长季降雨会对区域氮流失风险起到一定的推动作用。而随着降雨的减少，极高风险区面积减小，中风险区面积相对稳定，高风险区和低风险区面积扩大，一部分极高风险区转化为其他风险级别。

表1-9 不同降水年型下氮流失风险分区占比及变异系数

	丰水年	平水年	枯水年	*CV*
极高风险区	7.49%	6.11%	5.49%	16.09%
高风险区	15.09%	16.16%	16.59%	4.84%
中风险区	22.54%	23.19%	21.93%	2.79%
低风险区	54.88%	54.51%	56.00%	1.41%

从各风险区的土地利用类型占比来看，中风险区及其以上级别的风险区均以农田（水、旱田）为主要土地利用类型，其中，中风险以上级别分区中，旱田为主要土地利用类型，而高风险区及极高风险区中，水田面积占比逐渐上升，旱田的面积占比逐渐减小，但仍以旱田为流失主体。低风险区中，非农田的占比极高，达到87.63%，再次说明东北地区氮流失的主要途径为农田，其中旱田主导了东北地区的氮流失（图1-2）。

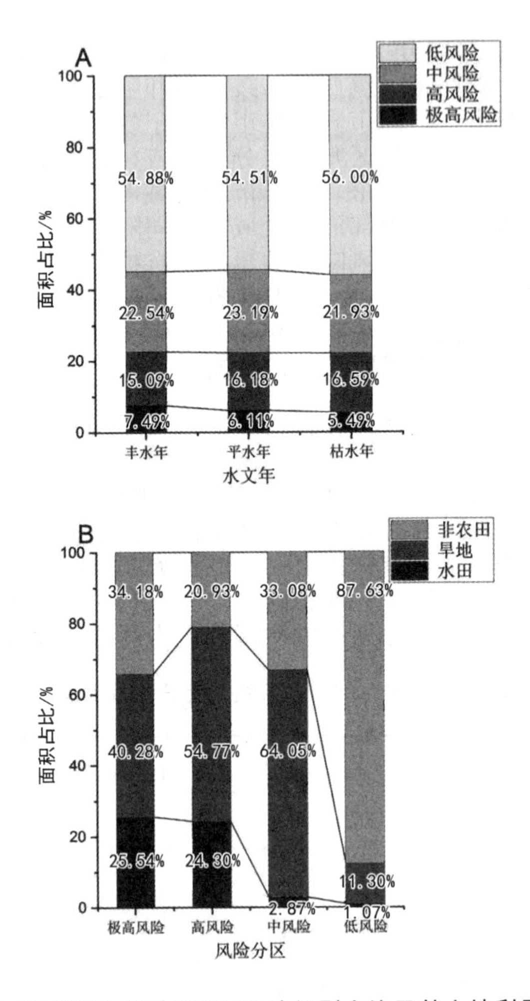

图 1-2 不同降水年型下不同风险级别占比及其土地利用构成

从水田的氮指数来看，虽然在氮指数中未处于极值，但整体处于较高的水平，高值区域主要出现在吉林中部、辽宁中南部和黑龙江三江平原，包括黑龙江省双鸭山市、佳木斯市、鹤岗市、绥化市、哈尔滨市和鸡西市，吉林省白城市和松原市，辽宁省沈阳市和辽阳市。不同降雨年型下，降水在丰水年的南移导致氮指数存在一些变化，黑龙江三江平原与吉林松嫩平原处氮指数较平水年和枯水年略有降低，而辽宁的氮指数则略有增加；而相比枯水年，平水年稻田的氮指数整体呈现稳定稍有增加的状态，仅在吉林西部略有降低。

而从氮流失潜力的角度来分析，水田在高风险区以上级别的面积占比达到其面积的 80% 以上（图 1-3），这两个分区主要分布在吉林中部、辽宁中南部及黑龙江省三江平原西部地区，包括黑龙江省双鸭山市中部、佳木斯市西部和东北部、鹤岗市、绥化市东部、哈尔滨市、鸡西市东南部，吉林省白城市、松原市、四平市、长春市和吉林市西北部，辽宁省盘锦市、沈阳市中南部、辽阳市西北部、铁岭市西南部与丹东市南部区域；中风险与低风险区则零散分布在黑龙江省西部和东部以及吉林省中部和辽宁省东北部。

而旱田中处于高风险区级别以上的面积占比约为35%（图1-3）。虽然旱田的总面积优势及其在中风险区级别以上分级中的占比均表明旱田主导着东北地区氮流失风险，但从氮流失可能性来看，水田较旱田具有更高的氮流失概率。另外，丰水年水田低、中风险区面积占比略有增长，但旱田的低、中风险区面积则略有降低，呈现出了不同的面积变化趋势。而随着降雨量的增加，水、旱田的高风险分级面积占比均会下降，极高风险分级面积占比上升，部分农田出现了风险级别的转化，且均呈现极高风险分级面积升高的趋势，但水田的增加比例较旱田低，主要的增长出现在中风险区；故从氮流失风险对降雨的响应来看，水田的稳定性高于旱田。

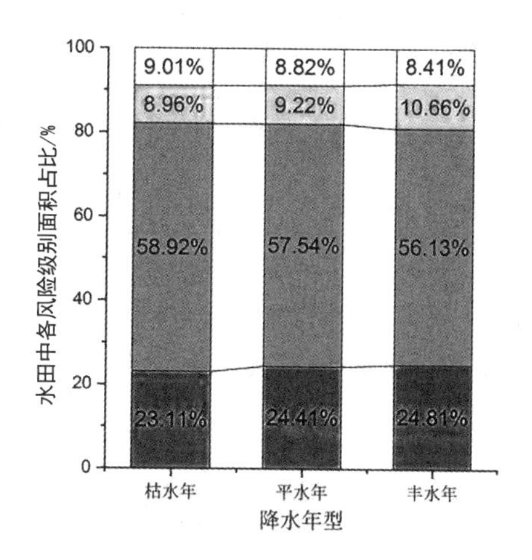

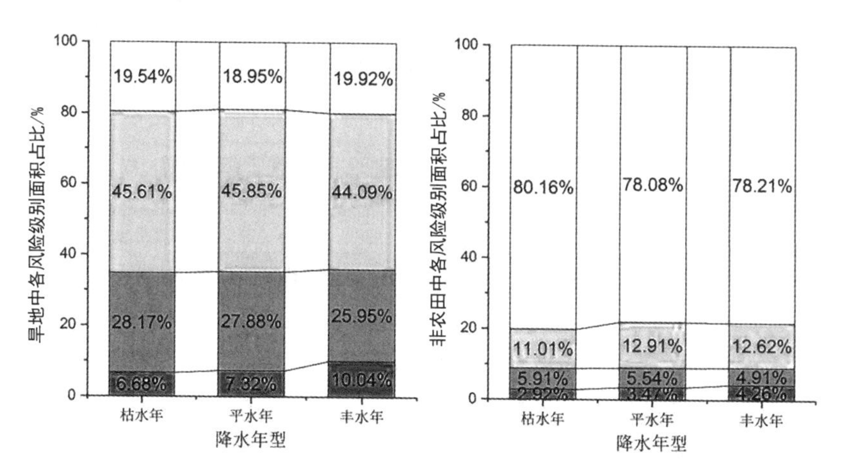

图1-3 不同土地利用类型中各风险级别面积占比

（2）磷流失及磷流失风险分区

依照磷指数体系公式，运用ArcGIS的栅格计算器功能将源、迁移因子进行叠加计算，生成东北地区不同降水年型下磷流失风险分布图。磷流失风险较高的区域主要分布于河网附近，且与农田分布具有一定相似性，其区域集中在黑龙江中南部、东部，吉林中部及辽宁省中部，包括黑龙江省鹤岗市、佳木斯市、双鸭山市、鸡西市、绥化市和哈尔滨市，吉林省长春市、四平市、吉林市和通化市，辽宁省铁岭市，属于三江平原与松嫩平原等农业区。

不同降水年型下，磷指数值域未呈现差异。受源因子和迁移因子的共同影响，吉林省中部的高值区与农田和河网分布具有一致性；而辽宁中部的高值区则与河网分布关系更为密切。黑龙江省东部的三江平原区域则具有较高的源因子分布。沿河的农用地是磷流失风险较高的区域，由于这些地区距离河流较近，同时又具有较高的土壤有效磷含量或是施用了大量磷肥，土壤磷素极易通过径流进入水体造成非点源污染。不同降水年型间的磷流失风险无明显变化，这与迁移因子的时空分布趋势一致。

与东北地区氮流失风险分布类似，东北地区磷流失风险也同样呈现了高风险区以上级别区域主要构成为农田的状态，其中，旱田和水田在高风险区域极高风险区中占比均超过60%，且随风险级别上升占比逐渐增加。这与氮流失风险略有差异。从不同土地利用各风险区构成来看，旱田62%以上在高风险区以上风险级别，水田则超过67%，其磷流失风险潜力大于旱田（图1-4）。

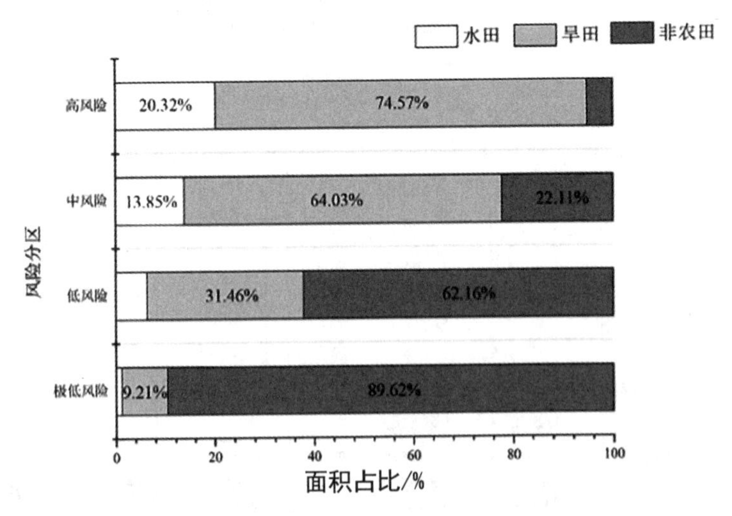

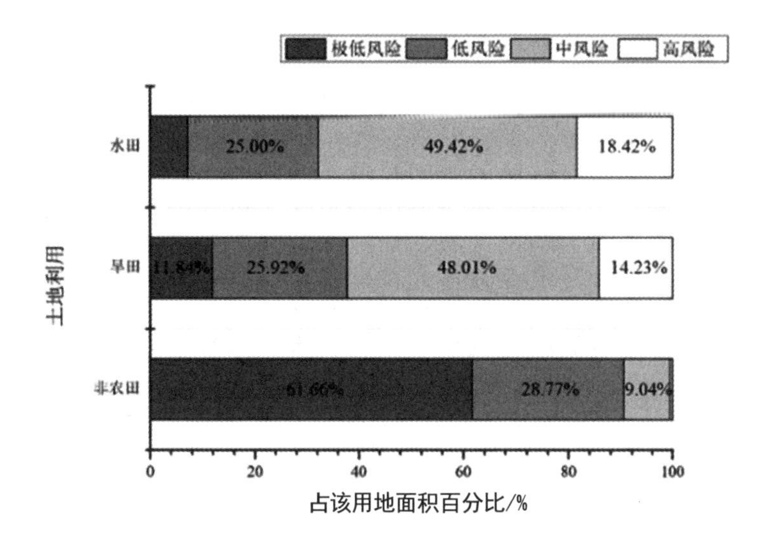

图 1-4 丰水年磷流失风险分区占比（上）及不同土地利用风险组成（下）

从水田磷指数来看，其高值与东北区域磷指数极值略有差距，但同氮指数分布类似，整体处于较高水平，高值区域主要出现在吉林省中部、黑龙江三江平原西部和南部，包括黑龙江省双鸭山市、佳木斯市、鹤岗市、绥化市、鸡西市和哈尔滨市，吉林省长春市、吉林市、四平市和通化市。而不同降水年型下，丰水年磷指数整体略有下降，但并未产生与氮指数类似的随降水中心南移导致的东北南部磷指数升高，稍有升高的区域出现在吉林省中部，推测与其降雨量略有增加且距河网更近有关；而平水年较枯水年呈现整体微有上升的状态，与降雨量整体增加有关。

从磷流失风险分区来看，不同降水年型下分区分布无显著变化，推测降水分布对磷流失影响较小。极高风险区与高风险区出现在黑龙江中南部、三江平原西部及南部，吉林中部和辽宁中南部，包括黑龙江省双鸭山市中部、佳木斯市西部与东部、鹤岗市中南部、绥化市东部、鸡西市中部与东南部、哈尔滨市，吉林省长春市东部、吉林市西北部、四平市中部、白城市中部和通化市西北部，辽宁省铁岭市中部和盘锦市。中风险区和低风险区则分布于辽宁北部、吉林西部、黑龙江三江平原北部和东部。

1.3.6 东北地区氮磷流失风险影响因子分析

1.3.6.1 东北地区氮、磷流失风险影响因子

为进一步讨论影响整体东北地区农业氮磷流失风险的关键因子，采用 Pearson 相关分析，对东北地区 36 个地级市的氮、磷流失风险与各环境因子的相关性进行计算。

（1）影响东北地区氮流失因子

总体来看，不同降水年型下，氮流失风险与施氮强度、地表径流流失和地下淋溶流失显示了较显著的正相关关系（$p<0.01$），与土壤全氮和坡度坡长呈现负相关关系，而与其他因子间呈现不明确的统计关系。这表现出东北地区的地表径流流失与地下淋溶流失均为氮流失风险的重要途径，其中，地表径流流失的主要来源为旱田区域，而地下淋溶流失则主要来源于水田。东北地区的土壤全氮含量高值区在黑龙江北部、中部、东部和吉林省东南部，但主要分布在林地区域，且与海拔高处等坡度坡长较高区域重合，导致其流失风险较低，呈现出与氮流失风险负相关。而降雨对氮流失风险的影响则呈现了不显著的相关关系，如丰水年降雨与丰水年氮指数呈现弱正相关关系，但平水年和枯水年降雨则与其氮指数呈现弱负相关关系。

此外，部分因子之间也存在着相互影响，比如施氮强度与土壤全氮、地表径流流失和地下淋溶流失呈现显著的相关关系（$p<0.01$）。其中，施氮强度与土壤全氮呈现负相关，除了土壤全氮高值区主要分布在林地等不需要额外施用氮肥的区域影响之外，也可能由于多年种植，农田区域的土壤全氮不足，需要通过施用氮肥进行补充，这也是近三十年来施肥量上涨并进入稳定期的原因之一；另外，农田水媒氮流失主要通过地表径流和地下淋溶产生，导致施氮强度越高，其流失潜力就越高，这使得施氮强度、地表径流流失与地下淋溶流失因子均呈现显著的正相关；地表流失、地下流失因子与坡长坡度均呈现出显著的负相关关系，这并不是由于坡长坡度对氮的流失无促进作用，而是由于东北地区的农田分布主要集中于平原地区，具有高坡长坡度地区的土地利用主要为林地草地，无大量氮源补充，其氮的来源仅为土壤氮，且其特性导致氮流失能力有限，属于低氮流失区域（图 1-5）。

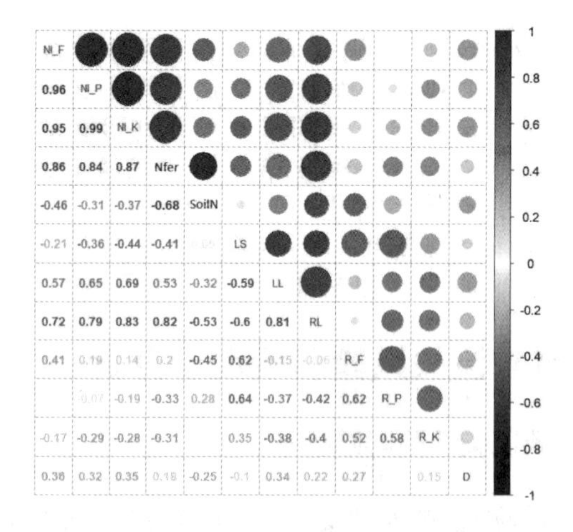

图 1-5 不同降水年型下氮流失风险与不同因子之间的关系

注：NI_F、NI_P 与 NI_K 分别为丰水年、平水年和枯水年氮指数；Nfer 为施氮强度；SoilN 为土壤全氮；LS 为坡度坡长；LL 为地下淋溶流失；RL 为地表径流流失；R_F、R_P 与 R_K 分别为丰水年、平水年和枯水年降雨径流；D 为距离因子。

（2）影响东北地区磷流失因子

总体来看，不同降水年型下，磷流失风险与施磷强度、土壤有效磷含量呈现较显著的正相关关系，与土壤侵蚀模数呈现较显著的负相关关系（p<0.01），与距离因子呈现弱正相关关系（图 1-6）。这显示出东北地区磷流失的主要来源仍然是农田中施用的肥料磷，而东北地区土壤侵蚀模数较高的区域，主要出现在具有一定坡度但没有足够磷源的区域，这导致土壤侵蚀较强的区域的磷流失风险反而较低，而农田等平坦区域，虽然土壤侵蚀模数较低，不易因降雨产生土壤侵蚀，但由于其具有稳定且大量的磷补充，且距离因子较高，成为磷流失风险的高值区域。

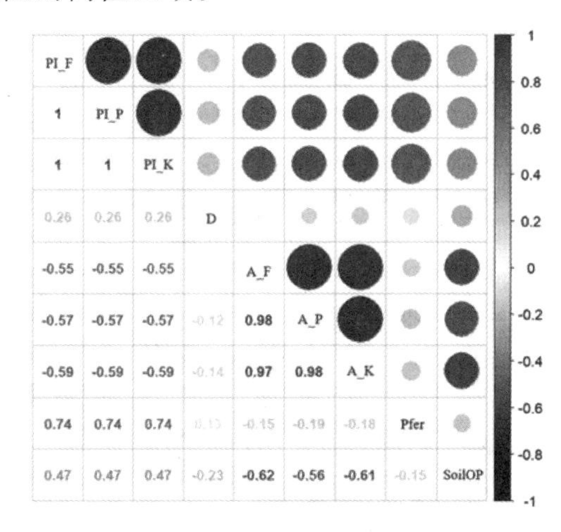

图 1-6 不同降水年型下磷流失风险与不同因子之间的关系

注：其中 PI_F、PI_P 和 PI_K 分别为丰水年、平水年和枯水年磷流失风险；D 为距离因子；A_F、A_P 与 A_K 分别为丰水年、平水年和枯水年的土壤侵蚀模数；Pfer 为施磷强度；SoilOP 为土壤有效磷。

1.3.6.2 基于行政区划的东北氮、磷流失因子特征

为了分析氮、磷指数及其因子在地级市尺度的分布，运用 ArcGIS 空间分析统计东三省 36 个地级市氮、磷指数结果及因子的平均值，并进行归一化后进行聚类分析，将 36 个城市分为四组，对地级市级别划分出不同类别。

（1）氮聚类

氮聚类结果显示（图 1-7），A 组氮流失风险最高，施氮强度和农田流失因子均较高；B 组氮指数在四组中处于中高水平，其施氮强度、农田流失因子处于中等水平，而降雨径流因子和坡度坡长因子有较高可能性，在适当控制氮投入的同时，要控制其随降雨的流失；C 组氮指数处于中低水平，各因子的水平也不高；D 组具有较高的降雨径流和土壤全氮因子，但因其施氮强度和农田

流失因子均较低，其氮指数也较低。可见氮指数与施氮强度、农田流失因子关系密切。

从不同作物的种植面积比例来看（表 1-10），A 组玉米种植面积比例在四组中最高，水稻占比则位列四组中的第二，除了盘锦市以水稻种植为主（约占 75%），其他 5 个城市均以玉米种植为主（占比均不低于 55%）；B 组玉米是种植面积占比最高的作物，氮指数与玉米面积占比呈现协同增加的趋势，这体现了玉米为东北地区高氮流失风险作物。此外，值得注意的是，大豆的种植面积比例越大，氮指数越低，可能是大豆的施氮量与农田氮流失因子均较小所致。

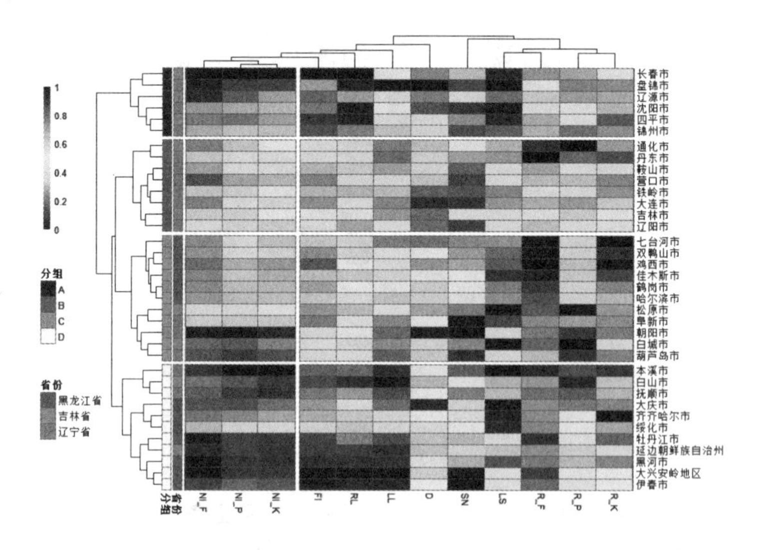

图 1-7 东北地区 36 个地级市不同降水年型下氮流失风险及因子聚类

注：NI_F、NI_P 与 NI_K 分别为丰水年、平水年和枯水年氮指数；FL 为施氮强度；SN 为土壤全氮；LS 为坡度坡长；LL 为地下淋溶流失；RL 为地表径流流失；R_F、R_P 与 R_K 分别为丰水年、平水年和枯水年降雨径流；D 为距离因子。

表 1-10 东北三省氮指数城市聚类与种植面积比例

分组编号	氮指数	种植面积比例					
		水稻	玉米	大豆	蔬菜	园地	其他
A	0.087	21.01%	63.01%	1.83%	7.79%	0.32%	6.03%
B	0.069	27.48%	53.98%	3.56%	9.30%	0.16%	5.51%
C	0.046	20.32%	48.16%	12.12%	4.93%	0.53%	13.94%
D	0.036	10.88%	38.43%	32.15%	3.75%	0.48%	14.31%

综合来看，需重点控制管理的城市多集中在吉林省和辽宁省，其高施氮强度在氮流失风险上得到充分体现，从这些地区流失的氮素将会影响区域内的松花江下游以及辽河流域。在三江平原和辽河平原存在以水田为主的极高风险和高风险区，水田氮素流失不可忽视。

（2）磷聚类

磷聚类结果显示（图1-8），不同降水年型下，磷流失风险无显著差异。A组磷流失风险整体较高，风险最高的城市为长春市和四平市，其施磷强度高于其他城市，但对于A组其他城市来说，土壤磷含量与距离因子成为其高磷流失风险的原因；B组磷流失风险稍弱，其较高的流失风险主要受到距离因子的影响；C组的距离因子和土壤磷含量处于中等水平；D组与其他三组不同，降雨径流因子较高，但并未对磷流失风险的提升起到推动作用，这与不同降水年型下磷指数分布及相关分析得到的结果一致。

从不同作物的种植面积比例来看（表1-11），与氮指数类似，A组玉米面积比例占到54%以上，其次是水稻，其中仅鹤岗市的水稻种植面积占主导地位（53%），其余城市均以玉米种植为主；B组中，水稻种植面积比例略有上升（24%），但仍以玉米种植为主，这说明玉米为东北地区的高磷流失风险作物；C组大豆与其他作物种植面积增加，取代了一部分玉米和水稻的种植，减少了肥料的施用，而土壤磷含量较高导致具有一定的流失风险；D组虽然玉米种植面积比例较大，虽然距河较近，但施肥量与土壤磷含量较低，其磷流失风险最低。

表1-11 东北三省磷指数城市聚类与种植面积比例

分组编号	磷指数	种植面积比例					
		水稻	玉米	大豆	蔬菜	园地	其他
A	0.107	23.51%	54.35%	14.22%	2.90%	0.59%	4.43%
B	0.078	24.17%	51.63%	2.94%	9.96%	0.11%	11.20%
C	0.062	7.28%	32.27%	37.15%	2.80%	0.68%	19.80%
D	0.039	14.85%	57.44%	3.03%	11.71%	0	12.96%

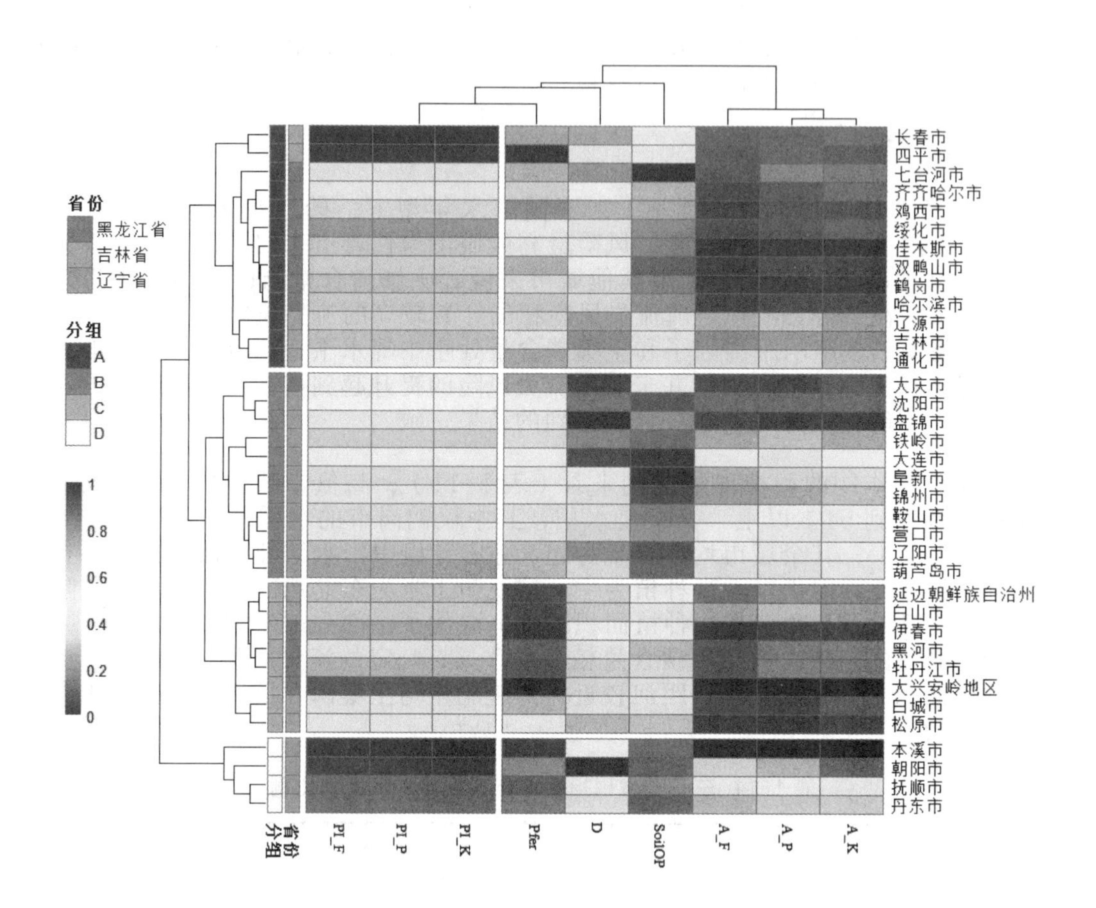

图 1-8 东北地区 36 个地级市不同降水年型下磷流失风险及因子聚类

注：PI_F、PI_P 和 PI_K 分别为丰水年、平水年和枯水年磷流失风险；D 为距离因子；A_F、A_P 与 A_K 分别为丰水年、平水年和枯水年的土壤侵蚀模数；Pfer 为施磷强度；SoilOP 为土壤有效磷。

2 玉米田氮磷流失综合防控技术

2.1 玉米田氮磷面源污染现状与特征分析

2.1.1 玉米田面源污染概述

随着我国人民生活水平的迅速提高，对粮食的需求量大幅增加，包括玉米等粮食作物的生产压力也在不断凸显。东北地区是我国重要的玉米生产基地。东北地区的玉米种植面积由20世纪五六十年代的不足20%，增加到如今的59%以上，产量也由500万t增加至近10 000万t（张曲薇，2019），成为东北地区农田种植的主要粮食作物。为了提高产量，农民不断加大玉米田化肥和农药的投入量，这在保障了粮食产量的同时也对生态环境和农业可持续发展造成了严重威胁，使大量未被利用的肥料元素残留在土壤中，尤其是氮、磷，进而产生较高的流失风险。由此导致我国的面源污染日趋加剧，河流、湖泊富营养化严重，水质明显下降，严重影响蔬菜、畜、禽、鱼等产品的质量，直接威胁人民的身体健康。因此，如何控制东北地区玉米田的面源污染，合理利用资源和保护我们的生存环境已成为东北地区现阶段玉米种植需要关注的焦点问题。政府和企业已开始投入大量资金治理面源污染，虽已取得一些成效，但仍未从根本上解决问题。由氮、磷、农药等引起的农业面源污染仍十分严重，已成为东北地区河流、湖泊、水库等水体富营养化的主要原因，直接制约着东北地区经济的可持续发展和人民生活水平的提高。

2.1.1.1 定义及区域特性

面源污染，通常即为农业面源污染，是相对于点源污染来说的，因此在很多情况下又称之为非点源污染。点源污染主要是指工业生产过程与部分城市生活中所产生的污染，具有排污点集中、排污途径明确等特征。而面源污染是指农业生产活动中，溶解的或固体的污染物，如氮、磷、农药等有机或无机污染物质，从非特定的地域，在降水和径流冲刷作用下，通过农田地表径流、农田排水和地下渗漏进入受纳水体所引起的水体污染（赵同科和张强，2004；杨林章等，2013）。其特征是污染源具有分散性，污染物来自大面积或大范围区域，无法明确污染物是来自某一特定“点”上。面源污染物是在不确定的时间内（时间上），通过不确定的途径（空间上），排放不确定的污染物（组成上），具有时空和污染组成上的多重不确定性属性，因此污染危害重、防控治理难。

玉米田面源污染是受水力驱动或人为排放影响，导致玉米田氮、磷等污染物以随机、分散、无组织方式进入受纳水体引起的水质恶化。东北地区玉米田面源污染具有面源污染的普遍特性，但因其位于东北地区，受到显著的地域气候特征的影响，又具有自身特色。首先，东北地区发生的冻融作用使土壤土粒松散、抗蚀性下降，且冻层起着隔水层的作用。冻融作用的存在使春季融雪水不能下渗，导致融雪径流在坡面的冲蚀作用加剧，因此，在冬末春初土壤白天融化、夜间冻结的冻融季节会产生较严重的面源污染；其次，由于东北地区雨热同季、降雨集中，种植制度为一年一季，耕地每年有大部分时间裸露，造成玉米田面源污染输出具有明显的局域性、季节性特点（阎百兴等，2019）。

2.1.1.2 环境影响

玉米田过量施用氮磷肥料和农药等因素造成的面源污染导致了环境质量的恶化。首先，化肥肥料的过量施用打破了土壤有机质储存平衡，导致土壤有机质的加速分解，进一步使土壤理化性质恶化，以及不同养分之间比例失衡，使土壤肥力严重下降；其次，农药的不合理施用造成对农田有益生物的附加伤害，削弱了农田生物的种群多样性，导致农田生态系统平衡的结构失调和功能失调；最后，是受到广泛关注的对水体水质产生的严重影响。面源污染导致水体的富营养化，使水体表面藻类过度生长，水体透明度降低，阻碍水中植物的光合作用以及降低溶解氧状态，造成水体缺氧，生物死亡腐烂，水质严重下降（朱兆良等，2005；谢德体等，2008）。研究调查结果显示，东北地区的松辽流域江河受到的面源污染情况较为严重，2017 年松辽流域河流水质在Ⅲ类以下包括劣Ⅴ类的比例达 34%，尽管比 2003 年的 60% 有明显下降，但仍存在大量水体水质低下，严重影响人们日常生产生活（来自 2003 年和 2017 年松辽流域水资源公报）。

2.1.2 玉米田面源污染现状

中国工程院重大咨询项目早年对东北地区 2002 年农田进入地表水的氮磷负荷进行估算发现，2002 年辽宁省农田进入地表水的氮、磷负荷分别为 16.1 万 t 和 0.38 万 t，吉林省为 8.96 万 t 和 0.26 万 t，黑龙江省为 5.7 万 t 和 0.54 万 t，比 20 世纪 80 年代有所提高（石玉林，2007）。而近些年，东北地区氮磷污染负荷有所下降，但仍处于较为严重的状态。对氮磷污染负荷的研究，在宏观区域上可以基于施肥量统计和相应流失系数进行计算。利用 ArcGIS 工具对全国农业面源污染排放强度的地区分布图进行绘制发现，相对于全国来看，东北地区面源污染负荷较低但是却有加重的趋势（丘雯文等，2019）。

许多研究也对东北局部地区氮磷污染负荷进行了研究。黑龙江省内松花江流域坡耕地的氮素流失负荷可达 9.24 ~ 41.46 kg/hm^2，磷素流失负荷为 0.84 ~ 7.46 kg/hm^2（杨世琦等，2018），其中哈尔滨地区玉米地的氮、磷素污染负荷分别为 21.42 kg/hm^2、2.6 kg/hm^2（孙秀秀等，2015）。吉林农业大学资源与环境学院肥料长期定位试验站所监测的吉林省典型的玉米连作地黑土中氮素和磷素的流失负荷分别为 18.22 kg/hm^2 和 3.17 kg/hm^2（焉莉等，2018），而依托于吉林省农业科学院国家黑土肥力与肥料效益监测站的东北中部雨养玉米种植区氮素地下淋溶监测结果表明，受到施肥量的影响氮素淋失污染负荷的范围为 4.53 ~ 7.17 kg/hm^2（彭畅等，2015）。

国家重点研发计划“东北粮食主产区农业面源污染综合防治技术示范”项目，在辽宁省铁岭地区设置试验站监测玉米田氮磷流失负荷。监测结果表明，坡地和平地所产生的径流量分别为 677.28 m^3/hm^2 和 488.80 m^3/hm^2，淋溶量分别为 345.20 m^3/hm^2 和 453.77 m^3/hm^2（图 2-1），由此在平地和坡地上产生的土壤氮总流失负荷分别为 16.66 kg/hm^2 和 10.60 kg/hm^2（图 2-2），土壤磷的总流失负荷则为 0.71 kg/hm^2 和 0.47 kg/hm^2（图 2-3）。

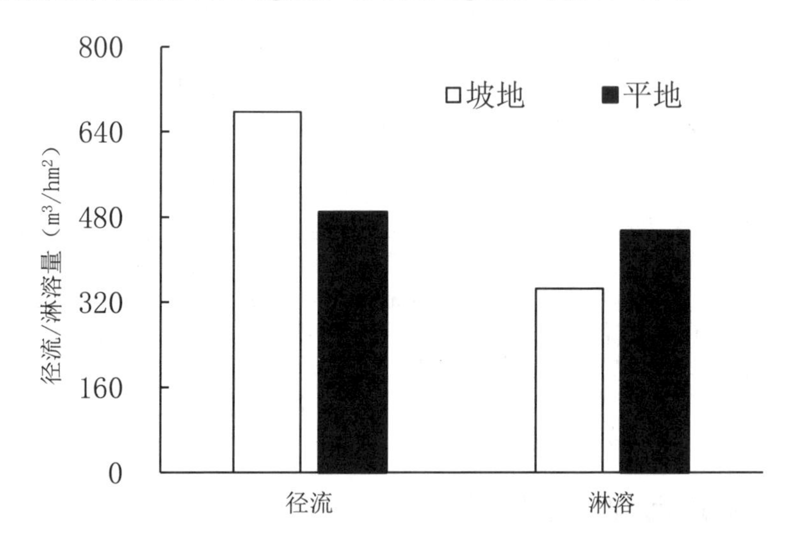

图 2-1 铁岭地区玉米地产生的径流量和淋溶量

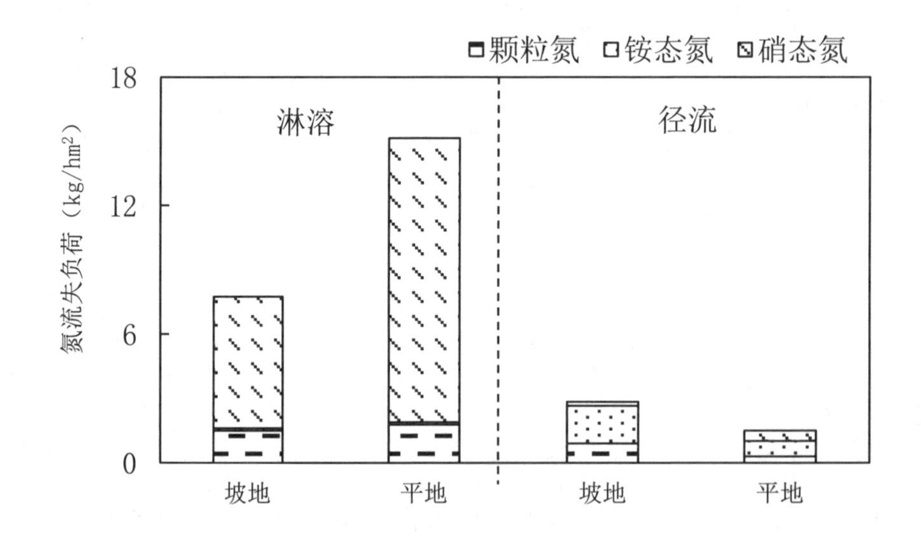

图 2-2 铁岭地区玉米地氮素流失负荷组成

对于氮素来说（图 2-2），其主要流失形式以向下淋溶为主，占比达到 84%。平地土壤氮素通过淋溶方式流失的氮素总量约是坡地的 2 倍，分别为 15.14 kg/hm^2 和 7.76 kg/hm^2。其中，硝态氮是氮素淋溶流失的主要形式，占总氮淋失的 79% ~ 87%，其流失量表现为平地大于坡地。淋溶流失的氮素形态以颗粒氮次之，占比 12% ~ 19%，平地略大于坡地。铵态氮的流失量仅占氮的总流失的小部分，为 1% ~ 2%。通过径流流失的氮素远小于淋溶流失，仅占总氮流失量的 16%。坡地土壤氮径流流失量要高于平地，分别为 2.84 kg/hm^2 和 1.51 kg/hm^2，高出 88%。径流流失的氮素形式主要为铵态氮和颗粒氮，占比分别为 47% ~ 62% 和 21% ~ 32%，均表现为坡地大于平地。硝态氮通过径流流失量相对较低，占比为 7% ~ 32%，坡地小于平地。

对于磷素来说（图 2-3），淋溶并非土壤磷流失的主要方式，仅平均占到磷总流失量的 7%。平地土壤磷通过向下淋溶方式流失的量要远大于坡地，其中，颗粒磷为主要流失形态，占淋溶总流失量的 75% ~ 80%，而淋溶流失的溶解性磷绝对量同样表现为平地高于坡地。通过径流方式流失的磷是本研究土壤产生磷流失的主要途径，平均占总流失量的 93%。坡地土壤磷通过径流方式流失的量要高于平地，高出 75%。颗粒磷同样为径流流失磷的主要形态，占总流失量的 85% ~ 86%，而溶解性磷仅占 14% ~ 15%。

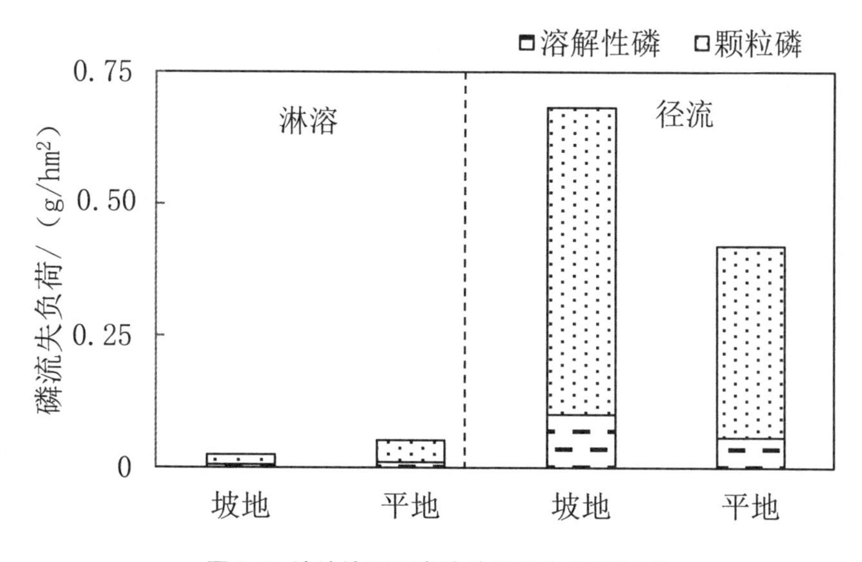

图 2-3 铁岭地区玉米地磷素流失负荷组成

综合以上数据来看，东北地区玉米田氮磷污染在不同地区和不同研究中结果相对一致，氮素污染负荷高于磷素，其数值现状虽然在全国范围内来看并非为最高者，但是由于近些年东北地区粮食生产压力日趋增加，氮磷污染负荷有增高的趋势，对环境的影响不容小觑。

2.1.3 玉米田面源污染成因

玉米田面源污染是受到多种自然和人为因素的相互作用而形成的，决定其发生的根本原因主要在于土壤中存在水分的运动和容易随水运动的污染物（包括易溶解部分和吸附在土壤颗粒上的部分），因此，玉米田面源污染物的损失程度是影响这两方面的所有因素的综合结果。可以将这些影响因素分为自然因素，包括降雨情况和冻融作用；以及人为因素，包括提供/增加面源污染来源的（施肥、农药、秸秆、粪污、农膜）和增强面源污染途径的（耕作）措施等。

自然因素中降水给土壤带来的水分是玉米田中产生面源污染的基本动力，也是影响面源污染程度最敏感的环境因素（朱波等，2013）。旱田土壤在湿润的条件下，如果土壤中水分继续增加至过多，氮磷等养分会随着水分发生移动，发生氮磷的流失现象，因此，农田氮磷引起的面源污染主要发生在降水较多的年份和季节。特别是东北地区具有雨热同季的特点，全年的大部分降雨集中发生在7、8月份，为面源污染的发生提供了良好的水分动力条件。对于东北地区玉米田来说，冬季发生的降水以固态形式存在于地表或土壤表层，只有在春季气温升高之后，水分融化才会产生移动的水分。然而，也正因为整个冬季积累的水分在春季升温相对较短的时间内得到释放，加之冻融作用对土壤团粒结构的破坏作用，土壤保持水分和养分的能力下降，因此，这时候往往也会产生较为严重的面源污染。以上降雨集中和冻融作用也是引起东北地区玉米田发生面源污染的环境因素。

人为因素成因是玉米田发生面源污染的根本原因。多年来，在农业生产过程中，人们单纯为了追求产量而大量施用的化肥、农药、地膜以及无序使用的秸秆和集约化养殖废弃物等人为投入品组成了导致玉米田面源污染的最主要来源，对环境产生了严重的影响。

2.1.3.1 化肥施用现状

化肥的大量施用会严重降低土壤肥力水平，影响玉米产量稳定性，而农民为了保障产量往往会进一步加大化肥投入，从而形成了“化肥投入增加—土壤肥力降低—面源污染加重”的恶性循环。因此，玉米田面源污染的形成的主要原因之一是化肥的大量施用。虽然，国家和地方政府不断下大力气在政策上对农民的化肥替代及其施肥量的减量控制进行鼓励和倡导，但是近9年来，东北三省的化肥使用情况仍居高不下（表2-1），其中氮肥和磷肥以黑龙江的总施用量最高，而复合肥则吉林最高。东北地区的氮肥和磷肥的施用量在2013和2014年达到顶点之后有所下降，但是仍处于高水平。然而，近年来，单纯的氮肥和磷肥有被复合肥替代的趋势，复合肥的施用量至2018年一直处于较快增长的过程。这导致最终的总化肥施用量并未减少，仍维持高水平，进而会导致面源污染的高风险现状不断持续下去。

表 2-1 东北三省 2010—2018 年氮肥、磷肥和复合肥的年施用量情况

单位：万 t

肥料种类	省区	2010 年	2011 年	2012 年	2013 年	2014 年	2015 年	2016 年	2017 年	2018 年
氮肥	黑龙江	77.35	81.90	85.98	86.78	88.95	88.46	87.10	85.45	83.56
	吉林	66.89	69.38	70.97	71.45	70.40	69.06	66.87	63.28	58.39
	辽宁	68.32	69.73	68.28	70.08	67.95	65.57	60.49	56.93	54.83
	总计	212.60	221.00	225.20	228.30	227.30	223.10	214.50	205.70	196.80
磷肥	黑龙江	47.40	49.07	51.05	50.85	52.41	52.11	50.70	52.58	49.48
	吉林	6.63	6.82	6.97	7.08	7.16	7.00	6.95	6.54	6.29
	辽宁	11.44	12.15	12.21	12.23	12.14	11.76	10.75	10.03	9.98
	总计	65.47	68.04	70.23	70.16	71.71	70.87	68.40	69.15	65.75
复合肥	黑龙江	59.35	63.36	67.54	70.35	72.72	77.47	78.58	77.55	77.92
	吉林	97.09	105.8	114.4	123.6	133.4	139.8	144.6	146.1	149.6
	辽宁	48.08	50.37	53.55	55.96	58.60	61.98	65.19	66.83	68.38
	总计	204.50	219.50	235.50	249.90	264.80	279.20	288.40	290.50	295.90

注：氮肥、磷肥和复合肥均为折纯量，数据来自国家统计局。

2.1.3.2 农药施用现状

喷洒的农药大多数都会进入土壤或弥散于空气中形成面源污染。研究表明，喷施的农药中，仅有 10% 左右的粉剂和 20% 左右的液体药剂附着在植物体上，最终有 1% ~ 4% 接触目标害虫，而剩余的 40% ~ 60% 降落到地面，5% ~ 30% 漂浮于空中，因此，总体平均约有 80% 的农药直接进入环境大气和土壤中，影响地下水和地表水水质（赵同科和张强，2004）。由此看来，大部分喷洒的农药均未作用于目标害虫，而是对环境产生危害，形成严重的面源污染。据国家统计局数据（表 2-2），东北三省的农药用量以黑龙江的总用量较高，近年的农药使用量变化与氮磷化肥用量基本同步，在 2014 年左右达到顶峰后至 2018 年有所下降，但仍维持在 9 年前的较高水平。

表 2-2 东北三省 2010—2018 年农药的年施用量情况

单位：万 t

省区	2010 年	2011 年	2012 年	2013 年	2014 年	2015 年	2016 年	2017 年	2018 年
黑龙江	7.38	7.80	8.05	8.40	8.74	8.29	8.25	8.32	7.42
吉林	4.28	4.56	5.12	5.69	5.95	6.23	5.85	5.63	5.10
辽宁	6.94	5.66	5.91	6.00	6.03	5.99	5.63	5.75	5.51
总计	18.60	18.02	19.08	20.09	20.72	20.51	19.73	19.70	18.03

注：数据来自国家统计局。

2.1.3.3 农业废弃物现状

农业生产产生的废弃物包括畜禽粪便和秸秆等，含有丰富的养分物质，但是如果利用不当，被随意排放到环境中便会产生严重的面源污染问题。近些年，东北地区畜禽养殖业和种植业的迅速发展导致畜禽粪便和秸秆的产量快速提升，也造成东北地区遭受面源污染的环境压力日趋严重。

畜禽粪便对面源污染的贡献主要在于生物 / 化学需氧量以及氮、磷养分等方面，但一般在核算大面积区域畜禽粪便时会将不同种类的畜禽粪便统一折算为以氮量为基准的猪粪当量。据估算，东北地区 2016 年由家养畜禽产生的畜禽粪尿折算的猪粪当量（氮）及其氮养分量分别为 3.87×10^4 万 t 和 2.13×10^2 万 t（刘晓永等，2018），其氮含量已经与当年东北地区氮肥施用折纯量持平，这无疑会在氮肥施用过量的背景下进一步造成面源污染风险的加剧。

秸秆资源的无序堆放和焚烧不仅是严重的资源浪费，也会产生严重的面源污染。按照玉米草谷比 1.04 进行估算，东北地区产生的秸秆资源非常丰富，尤其是玉米田（表 2-3）。2010—2018 东北三省的秸秆产量基本处于上升的趋势，近些年已经接近 1 亿 t 秸秆，这在为东北地区的秸秆利用提供了充足资源的同时，也对面源污染的控制工作提出了更加严峻的挑战。

表 2-3 东北三省 2010—2018 年玉米秸秆年生产量情况

单位：10^3 万 t

省区	2010 年	2011 年	2012 年	2013 年	2014 年	2015 年	2016 年	2017 年	2018 年
黑龙江	2.61	3.04	3.42	3.88	4.09	4.45	4.07	3.85	4.14
吉林	2.07	2.49	2.82	3.10	3.12	3.26	3.42	3.38	2.91
辽宁	1.30	1.57	1.68	1.88	1.44	1.77	1.88	1.86	1.73
总计	5.99	7.11	7.92	8.87	8.65	9.48	9.37	9.09	8.78

注：数据通过国家统计局提供的玉米产量进行折算。

2.1.3.4 农膜污染现状

残留农膜能够影响播种质量和作物出苗，阻碍作物根系生长，影响水分和养分吸收。研究表明，土壤中残膜由5年累积量递增至20年累积量时，可使玉米减产由7.17%增至21.31%，地膜残留量越多，对作物产量的影响越大（程红玉等，2019）。残留农膜阻隔土壤颗粒之间的团聚，对土壤结构具有破坏作用，降低土壤抗蚀性。破碎的和部分分解后的残膜增加农药和重金属在土壤中的残留，其本身还会释放邻苯二甲酸酯类化合物(PAEs)到土壤中，对土壤形成直接污染。农膜污染已经逐渐成为面源污染的重要组成部分。我国农膜回收利用率不足2/3，使用农膜的土壤中膜残留可高达260 kg/hm^2。东北三省2010—2018年的农膜使用量情况如表2-4所示，其中以辽宁省农膜使用量最高，同样9年间的变化在2013年出现顶峰之后逐渐下降，但仍然保持9年前的较高水平。因此，东北三省的农膜污染仍然处于较高水平。

表2-4 东北三省2010—2018年农膜的年使用量情况

单位：万t

省区	2010年	2011年	2012年	2013年	2014年	2015年	2016年	2017年	2018年
黑龙江	6.94	7.56	8.46	8.54	8.44	8.31	8.26	7.98	7.74
吉林	5.26	5.71	5.67	5.85	5.79	5.92	5.96	6.08	5.62
辽宁	12.54	14.33	14.51	14.61	14.62	14.19	13.73	12.48	11.80
总计	24.73	27.60	28.63	28.99	28.85	28.42	27.94	26.53	25.16

注：数据来自国家统计局。

2.1.4 玉米田面源污染控制措施

2.1.4.1 化肥施用的源头控制

合理施用化肥可以提高肥料利用效率，减少肥料浪费，是既能维持作物产量高水平，又能减少肥料环境污染的重要手段。化肥施用过多，对作物产量增长无贡献，反而造成投入成本的提高以及过多氮素和磷素在土壤中的残留，形成高氮、磷素流失风险，因此，化肥的减量施用成为阻控面源污染的首选手段。目前，由于氮肥的施用量远高于磷肥等其他肥料（表2-1），氮肥的减量施用也是阻控面源污染的重要措施。现有减量施肥研究的处理方式大多集中于在当地施肥基础上进行20% ~ 30%的减量处理，但也有达到50%的高水平减量处理，而多数研究结果表明减量施肥是保持作物产量稳定、减缓面源污染行之有效的措施（唐珧等，2017）。

减量施肥是减少多余氮、磷素流失，从源头上阻止面源污染的直接办法，而平衡施肥也能在一定程度上达成这种从源头上控制面源污染的目的。平衡施肥与减量施肥相比，也是通过调配施肥量提高肥料利用率，然而，平衡施肥更注重不同肥料养分元素之间的平衡性，是要按照作物需肥规律、土壤供肥能力与肥料效应提出氮、磷等养分元素的适用比例，而这种比例搭配可以提高作物对肥料养分元素的充分吸收，降低肥料在土壤中的残留，达到面源污染的源头控制目的。

此外，近些年不断发展起来的新型肥料——缓/控释肥，在提高氮肥利用率和防控面源污染上受到了广泛的关注。缓释和控释肥料是那些所含养分在施肥后能缓慢被作物吸收与利用，比速效肥（例如硝铵、尿素、氯化钾）有更长效释肥能力的肥料。理想的缓/控释肥能够达成养分释放与作物吸收的同步，使加入的肥料养分得到充分利用。缓/控释氮肥一方面可以通过包膜缓慢释放氮素，提高氮素利用率和在土壤中的固持；另一方面还可以通过相关抑制剂抑制土壤铵态氮向硝态氮氧化，减少土壤硝态氮的积累，从而减少氮肥以硝态氮形式流失。

2.1.4.2 农药的替代和新型农药的应用

农药面源污染的控制需要在病、虫、草害的防治中采用“预防为主、综合防治”的植保方针，下大力气控制农药的盲目施用，减少农药使用量，同时为了保障病虫害的防治，还应结合农业技术措施，不断开发和应用物理防治、生物防治等农药替代措施以及低毒高效环境友好的新型农药等。

替代农药的措施主要是通过实施一些农业技术措施和物理、生物措施来达到防治病虫害的目的，进而达到减少或者不施农药的目的。农业技术措施包括选用抗病虫品种、轮作和深翻等措施，也可以通过调控好田间水肥条件，提高作物自身的抗病能力，进而减少农药使用量。物理防治措施是利用器械进行物理阻隔或者通过物理因素（光、热、电、温度和放射能等）来捕杀、防避或消除病虫害，包括诱/捕杀法、遮断法、温/湿度处理法等，如防虫网遮断、黄板诱杀、灯光诱杀、陷阱捕杀和蒸汽消毒等措施。生物防治措施则是基于自然界生物间的捕食和寄生等种间平衡关系，充分利用自然生态系统的自我调节和内部制衡作用，将病虫害调控在生产可允许范围。如赤眼蜂防治毛毛虫、瓢虫和草蛉防治蚜虫等。目前，生物防治已经不再局限于某一两种天敌对害虫的捕食压制，而是向建立农田生物多样性的方向发展，从种内遗传多样性、物种多样性、农田景观多样性等多个层次，系统性建立农田自身的稳定生态系统，充分发挥农业生物多样性调控作物，控制好农田病虫害的发生，最终杜绝农药对农田环境的污染（初炳瑶等，2020）。

然而，当前物理防控和生物防控还不能完全替代农药来满足对病虫害防治的需求，因此我们还应探索研发低毒高效环境友好的新型农药。首先，采用天然植物性或动物性来源农药。除虫菊、苦参碱、印楝素等植物源农药在我国具有较好的应用历史基础，具有良好的杀虫、杀菌、杀线虫活性，并具有良好的环境友好特性。动物性来源药剂则主要是通过研发提取一些特异性杀虫剂、杀菌剂，如引诱剂、驱避剂、绝育剂等信息素，通过激素诱杀、驱避害虫，达到无毒无残无污染害虫控制目的。其次，研发新型高效高选择性农药。大力减少化学农药投入量需要研发出低剂量高效率新型农药，也要在农药的毒性、对作物的安全性和环境保护上做出努力。目前，已出现较多低毒农药品种，且具有较高的靶标特异性。其剂型也正朝着减轻环境污染压力的水基化、无粉尘化、超微化方向发展。最后，近些年，在减少农药使用量的目标基础上，农药也对标化肥朝着具有缓 / 控释性质方向发展。缓 / 控释农药主要包括物理型缓 / 控释农药和化学键合缓控释农药两种，前者又包括微胶囊型、吸附型、均一混溶型和包合型等，后者包括农药自身聚合或缩聚型、与高分子化合物的直接结合和络合型等（李文明等，2014）。应用缓 / 控释农药对农药面源污染的控制主要在于缓 / 控释载体的包封能够提高农药有效成分的化学稳定性和生物活性，显著延长农药的有效期，进而较常规农药大幅减少了喷施次数和用量，同时，还降低有效成分的毒性，提高其安全性（申越等，2020）。

2.1.4.3 农业废弃物合理应用

畜禽粪便和秸秆等农业废弃物中均含有高量的有机质（能量）和养分，这是它们之所以会造成环境面源污染的原因，但也是它们可以进行资源化利用的基础。目前，农业废弃物普遍被认为均可以通过肥料化、饲料化和燃料化得以合理利用，来取代其被释放至环境中去。

首先，肥料化利用。畜禽粪便和秸秆均可以进行肥料化利用，但是按照它们各自物理化学特征其利用方式又有所不同。前者一般需要通过自然堆沤腐熟法、生物好氧高温发酵法等处理后还田；后者则可以直接还田，或通过堆沤或牲畜过腹还田，亦可以进行焚烧还田。但秸秆焚烧已经成为引起雾霾等大气污染的重要原因，因此，国家已经明令禁止秸秆的露天焚烧。目前，东北玉米田对于秸秆的肥料化利用主要依赖于直接还田方式，包括免耕直还、深翻压土、粉碎还田、整株条带还田等，需要根据不同地区条件来具体选择。此外，近些年，通过高温热裂解作用将秸秆转化为生物炭，以及以此生产的炭基肥均可以作为提升农田土壤肥力的肥料来源，并受到了越来越多的关注（陈温福等，2014）。

其次，饲料化利用。这主要是利用秸秆作为饲料来提高秸秆利用的附加值，但是由于秸秆本身木质素和粗纤维素含量较高，而蛋白质含量较低，因此作为饲料之前一般可以通过厌氧青贮发酵等方式来改善其营养组成。对于干燥后的畜禽粪便来说，尤其是鸡粪，虽然其蛋白质、脂肪、维生素和矿物质等养分含量较高，经过加工后可以成为较好的饲料，但是由于适口性、病原菌、抗生素等问题，一般不进行饲料化利用（廖青等，2013）。

最后，燃料化利用。畜禽粪便主要是通过厌氧发酵产生沼气提供生活用燃气实现其燃料化利用过程，也有部分地区直接利用干燥的牛粪等作为燃料。而秸秆的燃料化途径相对丰富。秸秆进行压缩成型后可直接作为供热和供电燃料；秸秆还可以通过微生物发酵转化技术产生沼气、氢气、乙醇并作为生物柴油的重要原料等，生产高能量燃料成为化石燃料这种不可再生资源的替代。

2.1.4.4 农膜回收及可降解膜应用

传统农膜十分稳定，导致其在土壤中滞留时间较长。因此防治农膜污染的首要措施是对其进行回收，而农膜回收的关键之一在于使用的农膜厚度要达到可回收标准。农膜过薄造成其抗拉强度低、易破碎，导致回收困难。因此，应严格限制过薄农膜的生产和应用。目前，我国已经于 2017 年出台新的国家标准《聚乙烯吹塑农用地面覆盖薄膜》（GB 13735—2017），强制规定农用地膜厚度不得低于 0.010 mm，而原来市场销售的地膜厚度仅有 0.005 mm。新标准还对其力学性能进行了要求，确保农膜的抗拉性等物理性能利于农膜的回收。

当前传统农膜的回收仍以人工和简单的机械为主，效率低下。残留的农膜年年累积也会造成潜在的面源污染风险，因此，在传统农膜得到回收的基础上，开发利用可降解环保型农膜，是今后农膜行业发展的大势所趋。可降解地膜分为天然生物质为原料的可降解地膜和石化基为原料的可降解地膜两种，前者包括淀粉基膜和植物纤维农膜等，是由一定比例的淀粉混合聚合物烯烃制备，或由淀粉、植物纤维等聚合制备；后者则包括聚己内酯、聚乙烯醇、聚羟基烷酸酯等由煤、石油和天然气等为原材料加工的石化产品聚合和缩聚制备而来，它们在自然界中能够很快被分解和被微生物利用，具有良好可降解特征和环境友好特性（严昌荣等，2016；师岩等，2020）。

2.1.4.5 玉米田面源污染综合防控技术

总的来说，针对包括东北玉米田在内的不同地区的面源污染的防治措施，科研人员已经展开了丰富的研究，提出了多种多样的技术措施，并取得了阶段性成效。然而，许多研究针对单个防控技术措施的实施效果所得出的结论并不统一，其原因大多是防控技术所实施的环境条件不同，这表明单个防控技术的环境适应性较弱。对单个防控技术措施进行优化组合、组装和集成，形成综合防控技术体系，可以扬长避短，发挥各项技术措施的优点，提高防控技术措施的应用效果，是提高不同防控技术对不同环境适应性的一种有益尝试。

不同防治技术措施的组合对于应对区域面源污染还具有更高的效率和更优的效果。肖波等（2013）将保护性耕作和等高草篱种植两种控制氮磷流失的措施进行结合研究发现，综合措施对坡耕地水土及氮磷养分流失的阻控作用要明显大于二者单独实施时的效果。蒲玉琳（2013）也指出由不同品种植物构建的植物篱与等高耕作相结合组装成的植物篱 - 农作模式，对坡耕地的面源污染控制在氮磷流失负荷、土壤综合抗蚀性和坡耕地综合生态效益等方面要全面优于单独的等高耕作措施。还有研究者对化肥减量和秸秆还田两项措施组合的氮、磷流失风险综合阻控效应进行研究发现，二者的组合对易于移动的硝态氮累积流失量以及总磷的流失量的减弱程度要显著高于单独的化肥减量措施（王志荣等，2019）。因此，对现有的技术措施和模式进行整合，探讨出一套有效的控制水土流失和养分流失的综合技术措施是必要的（吴电明等，2009）。

综合来看，把分散的防控技术措施进行综合的组装集成对玉米田面源污染防控具有极大的积极意义，是提高不同技术措施的普适性及其防治效果的重要途径，这也是“十三五”重点研发计划“农业面源和重金属污染农田综合防治与修复技术”专项重要目标之一。因此，为了构建东北玉米田面源污染防控体系，本文从东北地区受到冻融条件影响的环境特征及在不同地形条件下具有典型污染特征的角度考虑，以不同的氮磷流失防控机制为切入点，在田间试验基础上，提出了多种面源污染防控技术模式的组装和集成，以期为东北地区玉米田面源污染防治工作提供借鉴。

2.2 冻融交替对玉米田土壤氮磷的影响

2.2.1 东北玉米田土壤冻融特征分析

冻土分为季节性冻土和多年冻土两大类。东北地区多年冻土主要分布在大、小兴安岭北部以北，及南部的中山和局部山地上部（魏智等，2011），其余地区均属于季节性冻土。玉米田基本上位于季节性冻土区。

季节性冻土冻结深度分布规律主要受纬度、海拔等地理因素影响。冻土深度随纬度升高而递增，即从东北地区南部到北部冻层深度逐渐增加；同纬度条件下，海拔越高冻土深度越深（任景全等，2020；晁华等，2019）。东北地区玉米田的冻层深度南部边缘为 1 m，三江平原北部、小兴安岭南部冻层深度大约 2 m。同纬度上坡耕地冻层深度大于平原耕地冻层深度。

以辽宁省铁岭地区监测为例，可将一个冻融期大致分为三个主要时期：冻结初期、稳定冻融期、融化期。冻结初期是在入冬以后，气温开始在 0 ℃上下波动，日间气温在 0 ℃以上，夜间气温降到 0 ℃以下，表层土壤温度随气温的昼夜波动而变化，出现夜冻昼化的现象，直至土壤表层吸收的热量低于夜间散发的热量，表土开始形成白天不融化的冻结层，冻结初期即结束。图 2-4 是铁岭张庄玉米田 2019—2020 年的土壤冻层深度变化图，从 2019 年 11 月初开始观测，坡耕地较平地先出现冻结，直到 11 月末，坡耕地与平地均出现冻结层。

12 月开始，坡耕地和平地均开始进入稳定冻融期，随着气温的降低，土壤温度降低，冻层厚度逐步增加，一直到 2020 年 1 月底，冻层深度不断加深，在 2 月份冻结深度达到最大，并保持稳定。这一时期属于稳定冻融期。

融化期在进入 3 月份开始。春季到来，太阳辐射逐渐增强，气温上升，表层土壤吸收的热量大于夜间散发的热量，积温升高，部分表层土壤开始融化，夜间气温仍在 0 ℃以下，表土再次出现夜冻昼化的现象。但是，土壤融化时不再是单一方向融化，而是呈现“两头化”特征，从图 2-4 可知，冻土融化先从冻层底部开始，而后表层土壤开始解冻，当表层土壤开始融化后，其融化速度要快于冻土底部，这与任景全等（2019）的研究结果一致。这种现象的出现可能是由于最大深度冻层土壤温度高于地表温度，底层土壤先融化，随着气温回升，地表温度上升速度快，导致表层土壤融化速度快于底层。

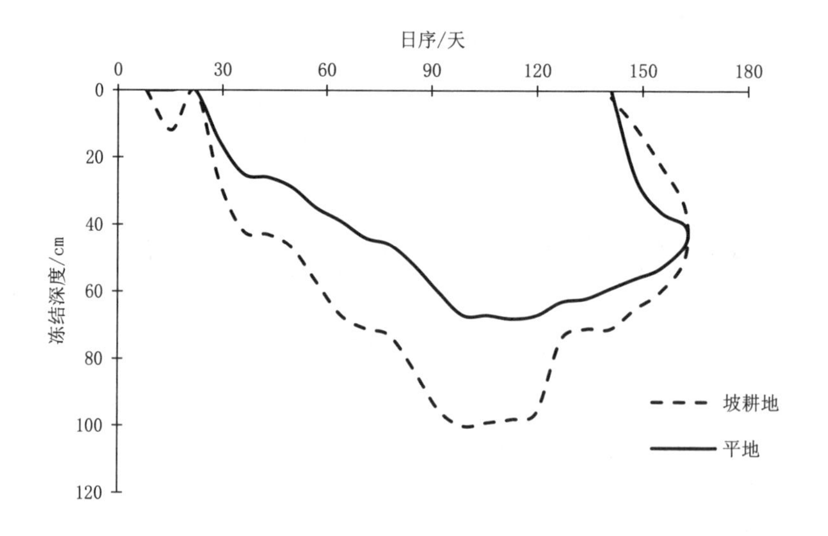

图 2-4 平地和坡耕地玉米田冻融期内土壤冻层深度变化图（铁岭试验地）

2.2.2 冻融交替对玉米田土壤氮素的影响

有研究表明，20% ~ 50% 的氮循环过程发生在冬季（Hirai et al.，2007）。冻融过程不仅直接影响非生长季的氮循环，频繁的冻融对土壤系统的影响会延续到其后的生长季，因此，研究冻融期土壤氮素变化规律更具实际意义。已有的有关冻融对氮素影响的研究基本涉及实验室内模拟冻融循环和原位监测两种方法，本文即从这两个方面展开阐述。

2.2.2.1 实验室模拟冻融交替对玉米田土壤氮素的影响

本课题采集辽宁地区的棕壤展开室内冻融循环试验，设置 5 种不同氮含量的土壤放置于冻融机内，高温设置 5 ℃，低温设置 -20 ℃，当达到预设温度后稳定 12 h，冻融循环 20 次。在冻融交替处理后土壤样品中全氮含量变化如图 2-5 所示。20 次冻融交替后土壤全氮含量相对于初始含量均呈下降趋势，质量分数下降区间为 1.26% ~ 6.60%。黄擎等（2015）对东北地区的黑土冻融交替处理后全氮含量相对于初始含量均呈下降趋势，全氮质量分数下降 1.7% ~ 12.6%。造成全氮量减少的原因可能是冻融使得土壤中水分冻结，扩大了土壤中的缺氧区域，增强了土壤中的反硝化过程，致使更多氮素转化为 N_2O 气体储存在冰层中，当土壤冰层融化时，这些 N_2O 气体便得以流失到大气中，从而造成土壤全氮的减少（Tatti et al.，2014）。

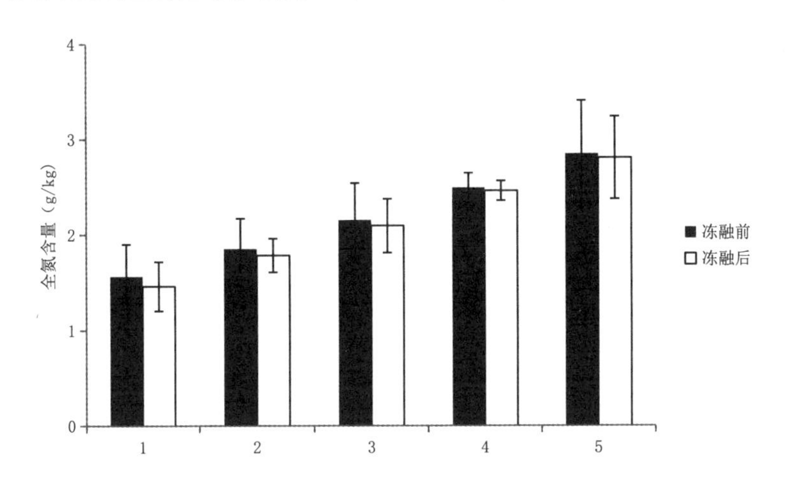

图 2-5 冻融交替对全氮含量的影响

根据试验结果可知，土壤硝态氮含量表现出一致的变化规律，均有不同程度的增加，增长率区间为 16.95% ~ 86.60%（图 2-6）。土壤铵态氮含量也均有所增加，增长幅度区间为 60.25% ~ 93.30%（图 2-7）。查找到有关东北地区土壤的室内冻融循环试验文献 7 篇（表 2-5），冻融循环结束后，硝态氮含量均较初始含量有所升高，但在冻融循环过程中并未呈现一直增加的趋势；铵态氮含量较初始含量有增加的，也有降低的。这是由于冻融交替通过改变土壤水分状况和分布，直接影响土壤理化性质和微生物活动，导致土壤养分含量的变化。

冻融交替改变土壤水分状况，影响土壤理化性质，导致土壤氮含量变化。土壤冻结时，土壤水分由液态变成固态，产生膨胀力，破坏土壤大团聚体结构成为微团聚体，导致土壤比表面积增大，促进铵态氮和硝态氮的解吸（Fu et al.，2019）。土壤含水量越高，其产生的冰膨胀力越大，对土壤大团聚体的破坏程度越强。与此同时，土壤大团聚体中含有大量的硝态氮和铵态氮的水分被释放出来。此外，冻融循环可能导致晶格开放，释放出固定的铵态氮。

冻融循环增强了微生物活性，引发土壤氮素转化。冻融过程中，一部分微生物因为低温死亡，造成细胞破裂，直接释放出部分无机氮到土壤中，而在低温下生存下来的微生物，利用死亡的微生物裂解细胞、凋落物或腐殖质作为营养物质，增加了微生物活性，促进土壤矿化氮的增加。

表 2-5 东北地区土壤冻融循环后铵态氮和硝态氮变化表（室内试验）

土壤来源	冻结时土壤温度 /℃	融化时土壤温度 /℃	循环次数	冻结时长 /h	铵态氮含量变化	硝态氮含量变化	参考文献
吉林农业大学附近玉米耕作黑土	-20	4	6	240	总体降低	总体升高	魏丽红，2004
吉林省松辽平原中部玉米耕层土壤	-25 -10	5	8	48	先降低后上升，总体升高	先波动后上升，总体升高	李源等，2014
黑龙江小兴安岭湿地土壤	-25 -5	5	9	24	先升高后降低，总体升高	先降低后升高，总体升高	郭冬楠等，2015
辽宁沈阳农业大学试验站旱田棕壤	-15 -4	2 5	10	144	总体升高	总体升高	隽英华等，2015
黑龙江克山农场玉米耕作黑土	-15	5	12	24	总体降低	总体升高	单博等，2018
辽宁省昌图耕作土壤	-15 -9 -3	2 5	NA	144	总体升高	总体升高	Jiang et al.，2018
东北松嫩平原东北农业大学基地黑土	-20	10	9	48	先升高后降低，总体升高	先升高后降低，总体升高	Fu et al.，2019

冻融循环增强了土壤的反硝化作用。土壤冻结过程中，土壤水分冻结，氧气含量减少，反硝化作用增强，反硝化过程强于硝化过程，此时不利于硝态氮的累积，造成冻融循环处理初期土壤硝态氮含量下降。此外，有研究表明，在不同冻融条件下，土壤氮矿化过程以铵态氮为主，也可能是造成土壤硝态氮含量降低的原因之一（Grogan et al.，2004）。但随着冻融循环次数的增加，土壤中硝化底物逐渐增加，刺激了土壤中硝酸还原酶的活性，硝态氮含量呈上升态势，当冻融循环结束后，土壤硝态氮含量高于初始含量（郭冬楠等，2015）。

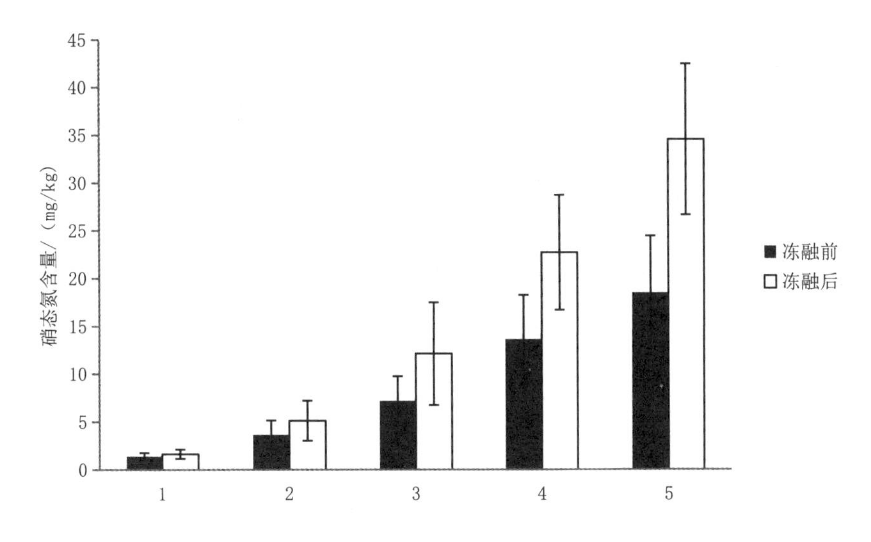

图 2-6 冻融交替对硝态氮含量的影响

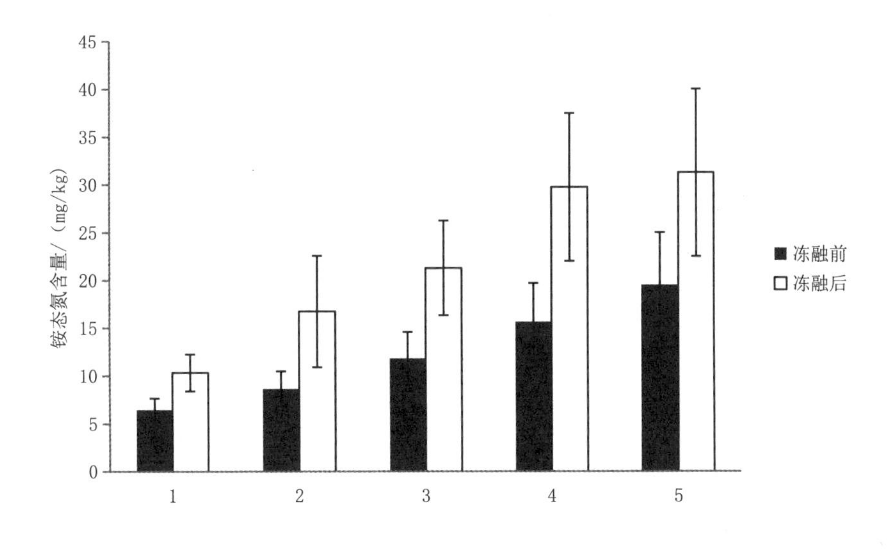

图 2-7 冻融交替对铵态氮含量的影响

2.2.2.2 原位监测冻融交替对玉米田土壤氮素的影响

以辽宁省铁岭地区冻融监测为例，共设置了 5 个氮肥处理，分别为施加氮肥（N）0 kg/hm²、75 kg/hm²、150 kg/hm²、225 kg/hm² 和 300 kg/hm²。在玉米收获后的 10 月份（冻融前），以及第二年玉米种植前的 4 月份（冻融后），采集深度 0 ~ 100 cm 的土壤样品，并对土壤样品的氮素进行检测。

冻融前不同氮肥处理下的土壤硝态氮含量分布如图 2-8 所示，在垂直方向上，土壤硝态氮含量与土层深度相关，基本上随深度的增加呈下降趋势。在水平方向上，随着氮肥施入量的增加，玉米收获后残留在土壤中的硝态氮含量也基本呈现增加的趋势。冻融后不同氮肥处理下的硝态氮含量分布如图 2-9 所示，土壤硝态氮含量基本随土层深度的增加而减少，施加氮肥 225 kg/hm^2 处理的分布趋势不同有可能是在冻融过程中硝态氮随水分向下迁移造成的。对比冻融前后土壤硝态氮含量，冻融后土壤硝态氮含量较冻融前大致呈现出增长的趋势，这与实验室冻融交替试验结果一致。

随着土壤深度的增加，土壤铵态氮含量大致呈现递减趋势，如图 2-10。土壤表层 0 ~ 20 cm 铵态氮含量与施氮量呈正相关关系。冻融后土壤铵态氮含量较冻融前均有不同程度减少，与硝态氮变化相反，可能是由于在冻融过程中，硝化过程强于反硝化过程，造成硝态氮增加，铵态氮减少，如图 2-11。但与土壤深度相关性较弱，与铵态氮随水分迁移有关。

笔者课题组研究表明，径流流失和淋溶流失中硝态氮是氮素的主要流失形式。玉米田土壤原位监测结果显示，整个冻融期土壤中硝态氮含量呈增加态势，使得土壤氮素流失风险加剧。

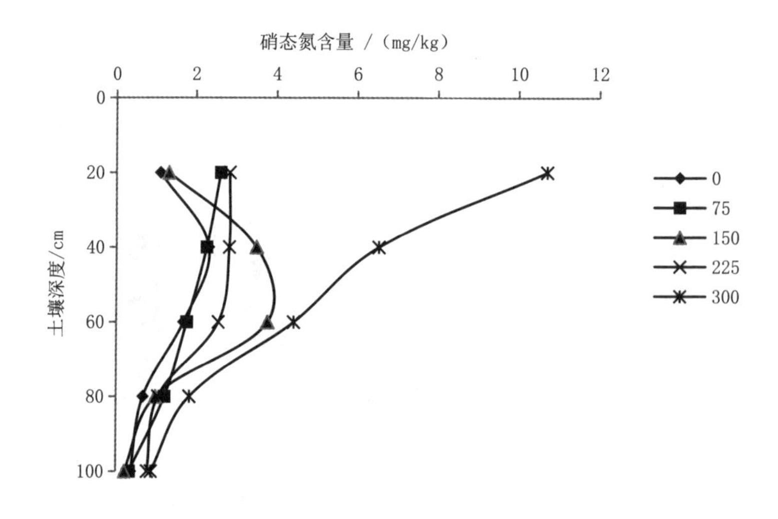

图 2-8 冻融期开始前不同的氮肥施用量下土壤硝态氮含量分布图

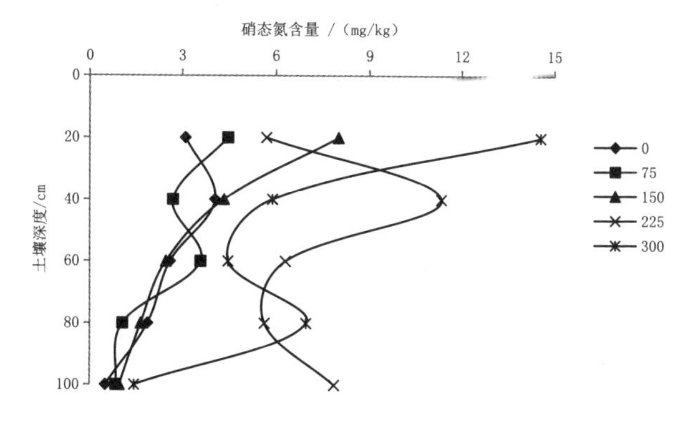

图 2-9 冻融期结束后不同的氮肥施用量下土壤硝态氮含量分布图

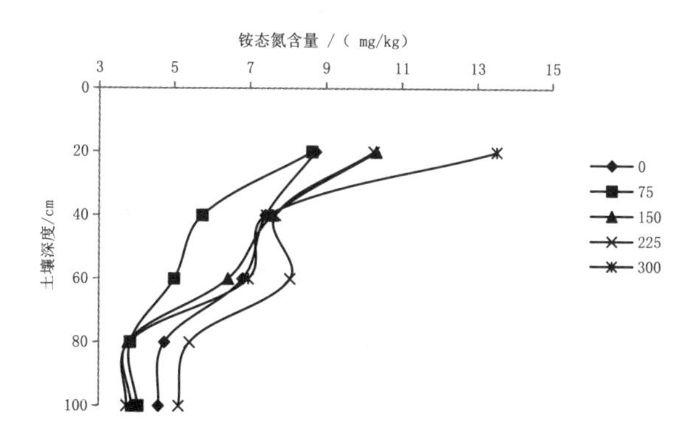

图 2-10 冻融期开始前不同的氮肥施用量下土壤铵态氮含量分布图

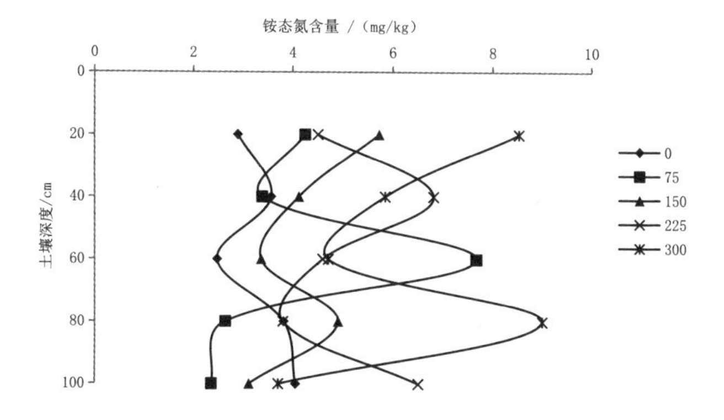

图 2-11 冻融期结束后不同的氮肥施用量下土壤铵态氮含量分布图

2.2.3 冻融交替对玉米田土壤磷素的影响

磷是农作物生长必需的营养元素之一，也是水体富营养化的主要原因之一。季节性冻融交替改变了土壤理化性质和生物地球化学过程，不可避免地影响了土壤磷的空间分布。因此，研究冻融期土壤磷素变化规律对磷肥管理具有重要意义。有关冻融对磷素影响的研究基本涉及实验室内模拟冻融循环和原位监测两种方法，本节即从这两个方面展开阐述。

2.2.3.1 实验室模拟冻融交替对玉米田土壤磷素的影响

本课题采集辽宁地区的棕壤展开室内冻融循环试验，设置 5 种不同磷含量的土壤放置于冻融机内，高温设置 5 ℃，低温设置 -20 ℃，当达到预设温度后稳定 12 h，冻融循环 20 次。在冻融交替处理后土壤样品中全磷和有效磷含量变化如图 2-12 和图 2-13 所示。

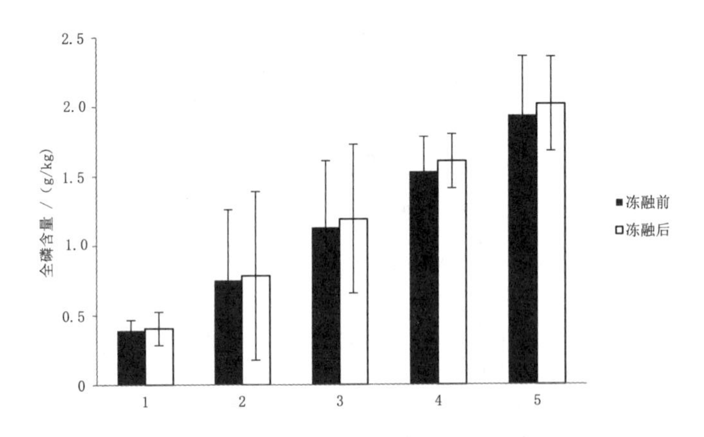

图 2-12 冻融交替对全磷含量的影响

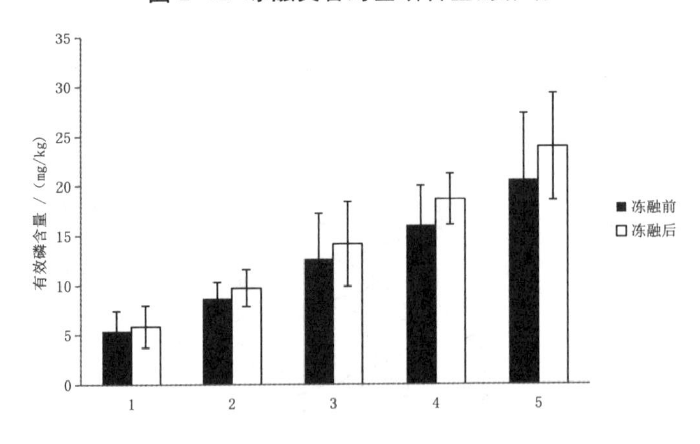

图 2-13 冻融交替对有效磷含量的影响

实验结果如图 2-12 所示，土壤全磷含量均有不同程度的增加，增加幅度在 2.0% ~ 7.3% 之间。图 2-13 为冻融交替处理后土样中有效磷含量变化图，与冻融前相比，冻融后的有效磷含量均有显著增加，有效磷含量增长率为 4.17% ~ 26.59%。与胡钰等（2012）的研究结果一致。曹湘英等（2018）研究表明经过一个季节性冻融期后有效磷含量高于未冻融时期，但在冻结过程中各层土壤有效磷含量变化表现为先上升后下降，融化期又呈现上升趋势。

冻融交替使得土壤全磷含量增加，胡钰等（2012）认为是冻融交替破坏了土壤大团聚体和土壤全磷检测方法共同作用的，冻融作用使得土壤大团聚体被破坏，成为微团聚体，在同样的不太充分的消煮时间条件下，微团聚体中的磷释放出来更加充分。有效磷含量的增加主要是由于冻融交替改变了土壤中磷素的吸附 - 解吸特征并加速了不同形态磷组分之间的转化。

2.2.3.2 原位监测冻融交替对玉米田土壤磷素的影响

以辽宁省铁岭地区冻融监测为例，共设置了 5 个磷肥处理，分别为施加磷 肥（P_2O_5）0 kg/hm^2、30 kg/hm^2、60 kg/hm^2、90 kg/hm^2 和 120 kg/hm^2。在玉米收获后的 10 月份（冻融前），以及第二年玉米种植前的 4 月份（冻融后），采集深度 0 ~ 100 cm 的土壤样品，并对土壤样品的有效磷含量进行检测。

有效磷含量分布情况如图 2-14 和图 2-15 所示。在垂直方向上，土壤有效磷含量与土层深度相关，基本上随深度的增加呈下降趋势。在水平方向上，随着磷肥施入量的增加，玉米收获后残留在土壤中的有效磷含量也基本呈现增加的趋势。冻融后不同磷肥处理下的有效磷含量基本随土层深度的增加而减少，有效磷含量较冻融前有不同程度的减少，除施加磷肥 120 kg/hm^2 处理外。造成这一现象的原因可能是有效磷随着土壤水分的迁移而重新分布，逐渐迁移到土壤表层。

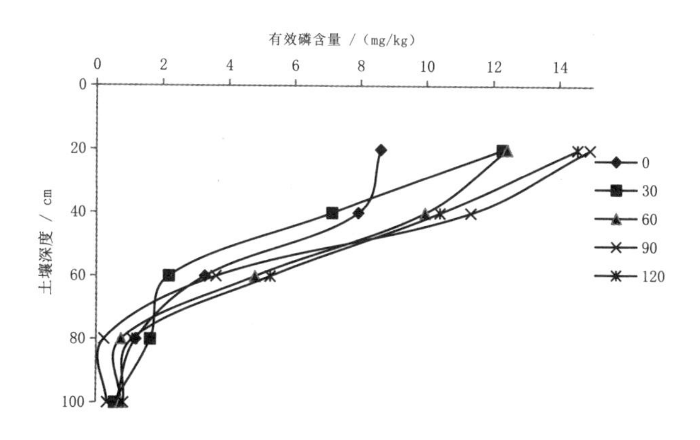

图 2-14 冻融期开始前不同的磷肥施用量下土壤有效磷含量分布图

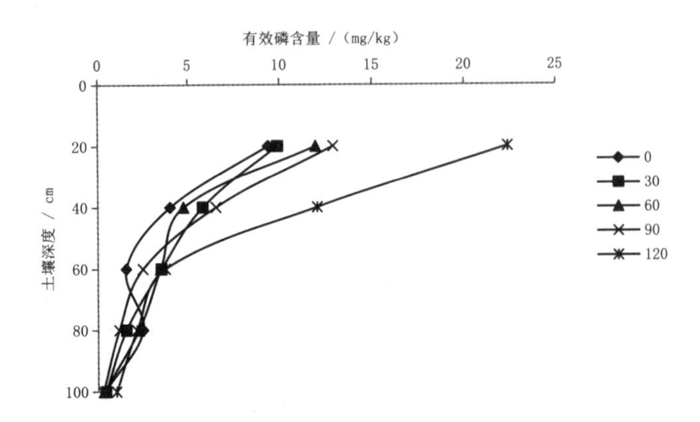

图 2-15 冻融期结束后不同的磷肥施用量下土壤有效磷含量分布图

2.3 玉米田氮磷肥投入阈值

阈值是指某个系统的状态控制参数达到某一点或某一区间，系统将会发生突变，不再符合之前的变化规律，又叫临界值。在土壤 - 作物这个农田生态系统中，土壤中的氮磷是作物生长发育所需的主要营养元素，外界施入氮磷可以增加土壤氮磷含量水平，满足作物生长需要，保障作物产量。氮磷肥施入量在达到某一数值并超过时，土壤 - 作物系统内的作物产量发生突变，不再增加甚至降低，则选取该数值为氮磷肥的农学阈值；土壤 - 作物系统内的环境因素发生突变，则将该数值定义为氮磷肥的环境阈值；氮磷肥投入阈值是结合农学阈值和环境阈值，寻求最佳氮磷肥投入量，在保证作物产量的同时，兼顾生态环境保护（吴靓，2016）。

2.3.1 玉米田氮肥投入阈值

2.3.1.1 玉米田氮肥农学阈值

氮素是植物生长必需营养元素之一，也是生长过程中的主要限制因子。玉米作为对氮素敏感的高产作物，施用氮肥可以有效地提高玉米产量。玉米产量随着氮肥的增施而增加，当达到某一施氮量后，继续增施氮肥并不能进一步提高玉米产量（连彩云等，2016；李佰重，2014）。已有的研究表明，玉米产量与施氮量的关系呈抛物线形加平台，模拟二者关系的函数模式可采用二次抛物线加平台函数表示，如式（2-1）。取玉米产量对氮肥施用量的一阶导数，令其等于 0 时，可得到玉米最高产量对应的施氮量。

$$Y=ax^2+bx+cx<M;$$

$$Y=a+bM \quad x \geqslant M \tag{2-1}$$

式中，Y 为玉米产量，单位：kg/hm^2；x 为氮肥施用量，单位：kg/hm^2；M 为最高产量施肥量，单位：kg/hm^2；a、b、c 为系数。

施用氮肥提高玉米产量的同时，也显著提高了经济效益。玉米的收益随着产量的增加而提高，达到最佳经济施肥量时，利润最高，超过最佳经济施肥量时，利润开始下降。当单位肥料投入增加值等于作物产值增加值，这时的产量为最佳经济产量，对应的施肥量为最佳经济施肥量，如式（2-2）。

$$\Delta x \times Px=\Delta Y \times Py \tag{2-2}$$

式中，Δx 为氮肥投入量，单位：kg/hm^2；Px 为氮肥价格，单位：元 /kg；ΔY 为氮肥投入对应的玉米增产量，单位：kg/hm^2；Py 为玉米价格，单位：元 /kg。

玉米最高产量对应的氮肥用量和玉米最佳经济产量对应的最佳经济施肥量，可作为玉米田氮肥的投入农学阈值，施肥量在该区间内可保障产量和经济效益兼顾。

查阅有关东北地区玉米产量与施氮量的文献、研究报告等资料，收集整理数据，并对其进行整理拟合。按相对产量大于 90%、75% ~ 90% 和小于 75%，分为高、中和低三个肥力水平。可得到不同肥力水平下的东北地区玉米产量与施氮量的拟合方程式：

低肥力水平 $Y=-0.087x^2+33.963x+6\ 470$，$x<196$；$Y=9\ 803$，$x \geqslant 196$
中肥力水平 $Y=-0.051x^2+18.706x+8\ 894$，$x<181$；$Y=10\ 588$，$x \geqslant 181$
高肥力水平 $Y=-0.037x^2+10.933x+9\ 125$，$x<150$；$Y=9\ 842$，$x \geqslant 150$
参照东北地区 3 年平均玉米价格和氮肥价格，得到最佳经济施肥量为：
低肥力水平最佳经济施肥量 x=177 kg/hm^2；
中肥力水平最佳经济施肥量 x=153 kg/hm^2；
高肥力水平最佳经济施肥量 x=106 kg/hm^2；
因此，不同肥力水平条件下，东北玉米田氮肥投入农学阈值为：
低肥力水平：氮肥（N）的施入量为 177 ~ 196 kg/hm^2；
中肥力水平：氮肥（N）的施入量为 153 ~ 181 kg/hm^2；
高肥力水平：氮肥（N）的施入量为 106 ~ 150 kg/hm^2。

2.3.1.2 玉米田氮素环境阈值

过量施用氮肥不仅对玉米产量的提高作用有限，而且对生态环境和农业可持续发展造成不利影响，大量的氮素残留在土壤中，随着降水和灌溉进入河流、湖泊和地下水中，造成水质恶化。将土壤－玉米－生态环境系统内的氮肥投入量对生态环境造成影响的突变点，称为玉米田氮素环境阈值。当施氮肥在一定范围内，作物获得高产，农民获得高利润的同时，土壤中氮素没有大量累积，对环境也没有明显影响（钟茜等，2006）。研究表明，当氮素盈余在 50 kg/hm^2，这个临界值是氮损失显著增加的开始（Sela et al.，2018；Zhao et al.，2016）。因此，将氮素盈余 50 kg/hm^2 这个值作为土壤氮素的环境阈值。

玉米田中的氮素来源主要包括两个方面：一是肥料施入，二是大气氮沉降。氮输入的公式可以表达为：

$$N_{input}=N_f+N_d \tag{2-3}$$

式中，N_{input} 为氮输入量；N_f 为氮肥施加量；N_d 为氮沉降量。

氮素的输出途径主要有三个：一是作物吸收；二是气体排放，如氨挥发、N_2O 排放；三是随水流失，如淋溶、径流。氮输出的公式表达为：

$$N_{output}=N_{up}+N_l+N_r+N_v+N_o \tag{2-4}$$

式中，N_{output} 为氮输出量；N_{up} 为作物吸收氮量；N_l 为氮淋溶量；N_r 为氮径流量；N_v 为氨挥发量；N_o 为 N_2O 排放量。

当氮输入量大于氮输出量时，剩余的氮素残留在土壤中，氮盈余为正；当氮输入量小于氮输出量时，氮盈余为负，消耗了土壤本底氮素；当氮输入量等于氮输出量时，氮盈余为零，达到氮平衡。

当氮素盈余小于等于 50 kg/hm^2 时，氮肥施入量在环境阈值之内，公式可表达为：

$$N_{plus}=N_{input}-N_{output} \leqslant 50\ kg/hm^2 \tag{2-5}$$

式中，N_{plus} 为氮素盈余量；N_{input} 为氮输入量；N_{output} 为氮输出量。

（1）氮沉降量：已有文献报道东北地区农田区域氮沉降普遍达到 2.0 $gNm^{-2}a^{-1}$ 以上，即氮素沉降取值为 20 kg/（hm^2·a）（顾峰雪等，2016）。

（2）作物吸收氮量：作物对氮素的吸收与施氮量呈线性相关，玉米对氮素的吸收存在奢侈现象，有研究得到东北地区施氮量与玉米地上部分总的吸收氮素含量的关系为 $y=0.702\ 8x+124.41$（赵伟等，2010）。因此，玉米吸收氮系数设定为 0.7。

（3）氨挥发量：氨挥发是氮肥进入农田后主要损失途径之一（张薇等，2020）。氨挥发累积量都随施氮量的增加而增加，有研究表明施氮量与氨挥发存在线性关系（Chen et al.，2014）。文献中有关东北春玉米氨挥发量的数据较少。陈海潇（2015）在吉林省梨树县布设长期定位试验，研究得到冲积土、黑土和风沙土的氨挥发量占施氮量的 8.29% ~ 14.48%；焉莉（2016）在吉林省长春玉米地设置了不同施肥管理条件，玉米田氨挥发损失占施氮量的 10.9%、10.1% 和 10.0%。根据以上研究结论，氨挥发量占施氮量的比例系数设定为 0.11。

（4）氮淋溶量：氮素淋溶是氮素流失的重要途径，土壤中未被作物吸收的氮素随着降水或灌溉水渗入深层土壤和地下水中，通过沟渠进入河流、湖泊，使得河流湖泊富营养化。影响氮素淋溶损失的因素有施肥量、降水等。彭畅（2015）研究表明在施氮量小于 180 kg/hm^2 时，总氮的流失量随施氮量增加变化不明显，流失量在 5 kg/hm^2 上下波动，占施肥量的 3% 左右；当高于该施氮量，总氮排放显著线性递增，氮素流失量占施氮量的 5% 左右。笔者课题组成员在辽宁省铁岭地区设置试验监测玉米田氮流失负荷，结果显示地下淋溶量分别为 15.14 kg/hm^2 和 7.76 kg/hm^2，占施氮量的 8.4% 和 4.3%。综上所述，氮淋溶量占施氮量的比例系数设定为 0.05。

（5）氮径流流失量：土壤氮素的径流流失是表层土壤氮在降雨、径流等外力作用下迁出土体的过程。降雨强度、降雨量及施氮量是影响地表径流氮素流失的最重要因素。焉莉等（2014）对东北黑土玉米地径流氮展开研究，结果表明，在多雨年份，氮径流总负荷仅为肥料总量的 3% 左右。因此，氮素径流流失量占施氮量的比例系数设定为 0.03。

（6）N_2O 排放量：氮肥的施用是影响土壤 N_2O 排放的重要因素，随着化学氮肥施用量增加，排放量也在增加，且呈季节性变化，但农田 N_2O 排放损失氮量相对较小（多馨曲，2019）。玉米田土壤 N_2O 平均背景排放值最小，仅 0.47 kg/hm^2，变动范围在 0.03 ~ 3.63 kg/hm^2 之间。乔少卿等（2018）研究表明施用常规氮肥，N_2O 排放系数为 0.68%。因此，N_2O 排放量占施氮量的比例系数设定为 0.006 8。

综上所述，将各种氮素排放量系数代入式（2-5）中，可以得到施氮量小于等于 233 kg/hm^2 时，土壤氮盈余小于等于 50 kg/hm^2，即施氮量 233 kg/hm^2 为玉米田氮肥施入的环境阈值，施肥量高于该值时，会对生态环境造成影响。

2.3.1.3 玉米田氮肥综合投入阈值

玉米田氮肥投入阈值是基于农学阈值和环境阈值提出的施氮限值。针对玉米 - 土壤 - 水系统三者综合效应，推荐经济高效 - 土壤低残留的施氮量区间，保障粮食安全与生态环境安全。

由于玉米田氮肥投入环境阈值远高于农学阈值推荐值，因此，综合投入阈值选取农学阈值即可，玉米田氮肥综合投入阈值为在低肥力水平上，氮肥（N）的施入量在 177 ~ 196 kg/hm^2；在中肥力水平上，氮肥（N）的施入量在 153 ~ 181 kg/hm^2；在高肥力水平上，氮肥（N）的施入量在 106 ~ 150 kg/hm^2。

2.3.2 玉米田磷肥投入阈值

2.3.2.1 玉米田磷肥农学阈值

磷是植物生长发育所必需的大量营养元素。不施加磷肥会造成土壤中磷消耗，无法满足作物对磷的需求，因此，施用磷肥成为保障农作物高产的必要措施。磷肥施入量与玉米产量之间的关系呈抛物线形（张宽等，1986），在某一点处，玉米产量达到最高，而后增施磷肥并不能有效提高产量，此点为玉米最高产量的施磷量（刁斌，2014）。磷肥的农学阈值模型可用二次抛物线加平台函数表示，如式（2-6）。取玉米产量对磷肥施用量的一阶导数，令其等于 0 时，可得到玉米最高产量对应的施磷量。

$$Y = ax^2 + bx + c \quad x < M;\ Y = a + bM \quad x \geqslant M \qquad (2\text{-}6)$$

式中，Y 为玉米产量，单位：kg/hm^2；x 为磷肥施用量，单位：kg/hm^2；M 为最高产量施入磷肥量，单位：kg/hm^2；a、b、c 为系数。

施用磷肥提高玉米产量的同时，也显著提高了经济效益。玉米的收益随着产量的增加而提高，当达到最佳经济施肥量后，利润最高，超过最佳经济施肥量后利润逐渐降低。当单位肥料投入增加值等于对应的作物产量的增加效益，这时的产量为最佳经济产量，对应的施肥量为最佳经济施肥量。如式（2-7）。

$$\triangle x \times Px = \triangle Y \times Py \qquad (2\text{-}7)$$

式中，$\triangle x$ 为磷肥投入量，单位：kg/hm^2；Px 为磷肥价格，单位：元 /kg；$\triangle Y$ 为单位磷肥投入对应的玉米增产量，单位：kg/hm^2；Py 为玉米价格，单位：元 /kg。

玉米最高产量对应的磷肥用量和玉米最佳经济施磷量，二者区间作为农学阈值，可兼顾较高的产量和良好的经济效益。

查阅有关东北地区玉米产量与施磷量的文献、研究报告等资料，收集整理数据，并对其进行整理拟合。按相对产量大于 90%、75% ~ 90% 和小于 75%，分为高、中和低三个肥力水平。可得到不同肥力水平下的东北地区玉米产量与施磷量的拟合方程式如下：

高肥力水平 $Y=-0.091x^2+19.814x+9\ 184$，$X < 101$；$Y=10\ 234$，$X \geqslant 101$

中肥力水平 $Y=-0.167x^2+30.183x+7\ 558$，$X<86$；$Y=8\ 942$，$X\geq 86$
低肥力水平 $Y=-0.183x^2+28.082x+5\ 946$，$X<77$；$Y=7\ 021$，$X\geq 77$

参照东北地区3年平均玉米价格和磷肥价格，得到最大利润对应的最佳经济施入磷肥量为：

高肥力水平最佳经济施肥量 x=87 kg/hm^2
中肥力水平最佳经济施肥量 x=76 kg/hm^2
低肥力水平最佳经济施肥量 x=63 kg/hm^2
因此，不同肥力水平条件下，东北玉米田磷肥投入农学阈值为：
高肥力水平：磷肥（P_2O_5）的施入量为 87 ~ 101 kg/hm^2；
中肥力水平：磷肥（P_2O_5）的施入量在 77 ~ 86 kg/hm^2；
低肥力水平：磷肥（P_2O_5）的施入量在 63 ~ 76 kg/hm^2。

2.3.2.2 玉米田磷肥环境阈值

当磷肥施入土壤后，土壤作为巨大的“磷储存库”将磷素贮存于土壤中，当达到饱和时，遇到较大的降雨量或灌溉时，就极易使累积在土壤中的磷素流失，影响水生态平衡，从而引发水污染问题（Zhang et al.，2013）。土壤有效磷作为土壤磷库中对作物最为有效的部分，能够直接被作物所吸收利用，也是磷肥用量和磷环境风险评价的重要指标（鲁如坤等，2000）。随着有效磷的增加，当有效磷高于某一值时就会引发磷流失造成生态环境污染，将这一临界值定义为环境阈值。

土壤有效磷的变化与土壤磷平衡有很大的关系。英国洛桑试验站的研究发现，土壤磷盈亏量与土壤有效磷测定值或增减量呈线性关系。当土壤中P每盈余 100 kg/hm^2，土壤有效磷都有所提高。在哈尔滨黑土上的研究表明，土壤 Olsen-P 超过 51.6mg/kg 时易引发磷素淋溶。张丽（2014）推断黑土发生显著淋溶的环境阈值约为 50 mg/kg。

磷元素不像氮元素一样容易扩散或淋洗，通过降水、大气沉降等因素进入土壤的磷素较少（展晓莹，2016）。因此，磷输入量忽略其他因素的磷素输入，只考虑施肥带入的磷。

$$P_{input}=P_f \tag{2-8}$$

式中，P_{input} 为磷素输入量，P_f 为磷肥施加量。

磷素输出途径包括作物吸收、径流流失和淋溶流失等。磷输出公式如下：

$$P_{output}=P_{up}+P_r+P_l \tag{2-9}$$

式中，P_{output} 为磷素输出量，P_{up} 为作物吸收磷量，P_r 为磷径流流失量，P_l

为磷淋溶量。

土壤－作物磷平衡即磷输入减去磷输出，正值为土壤－作物系统磷盈余，反之则为磷亏损。土壤－作物系统磷平衡是评价对环境污染的影响、农业能否可持续发展及磷肥管理是否合理的重要参数。因此，玉米田磷肥环境阈值公式如下：

$$P_{plus}=P_{input}-P_{output} \tag{2-10}$$

式中，P_{plus} 为磷素盈余量；P_{input} 为磷素输入量；P_{output} 为磷素输出量。

笔者课题组成员在辽宁省铁岭地区设置试验监测玉米田磷流失负荷，结果显示土壤磷的总流失量分别为 0.71 kg/hm^2 和 0.47 kg/hm^2，约占磷肥施入量的 0.08%。磷素淋溶并非土壤磷流失的主要方式，仅平均占到磷总流失量的 7%。焉莉等（2014）对东北黑土玉米地径流磷展开研究，在多雨年份，磷径流总负荷仅为肥料总量的 3% 左右，磷素淋溶量仅为 0.06%。因此，磷素径流流失量占施磷量的比例系数设定为 0.03，磷素淋溶量占施磷量的比例系数设为 0.000 6。

有研究表明，施磷量与作物吸磷量的关系大约为 $y=0.116\ 3x+73.576$，x 为（0 ~ 160 kg/hm^2）（侯云鹏等，2019）。长期施用有机无机肥，土壤磷每盈余 100 kg/hm^2 时，有效磷增加量平均值为 10.70 mg/kg（裴瑞娜，2010）。因此，根据式（2-10）可转换为式（2-11）计算。

$$P_0+P_{plus}\times 0.107\ \mathrm{mg/kg} \leqslant 50\ \mathrm{mg/kg} \tag{2-11}$$

式中，P_0 为土壤初始有效磷含量 (mg/kg)。

假设土壤初始有效磷含量为 45 mg/kg，施磷量≤ 135 kg/hm^2；

假设土壤初始有效磷含量为 40 mg/kg，施磷量≤ 188 kg/hm^2；

假设土壤初始有效磷含量为 30 mg/kg，施磷量≤ 293 kg/hm^2。

东北玉米田磷肥投入环境阈值应根据当地土壤有效磷含量来确定，当有效磷含量大于等于 50 mg/kg 时，应不施磷肥；当土壤初始有效磷含量为 45 mg/kg，磷肥的环境阈值为 135 kg/hm^2；当土壤初始有效磷含量为 40 mg/kg，磷肥的环境阈值为 188 kg/hm^2；当土壤初始有效磷含量为 30 mg/kg，磷肥的环境阈值为 293 kg/hm^2，磷肥的环境阈值远高于当地农民习惯施肥量。

2.3.2.3 玉米田磷肥综合投入阈值

玉米田磷肥综合投入阈值是基于农学阈值和环境阈值提出的施磷限值。针对玉米－土壤－水系统三者综合效应来看，推荐经济高效－土壤低残留的施磷量区间，保障粮食安全与生态环境安全。由上述磷肥投入农学阈值和环境阈值可知，当土壤有效磷低于 45 mg/kg 时，环境阈值远高于农学阈值，按照农学阈值施磷肥则既可保障粮食产量又能保障生态环境安全和农业可持续发展。

因此，综合投入阈值选取农学阈值即可，玉米田磷肥综合投入阈值在高肥力水平上，磷肥（P_2O_5）的施入量为 87 ~ 101 kg/hm^2；在中肥力水平上，磷肥（P_2O_5）的施入量在 77 ~ 86 kg/hm^2；在低肥力水平上，磷肥（P_2O_5）的施入量在 63 ~ 76 kg/hm^2。

2.4 坡耕地玉米田氮磷流失生态工程拦截整装技术

2.4.1 技术简介

东北地区地形复杂，以平原、丘陵和山地为主，多为慢川慢岗，坡度较小但坡面延伸很长，一般为 300 ~ 500 m，局部地区可达 800 ~ 1 000 m。东北地区耕地面积约为 33.2 万 km^2，其中坡耕地面积比例达到 58.7%，约为 19.5 万 km^2（张天宇等，2018）。该地区坡耕地以玉米种植为主，多采取顺坡种植方式，集中的降水和强烈的冻融交替作用造成了大量水土和氮磷养分的流失。这不仅导致了土壤退化，也造成了严重的农业面源污染。同时，随着水土流失加剧，黑土层被剥蚀，也将严重阻碍粮食生产。本部分内容针对东北地区地形条件、气象特征、种植方式等引起的坡耕地水土和氮磷养分流失问题，从坡耕地径流水拦截、利用的角度，阐述坡耕地氮磷流失生态工程拦截整装技术，以控制坡地玉米田的水土养分流失为目的，确保东北地区水环境安全，为解决农田面源污染提供可靠的技术支持。

2.4.1.1 技术定义

坡耕地玉米田氮磷流失生态工程拦截整装技术是指通过整合生物技术和工程技术等手段对玉米田间流失的氮、磷等营养物质进行拦截、吸附、沉积、转化及利用，达到控制田间土壤养分流失并使流失养分实现再利用的目的，它是减少水体面源污染的一种过程拦截技术模式（谢德体等，2014）。该集成技术适用于东北地区开展坡耕地水土、养分流失拦截利用，能有效降低坡地玉米田的水土和氮磷养分流失，实现对面源污染及污染物迁移的控制。

2.4.1.2 技术内容

坡耕地玉米田氮磷流失生态工程拦截整装技术内容主要包括植物篱拦截技术和坡地梯田改造技术。植物篱拦截技术是指在坡耕地沿等高线间隔一定距离种植多年生灌木或灌草混合的植物篱带，并根据植物生长情况进行适时修剪，形成高密度的植物篱从而阻滞坡面径流泥沙，利用地表植物篱的吸收、阻截、利用来减少氮磷养分流失的一种关键技术。坡地梯田改造技术是通过工程措施改变地形，实现拦蓄地表径流和泥沙、减少土壤营养物质流失的关键技术。

2.4.1.3 技术意义

坡耕地玉米田氮磷流失生态工程拦截整装技术针对东北地区坡耕地水土流失严重、农田氮磷养分损失较高等问题，根据坡耕地氮磷流失特征，集成植物篱拦截技术和坡地梯田改造技术，构建坡耕地玉米田生态工程拦截整装技术，为减少东北地区大面积的坡耕地氮磷流失问题和提高养分利用率提供技术支撑，为东北地区水环境安全和粮食安全提供双重保障。

2.4.2 适宜条件

东北地区属于温带季风气候，四季分明，夏季温热多雨，冬季寒冷干燥。降水量从东南向西北递减，年降水量为 300 ~ 950mm。降水多集中在夏季，冬季降雪较多，地表积雪时间长。坡耕地玉米田氮磷流失生态工程拦截整装技术适用于耕地坡度 5° ~ 25° 的东北地区玉米田，最适宜在坡度 5° ~ 15° 的玉米田开展植物篱拦截技术和坡地梯田改造技术。

2.4.3 技术规程

根据东北地区坡耕地的地形条件和土壤类型，坡度 5° ~ 25° 玉米田在保护性耕作的基础上采取坡地梯田改造技术和植物篱拦截技术减少氮磷流失，达到养分流失拦截和循环利用的目的。其中，5° ~ 8° 缓坡地以植物篱拦截措施为主，坡地梯田改造技术为辅，8° ~ 15° 坡地以坡地梯田改造技术措施为主、植物篱拦截措施为辅，15° ~ 25° 陡坡地以水平沟等水保拦蓄工程为主，以植物篱拦截措施为辅（王文常等，2010）。

2.4.3.1 水平梯田设计

参考《水土保持工程设计规范》(GB 51018)、《水土保持综合技术规范坡耕地治理技术》（GB/T16453.1）开展东北地区坡耕地改水平梯田设计，具体梯田设计要素见图 2-16。根据东北地区地形条件、土层厚度、梯田因素等基本条件，推荐水平梯田参考田面宽度为 4.9 ~ 28.3 m，田坎高度为 1.0 ~ 3.0 m，田埂高度 0.3 ~ 0.5 m，田坎侧坡坡比（1∶0.1）~（1∶0.4），田埂边坡采用 1∶1。梯田两端向田面方向做围埂，防止径流集中冲毁田间路和下部梯田，具体要素参数见表 2-6。梯田排水标准采用当地 10 年一遇短时暴雨计算。在水平梯田田埂边缘修建田埂植物篱，具体植物篱设计、布设与管理见 2.4.3.2 及 2.4.3.3。

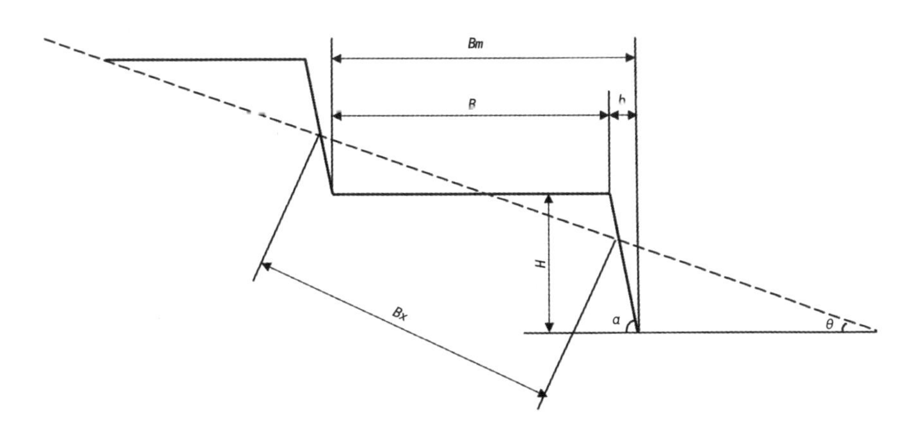

图 2-16 水平梯田断面要素图

各要素间关系［见式（2-12）至（2-18）］：

$$H=B_x \sin\theta \tag{2-12}$$

$$B_x=H \cos\theta \tag{2-13}$$

$$b=H \cot\alpha \tag{2-14}$$

$$B_m=H \cot\theta\ \theta \tag{2-15}$$

$$H=B_m \cot\theta \tag{2-16}$$

$$B=B_m-b=H\ (\cot\theta-\cot\alpha) \tag{2-17}$$

$$V=\frac{1}{8}BHL \tag{2-18}$$

式中，θ 为原地面坡度（°）；α 为梯田田坎坡度（°）；H 为梯田田坎高度（m）；B_X 为原坡面斜宽（m）；B_m 为梯田田面毛宽（m）；B 为梯田田面净宽（m）；b 为梯田田坎占地宽（m）；V 为单位面积梯田土方量（m^3）；L 为单位面积梯田长度（m）。

表 2-6 东北地区水平梯田参数

适宜地区	坡度 /（°）	田宽 /m	坎高 /m
东北坡耕地	5	11.2 ~ 28.3	1.0 ~ 2.5
	10	5.4 ~ 16.7	1.0 ~ 3.0
	15	5.2 ~ 10.9	1.5 ~ 3.0
	20	4.9 ~ 7.9	2.0 ~ 3.0

2.4.3.2 植物篱结构设计

植物篱的空间结构包括带间距、带内结构和株距（蒲玉林等,2013）。其中，带间距是植物篱设计的关键参数，带间距过大不能起到拦蓄氮磷流失的作用，带间距小易与作物竞争养分，影响作物产量。植物篱最大带间距理论公式为：

$$L=4H/\sin\alpha \qquad (2\text{-}19)$$

满足耕作要求的最小带间距公式为：

$$L=1.5/\cos\alpha \qquad (2\text{-}20)$$

其中，H 为坡地土层平均厚度，α 为坡度。最大带间距公式前提是植物篱可以拦截全部水土流失，适宜土层较薄、成土速度较慢的地区（王玲玲等，2003）。蔡强国指出对于土壤侵蚀严重的地区，植物篱带间距应以细沟侵蚀产生的临界坡长为最大带间距的临界值（蔡强国，1998）。根据通用土壤流失方程，以东北地区坡耕地水蚀速率作为控制指标，反向推算各坡度植物篱带间距，为东北地区植物篱带间距设计提供参考，根据文献分析和技术示范得出东北地区坡耕地玉米田的植物篱推荐带间距为 2.5 ~ 9.5 m，具体参数见表 2-7。

表 2-7 东北地区不同坡度植物篱参数

坡度 /（°）	临界坡长 /m	植物带带间距 /m
5	8.0 ~ 9.0	8.0 ~ 9.5
10	6.0 ~ 6.5	7.0 ~ 7.5
15	4.0 ~ 4.5	5.0 ~ 5.5
20	2.5 ~ 3.0	3.5 ~ 4.0
25	1.5 ~ 2.0	2.5 ~ 3.0

根据东北地区的土壤侵蚀程度、田面宽度和当地农民的接受度设置植物篱带内结构，带宽一般为 0.5 ~ 2.0 m，带内种植单排或双排植物篱。植物篱株距计算公式为：

$$N=P_n / P_m \tag{2-21}$$

其中，N 为单位长度所需的植株数，P_n 为植物篱所需近地面枝条密度，P_m 为植物单株平均近地面枝条密度。近地面枝条密度（P_n）可根据植株基部直径（距地面约 10 cm 高度处植株的水平截面）和基部萌枝数（距地面约 10 cm 高度处植株的水平截面的枝条总数）计算得出。植物篱近地面枝条密度与植物篱种类无关，主要取决于不同植物的枝条平均直径（施讯，1995）。

2.4.3.3 植物篱布设与管理

（1）品种筛选

根据东北地区的自然环境、气候条件、土壤类型、社会经济、农业生产方式以及植物生物特性筛选出 6 种适合当地的植物篱品种，包括灌木类黑豆果、紫穗槐、胡枝子、刺五加、金银花和草本类紫花苜蓿（吕文强等，2015；李立新等，2016；颜佩风，2017；刘绪军等，2018）。根据文献数据和现场试验结果，黑龙江省推荐的植物篱品种包括黑豆果、刺五加、胡枝子、紫穗槐，吉林省推荐的植物篱品种包括胡枝子、紫穗槐和紫花苜蓿，辽宁省推荐的植物篱品种包括胡枝子、紫穗槐、金银花和紫花苜蓿，内蒙古自治区推荐的植物篱品种包括刺五加、胡枝子和紫花苜蓿。

（2）种植方式

1）黑豆果

秋季收获后（10 月中旬）深耕植物篱带施入底肥，进行移栽（保证土壤湿润）。双行种植，株距 15 ~ 20 cm，行距 20 ~ 25 cm。灌水后要用土把苗埋严，第二年 4 月中旬撤土，然后灌一次催芽水，确保成活。春季萌芽展叶后，要进行苗木成活情况检查，发现死株及时补栽。

2）刺五加

秋季收获后将植物篱带深翻，第二年四月中上旬（春播前）雨后进行种植（保证土壤湿润）。播种前要深翻耙细，可同时施入农家肥。将种子均匀地撒在植物篱带上，上面覆盖细土厚 0.5 ~ 1.0 cm，然后盖上地膜，大约 1 个月后出苗。当出苗率达到 50% 后揭去地膜。当苗高 3 ~ 5 cm 时进行间苗，苗高达到 10 cm 时定苗，株距 8 ~ 10 cm，在间苗的同时要进行除草松土。

3）紫穗槐

秋季收获后将植物篱带深翻，第二年4月中旬（春播前）雨后进行种植（保证土壤湿润）。在植物篱带开出20 ~ 30 cm浅沟，双行种植，选取15 cm长度的穗条成品字形插入土中，每穴扦插2 ~ 3条，株距8 ~ 10 cm，行距20 ~ 25 cm。为提高成活率需搭遮阳网1周，每天定时浇水。

4）胡枝子

秋季收获后将植物篱带深翻，第二年4月中旬（春播前）雨后进行种植（保证土壤湿润）。胡枝子采用开沟条播，开出20 ~ 30 cm浅沟，覆土0.5 ~ 1.0 cm，每亩播种量2 kg。

5）金银花

秋季收获后将植物篱带深翻，第二年4月（春播前）雨后进行种植（保证土壤湿润）。在植物篱带按行距20 ~ 25 cm开沟播种，覆土1 cm，2 d喷水1次，10 d即可出苗，种子用量15 kg/hm^2。

6）紫花苜蓿

秋季收获后将植物篱带深翻，第二年4月（春播前）雨后进行种植（保证土壤湿润）。在植物篱带宽40 cm，按行距15 ~ 20 cm开沟播种，覆土2 cm为宜，种子用量30 kg/hm^2。

（3）田间管理

1）黑豆果

在春季或秋季施肥，4月初灌催芽水，5月下旬灌坐果水，6月中旬灌催果水。保持土壤疏松，及时进行铲趟耕翻，清除杂草。在生育期最好间翻2遍，铲1遍。在秋季结合施基肥进行深翻。土壤封冻前在枝条基部培土10 ~ 20 cm，以防病虫害在此寄生越冬及枝条失水抽干。

2）刺五加

苗定植后要及时进行除草松土，割除萌发的杂草和灌木，保持田间清。在6月下旬追肥1次，并浇1次清水。随时剪去生长过密的枝条，以及枯死枝、衰老枝、病腐枝和畸形枝，保持树木卫生状况及旺盛长势。

3）紫穗槐

定苗后，田间管理要抓好中耕除草和防止干旱。每年对植物篱带除草松土1 ~ 2次，隔年应割1次。紫穗槐抗逆性很强，无病害，但偶有蓑蛾为害叶片，可用药剂喷杀或捕杀。

4）胡枝子

苗出齐后进行第 1 次除草，以浅除为好。视杂草情况再除 1 ~ 2 次即可。2 ~ 3 年时需进行平茬，促进其生长发育。

5）金银花

每年春季和秋后封冻前要进行松土、培土工作，每年施肥 1 ~ 2 次，与培土同时进行，可土杂肥和化肥混合使用。合理修剪整形，在地封冻前，将老枝平卧于地上，上盖蒿草 6 ~ 7 cm，草上再覆土越冬，次年春萌发前去掉覆盖物。

6）紫花苜蓿

幼苗期、返青后、刈割前后都要除草，每年可刈割 2 ~ 3 次。留茬高度一般为 5 cm 左右。最后 1 次刈割应在早霜来临前 30 d 左右，而且留茬高度应为 7 ~ 8 cm，以利于越冬。

2.4.4 技术效果

2.4.4.1 整装技术模式对水土流失的影响

在相同的坡度和降雨条件下，顺垄种植径流流失量远远大于生态工程拦截技术模式产生的径流流失量。

根据现场监测结果，生长季顺垄种植模式、植物篱模式和水平梯田模式玉米田产生的径流量分别为 1 394.74 m^3/hm^2、677.28 m^3/hm^2 和 507.87 m^3/hm^2，整装技术玉米田径流量减少了 51.44% ~ 63.59%。玉米田径流携带的泥沙量分别为 3 338.12 kg/hm^2、819.02 kg/hm^2 和 785.44 kg/hm^2，整装技术玉米田泥沙量减少了 75.46% ~ 76.47%。植物篱技术、水平梯田技术可以较好地控制坡耕地水土流失，与对照顺垄种植相比，显著降低了径流量、平均含沙量（图 2-17，图 2-18）。

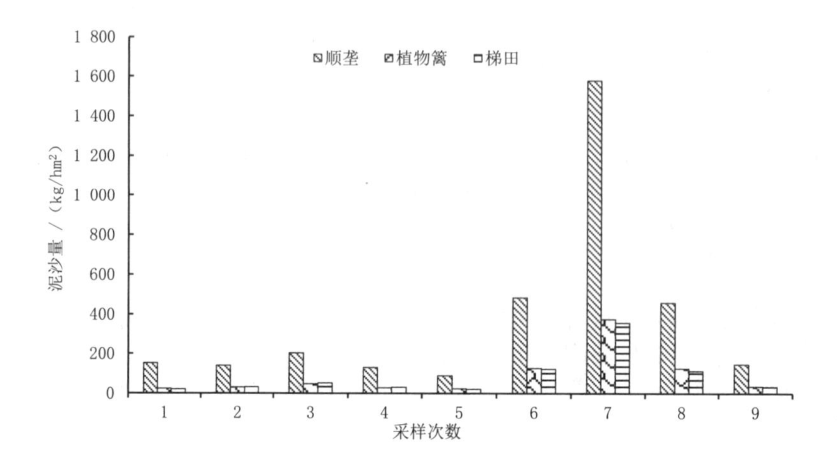

图 2-17 不同模式坡耕地泥沙量

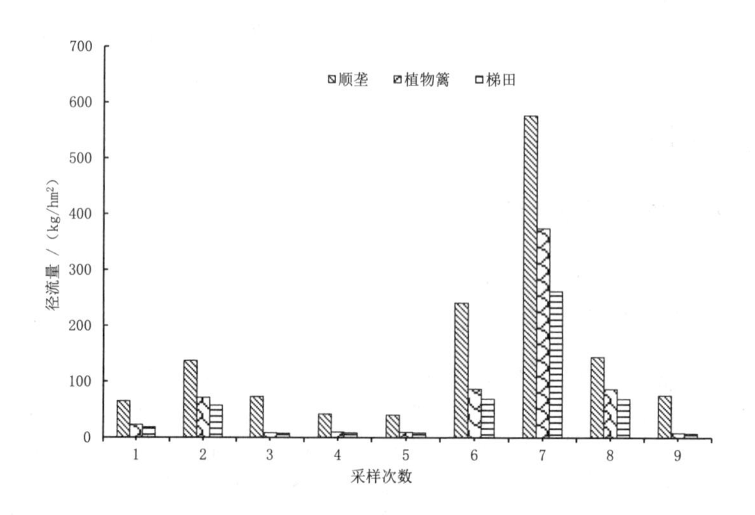

图 2-18 不同模式坡耕地径流量

2.4.4.2 整装技术模式对氮磷流失的影响

整装技术对东北地区坡耕地径流水氮磷流失量的影响如图 2-19 和图 2-20 所示。生长季玉米田的总氮流失负荷分别为 3.61 kg/hm^2、1.30 kg/hm^2 和 0.68 kg/hm^2，与对照顺垄种植相比，总氮流失负荷减少了 71.47% ~ 81.16%。生长季玉米田的总磷流失负荷分别为 0.23 kg/hm^2、0.04 kg/hm^2 和 0.03 kg/hm^2，与对照顺垄种植相比，总磷流失负荷减少了 82.47% ~ 86.95%。与对照坡耕地相比，植物篱、水平梯田的氮磷流失量均明显降低。

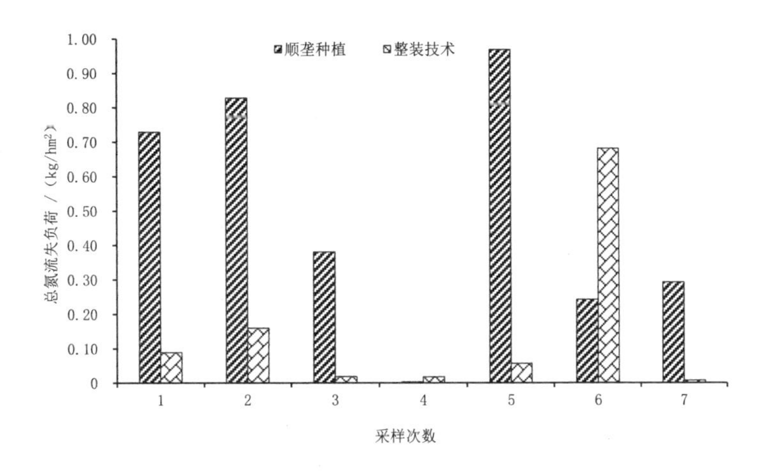

图 2-19 不同模式坡耕地径流水总氮流失负荷

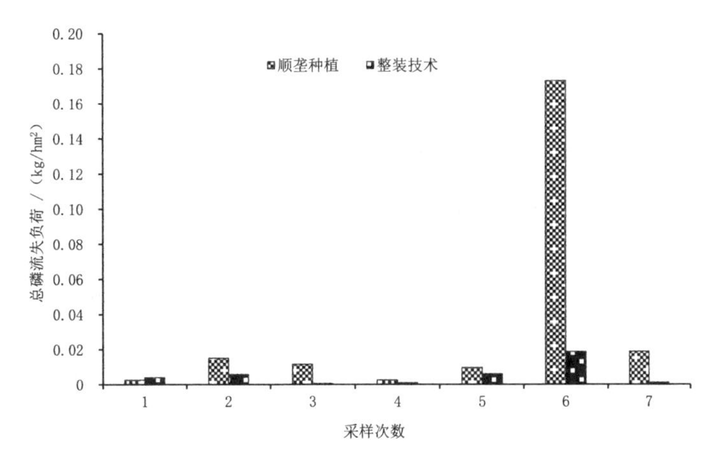

图 2-20 不同模式坡耕地径流水总磷流失负荷

2.4.4.3 整装技术模式对土壤侵蚀的影响

在相同的坡度和降雨条件下，根据现场监测，生长季玉米田产生的土壤侵蚀量分别为 3 381.56 kg/hm^2、1 741.09 kg/hm^2 和 1 671.83 kg/hm^2。与顺垄种植相比，植物篱技术、水平梯田技术土壤总氮含量提高了 13% ~ 28%，植物篱技术比水平梯田固氮效果更好。水平梯田技术改变了坡耕地原本的地形坡度，减少了土壤氮素流失，植物篱技术通过根系固氮作用，降低了地表径流挟带泥沙量，从而减缓了土壤氮素的流失。不同种植模式土壤总磷含量在 0.32 ~ 0.67 g/kg 之间变化，与顺垄种植相比，植物篱技术和水平梯田技术总氮含量提高了 30.6% ~ 37.3%。

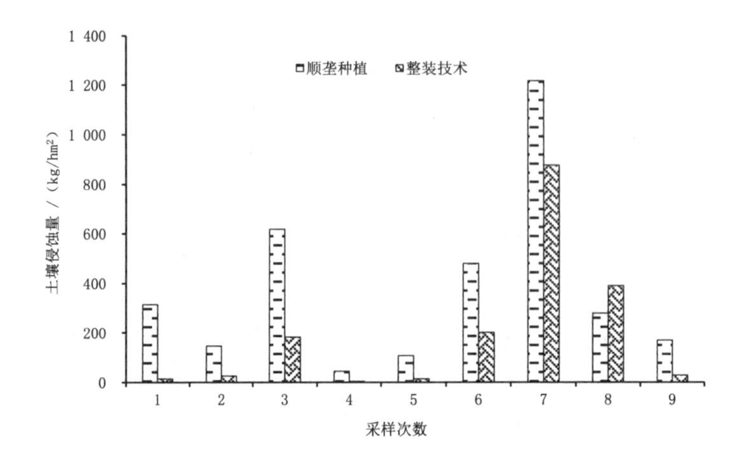

图 2-21 不同模式坡耕地土壤侵蚀量

2.4.5 生产影响

2.4.5.1 土壤养分变化

水土流失不仅导致了土壤颗粒的流失，也带走了大量的土壤养分，植物篱拦截技术的实施可增加对土壤颗粒的拦截作用，并通过植物篱根系分泌物实现了对土壤颗粒的胶结。根据对不同植物篱土壤养分的监测结果（表 2-8），紫穗槐、紫花苜蓿、胡枝子、金银花和刺五加植物篱带内全氮含量比坡耕地增加了 31.12%、39.35%、29.33%、19.03% 和 20.52%，全磷含量比坡耕地增加了 24.56%、39.47%、21.93%、10.75% 和 12.50%，全钾含量比坡耕地增加了 13.02%、7.21%、8.85%、5.28% 和 8.27%，有机质含量比坡耕地增加了 29.15%、34.62%、27.81%、17.84% 和 22.87%。植物篱可以改变坡长，土壤养分元素迁移过程被拦截，土壤氮磷钾元素在植物篱带附近富集。

表 2-8 不同植物篱条件下土壤（0 ～ 20 cm）养分含量

单位：g/kg

处理	全氮	全磷	全钾	有机质
顺垄种植	1.54 ± 0.09	0.39 ± 0.19	21.40 ± 0.07	16.40 ± 0.05
紫穗槐植物篱	2.02 ± 0.05	0.48 ± 0.11	24.19 ± 0.08	21.18 ± 0.13
紫花苜蓿植物篱	2.15 ± 0.07	0.54 ± 0.09	22.94 ± 0.11	22.08 ± 0.08
胡枝子植物篱	1.99 ± 0.07	0.47 ± 0.22	23.29 ± 0.09	20.96 ± 0.08
金银花植物篱	1.83 ± 0.04	0.43 ± 0.14	22.53 ± 0.14	19.33 ± 0.07
刺五加植物篱	1.86 ± 0.13	0.44 ± 0.13	23.17 ± 0.17	20.15 ± 0.12

2.4.5.2 土壤物理性质变化

土壤容重、孔隙度是反映土壤保水保土能力的重要指标，可以直接影响土壤渗透能力。土壤渗透能力好可以提高径流水转化为壤中流和地下径流的能力。土壤的渗透性增强，转化为地下水的能力也增强，减少地表径流的效果更好。植物篱种植后土壤的物理性质与顺垄种植对比见图 2-22、图 2-23。通过植物篱技术示范，不同植被类型的土壤容重降低了 5.09% ~ 12.83%，土壤总孔隙度提高了 0.46% ~ 4.47%。

植物篱种植降低了土壤容重，提高了土壤孔隙度，有助于提高保水保土能力，间接改善了植物篱下的土壤物理性质，对农作物生长起促进作用。

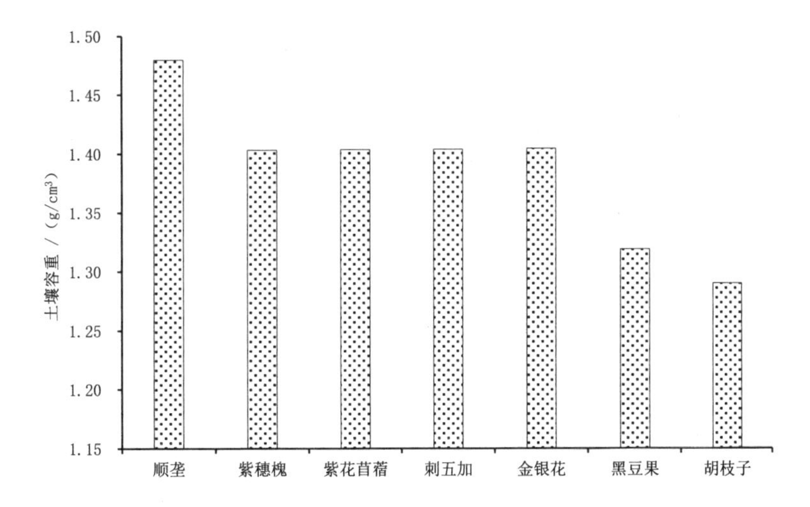

图 2-22 不同植物篱土壤容重变化

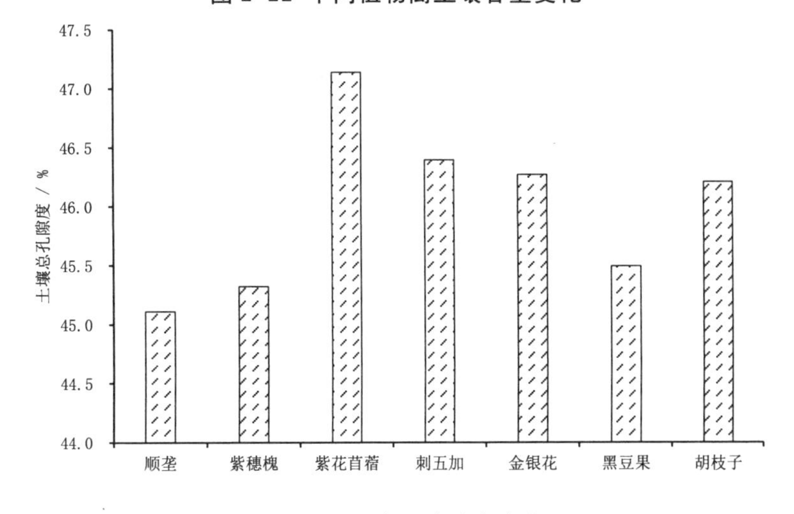

图 2-23 土壤总孔隙度变化

2.4.6 效益评价

2.4.6.1 生态效益

通过生态工程拦截整装技术的实施，坡耕地年均径流量降低26.08% ~ 54.67%，泥沙量减少75.87% ~ 84.37%，土壤侵蚀量减少48.15% ~ 66.14%。通过植物篱和水平梯田的机械阻滞作用，截断连续坡面，减低坡面水流速和冲刷力，降低了径流的泥沙携带能力。植物篱茎秆和根系通过拦截、过滤和利用，实现分流和缓流。植物篱技术通过维持土壤渗透性、拦蓄流动表土、降低地表径流速度、提高土壤养分，从而减少坡耕地水土流失和流域面源污染。同时植物篱可增加土壤有机质、全氮、全磷含量，与常规种植相比，植物篱土壤有机质含量、全氮、全磷分别平均增加了5.28% ~ 10.27%、19% ~ 23%、10.75% ~ 15.78%。研究表明，每1 000 kg紫穗槐叶中含氮肥616 kg、磷肥144 kg、钾319 kg，同时紫穗槐叶量较大，存在大量的根瘤菌，可以降低土壤的盐碱化程度，增加土壤肥力，快速改善土壤（蒲玉林等，2014）。同时植物带也可减少带间农作物病虫害的发生和减缓传播速度。

2.4.6.2 经济效益

以辽宁省铁岭市蔡牛镇技术示范区玉米田投入与产出为例，进行投入产出成本计算。玉米田生产投入包括种子、化肥、农药、人工费和设备费。整装技术模式下玉米平均产量9 134 kg/hm^2，常规种植模式下玉米平均产量8 540 kg/hm^2，增产594 kg/hm^2，玉米价格按1.60元/kg计算，增收950.4元/hm^2，增产增收效果明显。整装技术模式增加了植物篱种植、田间维护、收获成本，但植物篱枝条用途多样：紫穗槐可以用于编筐编篓；胡枝子可以用作编织或加工纤维板；金银花、刺五加是历史悠久的中药；黑豆果可直接生食，也是食品加工的重要原料；紫花苜蓿草质柔软，营养价值高，可作为家禽饲料。综合计算整装技术的产投比为1.61，是常规种植的1.07倍。

表2-9 经济效益分析

种植方式	整地/(元/hm^2)	生产资料/(元/hm^2)			田间管理/(元/hm^2)					产量/(kg/hm^2)		产投比
		种子	农药	化肥	播种	除草	中耕	人工费	收获	玉米	植物篱	
常规种植	675	750	450	2 700	375	330	300	2 500	1 050	8 540	0	1.50
整装技术	725	650	400	2 250	500	330	300	3 000	1 050	9 134	100	1.61

2.5 坡耕地玉米田固土减蚀整装技术

2.5.1 技术简介

东北地区地形复杂，丘陵、低山和平原交错分布。东北地区气候特征具有雨热同季、雨量集中的特点，夏季湿热，气温高、降雨强度大，冬季干冷，冻结期长，季节交替时期温差大。特殊的地形地貌特征和自然气候特征造成东北地区水土流失形式多样，主要有水力侵蚀、冻融侵蚀和风力侵蚀（刘宪春等，2005）。由于东北地区坡度缓、坡面长，降雨在坡面产生径流易于汇集形成股流，对地表冲刷形成浅沟，逐渐形成切沟、冲沟等侵蚀沟，蚕食土地，淤积河道。另外，冬季降雪在春季形成融雪径流，在坡面也产生了十分严重的水土流失。东北地区春季昼夜温差大，冻融交替使得土体内部水分体积冻结时膨胀、融化时缩小，这种变化对土壤的结构造成破坏，导致土壤结构松散，在沟道边缘容易发生崩塌等。加上该地区春季地表植被覆盖度较低，大量的耕地裸露，阻碍物较少，因此，即便是大多耕地地势较缓，其所遭受的水土流失问题也十分明显。

据 2018 年水土保持公报，东北地区水土流失面积 27.63 万 km^2（表 2-10），占该区土地总面积的 22.08%，占全国水土流失总面积的 10.09%（水利部，2018；内蒙古自治区水利厅，2018）。严重的水土流失造成表土资源流失，土层变薄，土壤养分流失，土壤肥力下降，土地退化，淤积河道，加剧洪涝灾害，生态环境恶化。

表 2-10 东北地区水土流失面积

省区	水土流失面积 /km^2	占土地总面积比例 /%
内蒙古（东部）	121 218	25.61
辽宁	36 865	24.89
吉林	42 628	22.41
黑龙江	75 549	17.18
合计	276 260	22.08

注：资料来源 2018 年中国水土保持公报，2018 年内蒙古自治区水土保持公报。

东北地区耕地总面积约 33.2 万 km^2，主要分布在松嫩平原、辽河平原、辽西丘陵和三江平原。耕地水土流失主要发生在坡耕地，水土流失面积 19.5 万 km^2（张天宇等，2018），占该区水土流失面积的 70.59%。由于东北地区地形地貌特点是坡缓而长，小于 5° 坡耕地面积占坡耕地总面积的 78.46%（表 2-11），即使坡度小的耕地水土流失也十分严重（刘宝元等，2008）。水土流失对耕地的危害主要表现在两方面：一是侵蚀沟损毁耕地，使耕地面积减少；二是水土流失剥蚀表土，土壤肥力下降，土地生产力下降。严重的水土流失导致每年土层侵蚀厚度达 0.316 ~ 0.433 mm（阎百兴等，2005），主要流失的是宝贵的表土资源。据估算，东北地区坡耕地每年土壤流失量约为 49.84 万 m^3。除了自然条件和地形地貌特征，人为因素也是影响坡耕地水土流失的主要因素之一。针对东北地区坡耕地水土流失特点和影响因素，亟须采取适宜的措施从源头进行整治，改变不合理的耕作方式，加强坡耕地水土流失治理，保护水土资源，减少水土流失的发生发展。

表 2-11 东北地区坡耕地面积

省区	坡耕地总面积 / 万 km^2	<5° 坡耕地	
		面积 / 万 km^2	占坡耕地总面积比例 / %
内蒙古（东部）	4.6	3.4	73.91
辽宁	3.4	2.2	64.71
吉林	3.6	2.8	77.78
黑龙江	7.9	6.9	87.34
合计	19.5	15.3	78.46

2.5.1.1 技术定义

坡地固土减蚀整装技术是指通过将土壤原位固定技术、径流拦截和增加入渗技术以及土壤结构改良技术等多措施的有机结合，并配合合理的农田管理措施，最终达到防止坡耕地水土流失和土壤氮磷养分流失的面源污染阻控的综合技术模式。

2.5.1.2 技术内容

坡地固土减蚀整装技术通过集成横垄、免耕、秸秆粉碎覆盖还田等固土减蚀关键技术，构建冻融型旱田坡地地上 - 地下、截流 - 入渗防控系统。地上防控系统采用横垄、秸秆覆盖、梯田种植技术改善地表覆盖和地形条件，延缓地表汇流和径流产生时间，减轻地表径流对坡地表土的冲刷侵蚀；地下防控系统采用秸秆还田、免耕种植技术改良土壤结构，增大土壤孔隙度，增加降水入渗，提高土壤蓄水能力，降低地表径流，减少水土流失。

2.5.1.3 技术意义

坡地固土减蚀整装技术改善土壤特性，增加地表覆盖，减少表土及土壤养分流失。该技术一方面能够阻止坡地侵蚀沟的发生发展，对减少耕地表面破碎性，保护耕地数量具有重要意义；另一方面提高了土壤肥力和土地生产力，从而减少化肥施用量，降低氮磷养分流失，从源头上控制了农田面源污染，降低了下游河道的富营养化风险，使农田和水生态环境得到改善。

2.5.2 适宜条件

本技术模式适用于东北地区温带半湿润半干旱气候带的坡耕地玉米田，该技术模式的蓄水保土作用随着坡度的增加而降低，坡度 25° 以下的坡耕地均可适用，最适宜坡度为 15° 以下，可与地埂构建植物篱、截流沟等措施配套使用。

5° 以下的坡耕地水土流失较小，可采用等高耕作、垄作区田、秸秆粉碎深翻还田、免耕 + 秸秆覆盖还田，这些措施均能起到蓄水截流、固土减蚀的作用。

5° ～ 25° 的坡耕地水土流失较大，可采用免耕 + 秸秆覆盖还田、梯田、植物篱。秸秆覆盖还田技术在不扰动地表情况下，增加地表盖度，减轻雨滴溅蚀，对地表土壤起到保护作用；植物篱能够拦蓄地表径流和泥沙量；梯田改变坡耕地的坡度，能够拦蓄地表径流，减少水土流失。

建议在耕地数量充足地区对 >15° 的坡耕地进行退耕还林还草。

2.5.3 技术规程

坡地固土减蚀整装技术流程见图 2-24：

图 2-24 坡地固土减蚀整装技术流程图

2.5.3.1 秸秆粉碎深翻还田

（1）秸秆粉碎深翻

5° 以下坡耕地玉米种植第 1 年，待秋季玉米收获后，使用秸秆粉碎农机具进行秸秆粉碎作业，长度≤ 10 cm。秸秆粉碎后，采用深翻机械农机具将秸秆直接翻压入土，翻压深度≥ 30 cm。为了不影响播种出苗，土层翻压深度要够，同时要对表面镇压。3 年深翻一次，深度 30 cm 以上，要做到旋耕、灭茬、起垄、镇压一次完成，可同时结合施基肥，做到土壤上虚下实，平整细碎，提高土壤蓄水保墒能力。秸秆粉碎深翻还田可改善土壤理化性质，增加土壤有机质含量，增强土壤微生物活性，提高土壤蓄水保土性能。

（2）旋耕起垄

第 2 年春季采用整地机械农机具进行耙地、旋耕、起垄、镇压。垄向与等高线平行，由下至上进行翻耕、起垄，垄高和垄间宽度根据耕作机具和坡度确定。

（3）修筑土埂

可采用机械筑埂机结合秋季整地在垄沟内每隔一定距离修筑一个略低于垄台的横向土埂，形成封闭的格网状坑穴（图 2-25）（马永胜等，2004）。修筑土埂操作简便易行，动土量少，作业成本低，能够有效拦蓄降雨产生的径流，提高土壤含水量，改善土壤水分环境（沈昌蒲，2007）。修筑土埂适用于坡度 6° 以下坡耕地，原因是大于 6° 的坡耕地修筑土埂占垄沟面积大，作业费工（沈昌蒲等，1997）。

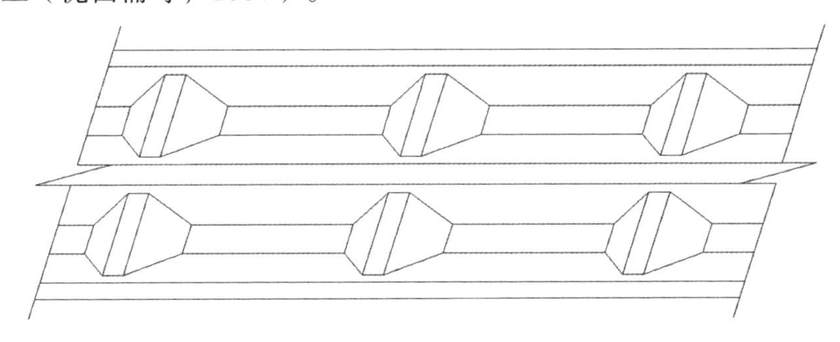

图 2-25 垄沟筑土埂示意图

最佳土埂间距设计：垄沟内土埂之间的距离过大，汇集雨量多，会使雨水冲垮垄台，更易形成冲沟，破坏耕地的平整性；土埂之间的距离过小，会增加作业量，提高耕作成本。因此需要确定合理的土埂间距用于指导生产实践。经沈昌蒲等人通过人工模拟降雨试验和计算机模拟计算，土埂高度应低于垄台高度 2 ~ 3 cm，高度 14 ~ 16 cm，土埂底宽 30 ~ 45 cm，顶宽 10 ~ 20 cm，最佳土埂间距 L 值计算（沈昌蒲，1997）见公式（2-22）。

$$L=168\theta^{-0.5} \tag{2-22}$$

式中，L 为两个土挡之间的距离（cm）；θ 为坡度（°）。

2.5.3.2 秸秆覆盖免耕还田

（1）秸秆覆盖还田

5° 以上坡耕地玉米种植或 5° 以下坡耕地玉米种植第 2 ~ 3 年，待玉米收获后，不进行深翻、整地、筑埂，而是将粉碎后的秸秆直接覆盖地表直到第 2 年播种前。减少对土壤的扰动，保墒固土，防止风蚀、水蚀，改善土壤结构，增加土壤有机质含量。人工收获的地块也可采用整株秸秆覆盖还田。

秸秆覆盖根据留茬高度分低留茬、高留茬两种。

低留茬：适合在坡度小于 3° 坡耕地进行作业。玉米收获时秸秆直接粉碎均匀覆盖地表，留茬高度小于 5 cm，秸秆粉碎长度≤ 10 cm。

高留茬：适合在大于 3° 坡耕地进行作业，留茬高是为了拦截覆盖在地表的玉米秸秆被雨水冲走。玉米收获时采用高留茬 25 ~ 30 cm，上部秸秆直接粉碎均匀覆盖地表，粉碎长度≤ 10 cm。

（2）秸秆归行

翌年春季不整地、不动土，采用秸秆归行机将秸秆清理归行，留出 40 cm 宽播种带，播种带秸秆清理度大于 90%，直接免耕播种。

2.5.3.3 播种

玉米苗最低萌发温度为 6 ~ 7 ℃，玉米幼苗合适生长温度为 10 ~ 12 ℃，东北地区播种时间宜在 4 月下旬到 5 月上旬、土壤表层（5 ~ 10 cm）温度稳定通过 10 ~ 12 ℃时。早熟玉米品种播种密度 4 500 ~ 5 000 株 / 亩，晚熟玉米品种播种密度 3 500 ~ 4 000 株 / 亩。播种可采用免耕播种机与施种肥一次性同时完成。

2.5.3.4 田间管理

施肥：玉米种植施肥包括底肥、种肥和追肥。底肥施肥时间在秋季收获后、整地之前，一般结合整地施优质并充分腐熟的农家肥。种肥施肥与播种同时进行。追肥时间在拔节期（玉米生长到 7 片叶子、株高 30 cm 时）、大喇叭口期（玉米生长到 13 ~ 14 片叶子、株高 1.0 ~ 1.5 m 时）。种肥和追肥施肥深度 15 ~ 20 cm，种肥浅一些，追肥深一些。建议在坡度较陡的坡耕地采用分次施种肥和追肥，在地势较缓、适合机械作业的坡耕地可采用一次性施复合肥。主要是考虑到陡坡地水土流失较大，早施肥容易造成肥料氮磷养分流失、玉米后期生长缺肥。

化学除草：在播种后至出苗前使用除草剂喷洒土壤表面，进行土壤封闭除草。

病虫害防治：在秸秆粉碎还田时需要注意对秸秆中的病虫害进行预防。病害主要有大斑病、小斑病、弯孢菌叶斑病、灰斑病、纹枯病、顶腐病等。虫害主要有玉米螟、黏虫、玉米叶螨、蚜虫、地下害虫等。可通过物理防治、生物防治或者化学防治方法。

2.5.3.5 收获

东北地区玉米一般完熟期在 9 月下旬至 10 月上旬，当植株底部叶片变黄，包叶松散且呈黄白色，籽粒变硬呈固有粒形和粒色时即可收获。收获后要及时晾晒。籽粒含水量达到 20% 以下时脱粒、清选。

2.5.4 技术效果

2.5.4.1 水土流失阻控效果

坡地固土减蚀整装技术采用横垄种植，垄沟横档拦截地表径流，秸秆覆盖，增加地表覆盖，减轻径流冲蚀，保护土壤资源，减少土壤流失。试验表明：采用固土减蚀整装技术措施，地表径流量较常规种植技术下减少，其中辽宁减少 59.74%、吉林减少 61.11%（许晓鸿等，2013）、黑龙江减少 27.08%（魏永霞等，2013）、内蒙古东四盟（市）减少 46.15%（牛晓乐等，2019）；土壤侵蚀量较常规种植技术下减少，其中辽宁减少 60.09%、吉林减少 86.11%（许晓鸿等，2013）、黑龙江减少 40.30%（魏永霞等，2013）、内蒙古减少 49.80%（牛晓乐等，2019）。

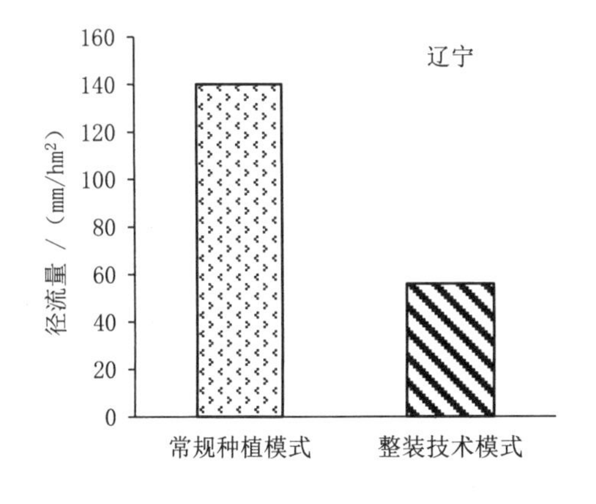

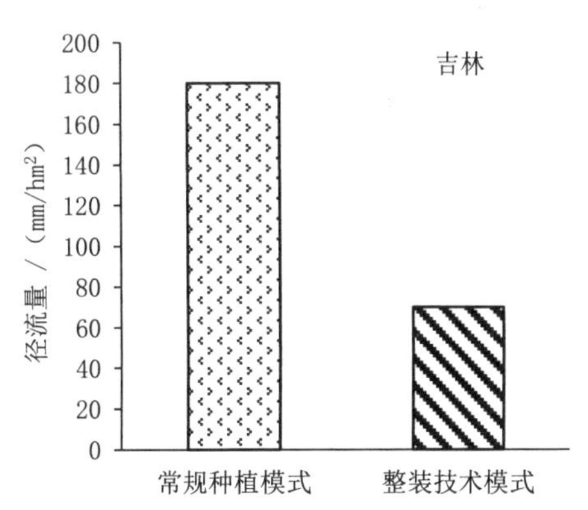

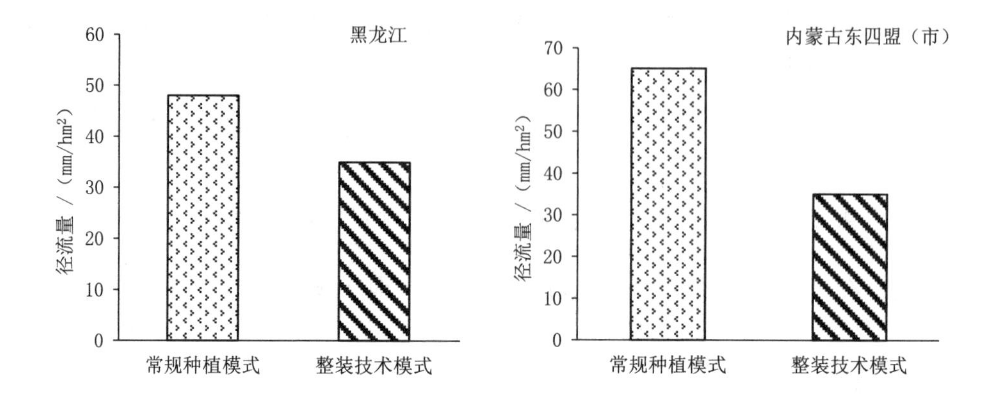

图 2-26 固土减蚀整装技术对径流量的影响

注：辽宁数据来源于作者 2018—2020 年铁岭试验数据。

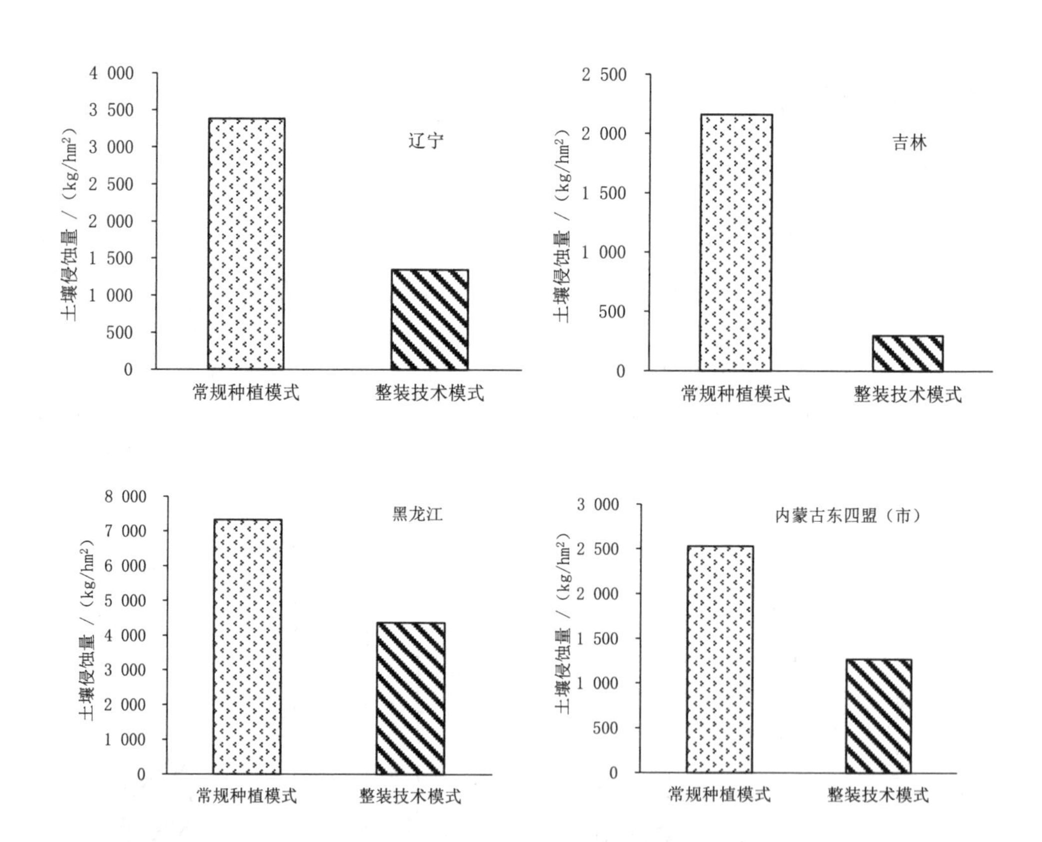

图 2-27 固土减蚀整装技术对土壤侵蚀量的影响

注：辽宁数据来源于作者 2018—2020 年铁岭试验数据。

2.5.4.2 氮磷流失阻控效果

坡地固土减蚀整装技术在减少土壤养分流失方面具有显著效果。研究表明，整装技术模式相比常规种植模式，流失的泥沙中有机质含量降低 81.40%，全氮含量降低 80%，全磷含量降低 84.62%（许晓鸿等，2013）。

2.5.5 农业生产影响

2.5.5.1 改善土壤特性

坡地固土减蚀整装技术改善了土壤团粒结构，增大土壤孔隙度，土壤持水能力增加，提高土壤水分，有利于保墒抗旱；秸秆还田增加土壤有机质含量，提高土壤养分，增强了土壤黏聚力、土壤抗蚀性，提高了土壤抵抗侵蚀营力的破坏、搬运；秸秆覆盖措施增加地表覆盖，减轻雨滴对土壤表面的溅蚀作用。试验表明（图 2-28）：采用固土减蚀整装技术措施，土壤容重在 0 ~ 10 cm、10 ~ 20 cm、20 ~ 30 cm 土层深度较常规种植技术分别降低 5.26%、6.06%、17.75%；土壤含水量在 0 ~ 10 cm、10 ~ 20 cm、20 ~ 30 cm 土层深度较常规种植技术分别增加 41.50%、9.42%、4.42%。说明该整装技术对改善土壤结构、增大土壤孔隙度、保持土壤水分、提高土壤保墒抗旱能力具有积极作用。

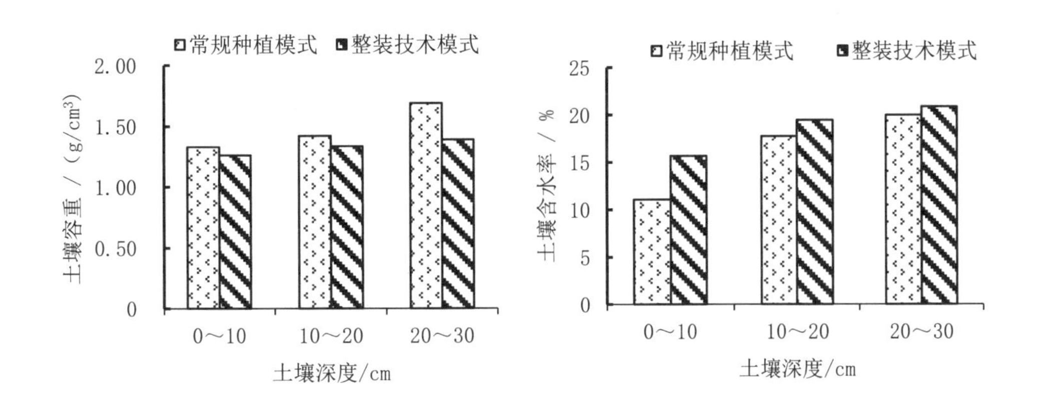

图 2-28 固土减蚀整装技术对土壤特性的影响

注：数据来源于作者 2018—2020 年铁岭试验数据。

2.5.5.2 增加粮食产量

坡地固土减蚀整装技术改善了土壤结构，提高了土壤持水能力，还能够提高土壤有机质含量，促进微生物活性，改善土壤肥力水平。因此，该整装技术对土壤的水、肥、气、热四大肥力特征均具有改善作用，为作物生长的土壤环境提供了良好的基础。试验表明（图 2-29），采用坡地固土减蚀整装技术玉米产量比常规种植技术提高了 8.53%。

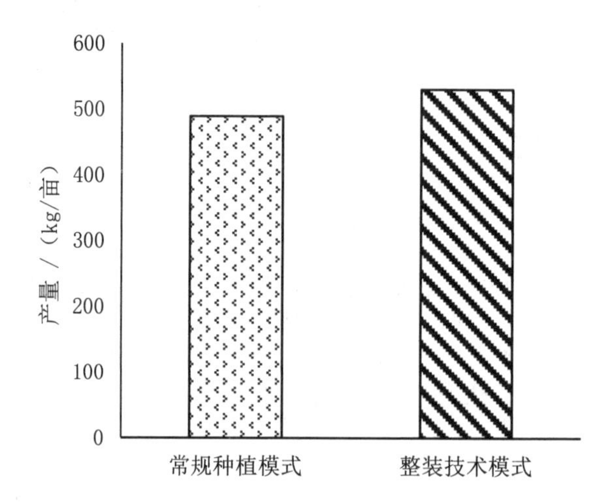

图 2-29 固土减蚀整装技术对玉米产量的影响

注：数据来源于作者 2018—2020 年铁岭试验数据。

2.5.6 效益评价

2.5.6.1 经济效益

以辽宁省铁岭市蔡牛镇技术示范区玉米田投入与产出为例进行成本计算。

玉米田生产投入计算：包括农资投入和田间管理投入。

农资投入成本计算：整装技术模式下，玉米种子和农药成本与常规种植模式一致，因整装技术模式采用了源头化肥减量控制措施和有机肥增施措施，复合肥成本降至 1 300 元 /hm^2。

田间管理成本计算：常规种植模式下机械作业（包括旋耕、整地、施肥、播种和收获等）。在整装技术模式下，施肥播种一体机作业费和玉米机械收获作业费与常规种植模式一致，整装技术模式下减少了旋耕、整地，但是增加了秸秆粉碎还田。

玉米产出收益计算：整装技术模式下玉米平均产量 7 953 kg/hm^2，常规种植模式下玉米平均产量 7 328 kg/hm^2，增产 625 kg/hm^2。玉米价格按 1.83 元 /kg 计算，常规种植模式下玉米平均经济收益为 13 410 元 /hm^2；整装技术模式下玉米田经济收益为 14 554 元 /hm^2，增收 1 144 元 /hm^2，增产增收效果明显。

通过两种模式投入成本与产出收益比较，整装技术模式比常规种植模式增加纯经济收益 1 144 元 /hm^2，具有显著经济效益。增加粮食产量 8.53%，增加收入 17.43%，对当地农民种粮具有积极作用（表 2-12）。

表 2-12 经济效益分析

种植方式	生产资料 /（元 /hm^2）			田间管理 /（元 /hm^2）				玉米产量 /(kg/hm^2)	产投比
	种子	农药	化肥	旋耕起垄	秸秆还田	施肥播种	收获		
常规种植	900	750	1 500	750		750	1 050	7 328	1.35
整装技术	900	750	1 300		750	750	1 050	7 953	1.65

2.5.6.2 环境效益

通过坡地固土减蚀整装技术的实施，改善了土壤结构，提高土壤拦蓄能力，减少地表径流 27.08% 以上，减少土壤流失 40.30% 以上，增加土壤含水量 4.42% 以上，降低地表汇流，减少地表径流对坡耕地的破坏，增加土壤保墒抗旱能力。同时减少化肥投入量 13% 以上，拦截泥沙中的氮磷流失 80% 以上，减少了对下游水域的面源污染。

2.6 坡耕地玉米田氮磷流失控源整装技术

2.6.1 技术简介

东北地区包括黑龙江、吉林、辽宁以及内蒙古自治区的呼伦贝尔市、通辽市、赤峰市和兴安盟，是我国主要商品粮生产基地，粮食产量约占全国粮食总产量的 20%（中国农业年鉴 2017，2018）。东北地区坡耕地面积为 19.5 万 km^2，占全区耕地面积的 58.7%，占全国耕地面积的 14.4%，东北地区坡耕地的坡度分布情况如表 2-13 所示，平均坡度为 3.4°，< 5°、5° ~ 10°、10° ~ 15°、> 15° 不同坡度耕地面积占总坡耕地面积的比例分别为 78.5%、15.8%、4.2%、1.5%（张天宇，2018）。近年来，农民为了追求收益，对坡耕地利用强度加大，不合理的耕作方式引起耕层变薄、土壤结构恶化、土壤保墒能力下降；坡耕地中化肥施用量不断增加，在降雨和径流冲刷作用下，土壤中过量的氮、磷等养分通过地表径流和壤中流的途径迁移，引起土壤氮、磷等养分的流失和周边水体污染。粗放的耕作以及重化肥轻有机肥的生产方式，导致坡耕地水土流失、土壤养分流失、土壤质量下降等现象严重，造成了较严重的玉米减产。这不仅威胁国家粮食安全，而且引起了严重的农业面源污染问题。因此，如何减少东北地区坡耕地土壤的氮磷流失，保证其可持续利用成为当前农业生产中亟待解决的问题。

表 2-13 东北地区坡耕地的坡度分布

坡度 /（°）	面积 /（万 /km²）	坡度 /（°）	面积 /（万 /km²）	坡度 /（°）	面积 /（万 /km²）
0 ~ 1	3.94	6 ~ 7	0.74	12 ~ 13	0.16
1 ~ 2	4.74	7 ~ 8	0.57	13 ~ 14	0.12
2 ~ 3	3.18	8 ~ 9	0.43	14 ~ 15	0.10
3 ~ 4	2.09	9 ~ 10	0.33	15 ~ 20	0.23
4 ~ 5	1.41	10 ~ 11	0.25	20 ~ 25	0.04
5 ~ 6	1.01	11 ~ 12	0.20	>25	0.02

2.6.1.1 技术定义

坡耕地玉米田氮磷控源整装技术是指在坡耕地玉米生产过程中，以控制氮磷肥料投入量和搭配适宜的耕作措施相结合，构建坡耕地合理的耕作方式，适宜的化肥、增效剂施用量相匹配的农田综合管理措施，从而从源头上减少坡耕地氮磷径流流失的技术集成措施。主要关键技术包括等高种植、优化施肥、秸秆覆盖还田、施用增效剂、深松等技术措施。

2.6.1.2 技术意义

坡耕地玉米田氮磷控源整装技术是针对东北地区坡耕地由于不合理的耕作和过量的化肥投入所造成的氮磷流失风险加剧等问题，结合坡耕地氮磷流失污染特征，通过优化施肥、施用增效剂、秸秆覆盖还田等技术，从源头上控制氮、磷等养分输入量，改善耕层土壤物理结构，提高土壤养分固持、水分调蓄的能力，进而降低土壤的养分残留量，减少土壤氮、磷等养分流失的整装技术。该整装技术保证玉米稳产增产的同时，能够有效地减少坡耕地氮、磷流失，降低农业面源污染，对于保障东北地区坡耕地粮食安全生产和防治农业面源污染具有重要的现实意义。

2.6.2 适宜区域

东北地区气候为大陆性季风气候，降水量从东南向西北递减，年降水量为 300 ~ 950 mm。区域内坡耕地的主要土壤类型为黑土、暗棕壤、棕壤、黑钙土、白浆土和褐土。坡度是影响农艺、工程等措施选择的主要因素之一。研究表明 5° 是影响东北地区水土保持措施的一个临界坡度，坡耕地 < 5° 适宜等高沟垄种植的耕作方式，坡耕地 > 5° 适宜修建水平梯田和植物篱等措施（和继军，2010；陈雪，2008）。该整装技术适用于东北地区坡度 < 5° 的坡耕地。

2.6.3 技术规程

2.6.3.1 整地

秋季玉米收获后，将玉米秸秆留茬 20 ~ 25 cm 割倒，并且整秆均匀覆盖地表。春季播种前用搂草机将覆盖的秸秆归拢呈条状，分至两侧，保证种床上无整根秸秆，采用免耕机进行垄沟种植或者原垄卡种。采用免耕种植 2 年后，可根据土壤状况进行深松，深度 20 ~ 25 cm，实行 2 年免耕 1 年深松的循环作业模式。

2.6.3.2 播种施肥

播种：当耕层 5 ~ 10 cm 土壤温度稳定在 10 ℃，土壤墒情稳定即土壤含水量达到田间持水量的 60% 以上，可适时播种。播种密度，密植品种以 60 000 株 /hm^2 较为适宜，稀植品种不宜超过 50 000 株 /hm^2，采用单粒精量播种，种子发芽率要求达到 97% 以上，播种深度 3 ~ 5 cm，种肥隔离。

施肥：优先选择颗粒型且粒径均匀的复合肥料。肥料用量分别为氮肥（N）施用量 100 ~ 195 kg/hm^2、磷肥（P_2O_5）施用量 60 ~ 90 kg/hm^2、钾肥（K_2O）施用量 90 ~ 120 kg/hm^2、增效剂施用量 450 ~ 750 kg/hm^2，其中 1/3 氮肥和全部磷、钾肥及增效剂作为底肥施入，2/3 氮肥在玉米拔节期进行追肥。若采用控释 / 缓释肥料施肥量可减 10%。底肥采用侧向深施肥，种、肥横向间隔 5 ~ 7 cm，肥料深度 12 ~ 15 cm；追肥后肥料用土掩盖。

2.6.3.3 病虫草害防控

玉米生长期间做好杂草清理、防治病虫害等工作。对于田间杂草，可采用化学药剂（农药使用原则按 GB 4285 标准执行）或人工锄草进行防治。对于病虫害可采用农业防治，优选抗逆、抗病、抗虫品种，注意晒种、拌种，做到适时播种，合理密植，及时发现并铲除病株，而后带出田间集中销毁；生物防治，利用生物和微生物有效的防治玉米病虫害；物理防治，一是利用害虫趋光性的特点设置黑光灯等进行灯光诱杀，二是选择性诱剂，三是利用害虫的趋色特性设置色板诱杀；化学防治要遵循科学合理施用化学药剂的原则。

2.6.3.4 收获

根据当地种植情况、气象条件、品种成熟性等灵活掌握，适时收获。

2.6.4 减排效果

2.6.4.1 氮磷流失量

（1）径流量

整装技术模式对东北地区坡耕地玉米田径流水流失量的影响如图 2-30 所示。从图中可以看出，各示范区玉米生长季坡耕地径流流失量表现出相似的趋势，即常规种植模式径流流失量均高于整装技术模式径流流失量。与常规种植模式相比，采用整装技术模式黑龙江、吉林、辽宁以及内蒙古东四盟（市）四个示范区玉米生长季坡耕地径流流失量分别减少 31.91%、34.25%、45.23%、和 31.48%。坡耕地地表径流是引起土壤侵蚀和养分流失的主要驱动力。免耕秸秆覆盖避免了机械对土壤的压实作用，减少了耕作对土壤结构的破坏；秸秆覆盖可有效减少雨水的冲击，延缓、分散土壤径流，减缓径流强度，削弱径流侵蚀力，增加了降水的入渗（辛艳，2013；向达兵，2010）。

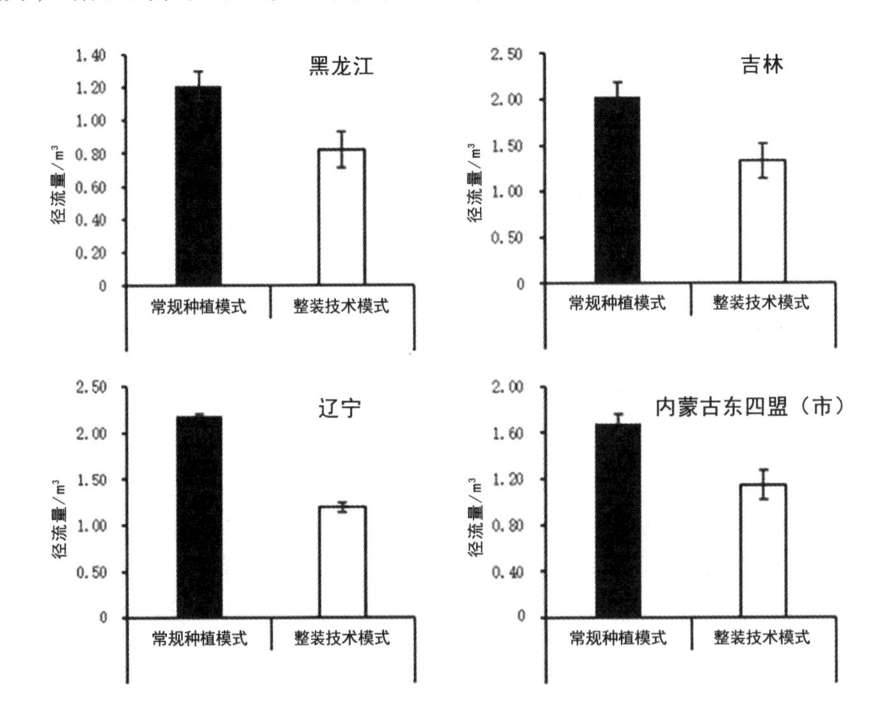

图 2-30 径流流失量

（2）总氮流失量

整装技术模式对东北地区坡耕地玉米田径流水总氮流失量的影响如图 2-31 所示。常规种植模式，四个示范区玉米生长季坡耕地总氮流失量分别为黑龙江 3.18 kg/hm^2、吉林 2.85 kg/hm^2、辽宁 2.45 kg/hm^2、内蒙古东四盟

（市）1.49 kg/hm^2；采用整装技术模式，四个示范区玉米生长季坡耕地总氮流失量分别为黑龙江 1.92 kg/hm^2、吉林 1.74 kg/hm^2、辽宁 1.43 kg/hm^2、内蒙古东四盟（市）0.98 kg/hm^2。与常规种植模式相比，采用整装技术模式黑龙江、吉林、辽宁以及内蒙古东四盟（市）四个示范区玉米生长季坡耕地总氮流失量分别减少 39.62%、38.95%、41.63%、和 34.23%。

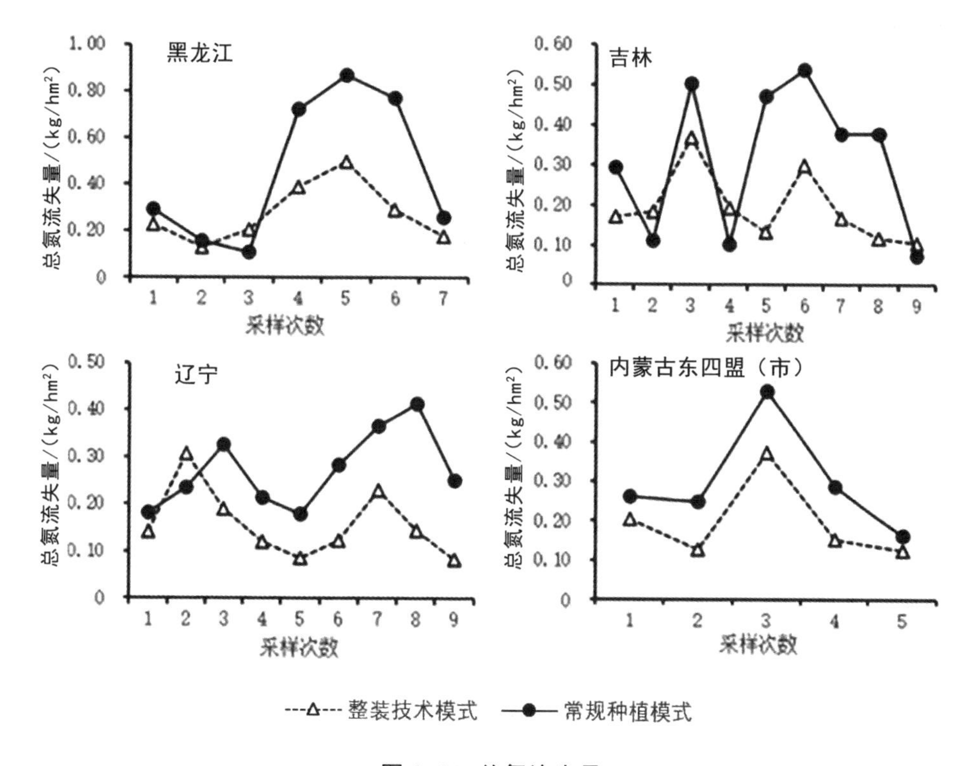

图 2-31 总氮流失量

（3）总磷流失量

整装技术模式对东北地区坡耕地玉米田径流水总磷流失量的影响如图 2-32 所示。常规种植模式，四个示范区玉米生长季坡耕地总磷流失量分别为黑龙江 0.75 kg/hm^2、吉林 0.82 kg/hm^2、辽宁 0.79 kg/hm^2、内蒙古东四盟（市）0.62 kg/hm^2；采用整装技术模式，四个示范区玉米生长季坡耕地总磷流失量分别为黑龙江 0.60 kg/hm^2、吉林 0.61 kg/hm^2、辽宁 0.45 kg/hm^2、内蒙古东四盟（市）0.44 kg/hm^2。与常规种植模式相比，采用整装技术模式黑龙江、吉林、辽宁以及内蒙古东四盟（市）四个示范区玉米生长季坡耕地总磷流失量分别减少 20.00%、25.61%、43.04% 和 29.03%。

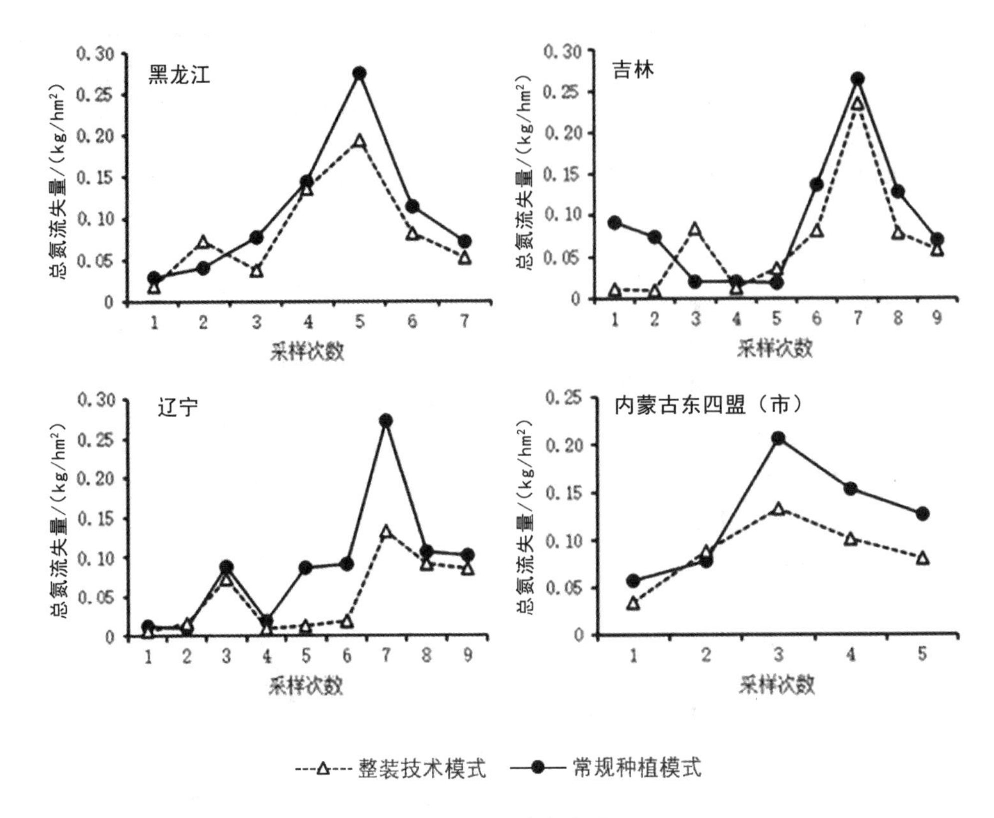

图 2-32 总磷流失量

2.6.4.2 土壤含水量

整装技术模式对坡耕地 0 ~ 100 cm 土壤含水量的影响如图 2-33 所示。从图中可以看出，采用整装技术模式可提高 0 ~ 100 cm 土壤含水量，并且随着土壤深度的增加，土壤含水量有增加的趋势。与常规种植模式相比，采用整装技术模式黑龙江、吉林、辽宁以及内蒙古东四盟（市）四个示范区玉米收获后 0 ~ 100 cm 土壤平均含水量分别提高了 33.33%、25.58%、25.49% 和 29.56%。土壤水分是土壤 NO_3^--N、NH_4^+-N 在土壤中运移的重要影响因子之一，施肥能够提高土壤水势，增强土壤的供水能力（张富仓，2004）。免耕秸秆覆盖使耕层土壤的生物功能以及土壤水分的保蓄能力得到增强（何传瑞，2016；许淑青，2009）。整装技术模式通过增施增效剂、免耕秸秆覆盖等手段，改善了土壤物理性状，提高了土壤蓄水能力和水分入渗量，增强了土壤抗侵蚀能力。

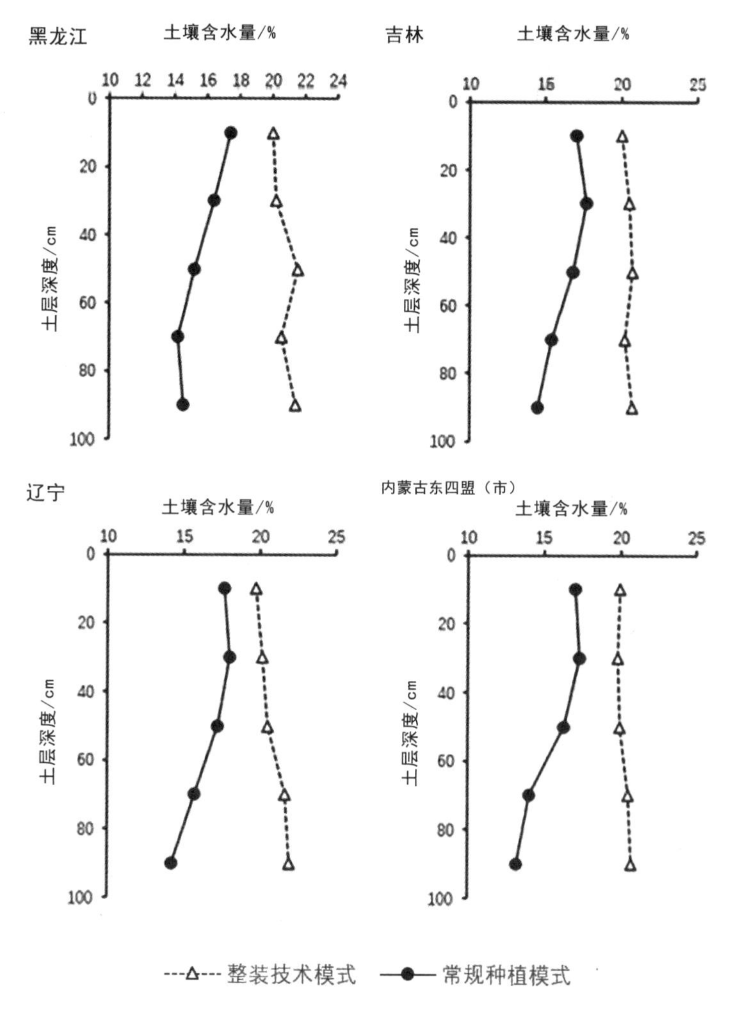

图 2-33 土壤含水量

2.6.4.3 土壤无机氮

（1）土壤硝态氮

整装技术模式对 0 ~ 100 cm 土壤剖面硝态氮含量分布的影响如图 2-34 所示。从图中可以看出，各示范区 0 ~ 100 cm 土壤硝态氮含量的分布具有相似性，随着土壤深度的增加土壤硝态氮含量呈下降的趋势；0 ~ 40 cm 土层中硝态氮含量占 0 ~ 100 cm 土层中硝态氮含量的 60.52% ~ 73.79%，这说明土壤硝态氮具有表聚性。与常规种植模式相比，采用整装技术模式黑龙江、吉林、辽宁以及内蒙古东四盟（市）玉米收获后 0 ~ 100 cm 土壤硝态氮含量分别降低了 32.41%、28.29%、34.00% 和 30.13%。过量施用氮肥能显著增加土壤硝态氮浓度，从而增加氮素淋失的潜在风险（王朝辉，2006；黄满湘，2003）。整装技术通过优化施肥，从源头减少氮磷肥的投入，达到平衡施肥的目的；整装技术中的秸秆覆盖还田由于秸秆腐解较慢，会固定土壤中的部分矿质态氮，同时土壤中还存在着微生物和作物对氮素吸收利用的竞争作用（赵鹏，2008；洪春来，2003），二者共同作用导致表层土壤硝态氮含量的减少，降低了土壤硝态氮淋溶的风险。

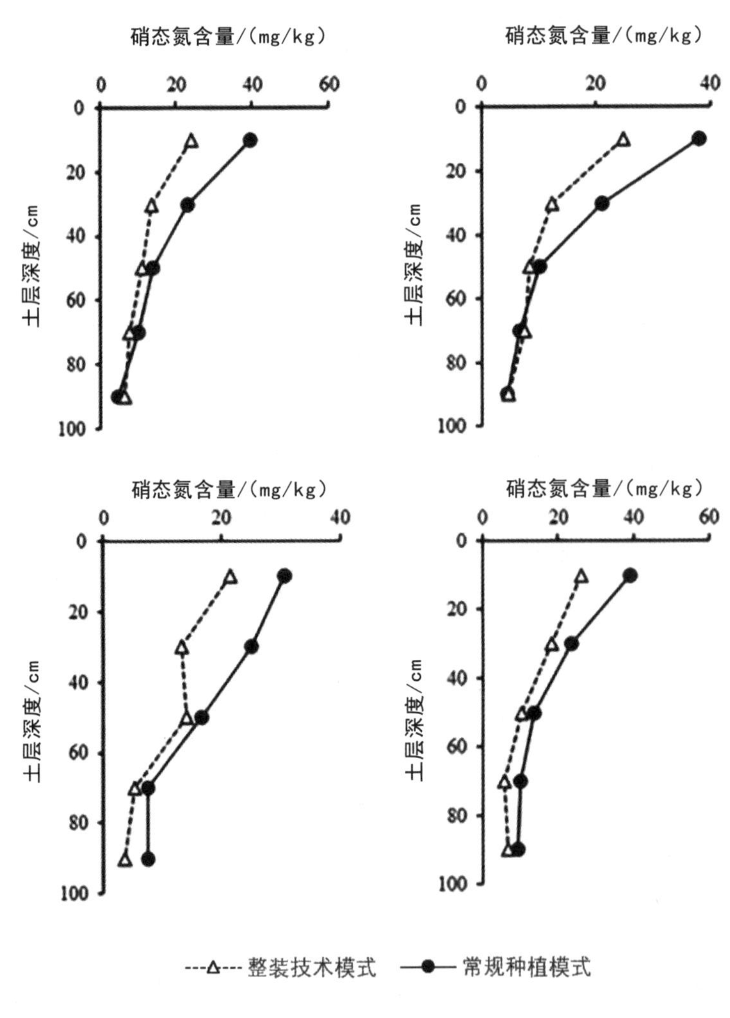

图 2-34 土壤硝态氮

（2）土壤铵态氮

整装技术模式对 0 ~ 100 cm 土壤剖面铵态氮含量分布的影响如图 2-35 所示。从图中可以看出，各示范区 0 ~ 100 cm 土壤铵态氮含量随着土壤深度的增加呈下降趋势；0 ~ 40 cm 土层中铵态氮含量占 0 ~ 100 cm 土层中铵态氮含量的60.83% ~ 76.12%，土壤中铵态氮含量主要集中在0 ~ 40 cm土层中，这与土壤中硝态氮含量的变化趋势基本一致。与常规种植模式相比，采用整装技术模式黑龙江、吉林、辽宁以及内蒙古东四盟（市）四个示范区玉米收获后0 ~ 100 cm土壤铵态氮含量分别降低了10.21%、43.30%、36.86%和18.61%。由于铵态氮极易被土壤吸附，且迁移能力不强，各示范区40 ~ 100 cm深层土壤中铵态氮含量的变化范围为2 ~ 5 mg/kg，受施肥和耕作方式的影响较小。

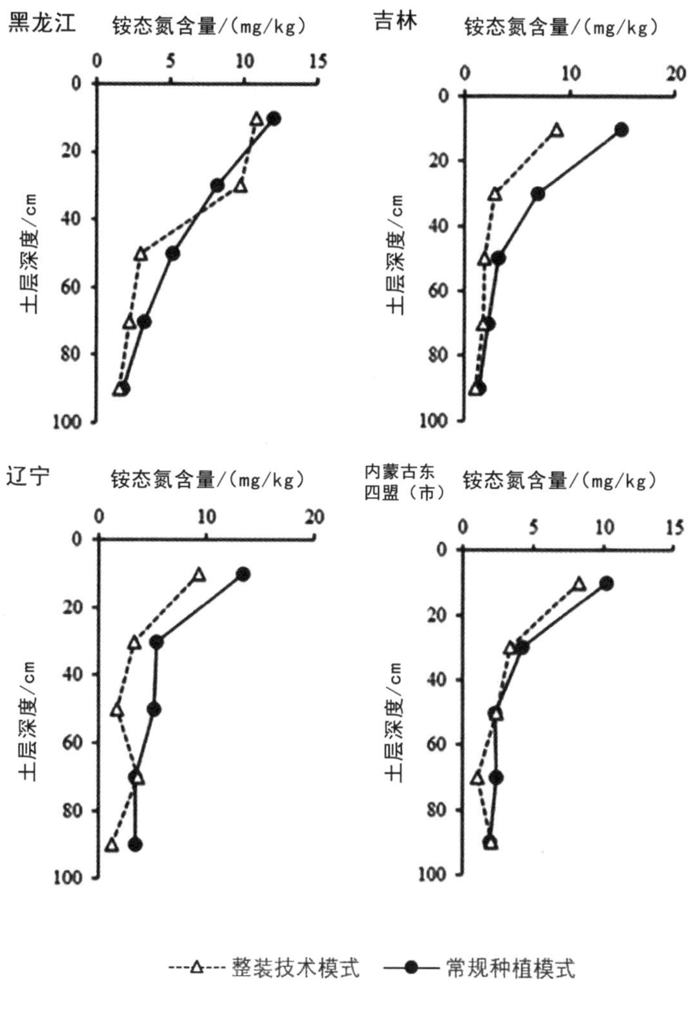

图 2-35 土壤铵态氮

（3）土壤无机氮

整装技术模式对土壤无机氮累积量的影响见表2-14。从表中可以看出，各示范区硝态氮累积量占无机氮累积量的67.42% ~ 82.05%，这表明土壤中硝态氮是无机氮的主要存在形式。各示范区0 ~ 100 cm土层土壤无机氮累积量均以常规种植模式最高，且显著高于整装技术模式。与常规种植模式相比，采用整装技术模式黑龙江、吉林、辽宁以及内蒙古东四盟（市）示范区0 ~ 100 cm土壤无机氮累积量分别减少26.69%、31.92%、34.70%和28.08%。连续秸秆覆盖还田提升了表层土壤硝态氮和铵态氮含量，且随还田年限的延长而增加（武际，2012）。秸秆还田可降低玉米收获期0 ~ 100 cm土层土壤无机氮累积量，且随秸秆还田年限的延长，土壤无机氮累积量也随之降低（张鑫，2014）。由于秸秆为微生物提供了充足的碳源，土壤微生物活性增强，部分矿质氮被固持（闫德智，2012）。合理的氮肥施用量结合适宜的耕作方式可有效地降低0 ~ 100 cm土壤无机氮残留量，降低氮素淋溶对环境污染的风险。

表2-14 土壤无机氮累积量

地区	处理	NO_3^--N/(kg/hm²)					NH_4^+-N/(kg/hm²)					合计/(kg/hm²)
		0 ~ 20 cm	20 ~ 40 cm	40 ~ 60 cm	60 ~ 80 cm	80 ~ 100 cm	0 ~ 20 cm	20 ~ 40 cm	40 ~ 60 cm	60 ~ 80 cm	80 ~ 100 cm	0 ~ 100 cm
黑龙江	常规种植模式	98.93a	57.61a	36.20a	25.53a	12.04a	30.09a	20.47a	13.64a	8.62a	4.79a	307.90a
	整装技术模式	59.97b	32.91b	28.54b	19.17b	15.79a	27.18a	24.29a	7.89b	5.93a	4.04a	225.72b
吉林	常规种植模式	95.00a	52.96a	26.50a	17.52a	11.48a	36.90a	17.43a	8.38a	5.93a	3.68a	275.79a
	整装技术模式	62.15b	30.59b	22.27b	19.54a	12.10a	21.72b	6.98b	5.11a	4.58a	2.74a	187.77b
辽宁	常规种植模式	76.65a	62.69a	43.96a	19.73a	19.80a	33.47a	13.51a	13.57a	9.24a	9.13a	301.76a
	整装技术模式	53.76b	33.48b	37.55b	13.59b	8.96b	23.21b	8.35b	4.80b	9.78a	3.59b	197.06b
内蒙古东四盟（市）	常规种植模式	97.59a	59.21a	36.09a	26.16a	24.86a	25.43a	10.54a	5.95a	6.38a	5.04a	297.25a
	整装技术模式	65.48b	45.74b	26.93b	14.46b	17.73b	20.58a	8.28b	6.35a	2.87b	5.35a	213.77b

注：a、b代表差异显著性。

2.6.4.4 减排效果评价

整装技术模式通过优化施肥从源头上减少了氮磷肥的投入，避免了过量养分在土壤中的残留，同时降低了径流水中氮磷含量。与常规种植模式相比，通过整装技术模式的实施，黑龙江、吉林、辽宁以及内蒙古东四盟（市）四个示范区总氮流失量分别减少 39.62%、39.30%、41.63% 和 34.22%；总磷流失量分别减少 15.47%、26.83%、43.04% 和 30.65%；土壤无机氮累积量分别减少 26.69%、31.92%、34.70% 和 28.08%。增施增效剂改善土壤物理性状，提高了土壤蓄水和养分库的容纳能力，降低了土壤水分和养分流失的风险，同时提高了土壤的保墒能力，为春播提供一定的保障。黑龙江、吉林、辽宁以及内蒙古东四盟（市）四个示范区土壤平均含水量分别提高了 33.33%、25.58%、25.49% 和 29.56%；秸秆留茬覆盖通过根茬和地表覆盖，缓冲了降水对土表的冲击破坏，增加了对径流冲刷的阻挡，阻碍地表径流的形成，降低了氮磷污染的风险。

2.6.5 农业生产影响

2.6.5.1 物理性质

整装技术模式对土壤容重的影响如图 2-36 所示。从图中可以看出，5 ~ 10 cm 土层土壤容重整装技术模式较常规种植模式增加了 0.02 ~ 0.04 g/cm^3；10 ~ 15 cm 土层土壤容重降低了 0.01 ~ 0.03 g/cm^3。土壤容重是土壤物理性状的重要指标之一，直接反映土壤的松紧程度。常规种植模式春播采用旋耕起垄的耕作方式，会对土壤进行扰动，势必降低表层土壤容重，但是农户为了节约成本，往往旋耕的深度 <10 cm，造成土壤犁底层上移，深层土壤结构变差；而整装技术模式采用免耕秸秆覆盖的耕作方式，能够提高土壤剖面孔隙度，降低土壤的紧实度，为作物生长创造有利的土壤环境条件（Schmidt et al., 2017;Olson et al., 2014）。

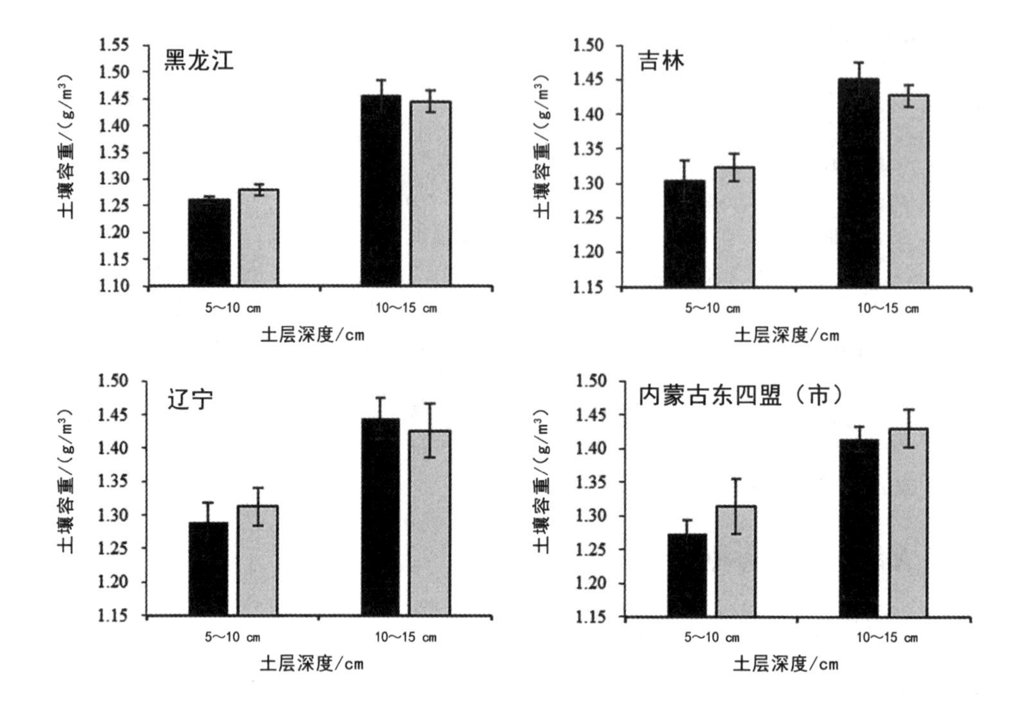

图 2-36 土壤容重

2.6.5.2 化学性质

整装技术模式对 0 ~ 20 cm 耕层土壤养分含量的影响如表 2-15 所示。从表中可以看出，与常规种植模式相比，采用整装技术模式黑龙江、吉林、辽宁以及内蒙古东四盟（市）四个示范区 0 ~ 20 cm 土壤养分均有不同程度的提高，全氮提高了 3.24% ~ 8.59%；全磷提高了 2.92% ~ 14.06%；碱解氮提高了 1.74% ~ 5.45%；有效磷提高了 1.16% ~ 6.82%；有机质增加了 0.27% ~ 1.16%。秸秆覆盖还田能够使土壤中的养分指标得到提高，可能是由于秸秆腐解后释放出的有机和无机养分进入土壤中，有效提高了土壤中的速效钾和有效磷含量（梅四卫，2020）。

表 2-15 土壤养分

地区	处理	全氮 /（g/kg）	全磷 /（g/kg）	碱解氮 /（mg/kg）	有效磷 /（mg/kg）	有机质 /（g/kg）
黑龙江	常规种植	2.16 ± 0.09	1.37 ± 0.11	137.3 ± 0.97	54.45 ± 0.65	36.32 ± 0.05
	整装技术	2.23 ± 0.09	1.41 ± 0.19	142.32 ± 1.33	57.62 ± 0.68	36.53 ± 0.07
辽宁	常规种植	1.52 ± 0.03	0.64 ± 0.09	88.97 ± 1.74	17.45 ± 0.65	16.41 ± 0.13
	整装技术	1.58 ± 0.11	0.73 ± 0.13	90.52 ± 8.48	18.64 ± 1.06	16.60 ± 0.07
吉林	常规种植	1.63 ± 0.16	0.93 ± 0.21	121.30 ± 1.51	29.70 ± 2.97	22.45 ± 0.04
	整装技术	1.77 ± 0.05	1.02 ± 0.03	126.8 ± 1.31	30.40 ± 0.45	22.61 ± 0.12
内蒙古东四盟（市）	常规种植	0.96 ± 0.07	0.56 ± 0.06	66.58 ± 1.54	19.01 ± 0.38	15.48 ± 0.06
	整装技术	1.03 ± 0.04	0.61 ± 0.03	70.21 ± 6.18	19.23 ± 0.55	15.56 ± 0.07

2.6.5.3 农艺性状和产量

整装技术模式对玉米农艺性状和产量的影响如表 2-16 所示。整装技术模式玉米穗长、穗粗、轴粗、穗行数、行粒数、百粒重以及产量等指标均优于常规种植模式。与常规种植模式相比，采用整装技术模式黑龙江、吉林、辽宁以及内蒙古东四盟（市）地区玉米产量分别提高了 10.97%、9.26%、10.44% 和 10.96%。

表 2-16 农艺性状和产量

地区	处理	穗长 /cm	穗粗 /mm	轴粗 /mm	穗行数 / 行	行粒数 / 粒	百粒重 /g	产量 /（kg/hm^2）
黑龙江	常规种植	20.79a	45.71b	26.19a	18.27a	33.40b	31.89b	10 122.00b
	整装技术	19.46b	47.76a	25.60b	18.80a	36.03a	33.89a	11 232.00a
吉林	常规种植	19.43a	45.87b	25.06a	18.13a	33.83b	31.41a	9 112.00b
	整装技术	19.09a	46.44a	25.21a	18.27a	34.33a	31.79a	9 956.00a
辽宁	常规种植	17.20a	44.68b	25.59a	17.33a	30.60b	27.94b	8 540.00b
	整装技术	17.50a	45.48a	25.70a	17.60a	32.60a	29.47a	9 432.00a
内蒙古东四盟（市）	常规种植	19.79a	47.13b	25.97b	18.40a	35.97a	32.62a	8 040.00b
	整装技术	18.99b	50.72a	27.57a	18.53a	34.80b	32.81a	9 032.00a

2.6.6 效益评价

2.6.6.1 经济效益

以辽宁省铁岭市蔡牛镇技术示范区投入与产出情况为例，进行投入产出成本计算（表 2-17），玉米种植的生产投入包括种子、农药、化肥、增效剂，设备费与人工费。蔡牛镇采用整装技术模式玉米田平均产量 9 432 kg/hm^2，常规种植模式玉米田平均产量 8 540 kg/hm^2，增产 892 kg/hm^2，玉米按两年平均价格 1.70 元 /kg 计算，增收 1 516.40 元 /hm^2，增产增收效果明显；整装技术模式虽然增加了增效剂的投入成本，但是常规种植增加了秸秆清运的费用，二者基本持平，整装技术模式产投比增加 21.78%。

表 2-17 经济效益分析

种植方式	整地 /(元 /hm^2)	生产资料 /（元 /hm^2）				生产管理 /（元 /hm^2）					产量 /(kg/hm^2)	产投比
		种子	农药	化肥	增效剂	播种	除草	中耕	秸秆清运（含人工费）	收获		
常规种植	675	750	450	2 700	0	375	330	300	2 500	1 050	8 540	1.59
整装技术	0	750	450	1 950	3 000	450	330	300	0	1 050	9 432	1.94

注：玉米按 2018 年和 2019 年两年平均价格 1. 70 元 /kg 计算。

2.6.6.2 环境效益

通过对整装技术模式的应用，在保证玉米产量的同时，使氮施入量下降 14.5%，磷施入量下降 8.5%。与常规种植模式相比，土壤中全氮含量稳定，硝态氮含量降低 34.00%，铵态氮含量降低 36.86%，总磷含量增加 14.06%，土壤氮径流流失量降低 41.63%，磷径流流失量降低 43.26%，减少了化肥使用量，但相对提高了土壤有机质、无机态氮与磷的含量，为作物生长提供养分，减少了土壤氮磷流失及对周围水体富营养化的影响。

对比常规种植模式，整装技术模式中的秸秆覆盖还田方式，在杜绝了秸秆焚烧所造成的大气污染的同时，还能增加土壤有机质，改良土壤结构，增加土壤含水量，促进微生物活力和土壤矿化能力。风蚀水蚀会导致土壤流失、耕层变薄，秸秆覆盖可有效抑制风蚀水蚀的发生，在保护耕层土壤的同时，也在一定程度上避免了土壤扬尘和水土流失污染大气和水体环境。

2.6.6.3 应用前景

坡耕地玉米田氮磷控源整装技术模式的实施，不仅取得了一定的经济效益，还具有显著的环境效益。综合改善土壤结构，提高土壤保水、保肥效果，避免焚烧秸秆带来的环境污染问题，保障农业生产可持续发展。整装技术模式应因地制宜，基于土壤基础肥力，合理安排施肥量，科学防治病虫草害，保持生态平衡，根据实际情况调整模式参数。

2.7 玉米田氮磷流失肥水热调控技术

2.7.1 技术简介

东北地区属温带半湿润半干旱气候带，冬季气温低，夏季平均温度在 20 ~ 25 ℃，≥ 10 ℃积温在 2 000 ~ 3 600 ℃；全年降水量为 400 ~ 800 mm，其中 60% 集中在 7—9 月份，雨热同季，日照充足。季节性冻融是东北农田土壤最显著的物理特征之一。自然环境因素和不合理的人为生产经营活动导致东北农田土壤不断退化，严重影响了土地生产力发挥，制约了该区域农业高效生产的可持续发展。因此，保证该地区农田土壤水热资源的高效可持续利用成为一个亟待解决的问题。

2.7.1.1 技术定义

玉米田氮磷流失肥水热调控技术是指在东北地区旱作农田玉米生产过程中调控土壤水热条件、改善肥料利用效率，从而减少冻融土壤氮磷流失风险的技术集成措施。主要关键技术包括化肥减施控源、冻融水热调控等。

2.7.1.2 玉米田施肥特征与氮磷流失风险

东北地区农民的施肥方式以分期施肥和一次性施肥为主。随着玉米产量的不断提高，肥料投入也在增大，目前作物产量对化肥的依赖程度达到了 40% ~ 50%（冯国忠等，2017）。施肥有利于作物生长，提高作物产量。但最近 20 多年我国粮食产量没有随化肥用量持续增长而相应增加（张福锁等，2008）。过量施肥和较低的肥料利用率一直是困扰我国农业生产的突出问题，不合理施肥不仅导致作物产量下降，而且引起土壤肥力退化以及养分资源的浪费（李新旺等，2009）。长期过量施用化肥使土壤有机质含量迅速下降，土壤物理结构改变，进而影响土壤温度与水分两大重要因素。

氮、磷作为土壤的营养成分，在土壤中的分布与迁移转化规律对土壤生态系统影响重大。在土壤 - 作物系统中，氮素的作物利用率仅为 20% ~ 35%，当季作物的磷肥利用率仅为 5% ~ 15%（司友斌，2000；王庆仁，1999）。在降雨或灌溉过程中，土壤中氮磷养分元素通过地表径流、侵蚀、淋溶和农田排水进入地表和地下水，造成土壤养分失衡、地表水和地下水被污染。农田氮磷径流流失量与施肥量和肥料种类、耕作方式、土壤类型、灌溉模式、降雨量等多种因素相关，其中减量施肥被证明是减少稻田氮磷流失量最直接有效的方法（焦少俊等，2007；张乃明等，2003）。

2.7.1.3 玉米田土壤冻融规律及水热变化特征

土壤中的水是植物吸收养分的重要介质，土壤温度是调节土壤含水量的重要参数，影响着作物生长发育、土壤水盐运移等，二者均与作物生长发育关系密切（乌艺恒等，2019）。东北地区土地大部分处于中度至深度季节性冻土区，降水主要集中在每年的5—9月，而秋末、冬季、春初降水较少，且冬季的降水形式为降雪，土壤水分状况受季节性冻融作用的影响。

土壤冻融循环是指由于季节或昼夜气温变化使得土壤温度在0 ℃上下波动而出现的反复冻结-解冻过程，土壤的冻融过程分为初冻、快速冻结、稳定冻结、融化四个阶段（王红丽等，2020；王连峰等，2007）。受冻结强度、冻结持续时间、冻融循环次数等冻融格局影响，冻融循环使土壤中的水分重新分布，改变了土壤结构与孔隙度，降低土壤结构的稳定性，加剧土壤侵蚀（付强等，2016；樊贵盛等，1999）。冻融循环过程也会对土壤中各种氮磷形态的释放造成影响，旱田中氮磷的释放量普遍比水田中氮磷的释放量要大（张迪龙等，2015）。

2.7.1.4 技术模式意义

东北地区独特的土壤和气候环境条件非常适合玉米的种植，玉米作物在东北地区农业生产中占据着非常大的比例。玉米田氮磷流失肥水热调控技术针对东北粮食主产区平原地区旱田因不合理耕作、过量施肥等造成的土壤氮磷养分流失，以及冻融交替导致的氮磷淋溶流失风险加剧问题，结合东北平原地区冻融型氮磷流失污染特征及其对肥水热变化的响应规律，从“控失、保水、减冻”入手，集成冻融水热调控、化肥减施控源等关键技术，形成一套综合技术措施。该综合技术措施具体通过秸秆还田、增施新型材料等措施的有机结合，进而建立冻融型玉米田肥水热调控技术模式。这将为构建区域冻融型旱田氮磷流失污染阻控技术体系提供技术支撑，也为保障东北粮食主产区的可持续生产发展提供技术服务。

2.7.2 适宜区域

本技术结合冻融水热调控、化肥减施控源等措施，适用于温带季风与温带大陆性气候，受季节性冻融作用的影响，自然降水为作物水分主要来源的，且具备大型机械操作条件的东北平原玉米田区域。

2.7.3 技术规程

玉米植株高大、根系发达，虽对土壤种类的要求不严格，但也需要大量地吸收土壤水分和养分，如果土地环境不好，则会影响产量与质量，因此，要选择地势平坦、土层深厚、质地疏松、通透性好的土地种植玉米，才能保证高产。玉米播种时机也要做好选择。春玉米播种过早易造成低温烂种、出苗不齐，播种过晚则导致后期籽粒不能正常成熟。应根据各地区的土壤状况、种植习惯、栽培管理水平，因地制宜地选择合适的玉米品种播种。春玉米生育期长，需肥较多，要想获得高产，必须施加肥料提供养分，为玉米生长发育创造良好的环境条件。

2.7.3.1 整地还田

在秋季前茬玉米收获的同时进行秸秆还田作业。如采用覆盖还田方式，将玉米秸秆留茬 20 ~ 25 cm 割倒，均匀覆盖留置于耕地表面越冬，春季采用条带还田方式，清理出用于播种的无秸秆苗带，对苗带实施深松，苗带之间仍保持秸秆覆盖；采用碎混还田方式，将秸秆粉碎均匀撒施，翻压还田至 15 ~ 18 cm 土层中；鉴于东北地区冬季气候寒冷干燥，也可采用顶凌作业方式，秋季收获时，将秸秆进行翻压还田，翌年春季，比常规整地提前 10 ~ 20 d 将秸秆与基肥联合翻压入土。

2.7.3.2 播种施肥

播种：宜在表层土壤（5 ~ 10 cm）温度稳定通过 10 ~ 12 ℃时，采用免耕播种机沿上茬原垄的垄帮上进行精量播种。若采用条带作业整地方式，可在无秸秆苗带处进行播种。

施肥：根据东北地区较多一次性施肥的习惯，建议选用缓释肥料、控释肥料、稳定性肥料等长效型肥料替代全部化学肥料并适量减施，在保证玉米稳产的同时，降低氮磷流失风险。可在播种时根据不同玉米田土壤的肥力情况，将氮肥（N）100 ~ 195 kg/hm^2，磷肥（P_2O_5）60 ~ 90 kg/hm^2、钾肥（K_2O）90 ~ 120 kg/hm^2 与增效剂 450 ~ 750 kg/hm^2 配合施用，不再追肥，施肥深度为 15 ~ 20 cm。为避免种子和肥料直接接触导致烧苗，机械播种时要将种子与肥料隔离 7 ~ 10 cm。

2.7.3.3 病虫草害防治

种植过程中及时观察玉米长势，做好杂草清理、病虫害防治工作。对于田间杂草，可根据《农药田间药效试验准则（一）除草剂防治玉米地杂草》（GB/T 17980.42 — 2000）在播种后苗期、苗后早期利用除草剂灭草或人工锄草。对于病虫害，可根据《玉米大、小斑病和玉米螟防治技术规范》（GB/T 23391.1 ~ 3），通过药物防治或非药物防治等方式进行针对性防治以减轻危害。应根据本地区常见的病虫害种类选择合适的防治方法，同时合理规划播种时期、种植密度及抗病品种，合理选择药物，并在施药时严格按照规定的安全剂量用药。

2.7.3.4 收获期秸秆还田

9月下旬至10月上旬，玉米果穗中部籽粒乳线消失，或苞叶开始变黄后7～10 d，籽粒出现黑色层，为玉米最佳收获期。可利用玉米联合收割机适时收获与贮藏，在玉米收获的同时进行秸秆还田操作。玉米贮藏前，必须把籽粒充分曝晒，使含水量降到14%以下。在贮藏时注意检查，防止虫蛀、鼠害和霉变。

玉米田肥水热调控技术操作流程如图2-37所示。

图2-37 玉米田肥水热调控技术操作流程

2.7.4 减排效果

2.7.4.1 土壤剖面氮、磷分布特征

（1）土壤剖面氮分布特征

土壤氮素是土壤中作物需求量较大的营养元素之一，也是植物生长过程易受限制的养分因子之一，其含量与分布受土壤母质、气候条件、碳氮

投入等各种因素的综合影响（徐虎，2017；王娜等，2016）。各试验区不同模式土壤剖面全氮含量变化如图 2-38 所示。从全氮含量来看，土壤表层 0 ~ 20 cm 处差异性不显著；20 ~ 40 cm 土层由于氮施入量的下降，采用整装技术模式辽宁、吉林、黑龙江以及内蒙古东四盟（市）试验区分别减少了 7.14%、3.90%、6.78% 和 2.95%；40 ~ 60 cm 土层全氮含量均低于常规种植方式，辽宁、吉林、黑龙江以及内蒙古东四盟（市）试验区分别减少了 2.59%、8.31%、6.67% 和 9.90%。农民通过施入氮肥为农田土壤补充氮素，以保障农田作物持续稳定产出。整装技术模式能够保持表层土壤全氮的稳定，延缓了土壤氮的释放，抑制了土壤氮向耕层底部的淋溶作用，其中增效剂的添加有利于增加作物对氮的吸收利用效率；同时也可以取代一部分化学肥料为作物提供养分，从而达到改善土壤性状、减少环境污染的目的。

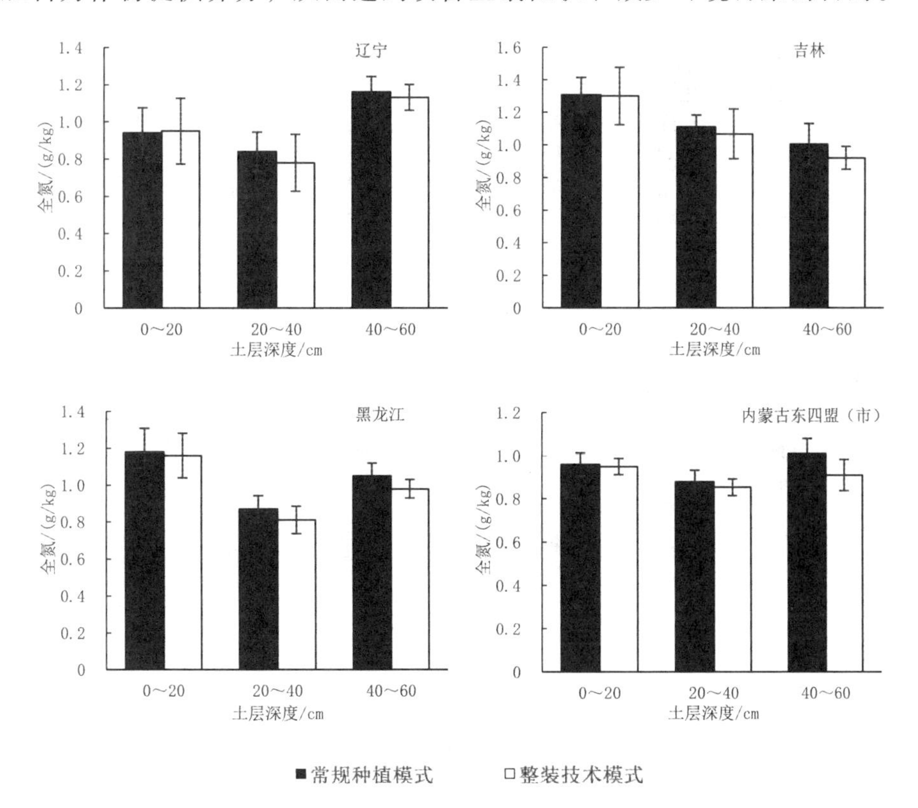

图 2-38 不同模式土壤剖面全氮含量变化

土壤氮素按照形态可分为有机态氮和无机态氮，在氮肥施入土壤后，绝大部分以硝态氮和铵态氮两种无机态形式存在。纵向对比硝态氮含量（图 2-39），土壤硝态氮主要集中在表层土壤，各层含量都随剖面深度的增加而降低，而与常规种植模式相比，整装技术模式下的硝态氮含量显著降低，辽宁、吉林、黑龙江以及内蒙古东四盟（市）试验区在 0 ~ 20 cm 土层处分别减少了 68.19%、31.47%、30.39% 和 53.87%，在 20 ~ 40 cm 土层处分别减少了 68.05%、51.54%、33.17% 和 43.63%，在 40 ~ 60 cm 土层处分别减少了 83.10%、54.59%、67.51% 和 66.34%。铵态氮含量的变化也表现出了表层土壤集中的特征（图 2-40），在土壤表层 0 ~ 20 cm 处，不同试验区采用整装技术模式与常规种植模式相比，其含量下降了 28.84% ~ 55.33%，其余土层波动较大，少则下降了 9.07%，多则下降 75.26%。结果表明，采用整装技术模式可以减小铵态氮与硝态氮在土壤剖面不同土层的含量，从而减小无机态氮的淋失风险。

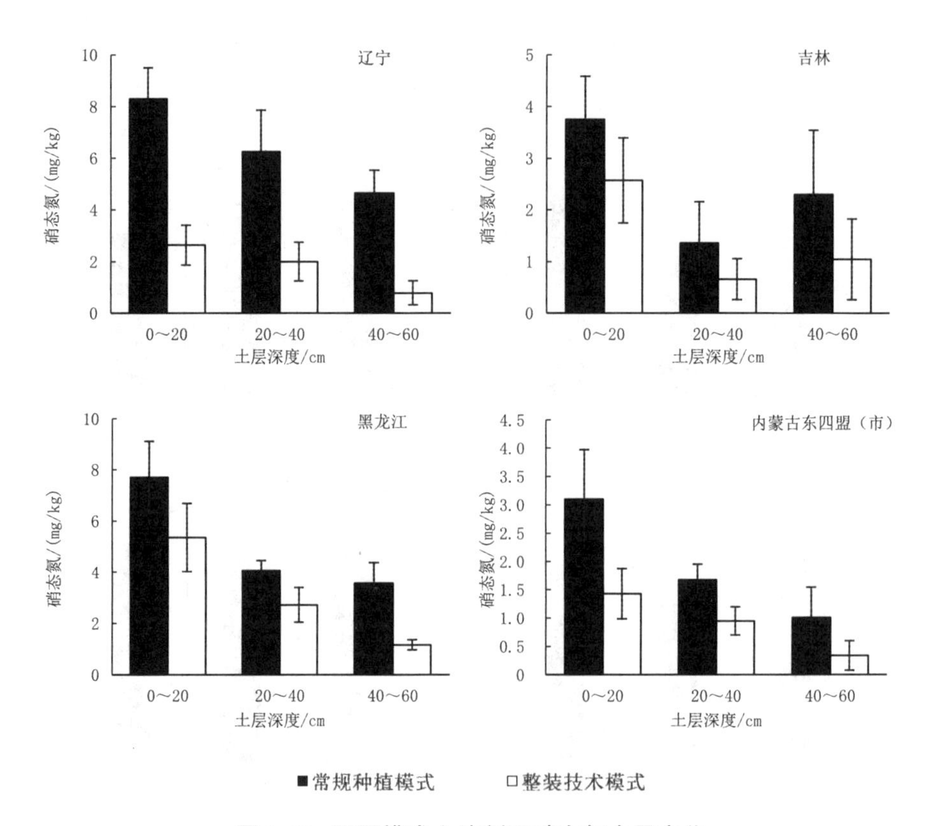

图 2-39 不同模式土壤剖面硝态氮含量变化

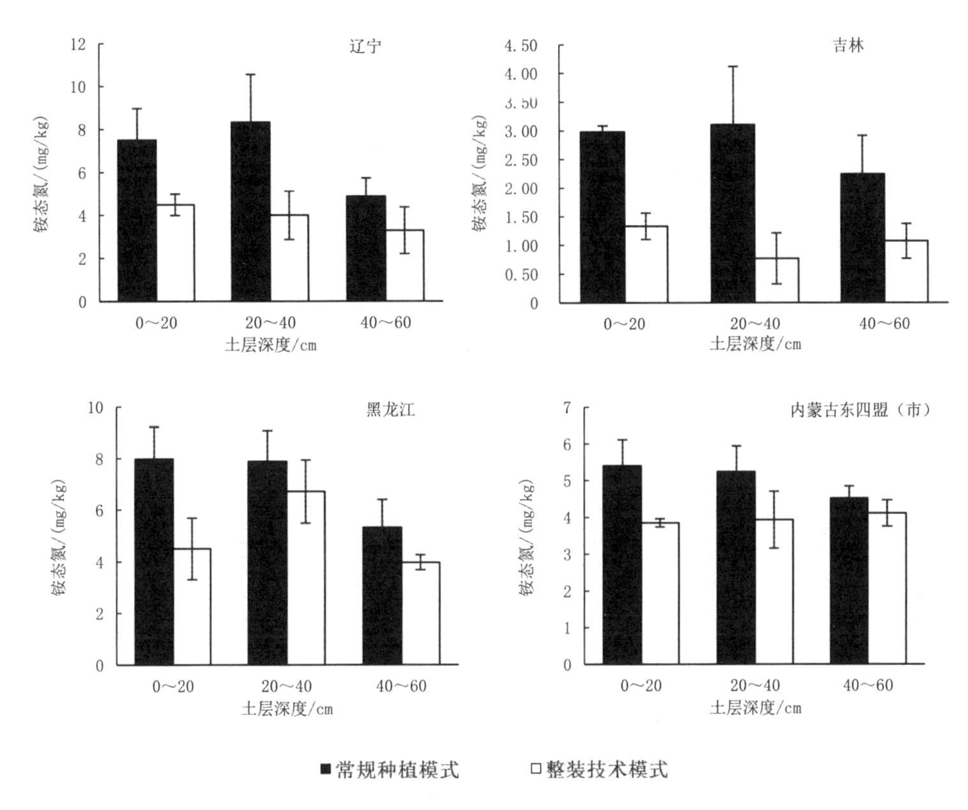

图 2-40 不同模式土壤剖面铵态氮含量变化

（2）土壤剖面磷分布特征

磷是植物体内多种酶的重要组成部分，参与并调节植物体内多种生理生化过程，制约着植物生长和发育（王吉鹏等，2016）。土壤对磷的吸附和固定能力强，土壤磷素的分布受母质、生物、地形、土壤质地和气候等多种因素的影响，因此具有复杂性和多样性。由于人类活动强度的不断增加，其分布受肥料施用、耕作及土地利用的改变等非自然因素的影响也越来越大（黄昌勇等，2010）。不同模式土壤剖面总磷含量的变化如图 2-41 所示，在土壤表层 0 ~ 20 cm 处，采用整装技术模式辽宁、吉林、黑龙江以及内蒙古东四盟（市）试验区与常规种植模式相比，分别增加了 7.64%、7.17%、9.40% 和 11.41%，其余土层波动较大。总体来说，整装技术模式使土壤总磷含量增加，提高作物对磷的吸收利用效率。

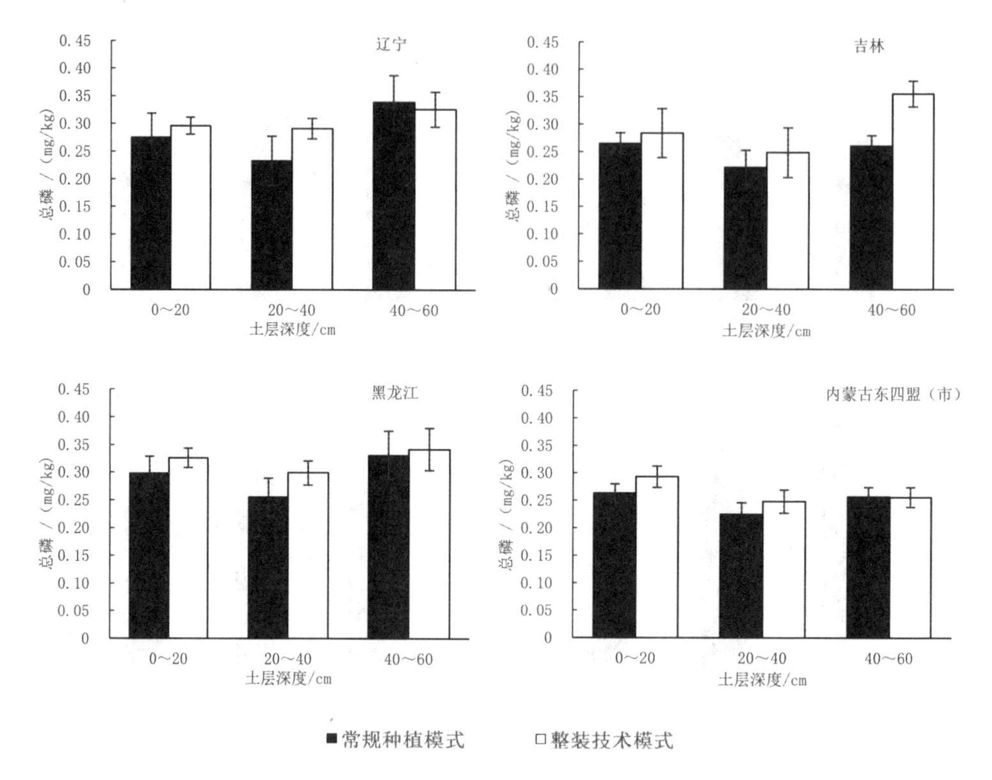

图 2-41 不同模式土壤剖面总磷含量变化

2.7.4.2 土壤氮、磷减排效果

（1）淋溶水量

农田养分的淋失过程的实质为营养物质以土壤水为载体，在土壤中向下迁移的过程（宋科等，2009）。施用化肥具有肥效快的特点，但化肥带来的速效养分也易随着淋溶作用进入地下水，尤其是在单次降雨量较大或连续降雨的时期（习斌等，2015）。如图 2-42 所示，常规种植模式中，淋溶水产生量分别为辽宁 358.94 t/hm^2、吉林 304.09 t/hm^2、黑龙江 279.92 t/hm^2、内蒙古东四盟（市）329.64 t/hm^2；采用整装技术模式，淋溶水产生量分别为辽宁 286.18 t/hm^2、吉林 227.24 t/hm^2、黑龙江 234.32 t/hm^2、内蒙古东四盟（市）264.07 t/hm^2。与常规种植模式相比，采用整装技术模式辽宁、吉林、黑龙江以及内蒙古东四盟（市）试验区淋溶水产生量分别减少了 20.27%、25.27%、16.33% 和 19.89%，说明通过整装技术模式抑制了耕层底部的淋溶作用，显著减小淋溶水产生量，从而减少土壤养分流失。

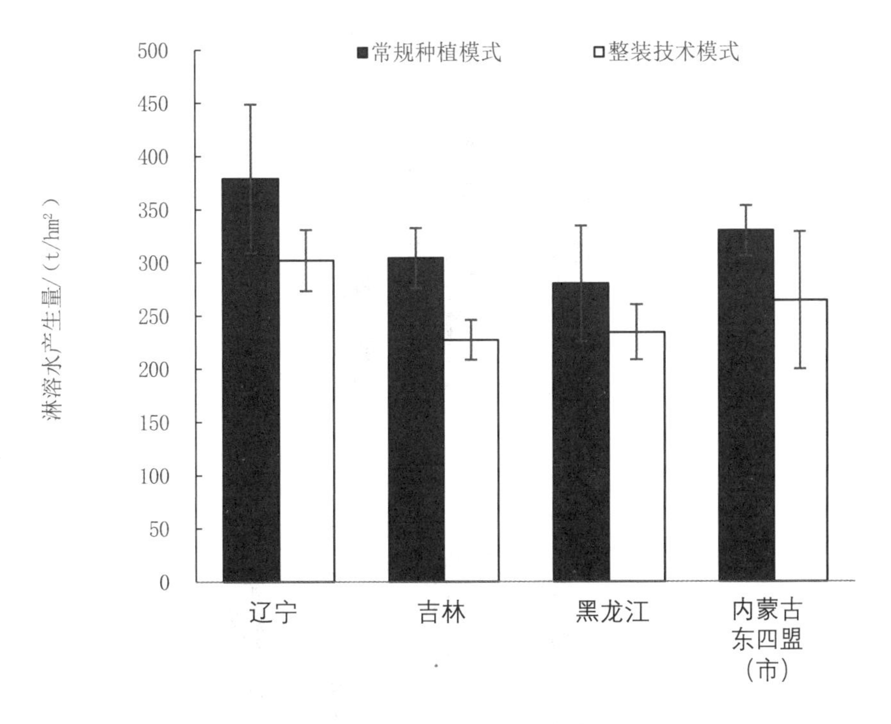

图 2-42 不同模式淋溶水产生量

（2）氮淋溶流失量

不同模式总氮、铵态氮与硝态氮淋溶流失量的变化如图 2-43 所示。常规种植模式，氮淋溶流失量分别为辽宁 8.81 kg/hm^2、吉林 7.59 kg/hm^2、黑龙江 7.20 kg/hm^2、内蒙古东四盟（市）8.53 kg/hm^2；采用整装技术模式，氮淋溶流失量分别为辽宁 7.06 kg/hm^2、吉林 6.38 kg/hm^2、黑龙江 5.66 kg/hm^2、内蒙古东四盟（市）6.97 kg/hm^2。与常规种植模式相比，采用整装技术模式辽宁、吉林、黑龙江以及内蒙古东四盟（市）试验区氮淋溶流失量分别减少了 19.86%、15.94%、21.39% 和 18.29%。

土壤胶体对铵态氮有很强的吸附作用，使得大部分的可交换态铵保存在土壤中，但当吸附达到饱和时仍易被淋失（司友斌等，2000）。不同模式铵态氮流失量的变化显示，采用整装技术模式辽宁、吉林、黑龙江以及内蒙古东四盟（市）试验区铵态氮流失量分别减少了 14.41%、15.74%、11.61% 和 18.37%。土壤氮素淋溶损失以硝态氮为主，是因为土壤胶体对硝态氮的吸附甚微，极易被淋失。在整装技术模式下，辽宁、吉林、黑龙江以及内蒙古东四盟（市）试验区的硝态氮流失量分别减少了 12.37%、8.31%、17.23% 和 13.32%，效果显著。

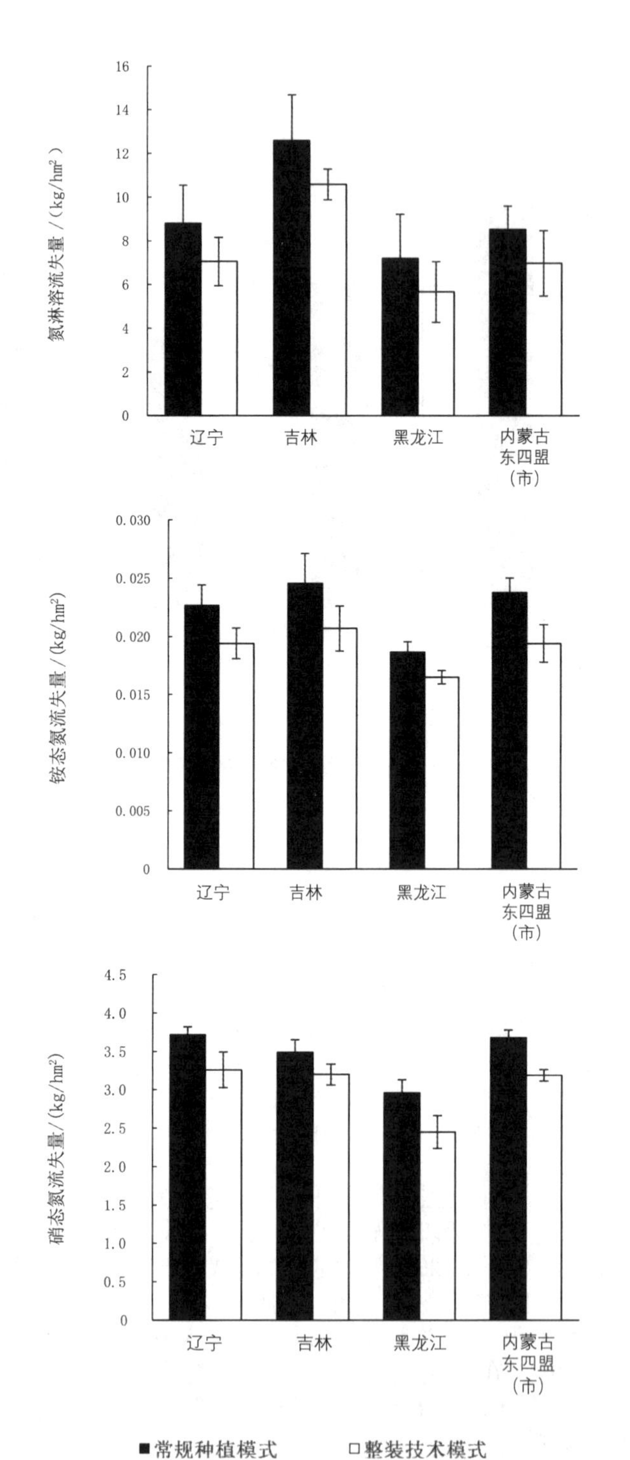

图 2-43 不同模式氮、铵态氮与硝态氮流失量

施用有机肥可以降低土壤氮淋溶，这主要是由于有机肥矿化分解过程中微生物消耗了土壤部分氮素，使得矿质氮被固持，土壤中硝态氮累积量降低（杨宪龙等，2013）。整装技术模式能够显著减小氮素淋溶流失量，降低铵态氮与硝态氮的比例，降低氮素淋溶风险。

（3）磷淋溶流失量

肥料的施用为土壤耕层提供磷素，但作物对磷素的利用率较低，当土壤磷素大量累积，在降雨量或者灌溉量较大时，极易产生淋溶，水分运动和土壤磷素状况是决定土壤磷向深层移动的最基本的两个条件（项大力等，2010）。不同模式磷淋溶流失量的变化如图 2-44 所示。与常规种植模式相比，采用整装技术模式辽宁、吉林、黑龙江以及内蒙古东四盟（市）试验区磷淋溶流失量分别减少了 13.21%、9.39%、15.10% 和 12.82%。农田渗漏水中的可溶态磷在总磷中占主要比例，当施肥量增加，溶解性磷的含量随着土壤磷素累积量增加而提高，给农业面源污染造成潜在威胁（宋科等，2009）。采用整装技术模式辽宁、吉林、黑龙江以及内蒙古东四盟（市）试验区溶解性磷的流失量分别减少了 20.83%、13.08%、16.07% 和 22.58%。肥水管理对磷素淋失有重要影响，采用整装技术模式能够提升土壤对磷的吸附作用，显著减小磷淋溶流失量，降低磷素淋溶而产生的环境风险。

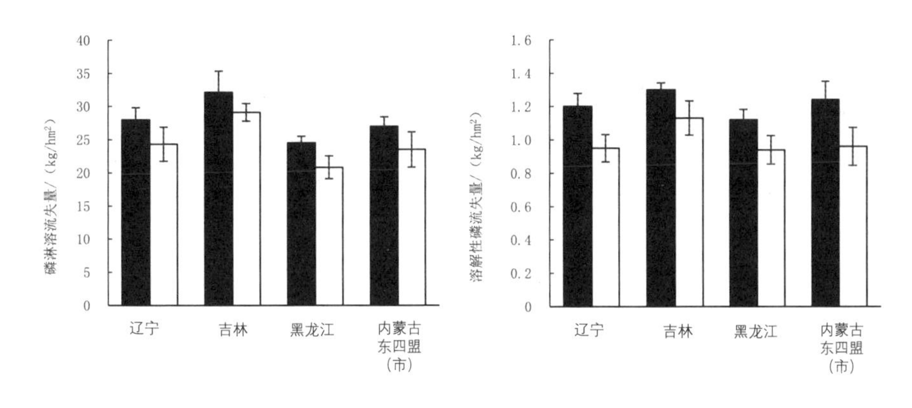

图 2-44 不同模式磷与溶解性磷流失量

2.7.5 农业生产影响

2.7.5.1 不同时期农田水热特征

（1）生长期表层土壤温度与湿度变化

土壤温度影响着植物的生长、发育和土壤的形成，同时也是调节土壤含水量的重要参数（乌艺恒等，2019；高洪军等，2015）。从生长期不同月份的表层土壤温度来看（图 2-45），5—9 月，随着气温的升高，辽宁、吉林、黑龙江以及内蒙古东四盟（市）试验区的整装技术模式表层土壤温度整体低于常规种植模式，产生降温效应，最高差值达到了 2.6 ℃，而在 10—11 月，整装技术模式表现出增温效应，表层土壤温度最高差值达到了 2.1℃。因此，在气温升高的过程中，铺设秸秆的整装技术模式可以明显降低表层土壤温度，而随着气温的降低，秸秆覆盖的降温效应变为增温效应，可以推迟土壤冻融期，降低土壤冻融次数。

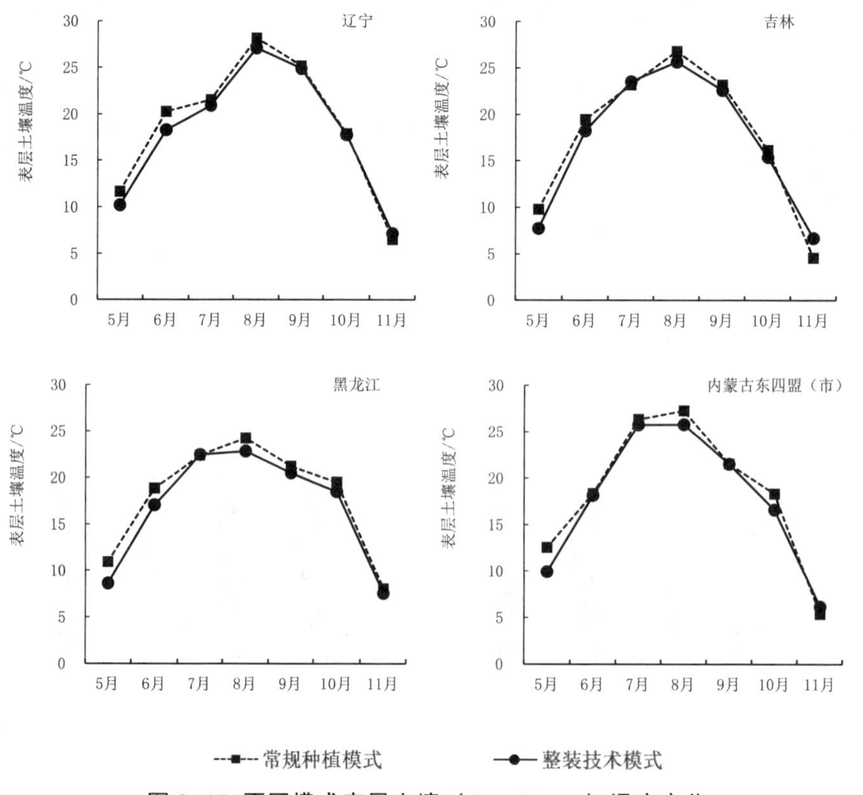

图 2-45 不同模式表层土壤（0 ～ 20 cm）温度变化

土壤中的水是植物吸收养分的重要介质，水分含量会对冻融农田无机氮组分含量产生影响，冻融土壤硝态氮含量显著降低，而铵态氮含量显著增加（隽英华等，2019）。如图 2-46 所示，常规种植模式中，各省（份）试验区表层土壤含水率各有差异，但采用整装技术模式中，辽宁、吉林、黑龙江以及内蒙古东四盟（市）试验区各月含水率与常规种植模式相比，最高增加了 7.10%，最低增加了 0.60%。说明整装技术模式使土壤含水率变化趋缓，抑制其向深层土壤淋溶，其中秸秆覆盖的水热调控措施可有效增加表层土壤持水能力，有较好的土壤蓄水保墒作用，可以为玉米生长发育创造良好的土壤水分环境，同时对控制氮磷养分的淋溶起到重要作用。

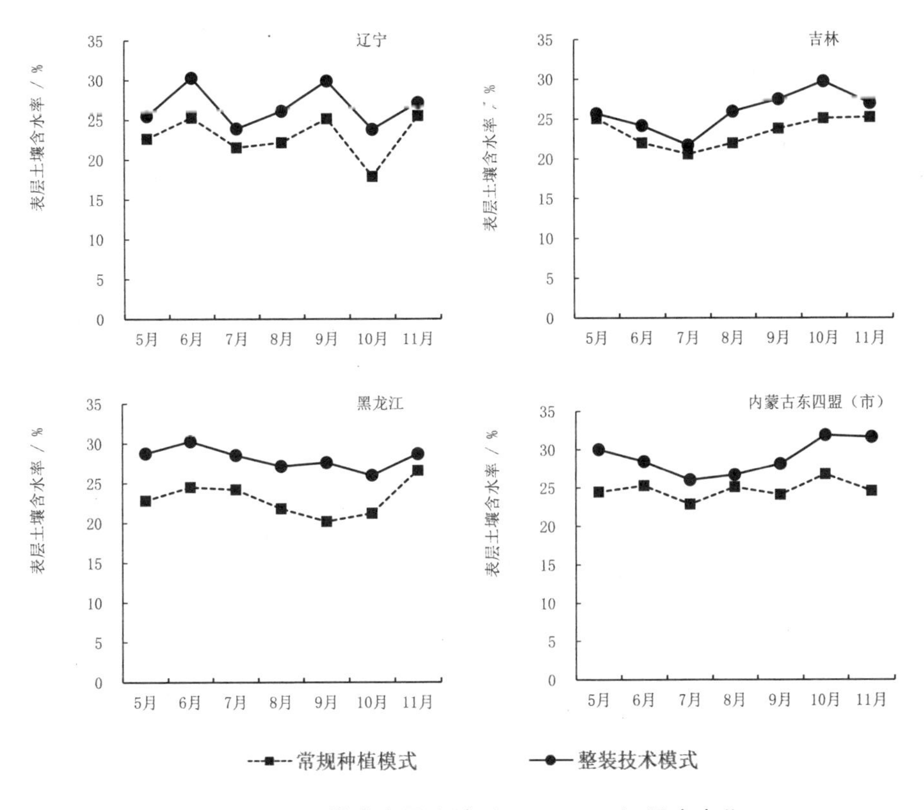

图 2-46 不同模式表层土壤（0 ～ 20 cm）湿度变化

（2）冻融次数与时间

在季节性冻融区，冬季冻融循环次数与冻融作用时间的长短通过改变土壤水分状况及分布影响土壤理化性质和微生物活动，进而导致土壤结构、孔隙度以及土壤养分含量变化影响土壤结构的稳定性和土壤侵蚀程度（付强等，2016）。研究表明，冻融循环次数增加，会使冻融土壤净氮矿化速率和硝化速率均显著降低，影响作物对土壤养分的吸收（隽英华等，2019）。通过图 2-47 可以看出，随着土层的深度增加，各试验区土壤冻融次数均呈现出逐渐减小的趋势，整装技术模式与常规种植模式相比，各土层土壤冻融次数减少了 4 ～ 8 次，说明采取水热调控的整装技术模式保温效果明显。

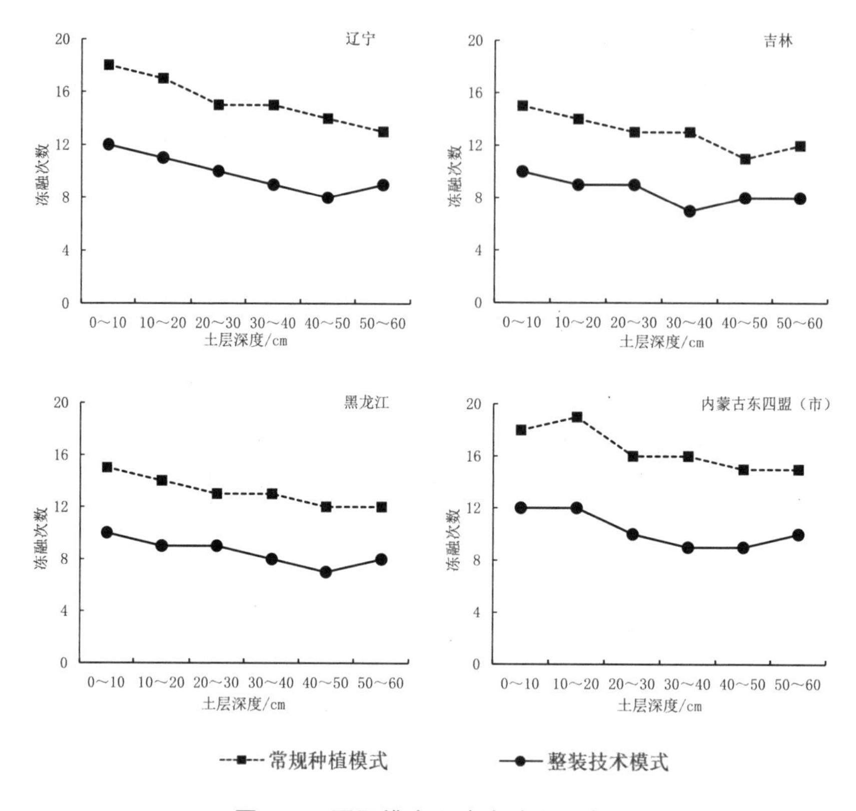

图 2-47 不同模式土壤冻融次数变化

常规种植模式试验区沿纬度从高至低，于 11 月中旬至下旬初冻，随着气温的持续降低和负积温的累积，土壤冻结自上而下进行，12 月底土壤开始快速冻结，冻层厚度稳定增加，1 月中旬土壤稳定冻结。如图 2-48 所示，与常规种植模式相比，辽宁、吉林、黑龙江以及内蒙古东四盟（市）试验区，土壤开始冻结（从 0 ~ 10 cm 土层开始）日期分别推迟 9 d、7 d、6 d 和 8 d，土壤完全冻结（50 ~ 60 cm 土层冻结）日期分别推迟 11 d、12 d、13 d 和 12 d。土壤冻结阶段，整装技术模式中的秸秆覆盖对土层具有增温作用。

受太阳辐射影响，3 月中旬开始，冻层从上层开始解冻，沿纬度从低至高，3 月底至 4 月初冻层全部融通。与常规种植模式相比，辽宁、吉林、黑龙江以及内蒙古东四盟（市）试验区，土壤开始融化（从 0 ~ 10 cm 土层开始）日期分别推迟 17 d、15 d、10 d 和 13 d。土壤完全融化（50 ~ 60 cm 土层融化）日期分别推迟 19 d、20 d、23 d 和 21 d。土壤融化阶段，整装技术模式中的秸秆覆盖对土层具有降温作用。总体来说，整装技术模式通过采用秸秆覆盖的方式，减弱了地表与大气间的热交换，有效减小土壤含水率的波动幅度，延迟了土壤冻融日期。

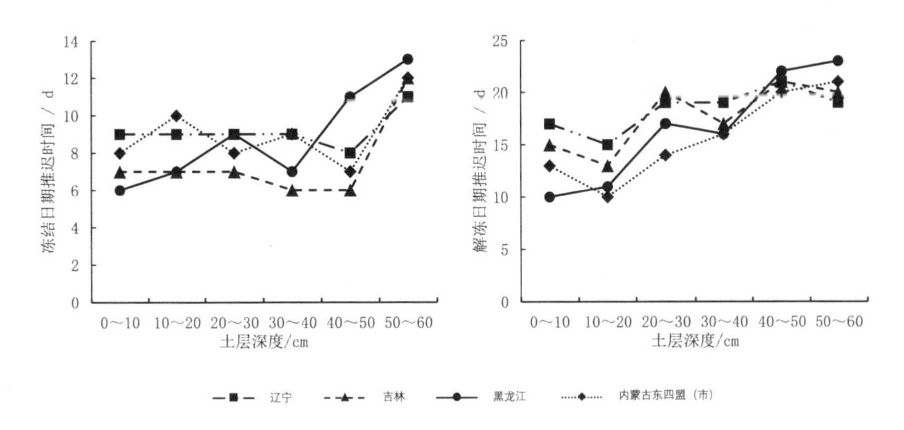

图 2-48 不同模式土壤冻结日期与解冻日期推迟时间

2.7.5.2 土壤容重

土壤容重是土壤最重要的物理性质之一，可以反映土壤物理性状的整体状况，指示土壤质量和土壤生产力（柴华等，2016）。研究表明，土壤容重作物升高会使土壤硬度增加，造成土壤中作物的根受到阻力，作物生长变缓，进而影响作物地上生产力（刘晚苟等，2003）。不同模式表层土壤容重如图 2-49 所示，整装技术模式下，辽宁、吉林、黑龙江以及内蒙古东四盟（市）试验区的土壤容重分别减少了 8.76%、9.66%、7.46% 和 4.92%。采用整装技术模式，土壤容重在一定程度上降低，并通过改变土壤的水肥气热状况，间接对玉米地上部生长产生促进作用。

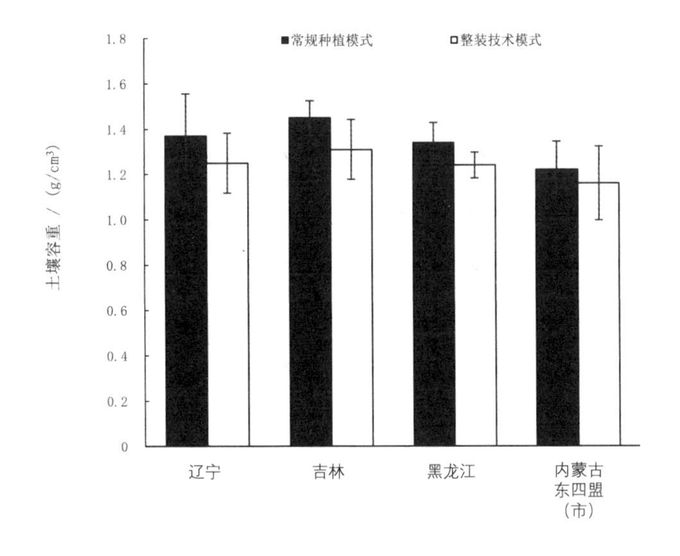

图 2-49 不同模式表层土壤容重

2.7.5.3 玉米产量

各试验区玉米产量存在差异（图 2-50），整体来说，整装技术模式均高于常规种植模式，辽宁、吉林、黑龙江以及内蒙古东四盟（市）试验区的玉米产量分别增加了 10.16%、6.20%、12.3% 和 5.53%；玉米地上部生物量与产量变化趋势相似，分别增加了 14.85%、10.38%、8.40% 和 11.84%。整装技术模式通过肥水热多方面调控，保障土壤养分供应，减少氮磷流失；蓄水保墒，降低冻融循环带来的影响；促进根系生长，提高根系活力和干物质积累量，并最终提高产量。

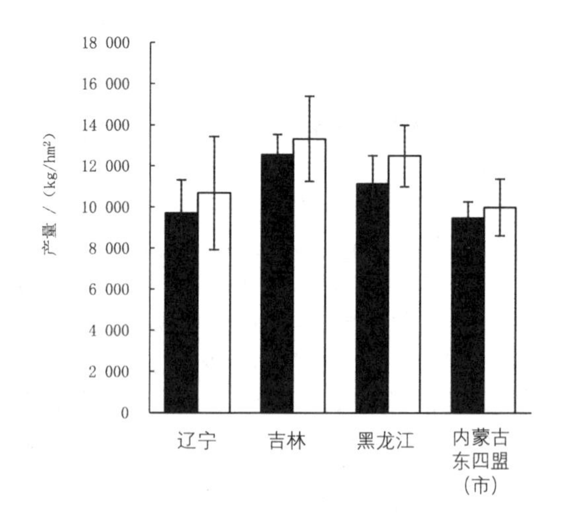

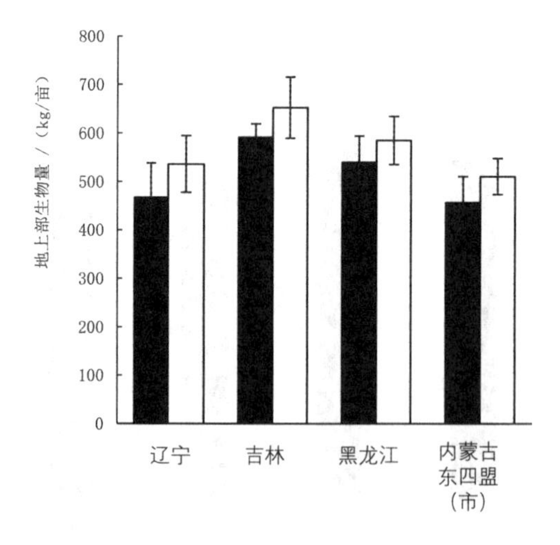

■常规种植模式　　□整装技术模式

图 2-50 不同模式玉米产量与地上部生物量

2.7.6 效益评价

2.7.6.1 经济效益

以辽宁省铁岭市蔡牛镇技术示范区投入与产出情况为例，进行投入产出成本计算（表2-18）。玉米种植的生产投入包括种子、农药、化肥、增效剂、设备费与人工费。蔡牛镇采用整装技术模式玉米田平均产量10 683.6 kg/hm^2，常规种植模式玉米田平均产量9 698.7 kg/hm^2，增幅10%，增产效果明显。

在常规生产投入方面，常规种植模式播种350元/hm^2，施加农药150元/hm^2，施肥180元/hm^2，均衡其他因素，共投入680元/hm^2；整装技术模式播种350元/hm^2，增效剂3 000元/hm^2，施加农药150元/hm^2，施肥130元/hm^2，共投入3 680元/hm^2。

在设备投入方面，整装技术模式免耕播种机投入300元/hm^2（1台免耕播种机补贴后3万元，1个作业期作业100 hm^2），秸秆粉碎还田机投入56元/hm^2（1台秸秆粉碎还田机1.85万元，1个作业期作业333 hm^2），则共投入356元/hm^2；常规种植模式旋耕起垄机投入303元/hm^2（1台旋耕起垄机2万元，1个作业区作业66 hm^2），机械式精量播种机投入100元/hm^2（1台机械式精量播种机0.5万元，1个作业期作业50 hm^2），共投入403元/hm^2。

在人工投入方面，秋季玉米收获与秸秆还田时，常规种植模式玉米收获机需驾驶员1人（300元/d），日均作业量为3 hm^2，则人工费用约为100元/hm^2；整装技术模式玉米秸秆粉碎还田机需驾驶员1人（300元/d），日均作业量为3 hm^2，则人工费用约为100元/hm^2；春季玉米播种需驾驶员1人（300元/d），日作业6 hm^2，则人工费用约为50元/hm^2；旋耕起垄需驾驶员1人（300元/d），日作业6 hm^2，则人工费用约为50元/hm^2；施肥与田间管理人工费用约为80元/hm^2。

秸秆露天焚烧可产生如CO_2、CO、NO_x、PM_{10}、$PM_{2.5}$等大气污染物，间接造成经济损失。每焚烧1 kg秸秆造成大气损失0.14元，按照玉米秸秆量=1.2×玉米产量换算，产生大气损失1 629元/hm^2，加之传统人工清除地块玉米粉碎秸秆人工费900元/hm^2，常规种植模式在秸秆处理上花费为2 529元/hm^2。通过折算系数得到常规种植模式氮磷流失532元/hm^2，整装技术模式氮磷流失447元/hm^2。综合减少环境损失的经济效益2 614元/hm^2。

表 2-18 单位规模投入产出成本表

常规种植模式		整装技术模式	
生产投入类型	每公顷成本产出 / 元	生产投入类型	每公顷成本产出 / 元
播种	-350	播种	-350
农药	-150	农药	-150
化肥	-180	化肥	-130
设备费	-356	设备费	-403
人工费	-280	人工费	-280
氮磷损失	-532	氮磷损失	-447
秸秆处理	-2 529	增效剂	-3 000
玉米收获	16 487	玉米收获	18 162
合计	12 110	合计	13 402

采用整装技术模式后，试验点增产玉米 985 kg/hm^2，按照 2018—2020 年玉米平均价格 1.70 元/kg 计算，增收 1 675 元/hm^2；整装技术模式较常规技术模式减少肥料施用量 15%，提高玉米产量 5% ~ 15%，增加农机具投入 47 元/hm^2，增加增效剂投入 3 000 元/hm^2，节省秸秆焚烧与氮磷流失带来的环境效益损失 2 614 元/hm^2，综合增加效益 1 292 元/hm^2，提高 10.7%，经济效益增加显著。

2.7.6.2 环境效益

通过对整装技术模式的应用，在保证玉米产量的同时，使氮施入量下降 14.50%，磷施入量下降 8.50%。与常规种植模式相比，土壤中全氮含量稳定，硝态氮含量降低 55%，铵态氮含量降低 38%，总磷含量增加 11%，土壤淋溶流失水量降低 20%，氮淋溶流失量降低 18%，磷淋溶流失量降低 13%，减少了化肥施用量，但提高了土壤中无机态氮与磷的含量，为作物生长提供养分，减少了土壤氮磷流失及对周围水体富营养化的影响。

表层土壤温度与含水率变化趋缓，降低土壤冻融循环次数，延缓冻融日期。整装技术模式中使用的秸秆覆盖方式，在杜绝了秸秆焚烧所造成的大气污染的同时，还能增加土壤有机质，改良土壤结构，使土壤疏松，孔隙度增加，容量减轻，促进微生物活力和作物根系的发育。秸秆覆盖可以显著减少土壤表面的蒸发，降低冻融循环次数，延缓冻融日期，具有明显的保墒节水效应。

2.7.6.3 应用前景

玉米田氮磷流失肥水热调控技术模式的实施，不仅取得了一定的经济效益，还综合改善土壤结构，提高土壤保水、保肥效果，避免焚烧秸秆带来的环境污染问题，保障农业生产可持续发展，具有显著的环境效益。在玉米田氮磷流失肥水热调控技术模式应用的过程中，应基于土壤肥力基础，合理安排施肥量，科学防治病虫草害，保持生态平衡，根据实际情况因地制宜地进一步将此模式进行完善。

2.8 玉米田氮磷流失扩容增汇整装技术

2.8.1 技术简介

东北地区耕地以平原为主，面积为 2 204 万 hm^2，约占全国平原耕地面积的 1/3。在东北平原地区玉米种植生产中，由于长期实行浅耕作业，致使该区域玉米田耕层逐年变浅、犁底层上移加厚、耕层养分库容量不断下降，阻碍玉米根系下扎和生长发育，对区域玉米稳产增产造成不利影响。而且，当地农民普遍习惯性重施偏施化肥、缺施少施有机肥，过度用地、不注重养地，造成玉米田土壤板结、地力贫瘠，导致土壤蓄水保肥能力下降，不利于玉米生长及地上部养分输出，加剧玉米田土壤氮磷养分流失风险。作为我国玉米主产区之一，东北地区每年玉米秸秆产生量大，而当地秸秆资源化利用率低，农民往往将大量秸秆焚烧或堆弃至路边，不仅造成大量秸秆养分资源浪费，还易引起周边地区空气环境污染、影响农村生活居住环境。针对东北平原区玉米田耕作施肥不合理所引发的土壤氮磷养分流失，以改善耕层结构、增加土壤氮汇、促进作物输出为目标，围绕“耕作扩容”和“碳源增汇”研究思路，通过集成源头肥量控制、耕作优化扩容、碳源增汇持氮关键技术，优化相关配套参数，形成东北平原玉米田氮磷流失扩容增汇整装技术模式，降低氮磷流失风险，为有效防治区域农田氮磷面源污染提供技术支撑。

2.8.1.1 技术定义

玉米田氮磷流失扩容增汇整装技术是指按照区域自然环境和人为管理特征，通过将适当的耕作和施肥技术进行优化组合集成，以增加土壤氮磷养分库容，提高土壤对氮磷养分的固持、转化及贮存，促进作物养分吸收利用，进而达到直接或间接控制土壤氮磷养分流失的目的，实现玉米田氮磷面源污染防控的技术集成措施。

2.8.1.2 技术内容

玉米田氮磷流失扩容增汇整装技术是基于东北平原玉米田氮磷流失特征，重点围绕玉米田氮磷淋溶流失防控而提出的，其关键技术主要包括源头肥量控制、耕作优化扩容和碳源增汇持氮。通过集成整合源头减控施肥、翻免交替耕作、秸秆还田、增施有机肥等技术措施，优化相关配套参数，构建东北平原玉米田氮磷流失扩容增汇整装技术。

2.8.1.3 技术意义

玉米田氮磷流失扩容增汇整装技术重点围绕东北平原玉米田氮磷淋溶流失防控，通过整合优化源头肥量控制、耕作优化扩容和碳源增汇持氮关键技术，改善土壤耕层结构，增加氮磷养分库容，促进作物养分吸收利用，同时提高土壤对氮磷养分的固持能力，直接或间接控制土壤氮磷养分流失，降低玉米田氮磷流失污染风险，为有效防治区域农田氮磷面源污染提供技术支撑。

2.8.2 适宜区域

玉米田氮磷流失扩容增汇整装技术适宜区域为东北平原地区，包括三江平原、松嫩平原和辽河平原，尤其是该区域地势平坦，土地连片，适合大规模机械化耕作的玉米田，以及该地区长期实行浅旋耕作、土壤耕层结构差、有机质含量低的玉米田。

2.8.3 技术规程

2.8.3.1 整地

秋季收获后进行整地作业，采用 3 年循环作业模式，即连续 2 年深翻还田作业、第 3 年免耕还田作业。深翻还田：采用联合收获机同步进行玉米收获和秸秆粉碎，再用翻转犁进行深度不小于 25 cm 的翻压还田作业，最后进行深度 18 ~ 20 cm 的旋耕灭茬起垄、镇压保墒作业。免耕还田：将玉米秸秆留茬 20 ~ 25 cm 割倒，均匀覆盖地表。

2.8.3.2 施肥

优先选用颗粒复合肥，施肥量分别为氮肥（N）160 ~ 195 kg/hm^2，磷肥（P_2O_5）60 ~ 90 kg/hm^2 和钾肥（K_2O）90 ~ 120 kg/hm^2，均做底肥一次性施入，施肥深度 15 ~ 20 cm。有机肥优先选用商品有机肥，也可选用经过堆腐或沤制腐熟、无毒、无害的粪肥、厩肥等，施用量不超过 3 000 kg/hm^2，用作基肥于玉米秋收后结合整地耕作作业均匀施入土壤，施肥深度 15 ~ 20 cm。

2.8.3.3 播种

选用当地适宜种植的优质玉米品种，采用施肥播种一体机进行机械播种，播种深度为 3 ~ 5 cm。种植密度由品种而定，一般密植品种以 60 000 株 /hm^2 较为适宜，稀植型品种不宜超过 50 000 株 /hm^2。

2.8.3.4 病虫草害防治

在玉米生长期间，定期观察玉米长势及田间杂草、病虫害情况等，及时清理杂草、防治病虫害。一般在播种后至出苗前或玉米 3 ~ 5 叶期喷洒化学除草剂或进行人工锄草。病虫害综合防治一般在发生初期做好预防，应根据不同地区常见的病虫害种类选择合适的防治方法，可采用病虫害化学防治、生物防治、农业防治或综合防控手段，如选用优质抗病玉米品种、灯光诱杀害虫、合理施用化学农药等。

2.8.3.5 收获

根据当地种植情况、气象条件、品种特性等因素，采用玉米联合收割机适时收获，而后进行秸秆还田整地作业。玉米贮藏前，需充分晾晒籽粒，使其含水量降至 14%。

2.8.4 减排效果

2.8.4.1 淋溶水量

水分是土壤氮磷淋溶的载体和驱动力，淋溶水量直接影响农田土壤氮磷养分淋失负荷。东北地区玉米试验田淋溶水量如图 2-51 所示，在常规种植模式中，辽宁、吉林、黑龙江和内蒙古东四盟（市）试验区玉米田淋溶水量分别为 347 m^3/hm^2、288 m^3/hm^2、276 m^3/hm^2 和 297 m^3/hm^2；在整装技术模式中，辽宁、吉林、黑龙江和内蒙古东四盟（市）试验区玉米田淋溶水量分别为 287 m^3/hm^2、252 m^3/hm^2、249 m^3/hm^2 和 255 m^3/hm^2。与常规种植模式相比，采用整装技术模式辽宁、吉林、黑龙江以及内蒙古东四盟（市）试验区玉米田淋溶水量分别减少了 17.3%、12.5%、9.8% 和 14.1%，整装技术模式有助于减缓水分向下层土壤迁移，减少土壤淋溶水量，具有降低土壤氮磷淋失风险的潜力。一方面可能是因为该整装技术模式引入了秸秆还田，玉米秸秆具有吸水性，可延缓土壤含水率到达饱和状态（邱立春等，2015），减缓土壤因含水饱和而引起多余水分向下运移，同时秸秆作为阻隔缓冲层，能够缓解雨滴对土壤的冲击（Wang et al.，2015），减缓因雨水冲刷造成耕层结构受损而引起淋失；另一方面，翻免交替耕作和增施有机肥有利于改善耕层土壤结构，提高土壤保水保肥能力，增加有效耕层水分贮存量，减缓土壤水分淋失。

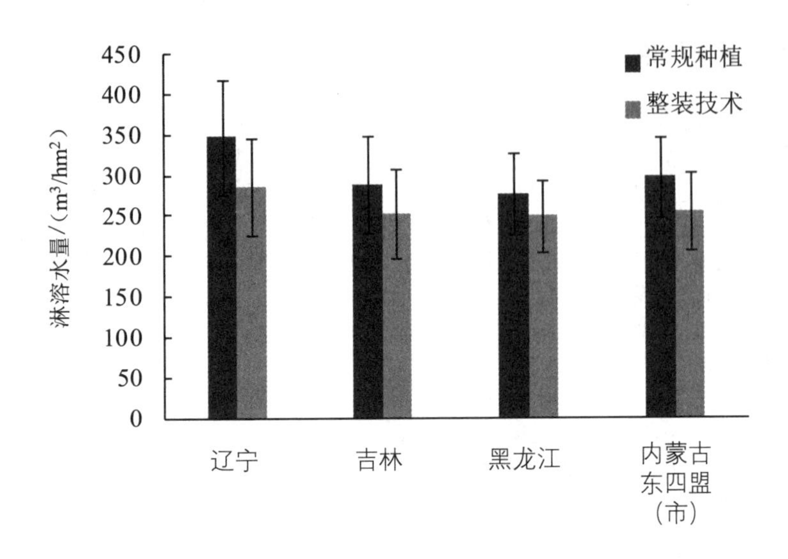

图 2-51 不同模式下玉米田淋溶水量

2.8.4.2 淋溶水氮、磷浓度

由于施肥、降雨等因素影响，不同试验区玉米田淋溶水氮、磷浓度呈现出一定差异，而同一地区不同时期淋溶水氮、磷浓度异质性也较大。在常规种植模式下，辽宁、吉林、黑龙江和内蒙古东四盟（市）试验区玉米田淋溶水总氮浓度分别为 4.46 ~ 87.80 mg/L、7.10 ~ 105.00 mg/L、2.09 ~ 74.60 mg/L 和 2.21 ~ 79.00 mg/L；在整装技术模式下，辽宁、吉林、黑龙江和内蒙古东四盟（市）试验区玉米田淋溶水总氮浓度分别为 3.21 ~ 80.10 mg/L、6.58 ~ 98.00 mg/L、1.780 ~ 63.40 mg/L 和 1.88 ~ 67.20 mg/L（图 2-52）。整装技术模式下淋溶水总氮浓度的最大值、最小值和平均值均低于常规种植，说明整装技术模式具有降低淋溶水氮浓度的潜力，这一方面是因为整装技术模式采取了源头肥量减控，减少了氮肥投入，另一方面可能是秸秆、有机肥等碳源投入增加了部分氮素养分固持，有利于降低淋溶水氮浓度。尽管整装技术模式也进行了磷肥减施，但其淋溶水总磷浓度与常规种植模式基本相当（图 2-53），这可能是因为秸秆、有机肥的添加向土壤中补充了有机碳源，降低土壤对磷的吸附作用，且秸秆在分解过程中可引起土壤局部酸化，从而提高土壤磷酸盐有效性（Ai et al., 2017; Hahn et al., 2012）。前人研究发现（Wang et al., 2015），秸秆还田对土壤磷流失影响较小，甚至增加了径流水总磷浓度，这与整装技术模式下淋溶水总磷浓度变化相似。

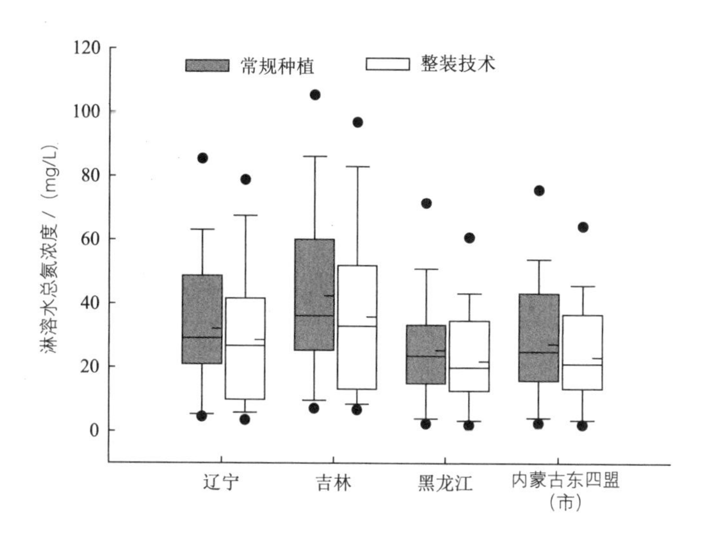

图 2-52 不同模式下淋溶水总氮浓度

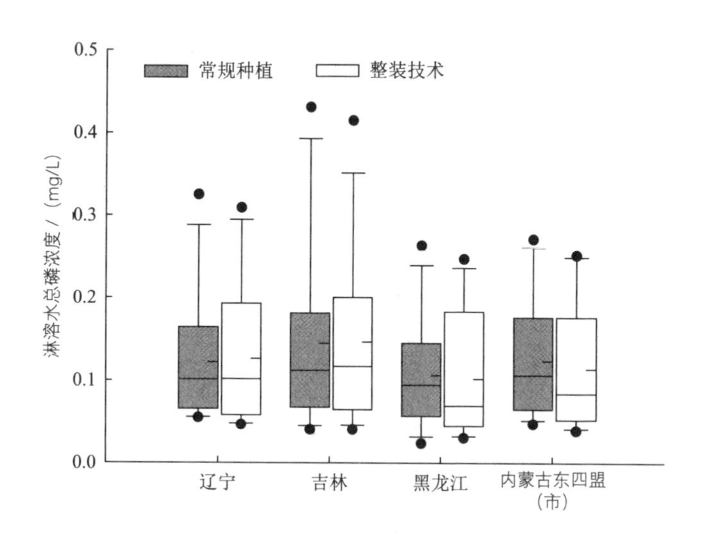

图 2-53 不同模式下淋溶水总磷浓度

2.8.4.3 氮、磷淋溶流失负荷

不同技术模式下玉米田土壤氮磷淋溶流失负荷如图 2-54 和图 2-55 所示。在常规种植模式下，辽宁、吉林、黑龙江和内蒙古东四盟（市）试验区玉米田氮淋溶流失负荷分别为 11.2 kg/hm^2、12.2 kg/hm^2、7.0 kg/hm^2 和 8.11 kg/hm^2；在整装技术模式下，辽宁、吉林、黑龙江和内蒙古东四盟（市）试验区玉米田氮淋溶流失负荷分别为 9.83 kg/hm^2、10.5 kg/hm^2、5.76 kg/hm^2 和 6.92 kg/hm^2

（图 2-54）。与常规种植相比，整装技术模式下四个试验区玉米田氮淋溶流失负荷依次降低了 12.23%、13.93%、17.71% 和 14.67%，说明整装技术模式有助于削减玉米田土壤氮淋失负荷。玉米田磷淋溶流失负荷远远低于氮，如图 2-55 所示，在常规种植模式下，辽宁、吉林、黑龙江和内蒙古东四盟（市）试验区玉米田磷淋溶流失负荷分别为 39.4 g/hm^2、41.7 g/hm^2、27.5 g/hm^2 和 31.7 g/hm^2；在整装技术模式下，辽宁、吉林、黑龙江和内蒙古东四盟（市）试验区玉米田磷淋溶流失负荷分别为 36.2 g/hm^2、36.9 g/hm^2、25.3 g/hm^2 和 29.0 g/hm^2。与常规种植相比，整装技术模式下四个试验区玉米田磷淋溶流失负荷依次降低了 8.12%、11.51%、8.00% 和 8.52%，说明整装技术模式降低了玉米田土壤磷淋失负荷。

整装技术模式对于玉米田氮磷淋失负荷的削减是多重农艺措施共同调控的效果。一方面整装技术模式采用了源头化肥减控措施，减少了氮磷化肥投入量，从源头上削弱了氮磷淋溶流失负荷；另一方面，整装技术模式采用了翻免交替耕作措施，有利于改善土壤物理性状，扩充氮磷养分库容，为玉米生长提供良好的生长空间及养分条件，从而促进玉米地上部生物量提高，间接增加作物氮磷养分输出量，降低土壤氮磷淋失风险。此外，整装技术模式还采用了秸秆还田、增施有机肥增碳措施，这不仅能够蓄水保肥、缓冲雨水对耕层土壤冲刷，使得淋溶水量有所降低，而且玉米秸秆和有机肥能够促进土壤团聚体形成与稳定（梁卫等，2016），提高土壤吸附性能，增加土壤养分固定，秸秆作为碳源能够调节土壤氮的固持转化（Shan et al., 2013；Gentile et al., 2011），将易流失的矿质氮转化为相对稳定的结合态氮，有利于降低氮素淋失。

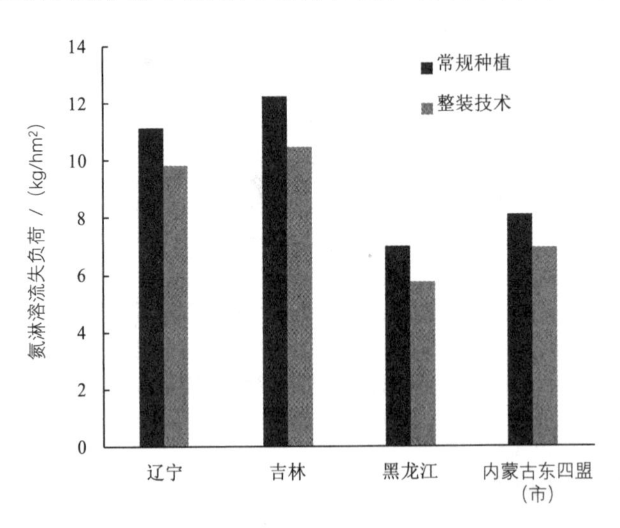

图 2-54 不同模式下玉米田氮淋溶流失负荷

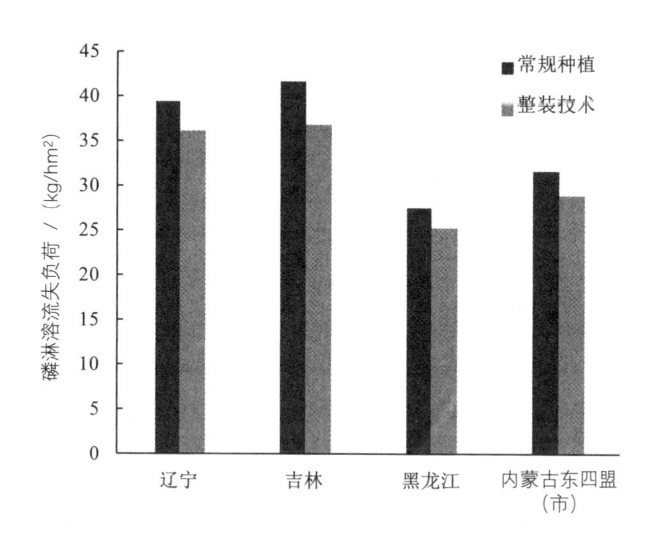

图 2-55 不同模式下玉米田磷淋溶流失负荷

2.8.5 农业生产影响

2.8.5.1 土壤物理性状及耕层养分库容

不同技术模式下，耕层土壤容重和含水率如表 2-19 所示。与常规种植模式相比，在整装技术模式下辽宁、吉林、黑龙江和内蒙古东四盟（市）试验区玉米田 0 ~ 20 cm 耕层土壤容重下降了 12.00%、9.29%、7.80% 和 8.76%，土壤含水率增加了 8.67%、7.22%、6.74% 和 7.49%。说明采用整装技术模式能够降低土壤容重、增加土壤含水率，这有利于耕层土壤通气透水及玉米根系下扎和生长，为玉米稳产增产及养分吸收利用提供有利条件。

不同技术模式下，有效耕层厚度及耕层速效养分库容如表 2-19 所示。与常规种植模式相比，在整装技术模式下辽宁、吉林、黑龙江和内蒙古东四盟（市）试验区玉米田有效耕层厚度增加了 26.6%、23.1%、20.9% 和 26.8%，碱解氮养分库容增加了 20.7%、23.3%、19.0% 和 17.9%，有效磷养分库容增加了 16.8%、13.9%、18.1% 和 15.3%。说明整装技术对于有效耕层速效养分扩容具有明显作用。耕层养分扩容一方面能够为玉米生长提供更充足的养分，促进玉米生长、养分吸收及产量提升，有利于提高玉米氮磷养分吸收携出量；另一方面有效耕层的加深能够为肥料氮磷养分提供更多贮存空间，有利于土壤蓄水保肥及养分固持，这两方面均有利于降低玉米田土壤氮磷养分淋失风险。正如图 2-54 和图 2-55 所示，整装技术模式玉米田氮磷淋溶流失负荷低于常规种植模式，其中部分归因于耕层养分扩容所带来的作用效果。

耕层养分扩容对于降低氮磷养分淋失风险具有一定调控作用。整装技术中翻耕耕作的深度达25 ~ 30 cm，有效打破了原有犁底层，增加了有效耕层厚度，降低了土壤容重，为玉米根系下扎提供了更充足的生长空间，而已有研究表明增加根系生长空间有利于降低养分淋失。Feng等（2019）研究根系生长垂直深度对硝态氮淋失影响时发现，当玉米根系的垂直生长空间增至40 cm以上时，土壤硝态氮淋失累积明显减少。吉艳芝等（2010）在设施蔬菜地利用秸秆还田或土壤调理剂等调控措施，促进了填闲作物根系下扎与生长，使0 ~ 100 cm土层硝态氮残留量显著降低。此外，由于有效耕层厚度的增加，整装技术模式扩充了碱解氮和有效磷养分库容，为玉米生长提供了良好养分条件，使得玉米地上部生物量有所提高，间接增加作物氮磷养分输出量，降低土壤氮磷淋失风险。可见，该整装技术有利于改善耕层土壤结构，扩充有效耕层速效养分库容，促进玉米根系下扎和养分吸收，提高玉米地上部生物量及养分输出量，对于控制土壤氮磷淋失具有重要的积极作用。

表2-19 有效耕层养分库容量

地区	模式	容重/（g/cm^3）	含水率/%	有效耕层厚度/cm	养分库容量/（kg/hm^2）	
					碱解氮	有效磷
辽宁	常规种植	1.50 ± 0.14	17.3	14.3 ± 1.01	188 ± 16.7	11.3 ± 1.37
	整装技术	1.32 ± 0.15	18.8	18.1 ± 1.58	227 ± 26.7	13.2 ± 1.81
吉林	常规种植	1.40 ± 0.11	18.0	15.6 ± 1.51	210 ± 22.3	12.2 ± 1.69
	整装技术	1.27 ± 0.14	19.3	19.2 ± 1.88	259 ± 30.7	13.9 ± 1.57
黑龙江	常规种植	1.41 ± 0.13	17.8	15.3 ± 1.22	231 ± 27.3	13.8 ± 1.66
	整装技术	1.30 ± 0.16	19.0	18.5 ± 1.69	275 ± 25.6	16.3 ± 1.89
内蒙古东四盟（市）	常规种植	1.37 ± 0.16	18.7	14.9 ± 1.13	179 ± 18.6	11.1 ± 1.63
	整装技术	1.25 ± 0.11	20.1	18.9 ± 1.41	211 ± 20.9	12.8 ± 1.50

2.8.5.2 玉米产量及养分吸收利用

不同模式下，东北地区玉米产量及地上部氮磷养分吸收量如表2-20所示。与常规种植模式相比，在整装技术模式下辽宁、吉林、黑龙江和内蒙古东四盟（市）试验区玉米百粒重增加了6.23%、4.01%、6.69%和4.19%，籽粒产量增加了8.75%、10.15%、6.70%和9.16%。说明整装技术模式有利于作物干物质积累，促进玉米增产。在养分吸收利用方面，与常规种植模式相比，在整装技术模式下辽宁、吉林、黑龙江和内蒙古东四盟（市）试验区玉米地上部吸氮量增加了13.6%、12.3%、12.9%和12.9%，地上部吸磷量增加了10.4%、9.73%、11.4%和13.2%。通过在东北试验区采用整装技术模式，玉米田作物携带氮磷养分输出量比常规种植平均增加了 12.6%。可见，整装技术模式不仅促进了玉米产量提高，同时也促进了玉米地上部氮磷养分吸收，增加了玉米携带氮磷养分输出量。这对于玉米田氮磷淋溶流失具有一定调控作用，正如前人研究表明，在同等条件下裸地农田氮磷流失量远远超出种植作物的耕地（Cameron et al., 2013），且作物收获时，其携带的氮磷养分输出量越多，越有利于降低农田氮磷流失风险（张丹等，2017；Ai et al.,2017）。相似地，本研究结果显示在整装技术模式下东北地区玉米田氮淋溶流失负荷降低了 11.9% ~ 17.9%、磷淋溶流失负荷降低了 7.8% ~ 11.6%，这很可能是地上部作物携带氮磷养分输出量增加所产生的养分流失削减效果。

表 2-20 玉米产量及地上部氮磷养分吸收量

地区	处理	百粒重 / g	籽粒产量 / (kg/hm^2)	总吸氮量 / (kg/hm^2)	总吸磷量 / (kg/hm^2)
辽宁	常规种植	33.7	9 889	243	51.9
	整装技术	35.8	10 754	276	57.3
吉林	常规种植	37.4	10 059	261	55.5
	整装技术	38.9	11 080	293	60.9
黑龙江	常规种植	32.9	9 533	233	47.4
	整装技术	35.1	10 172	263	52.8
内蒙古东四盟（市）	常规种植	31.0	8 340	201	43.9
	整装技术	32.3	9 104	227	49.7

2.8.6 效益评价

2.8.6.1 经济效益

以辽宁省铁岭市蔡牛镇技术示范区投入与产出情况为例，进行投入产出经济效益计算（表 2-21），其中玉米种植生产投入包括农资投入成本（种子、农药、化肥、有机肥）、机械作业成本与人工成本，产出为玉米经济收益。

在农资投入成本方面，常规种植模式下玉米种子 900 元/hm^2，复合肥 1 500 元/hm^2，农药 750 元/hm^2；在整装技术模式下，玉米种子和农药成本与常规种植模式一致，因整装技术模式采用了源头化肥减量控制措施和有机肥增施措施，复合肥成本降至 1 300 元/hm^2，同时增加有机肥投入成本 600 元/hm^2。

在机械作业成本方面，常规种植模式下旋耕起垄作业费 50 元/hm^2，施肥播种一体机作业费 50 元/hm^2，玉米机械收获作业费 100 元/hm^2；在整装技术模式下，施肥播种一体机作业费和玉米机械收获作业费与常规种植模式一致，因整装技术模式采用了深翻耕作和秸秆还田，增加秸秆粉碎机作业费 50 元/hm^2 及翻耕镇压作业费 50 元/hm^2。

在人工成本方面，常规种植模式下机械作业（包括整地、施肥、播种和收获等）所需人工费及日常田间管理人工费共计 300 元/hm^2；整装技术模式下由于增加了秋整地深翻耕作、秸秆粉碎还田和增施有机肥等作业，共计人工成本约为 380 元/hm^2。

在玉米产出收益方面，按照 2019 年 10 月当地玉米价格 1.83 元/kg 计算，常规种植模式玉米田平均产量为 9 889 kg/hm^2，经济收益为 18 097 元/hm^2；整装技术模式玉米田平均产量 10 754 kg/hm^2，经济收益为 19 680 元/hm^2。

比较两种模式投入成本与产出收益发现，在农资成本方面，整装技术模式比常规种植模式增加成本 400 元/hm^2；在机械成本方面，整装技术模式比常规种植模式增加成本 50 元/hm^2；在人工成本方面，整装技术模式比常规种植模式增加成本 80 元/hm^2；即整装技术模式在生产成本上比常规模式增加 530 元/hm^2。在玉米产出收益方面，整装技术模式比常规种植模式增加收益 1 583 元/hm^2。综上，整装技术模式比常规种植模式增加纯经济收益 1 053 元/hm^2，具有显著经济效益。

表 2-21 单位规模成本收益表（辽宁省铁岭市蔡牛镇技术示范区）

单位：元/hm^2

	明细	常规种植模式	整装技术模式
农资成本	种子	900	900
	复合肥	1 500	1 300
	农药	750	750
	有机肥	0	600
机械成本	旋耕起垄	50	0
	施肥播种	50	50
	收获	100	100
	秸秆粉碎	0	50
	深翻镇压	0	50

续表 单位：元/hm^2

	明细	常规种植模式	整装技术模式
人工成本	人工劳务费	300	380
经济收益	玉米售卖	18 097	19 680
		14 447	15 500

2.8.6.2 环境效益

通过在东北地区玉米种植中应用该整装技术（源头肥量减控+翻免交替耕作+秸秆还田+有机肥），不仅满足了玉米稳产增产，减少了氮磷化肥投入，而且降低了玉米田土壤氮磷养分淋失，其中氮淋失负荷削减率达11.9%～17.9%，磷淋失负荷削减率达7.8%～11.6%。该整装技术采用大规模机械化耕作，相较于农户分散使用小型机械，能够节约成本、降低能源消耗，降低周边地区空气环境污染。该整装技术原位消化了本地玉米秸秆，既避免了秸秆焚烧造成的大气污染，又实现了玉米秸秆养分资源利用。该整装技术还实现了农家有机肥资源化再利用，避免农家肥随地堆弃可能造成的面源污染，间接改善乡村生活居住卫生环境，促进种植养殖融合绿色生产。此外，将秸秆和有机肥等碳源引入玉米田，有利于培肥地力、提高水利用率、固持土壤养分，促进作物生长，增加作物养分吸收携出，间接减少氮磷养分淋失，降低地下水硝酸盐污染风险。综上，应用该整装技术能够实现生产投入节能降耗、养分资源循环利用、养分流失削减防控等环境效益。

2.8.6.3 应用前景

玉米田氮磷流失扩容增汇整装技术模式的实施，不仅达到了玉米稳产增产的目标，增加了农民经济收入，还促进了耕层结构改善和农田地力提升，同时实现了农业废弃物资源化再利用，削减了土壤氮磷养分流失量，具有显著的经济和环境双重效益。在玉米田氮磷流失扩容增汇整装技术模式应用中，应基于土壤肥力基础，合理安排施肥量，科学防治病虫草害，保持生态平衡，根据实际情况因地制宜地进一步将此模式进行完善推广。

3 东北水田氮磷流失综合控制技术

3.1 东北水田面源氮磷流失特征分析

3.1.1 整体状况介绍

自20世纪后半叶，国内外对点源污染排放进行了有效控制，非点源污染（即面源污染）对区域水环境恶化的影响逐渐凸显，成为水环境恶化的主要原因之一。如何理解非点源污染，判断其来源，分析其过程，控制其恶化，成为21世纪全球水环境保护的一大挑战，也成为研究者们关注的重点。已有大量研究证明，来自农田的大量养分随农田排水、地表径流以及淋溶等方式进入水体，水体富营养化刺激藻类大量繁殖引起的缺氧导致的水生态恶化，是非点源污染的最主要表现形式。比如美国水体污染约60%是由农业非点源污染引起；欧洲各国、日本等也发现农业非点源污染对水体污染的贡献比例较大。在荷兰，农业非点源污染产生的总氮、总磷分别占环境污染物总量的60%、40% ~ 50%。而瑞典，来自农业非点源的氮占流域总输入量的60% ~ 87%。芬兰20%的湖泊水质恶化。而其中来自农业非点源的氮磷在各种污染源中所占比重最大，占总排放量的50%以上。2010年我国《第一次全国污染源普查公报》表明，种植业化肥施用是我国农业非点源污染的主要来源，其中，氮、磷排放是影响我国水环境健康的重要污染物。

水稻是占半数世界人口的亚洲地区人民的主要主食来源，近几十年来，中国以20%的水稻种植面积稳定地提供了世界水稻产量的30%。我国城市化需求以及环境保护的要求使得耕地面积相对固定，但伴随着我国人口的增长，对粮食质和量的需求均日益增加，水稻生产的压力也愈加提升。种植人员生产意识的单一及科学管理能力的不足，导致生产过程中化肥和农药施用量不断升高，以此达到对产量提升的追求。而调查显示，我国氮肥的利用率只有30%左右，磷肥的利用率为10% ~ 25%，远低于发达国家的60% ~ 80%的肥料利用率，农田的化肥过量施用导致的大量氮磷进入水体，造成非点源污染成为中国农业发展必须直面的、不可避免的现实问题。

东北地区是我国重要的粮食生产基地，2018年东北三省粮食产量占全国的20.3%，在国家粮食安全体系中有着举足轻重的地位。但近几十年来东北地区耕地面积不断扩大，单位面积化肥投入不断增加，农业活动带来的非点源污染威胁越来越严重。通过对黑龙江省兴凯湖、镜泊湖，吉林松花湖和辽宁省大伙房水库供水工程的研究发现，东北平原－山地湖区呈现中营养－轻度富营养型；吉林省长春市的两个水源地水库出现不同程度的非点源污染，水体呈富营养化趋势，农业非点源污染是主要贡献源。有研究发现，在松花江流域非点源污染已经超过点源污染，农田对非点源的贡献已经高于70%；王雪蕾等通过DPeRS模型对辽河流域进行模拟发现农业非点源为辽河流域主要的非点源污染类型，来自农业非点源的总氮总磷对水质污染的贡献率超过65%。2010年第一次全国污染源普查结果显示，东北三省农业非点源污染物总氮、总磷排放量超过该区域该污染物排放总量的50%。2016年松花江IV、V、劣V类水断面数量分别占29.6%、3.7%、6.5%，辽河IV、V、劣V类水断面数量分别占22.6%、17.0%、15.1%。东北地区农业非点源污染状况程度已相当严重。

作为我国单季稻主产区，水稻是东北地区第二大粮食作物，2015年水稻播种面积占全国水稻总面积14.8%，产量约占全国15.8%。为增加水稻产量，黑龙江省土地整理重大项目“两江一湖”灌溉工程已逐步开工建设，旱改水面积达到 2.78×10^5 hm^2。由于水田在资源供给和管理特征上与旱田存在较大差异，其氮磷输出特征也不同。为了便于取水，当地稻田多分布于河网密布等附近有固定水源的区域，加上常规的大水大肥管理，使得稻田具有对邻近水体水质及水生态健康有更高负面影响的潜力。阎百兴对松嫩平原农田非点源污染进行研究发现，单位面积水田的非点源污染输出负荷可达到旱田的5 ~ 21倍。因此，在作物产量与化肥施用逐年增加，产量需求与粗放管理的共同作用影响下，东北地区的非点源污染问题越来越受到管理部门与研究人员的重视。

3.1.2 水田生长季氮、磷流失特征

根据前文分析，虽然玉米仍为东北地区主要的氮、磷流失风险作物，但水稻具有更高的氮、磷流失潜力。随着东北稻田种植面积的不断扩大，水田的氮、磷流失更需要引起关注。为进一步探究水稻生长季的水媒氮、磷流失特征，以黑龙江省鸡西市兴凯湖农场为研究点，根据当地气象、种植管理等数据，运用APSIM-Oryza作物生长模型与当地监测流失量数据对东北地区生长季水田水媒氮、磷流失特征进行分析。

3.1.2.1 水稻生长季氮流失特征

（1）氮流失总量特征

根据2013—2017年当地降雨（350 ~ 650 mm）、灌溉（900 ~ 1 500 mm）及平均施氮量（除2016年以外均160 kg/hm^2左右，2016年达173.2 kg/hm^2）数据，APSIM-Oryza模型模拟结果（图3-1）显示，不同年份的模拟水媒氮流失呈现两个范围。在2014年、2015年与2017年，总氮流失从4.9 ~ 14.2 kg/hm^2，但在2013年和2016年，模拟总氮流失接近其他年份的2倍，达到16.6 ~ 28.2 kg/hm^2。这两种模式中，渗漏氮流失均占总氮流失的50.03% ~ 69.99%，为主要的水媒氮流失途径。

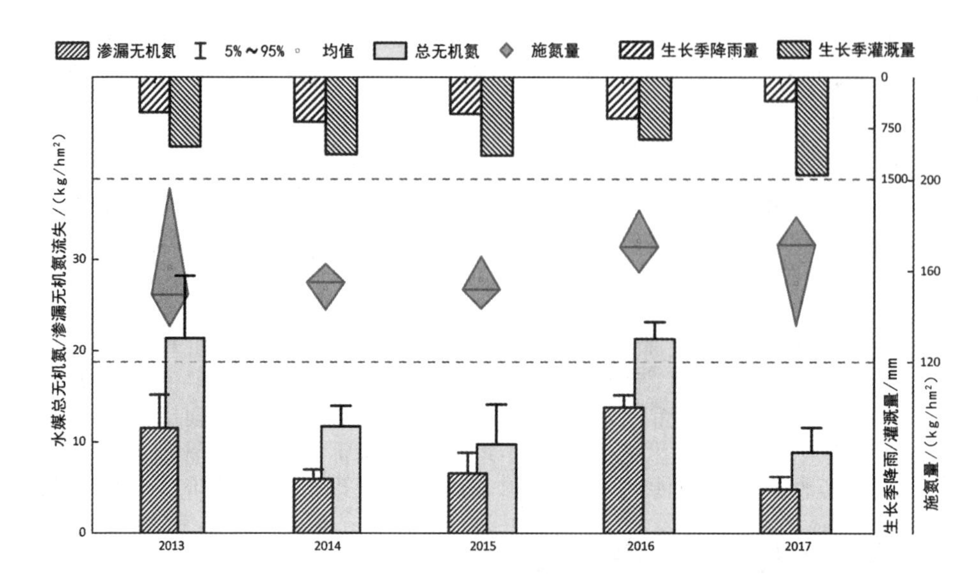

图 3-1 2013—2017 年兴凯湖农场降雨、氮施用量及氮流失量模拟

这种显著的氮流失差异可能来源于不同年间的管理差异，比如水输入与氮输入量。在 2014、2015 与 2017 年，水输入量（降雨与灌溉）均超过 1 700 mm，超过 2013 与 2016 年近 250 mm。而 2013 与 2016 年的平均氮施用量则超过其他年份 9 ~ 20 kg/hm^2。皮尔森相关分析也显示，氮施用量为主要影响年际氮流失的正相关因子，而水输入则为主要影响氮流失的负相关因子（表 3-1）。此外，作物的生长状态也对年际氮流失产生了负向影响，即产量越高，年际氮流失量相对越低，可能是由于作物吸收能力越强，存在于水田田块系统中供流失的氮比例越低，流失量相对减小导致。

表 3-1 年际水田总氮流失与因子的相关关系

	总氮流失	氮施用量	生长季降水	灌溉	总水输入	生长状态
总氮流失	1.00	0.57**	0.31**	−0.73**	−0.89**	−0.30**
氮施用量	0.57**	1.00	0.090	−0.20	−0.24*	0.48**
生长季降雨	0.31**	0.09	1.00	−0.83**	−0.43**	0.08
灌溉	−0.73**	−0.20	−0.83**	1.00	0.86**	0.29**
总水输入	−0.89**	−0.24*	−0.43**	0.86**	1.00	0.54**
生长状态	−0.30**	0.48**	0.08	0.29**	0.54**	1.00

注：* 与 ** 分别表示 $p < 0.05$（双边）与 $p < 0.01$（双边）；生长状态采用产量作为替代数据。

（2）不同阶段水稻水媒氮流失途径

由于农田氮流失途径的复杂性，根据已有研究，将模拟水媒氮流失分类为地表（人工排水与径流）与地下（渗漏），分别统计水稻生长不同阶段的不同途径的模拟氮流失（图 3-2）。结果显示，不同年份在分蘖期前，模拟水媒氮流失较低且相似；而在分蘖期后，其生长阶段氮流失特征各有差异。

作为水媒氮流失的主要途径，渗漏氮流失并没有固定的发生时期，但从孕穗期到扬花期这个阶段，均有较高的渗漏氮流失，其流失量达到 3.11 ~ 6.64 kg/hm^2，占到总渗漏流失量的 36.9% ~ 83.3%。

相比渗漏流失的无明显规律，人工排水的发生时间相对固定，第 2 次与第 3 次人工排水发生在 6 月下旬和 8 月下旬的，正值分蘖期和灌浆期。在 2013 和 2016 年，后两次人工排水的模拟氮流失分别为 9.33 kg/hm^2 和 6.79 kg/hm^2，大于 2014、2015 和 2017 年的 2.13、2.67 和 0.80 kg/hm^2。（注：由于 APSIM-Oryza 模型的局限性，移栽前的第一次排水无法模拟，故暂无法讨论。但根据 2019 年监测结果，样田第一次排水时间为人工排水中氮流失量最多的一次地表流失事件，其流失量达到 4.62 kg/hm^2，占当年排水流失的 51.5%，以此比例推测，2013 与 2016 年人工排水总氮流失可能达到 14.0 kg/hm^2 和 19.26 kg/hm^2）。

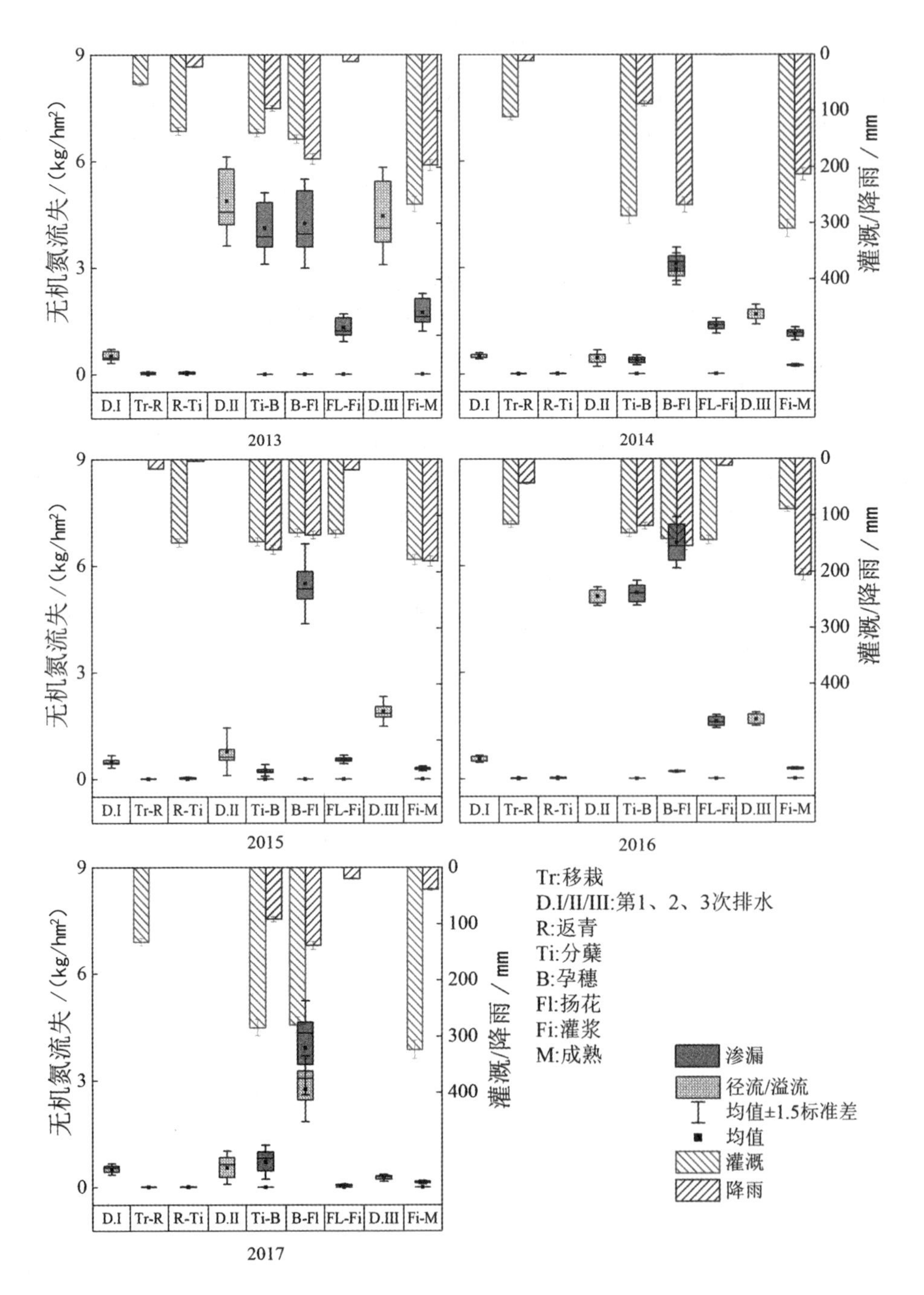

图 3-2 2013—2017 年生长季水稻不同阶段水媒无机氮流失

不同于南方水稻氮流失过程，研究地由于田埂深，溢流氮流失较难发生。

模拟的 5 年中，仅 2014 年和 2017 年发生了溢流事件，从水输入来看，这两年的生长季水输入均小于其他年份。通过日尺度田面水高度数据可知，2014 年与 2017 年的溢流事件也有差异。2014 年的溢流事件其产生原因是持续的小降雨，于 6 月中旬到 8 月上旬之间共发生了 5 次 3.3 ~ 8.6 mm 的小型溢流，造成 2.94 kg/hm^2 的氮流失；而对比 2017 年，其溢流仅在 7 月上旬发生了一次，单次溢流达到 43.4 mm，产生了 2.76 kg/hm^2 的氮流失，原因为一次 60.8 mm 的大雨过程。可见，枯水年由于降雨较少，田间水的维持基本靠灌溉，但雨季时未预见的降雨过程仍会导致溢流产生。

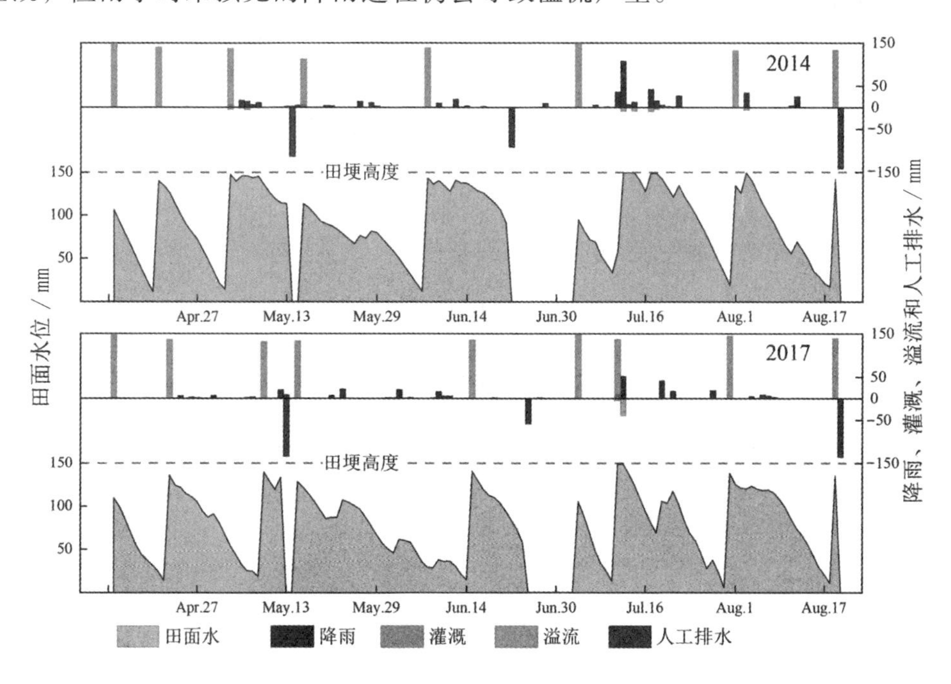

图 3-3 模拟田面水深度变化及水输入（降雨和灌溉）、地表水输出（溢流和人工排水）事件

3.1.2.2 水稻生长季磷流失特征

前文已提及，与南方气候导致的大量水田溢流不同，当地水稻由于田埂较深（15 ~ 20 cm）且降雨较少，基本不会产生径流，而磷流失通常与土壤侵蚀关系密切，故当地磷流失主要通过三次排水过程进行。由于 APSIM 模型并不具备磷模块，故根据对当地稻田三次人工排水磷流失量的监测对磷流失量进行分析。

根据 2019 年研究点监测数据，三次排水的总磷流失分别达到 0.484 kg/hm^2、0.349 kg/hm^2 与 0.397 kg/hm^2，总量占当年施磷量（39.91 kg/hm^2）的 3.1%。

3.2 有机肥替代控污技术

3.2.1 技术背景

提升土壤基础地力和提高肥料利用率，是减少化肥依赖、降低氮素损失和控制面源污染的重要技术途径。东北水田高产的化肥依赖较强，肥料利用率低，且土壤肥力仍有较大的提升空间。一方面，有机肥的养分释放速率缓慢，养分利用率较化肥高。有机肥替代部分化肥可以协调作物对养分的需求，引起稻田土壤氮素循环多个环节发生变化，如增强氨化过程、协调硝化和反硝化过程、降低氨挥发和减少氮素损失等，改变土壤氮素供给状态（提高小分子有机氮供给、协调铵态氮和硝态氮含量及其比例、提高土壤微生物生物量氮和总氮固持），进而改善根系形态，促进水稻氮素吸收，协调植株氮素分配过程，最终实现水稻稳产增产。另一方面，有机肥具有改良土壤性状、培肥地力、提高养分供应能力、增加作物产量等积极作用，提升土壤基础地力可以减少化肥的依赖，进而实现减肥减排。

所以，有机肥替代技术的当季利用可以实现在不减产的条件下，有效控制氮素损失，减轻面源污染。而有机肥替代技术的持续施用可逐步提升土壤基础地力，从根本上解决东北水田高产模式下对化肥的过度依赖，减少化肥的施用，进一步逐渐提高化肥替代比例，进而提高肥料利用率、减少氮素损失造成的面源污染。通过有机肥替代技术的应用，结合壮苗快发，优化集成侧深施肥插秧的根际精准施肥先进技术，以及增密减氮源头减控等技术，实现水稻减施肥种植稳产高产新技术集成。

3.2.2 技术概述

有机肥所含的养分呈缓效性，肥效期较长，通常覆盖整个作物生育期，与化肥的养分速效性及肥效期较短形成优势互补，所以有机肥替代部分化肥后，促进了整个生育期作物营养需求和土壤养分供应之间的协调，在维持作物高产的前提下提高肥料利用率，减少养分损失，实现面源污染的有效控制。此外，有机肥的持续施用还能起到逐步培肥地力的作用，进而逐渐减轻肥料投入的依赖性和不断提升有机肥替代比例，最终实现有机肥的替代比例最大化、经济效益最大化、面源污染控制最大化。

3.2.3 技术实施流程

在秋翻整地的生产环节，按照替代化肥氮素 10% ~ 20% 的用量，先将有机肥均匀撒施于地表，之后随着秋翻整地的农机作业被翻压混合于耕层土壤。注：10% ~ 20% 的替代率为当前一定时期内的推荐值，随着有机肥的持续施用，土壤肥力和基础地力会持续提升，进而会逐步减轻作物高产的肥料依赖，提高有机肥的化肥替代比率。

3.2.4 技术应用的减排效果

有机肥替代技术措施（替代 10% ~ 20% 氮肥）减少了水田的氮素流失，总氮减排 3.2% ~ 7.2%，其中替代 20% 氮肥处理的减排效果（7.2%）达到显著水平（图 3-4），对磷素流失的减控效果不明显（图 3-5）。注：正如上文提到的，有机肥替代应是一个逐步替代的过程，随着有机肥的逐年持续施用，其替代率将会逐渐提升，环境效益亦可能逐渐提高。

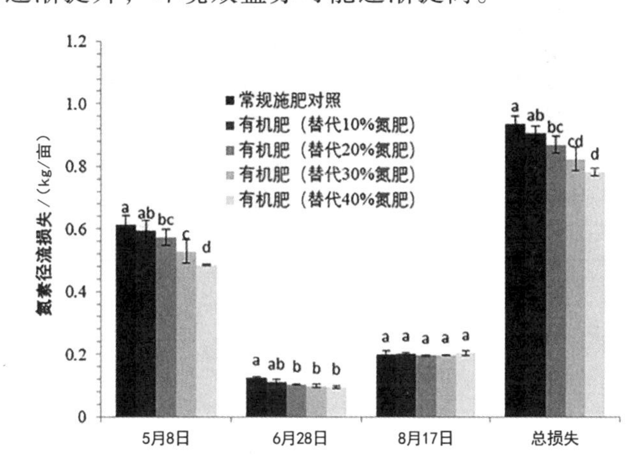

图 3-4 不同处理水田氮素径流损失

注：误差棒代表标准差，不同字母代表差异显著（$p < 0.05$）。

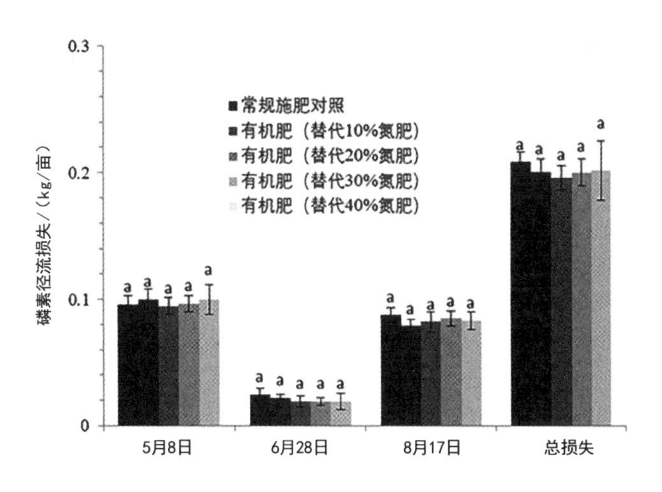

图 3-5 不同处理水田磷素径流损失

注：误差棒代表标准差，不同字母代表差异显著（$p < 0.05$）。

与常规施肥对照相比，有机肥替代 10% ~ 20% 氮肥维持了作物高产，但替代 30% ~ 40% 则显著降低了作物产量（图 3-6），说明 10% ~ 20% 的替代比例是比较理想的技术推荐参数，进一步结合氮素径流损失的结果，故而推荐 20% 作为技术参数。就当地的水田生产而言，在维持产量不减的前提下，推荐使用有机肥替代 20% 氮肥的技术措施以达到控制氮素面源污染的目的。

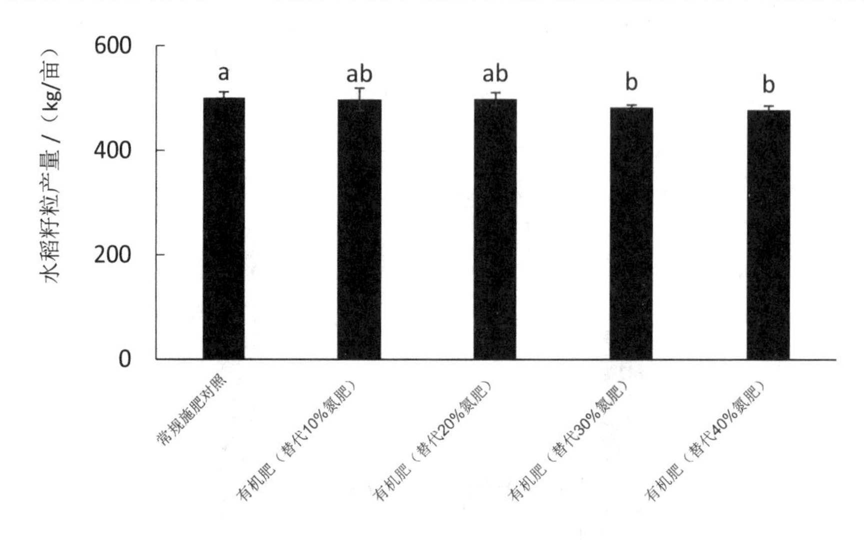

图 3-6 不同处理水稻籽粒产量

注：误差线代表标准差，不同字母代表差异显著（$p < 0.05$）。

有机肥替代技术措施持续实施 5 年后显著提升土壤肥力，表现为土壤有机碳含量提高 13.3%（图 3-7），土壤团聚体稳定性提高 9.2%（图 3-7），土壤速效磷含量提高 9.4%（图 3-7），全氮、全磷、速效氮含量亦有不同程度的略微提高（图 3-7），这是因为持续的有机培肥增加了有机碳和养分的投入，从而导致有机碳和养分的积累，而作为土壤胶结剂，有机碳的增加进而导致土壤团聚体稳定性的增强。

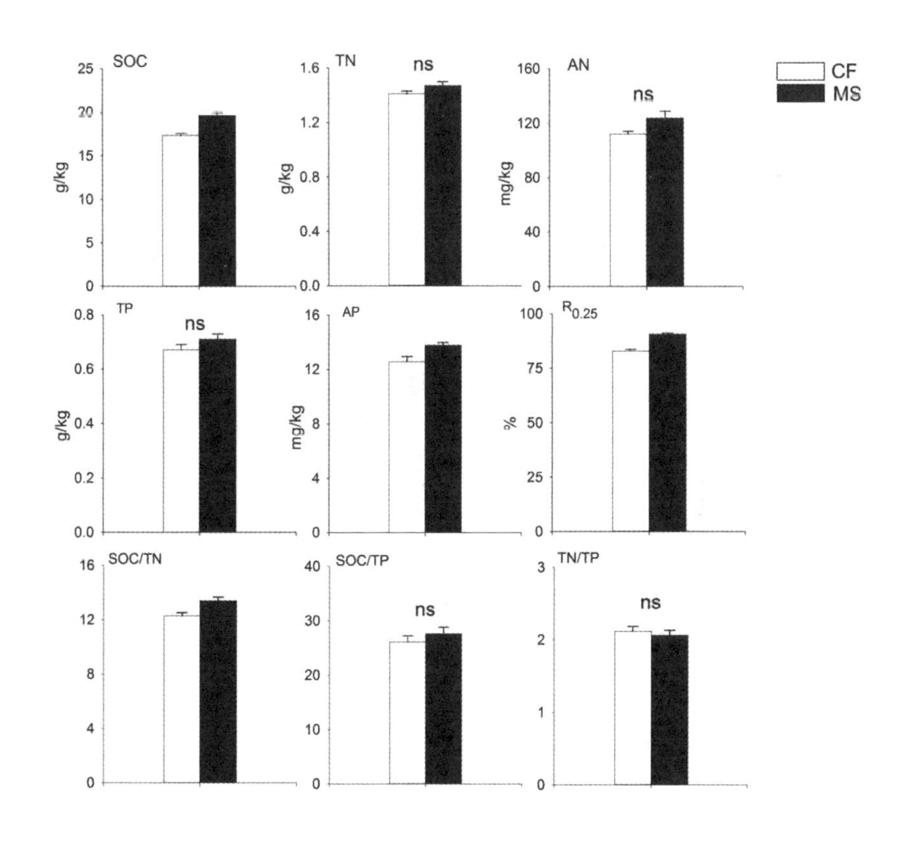

图 3-7 常规施肥对照和有机肥替代（20% 氮肥）处理下土壤关键理化性质

注：CF 为常规施肥对照，MS 为有机肥替代处理，SOC 为有机碳，TN 为全氮，AN 为有效氮，TP 为全磷，AP 为有效磷，$R_{0.25}$ 为＞0.25 mm 团聚体的比例，误差棒代表标准差，ns 代表差异不显著（未标示的表示差异显著，$p < 0.05$）。

与常规施肥对照相比，有机肥替代处理显著提高了与碳代谢有关的酶（例如 AG、BG、CBH、XYL）和与氮代谢有关的酶（例如 NAG）活性：在 7 月份分别提高了 33.0%、19.4%、24.5%、23.3%、45.2%；在 9 月份，分别提高了 62.8%、38.9%、40.0%、35.9%、59.8%（图 3-8）。尽管有机肥替代处理在两个季节也均提高了 LAP 和与磷代谢有关的 PHO 活性，但并未达到统计显著水平（图 3-8）。总体来讲，有机肥替代处理显著提高了土壤总的酶活性（图 3-8）。

土壤有机质是微生物赖以生存的重要底物资源，土壤团聚体稳定性的提高则有助于改善土壤孔隙度，增强土壤通气、保水性能，有利于大部分微生物的生长繁殖。这种底物资源和生境条件的改善，必然对土壤微生物及酶活性产生显著的影响。此外，有机肥本身携带了一定的微生物和酶，这也可能是有机肥替代后土壤多种酶活性提高的一个直接原因。

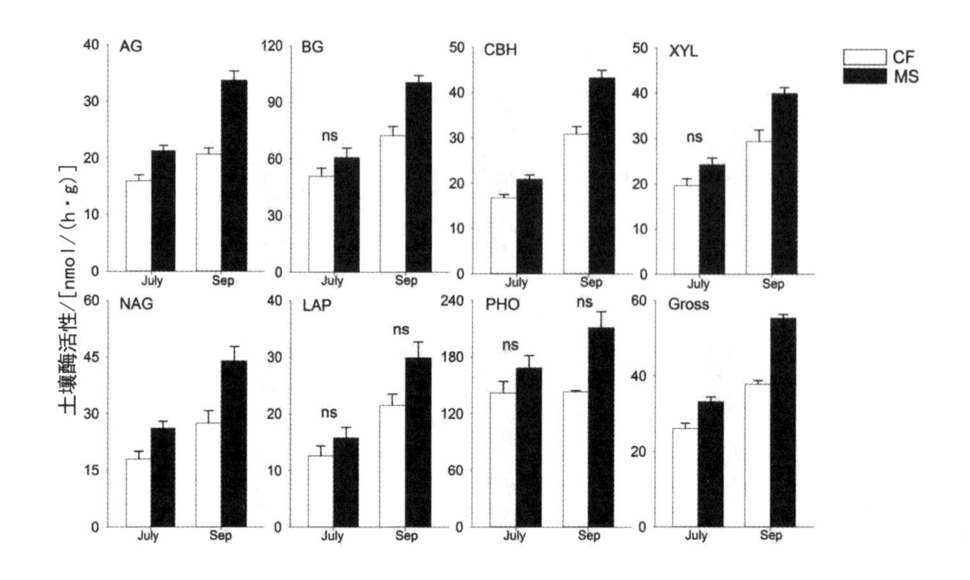

图 3-8 常规施肥对照和有机肥替代（20% 氮肥）处理下土壤酶活性

注：CF 为常规施肥对照，MS 为有机肥替代处理，AG 为 α-葡萄糖苷酶，BG 为 β-葡萄糖苷酶，CBH 为纤维二糖酶，XYL 为木糖苷酶，NAG 为乙酰氨基葡萄糖苷酶，LAP 为亮氨酸氨基肽酶，PHO 为磷酸酶，Gross 为总酶活性，误差棒代表标准差，ns 代表差异不显著（未标示的表示差异显著，$p < 0.05$）。

相比于常规施肥对照，有机肥替代处理显著提高了土壤酶活性碳∶氮即 BG/（NAG+LAP）（$p < 0.05$），而对酶活性碳∶磷即 BG/PHO 和氮∶磷即（NAG+LAP）/PHO 均没有显著影响（图 3-9）；尽管未达到统计显著水平，有机肥替代处理在两个季节均有明显增加 NAG/LAP 的趋势（图 3-9）；有机肥替代处理下与碳转化相关的酶活性以及总的酶活性的均匀度指数没有明显变化（图 3-9）。

土壤酶化学计量比能够反映出土壤微生物对土壤养分需求的变化，在一定程度上反映出土壤养分的相对有效性。土壤酶活性碳∶氮（BG/（NAG+LAP）呈现有机肥替代低于常规施肥处理的趋势，这反映了有机肥替代处理下底物氮素有效性的相对不足，导致微生物释放相对更多的氮转化相关酶来满足其氮需求的相对增加。总之有机肥替代措施下土壤微生物能够释放更多与氮转化有关的酶来适应底物养分相对有效性和化学计量的变化。NAG/LAP 数值越高，反映了底物分解相对以真菌分解通道为主；NAG/LAP 数值越低，反映了底物分解相对以细菌分解通道为主。土壤 NAG/LAP 均呈现出有机肥替代高于传统施肥处理的趋势，表明有机肥替代措施提高了真菌分解通道的相对优势。这可能主要归因于土壤团聚体结构的改善通常意味着较多的土壤孔隙空间和较好的通气性，有利于真菌菌丝的延伸生长，而且通气性的增强创造了对真菌生长更适宜的物理环境。

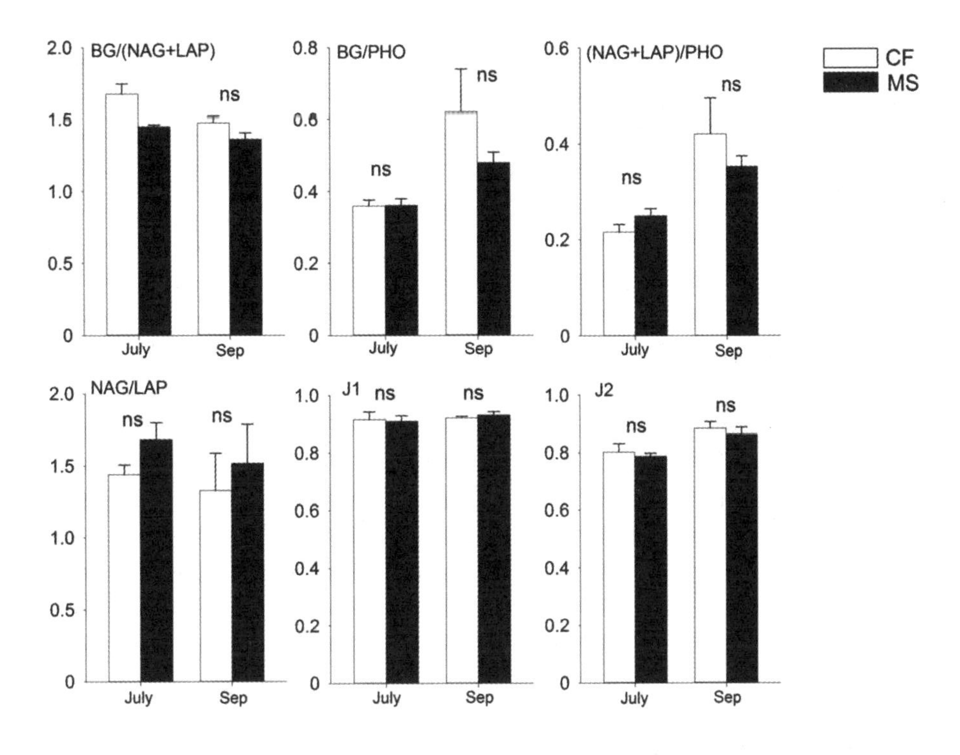

图 3-9 常规施肥对照和有机肥替代（20% 氮肥）处理下土壤酶群生态指数

注：CF 为常规施肥对照，MS 为有机肥替代处理，BG/(NAG+LAP) 为土壤酶活碳氮比，BG/PHO 为土壤酶活碳磷比，(NAG+LAP)/PHO 为土壤酶活氮磷比，NAG/LAP 表征分解通道，J1 表示与碳转化相关的酶的均匀度指数，J2 表示 7 种酶活性的均匀度指数，误差棒代表标准差，ns 代表差异不显著（未标示的表示差异显著，$p < 0.05$）。

3.2.5 对生产的影响

本研究推荐的有机肥替代（10% ~ 20% 氮肥）技术措施维持了作物的高产水平（图 3-6），对作物生产没有造成负面影响。

3.2.6 经济效益分析

该项技术推荐使用商品有机肥，按照商品有机肥的市场价格和替代氮肥 20% 的施用量核算，结果显示该技术对经济具有一定的负面影响，造成一定的经济损失。针对这种情况，该技术在应用推广时需要配合生态补偿的政策保障。

需要指出的是，随着有机肥的持续施用，土壤基础地力将逐年提升，进而会在维持高产的情况下进一步逐渐减轻化肥依赖和降低有机肥的替代比例，这必然会逐步地节省化肥投入成本，逐渐降低经济损失乃至于相对维持或提高经济收入。

3.2.7 潜在的环境风险

有机替代技术措施显著提升土壤有机碳含量，根据以往的相关研究及经验，亦有可能降低 N_2O 温室气体和氨气排放，有着潜在的固碳减排作用，有利于大气环境保护和缓解气候变化，此外有机肥替代的持续应用还可能提高土壤环境质量，降低土壤重金属有效性，保障粮食的质量安全。

3.2.8 推广政策建议

在推广方面，应该注意三个方面的要点：一是给用户宣传讲解有机肥替代技术措施对于绿色和可持续发展的重大意义。二是讲明有机肥替代是一个逐步替代的技术过程，当前的相对经济损失是暂时的，随着有机肥的持续施用，土壤基础地力将逐年提升，进而会在维持高产的情况下进一步逐渐地减轻化肥依赖和降低有机肥的替代比例，这必然会逐步地节省化肥投入成本，逐渐降低经济损失乃至于相对维持或提高经济收入。三是讲明和落实生态补偿机制，对于用户造成的经济损失，由政府进行补贴，与此同时制定相应的监管机制，有效监督受偿对象真正将技术落地落实。

3.3 秧苗控氮技术

3.3.1 技术背景

我国是世界上最大的稻米生产国和消费国，全国水稻种植面积约占粮食总种植面积的 26.1%，稻谷年产量占粮食总产量的 32.1%（中国统计年鉴，2018）。在水稻生产过程中，使用化肥是提高水稻产量的一种有效手段。但是，长期大量施用无机化肥，不仅会污染生产和生态环境，影响绿色无公害农产品的发展，而且还会造成土壤板结僵硬、土壤中农作物所需养分的供给失衡和土壤有机质含量的下降，从而降低无机化肥的利用率。为了进一步提高产量，生产上不得不加大化肥投入量，这样更加重了土壤的板结程度和生态环境的恶化，走进成本增加—效益降低—环境恶化的怪圈（陈宝奎等，2007）。1960—2010 年间，在化肥配方施用、水稻品种改良、灌溉设施改善和复种指数提高等措施的作用下，我国水稻产量实现了 3 倍增长，其中化肥贡献率为 20% ~ 37%（Peng, 2006）。然而，2010—2017 年，我国水稻总产年均增长率仅为 0.7%（中国统计年鉴，2018）。根据全球人口增长趋势估计，至 2030 年水稻总产量须保持 1.2% 的年均增长率才能保障粮食安全（Nguyen, 2006）。

近年来，我国对水稻的研究发展迅速，已有研究发现（陈金等，2017），水稻的壮秧技术能够促进秧苗健壮根系发达，充分利用土壤养分，减少化肥投入，减少流失污染，提高水稻产量；而且对于高标准农田水稻种植来说，水稻壮苗技术是其中一个关键步骤，其育苗质量直接决定了后期水稻的总体品质及产量，因此需要重视并不断发展水稻壮苗技术，以期达到增产目的（李光宇，2015）。实验证明，水稻的壮秧可以提高水稻产量，一般可以提高稻谷产量 10% ~ 15%，具有明显的增产效果，一直以来，水稻壮秧技术不断发展，以提高成秧率为重点，转移到以提高水稻幼苗质量为中心，从而对水稻的增产起到了重要作用（黄晓丽，2018）。佟立杰等人为了适期早育苗、早插秧，分析了气候特点、不利条件，采取了一系列与培育壮苗相关的技术措施，如早清雪、早扣棚、早备土、适期早播种等，秧田几乎没有发生青枯病、立枯病，减少了农药的施用，最终达到了早育壮苗、减少污染、增加水稻产量的目的（佟立杰等，2014）。施君信等人在研究水稻壮苗技术时认为，水稻获得高产，育壮苗是基础，壮苗必先壮根，其研究结果表明，应用水稻促根壮苗营养液浸种，可提高秧苗素质，与芽种断根处理技术配合应用可提高水稻产量，亩增产 5.8 ~ 32.5 kg，增产较为显著（施君信等，2013）。张淑华等研究发现，“调整好苗床土壤的理化性质；控制播种量，宁稀勿密；控制床内温度，宁冷勿热；控制苗床水分，宁干勿湿”的壮苗技术，是寒地水稻产量力争实现 9 000 kg /hm^2 的有效途径（张淑华等，1999）。

在水稻生产过程中，培育壮苗仍是水稻生产中的关键技术环节，壮苗能够为水稻丰产打下坚实的基础，推广应用多项先进壮苗技术，不仅能够提高水稻产量，使稻农获得较高的效益，同时为我国农业生产合理施肥和农业生态环境保护的可持续发展提供有效途径。

东北地区相对冷凉，秧苗返青缓慢，同时，受插秧断根胁迫的影响，容易形成僵化秧苗和老化秧苗。常规种植为实现插秧育壮和秧苗的抗僵抗衰，在插秧期大量施用氮磷肥料养分，造成氮磷严重流失的面源污染问题。

解决问题的关键之一，是培育具有根冠比优势的健壮秧苗，增强秧苗发根和叶展分蘖的能力，提高秧苗耐受插秧断根胁迫的能力水平，减少或不施插秧育壮和秧苗抗僵抗衰的氮磷养分，从根本上避免稻田插秧期的氮磷流失造成的环境面源污染。

利用低温和镇压秧苗的非生物环境胁迫锻炼技术和方法，基于非生物胁迫环境条件，实施集中规模化、批量化处理，形成环境胁迫信号的传递过程，在秧苗体内诱导激发和调动作物功能基因表达，促进体内功能活性物质的生成富集，从而提高作物抵御非生物灾害胁迫的能力水平；同时，促进根系生长发育，适度抑制地上部的生长，最小程度地减少由于地上部生物量减少而造成的产量损失，以形成具有适应和耐受非生物灾害胁迫能力的作物根冠性状和株型。进一步，结合稻田土壤地力培肥，优化集成侧深施肥插秧的根际精准施肥先进技术，以及增密减氮源头减控等技术，实现水稻减施肥种植稳产高产新技术集成。

3.3.2 技术概述

低温催芽诱导结合插秧定植前物理辊压胁迫，构成培育具有叶展发根分蘖优势秧苗的基本技术。水稻的抗逆活性，能够通过设置环境胁迫锻炼，获得诱导作用影响，生成并积累抗逆耐受环境胁迫的活性物质，调动激发抗逆潜能优势，提高水稻的环境抗逆活性（耐低温、耐高温、抗倒伏等），形成适度抑制地上部的生长，促进根系生长发育，具有耐受插秧断根胁迫的秧苗根冠比和秧苗快速叶展发根分蘖优势性状的株型，结合稻田土壤培肥地力，减施或不施插秧育壮和秧苗抗僵抗衰的氮磷养分，从根本上避免稻田插秧期的氮磷流失造成的环境面源污染。

3.3.3 技术实施流程

3.3.3.1 选种与消毒

通过晒种和选种，筛选优良健康的种子，并对附着在稻种上的病原菌进行消毒处理。在育苗 1 周前，选晴天将种子晒 6 ~ 8 h，然后将晒好的种子放在干燥、阴凉的地方凉透心，以促进种子的呼吸作用和酶的活性，有利于提高种子发芽率和发芽势，杀死部分附着在种子上的病原菌。利用盐水比重（1.15 ~ 1.17）筛选，去除不成熟或染病种子等劣种（比重相对较轻），再通过清水浸种 5 ~ 6 h 后，使附在种子上的病菌孢子萌动，采用药剂浸种进行种子杀菌消毒 6 ~ 8 h（消毒药液应高出种子表面 3.3 cm），然后用清水反复冲洗干净杀菌消毒后的种子。

3.3.3.2 低温处理和物理辊压胁迫

（1）芽前稻种低温胁迫环境锻炼（第一种方法）

稻种发芽的重要条件是水分、温度和氧气，尤其是水分影响更为重要。浸种是水稻种子的吸水过程。吸水后的种子酶活性增强，在酶活性作用下胚乳淀粉逐步溶解成糖，释放提供胚根、胚芽和胚轴所需要的养分。稻种吸水量达到谷重 25% 时，胚开始萌动破胸或露白。种子吸水量达到谷重 40% 时，种子能够正常发芽，这时的吸水量为种子饱和吸水量。通常的种子发芽过程条件，种子吸水快慢存在差异，酶活性作用存在差异，整体发芽准备状况存在差异，稻种不能齐整发芽，茎叶地上部生长势旺，根生长活性差，缺乏环境胁迫锻炼，培育得到的秧苗细弱徒长，对非生物环境胁迫的耐受抵御活性差。

稻谷吸收自身重量 25% 的水分达到萌发的状态。稻谷吸水，水温越高吸水越快，达到萌发条件 10 ℃约需 10 d，20 ℃约需 5 d，也就是通常所说的水稻积温达 100 ℃开始萌动发芽。但是，水稻积温达 100 ℃，并不是在任何条件下都可以萌动发芽，稻谷吸水萌动发芽的最低温度 8 ~ 10 ℃，最高不能超过 44 ℃，最适温度为 30 ~ 32 ℃，即使充分吸水的稻谷低于最低温度也不萌动发芽，同时，浸种水的含氧量低会抑制根系延长。

芽前种子低温锻炼采用交换或流动循环水的方式，通气，保持良好的有氧环境，在 1 ~ 4 ℃低温浸种处理 1 个月。在低温浸种过程中，稻种缓慢而充分地吸水，受低温环境胁迫诱导作用影响，激发生成抗逆耐受环境胁迫的活性物质在体内积累，达到萌动发芽稻谷含水分条件的同时，经过低温胁迫环境锻炼，调动激发水稻的抗逆潜能，具备了齐整萌动强劲发芽的准备条件。每次浸水稻种 20 ~ 30 kg，完成浸种之后，离心脱水 7 ~ 8 min，不需要再进行催芽，直接播入育苗盘，在 25 ~ 30 ℃温度条件下进行保温育苗，能够培育齐整、茎芽健壮、早生快发的秧苗。

（2）催芽稻种低温胁迫环境锻炼（第二种方法）

浸种过程种子吸水酶活性开始上升，胚乳淀粉转化成糖供给胚根、胚芽和胚轴的养分需要。当稻种吸水达到谷重 25% 时，胚芽萌动，谷种露白破胸。现阶段，通常条件下的催芽培育苗株，一般要求 3 d 内完成催芽，催芽的温度较高。在 30 ~ 38 ℃温度条件下催芽之后播种育苗，温度过高会使催芽过快，茎叶生长势旺，根生长活性弱，容易形成徒长细弱苗。培育健壮秧苗催芽温度选择 30 ~ 32 ℃。

将催芽露白的谷种置于交换或流动循环且保持良好通气有氧环境的低温冷水中，在低温水 3 ~ 5 ℃条件下浸种 14 ~ 20 d。催芽谷种在 14 ~ 20 d 的低温浸润过程中进一步缓慢而充分吸水，达到萌动发芽稻谷含有水分条件，受低温环境胁迫诱导作用影响，生成积累抗逆耐受环境胁迫的活性物质，激发调动水稻的抗逆潜能，具备了齐整萌动强劲发芽的准备条件。该方法培育的水稻秧苗生育速度快、植株健壮、根生长量大，插秧后能够早生快发分蘖生长。

完成催芽芽种的低温锻炼之后，于 28 ℃温水中浸润 2 ~ 3 h，将浸水种子离心脱水，不需要进行催芽，直接播入育苗盘能够培育健壮早生快发的秧苗。每次浸水种子 20 ~ 30 kg，离心脱水 7 ~ 8 min，在 25 ~ 30 ℃条件下进行保温育苗，形成齐整发芽、健壮的苗株。

（3）育秧温度管理

播种后至 1 叶露尖，以保温为主，保持温度在 25 ~ 30 ℃，最适温度为 25 ~ 28 ℃，2 叶期保持 25 ℃，3 叶期保持 20 ~ 22 ℃，最低不能低于 10 ℃。水稻出苗绿化后要揭掉地膜，一般在晚上揭地膜为好，这时温差小，秧苗适应环境快。

苗床水分管理：播种后浇透底水，原则上在 2 叶前尽量不要浇水，以后浇苗床水应在早晚叶片叶尖不吐水、午间新展开的叶片卷曲、苗床土表发白时进行，应把上午晒温的水一次浇透，尽量减少浇水次数，避免冷水灌床导致冷水僵苗影响生长。尽量做到旱育壮苗，促进根系发育。

3.3.4 技术应用的减排效果

与采用常规种植管理相比，壮苗控氮（减施氮肥10%）技术总氮减排11.9%（差异达显著水平，图3-10），总磷减排6.8%（差异未达显著水平，图3-11）。

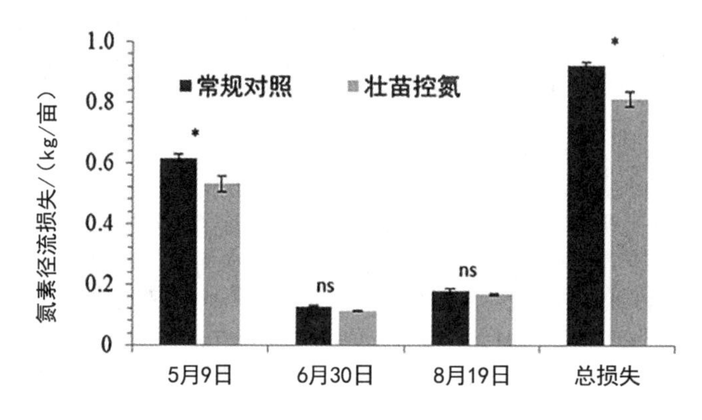

图3-10 不同处理水田氮素径流损失

注：误差棒代表标准差；* 表示差异显著，ns 表示差异不显著。

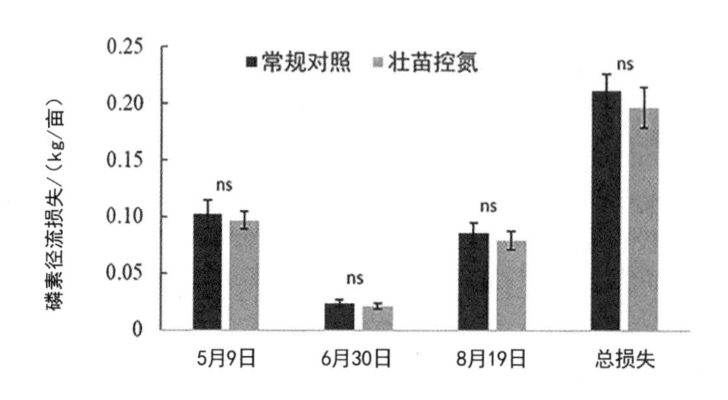

图3-11 不同处理水田磷素径流损失

注：误差棒代表标准差；* 表示差异显著，ns 表示差异不显著。

与常规育苗技术相比，培育的叶展发根分蘖优势秧苗，秧苗发根力、叶展活性、根冠比，以及快发分蘖抽穗等优势特性明显（表3-2），为后期大田期充分发挥促进养分吸收、减少养分损失的作用奠定了基础。叶展发根分蘖优势秧苗与常规秧苗对照相比较，秧苗发根力增加54.2%、叶展活性（茎基宽）提高17.6%、鲜重根冠比增加21.3%（表3-2）。

表 3-2 不同处理秧苗素质调查表

处理	叶龄	株高 /cm	根条数 /条	根长 /cm	发根力	茎基宽 /mm	百株地上鲜重 /g	百株地下鲜重 /g	百株地上干重 /g	百株地下干重 /g	干重根冠比
叶展发根分蘖优势秧苗	2.78	10.24	9.90	2.43	24.06	2.00	8.60	6.46	1.68	1.48	0.88
常规秧苗对照	2.49	9.37	8.30	1.88	15.60	1.70	6.14	3.80	1.22	1.06	0.87

叶展发根分蘖优势秧苗（减氮 10%）处理的分蘖期提前 4 d，抽穗期提前 1 d（表 3-3）。

表 3-3 不同处理对水稻生育期的影响

	播种期	出苗期	移栽期	返青期	分蘖期	抽穗期	成熟期
叶展发根分蘖优势秧苗（减氮 10%）	4.8	4.16	5.11	5.18	6.14	7.24	9.15
常规秧苗对照	4.8	4.15	5.11	5.18	6.18	7.25	9.15

单株分蘖数，叶展发根分蘖优势秧苗（减氮 10%）较常规秧苗对照增加 0.07 个（表 3-4）。

表 3-4 不同处理对水稻生育进程的影响

处理	日期	基本苗株 /m^2	单株分蘖个数	茎数株 /m^2	株高 /cm	叶长 /cm	叶宽 /cm
叶展发根分蘖优势秧苗（减氮 10%）	6.5	115	1.00	115	24	17	0.6
	6.10		1.26	145	29	21	0.6
	6.15		1.65	190	31	21	0.7
	6.20		2.22	255	38	25	0.8
	6.25		3.09	355	42	31	0.9
	6.30		3.43	395	50	31	1.0

续表

处理	日期	基本苗株 /m²	单株分蘖个数	茎数株 /m²	株高 /cm	叶长 /cm	叶宽 /cm
常规秧苗对照	6.5	125	1.00	125	24	15	0.6
	6.10		1.20	150	28	18	0.6
	6.15		1.32	165	31	21	0.6
常规秧苗对照	6.20		1.64	205	31	22	0.8
	6.25		2.68	335	37	23	0.9
	6.30		3.36	420	39	23	1.0

较常规育苗技术相比，叶展发根分蘖优势秧苗处理的有效穗数增加 10.9%、实脱产量增加 4.9%（表 3-5）。

表 3-5 不同处理对水稻产量及产量性状的影响

项目	株高 /cm	穗长 /cm	有效穗 /（个 /m²）	穗粒数 /（粒 / 穗）	实粒数 /（粒 / 穗）	结实率 / %	千粒重 / g	实脱产量 /（kg/ 亩）
叶展发根分蘖优势秧苗（减氮 10%）	77.6	15.1	610	83.3	75.2	90.3	24.6	640.3
常规秧苗对照	78.6	15.0	550	82.9	80.4	97.0	25.0	610.6

注：实脱产量按 14% 标水折算。

3.4 振捣提浆控污技术

水田耕整地是水稻生产的初始环节，是水稻生产全程机械化的关键环节。水田耕整地质量直接影响水田的平整，主要环节包括翻耕（或耙耕）、基肥抛洒、灌水泡田和搅浆平地等工序，存在整地周期过长和机械搅动频繁，导致土壤团粒结构破坏严重，泥浆颗粒过细和耕层透气性较差等突出问题，长期的耕作应用造成土壤板结、通透性差、还原性增强以及对根系的生长和功能发挥产生抑制作用，直接影响着中国粮食生产和土壤生态系统的安全。为了改善稻田土壤性状和提升整地质量，研究振捣提浆机应用技术模式，有利于机械插秧、节约水资源、提高肥料利用率，对水稻种植具有重要意义。

3.4.1 技术背景

3.4.1.1 稻田水整地技术应用现状

北方寒地水稻泡田期开展的农艺措施包括：基肥撒施、泡田、机械水整地、喷施封闭、稻田排水和插秧作业，主要农艺措施操作时间相对集中，基肥撒施时间 4 月 5 日—4 月 12 日，泡田时间 4 月 12 日—4 月 15 日，机械水整地时间 4 月 15 日—4 月 30 日，喷施封闭时间 4 月 30 日—5 月 5 日，稻田排水时间 5 月 9 日，插秧时间 5 月 10 日。

近几年，由于机械能力的提升和田块面积的增大，四轮机车牵引水整地装置作业基本全覆盖，由于水整地作业质量直接影响浆层厚度和稻田平整度等指标，种植户对水整地机械越来越重视，极大地促进了水整地机械装备的研发和应用。吴明亮针对旧式水田耕整机在实际生产应用过程中出现的自身质量大、稳定性不好、容易造成安全事故等问题，创新设计了水田耕整机。该机质量小，操作灵活，平衡性好，可实现对工作部件的快速选用，从而完成耕、耙、平整地的多项作业。王力捷等为解决通辽地区田面不平整、深浅不一致、不能形成泥浆等问题，研制了水田整地机，试验结果显示，该机作业效果良好。各种新型水田搅浆平地机的研发与应用，将逐步取代现有技术含量低、笨重、落后的传统水田耕整地机械，引领水稻耕整地机械化发展方向，已成为水田耕整地机械装备的主力机型。

当前黑龙江省水稻水整地主要操作机械为水田搅浆平地机和平地装置 2 种作业方式，根据稻田相应耕整地模式采用不同的水整地方式。秸秆还田模式中，稻田翻耕作业、翻耕 - 旋耕作业和旋耕作业均可采用搅浆平地机或平地装置，以平地装置水整地模式为主；秸秆离田模式中，水整地作业之前未进行整地作业，以搅浆平地机为主，若耕层经深翻或旋耕作业，可以平地装置为主。

3.4.1.2 搅浆平地技术特点及存在问题

搅浆平地机械主要由传动装置、连接架、刀辊总成、拖板总成等几部分组成。传动装置由万向节、锥齿轮箱和链轮箱总成组成，平地装置通过快速挂接连接板固定于水田搅浆机的后梁上，搅浆机通过标准的三点悬挂与拖拉机连接。工作时，拖拉机悬挂水田搅浆平地机前进，拖拉机动力输出经万向节、中间锥齿轮箱减速变向传递至左侧链轮箱，驱动搅浆刀辊快速旋转，呈双螺旋线排列的搅浆刀固定在刀辊上，对泡田地进行旋切，完成碎土、搅浆、埋茬作业，挡土板挡住刀辊旋起的泥浆和根茬，平地拖板将泥浆拖压平整，最终一次性联合完成碎土、搅浆、埋茬及平地作业。该机可达到水稻插秧精准作业的要求，具有整机重量轻、低耗油、作业效率高等特点。

目前，水整地耕作制度存在的问题主要包括：一是水整地作业条件恶劣，劳动强度大，而且对土壤结构破坏严重，耕层中含气量低，氧化还原速度慢，不利于土壤中有机质的分解和养分的释放，土壤通透性差，泥浆层厚度深浅不一致，存在多次搅浆整地现象，浪费大量人力、物力和资金。二是整地用水量大，每标准亩用水约 150 m^3，水稻插秧前还必须经过水耙田、耢平、沉浆和捞残茬四个作业环节，才能达到水稻插秧作业的整地要求，整地过程时间长、费用高；打浆后沉浆时间长，田间水分蒸发、渗漏，浪费大量水资源。三是浆层厚度大，目前浆层厚度均达到 8 cm 以上，过厚的浆层使水稻根系处在厌氧环境中，影响水稻返青期秧苗生长。四是水整地作业造成田间水层高度过大，导致插秧前田间集中排水，间接造成主要面源污染物集中排放、水土流失和生态环境恶化等问题，直接影响我国水稻生产发展。

3.4.1.3 振捣提浆技术概述

振捣提浆与侧深施肥耕作技术是利用水田振动起浆平地机的机械式高频激振结构和带圆弧埋茬梳齿的船型拖板共同作用，一次作业完成碎土、根茬压埋、土层起浆和平地等多道工序，在秋翻地、旱整平作业的基础上，实施饱和水或花达水泡田，土壤水分充分饱和后用振捣提浆机进行水整地作业，实现田面平整，浆层厚度 2.0 ~ 2.5 cm 满足插秧要求，根据插秧进度，采用二次提水方式提升泡田水层至合理高度喷施封闭药，采用侧深施肥插秧机替代传统人工抛洒肥料进行插秧施肥，施肥区域在水稻秧苗根部一侧距离 3 cm、深 5 cm 处的耕层土壤。

振捣提浆技术的应用，改变了传统的水田整地模式。采用该技术的农机具有高效、节能、环保、节本增效的特点，它的出现填补了寒地水稻种植领域水整地机械单一的空白。应用振捣提浆技术，使水田的整地模式发生了改变：秋翻地—旱旋平整—放水泡田—振捣提浆—插秧。与传统技术相比，该技术具体优势在于：一是只需一次震动提浆即可实现 2 ~ 4 cm 的浆层直接插秧，节省农时 1 周左右。二是振动后浆层以下土壤呈团粒结构，透气性好，能够促使水稻根系发达，有效防止根系早衰，提高稻米品质。三是节约水资源，振捣插秧前灌水泡田只需达到花达水状态即可，全生育期需水 240 m^3 左右，比常规栽培方式节水 40% 以上。四是节约耕地资源，全生育期通过管道供水，不需要干、支、斗、农、毛等灌渠和排渠等基础设施，可节约耕地 2%。五是减少作业费用，同等秋翻旱整平情况下，常规水田搅浆平地亩成本为 35 元左右，使用振捣提浆作业亩成本在 15 元左右，每亩能减少成本 20 元。

3.4.1.4 技术研究目的与意义

目前北方寒区水稻水整地耕作模式主要通过水耙机和打浆机完成，主要为搅浆平地作业，具有改善土壤结构特性和促进根系生长作用的水整地技术仍鲜有报道。新型水整地模式包括保护性耕作模式（免耕或少耕）、分层旋耕模式和垄作栽培模式，均具有改善土壤理化性状、促进作物根系生长和提高作物产量的作用，但在北方寒区大田规模化生产中无法突破机械配套应用的瓶颈和种植成本增加的现实问题，无法进行大面积推广应用，因此，通过合理的耕作模式改善土壤结构特性和促进水稻根系生长成为研究的热点，近年来振捣提浆机在农业领域的探索应用为耕整地作业提供了新思路。

振捣提浆耕整地突破传统的搅浆平地作业，一次性完成碎土、根茬压埋、土层起浆和平地等多道工序，解决常规耕整地作业环节多、作业周期长、团粒结构破坏严重、泡田水量大造成的贻误农时、水资源浪费和土壤性状严重恶化等突出问题，目前在黑龙江垦区多个农场小规模应用示范，获得农户一致好评。通过实际操作得出传统的基肥施用时期和施用方式不适用于振捣提浆作业，因为抛洒的肥料富集于耕层表面，振浆机的振动措施不能实现耕层土壤与肥料充分混匀，造成耕层肥料分布不均。因此，利用成熟的侧深施肥技术替代传统的施肥方式，将肥料直接应用于秧苗根系部位，充分发挥振捣提浆耕作和侧深施肥技术的各自优点，适用于大面积推广应用。通过 2 年试验系统研究了稻田振捣提浆与侧深施肥耦合耕作方式对土壤特性和产量性状的影响，旨在为北方寒区稻田土壤合理耕作方式和水稻丰产节水节肥栽培措施提供科学依据。

3.4.2 技术原理

3.4.2.1 基本含义

水稻振捣提浆技术是指采用拖拉机后悬挂振捣提浆装置进行独立振捣提浆作业的水田整地技术。在旱平地和泡田的基础上，通过机械振动提浆，一次作业完成碎土、根茬压埋、表层集浆和平地等多道工序。提浆后可随即施肥插秧，代替传统的搅浆平地方法，具有减少作业成本、保护耕层和节水节肥的效果。

3.4.2.2 技术原理

振捣提浆机工作原理：拖拉机后悬挂点与振动提浆整地机悬挂架挂接；拖拉机动力输出轴通过传动轴与三项发电机连接；拖拉机动力输出带动发电机发电，为振动电机提供电力，当发电机电压达到要求电压时，振动电机带动振动板高频振动，振动板不停拍打泡田后的土壤表面，从而达到提浆效果。

3.4.2.3 技术特点

建立振捣提浆与侧深施肥耕作模式，解决常规耕整地作业环节多、作业周期长、团粒结构破坏严重、泡田水量大造成的贻误农时、水资源浪费和土壤性状严重恶化等突出问题，通过水稻田土壤耕作技术和水稻施肥技术创新，提高水稻水肥利用率，减少水稻田氮磷流失量，减轻农业面源污染。

① 机械体积小，重量轻，挂接方便，振频高，浆层质量好。

② 在正常条件、无故障情况下，工作效率高，较常规生产提高 20%。

③ 改善耕层土壤结构，浆层厚度为 2 ~ 4 cm，比常规生产浆层厚度降低 4 ~ 5 cm。

④ 相比传统模式的水田用水量，泡田水量节约率为 12.4%。

⑤ 振浆后 2 ~ 3 d 可立即插秧，没有产生淤苗推浆现象，可以节省一遍封闭药。

⑥ 由于浆层薄，土壤通气性好，水稻返青快，早生分蘖多，产量高于常规地块。

3.4.2.4 技术适用范围与条件

（1）技术模式适用范围

在黑龙江省水稻灌区（盐碱地和渗漏严重的灌区除外），振捣提浆技术模式适用于已开展翻地、旋耕和旱平地作业的稻田，满足振捣提浆机械作业前稻田相对平整，保障振捣提浆机械作业质量。

（2）技术模式实施条件

振捣提浆耕整地操作对稻田整地标准要求较高，前一年秋季对收获后的水稻田进行深翻和旋耕作业，春季开展旱平地作业，每 3 ~ 5 年激光平地一次，保障稻田的相对平整度，并具备机插侧深施肥操作的必要条件。

3.4.3 技术流程

3.4.3.1 技术操作的基本要求

（1）严抓稻田旱整地作业质量

振捣提浆整地技术对旱整地作业标准要求较高，结合黑龙江省秸秆禁烧政策的实施，旱整地作业质量需满足振捣提浆机械作业要求和稻田插秧标准，有效处理好秸秆还田和离田问题，减少稻田地表残茬量和秸秆聚集拖堆。秸秆还田作业标准为粉碎长度 8 ~ 10 cm 和抛洒器抛洒均匀一致，若不符合该条件可开展二次粉碎作业。秸秆还田作业的田块需开展深翻作业，翻地作业选用扣垡严密、翻垡平整的水田犁，作业要求翻垡整齐、到头到边、不重不漏、完成土壤翻转 20 cm 以上，将全量稻田秸秆扣入垡片以下。旋耕作业要求土壤含水量低于 25%，可在春秋两季结合土壤墒情适时开展旋耕作业，并利用激光技术平整农田一次，保持稻田土层平整一致。秸秆离田作业的田块可删减深翻作业环节，直接开展旋耕作业。

（2）保障机械提浆作业质量

水稻泡田期首次灌溉水量需满足振捣提浆机械作业要求，在旱整地基础上，第一茬水在水整地前 1 ~ 2 d，缓水慢灌泡田，实施饱和水或花达水泡田，田面水层高度≤ 3 cm，灌溉定额 700 ~ 900 t/hm^2，避免水层过高影响振捣效果，造成泥浆层厚度的降低。振捣提浆水整地作业结束后，稻田隔大进行二次提水作业并喷施封闭药剂，结合插秧时间合理调整田间水层高度。

3.4.3.2 技术规程

（1）产区要求

1）环境要求

主栽 11 ~ 12 片叶水稻品种的产区，盐碱地和渗漏严重除外。环境空气质量应符合 GB 3095 的规定，土壤环境质量应符合 GB 15618 的规定，灌溉水质量应符合 GB 5084 的规定。

2）秸秆还田要求

水稻秸秆粉碎与抛洒还田作业质量应符合 NY/T 500 的规定。

3）稻田旱整地操作要求

水稻田深翻、旋耕与平地作业质量应符合 NY/T 499 和 NY/T 501 的规定。

（2）秸秆还田与本田整地

1）秸秆还田

水稻机械收获时，一次性完成稻谷脱粒和秸秆粉碎抛洒作业。若留茬过高、秸秆粉碎抛洒达不到要求时，采用二次粉碎抛洒作业，作业质量应符合 GB/T 24675.6 的规定。要求秸秆粉碎长度≤ 10 cm，留茬高度≤ 8 cm，秸秆粉碎长度合格率≥ 85%，粉碎后秸秆抛洒均匀，严防堆积，作业质量应符合 NY/T 500 的规定。

2）深翻作业

秋季土壤封冻前，土壤含水量在 25% ~ 30% 时，开展翻耕作业，翻耕深度 18 ~ 22 cm，作业要求翻垡整齐、到头到边、不重不漏、完成土壤翻转，无秸秆及根茬露出地表，作业质量应符合 NY/T 501 的规定。

3）旋耕与平地作业

秋翻土壤含水量小于 25% 时，在春秋两季开展旋耕和平地作业，旋耕深度 12 ~ 15 cm，其他作业质量应符合 NY/T 499 的规定。为便于作业和节约农时，旋耕后可进行旱扶埂作业，并每隔 2 ~ 3 年利用激光技术平整农田一次，保持田面平整。

（3）泡田与水整地

1）泡田水管理

泡田最佳时间4月20日—25日，在旱整地基础上，实施饱和水或花达水泡田，灌溉定额1 500 ~ 1 700 t/hm^2。第一茬水在水整地前1 ~ 2 d，缓水慢灌泡田，田面水层高度≤ 3 cm，灌溉定额700 ~ 900 t/hm^2。振捣提浆水整地作业结束后，稻田隔天进行二次提水作业并喷施封闭药剂，结合插秧时间合理调整田间水层高度。未喷施封闭药剂的稻田可提浆后直接插秧，移栽后10 ~ 15 d喷施封闭药剂。

2）振捣提浆水整地作业

稻田土经泡田水充分浸泡后，使用振动起浆平地机进行水整地作业，四轮机车为振动电机提供动力输出50 ~ 80马力（1马力≈ 735 W），振动电机带动振动板高频振动，电机动力输出转数为750 ~ 1 000 r/min，减震弹簧起到减震作用，及时调整振动板角度20° ~ 45° 和变频器输出频率确定振动最佳效果，振动板在耕层表面开始振动提浆，振力控制在0 ~ 10 000 N之间，作业速度3 ~ 5 km/h，作业幅宽4 m，并悬挂作业宽幅6 m木捞子进行平整，使浆层厚度达到2.0 ~ 2.5 cm，田面高度差≤ 3 cm。若浆层厚度和田面高度差达不到要求时，采用稻田二次振捣提浆作业。

（4）本田日常管理

1）水稻插秧

秧苗移栽日平均气温大于13 ℃，5月26日之前结束。

2）水层管理

根据水稻不同叶龄期需水特点进行灌溉，依据DB23/T 2233的规定执行。

3）肥料管理

以侧深施肥方式进行施肥作业，作业质量应符合DB23/T 2478的规定。

4）农药管理

对水稻不同叶龄期发生的病、虫、草害进行农药防治，喷施标准依据GB/T 8321的规定。

5）水稻收获

水稻黄化完熟率95%时，需及时收割。

3.4.4 技术应用效果

3.4.4.1 对稻田灌溉水量的影响

（1）水稻田泡田水灌溉量

2018年4月26日至28日在试验田进行测定，3次测定平均灌溉水流量为6.42 kg/s、7.54 kg/s和5.96 kg/s，计算得振捣提浆灌溉用水量50.70 t/亩，搅浆平地作业灌溉用水量57.86 t/亩，振捣提浆比搅浆平地节约泡田水12.37%（表3-6）。

表3-6 大田模拟首次灌溉用水量试验

处理	灌溉水效率/（kg/s）	灌溉水效率/（t/h）	灌溉区间	时间/min	灌溉量/（t/亩）	灌溉量/（t/亩）	节水率/%
搅浆平地	6.42	23.10	8:45—11:10	145	55.85	57.86	
	7.54	27.16	11:10—13:00	110	49.76		
	5.96	21.46	13:50—17:00	190	67.95		
振捣提浆	6.42	23.10	8:45—11:10	145	55.85	50.70	12.37
	7.54	27.16	11:10—13:00	110	49.76		
	5.96	21.46	13:50—16:00	130	46.49		

注：（1）田间操作过程：泡田水开始灌溉至结束共计4个周期，分别包括：①8时45分至11时10分，灌溉效率为6.7 s灌溉水量为43 kg，每秒灌溉水量为6.42 kg，1 h灌溉水量为23.10 t；②11时10分至13时整，灌溉效率为5.7 s灌溉水量为43 kg，每秒灌溉水量为7.54 kg，1 h灌溉水量为27.16 t；③13时至13时50分，出现故障停水未灌溉；④13时50分至16时，取平均值为5.96 kg/s，灌溉效率为1 h灌溉水量21.46 t。

（2）计算：振捣提浆正常作业使用的灌溉水用量为：6.42×60×145+7.54×110×60+5.96×130×60=152.11 t/3亩，折算后为50.70 t/亩；搅浆平地用水量较振捣提浆用水量多灌溉了5.96×3600=21.46 t/3亩，折算后为57.86 t/亩，节水率为12.37%。

（2）水稻田生育期灌水量及降雨量

1）水稻田生育期灌水量

振捣提浆耕作生育期总灌溉量237.38 t/亩，搅浆平地耕作生育期总灌溉量245.87 t/亩，水稻生育期振捣提浆耕作较搅浆平地耕作节水3.45%（表3-7）。

表 3-7 水稻生育期灌溉量

单位：t/ 亩

测定时期处理	泡田整地（4 月 21 日）	一次封闭前（5 月 1 日）	插秧后（5 月 15 日）	二次封闭前（6 月 10 日）	晒田后（7 月 10 日）	补水（7 月 31 日）	合计
序号	第一次	第二次	第三次	第四次	第五次	第六次	
处理 1	57.86	60.00	24.67	46.67	33.32	26.67	249.19
处理 2	57.86	56.67	30.00	43.34	26.67	28.00	242.54
处理 3	50.70	53.34	26.67	40.00	36.67	25.33	232.71
处理 4	50.70	63.34	23.33	49.34	32.00	23.33	242.04

2）兴凯湖农场 2019 年 5—9 月降雨量

兴凯湖农场 2019 年 5—9 月降雨量合计 600.5 mm，相当于 400.20 t/ 亩（表 3-8）。

表 3-8 兴凯湖农场 2019 年 5—9 月降雨量

月份	5	6	7	8	9	合计
降雨量 /mm	145.4	108.0	42.2	283.5	21.4	600.5
折合降水 /（t/ 亩）	96.93	72.00	28.00	189.00	14.27	400.20

3.4.4.2 技术减排效果

（1）水稻田生育期排水量

水稻生育期中进行了三次集中排水，分别为水稻插秧前期、水稻分蘖末期和雨季集中排水，在排水同时取水样用于氮磷含量测定。第三次排水量较多是由于 2019 年 8 月份降雨量大，振捣提浆耕作生育期总排水量 205.02 t/ 亩，搅浆平地耕作生育期总排水量 209.84 t/ 亩，水稻生育期振捣提浆耕作较搅浆平地耕作减排水 2.30%（表 3-9）。

表 3-9 水稻生育期排水量

单位：t/ 亩

测定时期处理	插秧前排水（5 月 14 日）	晒田排水（6 月 30 日）	雨后排水（8 月 19 日）	合计	节水 / %
序号	第一次	第二次	第三次		
处理 1	50.00	42.00	126.34	218.34	0
处理 2	44.67	40.00	116.67	201.34	7.79
处理 3	43.34	41.34	120.01	204.69	6.25
处理 4	53.34	38.67	113.34	205.35	5.95

（2）水稻田生育期排水中氮磷含量及氮磷排放量

研究结果表明，振捣提浆 + 侧深施肥处理（减施化肥 10%）与对照（搅浆平地 + 常规施肥）比较，全氮含量减排 21.39%，全磷含量减排 21.36%（表 3-10、表 3-11）。振捣提浆 + 侧深施肥处理铵态氮和硝态氮含量也低于对照（表 3-12、表 3-13）。

表 3-10 水稻生育期排水全氮含量及排放量

	插秧前排水		晒田排水		雨后排水		合计	
序号	氮含量 /（mg/L）	氮排量 /（kg/ 亩）	氮含量 /（mg/L）	氮排量 /（kg/ 亩）	氮含量 /（mg/L）	氮排量 /（kg/ 亩）	氮排量 /（kg/ 亩）	氮排量对比 / %
处理 1	34.12	1 .71	50.46	2.12	16.32	2.06	5.89	100.00
处理 2	30.56	1.36	48.78	1.95	13.28	1.55	4.83	82.00
处理 3	32.87	1.42	45.52	1.88	15.15	1.82	5.12	86.92
处理 4	31.43	1.67	41.23	1.59	12.12	1.37	4.63	78.61

注：氮排放量 = 排水量 × 氮含量。

表 3-11 水稻生育期排水全磷含量及排放量

	插秧前排水		晒田排水		雨后排水		合计	
	磷含量 /（mg/L）	磷排量 /（kg/ 亩）	磷含量 /（mg/L）	磷排量 /（kg/ 亩）	磷含量 /（mg/L）	磷排量 /（kg/ 亩）	磷排量 /（kg/ 亩）	磷排量对比 / %
处理 1	1.22	0.061	1.92	0.080	1.33	0.168	0.309	100.00
处理 2	1.02	0.045	1.38	0.055	1.23	0.144	0.244	78.96
处理 3	1.17	0.051	1.79	0.074	1.12	0.134	0.259	83.82
处理 4	0.98	0.052	1.24	0.048	1.26	0.143	0.243	78.64

注：磷排放量 = 排水量 × 磷含量。

表 3-12 水稻生育期排水铵态氮含量

单位：mg/L

测定时期 处理	插秧前排水 （5月14日）	晒田排水 （6月30日）	雨后排水 （8月19日）	合计
序号	第一次	第二次	第三次	
处理 1	0.45	6.50	0.35	7.30
处理 2	0.40	5.15	0.30	5.85
处理 3	0.43	5.30	0.30	6.03
处理 4	0.33	4.65	0.23	5.21

表 3-13 水稻生育期排水硝态氮含量

单位：mg/L

测定时期 处理	插秧前排水 （5月14日）	晒田排水 （6月30日）	雨后排水 （8月19日）	合计
序号	第一次	第二次	第三次	
处理 1	0.80	1.30	1.00	3.10
处理 2	0.70	0.95	0.50	2.15
处理 3	0.65	1.03	0.80	2.48
处理 4	0.55	0.95	0.65	2.15

3.4.4.3 水稻生长发育及产量性状

（1）水稻物候期调查

各处理生育期进程基本一致（表 3-14）。

表 3-14 水稻物候期调查

处理	返青期	分蘖期	孕穗拔节期	抽穗开花期	乳熟期	黄熟期
处理 1	5月21日	6月9日	7月2日	7月31日	8月15日	9月10日
处理 2	5月2日	6月10日	7月2日	7月31日	8月15日	9月10日
处理 3	5月21日	6月10日	7月2日	7月31日	8月15日	9月10日
处理 4	5月21日	6月15日	7月2日	7月30日	8月15日	9月10日

（2）水稻植株性状调查

6月5日开始，每个小区内选择长势均匀的一个点，每点连续5穴做好标记，每隔5 d进行定点调查总茎数，并用直尺测量株高、叶长和叶宽的变化，分别对各处理（每5穴）茎数、株高、叶长、叶宽和穴分蘖动态进行调查记录。截止到6月30日，常规搅浆+常规撒施的处理单株分蘖个数最多，较其他处理多0.27 ~ 1.03个，茎数为415株/m^2，较其他处理多5 ~ 75株/m^2；常规搅浆+侧深施肥处理的株高较其他处理多4 ~ 5 cm，叶长较其他处理多1 ~ 5 cm，各处理的叶宽均一致（表3-15）。

表3-15 水稻生育性状调查表

处理	日期	基本苗/（株/m^2）	单株分蘖个数	茎数/（株/m^2）	株高/cm	叶长/cm	叶宽/cm
处理1	6.5	95	1.00	95	22	11	0.6
	6.10		1.68	160	33	23	0.6
	6.15		2.00	190	36	23	0.7
	6.20		2.11	200	42	27	0.8
	6.25		3.16	300	46	28	1.0
	6.30		3.37	320	48	29	1.2
处理2	6.5	105	1.00	105	25	15	0.6
	6.10		1.57	165	33	23	0.6
	6.15		1.86	195	36	23	0.7
	6.20		2.14	195	36	23	0.7
	6.25		2.62	225	40	24	0.8
	6.30		3.90	275	43	30	1.0
处理3	6.5	100	1.00	100	20	12	0.6
	6.10		1.60	160	30	20	0.6
	6.15		2.10	210	33	21	0.7
	6.20		2.25	210	33	21	0.7
	6.25		3.00	225	38	23	0.8
	6.30		4.00	300	46	28	1.0

续表

处理	日期	基本苗 /（株 /m²）	单株分蘖个数	茎数 /（株 /m²）	株高 /cm	叶长 /cm	叶宽 /cm
处理 4	6.5	105	1.00	105	22	16	0.6
	6.10		1.43	150	29	18	0.6
	6.15		1.48	155	31	20	0.7
	6.20		1.48	155	33	20	0.8
	6.25		3.24	320	42	28	1.0
	6.30		3.24	340	48	33	1.2

（3）水稻产量

搅浆平地 + 常规撒施处理穗长指标最低，振捣提浆 + 侧深施肥处理有效穗数指标最低。振捣提浆 + 侧深施肥处理穗粒数和千粒重指标最高，振捣提浆耕作模式下侧深施肥处理和常规撒施处理穗粒数和千粒数指标均高于常规搅浆处理。

实测产量，振捣提浆 + 侧深施肥处理实际产量指标 680.79 kg/ 亩，比搅浆平地 + 常规撒施增产 5.18%（表 3-16）。

表 3-16 不同处理对水稻产量及产量性状的影响

处理	株高 /cm	穗长 /cm	有效穗 /（个 /m²）	穗粒数 /（粒 / 穗）	实粒数 /（粒 / 穗）	结实率 / %	千粒重 / g	实脱产量 /（kg/ 亩）
搅浆平地 + 常规撒施	84.6	13.9	685	92.6	89.4	96.6	23.3	647.24
搅浆平地 + 侧深施肥	88.4	15.3	725	104.6	101.2	96.7	21.5	669.26
振捣提浆 + 常规撒施	84.1	15.0	620	110.9	102.1	92.1	24.3	665.54
振捣提浆 + 侧深施肥	86.0	14.9	515	123.5	101.4	82.1	25.6	680.79

注：实脱产量按 14% 标水折算，1 亩≈ 666.7m²。

3.4.5 推广政策建议

3.4.5.1 加大农机补贴力度

为农民发放农机补贴是国家出台的惠农政策，也是加快农业机械化普及的重要措施，对振捣提浆技术模式的应用推广意义重大。振捣提浆耕整地技术模式涵盖的农机具包括四轮牵引机车、翻地犁、旋耕机、激光平地机、振捣提浆机和侧深施肥机等机械，除未被推广的振捣提浆机外，其余农业机械均在政府补贴范围内。为保障振捣提浆耕作模式的顺利开展，农机部门应争取政府的重视和相关部门的支持，在农机补贴政策上加大所涉及机械的补贴倾斜力度，促进技术模式的普及应用率和技术到位率。并由农机部门牵头，协调与督促各相关部门规范补贴程序，简化操作环节，真正为种植户谋福利，促进农业生产和农村经济的快速发展，加快实现农业机械的跨越转型。

3.4.5.2 引导提升整地标准

寒地水稻种植受独特地理位置和气候条件影响，10 月 1 日至 10 月 20 日，为水稻收获的高峰期，10 月 20 日至 11 月 10 日为秋整地机械作业的高峰期。在机械整地作业高峰期，作业环节包括：秸秆二次粉碎、秸秆离田、深翻、旋耕等，面临时间紧任务重等多方面的工作困难，结合秸秆禁烧政策，以耕地黑色越冬为核心，农业部门应强化管理，促进秋整地各项作业标准的提升，并与农机、科技等相关部门协调并有序开展工作，为振捣提浆机械的耕整地工作打下坚实的基础。

3.4.5.3 加大技术推广力度

技术模式推广单位主管部门应成立项目领导小组，结合农业科、科技科、农业推广中心及相关单位就推广应用相关事宜积极进行对接，并有序开展示范展示工作和科技特派员培训工作，为技术的推广提供安全的服务保障体系。示范展示工作可与推广单位合作，在科技示范区统一竖立大型展示牌，种植户实地了解技术操作过程、水稻长势和经济效益，便于技术成果的宣传和辐射，加大宣传力度和辐射广度。科技特派员充分发挥自身技术优势对种植户进行技术指导，通过田间地头交流指导、组织参观示范区技术模式应用效果等方式与农场农业生产管理人员、技术人员和农户面对面交流，讲解振捣提浆技术模式的操作方法和技术特点，优化调整水稻泡田期灌溉施肥的结构，打消农户水稻生产过程中节水节肥的思想顾虑。通过科技特派员的讲解、现场答疑和实践操作，让技术人员与农户掌握该技术模式要点，为技术模式的认真落实和宣传示范奠定了坚实的基础。

3.5 水稻侧深施肥技术

3.5.1 技术背景

水稻是我国的主要粮食作物，2019 年水稻播种面积 4.45 亿亩，占粮食总播种面积的 25.58%（中国统计年鉴，2020）。目前，我国水稻种植过程中普遍存在施肥量过大、肥料利用率低的现象，这样不仅浪费肥料而且污染环境。水稻种植过程中各个施肥环节绝大多数一直沿用人工手撒表层性施肥方式，施肥量大，且肥料在田间分布均匀性差，这样就造成水稻秧苗吸肥量不均，直接影响水稻产量、品质。最为严重的是这样的施肥方式肥料完全溶解在水中，伴随生产过程排水，含有肥料的水体流入江河，造成生产、生活用水严重污染。因此，肥料的施用方法已成为水稻种植中最重要的问题。水稻侧深施肥技术经中国农科院中日国际合作项目引进后，经过多年的试验和推广，在我国实现了大面积的应用。前期研究表明，侧深施肥技术和施用控释肥是提高水稻产量和氮肥利用率的有效途径（陈立才等，2020）。水稻侧深施肥插秧一体化能够在减少氮肥投入的情况下提高水稻产量，减少氮素流失，是一项资源节约型、环境友好型的水稻种植技术（谷学佳等，2017）。

3.5.2 技术概述

水稻侧深施肥技术是用专用机械在插秧同时将缓控释肥料一次性集中施于秧苗一侧 3 ~ 5 cm 处，深度 5 cm（图 3-12），从而形成一个贮肥库逐渐释放养分供给水稻生育的需求，不需追肥，提高了肥料利用率。经过多年的研究，形成了以侧深一体化施肥为核心，集成新型肥料、壮苗培育、节水灌溉、机械配套等单项技术的综合技术模式。

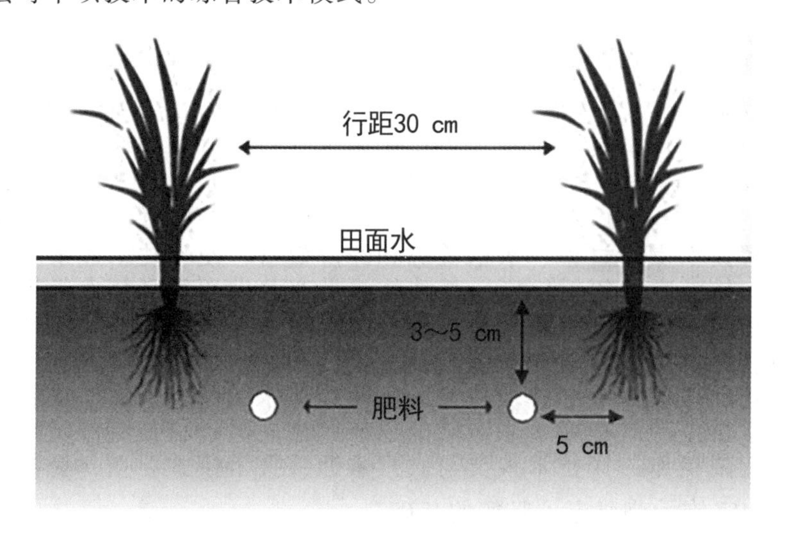

图 3-12 水稻侧深施肥技术原理示意图（王玉峰等，2018）

采用水稻侧深施肥技术能够将肥料集中施于耕层，距离水稻根系较近，有利于吸收利用，能够提高肥料利用率；并且减少与田面水的接触，从而减少肥料挥发及径流损失，插秧同时施肥避开了常规种植模式基肥后插秧前排水的流失关键期，有效地减少肥料流失，降低环境污染风险；可以减少肥料投入 10% 以上。侧深施肥技术能够促进水稻早期生育，低位分蘖多，确保分蘖茎数，穗数增多，倒伏减轻，结实率高，因此可比常规施肥增产 5% 以上。另外减轻水稻病虫害，抽穗成熟提早，提升水稻品质。

3.5.3 技术实施流程

3.5.3.1 秧苗

选择当地主栽优良水稻品种培育壮苗，根据插秧机要求选用毯状或钵体苗盘，插秧作业时秧龄应达到 30 d 以上，3.0 叶以上，苗高 13 ～ 15 cm。

3.5.3.2 肥料

水稻侧深施肥的肥料品种以缓控释肥料为宜，质量应符合国家相关标准要求。一般按照当地施肥量的 80% ～ 90% 进行施肥，可根据水稻长势确定是否需要追肥。

3.5.3.3 机械

使用配备施肥装置的插秧机械，加装平地轮确保作业质量，作业前后需对机械进行保养，防止堵塞排肥通道造成施肥偏差（图 3-13）。

图 3-13 侧深施肥插秧机

3.5.3.4 整地

旱整地与水整地相结合（图 3-14），旱整地土壤适宜含水量为 25% ～ 30%，耕深 15 ～ 18 cm；采用翻耕、旋耕相结合的方法。5 月上旬放水泡田，泡田 7 d 左右开始水整地，利用搅浆平地机械精细整平，泥浆沉降时间以 3 ～ 5 d 为宜，软硬适度，以用手划沟分开然后就能合拢为标准。泥浆过软易推苗，过硬则行走阻力大。

图 3-14 稻田整地

3.5.3.5 插秧施肥

日平均气温稳定通过 13 ℃时开始插秧，5 月末结束。插秧时水层保持在 1 ～ 3 cm，插秧行株距为 30 cm×（13 ～ 16）cm，每穴 3 ～ 5 株基本苗，插秧深度不超过 2 cm。

插秧前做好机械检查和调整，保障作业质量，按照确定的施肥量对机械进行施肥量校正和调整，设定取苗量和株距，经过试插稳定后开始大面积作业。做到行直、穴匀，肥料集中施于秧苗一侧 3 ～ 5 cm、深 5 cm 处（图 3-15）。

图 3-15 插秧施肥作业

3.5.3.6 田间管理

（1）追肥

采用缓释肥进行侧深施肥一般不需要追肥，要做好管理。根据水稻长势情况酌施穗肥，防止缓释肥养分释放过快造成水稻后期脱肥。

（2）水分管理

水稻插秧后灌护苗水，水深为苗高的1/3 ～ 1/2。返青期水层保持3 ～ 5 cm，分蘖期水层保持10 ～ 15 cm。一般在6月末至7月初，接近有效分蘖终止期要撤水晒田5 ～ 7 d，控制无效分蘖。拔节幼穗期不能缺水，此期水层也不能过深，一般保持水层3 ～ 5 cm为宜。灌浆至成熟期间歇灌溉，一般蜡熟末期停灌，黄熟初期排干。

（3）病虫草害防治

主要通过以苗压草、以水压草、人工除草、药物除草等方法除草。主要防治稻瘟病、纹枯病等病害，及二化螟、潜叶蝇等虫害。可采用浸种消毒、生物防治、农药、农艺措施综合防治。

3.5.4 技术应用的减排效果

2019年在兴凯湖农场开展了技术应用，结果表明采用水稻侧深施肥技术能够实现减少氮肥投入15%（图3-16），氮素流失量减少32.9% ～ 42.0%，磷素流失量减少17.5% ～ 22.5%（图3-17）。

从水稻全生育期来看，常规施肥处理氮流失量最高达到9.2 kg/hm^2，侧深施肥3个处理氮流失量分别为6.2 kg/hm^2、5.3 kg/hm^2、5.7 kg/hm^2，分别减少氮素流失32.9%、42.0%、38.0%。

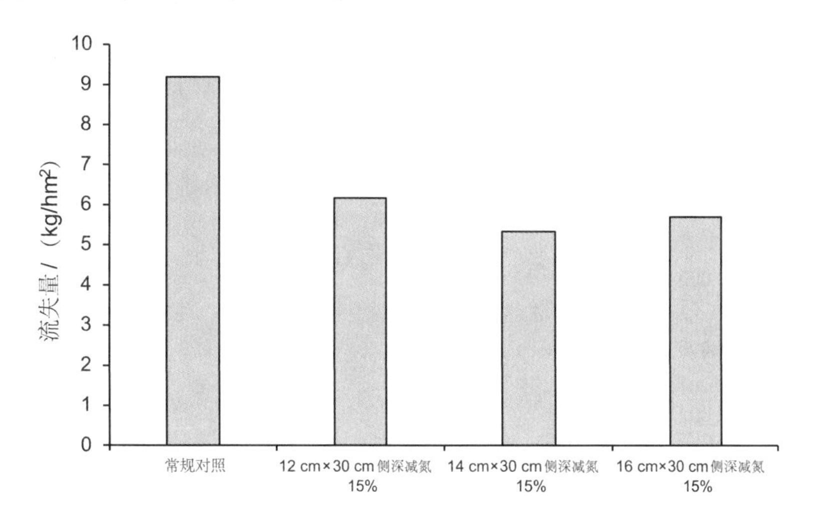

图3-16 侧深施肥对水田全生育期排水总氮流失量的影响

常规施肥处理磷流失量最高达到0.45 kg/hm^2，侧深施肥3个处理磷流失量分别为0.37 kg/hm^2、0.35 kg/hm^2、0.35 kg/hm^2，分别减少磷素流失 17.5%、22.0%、22.5%。

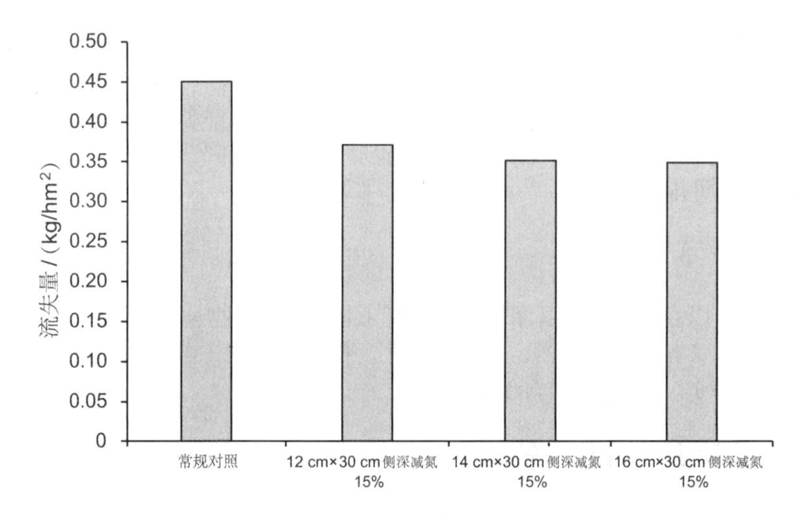

图 3-17 侧深施肥对水田全生育期排水总磷流失量的影响

3.5.5 对生产的影响

采用侧深施肥插秧一体化技术，在肥料减量 15% 的条件下，与常规模式相比产量差异不显著或显著增产（图 3-18）。

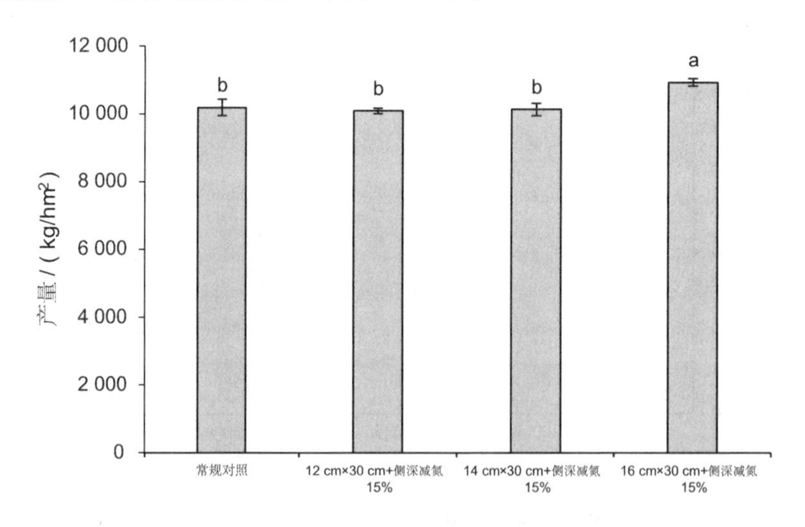

图 3-18 侧深施肥技术对水稻产量的影响

3.5.6 经济效益分析

该项技术减少了施肥量，节约了人工，但增加了机械成本，综合计算增加经济效益 1 980.7 元/hm^2（图 3-17）。

表 3-17 侧深施肥经济效益分析

单位：元

处理	基肥	基肥人工	插秧	插秧施肥	追肥	追肥人工	机械损耗	水稻增收	总增收
侧深施肥	2 220	0	112.5	75	0	0	450	2 225.7	1 980.7
常规	1 162	90	225	0	438	450	247.5		

注：缓释肥 3 800 元 /t，复合肥 3 100 元 /t，尿素 2 200 元 /t，插秧人工费 300 元 /d，水稻按照增产幅度最高的处理计算，增产 741.9 kg/hm^2，水稻价格 3 元 /kg。侧深施肥插秧一体机使用年限 10 年，每年作业 500 亩，每年损耗 15 000 元；普通插秧机使用年限 6 年，每年作业 200 亩，损耗 3 300 元。

3.5.7 推广政策建议

在推广方面：一是要加强技术宣传，提升农民的环境保护意识和新技术接受度；二是提高补贴额度，让昂贵的侧深施肥插秧机真正落地，走入普通农民家；三是推进高标准农田建设，让更多的耕地适合机械化种植，节本增效。促进农业绿色发展和农民增收。

3.6 水稻增密减氮技术

3.6.1 技术背景

东北平原是中国重要的粮食主产区，2019 年黑龙江、吉林、辽宁水稻种植面积达 516 万 hm^2（中国统计年鉴，2020），对于保障我国粮食安全具有重要作用。目前东北地区水稻以旱育稀植为主，为了进一步合理施用氮肥，通过提高栽插密度发挥产量潜力，能够减少氮肥用量，降低环境风险。有研究表明，增加插秧密度减少氮肥用量，可以提升氮肥利用效率（谢小兵等，2015；章起明等，2016）。合理运筹各时期氮肥比例，能够有效地提高水稻产量和氮素利用效率（刘红江等，2017）。前人研究表明，施肥后 10 d 内是稻田氮素径流流失的风险窗口期（杨坤宇等，2019），降低稻季氮肥施用量能够显著降低稻季农田地表径流总氮流失量（杨和川等，2018）。因此增加秧苗密度，减少基蘖肥用量、保障穗肥稳定，建立增密减氮技术模式，充分发挥密度与氮肥运筹的协同作用，可在保障产量的前提下，减少氮肥投入，减少氮肥流失，为东北粮食主产区农业面源污染防治和农业绿色发展提供技术支撑。

3.6.2 技术概述

水稻增密减氮技术针对当前水稻生产插秧密度低、基本苗数不足并且氮肥用量大、运筹比例不合理等问题，减少氮肥施用量，改变氮肥运筹比例，确定最适宜的密度。通过提高每穴苗数来增加种植密度，通过减少基肥和分蘖肥来实现氮肥减量，穗肥用量不变，实现在不减产的条件下减少氮肥流失。

氮肥水平与栽植密度对水稻产量有极显著的交互效应，适宜的氮肥水平和种植密度组合有利于水稻获得高产。插秧前排水是水田氮磷流失关键期，氮流失量最大，采用增密减氮技术减少施氮量，尤其是基蘖肥的减少降低了关键期的流失量，密度的增加提高了作物的养分吸收量，有利于产量的形成并减少了流失。因此，增密减氮是一项兼顾经济效益和环境效益的水稻种植技术。

3.6.3 技术实施流程

3.6.3.1 育秧

选用已通过审定、适合当地环境条件、抗逆性好、抗病虫能力强的高产优质品种培育壮苗。插秧时秧龄 30 d 以上，叶龄 3.0 ~ 3.5 叶，苗高 15 ~ 17 cm，根数 9 ~ 11 条，充实度 3.0 左右。

3.6.3.2 整地

（1）翻耕

用铧式犁耕翻，可春翻也可秋翻。有机质含量多的稻田应以秋翻为主。翻地深度一般为 15 ~ 20 cm，翻地时要掌握土壤适耕水分，一般在 25% ~ 30% 时进行。

（2）旋耕

旋耕一次即起到松土、碎土、平地的作用，可代替翻、耙、耢等项作业，但旋耕耕深较浅，一般只有 12 ~ 14 cm，旋耕不宜连续超过三年。

（3）水整地

在旱整地的基础上，于插秧前 7 ~ 10 d 灌水泡田，水层不超过 5 cm。利用搅浆平地机械精细整平。

3.6.3.3 施肥

（1）施肥原则

科学合理确定肥料品种、施肥量和施肥方法。所用肥料应符合 NY/T 496 的要求。施肥应尽量采用分多次施肥、深施以及平衡施肥的方式。

（2）施肥量

根据水稻需肥规律、土壤养分供应状况和肥料效应，确定相应的施肥量和施肥方法。水稻整个生育期氮肥（N）用量 135 ~ 180 kg/hm^2，磷肥用量 45 ~ 75 kg/hm^2，钾肥（K_2O）用量 60 ~ 75 kg/hm^2。

（3）施肥方式

常规栽培条件下，40% 氮肥、全部磷肥及 60% 钾肥作为基肥。插秧后到分蘖前，追施 40% 的氮肥。拔节初期施入穗肥，追施 20% 的氮肥。

采用增密减氮技术全生育期可减施氮肥 5% ~ 15%，其中穗肥与常规模式施用量相同，基肥和蘖肥相应减施氮肥。

3.6.3.4 插秧

日平均气温稳定通过 13 ℃时开始插秧，5 月末结束。插秧时水层保持在 1 ~ 3 cm，按照品种和气候条件选择行株距，一般插秧行株距为 30 cm×（13 ~ 16）cm，每穴基本苗数较常规增加 2 株左右，为 5 ~ 7 株基本苗，插秧深度不超过 2 cm。

3.6.3.5 田间管理

（1）水分管理

水稻插秧后灌护苗水，水深为苗高的 1/3 ~ 1/2。返青期水层保持 3 ~ 5 cm，分蘖期水层保持 10 ~ 15 cm。一般在 6 月末至 7 月初，接近有效分蘖终止期要撤水晒田 5 ~ 7 d 控制无效分蘖。拔节幼穗期不能缺水，此期水层也不能过深，一般保持水层 3 ~ 5 cm 为宜。灌浆至成熟期间歇灌溉，一般蜡熟末期停灌，黄熟初期排干。

（2）病虫草害防治

主要通过以苗压草、以水压草、人工除草、药物除草等方法除草。主要防治稻瘟病、纹枯病等病害，以及二化螟、潜叶蝇等虫害。可采用浸种消毒、生物防治、农药、农艺措施综合防治。

3.6.4 技术应用的减排效果

2019 年在兴凯湖农场开展了技术应用，结果表明采用增密减氮技术能够实现减少氮肥投入 5% ~ 20%，氮素流失量减少 13.4% ~ 53.5%，磷素流失量减少 12.1% ~ 24.9%（图 3-19，图 3-20）。

从 3 次排水来看，插秧前排水总氮流失量显著大于其他 2 次，由于插秧前施肥造成了排水中氮素浓度高，因此插秧前排水是水田氮磷流失关键期，通过增密减氮，减少氮肥施入量能够有效降低此次排水的氮素流失。

从水稻全生育期来看，常规处理（施氮 10 kg+3 株苗）流失量最高达到 11.8 kg/hm^2，氮素流失量随着施氮量的降低而降低，一方面是由于施氮量的降低，另一方面是因为株数的增加，增加了作物的养分吸收量，有利于产量的形成并减少了流失。增密减氮处理总氮流失量比常规处理降低 13.4% ~ 53.5%。

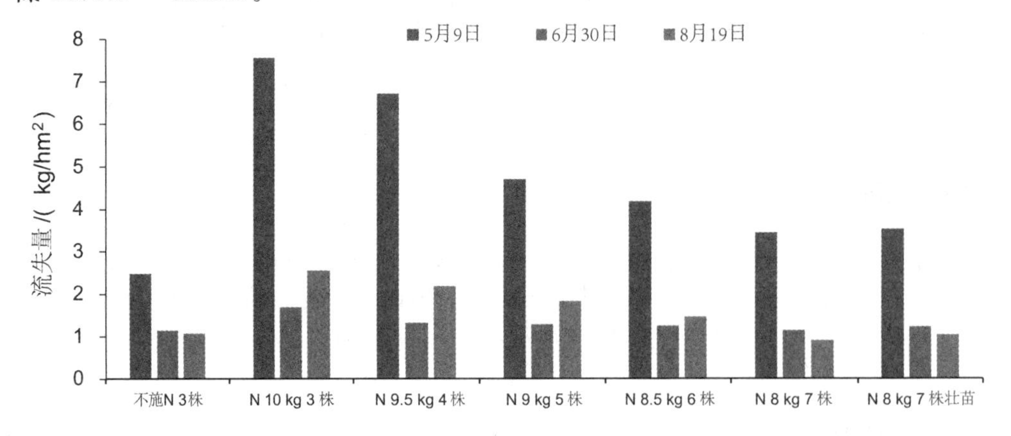

图 3-19 增密减氮对水田各次排水总氮流失量的影响

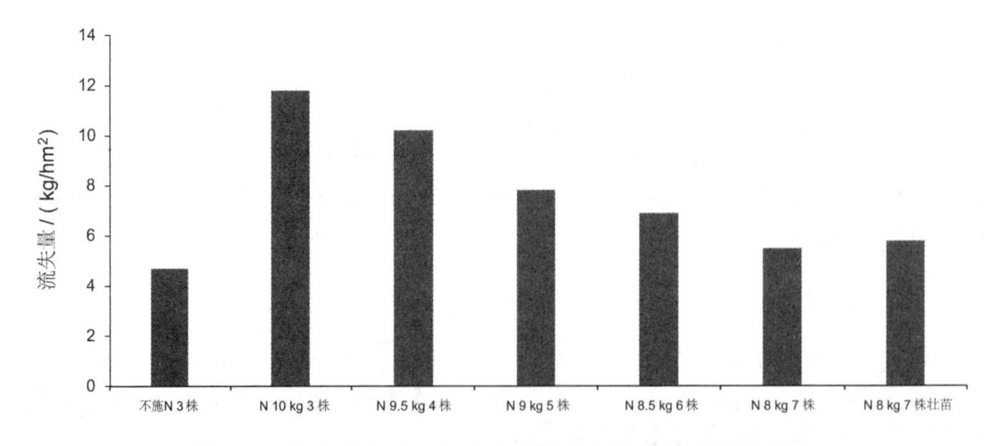

图 3-20 增密减氮对水田全生育期排水总氮流失量的影响

不同处理对水田排水总磷流失量的影响见图3-21和图3-22，由于未设置磷的梯度处理，各处理施磷量一致，但是由于增加了水稻植株密度，影响了磷的吸收量。因此，不施氮3株苗处理磷流失量最大，为0.58 kg/hm^2；其次为常规处理（施氮10 kg+3株苗），为0.54 kg/hm^2；增密减氮处理总磷流失量比常规处理降低12.1% ~ 24.9%。

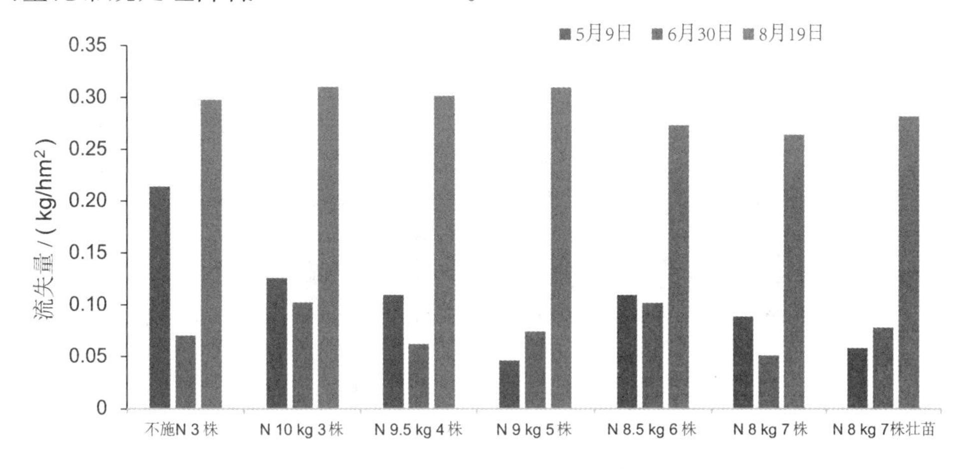

图3-21 增密减氮对水田各次排水总磷流失量的影响

将施氮量降低5% ~ 20%，将插秧株数增加到4 ~ 7株，植株生长吸收养分多，在保障产量的同时，氮素流失量明显减少，并且减少了氮投入；生产实践中再结合壮苗培育技术、侧深施肥技术等，预期能够取得良好的效果，在不减产的条件下实现氮磷减排。

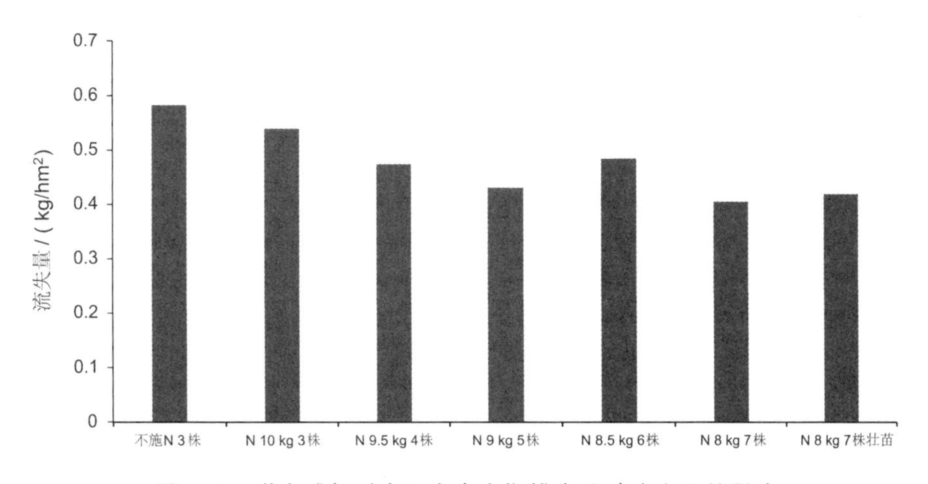

图3-22 增密减氮对水田全生育期排水总磷流失量的影响

3.6.5 对生产的影响

采用增密减氮技术，在氮肥减量 5% ~ 20% 的条件下，与常规模式相比产量差异不显著（图 3-23）。

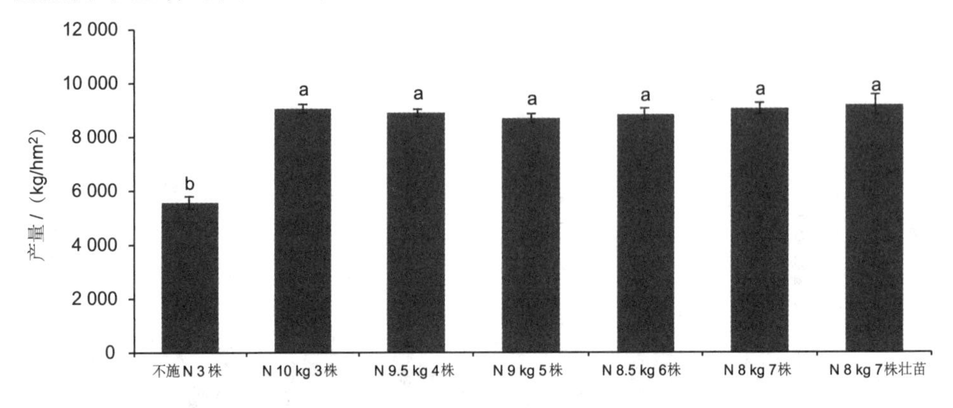

图 3-23 增密减氮技术对水稻产量的影响

3.6.6 经济效益分析

该项技术减少了施肥量，但增加了秧苗成本，综合计算经济效益基本与常规模式持平，主要产生可观的环境效益。

3.6.7 推广政策建议

在推广方面，要因地制宜，针对不同品种选择不同的插秧密度和施肥量，做到肥密耦合，以达到最佳效果，防止施肥量过低或密度过高造成对生产产生负面影响。

3.7 技术模式应用与效果

3.7.1 技术模式集成研究

基于关键技术研究，结合侧深施肥插秧一体化技术，构建了稻作氮磷负荷减排一体化集成技术模式，并根据不同关键技术的特点，形成三套技术模式，包括没有侧深施肥插秧一体化技术实施条件的技术模式Ⅰ、有侧深施肥插秧一体化技术实施条件的技术模式Ⅱ和技术模式Ⅲ（图 3-24）。

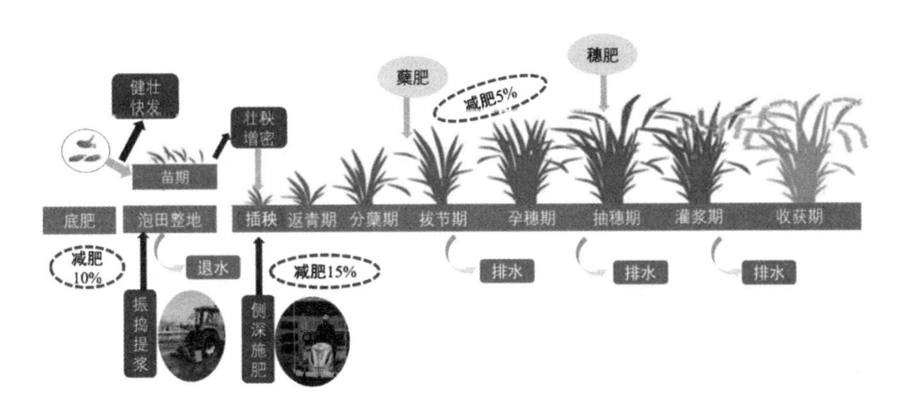

图 3-24 技术模式流程示意图

技术模式 Ⅰ：振捣提浆 / 节水 12% - 壮秧增密 / 减氮 15%

技术模式 Ⅱ：壮秧增密 - 侧深施肥 / 减氮 20%

技术模式 Ⅲ：振捣提浆 / 节水 12% - 壮秧增密 - 侧深施肥 / 减氮 20%

田间试验结果显示（表 3-18），实施技术模式Ⅰ，氮排放减少 27.4%、磷排放减少 22.9%；实施技术模式Ⅱ，氮排放减少 50.5%、磷排放减少 25.1%；实施技术模式Ⅲ，氮排放减少 52.4%、磷排放减少 24.3%。三种技术模式都实现了在维持高产的前提下，化肥减施 10% 以上，氮磷减排 20% 以上的目标。相比之下，技术模式Ⅱ和技术模式Ⅲ的减排效果优于技术模式Ⅰ。但就经济效益而言，技术模式Ⅰ优于技术模式Ⅱ和技术模式Ⅲ，后者对经济效益产生了略小的负面影响，在实施推广上建议进行一定的经济补偿。技术模式Ⅱ和技术模式Ⅲ的环境减排效益、生产效益和经济效益相当，但是技术模式Ⅲ还具有节省泡田水的资源节约效果。

表 3-18 技术模式应用效果

处理	泡田节水	种植密度	化肥减施	经济产量 /（kg/ 亩）	氮流失 /（kg/hm^2）	磷流失 /（kg/hm^2）	经济效益 /（元 / 亩）	补贴建议 /（元 / 亩）
常规种植	—	—	—	713.9	10.55	0.741	—	—
技术模式Ⅰ	12%	30% ~ 40%	减氮 15%	724.0	7.66	0.571	5.92	—
技术模式Ⅱ	—	30% ~ 40%	减氮 20%	731.5	5.22	0.555	-46.3	50
技术模式Ⅲ	12%	30% ~ 40%	减氮 20%	744.6	5.02	0.561	-41.8	45

3.7.2 应用示范

在黑龙江兴凯湖农场开展技术成果的示范推广，其中核心示范区面积 5 800 多亩，示范区面积 12 000 余亩，技术辐射推广面积近 87 000 亩。通过制定技术导则、召开现场会、进行技术培训、发放宣传册、新闻媒体宣传等方式进行技术示范推广，全年接待上级领导及农场各作业站的队长、中队长、技术员、科技示范户、水稻种植户现场观摩、咨询、技术培训，共计 1 000 余人次（图 3-25）。通过培训技术人员和农民，直观地展示和推广示范项目，提高农技推广服务质量和效果，有力地提升农民的科技意识和环境保护意识，扩大影响力，取得了较好的科技示范带动成效，为东北粮食主产区农业面源污染控制和推进农业绿色发展提供技术支撑。

图 3-25 示范区和技术培训现场

在示范区内针对三种技术模式，设立相应的出水口监测点，同时在邻近的对照区内设立相应的出水口监测点。在 2020 年 4—11 月的各个排水时期进行采样监测，其中包含水稻种植三个关键排水期：第一次 5 月中下旬（插秧前排水）、第二次 6 月末至 7 月初（分蘖临近结束期排水晒田）、第三次 8 月末至 9 月初（黄熟初期排干）。通过观测排水量和排水期取样，以及测定水样氮、磷含量，开展第三方检测评价。

经第三方检测显示，在水稻丰产稳产的前提下，示范区氮磷化肥施用量较基准年（2019 年）降低 15% 以上，稻田氮、磷流失负荷分别降低 26.7% ~ 51.5%、23.6% ~ 25.9%（图 3-26）。

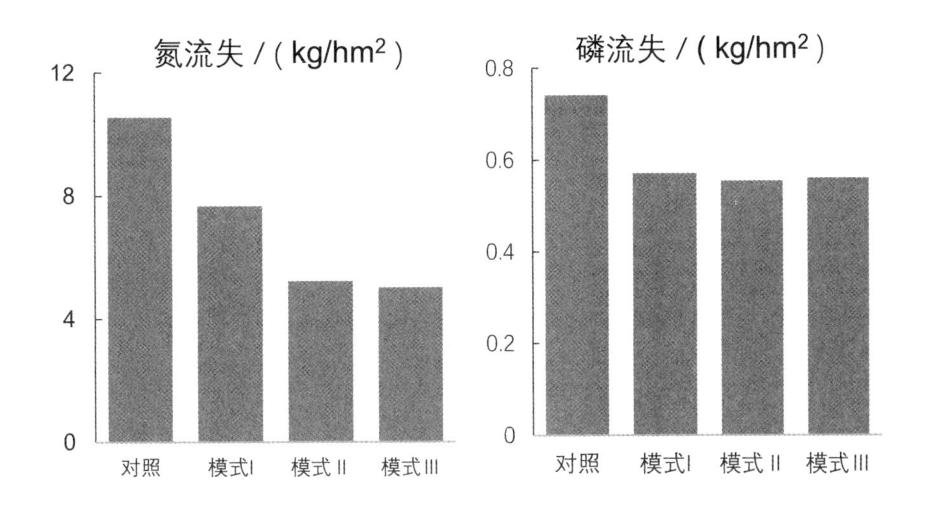

图 3-26 示范区第三方检测结果

4 农田有毒有害物质综合防控技术

4.1 农田有毒有害物质面源污染现状与特征分析

4.1.1 概述

我国地大物博，农业生产活动较为频繁、广泛，同时农业面源污染具有隐蔽性强、涉及面广、难以检测控制等特点，使得农村面源污染成为我国农村生态环境质量最大的威胁，已经引起社会广泛关注和重视，十分令人担忧（星龙，2005）。

面源污染亦称非点源污染，是相对于点源污染的概念。农业面源污染，是指在农业生产中，由于化肥、农药、农膜、饲料、兽药等化学农用品不合理使用，以及对畜禽粪便、作物秸秆、农民生活垃圾和生活污水等不及时或不适当处理，导致的农村环境污染（张杰丽，2020）。本研究的农业面源污染仅限于种植业生产中的面源污染，不涉及养殖业和农村生活污水和固体垃圾等形成的农业面源污染。有效防治农业污染对我国环境保护、农村环境改善以及现代农业发展均具有重要意义。

4.1.2 农业面源污染的现状

我国有几千年的农业耕作史，最近几十年才开始实施现代农业，引发了农用工业的快速发展，面对急剧增长的人口压力，土地资源已近乎超负荷利用，大量使用化肥农药成为提高土地生产能力的重要途径。农药、化肥和农膜等农用化学品在农业生产中的大量使用，虽然促进了农业增产和农民增收，但也严重损害了农业环境，阻碍农业可持续发展，农业已成为面源污染的重要来源（杨林章等，2013），将直接影响农业及区域经济的可持续发展。

4.1.2.1 化肥污染

在农业生产中对化肥的过量和不合理的施用，是农业面源污染形成的主要根源之一。主要表现为化肥的过量施用，氮、磷、钾肥的施用比例不科学，不同地区化肥用量不均衡，引发土壤板结、生产力下降；化肥利用率低，使化肥营养成分通过渗漏和地表径流大大流失，引发水体污染和富营养化，氨氮硝化排放的大量温室气体还对空气造成污染。化肥施用导致的农业污染，是农业面源污染产生的主要元凶之一（洪传春，刘某承，李文华，2015）。

4.1.2.2 农药污染

随着 19 世纪末杀虫剂的发明和在作物保护方面的应用以及 20 世纪 40 年代中期有机合成农药的出现，农药在农业生产中一直扮演着重要角色，化学农药为农民提供了有效和便宜的作物保护物质，是农业增产的重要保障。据估计，农民每使用 1 元钱的农药，便可获 8 ~ 16 元的农业收益（胡心亮等，2011）。21世纪，人类依然面临粮食短缺与人口剧增的巨大矛盾，农药作为提高农作物产量和农业经济效益重要手段，将继续发挥重要作用（赵其国和黄季焜，2012）。近30年来，随着农村劳动力的大量减少和农业生产方式的变化，病虫害防治越来越依赖农药。

4.1.2.3 地膜污染

20世纪50年代塑料薄膜开始在农业领域应用，随着农业科技的进步和农业新技术的推广，农用塑料薄膜成为农业高产、稳产的重要投入品，已在农作物栽培、种植、畜禽和渔业养殖等农业领域广泛使用。农膜的广泛应用，促进了土地资源的有效利用，提高土地生产能力和农作物产量。农用塑料主要包括棚膜和地膜，棚膜是蓬在大棚外面的，主要用于保持棚内温度和隔离病虫害；地膜是覆在地面植株周围为了提高地面温度和保持土壤水分的。棚膜较厚，面积较大，不易破损，容易收集，一般都能回收利用；而地膜很薄，一些地方使用的地膜只有0.005 mm，甚至更薄，容易破损、老化，残留在土壤中很难清除，形成了严重的白色污染，因此地膜污染是农膜污染的主要方式。

4.1.3 农业面源污染的特征分析

与具有固定排污口的点源污染相比，农业面源污染污染源分散，受自然因素影响较大，发生位置和地理边界难以确定和识别，具有广泛性、不确定性、随机性、难检测性以及时空分布异质性等多种特点，因此对其进行判断、监管和防治的难度很大。其特点主要有：

（1）分散性和隐蔽性

不同于点源污染的集中排放，农业面源污染没有固定的排污口，污染分散，污染物会随着流域的地貌地形、水文特征、土地利用状况、气候等的差异而具有空间上的异质性和时间上的不均衡性，污染物会随着这些自然条件的变化散失在整个流域环境中。污染的分散性会导致面源污染的地理边界不易识别，空间位置不易确定，具有较强的隐蔽性。

（2）随机性和不确定性

从农业面源污染的起源和产生过程看，农业面源污染与区域降水具有密切关系，受水循环的影响，降雨的数量和密度对面源污染有较大影响。此外，面源污染的形成与地质地貌、土壤结构、温度、湿度、气候、农作物类型等因素密切相关。由于降水的随机性和其他自然因素的不确定性，导致面源污染具有较大的随机性。此外，农业面源污染还受土壤条件、农业生产活动、土地利用方式等多因素影响，污染源不明确、排污点不固定、污染物排放随着自然因素的变化具有间歇性，污染物来源、污染负荷等都具有很大的不确定性，对其管控也更加困难。

（3）广泛性和难监测性

我国实行土地家庭承包经营责任制，农民从事农业生产是以农户为单位分散经营的，我国有2亿3千万农户，每个农户在农业生产过程中都可能导致农业面源污染，污染主体具有广泛性。另外，在特定区域内污染物的排放是相互交叉的，加之不同的地理、水文、气象等自然条件使聚积在地表的污染物随着地表径流或渗漏进入水体，由于径流的时空变化大，面源污染也具有广泛性和较大的时空差异性。另外，由于面源污染的分散性、广泛性和不确定性，对单个污染者污染排放量的监测及其对水体污染贡献率的确定有很大困难。但近年来，运用卫星遥感（RS）、地理信息系统（GIS），对农业面源污染进行模型化模拟和描述，为农业面源污染的预测和监控提供了有效的数据（杨雨东，2005）。

（4）潜伏性和滞后性

降雨和地表径流是农业面源污染产生的主要动力，降雨发生之前施用于农田的农药化肥可能长期累积在地表，不会发生现实的污染，这就是面源污染的潜伏期。当降雨产生汇流时，潜伏期累积的污染物才会在降雨的驱动下随径流流失导致污染发生，实际发生的污染相比污染物的排放时间具有滞后性，所以，面源污染的危害也具有滞后性。而且，潜伏期的长短和污染危害关系重大，研究表明，施肥和降雨的间隔期越短，污染后果越严重（陶春等，2010）。

（5）高风险性

另外，农业面源污染具有风险性。农业生产产生的污染物，通过农田排水、地表径流、地下渗漏和挥发等方式进入土壤、水体和大气，导致土壤、水体和大气污染，还会引发水体富营养化，各种水生动植物过度繁殖、生长，对湿地生物生存环境进行破坏，损害区域生态系统，对农产品质量安全、人体健康和农业的可持续发展构成严重威胁，风险性很大。

4.2 微生物强化原位消减防控技术

4.2.1 技术概述

东北地区是我国重要的粮食生产基地之一，其在我国的农业生产与发展历程中发挥着重要的作用（李静，2014）。然而，由于长久以来掠夺式的农业生产方式以及社会各方面对农业重视程度的薄弱，致使我国农业问题日趋明显，特别是像东北地区这样的农业生产较为集中的区域，农业问题更为尖锐，严重地制约着农业主产区乃至我国农业的可持续发展。在众多农业问题中，以除草剂、农膜等有毒有害化学品的大量施用及土壤残留等问题而引起的产地生态环境质量下降、粮食安全问题尤为值得关注（Zhang et al., 2011; Zhang et al., 2015）。

国内外学者在有关农田土壤中有机污染物去除技术方面已经开展了多年的研究。在众多有机污染土壤修复技术中，生物修复技术因具有修复效果好、修复速度快、不产生二次污染、成本低的特点，是目前世界范围内被普遍接受的环境有机污染物治理方法，其中微生物修复技术是修复效果最明显、修复速度最快的方法（郑学昊等，2017）。因此，众多对典型农业有毒有害化学污染物能够表现出较好降解能力的微生物菌株被分离得到（Lima et al., 2009; Zhang et al., 2011），同时有关上述菌株对污染物的降解途径与降解机制也得到较为细致深入的研究（Strong et al., 2002; Wackett et al., 2002; Zhang et al., 2011），然而利用上述功能菌株在污染农田原位条件下开展相关污染物的修复工作的研究还鲜有报道。目前国内外大多数有关功能菌株对土壤中污染物修复去除的研究大多集中在实验室条件（Mohammadi-Sichani et al., 2017; Horemans et al., 2017）。采取切实有效的方法将具有降解有机污染物能力的微生物菌株应用于农田土壤原位修复是该领域当前及今后主要的研究方向。

阿特拉津（英文通用名：atrazine，简称：ATZ）又称莠去津，化学名称：2-氯-4-二乙胺基-6-异丙胺基-1，3，5-三嗪，是一种三嗪类除草剂。其杀草谱较广，可用于控制某些多年生杂草、一年生阔叶杂草和禾本科杂草的生长（Si et al., 2008）。因其具有高效性且价格低廉，逐渐在各地区广泛用于玉米高粱作物区以及城市的景观植物等区域去除杂草（唐毅，2018; Zhang et al., 2014; Bastos and Magan, 2009）。目前阿特拉津是最有效、使用量最大、应用面积最广的除草剂。我国自20世纪70年代末开始引进阿特拉津，80%以上的玉米主产区都在施用阿特拉津（山东农药信息，2017）。据推算，2017年吉林省使用38%阿特拉津悬浮剂除草剂的总量约为1.6×10^4 t，阿特拉津的使用总量约为8 000 t。在茎叶和封闭除草的除草剂中，阿特拉津的施用面积约占玉米农田的95%，且绝大多数为连续多年长期使用，最长达到30多年（赵滨，2018）。作为一种具有生物毒性的有机氯农药（Capriel et al., 1986），阿特拉津进入环境后，对环境及环境中的生物会形成一系列持续且广泛的影响。动物体会通过呼吸、进食及饮用水累积污染土壤中的污染物，植物从污染土壤中累积农药，通过食物链富集在生物体内造成持续的毒害。

本节主要以东北玉米农田常用有机除草剂阿特拉津为目标污染物，以阿特拉津降解菌株为关键功能菌株，结合微生物促生菌构建高效修复菌群。在此基础上，以畜禽粪便和秸秆资源化产物作为固定化载体，研发具有污染物消减与作物促生作用的多功能微生物修复菌剂，通过探寻有机污染农田的微生物强化原位消减技术，为实现农田土壤中阿特拉津污染消减和土壤可持续利用提供参考。

4.2.2 技术效果

4.2.2.1 阿特拉津降解菌株

本研究采用的阿特拉津降解菌 *Arthrobacter* sp.（DNS10）是所在实验室从东北黑土区玉米农田表层（0 ～ 10 cm）且具有连续多年施用阿特拉津历史的土壤中经分离纯化获得，已证实 DNS10 菌株在纯培养的条件下能够以阿特拉津为外加氮源生长，并将阿特拉津代谢为三聚氰酸。

植物促生菌是一类能够在一定条件下通过固氮、溶磷、溶铁，提供植物养分或者促进植物生长的微生物。本研究选取植物促生菌 *Pseudomonas chlororaphis*（JD37）和溶磷菌 *Enterobacter* sp.（P1）。

Pseudomonas chlororaphis（JD37）菌株能够产生植物激素吲哚乙酸（IAA）。1% 的初始接菌量，菌株 JD37 在 LB 培养液中生长 24 h 时 OD_{600}=1.78 ± 0.08，培养液中吲哚乙酸含量为 10.75 ± 0.42 mg/L，表明 *Pseudomonas chlororaphis*（JD37）具有较高的吲哚乙酸产生能力。试验中优选具有高效溶磷能力细菌 *Enterobacter* sp.（P1），该菌株具有将难溶的无机磷转化为可被植物利用的有效磷的能力。1% 的接菌量条件下，菌株 P1 在 NBRIP 培养基中，18 h 细菌数达到最大值 $2.0 \pm 0.11 \times 10^8$ CFU/mL；27 h 时，NBRIP 培养液中有效磷含量达到最大，为 110.36 ± 3.19 mg/L。

4.2.2.2 复合菌群固定化载体优化与菌剂制备

载体材料优化部分，拟采取 D- 最优混料设计法进行配比优化。在采用 D- 最优混料设计优化载体配比前各需要采取单因素试验确定一个较优的范围，确保优化设计的精准度。单因素试验，以前期研究结果确定的不同复合菌群为修复菌种资源，以畜禽粪便堆肥有机肥、生物炭和草炭为载体基质。根据 NY 525—2012 标准，在保证有机质含量的前提下，拟定有机肥的添加标准；生物炭的添加量依据阅读的文献所得；草炭减少添加用量，节省菌剂成本为前提。设置试验比例：41.2% < 有机肥 < 95%；2.5% < 生物炭 < 50%；2.5% < 草炭 < 50%。以其中一种材料为变量，另两种材料为定量，进行单因素试验，考察不同添加量对土壤中阿特拉津的去除率（10 d），每组三个平行。分别提取各试验处理下土壤样品中的阿特拉津（Jiang et al., 2020），计算去除率绘制曲线，确定三个因素的优选范围。试验设置如下表 4-1 所示：

表 4-1 单因素试验处理组

编号	有机肥 / %	生物炭 / %	草炭 / %
A1	40	5	10

续表

编号	有机肥 / %	生物炭 / %	草炭 / %
A2	40	10	10
A3	40	15	10
A4	40	20	10
B1	30	10	10
B2	35	10	10
B3	40	10	10
B4	45	10	10

注：A 代表复合菌群 1（DNS10+P1，1∶1）；B 代表复合菌群 2（DNS10+P1+JD37，1.0∶1.0∶0.5），菌剂投加量为 5%。

混料设计，应用 Design Expert 10.0 软件，以有机肥、生物炭和草炭的比例为自变量，以菌剂对土壤中阿特拉津的去除率为试验指标，限定载体材料总量边界为 100%，得到 16 种试验设计。按照软件设计进行土壤模拟试验，按照 5% 的载体添加量将菌剂加入到初始浓度为 20 mg/kg 的阿特拉津污染土壤中，定时给土壤浇水，始终保持 60% 的田间最大持水量。培养 10 d 后取样，利用气相色谱法测定土壤中阿特拉津的残留。将所得数据输入 Design Expert10.0 软件中，得到多项式模型。对模型进行分析优化，能够得到每种菌剂最优的几种载体配比和菌剂修复效果的预测结果。

4.2.2.3 复合菌群构建及其污染修复效果研究

（1）复合菌群的构建

1）液体样品。将阿特拉津降解菌 DNS10、溶磷菌 P1 和植物促生菌 JD37 分别接入 LB 培养基中活化，30 ℃，130 r/min 条件下，恒温摇床中培养 12 h。制备菌悬液，调节 OD_{600}=1.00 ± 0.03，按 DNS10 的接菌量 1% 的方式，将不同比例的菌液接入以阿特拉津为氮源的无机盐培养基中，构建复合降解菌群，分别在 0 h、12 h、24 h、36 h、48 h 取样测定培养液的 OD_{600} 和阿特拉津含量，比较相同培养条件下不同处理生长情况和阿特拉津降解率。每个试验 6 个处理，每个处理设置 3 个重复，具体处理组合如表 4-2 所示。

表 4-2 菌株二元复合试验处理组

编号	菌株 DNS10、P1 二元复合培养	编号	菌株 DNS10、JD37 二元复合培养
1	CK	1	CK
2	1% P1	2	1% JD37
3	1% DNS10	3	1% DNS10
4	1% DNS10+0.5% P1	4	1% DNS10+0.5% JD37
5	1% DNS10+1% P1	5	1% DNS10+1% JD37
6	1% DNS10+2% P1	6	1% DNS10+2% JD37

注：CK 为不接菌的空白处理，百分数为菌株的初始接菌量，即 1% 是在 100 mL 培养基中接入 OD_{600}=1.0 的菌液 1 mL。

基于上述混合研究结果，采取相同的培养方式，以阿特拉津降解菌 DNS10 和菌株 P1 初始接种比例为 1∶1 条件下，考察植物促生菌 JD37 不同接种比例条件下菌群生长及阿特拉津降解特征，共 5 个处理，每个处理设置 3 个平行，具体组合如表 4-3 所示：

表 4-3 菌株三元复合试验处理组

编号	菌株 DNS10、P1、JD37 三元复合培养
1	CK
2	DNS10 + P1（1:1）
3	DNS10 + P1+ JD37（1.0:1.0:0.5）
4	DNS10 + P1+ JD37（1:1:1）
5	DNS10 + P1+ JD37（1:1:2）

注：CK 为不接菌的空白处理，百分数为菌株的初始接菌量，即 1% 是在 100 mL 培养基接入 OD_{600}=1.0 的菌液 1 mL。为尽可能保证不同处理初始体积一致，不同处理以灭菌水补充至相同体积。

2）液体样品中阿特拉津的提取。取 2 mL 的培养液样品，倒入分液漏斗，加入三氯甲烷溶剂 1:1，充分振荡（赵滨，2018）2 min，静置，待有机相与水相分层，打开分液漏斗下层，使有机相经过装有烘干的无水硫酸钠颗粒的漏斗，脱水过滤，溶液转移至棕色进样瓶中进行定量。

3）阿特拉津的测定。采用气相色谱法测定样品中的阿特拉津含量，在万分之一天平上精确称量 0.010 g 阿特拉津原药，将药品溶解于 100 mL 三氯甲烷中，配制成浓度为 100 mg/L 的阿特拉津母液，再用三氯甲烷稀释母液，制配浓度分别为 5 mg/L、10 mg/L、20 mg/L、50 mg/L、100 mg/L 的标准溶液。使用气相色谱法测定标准溶液，每次进 1 μL 样品，每个样品三个重复。以标准液的浓度为横坐标，对应的峰高值为纵坐标，绘制出标准曲线。根据公式计算得出实际样品中阿特拉津含量。

$$C_x=\frac{Hx}{H_0}\times C_0 \quad (4-1)$$

式中，C_x—样品中阿特拉津浓度（mg/L）；

H_x—样品气相色谱峰高（mV）；

H_0—标准液气相色谱峰高（mV）；

C_0—阿特拉津标准液中阿特拉津浓度（mg/L）。

所使用的气相色谱仪为岛津公司气相色谱仪 GC-14C 型，设置参数如表 4-4 所示：

表 4-4 气相色谱测定条件

气谱配置	具体参数
SPL1 进样口	进样方式：不分流，1 μL 样品
柱箱	色谱柱：1701；温度：240 ℃ 长度：30 m；内径：0.53 mm；膜厚：1.0 cm
SFID1 检测器	FID 氢火焰离子检测器；温度 290 ℃
气体流量	氢气 40 mL/min；空气 400 mL/min 尾吹 30 mL/min

（2）共培养条件下菌株生长及阿特拉津降解特性研究

1）溶磷菌 P1 对菌株 DNS10 生长及阿特拉津降解的影响。在初步明确各菌株间相互作用关系的基础上，为了进一步验证不同组合是否存在协同作用，首先将功能菌株 DNS10 与溶磷菌 P1 按照初始接种不同比例方式进行混合培养，构建复合降解菌群，比较相同培养条件下不同处理的生长以及降解阿特拉津情况。不同处理利用阿特拉津生长情况如图 4-1 所示。

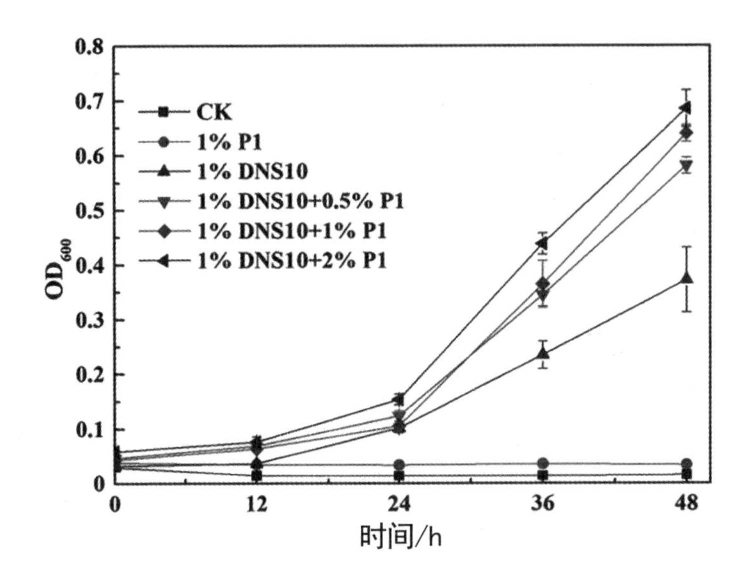

图 4-1 不同处理利用阿特拉津生长情况

图 4-1 表明，不同组合处理的菌株在以阿特拉津为氮源的培养体系中表现出不同的生长特性。主要表现为：不包含菌株 DNS10 的空白和 P1 处理的 OD_{600} 值在整个培养阶段基本不发生变化。该结果表明，溶磷菌 P1 不能够利用阿特拉津作为氮源进行生长。而菌株 DNS10、不同复合菌群处理均能够在以阿特拉津为氮源的无机盐溶液中生长。此外，48 h 培养结束时接种菌株 DNS10 的处理 OD_{600} 值仅为 0.37 ± 0.06，明显低于不同复合群落处理组处理 OD_{600} 值 0.58 ± 0.01、0.64 ± 0.02、0.69 ± 0.03，这一结果证明菌株 DNS10 与菌株 P1 在共培养的过程中存在着明显的协同促进作用。此外，24 ~ 36 h 不同菌群比例相比，当菌株 DNS10 和溶磷菌 P1 体积比例为 1:2 时，对于生长的促进更为明显，培养后期，体积比例为 1:1 和 1:2 两种处理无明显差异。

此外，降解情况（图 4-2）与生长特性相类似，主要表现为：不包含菌株 DNS10 的处理（空白处理和溶磷菌 P1 处理）的样品阿特拉津浓度在整个培养过程中没有明显变化，该结果表明，溶磷菌 P1 不能降解阿特拉津。而菌株 DNS10、不同比例复合菌群中阿特拉津含量明显减小，48 h 培养结束时复合菌群的阿特拉津降解率接近或达到 100%，而仅接种菌株 DNS10 处理的样品阿特拉津剩余浓度要明显高于复合菌群处理，这一结果再次表明复合菌群在降解的过程中存在着明显的促进作用，同时当比例为 1:1 和 1:2 时明显促进体系内阿特拉津降解。尽管溶磷菌 P1 不具有降解阿特拉津的能力，但是当溶磷菌 P1 与菌株 DNS10 混合的时候，能够提高混合处理阿特拉津降解速率。

上述研究结果不仅证明合理构建复合菌群相对于单一菌株具有更高的降解效果，同时也为后期开展修复技术示范提供了重要技术支撑。结合后期应用过程中溶磷菌实际使用量以及生产费用等实际问题，确定以功能菌 DNS10

和溶磷菌 P1（初始菌悬液 OD_{600}=1.0）接种比例为 1:1 的复合菌群开展后期研究。

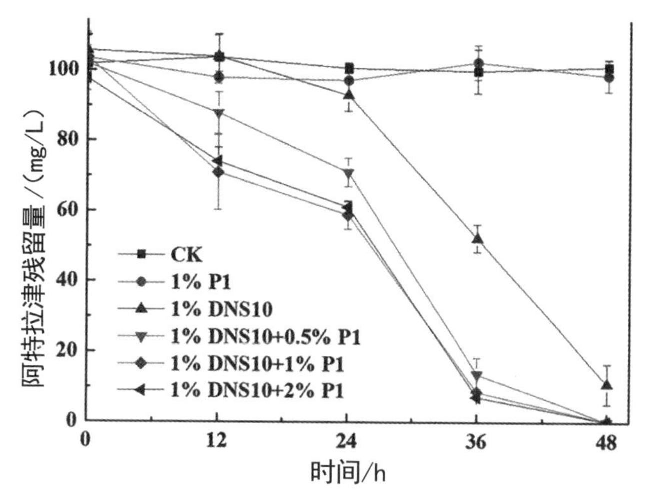

图 4-2 不同处理降解阿特拉津情况

2）植物促生菌 JD37 对菌株 DNS10 生长及阿特拉津降解的影响。将阿特拉津降解菌 DNS10 与植物促生菌 JD37 按照初始接种不同比例方式进行混合培养，构建复合降解菌群，比较相同培养条件下不同处理生长及降解阿特拉津情况。不同处理利用阿特拉津生长情况如图 4-3 所示。

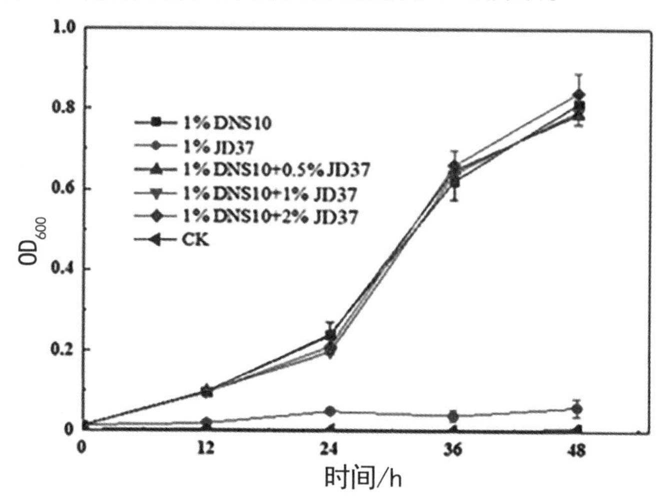

图 4-3 不同处理利用阿特拉津生长情况

从图 4-3 和图 4-4 中不同处理在以阿特拉津为氮源物质的培养体系中表现出不同的生长和降解特性。主要表现为：不包含菌株 DNS10 的空白和接种菌株 JD37 处理 OD_{600} 值以及阿特拉津浓度在整个培养阶段基本不发生变化，该结果表明 JD37 不能够利用阿特拉津作为氮源进行生长。而添加了菌株 DNS10 的不同处理均能够在以阿特拉津为氮源的无机盐溶液中生长，再次证明菌株 DNS10 的关键作用。此外，不同处理复合菌群生长速度与单一菌株 DNS10 基本相同，说明 DNS10 和 JD37 之间的菌群作用不会提升生长速度，且当菌株 JD37 接种比例增加至 2% 时，阿特拉津降解速率降低。

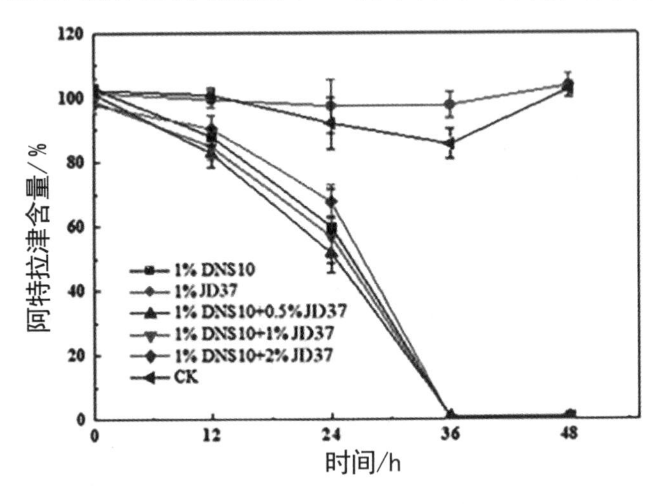

图 4-4 不同处理降解阿特拉津情况

3）功能菌株 DNS10 与溶磷菌 P1 和植物促生菌 JD37 构建复合菌群。在二元复合研究的基础上，将菌株 DNS10、溶磷菌 P1 和植物促生菌 JD37 按初始接种比例不同的方式进行三者混合培养，构建复合降解菌群，不同处理利用阿特拉津生长情况如图 4-5 所示。

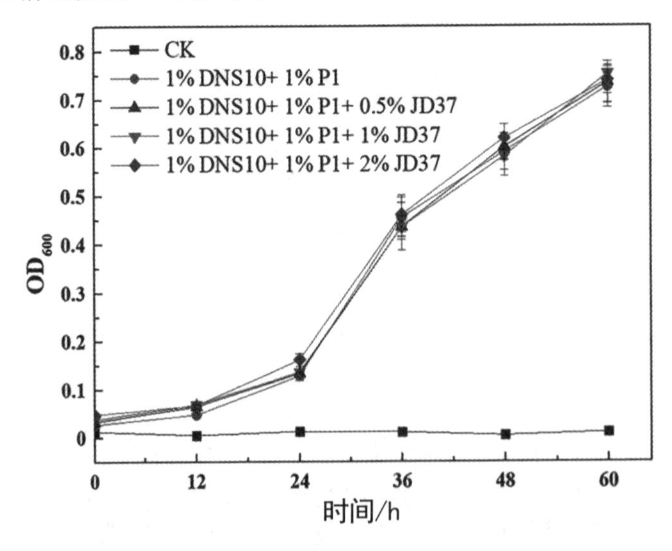

图 4-5 不同处理利用阿特拉津生长情况

图中不同处理在以阿特拉津为氮源物质的培养体系中表现出不同的生长特性。主要表现为：未添加菌株的处理 OD_{600} 值在整个培养阶段基本不发生变化，添加菌株 DNS10 和 P1（1:1）的处理中 60 h 时 OD_{600} 值为 0.73 ± 0.04，与添加量不同的 JD37 处理中复合菌群生长速度基本相同，说明增加 JD37 的处理不会明显提升菌群生长的速度。

不同处理复合菌群利用阿特拉津情况如图 4-6 所示。未添加菌株的处理阿特拉津的含量在整个培养阶段基本不发生变化，添加菌株 DNS10 和 P1（1:1）的处理 48 h 时阿特拉津的残留量为 0.83 ± 0.08 mg/L，与添加菌株 JD37 的处理阿特拉津的含量基本相同，且当 JD37 接种比例增加至 2% 时，12 h 阿特拉津降解速率低于另外两个混合处理。24 h、36 h、48 h 不同处理菌群降解能力无明显差异。结合后期应用过程中 JD37 实际使用量以及生产费用等实际问题，确定以阿特拉津降解菌 DNS10 和溶磷菌 P1 与植物促生菌 JD37（初始菌悬液 OD_{600}=1.0）接种比例为 1.0:1.0:0.5（DNS10:P1:JD37）的复合菌群开展后续的研究。

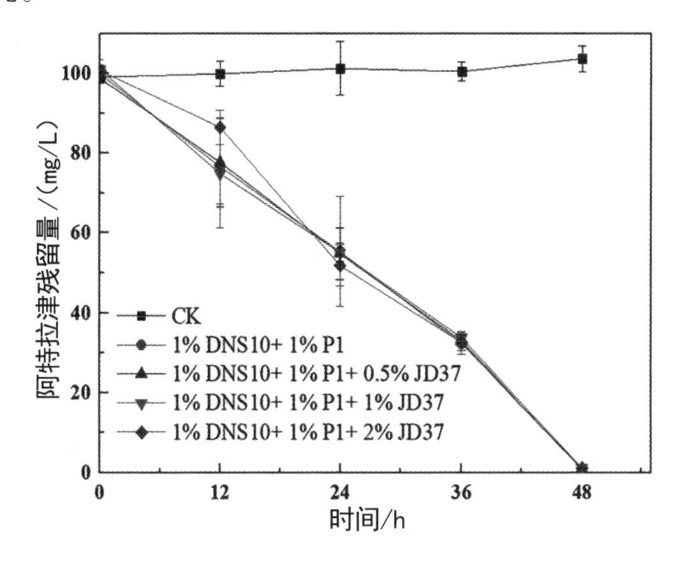

图 4-6 不同处理利用阿特拉津情况

（3）复合菌群对玉米幼苗生长的影响

将自然风干的未污染土壤样品除去石块树枝，过 2 mm 筛后土壤和蛭石以 4:1 的质量比充分混合均匀。在土壤中混入阿特拉津丙酮溶液，阿特拉津的初始浓度为 20 mg/kg，将添加了污染物的土壤样品充分混合均匀，拌好的污染土壤静置于通风橱中过夜除去丙酮，添加蒸馏水使土壤含水率为 60% 的田间最大持水量。分装配制好的土壤，每个花盆 1 kg 土并按 1% 接菌量（v/m）添加试验处理组中设定的菌液，每个处理 3 个平行。试验处理设置如表 4-5 所示。

表 4-5 试验处理

编号	处理设置
1	未污染土壤
2	污染土壤
3	污染土壤 +DNS10
4	污染土壤 +P1
5	污染土壤 +JD37
6	污染土壤 +DNS10+P1
7	污染土壤 +DNS10+JD37
8	污染土壤 +DNS10+P1+JD37

注：接种比例为 DNS10+P1（1：1）；DNS10+JD37（1：1）；DNS10+P1+JD37（1：1.0：0.5）。接菌量 1% 为体积质量比，即每盆 3 kg 土壤接入 OD_{600}=1.0 的菌液 30 mL，上述菌液中菌体细胞的密度约为 6.8×10^8 cfu/mL。

挑选饱满完好且大小一致的玉米种子在去离子水中浸泡 3 h，1% 次氯酸钠水溶液中消毒 5 min，用蒸馏水冲洗干净。将适量种子放入装有湿润滤纸的培养皿中，放入恒温培养箱 30 ℃萌发种子 48 h 左右，保持培养皿内的水分，定期补水，始终保持滤纸湿润，选取萌发好的种子备用。

将已经萌发好的玉米种子均匀播种于配制好的土壤表层，置于室内阳光充足的地方。当玉米出苗后，进行间苗处理拔掉杂草，保证每个盆栽中 5 株玉米幼苗。静置于室内环境中培养，保证植株每天有充足的光照，定时给土壤浇水始终保持 60% 的田间最大持水量。接菌当天记为模拟试验的第 0 天，当玉米植株处于两叶一心期（21 d）时采集各处理组中所有的盆栽的植物样品，比较相同培养条件下不同处理在阿特拉津胁迫条件下玉米株高、株重、根长、根重等生长指标。

通过实验室盆栽模拟试验，明确不同组合复合菌群对阿特拉津胁迫下玉米幼苗的影响。在确定不同复合菌群配比的基础上，考察不同组合复合菌群对阿特拉津胁迫条件下玉米幼苗的影响，比较相同培养条件下玉米生长相关指标差异情况。不同处理玉米幼苗株高、根长及生物量情况如图 4-7 所示。

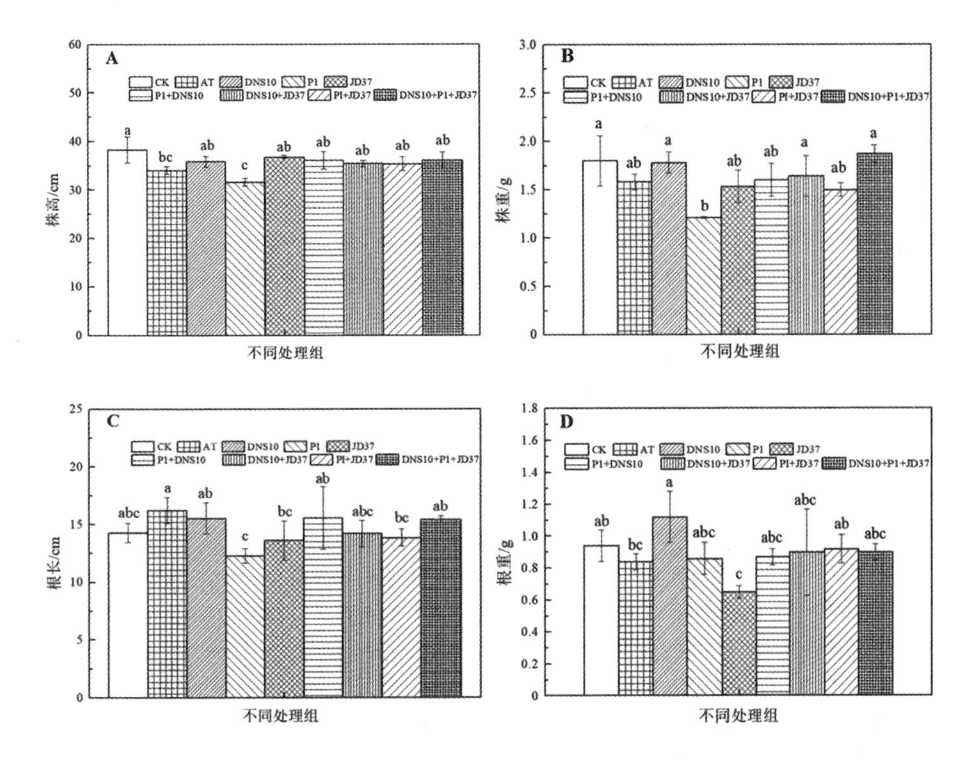

A：玉米幼苗的株高；B：玉米幼苗的株重；C：玉米幼苗的根长；D：玉米幼苗的根重

图 4-7 不同处理玉米幼苗生长指标

注：所有数值均代表平均值 ± 标准差。不同小写字母代表同一指标不同处理之间的差异性（$p < 0.05$）。

不同处理对阿特拉津胁迫条件下玉米幼苗株高的影响如图 4-7A 所示。与未添加阿特拉津的空白处理相比，阿特拉津的添加在一定程度上抑制了植株的生长，降低了玉米幼苗的高度。单独接种 DNS10 和不同复合菌群处理玉米幼苗株高均大于污染处理，其中三种菌株构建的复合菌群处理植株高度最高，达到 36.08 ± 1.69 cm，明显高于污染处理，说明菌群能在一定程度上促进玉米幼苗的生长。

不同处理对阿特拉津胁迫条件下玉米幼苗株重的影响如图 4-7B 所示。与株高结果相似，与未添加阿特拉津的空白处理相比，阿特拉津的添加在一定程度上抑制了植株的生长，降低了玉米幼苗重量。单独接种 DNS10 的处理和复合菌群处理株重均大于污染处理，上述三种菌群添加对于玉米植株生长具有一定促进作用。

不同处理对阿特拉津胁迫条件下玉米幼苗根长的影响如图 4-7C 所示。与未添加阿特拉津的空白处理组相比，阿特拉津的添加在一定程度上使植物的根系变细变长，说明阿特拉津对植物的根部生长具有一定的胁迫作用。不同处理对于玉米根重的影响情况如图 4-7D 所示。结果表明，与空白对照相比，阿特拉津胁迫处理土壤中玉米幼苗根生长受到明显抑制，重量降低了 10.64%。添加降解菌或复合菌群处理根重均大于污染处理，说明上述三种菌群添加对于玉米的根系生长具有一定促进作用。

结合菌株混合培养的生长和降解的情况和不同复合菌群对玉米幼苗生长影响情况，降解菌株 DNS10 和植物促生菌 JD37 构建成的复合菌群不会明显提升生长速率和降解能力且不能较好地促进玉米幼苗的生长。因此确定以复合菌群 1（DNS10-P1，1:1）和复合菌群 2（DNS10-P1-JD37，1.0:1.0:0.5）两种方式进行载体构建与优化试验。

4.2.2.4 复合菌群协同降解机理研究

（1）菌株 P1 单独生长过程中有机酸种类测定

溶磷菌对难溶磷酸盐的溶解主要是通过释放有机酸、铁载体、质子、羟基离子等物质和分泌胞外酶。而产生有机酸导致介质酸化、螯合阳离子及竞争磷酸盐的吸附位点，是被广泛接受的观点。一些研究证明，柠檬酸等有机酸的螯合作用能使其与磷酸盐中 Ca^{2+}、Fe^{3+}、Al^{3+} 形成稳定的复合物从而释放磷酸盐中的磷。从前期研究结果中我们发现，对菌株 P1 进行单独培养时，菌株 P1 溶磷量与培养液 pH 值呈现负相关，即在生长过程中菌株可能分泌出酸性物质。因此将培养 24 h 的溶磷菌 P1 发酵液进行气相色谱 - 质谱联用（GC-MS）法测定，分析其中有机酸种类如图 4-8 所示，结果发现发酵液中有机酸种类以苹果酸、琥珀酸、α - 酮戊二酸和柠檬酸为主。这可能是导致培养液酸化的主要因素。

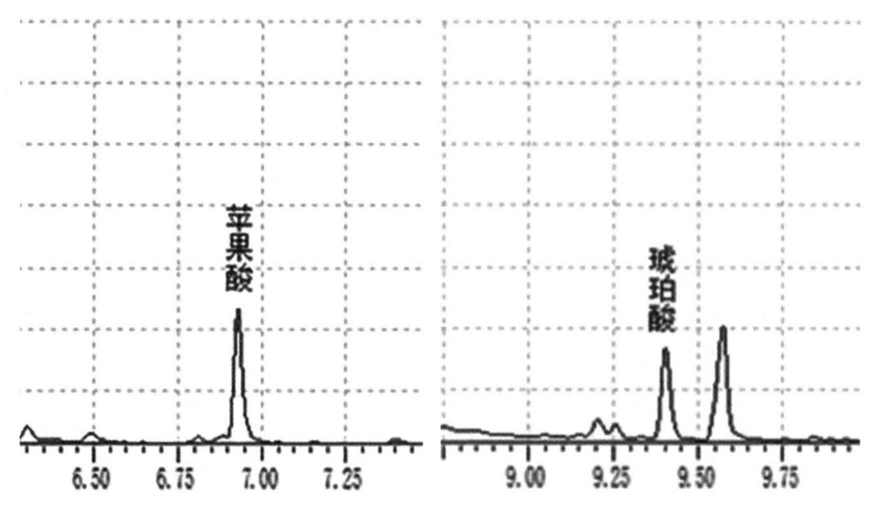

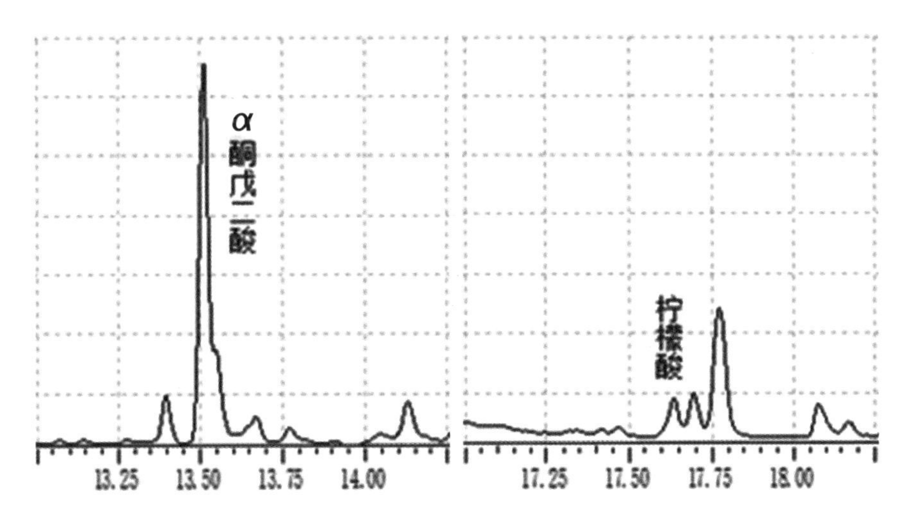

图 4-8 GC-MS 测定低分子量有机酸

（2）菌株 DNS10 与菌株 P1 共培养条件下培养液 pH 值及降解产物变化情况

为了研究菌株 DNS10 和菌株 P1 共培养条件下相互作用情况，试验共设置了以下几个处理：未接菌的空白（T1）、仅接入菌株 P1（T2）、仅接入菌株 DNS10（T3）、接入菌株 P1+ 菌株 DNS10（T4）。将阿特拉津降解菌 DNS10 和溶磷菌 P1 分别接入 LB 液态培养基中活化 12 ~ 16 h，用无菌水清洗 3 次后调节 OD_{600}=1.0。用万分之一天平准确称量阿特拉津，每 10 mg 溶解到 400 μL 丙酮中，配制一定体积的阿特拉津 - 丙酮（*m*/*v*）溶液，加入到 MS 液体培养基中使其阿特拉津浓度为 100 mg/L，灭菌备用。分别以 1%（*v*/*v*）的接菌量将调节好 OD 值的菌液接入浓度为 100 mg/L 阿特拉津为唯一氮源的 MS 培养基中，为了保证试验的准确性，每个处理设置 3 个重复。培养 60 h，每隔 12 h 用比浊法（OD_{600}）测定细菌的生长情况，pH 计测定溶液 pH 值变化情况，分别用气相色谱法和液相色谱法测定培养液中阿特拉津和三聚氰酸浓度。

阿特拉津降解菌 DNS10 纯培养处理组 T3 和阿特拉津降解菌 DNS10 与溶磷菌 P1 共培养处理组 T4，在 36 h、48 h 和 60 h 对阿特拉津的降解差异最为明显，因此，本试验采用荧光定量 PCR 技术，以菌株 DNS10 纯培养组为对照，考察 36 h、48 h 和 60 h 时共培养条件下菌株 P1 对于菌株 DNS10 所携带的阿特拉津降解基因 *trzN*、*atzB*、*atzC* 表达量的影响。3 种被测定基因的表达量用拷贝数 · ng^{-1}RNA 表示，并且规定处理组 T3 在 36 h 时 3 种降解基因的表达量均为 1，以此为标准，计算处理组 T3、T4 各时间点的降解基因相对表达量。分别在 DNS10（T3）和菌株 P1+ 菌株 DNS10（T4）两个处理组培养 36 h、48 h、60 h 时用移液枪抽取 8 mL 培养液于灭过菌并且无 RNA 降解酶的离心管中，10 000 r/min 离心 5 min，弃上清液后将离心管中的菌体立即用液氮淬灭，最后保存在 -80 ℃冰箱中，采用荧光定量 PCR 技术考察两个处理组中菌株 DNS10 降解基因 *trzN*、*atzB* 和 *atzC* 表达情况。

1）培养液 pH 值变化情况。在以浓度为 100 mg/L 阿特拉津为唯一氮源的基础无机盐液态培养基中，不同处理培养液 pH 值变化情况如图 4-9 所示。结果显示，各处理的初始 pH 值介于 7.01 ~ 7.06 之间。在 0 ~ 60 h CK 处理（T1）、菌株 P1 纯培养处理（T2）以及菌株 DNS10 纯培养处理（T3）的 pH 值一直接近 7，没有明显的波动。而菌株 P1 与菌株 DNS10 共培养处理（T4）的 pH 值则呈现出明显下降的趋势，尤其在 36 ~ 60 h，培养液 pH 值从 6.78 ± 0.02 降低至 5.10 ± 0.29。这个结果表明，在菌株 DNS10 与菌株 P1 共培养条件下，菌株 P1 可能是导致培养液 pH 值降低的原因，结合菌株 P1 纯培养时产生低分子量有机酸导致培养液 pH 值降低的结果能够推断出，处理组 T4 pH 值下降的原因可能是菌株 P1 生长过程中分泌了低分子量有机酸。

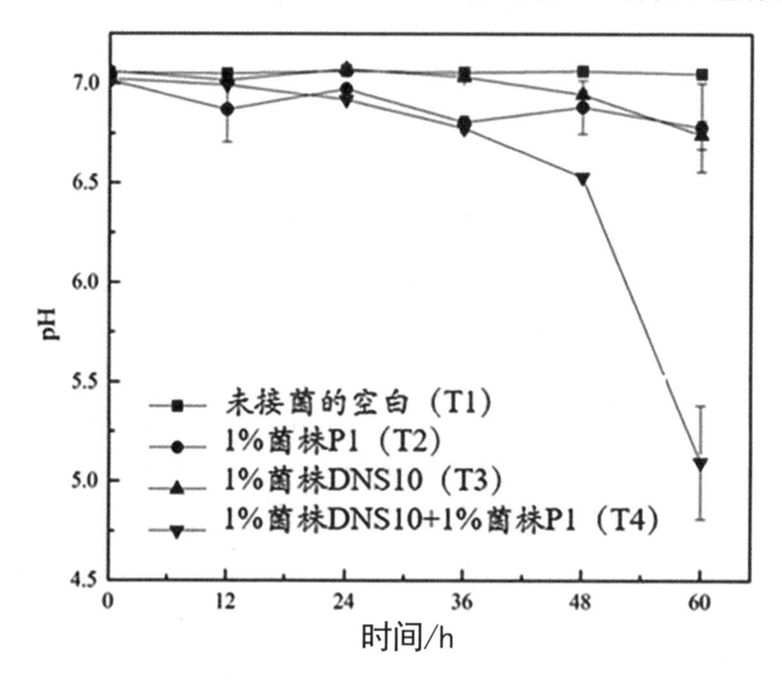

图 4-9　不同处理培养液 pH 值变化情况

2）共培养条件下降解产物变化情况。为了进一步验证菌株 DNS10 与菌株 P1 共培养条件下对 DNS10 降解阿特拉津的促进作用，在以浓度为 100 mg/L 阿特拉津为唯一氮源的液态基础无机盐培养基中对不同时期阿特拉津的关键代谢产物三聚氰酸的含量进行了测定。结果显示，整个培养阶段，非生物对照组 T1 和菌株 P1 纯培养处理组 T2 中几乎未检测到三聚氰酸。菌株 DNS10 纯培养处理组 T3 和菌株 DNS10 与菌株 P1 共培养处理组 T4 中三聚氰酸的产生量如图 4-10 所示。试验结果显示，在培养期间（24 ~ 48 h）T3 处理组和 T4

处理组中三聚氰酸的含量有明显的增加。在 24 h、36 h 和 48 h，T4 处理组的三聚氰酸含量分别为 13.32 ± 2.28 mg/L，29.83 ± 5.06 mg/L 和 63.91 ± 3.34 mg/L，而 T3 处理组仅为 6.06 ± 2.83 mg/L，10.35 ± 2.21 mg/L 和 26.60 ± 3.87 mg/L，统计学分析表明，T4 处理组的三聚氰酸产生量显著高于 T3。以上结果进一步验证了以阿特拉津为唯一氮源条件下菌株 DNS10 与菌株 P1 共培养能够提升降解菌对阿特拉津的降解速率。

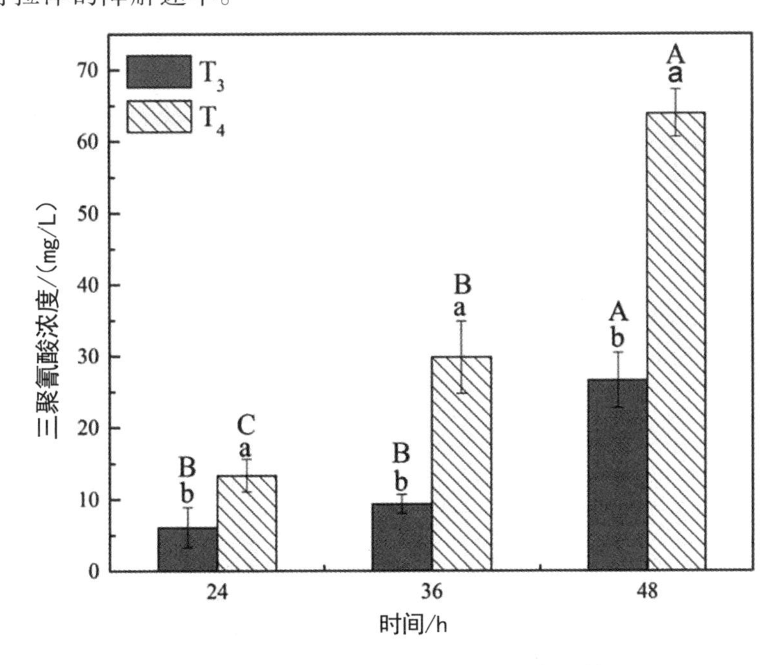

图 4-10 不同处理中三聚氰酸浓度变化情况

注：a，b，c 代表同一时间不同处理显著性差异；A，B，C 代表同一处理不同时间显著性差异。

3）阿特拉津降解基因表达量。菌株 DNS10 纯培养处理组 T3 和菌株 DNS10 与菌株 P1 共培养处理组 T4 中阿特拉津降解基因（*trzN*、*atzB*、*atzC*）相对表达量如图 4-11 所示。在证明溶磷菌 P1 与阿特拉津降解菌 DNS10 共培养能够提升降解菌对阿特拉津的降解能力的基础上，考察了 36 h、48 h、60 h T3、T4 处理中阿特拉津降解基因表达情况。结果表明，36 ~ 60 h 降解基因 *trzN* 和 *atzC* 在处理 T3 和 T4 中的相对表达量呈现逐渐上升的趋势，并且同一时间条件下，降解基因 *trzN* 和 *atzC* 在处理组 T4 的相对表达量显著高于处理组 T3。而降解基因 *atzB* 的表达情况则不同，在 36 h 时，降解基因 *atzB* 在处理组 T3 和 T4 中的相对表达量没有显著的差异，在 48 h 和 60 h 时，降解基因 *atzB* 在处理组 T4 中的相对表达量明显高于 T3。从整个试验阶段来看，与 T3 处理相比，T4 中 *trzN* 表达量增加 3.35 ~ 6.61 倍，*atzC* 表达量增加 2.94 ~ 3.09 倍，*atzB* 表达量增加 1.10 ~ 1.81 倍。上述结果表明，菌株 DNS10 和菌株 P1 共培养条件下降解基因 *trzN*、*atzB*、*atzC* 的表达量提高，从而增强了降解菌降解阿特拉津的能力。

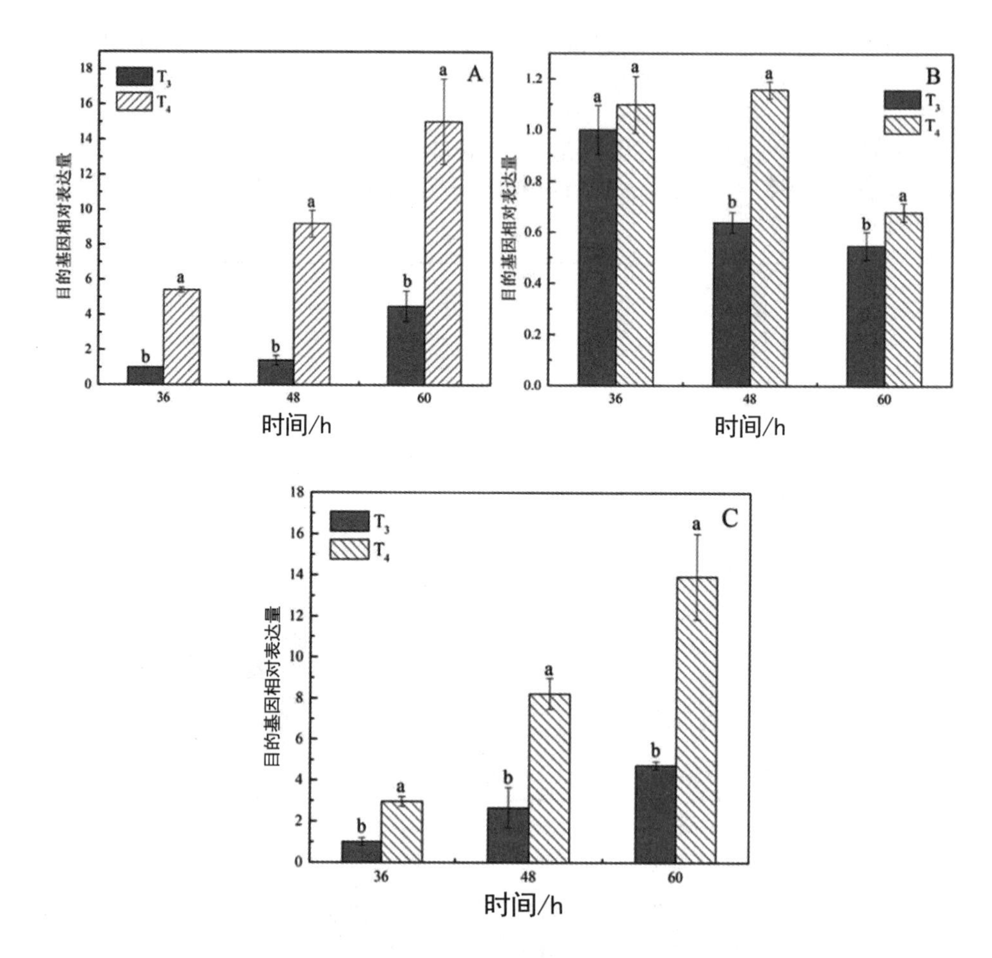

图 4-11 菌株 P1 对菌株 DNS10 降解基因相对表达量的影响

注：A：基因 *trzN*；B：基因 *atzB*；C：基因 *atzC*。

4）菌株 P1 主要代谢产物柠檬酸对菌株 DNS10 生长及降解的影响。配制 LB 液体培养基，将菌株 DNS10 活化 12 ~ 16 h，之后用无菌水清洗 3 次，调节 OD_{600}=1.0。配制阿特拉津浓度为 100 mg/L 的液态基础无机盐培养基，灭菌备用。按照 1% 接菌量接种上述调节好 OD 值的菌株 DNS10，以菌株 P1 主要代谢产物柠檬酸为外源物质添加到上述无机盐培养基中，设置不同浓度柠檬酸的处理如下：

C1：0.1 mg/mL 柠檬酸、C2：菌株 DNS10、C3：0.1 mg/mL 柠檬酸 + 菌株 DNS10、C4：0.2 mg/mL 柠檬酸 + 菌株 DNS10、C5：0.3 mg/mL 柠檬酸 + 菌株 DNS10、C6：0.4 mg/mL 柠檬酸 + 菌株 DNS10。每个处理设置 3 次重复，在 30 ℃，130 r/min 条件下培养至 48 h 时测定 OD_{600} 值并测定阿特拉津降解情况。

不论是菌株 DNS10 与菌株 P1 共培养（以阿特拉津为唯一氮源的液态基础无机盐培养基中），还是以阿特拉津代谢产物乙胺或异丙胺为唯一氮源条件下菌株 P1 纯培养，培养液的 pH 值都呈现出明显的下降趋势，所以推断在共培养条件下，菌株 P1 分泌的低分子量有机酸可能促进了菌株 DNS10 降解阿特拉津。一些研究也证明，低分子量有机酸能够作为碳源被某些细菌利用或者增强菌株功能基因的表达，从而调节细菌的生长和其他的生理功能。为了进一步证明这个推断，以柠檬酸为外源物质进行验证。

不同浓度柠檬酸对菌株 DNS10 的生长和阿特拉津降解的影响如图 4-12 所示。结果表明，柠檬酸对菌株 DNS10 的生长有显著的促进作用（图 4-12A），其中柠檬酸浓度为 0.2 ~ 0.3 mg/L 对菌株 DNS10 的生长促进最为明显，具体表现在，未添加柠檬酸的对照组 C2 OD_{600} 值为 0.31 ± 0.02，而添加柠檬酸浓度为 0.3 mg/L 的处理组 C5 OD_{600} 值为 0.66 ± 0.04。柠檬酸的添加还能促进菌株 DNS10 降解阿特拉津能力（图 4-12B），添加柠檬酸浓度为 0.3 mg/L 的处理组与未添加柠檬酸的对照组 C2 相比降解率提升 6.43%。上述结果进一步证明了，共培养条件下菌株 P1 分泌的低分子量有机酸能促进菌株 DNS10 降解阿特拉津。

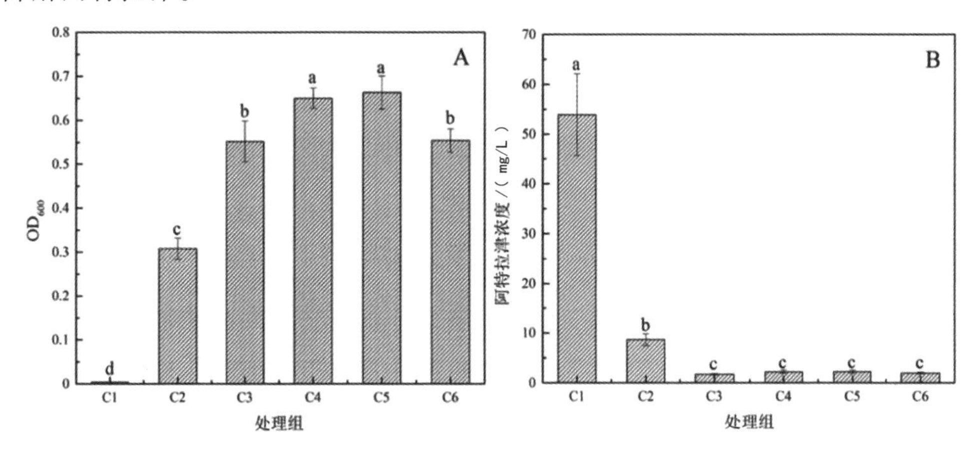

图 4-12 柠檬酸对菌株 DNS10 生长（A）和阿特拉津降解（B）特性的影响

4.2.2.5 固定化降解菌剂载体优化与制备

以前期研究结果确定的复合菌群为修复菌种资源，有机肥、生物炭和草炭三种材料为载体基质，控制其中两个因素保持不变，一个因素为变量。通过观察一种因素的变化，确定整体试验中该因素对降解率的影响。为 D- 最优混料设计优化载体配比正交试验做准备，提供一个合理的数据范围确保优化设计的精准度。

以复合菌群 1（DNS10+P1，1∶1，*v*/*v*）为例。结合之前拟定设置范围，将生物炭的添加量设置在2.5% ~ 50.0%之间；草炭的添加量设置在2.5% ~ 20.0%的范围内；设置添加的有机肥范围在41% ~ 95%。进行单因素试验确定范围后，通过DE-10软件优化载体配比。以有机肥、生物炭和草炭为载体材料，以前期构建的复合菌群为接种微生物，通过D-最优试验设计，组成16个模拟组合，采用盆栽模拟方式，通过测定不同组合土壤阿特拉津残留情况，确定基质最优配方。

根据D-最优混料试验设计，得到试验值和模型预测的降解率，结果见表4-6。

表4-6 D-最优设计方案及试验结果

试验号	添加量 / %			10 d 阿特拉津降解率 / %
	有机肥	生物炭	草炭	
1	67.60	17.40	15.00	79.40
2	41.02	38.98	20.00	65.07
3	58.01	21.99	20.00	81.25
4	94.50	5.00	0.50	86.77
5	66.10	28.65	5.25	81.81
6	84.75	5.00	10.25	91.21
7	49.50	50.00	0.50	43.41
8	94.50	5.00	0.50	87.42
9	54.85	39.90	5.25	79.49
10	41.02	38.98	20.00	84.20
11	41.02	50.00	8.98	74.79
12	75.00	5.00	20.00	88.43
13	49.50	50.00	0.50	44.03
14	41.02	50.00	8.98	68.04
15	75.00	5.00	20.00	83.42
16	77.35	17.40	5.25	78.72

根据D-优化试验结果和最佳回归方程绘制生物炭、草炭和有机肥交互因子的等高线和响应面分析，如图4-13所示。

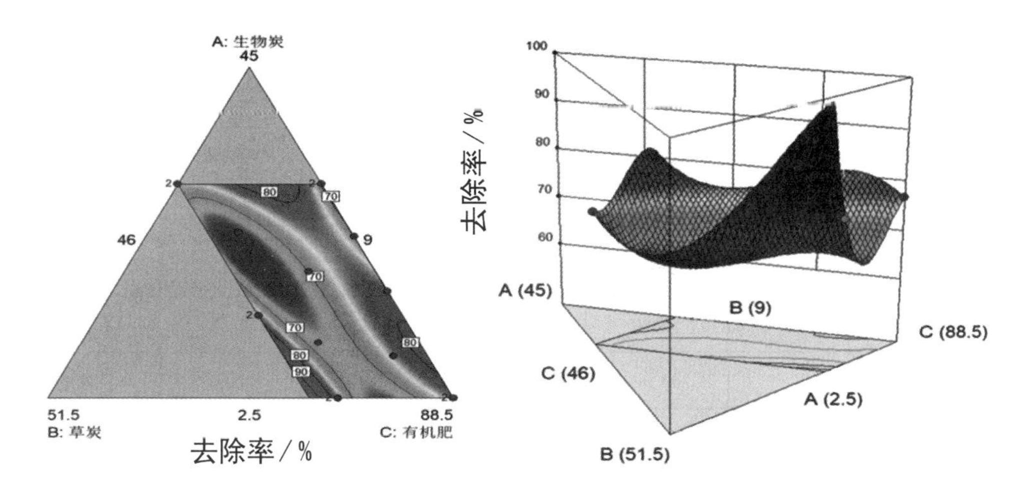

A 为生物炭，B 为草炭，C 为有机肥

图 4-13 交互因子的响应面

由图 4-13 可以看出，生物炭、草炭和有机肥之间具有一定的交互作用。在有机肥添加量较大和生物炭、草炭添加量较小处，曲面呈现一定的球面状，阿特拉津的去除率的最大值达到 93% 左右。说明在基质配方中，有机肥的添加量对阿特拉津消减影响重大，生物炭、草炭和有机肥的复配在一定程度上能够发挥各自的优点，共同促进阿特拉津降解。

以 10 d 阿特拉津降解率（Y）为响应值，应用 Design-Expert10 软件进行多元回归拟合分析，各因子对 10 d 降解率响应值的影响可用如下二次回归方程表示：

$$Y=+106.27A+1808.23B+76.60C-3385.64AB-82.36AC-2903.59BC+3045.68ABC+2089.08AB(A-B)-117.17AC(A-C)-1121.34BC(B-C) \quad (4-2)$$

式中，Y 为复合菌剂的实测响应值。其中 A，B，C 分别表示生物炭、草炭和有机肥的质量分数。

用软件的最优化功能设定各因素的变化范围（A：2.50% ~ 30.00%；B：9.00% ~ 24.00%；C：46.00% ~ 88.50%），最大极点值为混合载体最佳配比的响应值，数据分析给出了达到或接近目标响应值的优化配方，并提供了预测值，如表 4-7 所示。

表 4-7 基质配方阿特拉津降解率指标优化的参数和预测值

配方 1		预测值				
		配方 2	配方 3	配方 4	配方 5	
因子	生物炭 A	2.50	30.00	8.82	2.50	30.00
	草炭 B	24.00	14.23	9.00	9.00	24.00
	有机肥 C	73.50	55.77	82.18	88.50	46.00
响应值		93.98	83.95	81.01	76.61	74.09

注：表中数据均是百分数。

运用 Design-Expert 10 软件拟合可得：当配方为生物炭 2.50%、草炭 24.00%、有机肥 73.50% 时，理想菌剂最大阿特拉津去除率为 93.98%。

为了佐证回归模型的可靠性和精准度以及构建的菌剂对阿特拉津的降解影响，在软件中优化设计出的配方选取相对较优的三组，通过土壤盆栽模拟试验对预测值进行验证，试验结果如表 4-8 所示。

表 4-8 复合菌群 1 固定化载体成分最佳组合的预测和实测结果

配方	添加量 / %			阿特拉津降解率 / %	
	生物炭	草炭	有机肥	预测值	实测值
1	2.50	24.00	73.50	93.98	89.28
2	30.00	14.23	55.77	83.95	85.82
3	8.82	9.00	82.18	81.01	85.68

注：1 ~ 3 为复合菌群 1（DNS10+P1，1:1）的配比。

采用优化后的组合进行土壤试验验证，实测的阿特拉津降解率与预测值误差在 5% 以内。与模型结果基本一致，因此确定了基质配方组合的可行性和实用价值。

复合菌群 2（DNS10+P1+JD37，1.0:1.0:0.5）采用与复合菌群 1 相同的方法和载体材料构建模型，结果如表 4-9 所示。

表 4-9 复合菌群 2 固定化载体成分最佳组合的预测和实测结果

配方	添加量 / %			阿特拉津降解率 / %	
	生物炭	草炭	有机肥	预测值	实测值
1	16.07	20.58	63.35	82.05	86.78
2	5.28	24.72	70.00	77.79	82.92
3	31.79	8.21	60.00	76.69	81.07

注：此 1 ~ 3 为复合菌群 2（DNS10+P1+JD37，1.0:1.0:0.5，*v/v*）的配比。

每种复合菌群中选取上述两个实测降解效果最好的基质配比方式，形成固定化菌剂分别命名为 SP1，SP2，SPI1，SPI2，开展后续的污染土壤玉米幼苗生长指标的影响研究，如表 4-10 所示。

表 4-10 固定化菌剂配方

菌剂名称	复合菌群	载体配比
SP1	DNS10+P1(1:1)	2.50% 生物炭 +24.00% 草炭 + 73.50% 有机肥
SP2	DNS10+P1(1:1)	30.00% 生物炭 +14.23% 草炭 + 55.77% 有机肥
SPI1	DNS10+P1+JD37(1.0:1.0:0.5)	16.07% 生物炭 +20.58% 草炭 + 63.35% 有机肥
SPI2	DNS10+P1+JD37(1.0:1.0:0.5)	5.28% 生物炭 +24.72% 草炭 + 70.00% 有机肥

4.2.2.6 共培养协同降解及相关机制研究、协同增效作用及相关机制探讨

微生物之间协同作用可以促进环境中的有机污染物降解（Li et al., 2018; Isabelle et al., 2011）。Kamyabi 等人发现 *Pseudomonas putida*（ATCC 12633）与 *Basidioascuspersicus*（EBL-C16）共培养条件下可以使后者降解有机污染物芘的效率提高 21%（Kamyabi et al., 2018），Yuan 等人研究发现，微生物群落与外源真菌 *Scedosporium boydii* 能协同降解原油（Yuan et al., 2018）。在本试验中发现，阿特拉津降解菌 DNS10 与溶磷菌 P1（无阿特拉津降解能力）共培养条件下阿特拉津降解效果明显高于菌株 DNS10 纯培养条件。这说明做为外源微生物的 P1 能够通过微生物交互作用来提升阿特拉津降解菌 DNS10 代谢阿特拉津的能力。

包括 *Arthrobacter* sp.（DNS10）在内许多节杆属细菌都携带 *trzN*、*atzB*、和 *atzC* 三个基因，这三个基因编码的酶能够将阿特拉津最终代谢为三聚氰酸（Zhao et al., 2017）。在本实验中，菌株 DNS10 与菌株 P1 共培养时上述 3 条降解基因的表达量明显高于菌株 DNS10 纯培养，这说明共培养条件

下降解菌降解基因表达量提高促进了降解菌对阿特拉津的降解，因此，提高菌株 DNS10 所携带降解基因的表达是菌株 P1 促进菌株 DNS10 去除阿特拉津的潜在机制之一。菌株 P1 的分泌物，特别是低分子量有机酸可能是提高阿特拉津降解菌降解基因表达从而提高降解能力的重要因素。并且有研究发现，植物根系分泌出的低分子量有机酸能够促进石油烃的生物降解（Ma et al., 2010）。Jones 等人研究表明包括低分子量有机酸在内的低分子量有机物能够影响土壤中微生物的呼吸作用，改变微生物功能基因表达和微生物群落结构（Jones and Murphy, 2007）。Da Silva 等人研究发现低分子量有机分子能够促进多环芳烃降解菌的降解能力，并且能够提高多环芳烃降解基因 *nahAc*、*todC*1、*bmoA* 和 *dmpN* 的表达量（Da Silva et al., 2017）。本实验以菌株 P1 分泌的柠檬酸作为降解菌 DNS10 的外源物质添加，结果发现降解菌的生长和降解能力均有一定程度的提升，因此，菌株 P1 分泌物调节菌株 DNS10 的阿特拉津降解能力的机制还有待进一步研究。

4.2.2.7 菌剂载体材料的选择优化

选择良好的载体是菌剂构建的关键因素之一，理想的载体需要满足可降解、无毒无害、无二次污染等特点，还需要具有较好的生物相容性、传质性的环境友好型载体（顾娟等，2020）。已有一些研究证明了有机肥（蒋华云等，2020）、生物炭（夏文静等，2017）、草炭（张琪雯等，2019）等作为载体材料制备菌剂具有巨大的潜力。而在一般情况下，一种生物载体只具有单一的性质，无法将这些性质集中在一种载体上，因此设计优化一种高效多功能的复合载体成为时下的研究热点（罗毅等，2020；张誉耀等，2016；李玉等，2012）。

本研究以复合菌群 1（DNS10+P1，1:1，*v/v*）和复合菌群 2（DNS10+P1+JD37，1.0:1.0:0.5，*v/v*）为菌种资源，采用 D- 最优混料设计方法来优化菌剂载体的比例，选用有机肥、草炭、生物炭三种载体材料，以土壤中阿特拉津的去除率和降解基因情况为考察指标。通过分析交互因子的等高线和响应面预测模型时发现，采用相同的方法和材料构建模型在有机肥添加量较大且生物炭、草炭添加量较小处，曲面呈现一定的球面状，阿特拉津的去除率可达最大。结果表明，在菌剂基质配方中有机肥的添加量对阿特拉津消减影响较大，三种载体的复配在一定程度上能够发挥各自的特点，促进阿特拉津降解。李永涛等人在研究时发现，运用有机肥载体固定漆酶降解土壤 PCP 的效果优于壳聚糖载体和游离状态下的漆酶，主要原因是有机肥固定化能够有效地提高稳定性，减缓酶的活性下降速度（李永涛等，2011）。此外，有机肥的添加还能够提高土壤微生物的数量与活性，显著提升酶的活性（冷疏影等，2013）。这也可能与载体中的主要成分有机肥中富含的大量腐殖酸有关（王静等，2019）。有相关研究表明，腐殖酸因其化学结构十分复杂含有多种活性基团，主要是酸性的含氧功能基和一定数量的自由基，因此具有较好的生理活性和良好的生物相容性（李永涛等，2011）。同时腐殖酸具有较强的结合酶的能力，能够通过物质之间的相互作用提升菌株的酶活性和稳定性。选取软件预测的优化载体配比方式，进行土壤修复试验验证，实测的阿特拉津降解率与预测值误差较小，明确菌剂 SP1 和 SPI1 的配方组合。进一步考察不同载体材料制备的菌剂的植物促生效果和土壤中降解基因定殖指标，筛选出优质菌剂，为原位修复试验提供理论数据支持。

4.2.3 小结

当菌株 DNS10 与菌株 P1 初始接种比例为 1:1 和 1:2 时，48 h 阿特拉津降解率为 99.86% 和 99.81%，与单独接种 DNS10 处理相比，降解率提高了 10.75% 和 10.71%。菌株 DNS10 与菌株 JD37 混合培养不能够明显提高菌株 DNS10 分解阿特拉津速率。三元混合培养结果表明，当 DNS10-P1-JD37 初始接种比例为 1.0:1.0:0.5 时，复合菌群对于阿特拉津的降解效率明显高于菌株 DNS10 单独培养及菌株 DNS10-P1 二元复合培养体系。后续盆栽试验进一步说明复合菌群不会对玉米生长产生负面影响。

溶磷菌 P1 主要分泌的低分子量有机酸为苹果酸、琥珀酸、α-酮戊二酸和柠檬酸。在共培养条件下溶磷菌 P1 与阿特拉津降解菌 DNS10 的生长量有明显的提升，并且降解阿特拉津速率有明显的提高，降解的终产物为氰尿酸。此外，共培养条件下阿特拉津降解基因 *trzN*、*atzB* 和 *atzC* 表达量分别提高 3.35 ~ 6.61 倍、1.10 ~ 1.81 倍和 2.94 ~ 3.09 倍。并且添加 0.3 mg/L 的柠檬酸为外源物质会促进降解菌 DNS10 的生长和阿特拉津降解率。

采用 D- 最优配比的方式进行载体材料构建，并考察菌剂对植物生长的影响和土壤中降解基因定殖情况，确定载体中有机肥、草炭、生物炭的配比为 73.50%、24.00%、2.50% 可作为复合菌群 1（DNS10+P1，1:1，*v*/*v*）的理想载体，有机肥、草炭、生物炭的配比为 63.35%、20.58%、16.07% 时可作为复合菌群 2（DNS10+P1+JD37，1.0:1.0:0.5，*v*/*v*）的理想载体；10 d 时菌剂 SPI1 和 SP1 对于污染土壤中阿特拉津的降解率的实测值分别为 89.28% 和 86.78%；21 d 时，菌剂 SPI1 处理中土壤中 *trzN* 拷贝数为 72.13 mg/L，是空白土壤（未添加菌剂和阿特拉津）的 8.39 倍，较其他菌剂展现出较好的定殖能力，综合考虑选用 SPI1 开展污染土壤原位修复试验。

4.3 铁碳复合材料活化过一硫酸盐消减技术

4.3.1 技术概述

铁碳微电解工艺是将铁屑与活性炭浸没于废水中，以铁屑为阳极、活性炭为阴极，形成无数个微小的原电池，从而利用微电解材料自身产生的电位差（1.2 V）对废水进行处理，以达到降解去除有机污染物的目的（Niu et al., 2019; Ying et al., 2012）。与双氧水（H_2O_2）、过硫酸盐（PS）等常见氧化剂联用更是大幅提高了铁碳微电解工艺的降解效能和应用潜能（Ma et al.,

2017; Niu et al., 2019; Zhang et al., 2019）。给水厂废弃物铁铝泥（WTRs）中富含铁，经高温热解后，其中的无定形铁可被转化为Fe^0，具有作为微电解阳极的可能性。加之WTRs是水处理混凝沉淀过程中不可避免的副产物，产量巨大，对其处理与处置会耗费大量人力和物力，因此资源化利用可能是更好的选择：以量大价廉的WTRs为铁源能够大大降低铁碳微电解材料的制备成本，减少经济消耗。基于此，本节分别以WTRs和粉末活性炭（PAC）为铁源和碳源，以羧甲基纤维素钠为黏结剂，采用高温煅烧法制备铁碳材料（Fe-C），并将其作为过一硫酸盐（PMS）活化剂降解去除水环境中的阿特拉津（ATZ），探究反应体系的降解效能、活性物种、降解机理和环境应用。

4.3.2 技术效果

4.3.2.1Fe-C 材料表征分析

本小节采用元素分析、拉曼光谱、X射线衍射技术对制得的Fe-C材料进行了表征分析，探究了Fe-10%C、Fe-15%C和Fe-20%C 3种材料的主要元素、石墨化程度和晶体构成。WTRs和Fe-C材料的主要元素及其含量如表4-11所示。由表可知，WTRs本身含有9.31%的碳、15.17%的铁和9.53%的铝。WTRs经1 000 °C煅烧后（即WTRs-1000），碳的含量迅速下降到1.23%，而铁和铝的占比分别上升到27.53%和15.04%，钙、镁和锰等金属也表现出类似现象，分别由3.39%、0.19%和0.15%上升至6.09%、0.54%和0.79%。造成这一现象的原因可能是在高温煅烧过程中，WTRs中的金属发生了富集。对于Fe-C材料，随着PAC含量的增加，Fe-10%C、Fe-15%C和Fe-20%C的碳含量分别增加到了16.43%、20.95%和27.13%，而含铁量逐渐下降为23.32%、20.92%和19.74%。综上，相比于WTRs-1000，Fe-C材料中各金属的比例均有所下降，但铁含量仍可达20%左右。

表4-11 WTRs和Fe-C材料的主要元素及含量

样品	碳 (wt%)	氢 (wt%)	铁 (wt%)	铝 (wt%)	钙 (wt%)	镁 (wt%)	锰 (wt%)
WTRs	9.31	3.04	15.17	9.53	3.39	0.19	0.15
WTRs-1000	1.23	0.36	27.53	15.04	6.09	0.54	0.79
Fe-10%C	16.43	0.25	23.32	13.19	4.69	0.47	0.66
Fe-15%C	20.95	0.23	20.92	11.35	4.23	0.41	0.60
Fe-20%C	27.13	0.24	19.74	11.08	4.00	0.41	0.53

拉曼光谱是反映含碳材料缺陷和无序程度的有力工具(Duan et al., 2015)。由图4-14所示，WTRs和Fe-C材料的拉曼光谱均在1 340 cm^{-1}和1 580 cm^{-1}左右出现D峰（无序结构碳的sp^3振动）和G峰（完整石墨化结构的sp^2振

动）(Guo et al., 2018)。I_D/I_G（即 D 峰和 G 峰的强度比值）常被用于评估碳材料的石墨化程度，I_D/I_G 值越小，表明材料石墨化程度越高，反之，无定形化就越大。经计算，WTRs 的 I_D/I_G 值为 0.91，这可能是因为 WTRs 本身含有一些活性炭。于 1 000°C 高温下煅烧黏结的 WTRs 和 PAC 后，Fe-10%C、Fe-15%C 和 Fe-20%C 的 I_D/I_G 值分别为 1.12、1.14 和 1.17，虽然 I_D/I_G 值随 PAC 用量增多而逐渐增大，但总体来讲变化幅度不大。

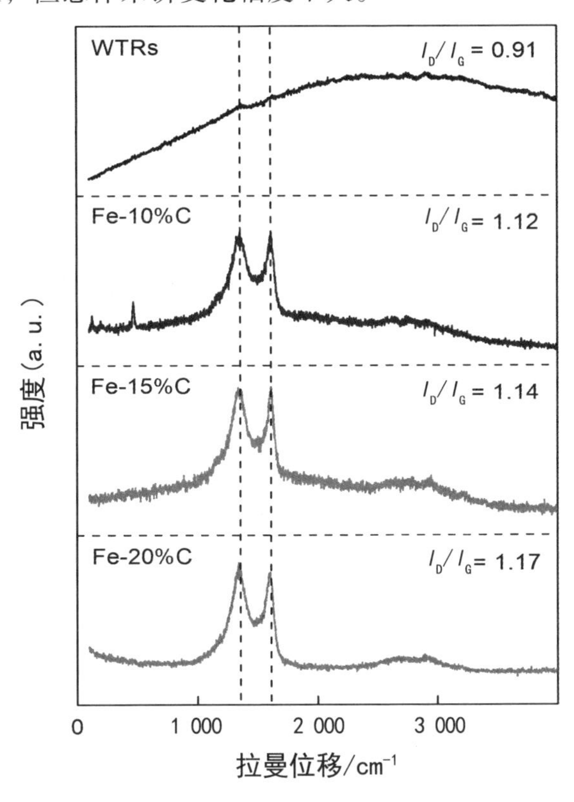

图 4-14 WTRs 和 Fe-C 材料的拉曼光谱图

WTRs 和 Fe-C 材料的 X 射线衍射图谱如图 4-15 所示，所有样品中均观察到了石墨碳的衍射峰（2θ=26.5°）。对于 WTRs，未检测到相匹配的铁晶体结构，说明 WTRs 中的铁主要以非晶态形式存在。然而，对于 Fe-C 材料，Fe^0 和 Fe_3C 共存其中：44.6° 和 65.0° 处的峰归属于 Fe^0 的（110）和（200）面（JCPDS 36-0696）(Sun et al., 2012)，而 37.3°、43.7°、45.1° 和 49.4° 是 Fe_3C 的特征峰（JCPDS 65-2411）(Ren et al., 2016)。Fe^0 和 Fe_3C 的形成可能归因于非晶态铁与石墨 / 非晶态碳在高温下的一系列氧化还原反应，其中碳充当还原剂还原铁，也就是说，理论上，铁铝泥中的铁能够被铁铝泥中固有的碳或外加的碳还原、生成不同的铁物种 [式 (4-9) 至式 (4-11)]（Li et al., 2019）。在本研究中，于 1 000°C 煅烧所得的 Fe-C 材料中同时存在 Fe^0 和 Fe_3C，这一点与上述理论基础一致。

$$铁物种 + C \rightarrow Fe_3O_4 \tag{4-9}$$

$$Fe_3O_4 + 2\ C \rightarrow 3\ Fe^0 + 2\ CO_2 \tag{4-10}$$

$$3\ Fe^0 + C \rightarrow Fe_3C \tag{4-11}$$

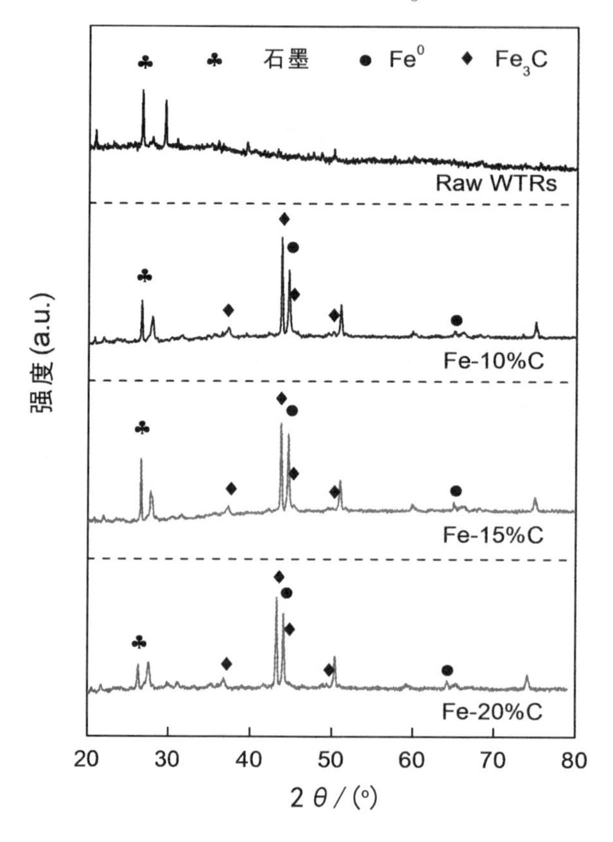

图 4-15 WTRs 和 Fe-C 材料的 X 射线衍射图谱

4.3.2.2 Fe-C/PMS 体系的催化性能

铁碳材料去除污染物的原理是电化学反应的氧化还原，即在酸性条件下，铁碳材料中低电位的 Fe^0 为阳极，高电位的碳为阴极，构成铁碳微电解材料，并利用自身产生的电位差对污染物进行电解处理，相关的电极反应如式 (4-12) 和式 (4-14) 所示（Li et al., 2017b; Niu et al., 2019; Ying et al., 2012）。反应生成的 Fe(II) 和 [H] 具有高活性，能够与污染物发生反应。此外，溶液中的 H^+ 能够与溶解的氧气反应生成 H_2O_2[式 (4-14)]（Niu et al., 2019），并被 Fe(II) 活化生成 ·OH 用于污染物降解。基于此，在 ATZ 浓度为 50 μmol/L、Fe-C 材料用量为 0.06 g/L 的实验条件下，评价了制得的 Fe-C 材料在不同 pH 值条件下对 ATZ 的去除能力。如图 4-16 所示，三种 Fe-C 材料均不能有效去除阿特拉津，其中，反应120min后，Fe-20%C在pH值为3时的ATZ去除率最高，但也仅去除了32.6%的ATZ。这可能是微电解过程中产生的Fe(II)和[H]的反应能力以及原位生成的H_2O_2含量相对有限，导致单独Fe-C材料对ATZ的去除能力较弱。

$$阳极：Fe^0(s) - 2e^- \rightarrow Fe^{2+}(aq), E^0(Fe^{2+}/Fe^0) = -0.44 V \quad (4-12)$$

$$阴极：2H^+(aq) + 2e^- \rightarrow 2[H] \rightarrow H_2(g), E^0(H^+/H_2) = 0 V \quad (4-13)$$

$$2H^+(aq) + O_2(g) + 2e^- \rightarrow H_2O_2, E^0(O_2/H_2O_2) = +0.68 V \quad (4-14)$$

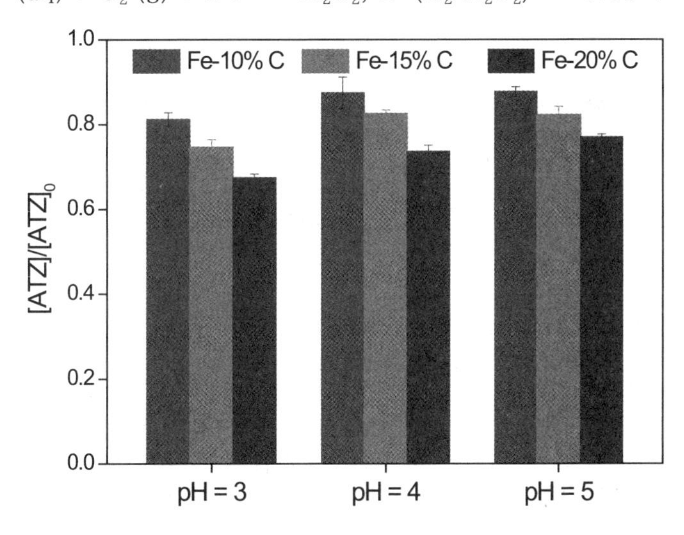

图 4-16 Fe-C 材料在不同 pH 值条件下的 ATZ 去除率

在铁碳微电解过程中加入H_2O_2或PS等常见的氧化剂，是显著提高污染物去除能力的可行途径之一。阳极Fe^0释放的Fe(II)能将上述氧化剂分解为$^{\cdot}OH$或/和$SO_4^{\cdot -}$，两者都具有很高的氧化还原电位（$^{\cdot}OH$和$SO_4^{\cdot -}$的氧化还原电位分别为1.8～2.7 V和2.5～3.1 V）（Li et al., 2019; Zhou et al., 2017）。基于此，进行了Fe-C材料活化PMS降解ATZ的实验。如图4-17（A）所示，单独的PMS并不能有效降解ATZ，这可能归因于PMS自身的氧化能力不强。而Fe-C材料和PMS的结合显著促进了ATZ降解，其中0.06 g/L的Fe-15%C在PMS浓度为0.25 mmol/L、初始溶液pH值为3.58的条件下，反应120min后降解效率最高，为91.6%。这种增强可能归因于Fe-C材料中Fe(II)的释放，它能活化PMS生成高活性的$^{\cdot}OH$和$SO_4^{\cdot -}$以降解ATZ。为了证实这一猜测，分别检测了Fe-15%C/PMS体系中的铁浸出和PMS残留浓度。由图4-17（B）可知，随着反应的进行，Fe-15%C/PMS体系中总铁浓度和PMS利用率逐渐增加，这些数据进一步支持了上述可能性。

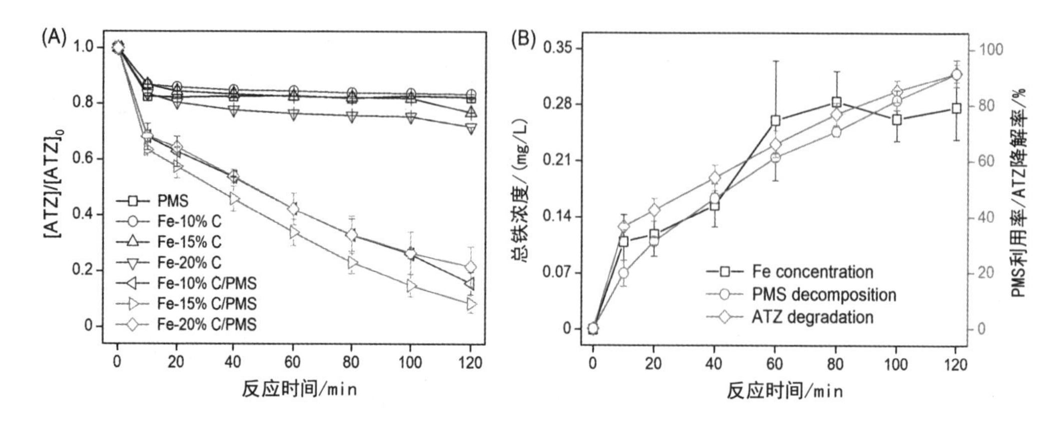

图 4-17 不同 Fe-C/PMS 体系中 ATZ 的降解（A）和 Fe-15%C/PMS 体系中总铁浓度、PMS 利用率和 ATZ 降解率（B）

进一步探究了催化剂用量对 Fe-15%C/PMS 体系中 ATZ 降解的影响。如图 4-18 所示，在 ATZ 浓度为 50 μmol/L、PMS 浓度为 0.25 mmol/L 的条件下，反应 120 min 后，当 Fe-15%C 用量从 0.02 g/L 增加到 0.04 g/L 和 0.06 g/L 时，ATZ 降解率由 41.1% 分别提高到 65.9% 和 91.6%。造成这一现象的原因可能是 Fe-15%C 的投加量越大，催化活性位点越多，越有利于 PMS 的活化和 ATZ 的降解。然而，进一步提高催化剂用量对 ATZ 降解仅有些微促进：当 Fe-15%C 用量为 0.08 g/L 和 0.10 g/L 时，ATZ 的降解率分别为 96.5% 和 98.2%。这可能是因为 0.06 g/L 的 Fe-15%C 已为活化 PMS 提供了足够的催化位点、产生足够的活性物种并导致 ATZ 有效降解（Oh et al., 2016）。然而，过量 Fe-15%C 的加入会迅速释放 Fe(II)，过量的 Fe(II) 在活化 PMS 的同时能够通过式（4-15）和式（4-16）淬灭已生成的 $SO_4^{\cdot -}$ 和 $^{\cdot}OH$，致使活性物种的无效消耗（Cheng et al., 2017）。基于此，适当提高 Fe-15%C 用量能够有效活化 PMS、增加活性自由基产量，但过高的催化剂用量不仅不能提高降解效能反而造成资源浪费。

$$Fe(II) + SO_4^{\cdot -} \rightarrow Fe(III) + SO_4^{2-} \quad (4\text{-}15)$$

$$Fe(II) + {}^{\cdot}OH \rightarrow Fe(III) + OH^- \quad (4\text{-}16)$$

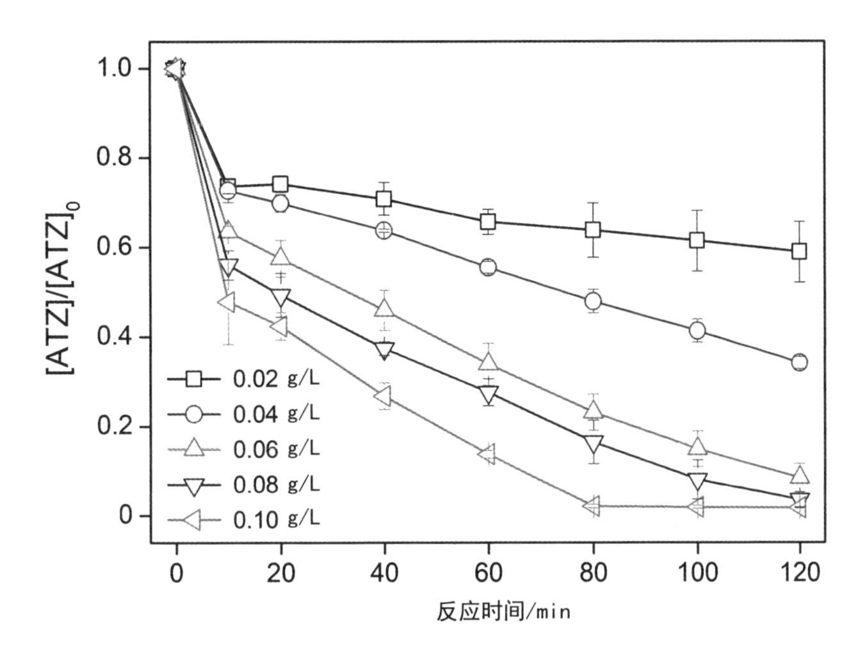

图 4-18 催化剂用量对 Fe-15%C/PMS 体系中 ATZ 降解的影响

不同 PMS 浓度对 Fe-15%C/PMS 体系中 ATZ 降解的影响如图 4-19 所示。ATZ 降解效率呈先升后降的趋势：在适当范围内，PMS 浓度越大，产生的 $SO_4^{\cdot-}$ 和 $^{\cdot}OH$ 越多，ATZ 的降解率越高。在 ATZ 浓度为 50 μmol/L、Fe-15%C 用量为 0.06 g/L 的条件下，反应 120 min 后，当 PMS 浓度由 0.05 mmol/L 提高到 0.25 mmol/L 时，ATZ 的去除率由 57.3% 上升到 91.6%。然而，进一步提高 PMS 浓度并没有显著提高 ATZ 降解。具体地，当 PMS 浓度进一步增加到 0.35 mmol/L 和 0.45 mmol/L 时，ATZ 降解率逐渐下降至 88.0% 和 79.7%。造成这一现象的可能原因如下：当 PMS 浓度为 0.25 mmol/L 时，ATZ 降解率已高达 91.6%，说明 Fe-15%C 表面的活性位点大部分已被 PMS 占用（Chen et al., 2019），继续增加氧化剂浓度，过量的 PMS 可作为淬灭剂消耗高活性的 $SO_4^{\cdot-}$ 和 $^{\cdot}OH$[见式 (4-17) 和式 (4-18)]（Anipsitakis and Dionysiou, 2003）。尽管上述淬灭反应中也产生了 $SO_5^{\cdot}$，但其氧化能力相对较低（在 pH=7 时，氧化还原电势为 1.1 V），因此它对 ATZ 降解做出重要贡献的可能性较小（Chen et al., 2020;Neta et al., 1988）。

$$SO_4^{\cdot-} + HSO_5^- \rightarrow SO_5^{\cdot} + HSO_4^- \tag{4-17}$$

$$^{\cdot}OH + HSO_5^- \rightarrow SO_5^{\cdot} + H_2O \tag{4-18}$$

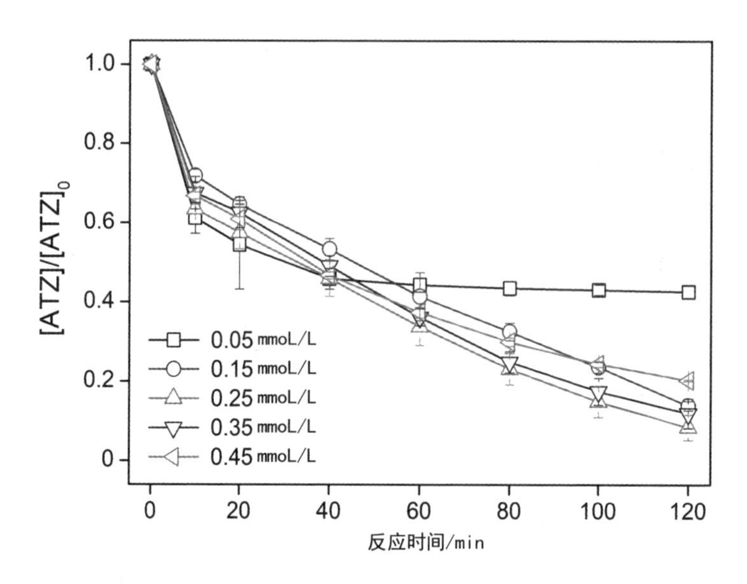

图 4-19 PMS 浓度对 Fe-15%C/PMS 体系中 ATZ 降解的影响

考虑到溶液 pH 值对反应过程中铁的形态和含量、活性物种的消减均有很大影响，探讨了初始 pH 值对 Fe-15%C/PMS 体系中 ATZ 降解的影响。使用硫酸或氢氧化钠溶液将反应体系的 pH 值分别调至 3、5、7、9 和 11，在 ATZ 浓度为 50 μmol/L、PMS 浓度为 0.25 mmol/L、Fe-15%C 用量为 0.06 g/L 条件下进行催化降解实验（图 4-20）。总的来说，溶液 pH 值显著影响 ATZ 降解率，且随着 pH 值的升高而降低。当 pH 为 3 时，ATZ 在 120 min 内几乎完全降解，而在 pH 值为 5 和 7 时，ATZ 去除率分别为 69.6% 和 45.9%。ATZ 降解率下降的原因可能是较高的 pH 值抑制了 Fe-15%C 中 Fe(II) 的溶出，从而减缓了 PMS 的分解和活性物种的生成。碱性条件显著抑制了 ATZ 降解，当 pH 值为 9 和 11 时，ATZ 降解率分别下降至 6.9% 和 14.4%。这可能归因于以下两个方面：一是自由基的消减，即在强碱性环境下，$SO_4^{\cdot -}$ 通过与 H_2O 或 OH^- 反应转化成氧化还原电位较低的 $^{\cdot}OH$，从而导致 ATZ 降解率降低［见式（4-19）和式（4-20）］（Acero et al., 2018; Gu et al., 2017）。二是铁离子沉淀物的形成，即 pH 值的升高能够导致铁离子沉淀物生成并覆盖在 Fe-15%C 的表面，阻碍催化位点的暴露。也就是说，Fe-15%C 在碱性条件下成为一种"非活性"的催化剂，它活化 PMS 产生活性物种的能力无法有效发挥。在这种情况下，碱活化可能在 ATZ 降解过程中起到一定作用。据报道，即使在弱碱性条件下，PMS 都可被碱活化，并且适度提高 pH 值有利于酸性橙的脱色（Qi et al., 2016）。因此，这可能是 ATZ 在 pH 值为 11 时降解率略高于 pH 值为 9 时的原因。

$$SO_4^{\cdot -} + H_2O \rightarrow SO_4^{2-} + H^+ + {}^{\cdot}OH \quad (4\text{-}19)$$

$$SO_4^{\cdot -} + OH^- \rightarrow SO_4^{2-} + {}^{\cdot}OH \quad (4\text{-}20)$$

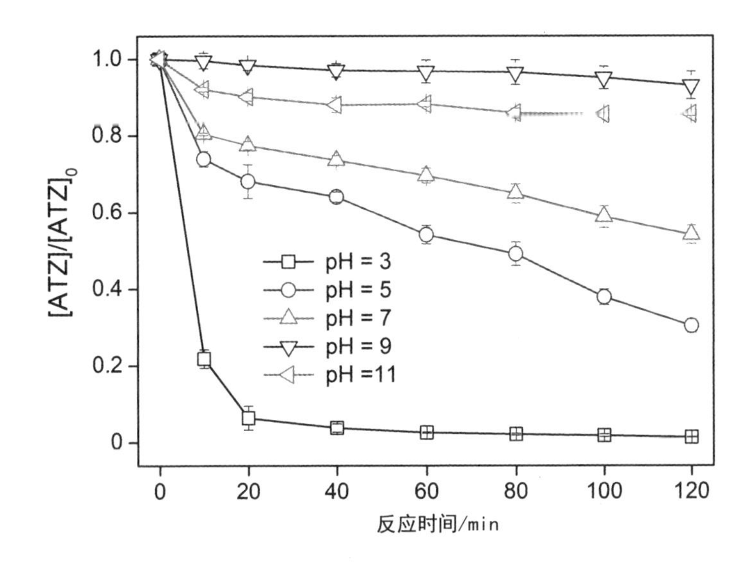

图 4-20 溶液 pH 值对 Fe-15%C/PMS 体系中 ATZ 降解的影响

天然有机质广泛存在于土壤、沉积物和水体等环境之中，它不仅能够影响水体的物理化学性质，还可与其他物质发生氧化还原、沉淀溶解、络合解离等反应，从而对污染物的环境行为产生重要影响。鉴于环境中腐殖酸是天然有机质的主要组成部分，以腐殖酸为代表，探究不同浓度的腐殖酸对 Fe-15%C/PMS 体系中 ATZ 降解的影响。由图 4-21 可知，腐殖酸的加入抑制了 ATZ 的降解，且腐殖酸浓度越高，抑制越明显。具体地，当 Fe-15%C/PMS 体系中腐殖酸的浓度由 1 mg/L 增加 15 mg/L 时，ATZ 的降解效率由 85.5% 逐渐降低至 39.3%。该抑制作用可能归因于腐殖酸的消减作用，即腐殖酸中的酚羟基和羧基能够吸附到 Fe-15%C 的表面上，从而覆盖催化位点、阻碍催化降解进程（Ma et al., 2018; Michael-Kordatou et al., 2015; Xia et al., 2017）。此外，天然有机质自身也能与自由基发生反应。Zhou 等人（Yi et al., 2016）利用活化过硫酸盐体系降解敌草隆时发现，天然有机物抑制了污染物降解，其可能的原因是天然有机质能够与目标污染物竞争 $SO_4^{\cdot -}$ 和 $^{\cdot}OH$[见式（4-21）和式（4-22）]，从而导致敌草隆降解效率下降。除了消减作用，腐殖酸还具有促进作用：腐殖酸中的氢醌、醌和酚类物质能够诱导半醌自由基的产生，进而加速 PMS 分解为 $SO_4^{\cdot -}$ 和 $^{\cdot}OH$（Guan et al., 2013; Li et al., 2019）。腐殖酸引起的消减作用和促进作用可能共同存在于 Fe-15%/PMS 体系之中，但总的来说，腐殖酸的抑制作用在本研究中占主导地位，使得腐殖酸对催化降解过程表现出负面影响。

$$\text{天然腐殖质} + SO_4^{\cdot -} \rightarrow \text{中间产物} \tag{4-21}$$

$$\text{天然腐殖质} + {}^{\cdot}OH \rightarrow \text{中间产物} \tag{4-22}$$

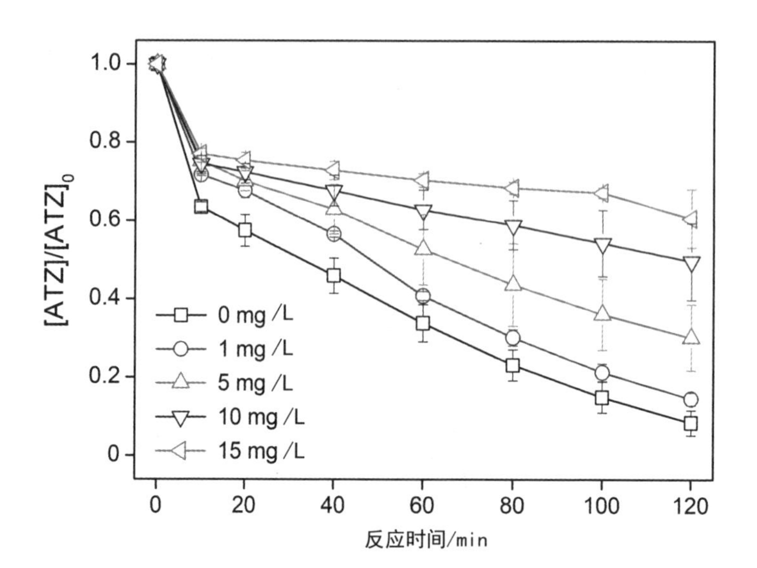

图 4-21 腐殖酸浓度对 Fe-15%C/PMS 体系中 ATZ 降解的影响

4.3.2.3 Fe-C/PMS 体系的活性物种

进一步对 Fe-15%C/PMS 体系的活化机制进行探究。首先，为确认 Fe-15%C/PMS 体系的主导自由基，利用叔丁醇（TBA）和乙醇（EtOH）进行了淬灭实验。如图 4-22（A）所示，在 ATZ 浓度为 50 μmol/L、PMS 浓度为 0.25 mmol/L、Fe-15%C 用量为 0.06 g/L 条件下，当 Fe-15% C/PMS 体系中加入 25 mmol/L 叔丁醇后，ATZ 降解率由 91.6% 下降至 77.3%，表明叔丁醇对 ATZ 降解具有一定的抑制作用；而加入 25 mmol/L 乙醇后，ATZ 的去除率显著下降到 37.6%。乙醇对 ATZ 的抑制远大于叔丁醇对其的影响，说明 Fe-15%C/PMS 体系同时存在 $SO_4^{\cdot-}$ 和 $^{\cdot}OH$，且 $SO_4^{\cdot-}$ 对 ATZ 降解的贡献更大。其次，通过间接检测苯醌和对羟基苯甲酸的生成分别对 $^{\cdot}OH$ 和 $SO_4^{\cdot-}$ 进行了定量分析（Li et al., 2020）。如图 4-22（B）所示，$SO_4^{\cdot-}$ 和 $^{\cdot}OH$ 的累积浓度均随着反应推进而逐渐增加，且反应 120 min 后，$SO_4^{\cdot-}$ 和 $^{\cdot}OH$ 的累积浓度分别为 11.9 μmol/L 和 3.8 μmol/L。值得注意的是，在整个反应过程中，$SO_4^{\cdot-}$ 的累积浓度总是高于 $^{\cdot}OH$，进一步说明 $SO_4^{\cdot-}$ 是 Fe-15%C/PMS 体系的主要自由基。

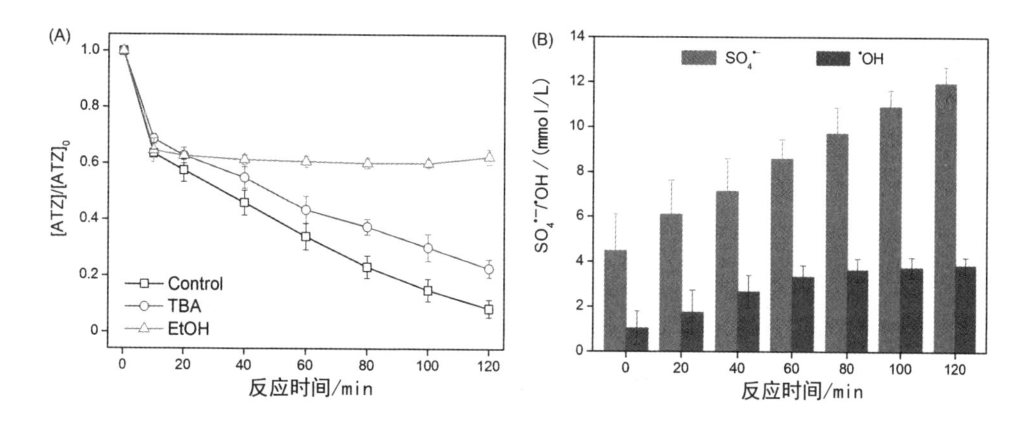

图 4-22（A）乙醇和叔丁醇对 Fe-15%C/PMS 体系中 ATZ 降解的影响；（B）Fe-15%C/PMS 体系中 $SO_4^{\cdot -}$ 和 $^{\cdot}OH$ 的累积浓度

除醇淬灭实验和自由基定量分析外，还通过以 DMPO 为自旋捕获剂的 ESR（电子自旋共振）实验进一步确认了 Fe-15%C/PMS 体系中 $^{\cdot}OH$ 和 $SO_4^{\cdot -}$ 的存在。如图 4-23（A）所示，单独 PMS 体系中未捕捉到 $^{\cdot}OH$ 和 $SO_4^{\cdot -}$ 的信号，而 Fe-15%C/PMS 体系的 ESR 图谱显示了 DMPO-$^{\cdot}OH$ 和 DMPO-$SO_4^{\cdot -}$ 加合物的特征峰，说明 $^{\cdot}OH$ 和 $SO_4^{\cdot -}$ 共存于 Fe-15%C/PMS 体系中。值得注意的是，与 DMPO-$^{\cdot}OH$ 相比，DMPO-$SO_4^{\cdot -}$ 的信号较弱，这可能是因为 DMPO-$SO_4^{\cdot -}$ 信号在测试过程中能够快速转变为 DMPO-$^{\cdot}OH$（Zamora and Villamena, 2012）。据报道，除了 $^{\cdot}OH$ 和 $SO_4^{\cdot -}$，单线态氧（$^1O_2$）和超氧自由基（$O_2^{\cdot}$）也参与到某些 PMS 活化过程之中（Liu et al., 2018; Qin et al., 2018; Wang et al., 2019）。基于此，TEMP 和 DMPO 被用作 ESR 测试的自旋捕获剂用以判断体系中是否存在 $^1O_2$ 和 $O_2^{\cdot}$。TEMP 极易与 $^1O_2$ 反应生成 TEMPO，显示出强度相等的三线信号（Lee et al., 2009）。如图 4-23（B）所示，TEMPO 信号的出现为 Fe-15% C/PMS 体系中存在 $^1O_2$ 提供了有力的证据。$^1O_2$ 的产生可能归因于以下三个方面：一是源自 PMS 的自分解，即 $^1O_2$ 可通过 HSO_5^- 与 SO_5^{2-} 反应产生（Liu et al., 2020; Yang et al., 2018b），在单独的 PMS 溶液中获得了相对较弱的 TEMPO 信号，这一结果支持了 PMS 自分解产生 $^1O_2$ 这一说法。二是带负电的 C=O 官能团可以诱导 $^1O_2$ 的生成（Li et al., 2017a）。三是 $^1O_2$ 可通过 $O_2^{\cdot}$ 与 $^{\cdot}OH$ 的反应生成。对于 $O_2^{\cdot}$，由于它在水溶液中易歧化，从而阻止其与 DMPO 之间的缓慢反应（Su et al., 2008），因此在 Fe-15%C-PMS- 甲醇体系中探究了 $O_2^{\cdot}$ 是否生成。图 4-23（C）显示检测到与 DMPO-$O_2^{\cdot}$ 加合物相对应的六个特征峰（Qi et al., 2016），表明 Fe-15% C/PMS 体系存在 $O_2^{\cdot}$。$O_2^{\cdot}$ 可能是由 Fe-15%C 释放出的 Fe(II) 与溶解的 O_2 反应生成的（Ammar et al., 2015），但由于反应体系中 O_2 的含量较低，因此 $O_2^{\cdot}$ 产量可能相对受限。总的来说，醇淬灭实验和 ESR 测试共同证实，除 $^{\cdot}OH$ 和 $SO_4^{\cdot -}$ 外，Fe-15%C/PMS 体系中还存在 $^1O_2$ 和 $O_2^{\cdot}$。

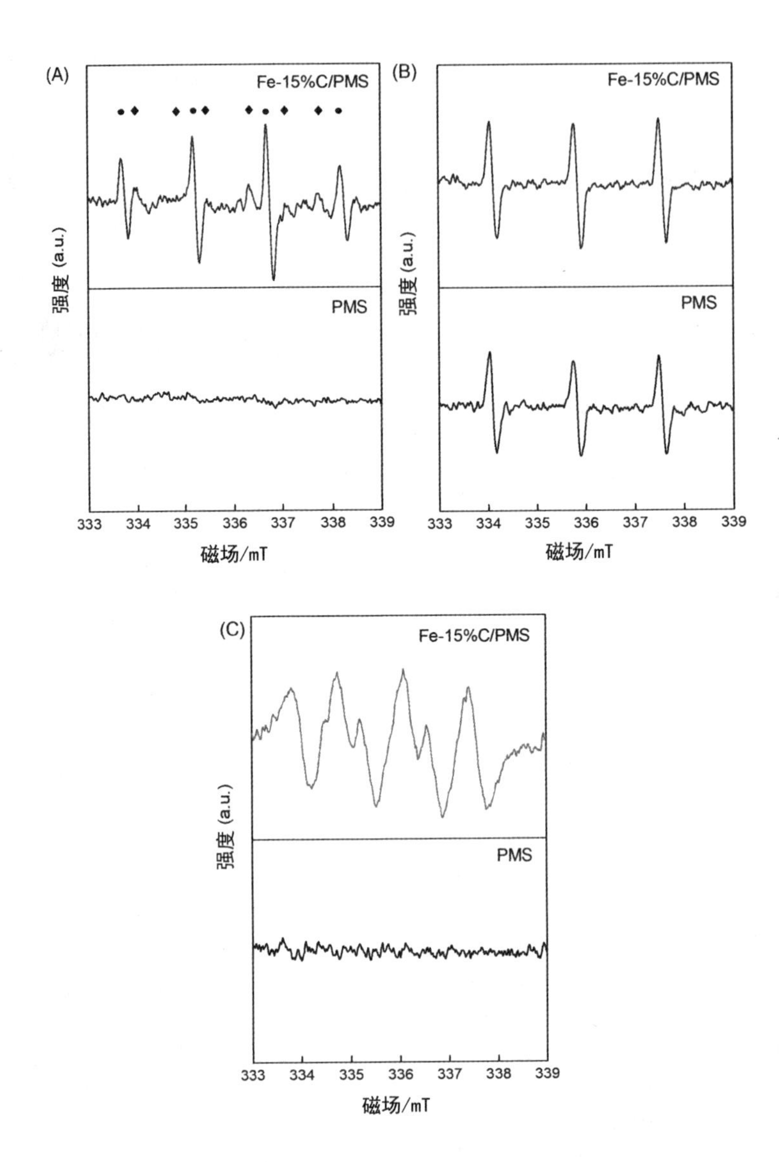

图 4-23 Fe-15%C/PMS 体系在（A）DMPO（超纯水相）、（B）TEMP（超纯水相）和（C）DMPO（甲醇相）存在时获得的 ESR 图谱

4.3.2.4 Fe-C/PMS 体系中 ATZ 的降解路径

为探究 ATZ 在 Fe-15%C/PMS 体系中的转化路径，采用 LC-MS 技术对降解产物进行了检测和识别。本研究共识别出 9 种中间产物，包括 4 种脱氯产物和 5 种脱烷基产物，它们的分子结构、分子式和 *m/z* 值等信息如表 4-12 所示。

表 4-12 Fe-15%C/PMS 体系中识别的降解产物

化学名称	缩写	结构式	分子量	ATZ	DEA	DIA
2-羟基-4,6-二氨基-s-三嗪	OAAT	OH N N H_2N N NH_2	128	✓		
2,4-二羟基-6-氨基-s-三嗪	OOAT	OH N N H_2N N OH	129	✓		
2-氯-4,6-二氨基-s-三嗪	DEIA	Cl N N H_2N N NH_2	146	✓	✓	✓
2-羟基-4-乙氨基-6-氨基-s-三嗪	OEAT	OH N N NH_2 N NH	156	✓		
2-羟基-4-氨基-6-异丙氨基-s-三嗪	OAIT	OH N N HN N NH_2	170	✓	✓	
2-氯-4-乙氨基-6-氨基-s-三嗪	DIA	Cl N N H_2N N N H	174	✓		
2-氯-4-氨基-6-异丙氨基-s-三嗪	DEA	Cl N N HN N NH_2	188	✓		
2-氯-4-乙酰胺-6-氨基-s-三嗪	CDAT	Cl N N O H_2N N N H	188	✓	✓	
2-氯-4-羟基-6-异丙氨基-s-三嗪	COIT	Cl N N HN N OH	189	✓	✓	

基于结构分析和文献调研，推测了 ATZ 的可能降解路径。如图 4-24 所示，一方面，ATZ 上的氯原子被羟基取代，形成脱氯产物。脱氯-羟基化反应是理想的，因为氯原子的去除有助于污染物的脱毒。在本研究中，脱氯-羟基化能够与脱烷基或脱氨基-羟基化同时发生，最终产生 OAIT、OEAT、OAAT 和 OOAT。另一方面，ATZ 的烷基侧链被去除，产生脱烷基产物 DEA、DIA 和 DEIA。此外，它们还能经历烷基-氧化或脱氨基-羟基化过程，从而产生 CDAT 和 COIT。鉴于脱烷基产物 DEA 和 DIA 在其他研究中也经常被检测

到且其毒性与 ATZ 相当（Beltrán et al., 1996; Li et al., 2019; Zheng et al., 2019），它们也被引入 Fe-15%C/PMS 体系，以探明该体系对两者的氧化降解情况。如图 4-25 所示，在 DEA 和 DIA 的初始浓度为 50 μ mol/L、PMS 浓度为 0.25 mmol/L、Fe-15%C 剂量为 0.06 g/L 的实验条件下，反应 120 min 后，DEA 和 DIA 的降解率均大于 95%，说明除了去除 ATZ 外，Fe-15%C/PMS 体系也能对中间产物进行氧化降解。相应地，对 DEA 和 DIA 的降解产物也进行了检测。如表 4-12 所示，对于 DEA，共检测到 4 种降解产物，具体地，DEA 可通过脱烷基、脱氯－羟基化、烷基－氧化和脱氨基－羟基化分别生成 DEIA、OAIT、CDAT 和 COIT。相比于 DEA，DIA 识别到的降解产物较少，仅可通过脱除乙基产生 DEIA。

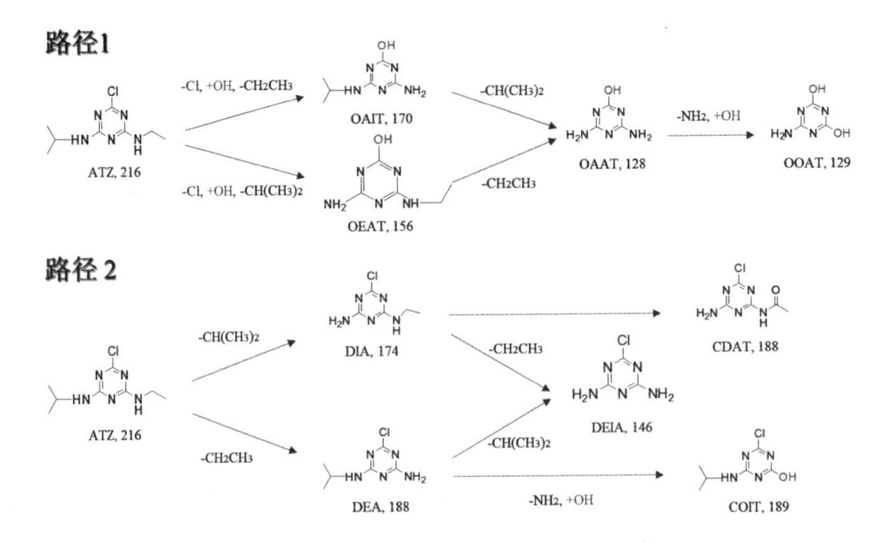

图 4-24 Fe-15%C/PMS 体系中 ATZ 的降解路径

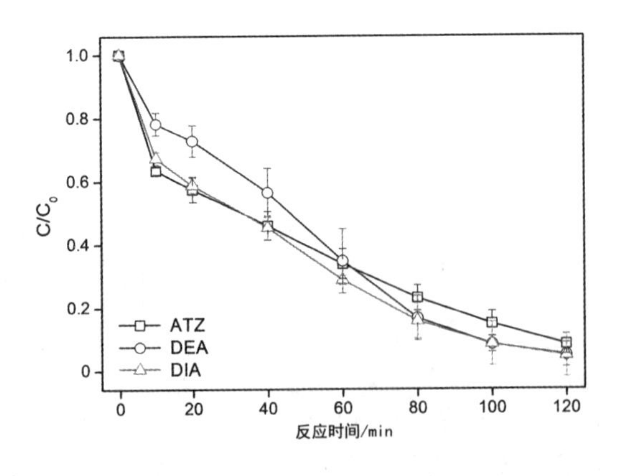

图 4-25 Fe-15%C/PMS 体系中 ATZ、DEA 和 DIA 的降解

4.3.2.5 Fe-C/PMS 体系在东北地区水环境修复中的应用

考虑到东北地区 ATZ 用量较大、用时较长，采集了东北地区的地下水和地表水，以此为背景水质进行催化降解实验，评估 Fe-15%C/PMS 体系的实际应用能力。上述两种水体经过滤处理后，对其主要水质组分进行测定。表 4-13 呈现了两种天然水体的水质参数，其中地表水的 UV_{254} 为 0.245、TOC 为 50.85 mg/L 和 Cl^- 浓度为 16.46 mg/L，远远高于地下水的 0.007 mg/L、8.23 mg/L 和 2.02 mg/L。此外，还对东北地下水和地表水进行了三维荧光光谱分析，如图 4-26A 所示，地表水中存在蛋白质类和腐殖质类的物质，而地下水图谱中未观察到明显的荧光信号，说明相比于地下水，地表水含有更多的杂质。进一步地，以东北地下水和地表水为背景水质，在初始 pH 值为 3.58、PMS 浓度为 0.25 mmol/L、Fe-15%C 用量为 0.06 g/L 的实验条件下，地下水中 ATZ 的降解率可达 85.5%，而地表水中的 ATZ 去除率仅为 20.3%，这可能是因为地表水中的杂质消耗了大部分活性物种，从而阻碍了 ATZ 的降解。然而，当保持溶液初始 pH 值不变，PMS 浓度和 Fe-15%C 用量分别增加到 1 mmol/L 和 0.3 g/L 时，地表水中 93.2% 的 ATZ 被降解（图 4-26C），并伴随着蛋白质类和腐殖质类物质的大幅减少（图 4-26B）。上述结果表明，Fe-15%C/PMS 体系除能降解 ATZ 外，还具有去除天然水中蛋白质和腐殖质的潜能。

表 4-13 东北地下水和地表水的水质参数

指标	单位	地下水	地表水
pH 值		7.13	7.660
UV_{254}		0.007	0.245
TOC	mg/L	8.230	50.850
Cl^-	mg/L	2.020	16.460
NO_3^-	mg/L	4.030	0.060
SO_4^{2-}	mg/L	1.790	4.680
Na^+	mg/L	23.450	8.210
K^+	mg/L	1.340	2.760
Fe^{3+}	mg/L	0.003	0.009
Al^{3+}	mg/L	未检出	0.009
Ca^{2+}	mg/L	92.810	22.830
Mg^{2+}	mg/L	40.930	50.580

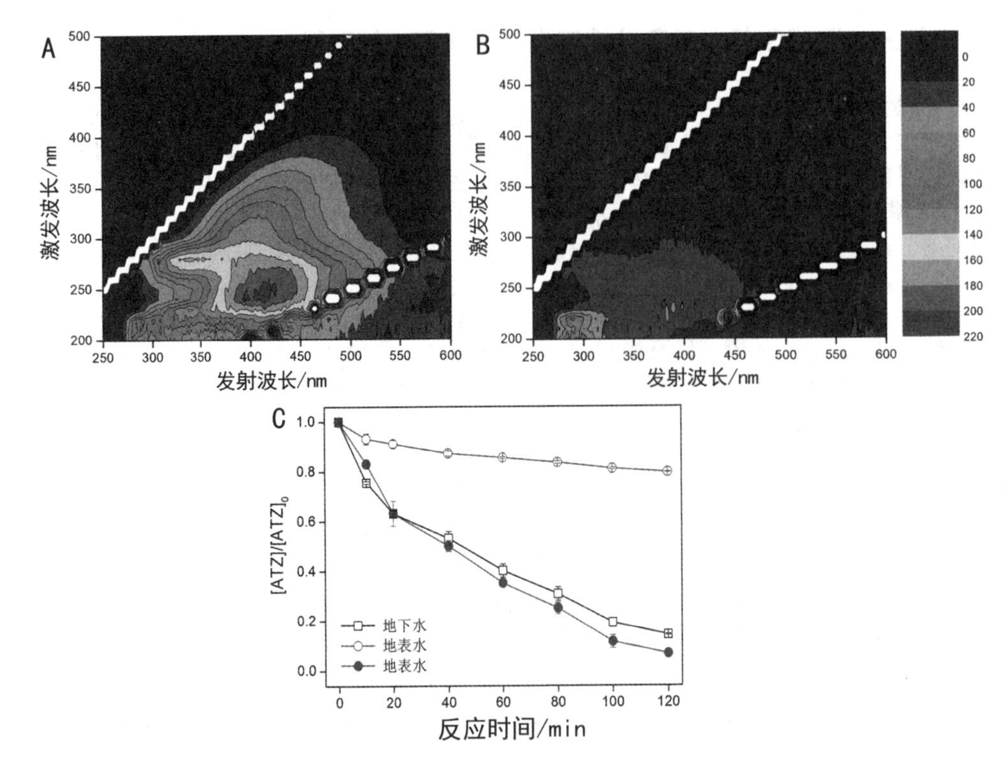

图 4-26 地表水原水（A）和经 Fe-15%C/PMS 体系处理后的地表水（B）的三维荧光光谱；Fe-15%C/PMS 体系对地下水和地表水中 ATZ 的降解（C）

4.3.3 小结

本节以 WTRs 和 PAC 为原料，以羧甲基纤维素钠为黏结剂，采用高温煅烧法制备了 Fe-C 材料，并将其作为 PMS 活化剂用于氧化降解 ATZ，探究反应体系的催化性能、活性物种、降解机制和环境应用。主要结论如下：

（1）通过改变 WTRs 和 PAC 的质量比，制备了 Fe-10%C、Fe-15%C 和 Fe-20%C 三种 Fe-C 材料，并对其主要元素、石墨化程度和晶体构成等进行表征分析。结果表明，铁碳复合材料中铁含量在 20% 左右，且主要以 Fe^0 和 Fe_3C 形态存在。

（2）以 Fe-15%C 为研究对象，构建了 Fe-15%C/PMS 体系，探究了反应参数对 ATZ 降解效能的影响。在 ATZ 浓度为 50 μmol/L、PMS 浓度为 0.25 mmol/L、Fe-15%C 用量为 0.06 g/L 的实验条件下，反应 120 min 后，ATZ 降解率可达 91.6%。适当提高 Fe-15%C 用量和 PMS 浓度能够增加活性自由基产量、促进 ATZ 降解，而较低的溶液初始 pH 值和腐殖酸浓度则更有利于催化降解过程。

（3）利用淬灭实验和 ESR 技术对活性物种进行了定性分析，发现 $\cdot OH$、$SO_4^{\cdot -}$、$^1O_2$ 和 $O_2^{\cdot -}$ 共存于 Fe-15%C/PMS 体系中。采用 LC-MS 技术对 ATZ 降解产物进行了检测和识别，对其在 Fe-15%C/PMS 体系中的转化路径进行了推测，主要包括脱氯 - 羟基化和脱烷基过程。进一步地，以东北地区的地下水和地表水为背景水质进行催化降解实验，以评估 Fe-15%C/PMS 体系在环境修复方面的实际应用性。结果表明，Fe-15%C/PMS 体系除能降解 ATZ 外，还具有去除天然水体中蛋白质和腐殖质的潜能。

4.4 农田有毒有害重金属稳定化技术

4.4.1 技术概述

随着我国经济发展，资源利用也发挥到了极致，大量的矿产资源开发和应用的农田土壤中，实现了我国用地球上 7% 的农田养活全世界近 1/5 的人口的伟大现实。然而 30 余年以来，人们对土地高强度利用和干预下，工农业生产过程中排放的有毒化学品在农田系统中逐渐残留、累积，导致了一系列农田土壤污染的重大环境问题，严重威胁了国家粮食安全、生态环境质量和人体健康。据统计，中国有 1/6 到 1/5 的耕地已经受到重金属污染，每年有 1 200 万 t 粮食被污染，相当于 4 000 万人一年的口粮，造成经济损失达 200 亿元（韦朝阳，陈同斌，2001；宋伟，陈百明，刘琳，2013）。为此我国环境保护部和国土资源部于 2014 年 4 月共同发布了《全国土壤污染状况调查公报》（陈能场等，2017），国务院于 2016 年 5 月又相继印发了《土壤污染防治行动计划》（吴媛，2020），并正式出台了环保“土十条”（代允，2018）。上述种种迹象表明我国的农田污染问题突出，也表现出我国治理农田污染的决心。

在农田污染中，重金属污染较为严重和明显，直接影响到了人的身体健康。农田土壤里的重金属多来自施肥、农药、矿产开发与冶金。如化肥，我国氮肥的使用量约为世界的 30%，为世界平均水平的 3.05 倍，磷肥的使用量为世界的 26%，为世界平均水平的 2.86 倍。使用化肥的强度平均达 400 kg/hm^2（太湖流域曾高达 600 kg/hm^2），为发达国家化肥安全使用上限的 2 倍，远远超过发达国家为防止水体污染而设置的 225 kg/hm^2 的安全标准。然而与发达国家相比，我国有近 2 000 万 hm^2 的耕地面积受到不同程度污染，污染程度较重耕地有 133 万 hm^2（约占 10%）。由于长期大量施入化肥，随着化肥进入土壤，其中包括的镉、铬、铅、砷等很多重金属（孙殿伟，2020）。可导致大量粮食含有毒有害物质，悄无声息地危害人们的身体健康。

随着我国农业现代化的进程推进，农药投入量也随之加大，农药的毒害也随之突显，特别是其中所含的重金属在土壤中大量残留富集，如一些杀菌剂（波尔多液、多宁、福美锌、代森锌等）多含有 As、Hg、Pb、Cu、Zn 等。美国密歇根州某地经常施用农药导致其土壤中 Sn 质量分数高达 112 mg/kg。

关于 Cu、Zn，我国通过农药施入达 5 000 t 和 1 200 t（樊霆，叶文玲，陈海燕，2013），对土壤污染也是呈加重趋势。

再者就是呈点状辐射性污染往往比较严重，如污水农灌。由于城市发展，城市用水排水增大，处理后的污水又是一种浪费，因此被用作农灌。早些年欧洲各国、印度等就有污水农灌的习惯，但多年后发现部分地区污染严重，如印度的东加尔各答地区土壤和大米中 Cr 和 Hg 质量分数严重超标。据我国农业农村部在污水农灌区调查，约有 64.8% 污水农灌区域受到污染，沈阳周边县（市）农田表层中 Hg、Cr、Cd、As、Pb 等质量分数均高于其土壤背景值，西辽河平原水资源匮乏，污水农灌也是多年，土壤表层重金属污染同样有着富集的表现（吴迪等，2017；安婧等，2016；成希等，2013）。

东北地区是我国重要的粮食生产基地，行政范围包括黑龙江、吉林、辽宁三省和内蒙古东部的三市一盟。全境呈三面环山、平原中开的地表结构，分布着寒温带、中温带和暖温带三个温度带，东西横贯 20 个经度，分为湿润、半湿润和半干旱三个干湿地区，气温、水分和地貌三大自然要素的交互作用，使东北地区内部形成了不同的生态地理系统，自东而西分别为东部山区林地、中部平原和西部草地，各自发挥着相应的功能和作用。东北地区是我国森林面积最大的区域，自然景观以冷湿性的森林和草甸草原景观为主，黑土为代表性土壤，是世界著名的三大黑土分布区之一。

东北地区土地资源总面积约占全国总面积的 8.3%（朱广娇，2013），2007 年全区耕地面积为 2 145.9 万 hm^2，占全国耕地总面积的 17.63%；人均耕地面积 0.20 hm^2，是全国人均耕地面积 0.09 hm^2 的 2.2 倍。耕地面积大且集中连片分布于松嫩平原、辽河平原和三江平原，其次分布于山前台地及山间盆谷地。耕地土壤比较肥沃，尤其是黑土、黑钙土、草甸黑土和草甸土，有机质和氮素含量丰富，是我国耕层有机质含量和氮素含量最高的土壤。肥沃的耕地集中连片分布使东北地区成为我国最好的一熟制作物种植区和商品粮基地。

东北地区凭借其良好的资源禀赋成为全国最大的商品粮生产基地，为中国经济的发展做出了重大贡献，同时也付出了沉重的生态环境代价。

伴随多年的开发开采，近年来东北地区的生态环境遭到了严重破坏，生态质量已达到临界点，而且生态环境的持续恶化并没有停止。资源的开发与浪费已经严重影响东北地区的可持续发展，并在很大程度上抑制了经济发展。东北地区是中国近百年来以耗竭大量自然资源和严重破坏生态环境为代价的外延型经济发展的典型地区。特别是东北土壤污染情况日益严重。

黑土区的土壤污染主要来自以下三个方面：一是农药、化肥等引起的污染。特别是磷肥，其生产原料为磷矿石，天然伴生镉。不当施用磷肥会造成土壤镉污染这已经获得国际公认（邓洪等，2018），在部分欧美国家，磷肥中的镉含量被严格立法限制。而农药组成中常含有汞、砷、铜、锌等重金属，浓度高，喷施次数多，常对作物和土壤形成直接或间接污染。特别是在土壤流失现象日益严重的今天，地力的不断下降，粮食的刚性需求和经济追求，人们将农业增产寄希望于化肥、农药等石化产品的大量投入。据黑龙江省环境检测部门调查，1995 年典型黑土区耕地平均农药用量为 1.5 kg/hm^2，化肥用量为 426 kg/hm^2。这些化肥、农药只有 30% 被利用（贾利，2005），其余部分不仅直接污染了施用地，还通过地表径流或污水灌溉污染了非施用地。二是农业缺水，已严重影响农业的发展，污水处理后用于灌溉已多年，在东北多个区域都有开展。在东北中西部的西辽河流域，污水灌溉就是个典型，多年来的污水灌溉不同程度地对土壤产生了一定的污染。三是工业的“三废”排放量增加，土壤金属污染严重，使滞留于土壤中的有害物质急剧增多。

我国是一个发展中国家，人口基数大，人口增长快。为了满足我国发展的需要，促进我国经济的发展，近年来我国工业发展十分迅速。人为因素导致大量重金属进入环境，使得水体中重金属含量超过国家标准值，即对人体具有毒害作用。重金属污染已经成为当今世界一个非常普遍的环境问题，例如云南曲靖铬渣污染（金泽平，2011）、湖南浏阳镉污染事件（丁雪，2012）、广西大新县重金属事件（刘朋雨，2018）。也就是说当前环境污染极其严重，中国的环境问题已然成为一个亟待解决的难题。现如今人们已经意识到良好的环境对人类的重要性，为了自然资源的可持续发展，研究和开发新的重金属污染治理方法尤为重要。目前，去除水体环境中重金属的方法包括化学沉淀法、氧化还原法、离子交换法、膜分离法、电化学方法、吸附法等。相对于其他方法，吸附法具有操作简单、无须添加大量化学制剂、能量消耗少等特点（Elaigwu S E et al., 2014）。在吸附法中，吸附材料是关键因子。众多吸附材料中，生物炭因其原料来源广、吸附容量大而得到越来越多的关注（Cao X，Harris W., 2010；Hu et al., 2015；Wang et al., 2015）。对于土壤中重金属修复，钟祥市南泉河重金属污染治理采用土壤固定化技术对土壤中的砷进行分离；广东清远市龙塘镇农田重金属修复，采用植物修复、深耕翻土、土壤淋洗、深层固定、固定钝化一系列技术（嵇东，孙红，2018）。但再修复过程投入极高，投入产出比差，修复效果不持续，易反复，进而困扰重金属污染区修复。

生物炭（Biochar）是生物质材料在完全缺氧或部分缺氧条件下，经低温（$<$ 700 ℃）裂解炭化产生的一类高度芳香化的、抗分解能力极强的固态物质（Hammes et al., 2007；Cornelissen and Gustafsson, 2004），吸附机制是一种无污染、低成本的物理吸附方法，吸附效果较好。生物炭改性可增加其吸附能力。

关于生物炭改性研究较多，有研究表明，对生物炭的改性可以很好地改良其吸附特性（Qiu and Ling，2006），例如改性生物炭作为水污染处理剂、巯基改性生物炭吸附水中的镉、混合改性芦苇生物炭对水中磷酸盐的吸附、高锰酸钾改性生物炭对铀的吸附、铁改性花生壳生物炭吸附除磷。表明生物炭改性可以较好地改良生物炭功能基团。

对生物炭铁锰改性，将不同用量的生物炭和不同用量的改性剂放入马弗炉里进行裂解（Ozcimen and Mericboyu, 2010）。改性后用IR、XRD、SEM用来探讨不同物料和处理方式对生物炭结构的影响，进而探究物料和生物炭的处理方式改变对生物炭结构性质的影响机制。再用AAS测量验证改性前后生物炭结构的改变对吸附造成的影响。以其为土壤重金属修复和有机废弃物的利用提供技术支持。

4.4.2 技术效果

4.4.2.1 生物炭制备及改性

（1）将经过处理的厨余垃圾用粉碎机粉碎，然后过60目筛，装密封袋中备用。以生物炭为原料，以$FeSO_4$、$KMnO_4$为改性剂（表4-14），采用二次通用旋转组合设计方法进行3因素5水平设置，共计20个处理，分别进行水热改性后离心处理、水热改性直接干燥处理、吸附离心后马弗炉处理、吸附晾干后马弗炉处理结果如表4-15、表4-16所示（Ozcimen and Mericboyu, 2010）。

表4-14 生物炭与改性剂码值对应施用量

码值	生物炭 (X1)	$KMnO_4$(X2)	$FeSO_4$(X3)
-1.681 8	6.364 1	1.145 5	1.209 2
-1	20	3.6	3.8
0	40	7.2	7.6
1	60	10.8	11.4
1.681 8	73.635 9	13.254 5	13.990 8

表 4-15 水热改性处理

序号	编码值			离心处理 C1			直接干燥处理 C2		
	C1	C2	C3	Cd/(mg/g)	Pb/(mg/g)	Cr/(mg/g)	Cd/(mg/g)	Pb/(mg/g)	Cr/(mg/g)
1	1	1	1	20.03	15.16	13.48	11.75	14.48	12.37
2	1	1	-1	9.08	14.84	12.20	3.72	14.07	14.38
3	1	-1	1	16.80	14.70	12.21	15.93	14.55	12.51
4	1	-1	-1	13.63	14.27	12.29	11.89	14.41	12.87
5	-1	1	1	13.97	15.05	12.53	12.89	15.17	13.45
6	-1	1	-1	1.53	14.89	12.76	0	14.98	14.70
7	-1	-1	1	18.75	14.79	12.17	18.41	14.28	12.61
8	-1	-1	-1	19.19	15.07	12.59	11.90	14.65	13.30
9	-1.681 8	0	0	4.89	15.10	13.06	4.25	15.16	12.92
10	1.681 8	0	0	14.35	14.60	12.18	8.76	15.14	12.67
11	0	-1.681 8	0	15.01	14.39	12.11	15.25	14.67	12.31
12	0	1.681 8	0	10.91	15.12	12.39	7.19	15.07	14.92
13	0	0	-1.681 8	2.80	14.91	12.28	1.68	14.67	13.95
14	0	0	1.681 8	15.01	14.60	12.12	15.54	14.72	12.57
15	0	0	0	12.25	14.70	12.28	12.40	14.63	13.26
16	0	0	0	13.37	14.95	12.27	13.47	15.01	13.26
17	0	0	0	13.36	15.07	12.25	13.39	15.01	13.26
18	0	0	0	13.38	15.07	12.24	13.45	14.95	13.25
19	0	0	0	13.34	15.01	12.27	13.47	15.01	13.25
20	0	0	0	13.35	15.07	12.29	13.40	14.95	13.26

4.4.2.2 样品的预处理

（1）水热改性处理

按照表 4-16 称量改性剂和生物炭，放入烧杯中，加入 50 mL 去离子水，放入超声器中，在 60 ℃条件下，振荡 30 min。转移到水热反应釜中，加到水热反应釜三分之二处，放入气氛炉，在 150 ℃下反应 4 h。待热解结束，进行离心和直接干燥 2 种处理，离心处理是在改性样品温度下降至室温后，将样品转入 100 mL 离心管中，放入离心器中，以 5 000 r/min 离心 5 min。弃去上清液，取出固体产品，即改性生物炭 C1；直接干燥处理是在热解结束，样品温度下降至室温后，取出固体产品，置于 100 ℃电热板上晾干。干燥后取出固体产品，即改性生物炭 C2。

（2）热裂解处理

将玉米秸秆用粉碎机粉碎，然后过 100 目筛，装密封袋中备用。按照表 4-16 称量改性剂和生物炭，放入坩埚中，加入 50 mL 去离子水，放入超声器中，在 60 ℃条件下，超声振荡 30 min，便于充分改性。放入离心器中，在 4 000 r/min 条件下分离 5 min，弃去上清液。再将上述得到的样品在 400 ℃的马弗炉里 4 h。待热解结束后，样品降到室温后，取出固体产品，研磨过 40 目筛，装袋备用，标记 C3。吸附晾干后热裂解处理，在同上的基础上，放在 100 ℃电热板上晾干。干燥后放入 400 ℃的马弗炉里反应 4 h。待热解结束后，样品降到室温后，取出固体产品，研磨过 40 目筛，装袋备用，标记 C4。

表 4-16 马弗炉热解改性处理

序号	编码值			吸附离心后处理			吸附晾干后处理		
	C1	C2	C3	Cd/(mg/g)	Pb/(mg/g)	Cr/(mg/g)	Cd/(mg/g)	Pb/(mg/g)	Cr/(mg/g)
1	1	1	1	12.19	12.54	15.05	7.47	14.47	12.58
2	1	1	-1	8.198	11.67	12.46	0.00	14.07	12.32
3	1	-1	1	14.53	12.02	12.22	11.65	14.54	12.29
4	1	-1	-1	4.048	8.52	12.19	7.61	14.40	12.29
5	-1	1	1	5.848	13.06	12.56	8.61	15.17	12.67
6	-1	1	-1	0.186	10.32	12.56	0.00	14.98	12.50
7	-1	-1	1	15.00	13.24	12.35	14.12	14.28	12.25
8	-1	-1	-1	12.37	14.46	12.52	7.62	14.65	12.22

续表

序号	编码值			吸附离心后处理			吸附晾干后处理		
	C1	C2	C3	Cd/(mg/g)	Pb/(mg/g)	Cr/(mg/g)	Cd/(mg/g)	Pb/(mg/g)	Cr/(mg/g)
9	-1.681 8	0	0	7.444	14.82	13.04	0	15.16	12.81
10	1.681 8	0	0	8.616	14.11	12.26	4.48	15.14	12.31
11	0	-1.681 8	0	14.510	13.24	12.23	10.97	14.67	12.20
12	0	1.681 8	0	5.567	14.82	12.64	2.91	15.07	12.31
13	0	0	-1.681 8	0	11.14	12.52	0	14.67	12.36
14	0	0	1.681 8	14.320	12.71	12.22	11.25	14.72	12.25
15	0	0	0	8.745	13.77	12.28	9.16	14.63	12.03
16	0	0	0	10.270	13.98	12.28	9.19	14.90	12.03
17	0	0	0	10.120	13.93	12.27	9.11	14.80	12.01
18	0	0	0	10.020	13.93	12.28	9.16	14.95	12.02
19	0	0	0	10.030	14.95	12.26	9.19	14.75	11.98
20	0	0	0	9.960	14.95	12.27	9.13	14.95	12.03

4.4.2.3 吸附试验

取 60 只 45 mL 的聚乙烯离心管，各加入 15 mL100 mg/kg 的 K_2Cr_2O 溶液、15 mL100 mg/kg $Pb(NO_3)_2$ 溶液、15 mL100 mg/kg $CdCl_2$ 溶液和 0.1 g 改性生物炭，利用微量振荡混匀器混匀后放入恒温振荡器中振荡，温度为 25 ℃，以 200 r/min 振荡 6 h。停止振荡后置于 5 000 r/min 的离心器中离心 5 min。用针管吸取上层清液 5 mL，放入 50 mL 容量瓶中，定容到标准刻度线后，待下一步测定。固体取出放入坩埚内，蒸干放入袋内密封，待下一步测定。

4.4.2.4 样品的测量

（1）红外分析

在玛瑙研钵中加入 KBr 粉末，再加入要测量的样品（样品含量约占总含量的 2%），在红外烤灯下对 KBr 粉末和样品充分研磨混匀。采集背景光谱后，把制成的压片放到红外光谱仪中进行测量，改性炭的光谱采集成功后对图谱进行基线校正、去除二氧化碳峰以及平滑处理。这种方法对改性生物炭的结构功能有更加深刻的认识，也是对 XRD 的炭化鉴定的补充。

（2）X- 射线衍射分析

将 60 个样品分别置于凹槽样板上并填满凹槽，再用玻璃板压平，射线衍射仪在 CuKα 辐射、Ni 滤波器、40.0 kW、40.0 mA、角度为 5° ~ 80° 条件下进行测定分析。

（3）扫描电镜

介于透射电镜和光学显微镜之间的一种微观形貌观察手段，可直接利用样品表面材料的物质性能进行微观成像。本次实验以 16 V、5m A 的电流进行扫描，放大倍数拍照得到相对较好的图片。

（4）原子吸收光谱分析

配制铅标准溶液、铬标准溶液、镉标准溶液，测定样品前制作标准曲线，相关系数达到 0.999，然后通过进样口进样，采样结束后对数据进行分析。Z-2000 原子吸收分光光度计主机条件和测定条件如表 4-17 和表 4-18 所示。

表 4-17 主机条件

主机条件	Cd	Pd
测定信号	BKG 校正	BKG 校正
信号计算	积分	积分
测定波长 /nm	228.8	283.3
波长测定方法	自动	自动
夹缝宽度	1.3	1.3
时间常数 /s	1.0	1.0
灯电流 /mA	7.5	7.5
光电倍增管负高压 /V	220	260

表 4-18 分析条件

分析条件	Cd	Pd
原子化装置	标准燃烧器	标准燃烧器
火焰的种类	Air-C_2H_2	Air-C_2H_2
燃气流量 /（L/min）	1.8	2.0
助燃气压力 /kPa	160	160
助燃气流量 /（L/min）	15	15
助燃气高度 /mm	5.0	7.5
延迟时间 /s	0	0
数据采集时间 /s	2.0	2.0

4.4.2.5 不同处理的改性生物炭对 Cd、Pb 和 Cr 的复合固定吸附作用

生物炭是有机废弃物炭化处理后的固体产物，其本身具有一定吸附作用，但其吸附效果一般，因此试验通过土壤中的自然元素 Fe 和 Mn 对生物炭进行改性，并对水溶液中 Cd、Pb 和 Cr 进行复合污染修复固定（图 4-27），发现改性后的生物炭对重金属复合修复效果为 C4 >C3 >C1 >C2，水热改性干燥处理 C2 较水热离心处理 C1 吸附效果差，表面改性剂通过干燥处理后可能对生物炭孔结构堵塞或占据了吸附位，而水热离心处理则通过离心处理将多余的改性剂除去，进而提高改性生物炭的吸附固定能力。热裂解改性生物炭 C3 和 C4 相对水热处理的吸附效果要好，这主要是水热处理的改性剂与生物炭可能以氢键结合为主，进而对重金属吸附效果较差，而热裂解处理可以将生物炭与改性剂间的氢键通过热作用缩合裂解，进而提高改性生物炭的吸附性能。改性后离心处理和将改性剂干燥于生物炭中，则优于水热改性的吸附效果，这可能是因为氢键缩合裂解减少表面改性剂空间位阻，进而需要大量的改性剂进入，表现为全部干燥热裂解处理后吸附效果明显。

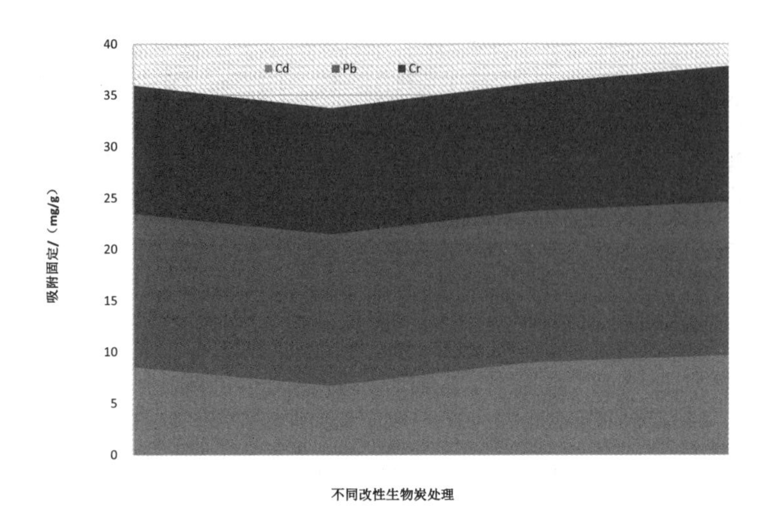

图 4-27 不同处理改性生物炭对三种重金属的复合固定吸附作用

4.4.2.6 不同处理的改性生物炭红外分析

为了进一步分析不同处理对改性生物炭的吸附固定重金属的作用机制，对 4 种处理的改性生物炭进行傅里叶红外光谱分析（见图 4-28），从图中可见，改性生物炭的红外光谱特征均有 3 447 cm^{-1}、2 920 cm^{-1}、1 596 cm^{-1}、1 444 cm^{-1}、1 108 cm^{-1}、1 012 cm^{-1}、866 cm^{-1}、631 cm^{-1}、457 cm^{-1} 波数的红外光谱吸收峰，其中特征吸收峰 3 447 cm^{-1} 为酚羟基或醇羟基的伸缩振动宽峰，2 920 cm^{-1} 附近为 CH_2 烷烃对称和 CH_3 的对称伸缩峰，1 444 cm^{-1} 和 1 596 cm^{-1} 分别为脂肪性 CH_2 对称和 CH_3 的不对称变角伸缩峰，1 108 cm^{-1} 和 1 012 cm^{-1} 主要为磺酸酯类 $R^1-SO_2-OR^2$ 对称峰和芳香磺酸 $Ar-SO_2-OH$ 的 SO_2 对称伸缩峰，866 cm^{-1} 主要为苯环截图面外弯曲振动峰，631 cm^{-1} 为亚硫酸基团，457 cm^{-1} 为硫酸基团。从图中可以看出，水热改性的生物炭含有丰富的羟基官能团，硫酸亚硫酸基团和一定的脂肪族类化合物，其中 C1 有大量的亚硫酸盐基团存在，而 C2 则主要以硫酸盐形式存在，C3 和 C4 处理因改性后大量的苯环断裂形成脂肪链基团，由于硫酸根基团参与，大量磺酸化，对于固定重金属起到重要作用，而离心处理因弃去一部分改性剂，对改性生物炭脂肪化有促进作用，而干燥处理因改性剂溶液浓缩，促进生物炭表面官能芳香（如 866 cm^{-1} 吸收峰明显）。由此可见，改性剂通过超声改性，逐渐蒸干，可以使生物炭表面大量磺酸化，改性后的生物炭对重金属的吸附固定作用改善。表面官能团丰富化，特别是磺酸化，对重金属离子的络合作用所起作用明显，说明表面官能团对生物炭吸附重金属能力起主导作用（Xu et al., 2013）。

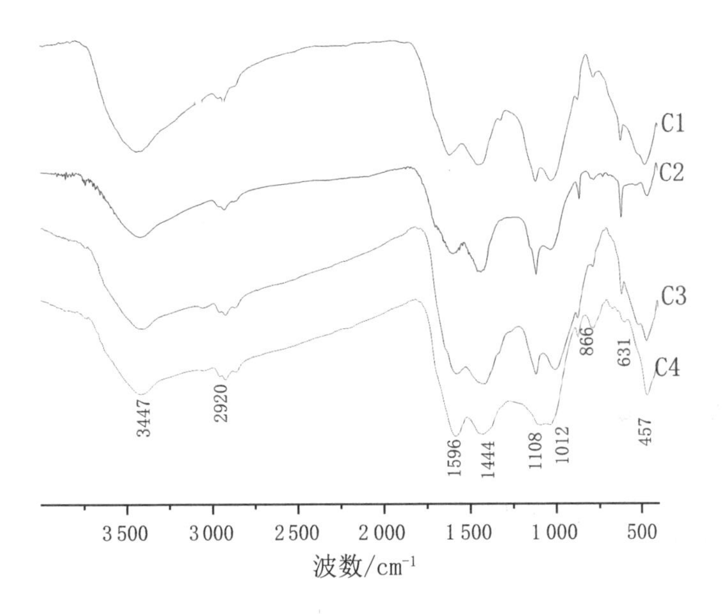

图 4-28 不同处理改性生物炭红外光谱差异

4.4.2.7 不同处理的改性生物炭 XRD 分析

改性使生物炭的结构会发生根本性变化，通过 XRD 的表征分析，结果如图 4-29 所示，2θ 角上有 10.3°、20.5°、26.8°、28°、31°、35.1°、40.8°、50.6°、60° 等衍射峰，其中 2θ 角为 10.3° 的衍射峰主要为非晶化石墨衍射峰（李长一，1992）。2θ 角为 20°、35° 的衍射峰为 α-Fe_2O_3，其中 31° 为 γ-Fe_2O_3（李文戈 等，2008），2θ 角为 12.3°、24.8°、37.6° 为酸性水钠锰矿，2θ 角为 37.6°、65.6° 为 δ-MnO_2 水钠锰矿族（沈意，2013），2θ 角为 12.8°、25.5°、37.4° 为锰钾矿（谢坤 等，2020）。在 C1 的 XRD 衍射图谱中有 20.5°、26.8°、28、73° 等衍射峰，可见其中主要含有 γ-Fe_2O_3 和锰钾矿及部分酸性水钠锰矿，C2 中有 20.5°、31°、64° 等衍射峰，说明主要含有 α-Fe_2O_3 和少量的 γ-Fe_2O_3 及水钠锰矿族 δ-MnO_2，C3 中有 25.5°、26.8°、28° 等衍射峰，主要含有 γ-Fe_2O_3 和锰钾矿及部分酸性水钠锰矿，这与 C1 处理接近，C4 中有 26.8°、31°、41°、51° 等衍射峰，主要含有 γ-Fe_2O_3、酸性水钠锰矿、δ-MnO_2 水钠锰矿族。由此可见，改性后生产产物 γ-Fe_2O_3 和水钠锰矿化合物对土壤重金属的固定起了重要的促进作用。

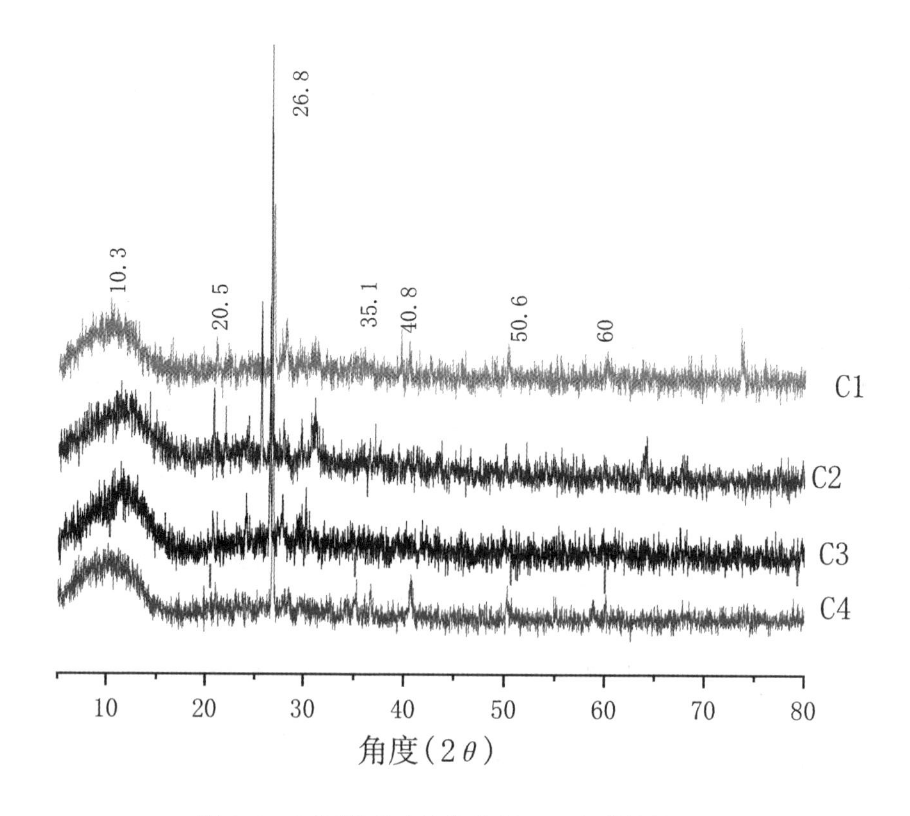

图 4-29 不同处理改性生物炭 XRD 光谱差异

4.4.2.8 不同处理的改性生物炭表面形貌分析

由图 4-30 可以看出：通过高锰酸钾、硫酸亚铁对生物炭改性的 4 种处理产物，水热、热裂解和离心去液处理对其表面形貌影响不同。图 4-30A 中，通过添加改性剂，在水热处理后，离心弃去液体部分，发现生物炭表面呈现纳米颗粒层状，而图 4-30B 则呈现颗粒状突显，表明孔已被堵塞，这可能是导致其吸附性能下降的原因。图 4-30C 除了部分负载在生物炭表面，还有大量的改性剂晶体出现，由于经过离心后进行热裂解改性，表面未有过多覆盖物，而图 4-30D 则是未经过离心处理，改性剂除了经过超声方式进行处理改性，在高温裂解下也进行了剧烈反应，从图中可见，表面附有大量改性剂覆盖物，内部呈现 50 nm 颗粒单元，在吸附重金属中也体现出较佳的效果。

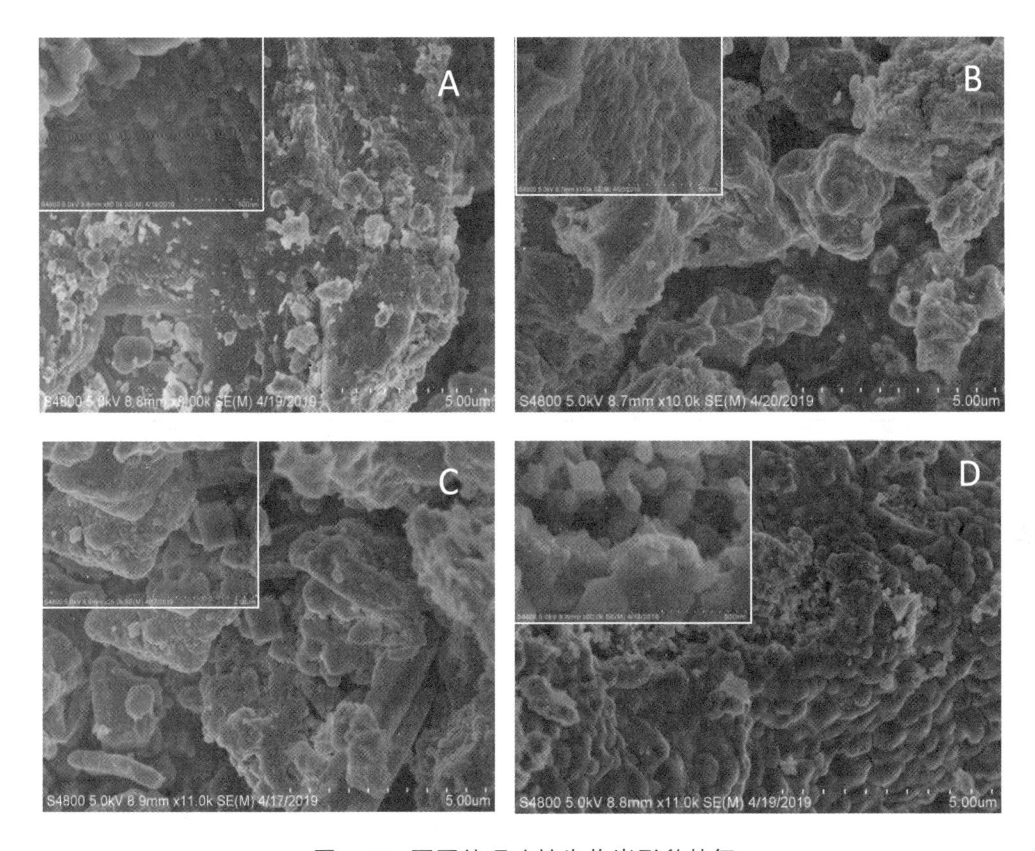

图 4-30 不同处理改性生物炭形貌特征

4.4.2.9 改性生物炭 C4 处理优化及对 Cd 的吸附固定作用

（1）二次通用旋转设计试验统计方差分析

为了进一步优化改性生物炭的吸附性能，在以上 4 个处理分析的基础上，设计二次通用旋转组合优化方案，对改性剂处理后未离心，直接进行马弗炉加热处理改性，并进行吸附试验，结果见表 4-19。通过优化设计，发现对 Cd 吸附效果较好的处理为 3、7、11、14，这与安增莉（2011）研究的结果一致。

通过二次通用旋转组合设计方案进行优化后，其对水体中重金属吸收量的回归方程如下：

$$Y=9.081\ 07+0.562\ 95X1-3.172\ 43X2+4.011\ 18X3-1.961\ 52X1^2-0.295\ 42X2^2-1.219\ 09X3^2+0.631\ 88X1X2-0.915\ 70X1X3+1.296\ 28X2X3 \quad (4-23)$$

表 4-19 干燥处理试验结果方差分析表

变异来源	平方和	自由度	均方	比值 F	P 值
X1	13 873.45	1	13 873.45	4 681.028	0.000 1
X2	440 579.4	1	440 579.4	148 655.5	0.000 1
X3	704 343.8	1	704 343.8	237 652.1	0.000 1
$X1^2$	177 737.7	1	177 737.7	59 970.34	0.000 1
$X2^2$	4 031.638	1	4031.638	1 360.312	0.000 1
$X3^2$	68 653.72	1	68 653.72	23 164.39	0.000 1
X1X2	10 238.65	1	10 238.65	3 454.614	0.000 1
X1X3	21 502.39	1	21 502.39	7 255.104	0.000 1
X2X3	43 089.81	1	43 089.81	14 538.9	0.000 1
回归	455.574 7	9	50.619 4	$F2$=17.079	0.000 1
剩余	29.637 6	10	2.963 8		
失拟	29.633	5	5.926 6	$F1$=6 409.919	0.000 1
误差	0.004 6	5	0.000 9		
总和	485.210 6	19			

由表 4-19 可以看出变异来源为 $X2$ 时 P 值小于 0.05，说明组间变异显著。对回归方程 Y 的失拟性检验 $F1$=6409.919，$F0.05(5,5)$=5.05，$F1 > F0.05$，$P < 0.001$，回归方程失拟显著说明模型拟合不当，因此需要对模型进行修改；通过剔除 α=0.10 显著水平下不显著项后，简化后的回归方程为：

$$Y= 9.081\,07+0.562\,95X1-3.172\,43X2-4.011\,18X3-1.961\,52X1^2-0.295\,42X2^2-1.219\,09X3^2+0.631\,88X1X2-0.915\,70X1X3+1.296\,28X2X3 \quad (4-24)$$

通过显著性检验 $F2$=17.079，$F0.01(10，5)$=5.74，$F2 > F0.01$ 极显著，表明所建模型的预测值与测试值很吻合。

采取优化后的组合与试验验证，结果如表 4-20 所示，重金属镉的吸附固定量为 14.19 mg/g，吸附固定量 100%，因此确定重金属吸附剂最优码值配方为 $X1$ 为 0，$X2$ 为 -1.682，$X3$ 为 1。

表 4-20 干燥处理最高值的各个因素组合

$X1$	$X2$	$X3$	Ymax
0	-1.682	1	14.19

（2）二次通用旋转设计试验统计主效应分析

对吸附回归模型采用降维法，求出 $X1$（生物炭）、$X2$（$KMnO_4$）、$X3$（$FeSO_4$）一元降维偏因子回归模型并作图（见图 4-31）。从中可见，$X2$ 对重金属 Cd 吸附影响最为明显，其次为 $X3$，最后为 $X1$，由此表明通过 Fe、Mn 改性可提高生物炭对重金属 Cd 的吸附固定能力。从添加量的码值来看，当 $X2$ 和 $X3$ 固定为 0 时，随着码值增加 $X1$ 呈先增加后降低的趋势，最大吸附固定量为 9.117 mg/g；$X2$ 随着码值增加呈现下降趋势，可能是高锰酸钾在改性过程中对生物炭表的破坏，会影响生物炭的吸附固定；$X3$ 随着码值增加呈增加的趋势，在码值达 1.6 时其吸附量达到最大，为 12.297 mg/g。

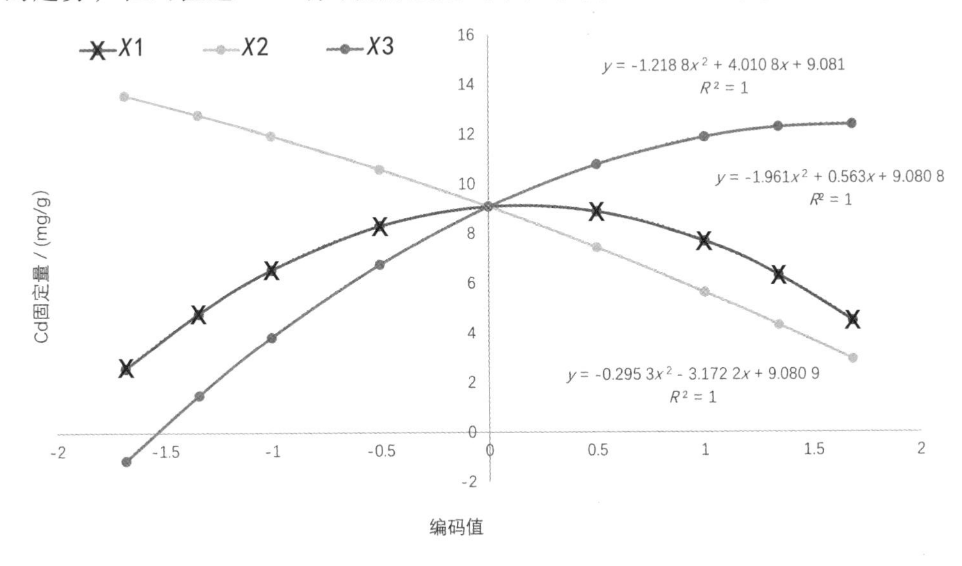

图 4-31 干燥处理单因子效应分析（其他因子为零水平）

（3）二次通用旋转设计试验统计交互效应分析

通过一阶降维后分析 $X1$、$X2$ 的交互效应（图 4-32），从码值可见当 $X1$ 在 -1.681 8 ~ -0.5 区间对重金属 Cd 的吸附量可达 10 ~ 15 mg/g，随着生物炭的码值增加，高锰酸钾改性的促进表现一般，但均表现为码值在 -0.5 ~ 0.5 可在一定程度上改善生物炭的吸附固定性能。

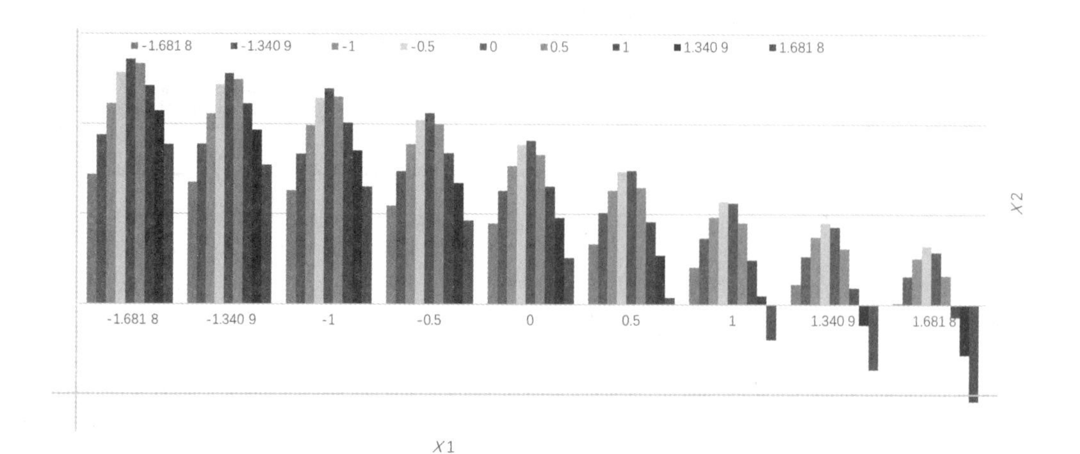

图 4-32 水平 *X*1*X*2 两因子互作效应分析

通过一阶降维后分析 *X*1、*X*3 的交互效应（图 4-33），从码值可见当 X1 在 0.5 ~ 1.681 8 区间和 *X*3 在 -1.341 ~ 0.5 区间对重金属 Cd 的吸附量可达 10 ~ 15 mg/g，随着生物炭的码值增加，硫酸亚铁对生物炭改性的促进表现较好，但均表现为码值在 -1.341 ~ 0.5 可在一定程度上改善生物炭的吸附固定性能。

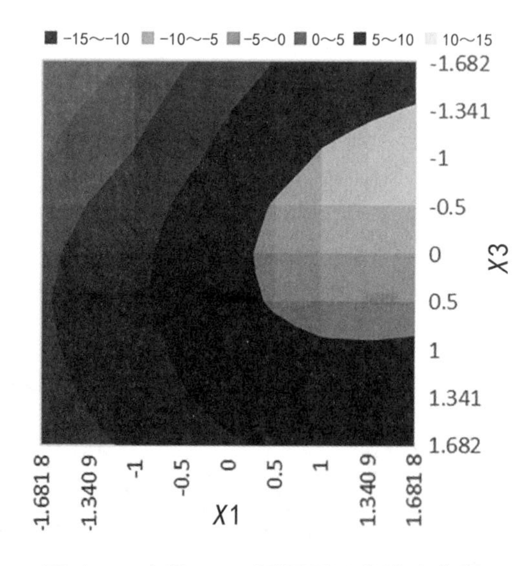

图 4-33 水平 X1X3 两因子互作效应分析

通过一阶降维后分析 *X*2、*X*3 的交互效应（图 4-34），从码值可见当 *X*2 在 -0.5 ~ 1.681 8 区间高锰酸钾对重金属 Cd 的吸附量可达 10 ~ 20 mg/g，随着生物炭的码值增加，硫酸亚铁对高锰酸钾的影响降低，说明硫酸亚铁的加入加强了对高锰酸钾还原，进而降低对重金属的吸附固定。由此可见，在生物炭改性过程中强化对改性剂分开改性，将会增强对重金属 Cd 的吸附固定效果。

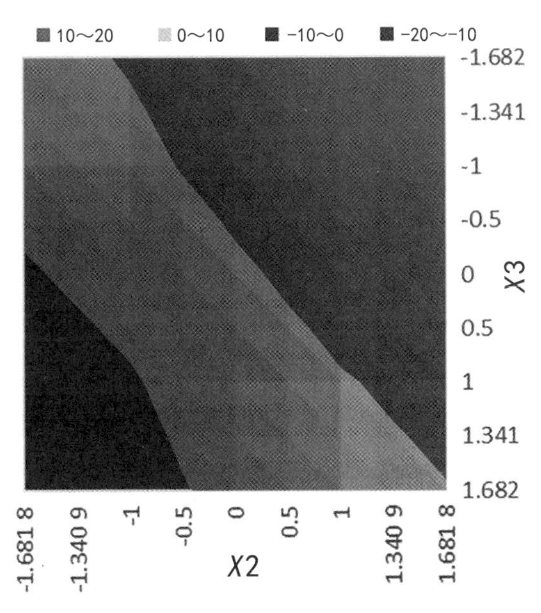

图 4-34 水平 X2X3 两因子互作效应分析

4.4.2.10 改性生物炭 C4 优化及对 Pb 的吸附固定作用

（1）二次通用旋转设计试验统计方差分析

通过改性生物炭对重金属 Pb 进行吸附试验，通过优化设计，发现对 Pb 吸附固定效果好的处理为 5、6、9、10、12。通过二次通用旋转组合设计方案进行统计分析得出表 4-21 以及经改性溶液超声改性后直接到马弗炉加热改性，经 2 h 处理后，其对水体中重金属 Pb 吸收含量的回归方程：

$$Y=14.840\ 84-0.1196\ 2X1+0.109\ 30X2+0.032\ 52X3+0.041\ 54X1^2-0.057\ 45X2^2-0.119\ 32X3^2-0.202\ 50X1X2+0.090\ 00X1X3+0.102\ 50X2X3 \quad (4-25)$$

表 4-21 干燥处理试验结果方差分析表

变异来源	平方和	自由度	均方	比值 F	P 值
$X1$	0.710 7	1	0.710 7	12.062 7	0.006 0
$X2$	0.593 4	1	0.593 4	10.071 4	0.009 9
$X3$	0.052 5	1	0.052 5	0.891 4	0.367 4
$X1^2$	0.090 5	1	0.090 5	1.535 4	0.243 6
$X2^2$	0.173 0	1	0.173 0	2.936 2	0.117 4
$X3^2$	0.746 2	1	0.746 2	12.666 0	0.005 2
$X1X2$	1.1930	1	1.193 0	20.250 0	0.001 1
$X1X3$	0.235 7	1	0.235 7	4.000 0	0.073 4
$X2X3$	0.305 7	1	0.305 7	5.188 3	0.046 0
回归	1.133 9	9	0.126 0	$F2$=2.138	0.134 0
剩余	0.589 2	10	0.058 9		
失拟	0.508 2	5	0.101 6	$F1$=6.274	0.006 9
误差	0.081 0	5	0.016 2		
总和	1.723 3	19			

由表 4-21 可以看出，变异源为 $X1$ 时，F 值最大，且其 P 值小于 0.05，说明处理间效应最明显，其次为变异源为 $X2$，其 P 值小于 0.05，其处理间效应显著；变异来源为 $X3^2$ 时，F 值最大，其 P 值小于 0.01，说明处理间效应最明显；变异来源为 $X1X2$ 时，F 值最大，且其 P 值小于 0.05，说明处理间效应最明显，其次为变异来源 $X2X3$。通过方差分析和回归检验，回归方程的失拟性检验 $F1 = 6.274$，$F0.05\ (5, 3) = 9.01$，$F1 < F0.05$，$P < 0.001$，回归方程失拟不显著，说明模型符合试验要求，通过剔除 α =0.10 显著水平下不显著项后，简化后的回归方程：

$$Y=4.840\ 84-0.119\ 62X1+0.109\ 30X2-0.119\ 32X3^2 0.202\ 50X1X2 0.090\ 00X1X3+0.102\ 50X2X3 \quad (4-26)$$

通过显著性检验 $F2$ =2.138，$F0.05\ (9, 10)$ =3.02，$F2 < F0.05$ 极显著，

表明所建模型的预测值与测试值很吻合。

采取优化后的组合与试验验证，结果如表 4-22 所示，重金属 Pb 的吸附固定量为 15.8 mg/g，吸附固定量 100%，因此确定重金属吸附剂最优码值配方为 $X1$ 为 -1.682，$X2$ 为 1.682，$X3$ 为 0。

表 4-22 干燥处理最高值的各个因素组合

$X1$	$X2$	$X3$	Ymax
-1.682	1.682	0	15.8

（2）二次通用旋转设计试验统计主效应分析

对吸附回归模型采用降维法，求出 $X1$（生物炭）、$X2$（$KMnO_4$）、$X3$($FeSO_4$) 一元降维偏因子回归模型并作图（见图 4-35）。从中可见，$X2$ 对重金属 Pb 吸附影响最为明显，其次为 $X1$，最后为 $X3$，由此表明生物炭对重金属 Pb 的吸附固定起主导作用，而 Fe、Mn 改性可辅助提高。从添加量的码值上看，当 $X2$ 和 $X3$ 固定为 0 时，随着码值增加 $X1$ 呈降低的趋势；在码值为 -1.682 时，其对重金属 Pb 的吸附量达到最大，为 15 mg/g，当 $X1$ 和 $X3$ 固定为 0 时，$X2$ 随着码值增加呈增加的趋势，在码值为 1.682 时，其对重金属 Pb 的吸附量达到最大，为 15 mg/g，当 $X1$ 和 $X2$ 固定为 0 时，$X3$ 随着码值增加呈增加的趋势，在用量达 1.6 时其吸附量达到最大，为 14.841 mg/g。

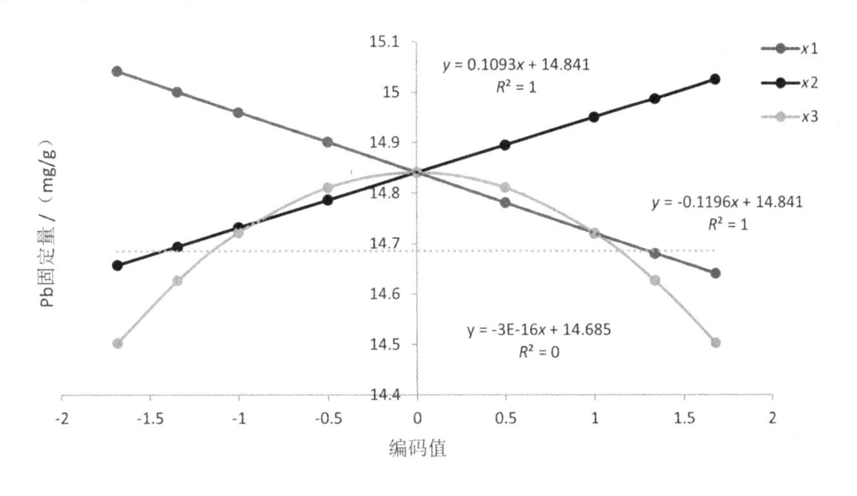

图 4-35 干燥处理单因子效应分析（其他因子为零水平）

（3）二次通用旋转设计试验统计交互效应分析

通过一阶降维后分析 $X1$、$X2$ 交互效应（图 4-36），可见当 $X1$

在 0 ~ 1.681 8 区间对重金属 Pb 的吸附量可达 15.0 ~ 15.5 mg/g，随着生物炭的码值增加，高锰酸钾改性在较低用量时就可以表现较好的促进作用，多反而破坏了生物炭的表面结构，影响了吸附作用，码值在 -1.681 8 ~ -0.5 可在一定程度上改善生物炭的吸附固定性能。

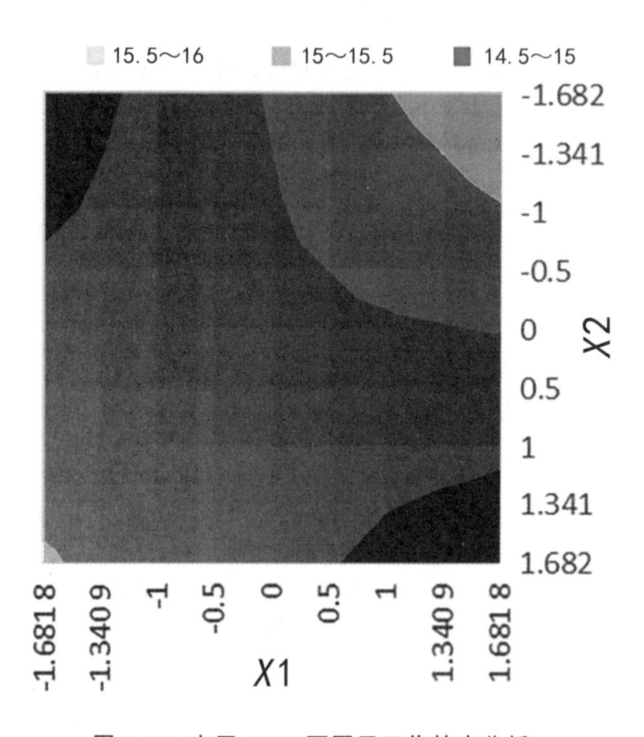

图 4-36 水平 X1X2 两因子互作效应分析

通过一阶降维后分析 X1、X3 的交互效应（图 4-37），可见当 X1 在 -1.681 8 ~ 0 区间和 X3 在 -1.681 8 ~ -1.341 区间对重金属 Pb 的吸附量可达 15.5 ~ 15 mg/g，随着生物炭的码值增加，硫酸亚铁对生物炭改性受到抑制，但均表现为码值在 -1.681 8 ~ -1.341 可在一定程度上改善生物炭的吸附固定性能。

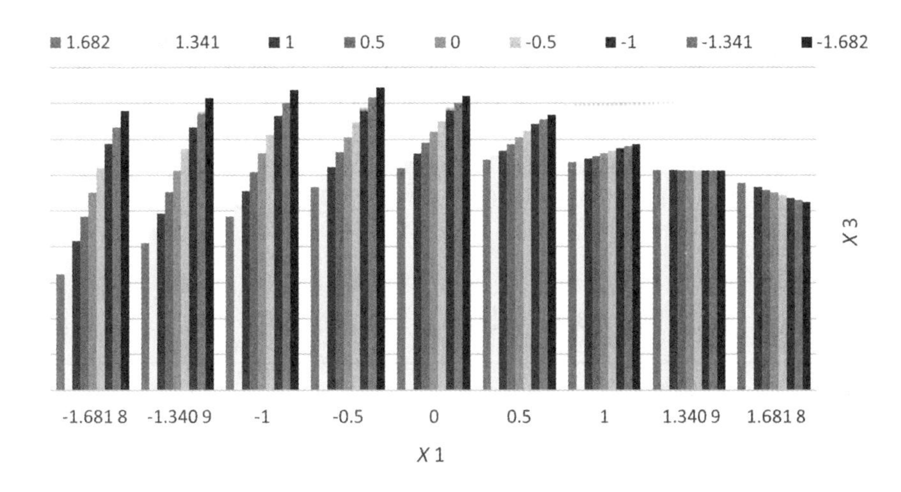

图 4-37 水平 $X1X3$ 两因子互作效应分析

通过一阶降维后分析 $X2$、$X3$ 的交互效应（图 4-38），可见当 $X2$ 在 0 ~ 1.681 8 区间高锰酸钾对重金属 Pb 的吸附量可达 15.0 ~ 15.7 mg/g，随着高锰酸钾的码值增加，硫酸亚铁码值增加，可加强生物炭对重金属 Pb 的吸附固定。由此可见，2 种改性剂不仅优化生物炭本身吸附固定性能，而且其本身也具有对重金属吸附固定的作用。

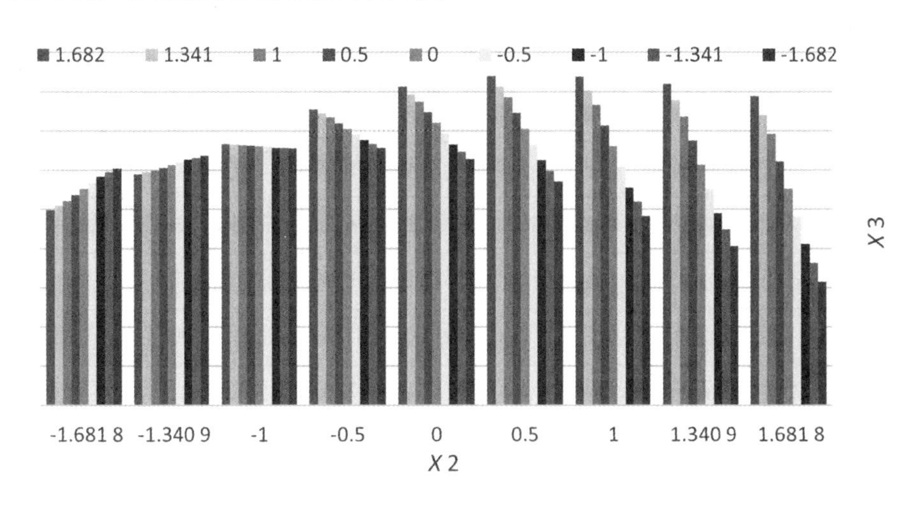

图 4-38 水平 $X2X3$ 两因子互作效应分析

4.4.2.11 改性生物炭 C4 优化及对 Cr 的吸附固定作用

（1）二次通用旋转设计试验统计方差分析

通过改性生物炭对重金属 Cr 进行吸附试验，通过优化设计，发现对 Cr

吸附固定效果较好的处理为1、5、6、9。通过二次通用旋转组合设计方案进行统计分析得出表4-23以及经改性溶液超声改性后直接到马弗炉加热改性，经2 h处理后，其对水体中重金属吸收量的回归方程：

$$Y=12.016\ 73-0.073\ 29X1+0.088\ 23X2+0.020\ 14X3+0.191\ 10X1^2+0.083\ 26X2^2+0.100\ 94X3^2-0.047\ 50X1X2+0.007\ 50X1X3+0.050\ 00X2X3 \tag{4-27}$$

表4-23 干燥处理试验结果方差分析表

变异来源	平方和	自由度	均方	比值 F	P 值
$X1$	2.189 2	1	2.189 2	189.711 6	0.000 1
$X2$	3.173 1	1	3.173 1	274.969 9	0.000 1
$X3$	0.165 3	1	0.165 3	14.321 4	0.003 6
$X1^2$	15.706 6	1	15.706 6	1361.078 0	0.000 1
$X2^2$	2.981 8	1	2.981 8	258.394 8	0.000 1
$X3^2$	4.382 4	1	4.382 4	379.761 5	0.000 1
$X1X2$	0.538 7	1	0.538 7	46.681 0	0.000 1
$X1X3$	0.013 4	1	0.013 4	1.1638 0	0.306 0
$X2X3$	0.596 9	1	0.596 9	51.724 1	0.000 1
回归	0.895 3	9	0.099 5	$F2$=8.620	0.001 7
剩余	0.115 4	10	0.011 5		
失拟	0.113 5	5	0.022 7	$F1$=58.689	0.000 1
误差	0.001 9	5	0.000 4		
总和	1.010 2	19			

由表4-23可以看出变异源为$X2$时，F值最大，且其P值小于0.01，说明处理间效应最明显，其次为变异源为$X1$，其P值小于0.01，其处理间效应极显著；变异来源为$X1^2$时，F值最大，其次为$X2^2$和$X3^2$，其P值小于0.01说明处理间效应最明显；变异来源为$X2X3$时，F值最大，且其P值小于0.01，说明处理间效应最明显，其次为变异来源为$X1X2$。通过方差分析和回归检验，回归方程的失拟性检验$F1 = 58.689$，$F0.05(5，5) = 5.05$，$F1 >$

$F0.05$，$P < 0.001$，回归方程失拟显著，说明模型拟合不当，需要对模型进行修改，通过剔除 α =0.10 显著水平下不显著项后，简化后的回归方程：

$$Y=12.01673-0.0733X1+0.0882X2+0.0201X3+0.1911X1^2+0.0833X2^2+0.1009X3^2-0.0475X1X2+0.0500X2X3 \quad (4-28)$$

通过显著性检验 $F2$=8.620，$F0.05(9，10)$=3.02，$F2>F0.05$ 显著，表明所建模型的预测值与测试值很吻合。

采取优化后的组合与试验验证，结果如表 4-24 所示，重金属 Cr 的吸附固定量为 13.66 mg/g，吸附固定量 100%，因此确定重金属吸附剂最优码值配方为 $X1$ 为 -1.682，$X2$ 为 1.682，$X3$ 为 1.682。

表 4-24 干燥处理最高值的各个因素组合

$X1$	$X2$	$X3$	Ymax
-1.682	1.682	1.682	13.66

（2）二次通用旋转设计试验统计主效应分析

对吸附回归模型采用降维法，求出 $X1$（生物炭）、$X2$（$KMnO_4$）、$X3$（$FeSO_4$）一元降维偏因子回归模型并作图（见图 4-39）。从中可见，随着生物炭及改性剂码值增加，吸附固定均呈先降低后增加的趋势，表明在改性剂改性过程中对 Cr 的吸附存在 2 种机制，在低的应用量情况下，改性生物炭主导吸附，而增加用量后则为改性剂主导吸附固定。从单因素分析，$X1$ 对重金属 Cr 吸附影响最为明显，其次为 $X2$，最后为 $X3$，也表明生物炭对重金属 Cr 的吸附固定起主导作用。

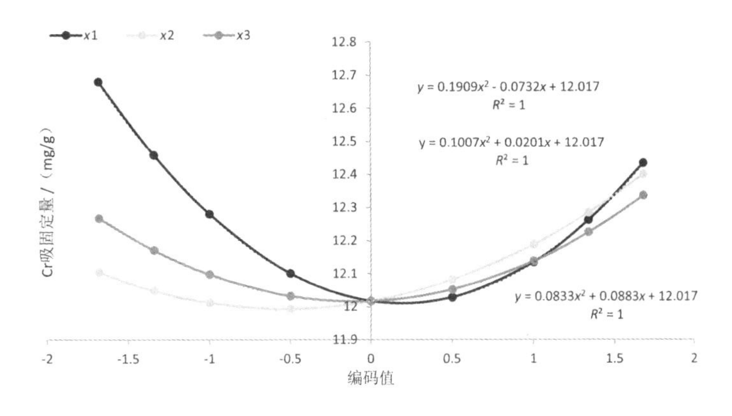

图 4-39 干燥处理单因子效应分析（其他因子为零水平）

（3）二次通用旋转设计试验统计交互效应分析

通过一阶降维后分析 $X1$、$X2$ 交互效应（图 4-40），可见当 $X1$ 在 1.340 9 ~ 1.681 8 区间对重金属 Cr 的吸附量可达 10 ~ 15 mg/g，随着生物炭的码值增加，高锰酸钾改性存在 2 种机制，高用量时高锰酸钾主导吸附，低用量时以改性生物炭自主吸附为主，且在高锰酸钾的码值在 -1.681 8 ~ -1.340 9 可在一定程度上改善生物炭的吸附固定性能。

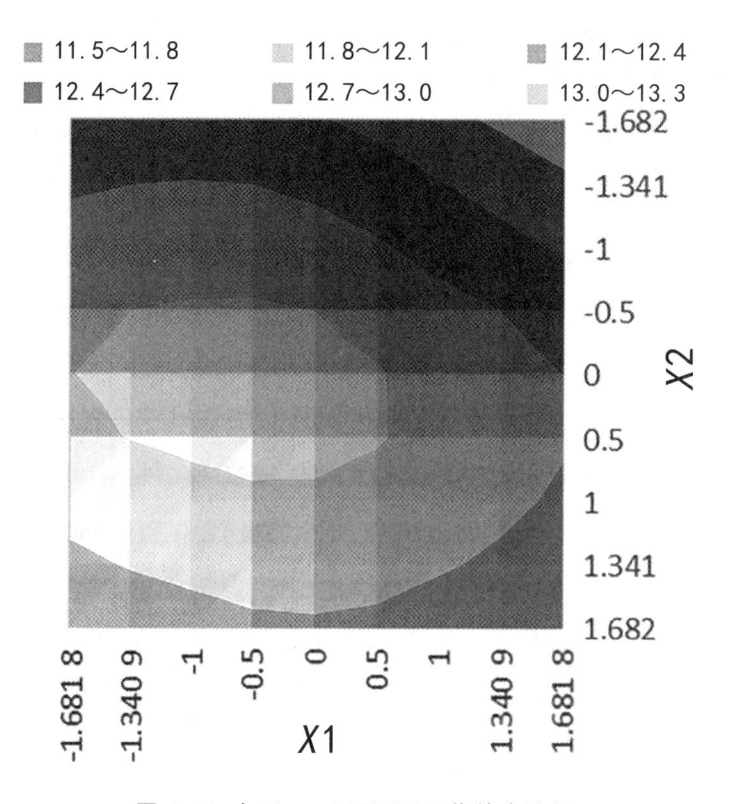

图 4-40 水平 $X1X2$ 两因子互作效应分析

通过一阶降维后分析 $X1$、$X3$ 交互效应（图 4-41），可见当 $X1$ 在 1.4 ~ 1.681 8 区间和 $X3$ 在 -1.5 ~ -1.681 8 区间对重金属 Cr 的吸附量可达 12.9 ~ 13.2 mg/g，可见随着生物炭的码值增加，硫酸亚铁对生物炭改性也存在 2 种机制，高剂量改性可能堵塞生物炭表面吸附位从而降低了生物炭的吸附性能，但用量继续增大，形成 α-Fe_2O_3 增加，则转变为改性炭的 α-Fe_2O_3 吸附为主，但低剂量表明改性促进吸附，主要表现在硫酸亚铁码值在 -1.341 ~ -1.681 8 可在一定程度上改善生物炭的吸附固定性能，从经济的角度看也是比较合适的。

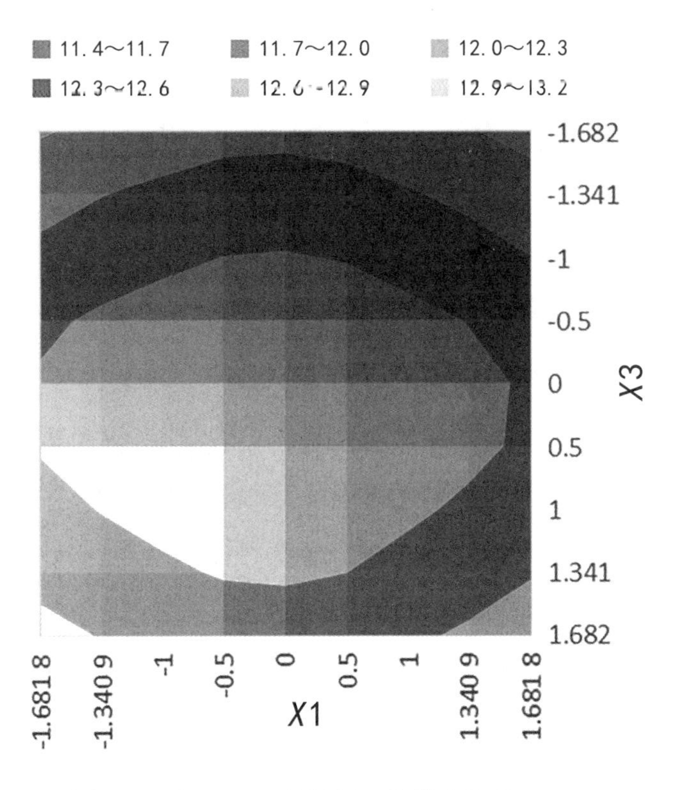

图 4-41 水平 *X*1*X*3 两因子互作效应分析

通过一阶降维后分析 *X*2、*X*3 交互效应（图 4-42），可见当 *X*2 在 -0.5 ~ 1.681 8 区间高锰酸钾对重金属 Cr 的吸附量可达 10 ~ 20 mg/g，随着生物炭的码值增加，硫酸亚铁对高锰酸钾的影响降低，说明硫酸亚铁的加入加强了对高锰酸钾还原，进而降低对重金属的吸附固定。由此可见，在生物炭改性过程中强化对改性剂分开改性，将会增强对重金属 Cr 的吸附固定效果。

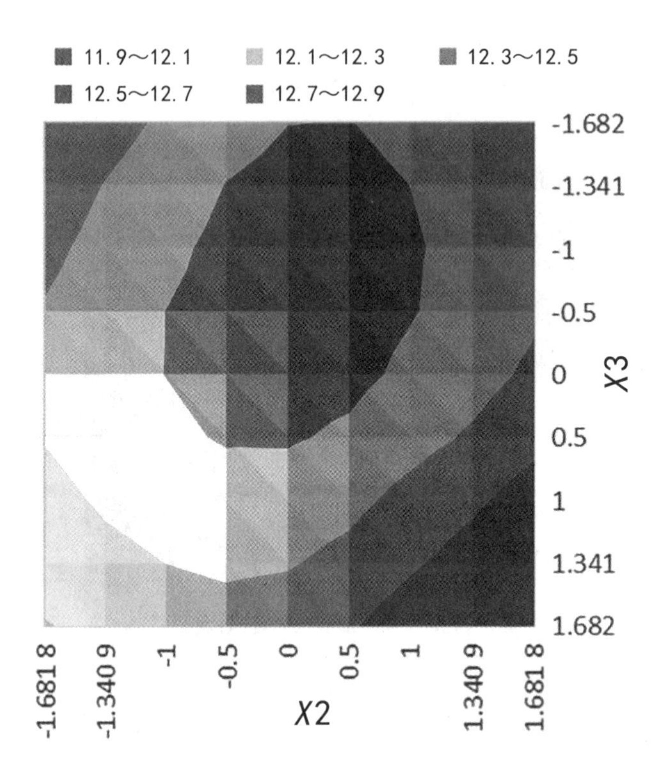

图 4-42 水平 *X2X3* 两因子互作效应分析

4.4.2.12 改性生物炭 C4 对 Cd、Pb 和 Cr 多种重金属复合吸附相关性

改性生物炭对多种重金属污染的修复，对修复重金属种类有所区别，从图 4-43 可知，改性生物炭在吸附固定重金属 Cd 时，对 Pb 的吸附存在一定的拮抗作用，通过线性相关回归分析不显著性负相关，说明吸附 Cd 时会减少 Pb 的吸附。从图中分布特征看，在 Cd 的吸附量达 9 ~ 10 mg/g 时，会影响 Pb 吸附的下降。可能 Cd 使生物炭表面结构发生改变，影响 Pb 吸附位的稳定性，导致了对 Pb 吸附能力下降。

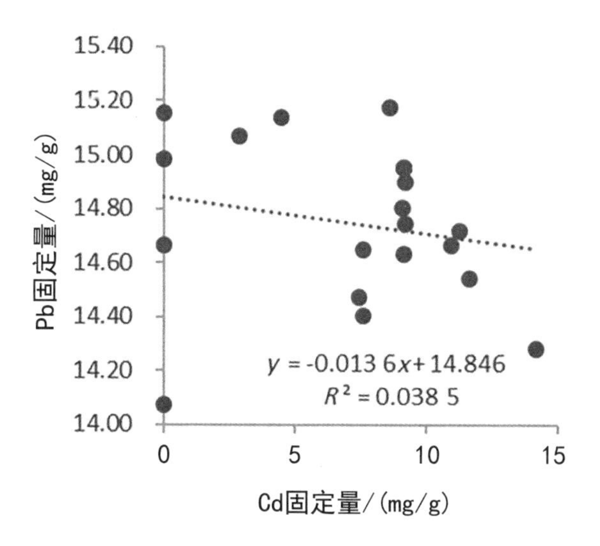

图 4-43 改性生物炭吸附固定 Cd 与 Pb 的含量相关性

从图 4-44 可知，改性生物炭在吸附固定重金属 Cd 时，对 Cr 的吸附存在拮抗作用，线性回归负相关，说明吸附 Cd 时会减少 Cr 的吸附。但从图中分布特征看，Cd 的吸附量并不会影响 Cr 吸附。对 Cr 的吸附量在 12.3 mg/g 附近有个相对恒定的值，也表明改性剂对生物炭吸附 Cr 重金属的提升作用不大。

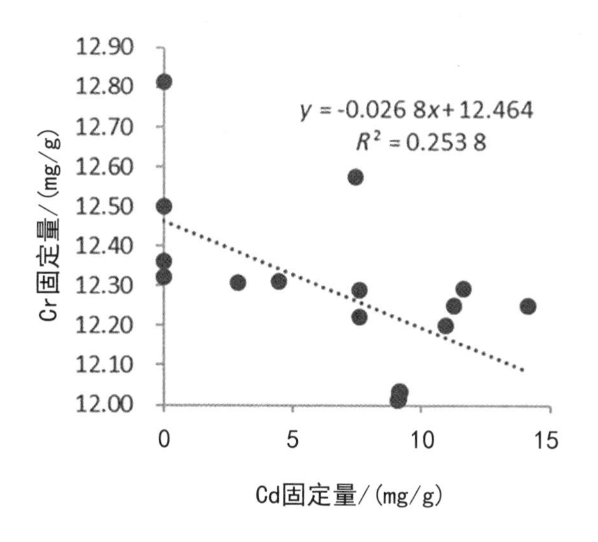

图 4-44 改性生物炭吸附固定 Cd 与 Cr 的含量相关性

从图 4-45 可知，改性生物炭在吸附固定重金属 Pd 时，对 Cr 的吸附存在协同作用，呈线性回归正相关，说明吸附 Pd 时会减少 Cr 的吸附。但从图中分布特征看，在 Pb 的吸附固定量为 14 ~ 15 mg/g 时，对 Cr 的吸附固定量下降，说明改性剂对生物炭改性会改变生物炭的吸附取向，进而可选择性吸附某种重金属。

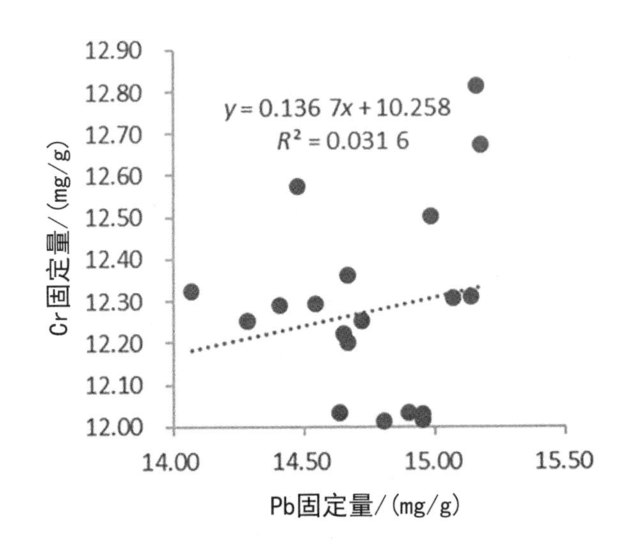

图 4-45 改性生物炭吸附固定 Pb 与 Cr 的含量相关性

4.4.2.13 改性生物炭 C4 优化及对 Cd、Pb 和 Cr 的复合吸附回归分析

（1）二次通用旋转设计试验统计方差分析

通过改性生物炭对 3 种重金属复合吸附试验。通过优化设计，改性生物炭对 3 种重金属复合吸附固定效果较好的处理为 3、7、11、14。通过二次通用旋转组合设计方案进行统计分析得出下表 4-25 以及经改性溶液超声改性后直接到马弗炉加热改性，经 2 h 处理后，其对水体中 3 种重金属复合吸收含量的回归方程：

$$Y=35.936\ 41+0.094\ 10X1-2.620\ 30X2+3.389\ 19X3-1.693\ 11X1^2-0.240\ 83X2^2-0.747\ 79X3^2-0.084\ 82X1X2-0.354\ 72X1X3+0.842\ 32X2X3 \tag{4-29}$$

表 4-25 干燥处理试验结果方差分析表

变异来源	平方和	自由度	均方	比值 F	P 值
$X1$	18.361 2	1	18.361 2	6.725 2	0.026 8
$X2$	14 237.05	1	14 237.050 0	5 214.653 3	0.000 1
$X3$	23 818.28	1	23 818.280 0	8 724.006 1	0.000 1
$X1^2$	6 272.477	1	6 272.477 0	2 297.442 5	0.000 1
$X2^2$	126.905 5	1	126.905 5	46.482 1	0.000 1
$X3^2$	1 223.561	1	1 223.561 0	448.158 0	0.000 1
$X1X2$	8.739 6	1	8.739 6	3.201 1	0.103 9
$X1X3$	152.840 6	1	152.840 6	55.981 5	0.000 1
$X2X3$	861.819 2	1	861.819 2	315.661 6	0.000 1
回归	303.709 1	9	33.745 5	$F2$=12.360	0.000 4
剩余	27.302 0	10	2.730 2		
失拟	27.212 1	5	5.442 4	$F1$=302.667	0.000 1
误差	0.089 9	5	0.018 0		
总和	331.017 2	19			

由表 4-25 可以看出变异源为 $X3$ 时，F 值最大，其次为变异源为 $X2$，且其 P 值小于 0.01，说明处理间效应最明显，最后为 $X1$，其 P 值小于 0.05，其处理间效应显著；变异来源为 $X1^2$ 时，F 值最大，其次为 $X3^2$ 和 $X2^2$，和其 P 值小于 0.01，说明处理间效应最明显；变异来源为 $X2X3$ 时，F 值最大，且其 P 值小于 0.01，说明处理间效应最明显，其次为变异来源 $X1X3$。通过方差分析和回归检验，回归方程的失拟性检验 $F1$ = 302.667，$F0.05(5, 5)$，$F1>F0.05$，$P < 0.001$，回归方程失拟显著，说明模型拟合不当，需要对模型进行修改，通过剔除 α =0.10 显著水平下不显著项后，简化后的回归方程：

$$Y=35.936\ 41+0.094\ 10X1-2.620\ 30X2+3.389\ 19X3-1.693\ 11X1^2-0.240\ 83X2^2-0.747\ 79X3^2-0.354\ 72X1X3+0.842\ 32X2X3 \tag{4-30}$$

通过显著性检验 $F2$ = 12.360，$F0.05(9, 10)$ =3.02，$F2>F0.05$ 显著，表

明所建模型的预测值与测试值很吻合。

采取优化后的组合与试验验证，结果如表 4-26 所示，对三种重金属复合吸附固定量为 40.89 mg/g，吸附固定量 90.9%，因此确定重金属吸附剂最优码值配方为 $X1$ 为 0，$X2$ 为 −1.682，$X3$ 为 1。

表 4-26 干燥处理最高值的各个因素组合

$X1$	$X2$	$X3$	Ymax
0	−1.682	1	40.89

（2）二次通用旋转设计试验统计主效应分析

对吸附回归模型采用降维法，求出 $X1$（生物炭）、$X2$（$KMnO_4$）、$X3$（$FeSO_4$）一元降维偏因子回归模型并作图（见图 4-46）。从中可见，当 $X2$ 和 $X3$ 固定为 0 时，随着码值的增加，$X1$ 对 3 种重金属复合吸附呈先增加后降低的趋势；当 $X1$ 和 $X3$ 固定为 0 时，$X2$ 随着码值增加呈现下降趋势；当 $X1$ 和 $X2$ 固定为 0 时，$X3$ 随着码值增加呈增加的趋势。

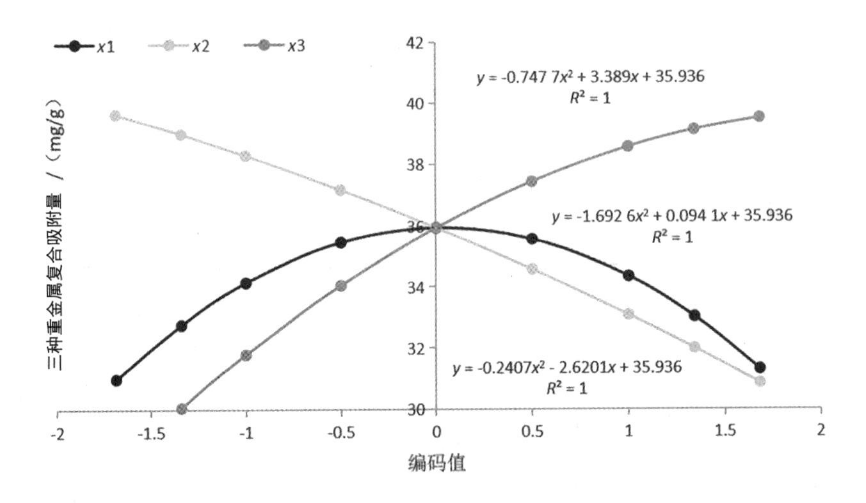

图 4-46 干燥处理单因子效应分析（其他因子为零水平）

（3）二次通用旋转设计试验统计交互效应分析

通过一阶降维后分析 $X1$、$X2$ 交互效应（图 4-47），可见当 $X1$ 码值在 1 ~ 1.681 8 区间对 3 种重金属的复合吸附量可达 37 ~ 40 mg/g，随着生物炭的码值增加，高锰酸钾改性存在 2 种机制，高用量时为高锰酸钾主导的吸附，低用量时为改性生物炭自主吸附为主，且在高锰酸钾的码值为 −1.682 ~ −1.341 可在一定程度上改善生物炭的吸附固定性能，达到处理吸附的最高值。

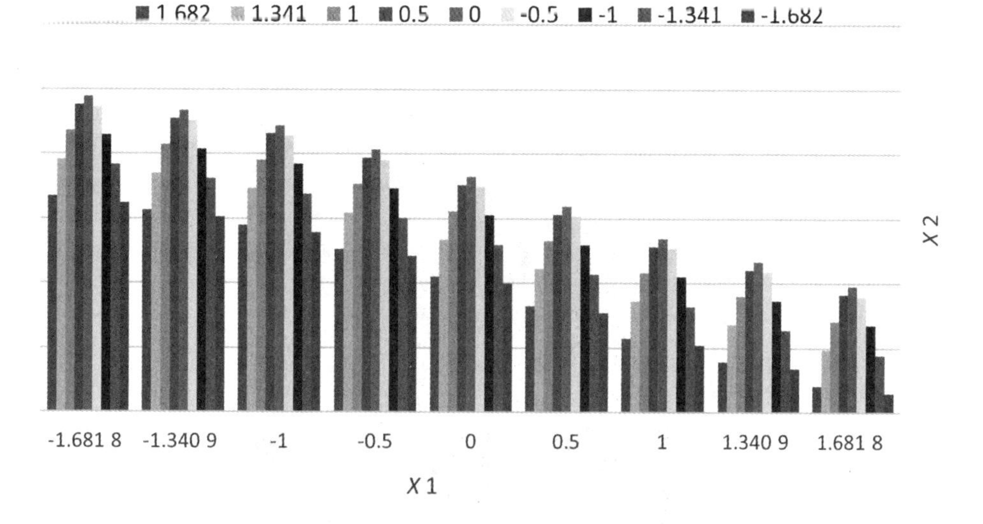

图 4-47 水平 X1X2 两因子互作效应分析

通过一阶降维后分析 X1、X3 交互效应（图 4-48），可见当 X1 码值在 0 ~ 1.681 8 区间和 X3 在 1.341 ~ -1.681 8 区间对 3 种重金属的复合吸附量可达 35 ~ 40 mg/g，可见随着生物炭的码值增加，硫酸亚铁用量的增加呈先升高后降低的趋势，硫酸亚铁码值在 1.341 ~ -1.681 8 较大的用量范围均可改善生物炭的吸附性能，这与单独吸附某种重金属有所不同，可能也存在拮抗和协同的过程。

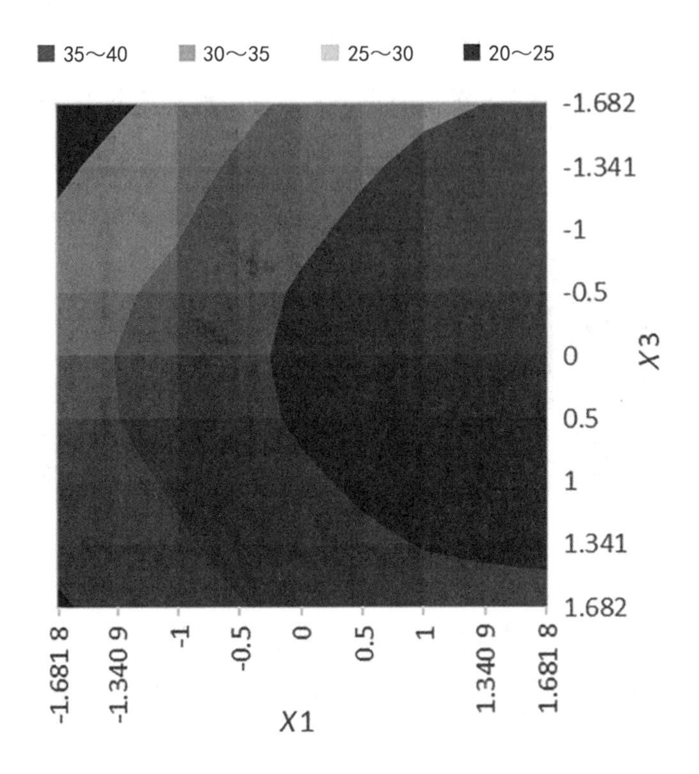

图 4-48 水平 $X1X3$ 两因子互作效应分析

通过一阶降维后分析 $X2$、$X3$ 交互效应（图 4-49），可见当 $X2$ 码值在 0 ~ 1.681 8 区间，和 $X3$ 码值在 -1.681 8 ~ -0.5 区间，对 3 种重金属的复合吸附量可达 40 ~ 45 mg/g，随着改性剂硫酸亚铁的码值增加，高锰酸钾的影响降低，说明硫酸亚铁的加入加强了对高锰酸钾还原，进而降低对重金属的吸附固定。由此可见，在生物炭改性过程中强化对改性剂分开改性，将会增强吸附固定效果。

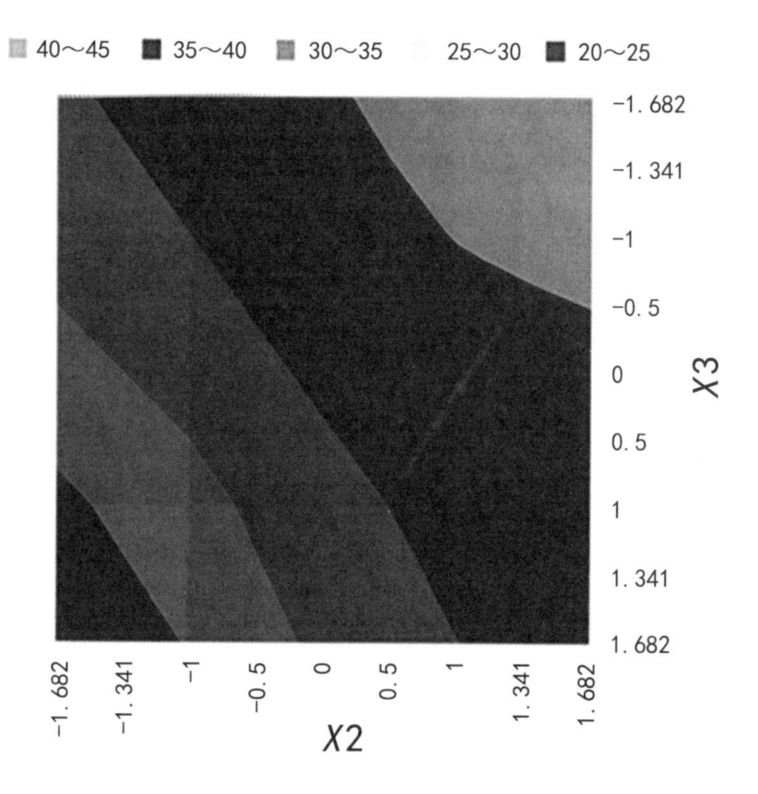

图 4-49 水平 X2X3 两因子互作效应分析

由于试验中不仅存在单因素效应，还有因素间的互作效应，难以从单因素与互作效应的分析中得到最佳改性工艺组合，同时二次通用旋转组合回归模型不存在吸附量函数的极值。因此，本实验采用频数分析法，分别分析各回归模型以寻找最优合成工艺，结果见表 4-27，可知在 95% 置信区间内，大于 34.11 mg/g。鉴于吸附效果和实际操作性，确定改性生物炭的最佳合成配方为生物炭用量 38.17 mg，改性剂高锰酸钾 5.090 4 mg，改性剂硫酸亚铁 10.892 7 mg，进行超声改性和马弗炉热裂解可获得吸附重金属较佳的稳定修复剂。

表 4-27 3 种重金属复合吸附固定量的各相关变量的频率分布

水平	*X*1	频率	*X*2	频率	*X*3	频率
-1.681 8	8	0.145 5	19	0.345 5	1	0.018 2
-1	13	0.236 4	14	0.254 5	4	0.072 7
0	16	0.290 9	11	0.200 0	11	0.200 0
1	13	0.236 4	7	0.127 3	18	0.327 3
1.681 8	5	0.090 9	4	0.072 7	21	0.381 8
加权均数	-0.092		-0.586		0.866	
标准误	0.144		0.149		0.119	
95% 的分布区间	-0.373...0.190		-0.878...-0.294		0.633...1.10	
推荐用量区间	32.54 ~ 43.8		4.039 2 ~ 6.141 6		10.005 4 ~ 11.780 0	

4.4.2.14 优化改性处理的生物炭红外光谱分析

通过处理图谱可知，对其红外光谱数据进行处理，可得：图 4-50 中的样品的特征吸收峰为 3 318.944 cm^{-1}、2 883.104 cm^{-1} 为酚羟基或醇羟基的伸缩振动宽峰，1 006.409 cm^{-1} ~ 1 515.799 cm^{-1} 分别为脂肪性 CH_2 的不对称和对称 C-H 伸缩峰。生物炭表面的官能团与重金属离子的络合作用导致生物炭吸附能力差异，说明表面官能团对生物炭吸附重金属能力起主导作用。

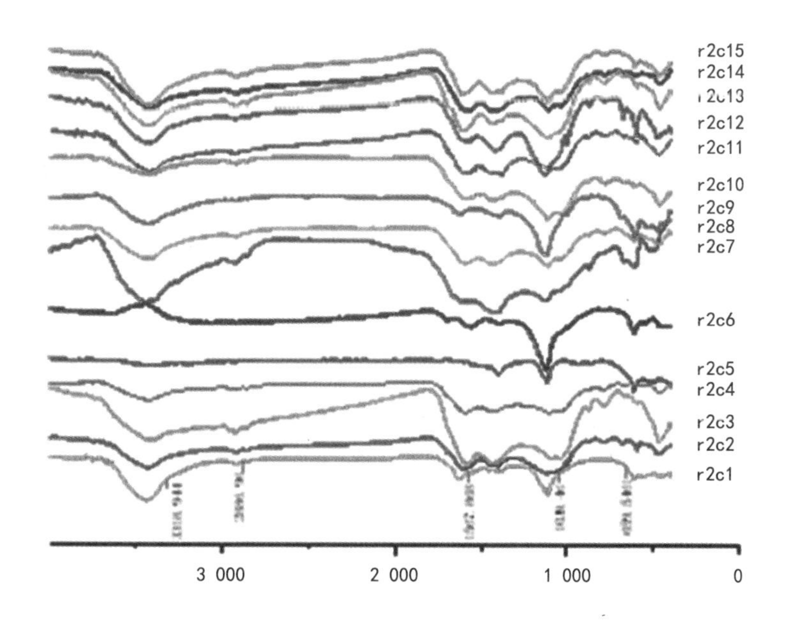

图 4-50 改性剂对生物炭浸泡蒸干灼烧改性后红外光谱

4.4.2.15 优化改性处理的生物炭 XRD 光谱分析

通过对材料进行 X 射线衍射，分析其衍射图谱，获得材料的成分、材料内部原子或分子的结构或形态等信息的研究手段。用于确定晶体的原子和分子结构。

通过 XRD 的表征分析，结果如图 4-51 所示，有 2θ 角上有 20°、24°、26°、28°、31°、35°、40°、60° 等衍射峰，其中 2θ 角为 20°、35°、45° 的衍射峰为 α-Fe_2O_3，其中 31° 为 γ-Fe_2O_3，2θ 角为 12.3°、24.8°、39.7° 为酸性水钠锰矿，2θ 角为 37.6° 为 δ-MnO_2 属于水钠锰矿族。

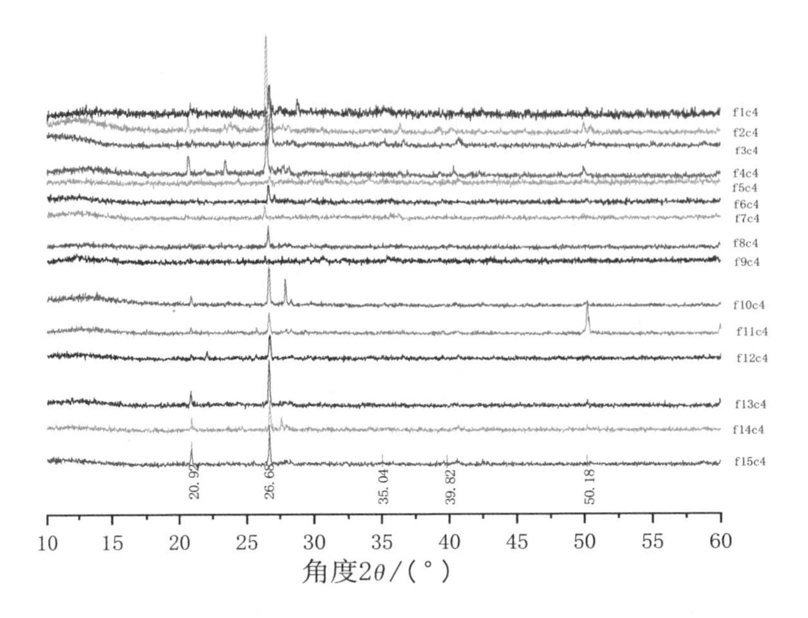

图 4-51 改性剂对生物炭浸泡蒸干灼烧改性后 XRD 光谱特征

4.4.2.16 优化改性处理的生物炭形貌特征分析

在电子显微镜（SEM）的高倍放大下，我们能够观察到微米级生物炭改性前后其微观结构变化，可以有效发现生物炭改性后的微观结构证据，较好地弥补 XRD 的不足。

由图 4-52 可以看出：通过高锰酸钾、硫酸亚铁对生物炭浸泡蒸干灼烧处理改性，发现表面及形貌发生显著改变，其中图 A、E 有直径 1 μm 的颗粒覆盖，图 C、D、F、G 表面有花瓣状覆盖物，花瓣厚度 4 ～ 8 nm，图 J、M、N 有大量的棒状覆盖物，图 B、I 有明显的片层结构，片层厚度大约在 15 nm，图 H、K 有泡沫状覆盖物。由此可见，通过改性剂对生物炭改性其表面形貌十分丰富。

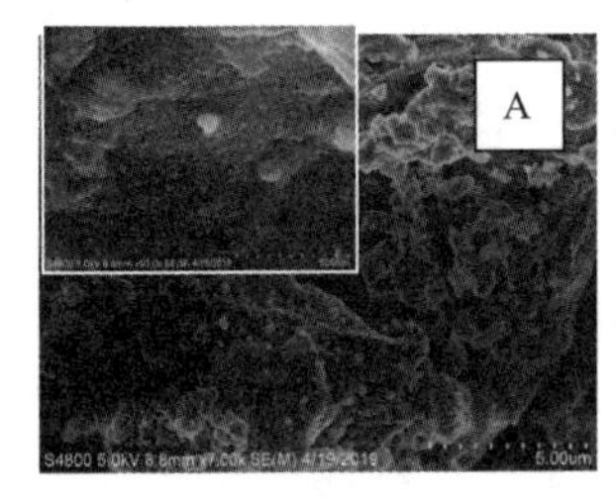

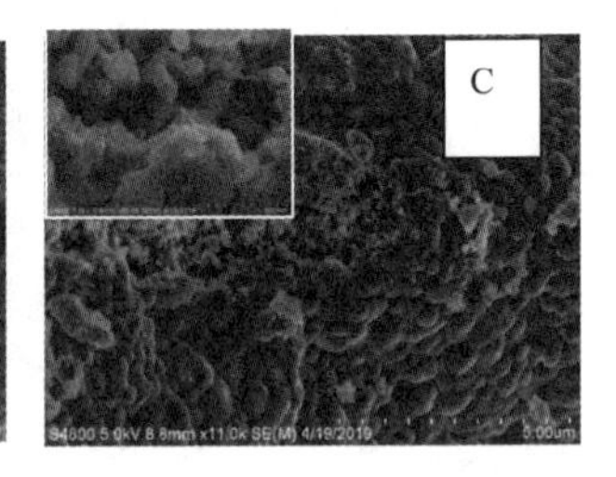

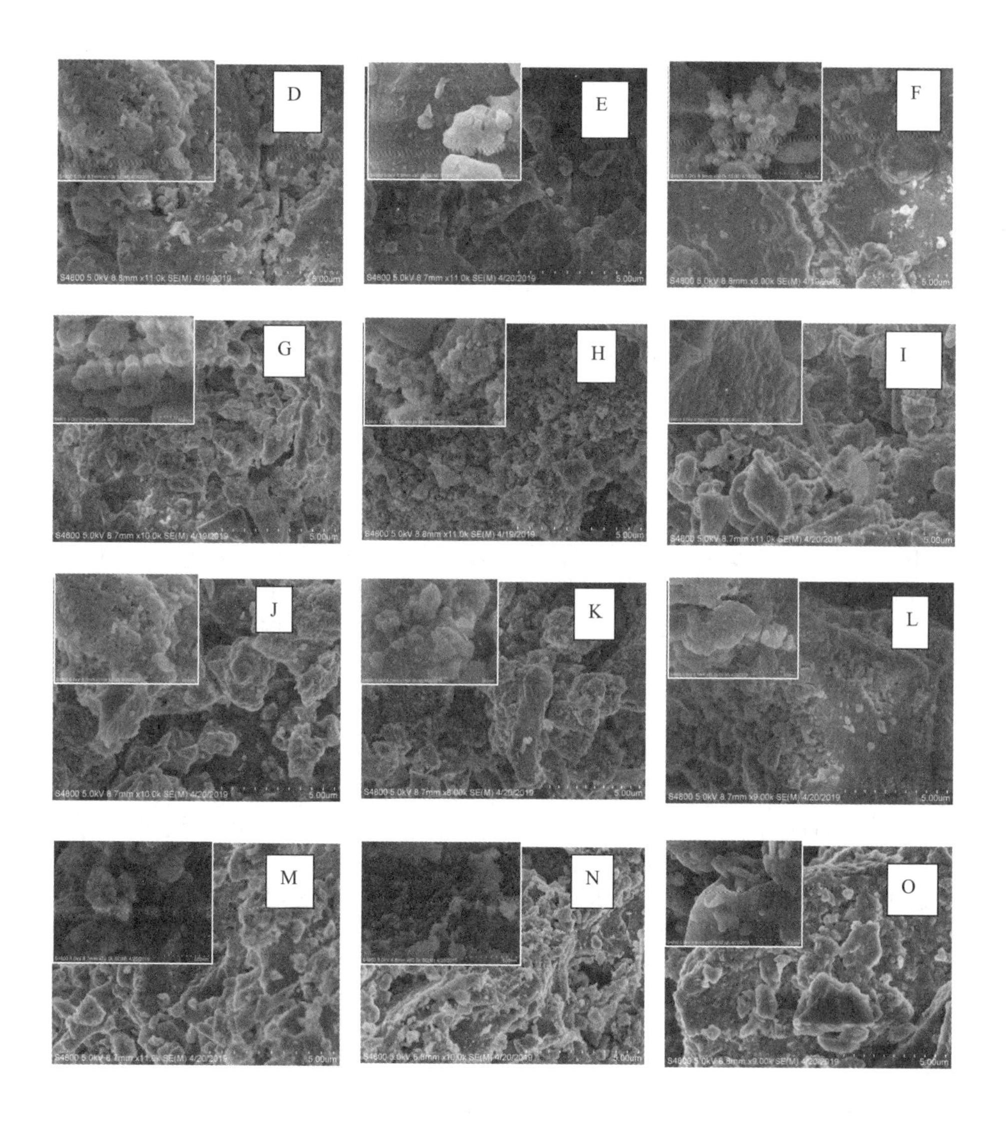

图 4-52 浸泡蒸干灼烧扫描电镜图

4.4.3 小结

生物炭是一种比较优秀的吸附材料，对土壤中重金属的修复可谓不可多得的材料。为了获得更好的吸附性能，本试验以玉米秸秆炭为原料，利用绿色环保的高锰酸钾和硫酸亚铁改性剂，通过改性工艺处理比较和二次正交通用旋转优化设计，对生物炭改性处理，拟增加生物炭对重金属的吸附固定能力。结果表明：

工艺改性处理对生物炭改性吸附重金属复合修复效果为C4>C3>C1>C2。通过超声改性，逐渐蒸干，可以使生物炭表面大量磺酸化，改性后的生物炭对重金属的吸附固定作用改善，此工艺易操作。表面的官能团丰富化，特别是磺酸化，对重金属离子的络合作用所起作用明显，说明表面官能团对生物炭吸附重金属能力起主导作用。改性后产物 γ-Fe_2O_3 和水钠锰矿化合物对土壤重金属的固定起了重要的促进作用，表面附有大量改性剂覆盖物，内部呈现 50nm 颗粒单元，在吸附重金属中也体现出较佳的效果。

通过二次正交通用旋转优化设计，改性生物炭对重金属 Cd 的吸附固定量为 14.19 mg/g，吸附固定量 100%，因此确定重金属吸附剂最优码值配方为 *X*1 为 0，*X*2 为 -1.682，*X*3 为 1。重金属 Pb 的吸附固定量为 15.8 mg/g，吸附固定量 100%，因此确定重金属吸附剂最优码值配方为 *X*1 为 -1.682，*X*2 为 1.682，*X*3 为 0。采取优化后的组合与试验验证，重金属 Cr 的吸附固定量为 13.66 mg/g，吸附固定量 100%，因此确定重金属吸附剂最优码值配方为 *X*1 为 -1.682，*X*2 为 1.682，*X*3 为 1.682。改性生物炭在吸附固定重金属 Cd 时，对 Pb 和 Cr 的吸附存在一定的拮抗作用，而对 Pb 和 Cr 的吸附存在协同促进作用。在复合吸附优化方案中，对三种重金属复合吸附固定量为 40.89 mg/g，吸附固定量 90.9%，因此确定重金属吸附剂最优码值配方为 *X*1 为 0，*X*2 为 -1.682，*X*3 为 1。

从结构表征方面，IR 表征改性生物炭中 3 318 cm^{-1}、2 883 cm^{-1} 含有 OH，1 006 cm^{-1} ~ 1 515 cm^{-1} 含有脂肪性 CH_2 的不对称和对称 C-H 伸缩峰；XRD 表明改性生物炭中含有 α-Fe_2O_3 峰、γ-Fe_2O_3 峰、酸性水钠锰矿峰、δ-MnO_2 峰；SEM 表面及形貌区别于离心处理改性的形貌特征，其中大部分处理样品的表面形貌都呈现球团状的覆盖物。通过恒温振荡吸附实验，发现浸泡离心灼烧处理在生物炭改性剂吸附重金属量最大，能够达到 15 mg，并比较了改性液干燥和离心处理的改性差异，以超声振荡离心后放入马弗炉里处理最优。

4.5 农田有毒有害地膜污染防控技术

4.5.1 技术概述

4.5.1.1 我国地膜应用现状与特征分析

地膜是农业生产的重要物质资料之一，地膜覆盖技术应用极大地促进了农业产量和效益的提高，带动了我国农业生产方式的改变和农业生产力的快速发展。20 世纪 50 年代初开始，随着世界各国塑料工业技术的快速发展，一些发达国家开始在农业生产中应用农用地膜，并最早在蔬菜和一些经济作物上使用；其中 1955 年日本首次在设施草莓上应用，之后逐渐推广应用在其他作物上（卢平，1991）。1978 年我国从日本引进地膜覆盖技术，之后在华北、东北、西北等干旱、水资源短缺等区域开始试验并推广，尤其在我国北方干旱、半干旱和南方的高山冷凉地区，如新疆、内蒙古、山东和河南等地取得了巨大发展，且呈现持续增长的态势（严昌荣等，2014）。

目前，我国塑料薄膜的使用和生产量均居世界首位，地膜覆盖栽培面积从 1979 年的 44 hm^2 增加至 2017 年的 1 865.72 万 hm^2，使用量从 1982 年的 0.60 万 t 提高至 2017 年的 140.4 万 t，约占中国耕地面积的 13%，占世界地膜覆盖面积的 90%（中国农村统计年鉴委员会，2019），表现为地膜用量持续增加，覆膜面积逐渐增大，使用强度逐年提高。地膜覆盖具有良好的增温、保墒、除草等作用，扩大作物种植区域，改变区域种植结构，已成为中国农业生产上不可或缺的农艺措施，为作物增产增收和保障中国粮食安全做出了巨大贡献（薛颖昊等，2017）。我国地膜应用区域不断扩大，从北方干旱半干旱地区到南方湿润半湿润地区均有分布，已遍布 31 个省、直辖市、自治区，东北地区主要分布在辽宁、黑龙江、吉林三省及内蒙古东四盟（市），华北地区主要分布在山东、河南、河北、北京、天津，西北地区主要分布在新疆、甘肃、宁夏、陕西、山西和内蒙古中西部，西南地区主要分布在重庆、四川、贵州、云南、湖北、湖南西部等。覆膜作物种类增加，技术模式日趋完善，由单一的棉花、蔬菜扩大到大田作物、果树、花卉及其他经济作物等，尤其在北方干旱地区大力推广膜下滴灌技术，使得农膜使用量和覆膜面积持续增长（王志超等，2014）。地膜覆盖技术的广泛应用已使我国粮食作物增产 20% ~ 35%，经济作物增产 20% ~ 60%，甚至使我国玉米种植边界往北扩展了 2 ~ 3 个维度（严昌荣，2015），对保障粮食安全有重要意义。同时地膜覆盖技术能有效解决旱作区农田生产中的“旱寒”问题，大幅提升农田生产力（Li，Zhou and Poppo，2010；Singh and Ghosal，2016），被认为是提升旱区耕地生产力的最有效方式之一（Ingman，Santelmann and Tilt，2016）。

我国引进地膜覆盖技术已经有 40 多年，虽然地膜覆盖技术使我国农业生产发生了革命性的变化，不仅促进了农业生产，还提高了水资源利用效率，但地膜覆盖技术也有很大的弊端，由于我国目前大部分地区塑料地膜得不到很好的回收利用，再加上不同地区种植作物、种植方式和覆膜率不一样，导致不同地区残膜分布特征差异显著。从全国范围看，北方干旱半干旱地区残膜污染最为严重。其中新疆地区残膜污染最严重，残膜量最大，达到 128.12 ~ 231.00 kg/hm^2；华中地区，河南省残膜量最高，为 53.54 kg/hm^2；华北地区，河北省残膜量最高，为 81.25 kg/hm^2；华北地区，北京市残膜量最低，仅为 20.85 kg/hm^2；西南地区残膜污染相对较轻，地膜残留量较低，相对于四川省和重庆市，云南省的残膜污染较为严重；在华东地区，山东省残膜污染最为严重，上海市最轻；广西是华南地区残膜量最高的地区，为 30.96 kg/hm^2。

地膜残留引发的污染问题也随之而来（Alain，Celine and Antoine，2003；Pierre，Guy and Ludovic，2005）。残留地膜作为一种外源物质进入土壤必将导致土壤结构与理化性状的改变，影响土壤水分、养分的空间分布；当土壤中的地膜残留量达到一定数量时将会影响作物生长发育，进而影响农作物产量以及农机等机械耕翻作业，导致土壤耕性变差。同时残膜碎片与农作物秸秆混杂在一起，导致牛、羊等家畜死亡。另外，由于回收残膜的局限性，一些农民将回收的残膜就地焚烧，产生的有害气体会污染大气；还有部分未清理掉的残膜留在田间或被大风吹至树梢，影响农村环境景观，造成“视觉污染”。

4.5.1.2 内蒙古地膜应用现状与特征分析

内蒙古是我国重要的粮食生产基地和粮食主产区，现有耕地 1.37 亿亩，但旱地面积占总耕地面积的 70% 以上，水资源严重不足，干旱时间长，同时内蒙古地处高纬度地区，冬季寒冷，“干旱”和“寒冷”是限制区域农业生产的主要气象因素。而地膜覆盖技术具有显著的保墒、增温、集水特性，能够有效地解决旱作区干旱少雨、热量相对不足这两大限制因素。

20 世纪 70 年代，我国从日本引进地膜，1979 年内蒙古首先在蔬菜上实施地膜覆盖技术试验；1982 年覆膜玉米在河套灌区试验取得成功，并在 1985 年进行大面积推广示范；1989 年国家实施“温饱致富工程”，内蒙古在干旱地区大面积推广玉米覆膜栽培技术，并在大宗粮食作物上推广此项技术（周伟 等，2010）；2009 年至今在 60 多个旗县 20 多种作物上广泛应用，覆盖的作物种类大幅增加，从原来的穴播作物玉米、马铃薯、向日葵等发展到条播作物谷子、绿豆等杂粮杂豆；推广面积由最初的 1 333.3 m^2 发展到 2017 年 128 万 hm^2，地膜用量由 2006 年的 3.25 万 t 增加到 2016 年的 7.35 万 t，10 年间增加了 1.27 倍，主要分布在巴彦淖尔市、赤峰市、乌兰察布市、呼和浩特市，4 个市的用量占全区用量的 70% 以上，其中巴彦淖尔市地膜覆盖比例高达 70% 以上，呼和浩特市、包头市、乌兰察布市、鄂尔多斯市、赤峰市、阿拉善盟等 6 个盟市的覆盖比例也在 20% 左右。从地膜覆盖强度来看，内蒙古平均地膜覆盖强度为 4.0 kg/ 亩左右，其中兴安盟最大，巴彦淖市最小，这主要受地膜覆盖比例（全覆膜和半覆膜）以及地膜覆盖利用次数（一次利用或二次利用）的影响。地膜覆盖技术在内蒙古的推广应用，不仅取得显著经济效益，还获得了更为重要的社会效益和科技成果，为内蒙古粮食增产、农民增收、农业增效做出积极贡献。

4.5.1.3 内蒙古地膜应用主要栽培技术模式

（1）全覆膜垄沟集雨种植模式

如图 4-53，该技术主要通过改变农田微地形，实现降雨膜面汇集、覆盖抑蒸、垄沟种植，最大限度地保蓄自然降水入渗于作物根部，提高旱作区水分利用效率，集雨、抗旱、增产效果十分显著，是旱作区农田水分高效利用最为有效的措施。

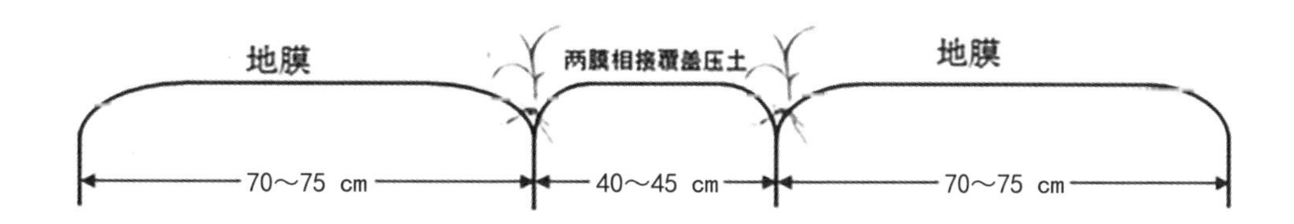

图 4-53 全覆膜垄沟集雨种植栽培技术示意图

主要技术参数：膜宽 110 ~ 120 cm，大垄宽 70 ~ 75 cm、小垄宽 40 ~ 45 cm，沟内播种，全地面为无色地膜覆盖。

（2）大小垄地膜覆盖栽培模式

如图 4-54，该技术主要是变匀垄种植为大小垄双行覆膜，改大水漫灌为小水垄沟浇灌，可明显节约用水，提高水分利用效率。

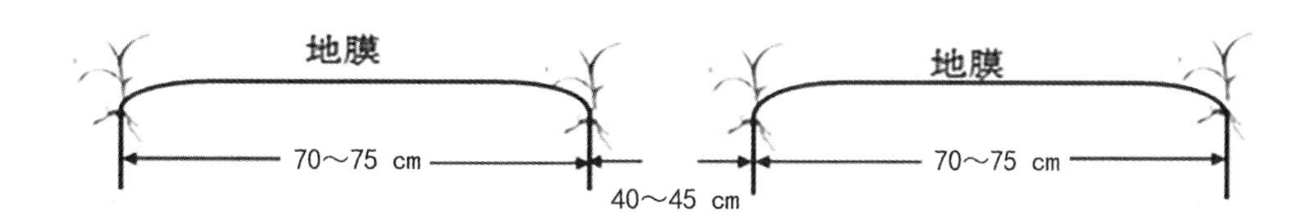

图 4-54 大小垄地膜覆盖栽培技术示意图

主要技术参数：膜宽 70 ~ 75 cm，膜面宽 55 ~ 65 cm，两膜间距 40 ~ 50 cm，每幅地膜种植两行作物，大行距 60 ~ 70cm，小行距 40 ~ 50cm，株距根据品种种植密度要求确定。

（3）地膜二次利用（一膜两用）栽培模式

主要技术内容：第一年覆膜种植玉米收获后，不再揭膜和耕翻土地，来年春季在原地膜上播种下茬作物。该模式能最大限度地减少秋冬春土壤水分的蒸发，提高播种时土壤含水量，可减少地膜投入和用工费用如图 4-55。该技术主要在内蒙古巴彦淖尔市河套地区大面积推广应用。

主要技术参数：其技术参数与大小垄地膜覆盖栽培技术完全相同，膜宽 70 ~ 75 cm，膜面宽 55 ~ 65 cm，两膜间距 40 ~ 50 cm，每幅地膜种植两行作物，大行距 60 ~ 70 cm，小行距 40 ~ 50 cm，前茬收获后，留膜过冬，第二年在耕茬中间点播或在膜面中间点播作物。

图 4-55 一膜两用地膜覆盖栽培技术田间种植示意图

4.5.1.4 农田地膜污染防控技术研究

针对东北粮食主产区集约化规模化生产过程中存在的农田地膜残留污染严重的实际问题，以及防治技术不完善、不配套的问题，重点开展生物降解地膜替代、增厚地膜应用等地膜残留污染防控关键技术，建立与区域特点相适应的关键农艺技术，提出适合东北地区土壤耕作与地膜回收配套技术集成示范体系，实现农业可持续发展，为地膜覆盖技术合理应用和残膜污染防控提供科学支撑。

4.5.2 技术效果

4.5.2.1 降解地膜对土壤环境及作物产量的影响

以不同类型可降解地膜在覆膜玉米上的使用为基础，对大兴安岭南麓旱作区可降解膜的适应性、筛选和降解程度进行初步研究，为可降解膜在该地区的投入生产和实践做好基础数据。

试验选取 8 种不同材料地膜（表 4-28），普通地膜处理为对照，共 9 个处理。供试玉米品种为兴农 519，采用双垄面全膜覆盖集雨沟播，大垄宽 80 cm，小垄宽 40 cm，小区面积 24 m^2（5.0 m × 4.8 m），随机区组设计，3 次重复。各处理株距 25 cm，行距 60 cm，种植密度为 6 750 株 /hm^2。5 月初播种，各处理施用三元复合肥 $N:P_2O_5:K_2O$=28:15:12，每亩施肥量 30 kg。一次性施肥后穴播播种，播种覆土后，喷施除草剂并覆膜，适时引苗。播种 5 d 后分别插入 5 cm、10 cm、15 cm、20 cm、25 cm 角型地温计，每 10 d 观察各小区不同可降解膜的裂解时间和特点并记录。观察各小区的生育期时间，并用土钻法测定土壤含水率。

表 4-28 地膜材料基本特点

处理	产品特件	地膜厚度 / mm
处理 1	全生物降解膜（主要成分 pbat）	0.008
处理 2	全生物降解地膜（聚乳酸）	0.008
处理 3	全生物降解地膜（聚乳酸）	0.008
处理 4	光降解膜（95% 聚乙烯）	0.008
处理 5	全生物降解膜（主要成分 pbat）	0.008
处理 6	光降解膜（95% 聚乙烯）	0.008
处理 7	光降解膜（95% 聚乙烯）	0.008
处理 8	光降解膜（95% 聚乙烯）	0.008
处理 9（对照）	普通地膜（主要成分聚乙烯）	0.006

（1）不同类型降解地膜裂解程度变化

按照膜降解分级指标，参照杨惠娣的方法，将地膜裂解程度划分为 5 级，即 0 级：田间降解地膜未出现裂纹，用“O”表示；1 级：田间降解地膜开始出现裂纹或开裂，用“+”表示；2 级：田间 25% 地膜出现细小裂纹，肉眼清楚看到大裂缝并且随时间推移地膜裂解成大碎块，无完整膜面，用“+ +”表示；3 级：地膜出现 2.0 ~ 2.5 cm 裂纹，用“+ + +”表示；4 级：地膜出现均匀网状裂纹，无大块地膜存在，用“+ + + +”表示；5 级：地膜裂解为 4 cm × 4 cm 以下碎片，用“-”表示。

本试验结果（表 4-29）表明：处理 1 和处理 5 达到 3 级裂解；处理 2、处理 3 达到 2 级裂解；其他处理与对照处理基本一致，出现 1 级或 0 级程度；说明生物降解地膜降解现象明显，光降解地膜降解现象不是特别明显，与普通地膜一致，始终未出现降解现象。收获后，到第二年春天，全生物降解膜呈现碎片化。

表 4-29 不同地膜田间降解情况

处理	6月6日	6月22日	7月7日	7月22日	8月7日	8月22日	9月7日	9月22日
处理1	○	○	○	○	○	+	++	+++
处理2	○	○	○	○	○	○	+	++
处理3	○	○	○	○	○	○	+	++
处理4	○	○	○	○	○	○	○	○
处理5	○	○	○	○	○	+	++	+++
处理6	○	○	○	○	○	○	○	○
处理7	○	○	○	○	○	○	○	+
处理8	○	○	○	○	○	○	○	○
CK	○	○	○	○	○	○	○	○

（2）不同类型降解地膜裂解程度失重率变化

从图 4-56 可以看出，随时间的推移全生物降解膜处理 1、处理 2、处理 3、处理 5 地膜裂解程度失重率先逐渐增大后逐渐稳定，失重率无明显变化，其中处理 1 和处理 3、处理 2 和处理 5 分别在 8 月 23 日、8 月 13 日失重率趋于稳定；而其他处理（处理 4、处理 6、处理 7、处理 8、处理 9）在整个试验过程地膜基本没裂解，一直保持完整；同时还可以看出，光降解膜裂解后失重率变化较小，与普通地膜无显著性差异。

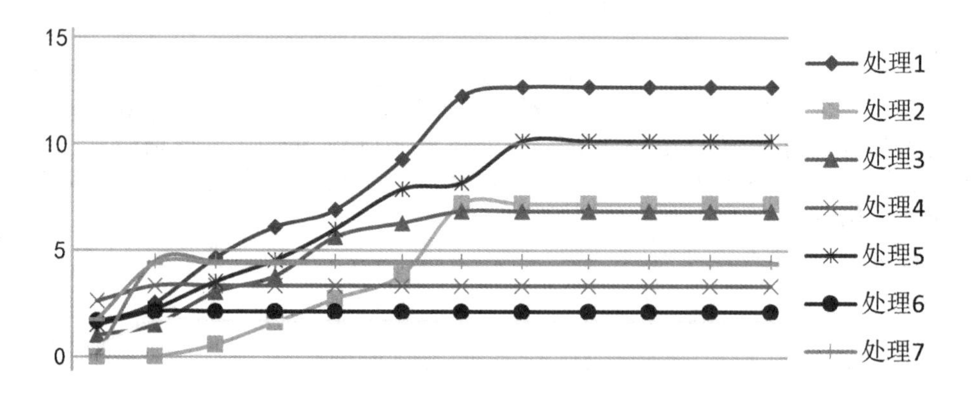

图 4-56 不同时期地膜裂解失重率变化

（3）不同类型降解地膜对土壤含水量的影响

从不同生育期玉米含水量（图 4-57）来看，从苗期到拔节期，普通地膜浅层土壤中土壤含水量要明显高于其他处理；大喇叭期后不同降解地膜土壤含水量与普通地膜土壤含水量基本一致；处理 2、处理 3、处理 5 从抽雄期开始土壤含水量变化较大，其他各处理土壤含水量较低；灌浆期普通地膜的土壤含水量最低。

整体来看，苗期和拔节期普通地膜土壤含水量高于降解地膜，但二者差异不显著；随时间的推移，降解膜降解程度增加，土壤含水量与普通地膜相比差别不大，有的降解地膜土壤含水量甚至高于普通地膜。因此，可以说降解膜在土壤保墒方面与普通地膜无显著差异。

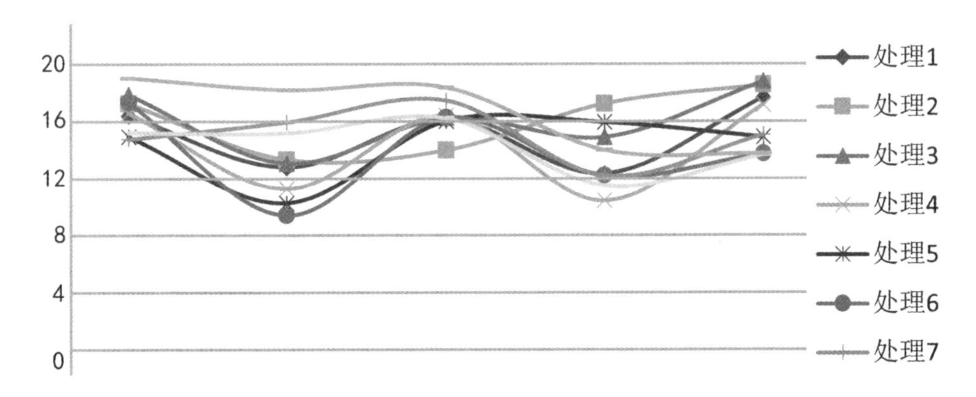

图 4-57 玉米不同生育时期土壤含水量变化

（4）不同类型降解地膜对土壤温度的影响

从不同生育时期不同土层土壤温度变化情况（图 4-58）来看，出苗到拔节期内地膜的保温作用较为明显，之后降解地膜的保温性能与普通地膜差异不大，甚至部分降解膜土壤温度高于普通地膜。整体来看，降解地膜和普通地膜在 0 ~ 10 cm 土层土壤温度差异显著。

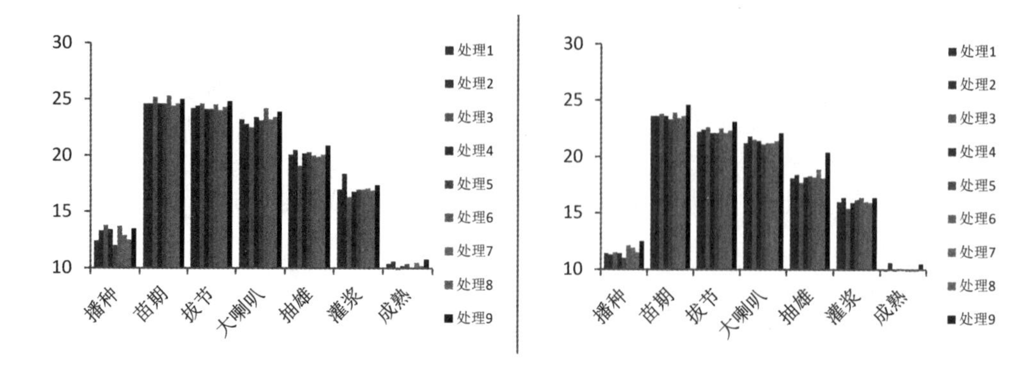

图 4-58 不同处理 5 cm（左）、10 cm（右）土层温度的变化

（5）不同类型降解地膜对玉米产量及产量构成要素的影响

由表 4-30 可知，生物降解地膜（处理 1 和处理 3）、光降解地膜（处理 6）玉米产量显著高于普通地膜，分别比普通地膜增产 5.18%、10.10%、6.10%，而其他处理玉米产量均低于普通地膜的产量。

表 4-30 不同地膜处理下玉米产量构成要素及产量

处理	穗粗 /cm	比对照 /%	穗长 /cm	比对照 /%	秃尖度	比对照 /%	穗粒数	比对照 /%	产量 /（kg/hm^2）	比对照 /%
1	4.72	0.85	20.24	11.45	0.70	59.30	680.4	4.23	11 951.5	5.18
2	4.82	2.99	19.96	9.91	0.46	−73.26	702.4	12.56	10 881.0	−4.24
3	4.90	4.70	20.70	13.99	0.24	−86.05	718.0	15.06	12 510.0	10.10
4	4.44	−5.13	18.52	1.98	0.76	−55.81	664.8	6.54	10 534.5	−7.29
5	4.74	1.28	17.96	−1.10	1.66	−3.49	655.2	5.00	10 125.0	−10.89
6	4.84	3.42	18.90	4.07	2.00	16.28	592.4	5.06	12 055.5	6.10
7	4.36	−6.84	18.80	3.52	1.64	−4.65	565.6	−9.36	10 665.0	−6.14
8	4.72	0.85	17.60	−3.08	2.58	50.00	509.6	−18.33	10 948.5	−3.64
9	4.68	0	18.16	0	1.72	0	624.0	0	11 362.5	0

4.5.2.2 不同类型地膜对作物产量及土壤特性的影响

研究不同类型地膜（生物降解地膜、国标地膜、增厚地膜）对土壤增温保墒功效以及对作物产量的影响，为不同类型地膜在东北玉米种植区的适用性提供理论依据，形成与区域特点相适宜的地膜残留污染防控关键技术。

试验选取3种不同类型地膜（表4-28）为供试材料，共4个处理。供试玉米品种为兴农519，采用双垄面全膜覆盖集雨沟播，大垄宽80 cm，小垄宽40 cm，小区面积24 m^2（5 m×4.8 m），随机区组设计，3次重复，12个小区。各处理株距25 cm，行距60 cm，种植密度为6 750株/hm^2。5月初播种，各处理施用三元复合肥$N:P_2O_5:K_2O$=28:15:12，每亩施肥量30 kg。一次性施肥后穴播播种，播种覆土后，喷施除草剂，并覆膜，适时引苗。播种5 d后分别测定5 cm、10 cm、15 cm、20 cm、25 cm、30 cm土层地温，每15 d观察各小区不同可降解膜的裂解时间和特点并记录。观察各小区的生育期时间，并测定土壤含水量。

（1）不同地膜类型对土壤温度的影响

由图4-59可知，国标地膜覆盖的地温大于降解地膜B、降解地膜A型覆盖处理，且B型生物地膜覆盖下的地温大于A型生物地膜覆盖下的地温，但B型生物地膜与A型生物地膜覆盖下的地温在不同月份以及不同土层差异均不显著。在玉米生长前期（5、6月），生物降解地膜A、降解地膜B与国标塑料地膜覆盖的地温差异较小，且3种地膜覆盖下的地温在不同土壤深度均无显著差异（P > 0.05）。故在玉米生长前期特别是5、6月份播种—出苗期降解地膜与国标塑料地膜覆盖下的地温并无大的差异，降解地膜覆盖也能起到很好的保温效果，而在玉米生长后期特别是9月份，由于降解地膜的破损使得保温效果逐渐下降，但由于玉米生长后期地温较高，略低的地温并不会影响玉米生长。而增厚地膜与国标地膜差异较大，玉米生长初期（三叶期和苗期）增厚地膜土壤温度低于国标地膜，特别在土壤表层0 ~ 5 cm增厚地膜（0.012 mm）与国标地膜覆盖的地温差异显著；玉米生长后期9月份后增厚地膜覆盖下土壤温度显著高于国标地膜；可见增厚地膜覆盖处理在玉米生长前期保温效果较差，不利于玉米的正常生长。同时不同地膜覆盖对不同土层土壤温度的影响各不相同，0 ~ 15 cm土层土壤温度表现为：国标地膜覆盖 > 降解地膜B > 增厚地膜（0.012 mm）> 降解地膜A；20 cm土层土壤温度表现为：增厚地膜（0.012 mm）> 国标地膜覆盖 > 降解地膜B > 降解地膜A。

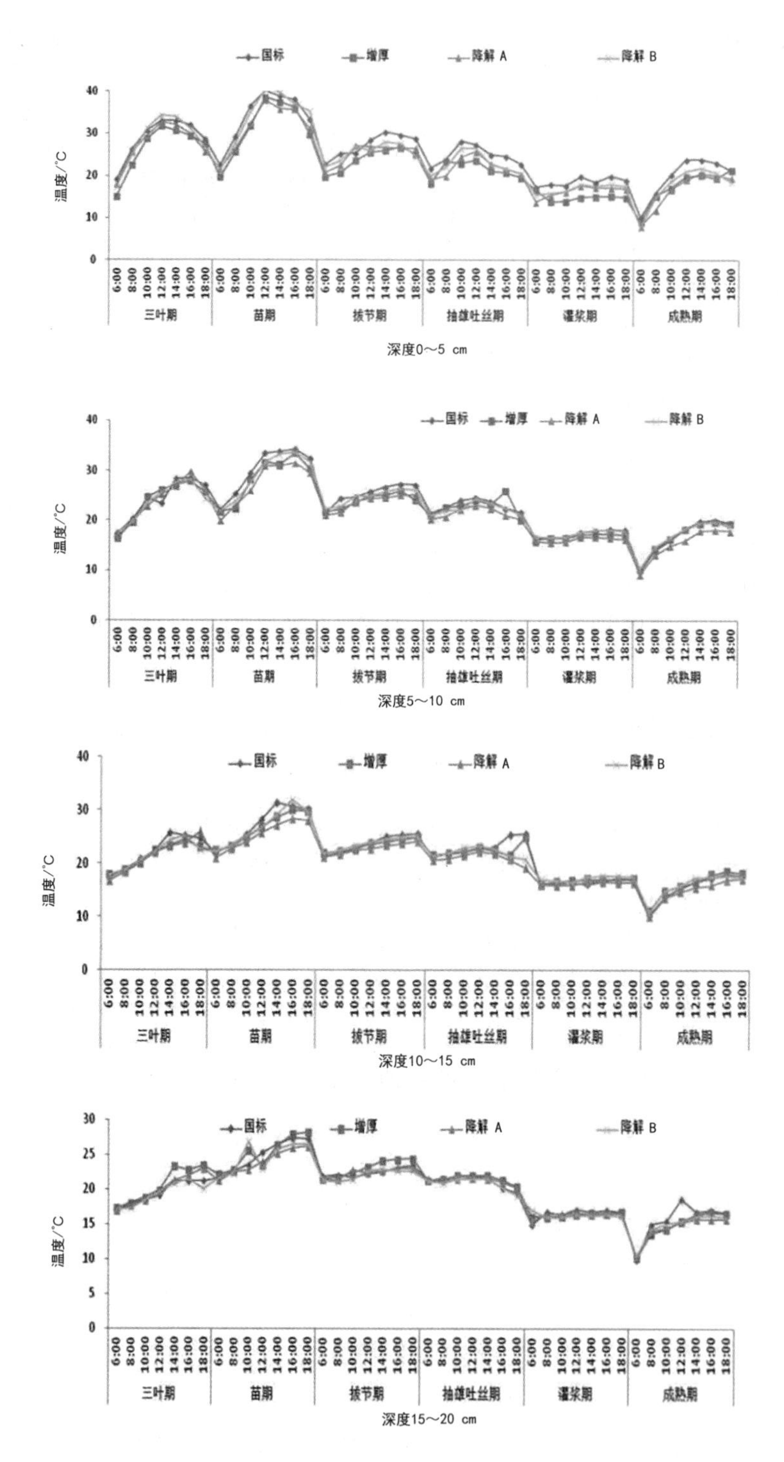

图 4-59 不同地膜类型对玉米各生育时期不同土层土壤温度的影响

（2）不同地膜类型对土壤含水量的影响

由图 4-60、表 4-31 可知，在玉米的整个生育期内不同地膜类型土壤含水量的变化趋势基本一致，且不同土层土壤含水量变化趋势基本表现为增厚地膜 > 国标地膜 > 降解地膜 A > 降解地膜 B。玉米苗期至拔节期，国标地膜与降解地膜、增厚地膜覆盖 0 ~ 60 cm 土层土壤水分含量差异不显著；从抽雄吐丝期开始植物对土壤水分的消耗加大，降解开始破裂，土壤保墒效果减弱，降解地膜与国标地膜覆盖 0 ~ 30 cm 土层土壤水分含量出现显著差异，而 30 cm 以下土层差异不显著；到了成熟期，作物生长接近尾声，对土壤水分的需求减少，此时降解地膜与国标地膜覆盖土壤水分状况相近；增厚地膜与国标地膜除在成熟期内差异显著外，在其他各生育时期均未达到显著水平。同时，随时间推移不同类型地膜 0 ~ 60 cm 土层土壤含水量变化从 7 月份开始逐渐出现显著性差异。

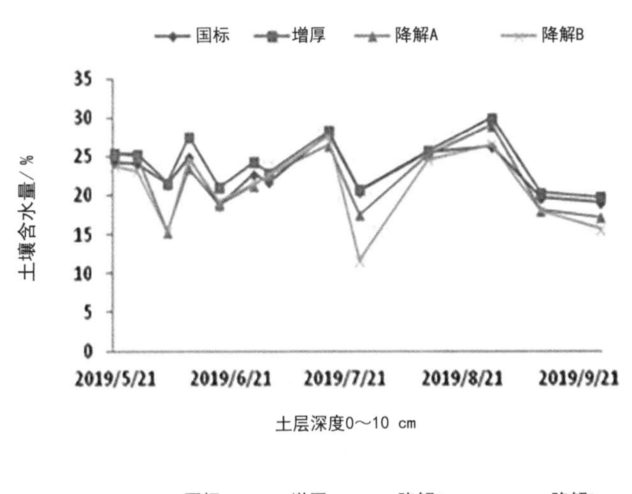

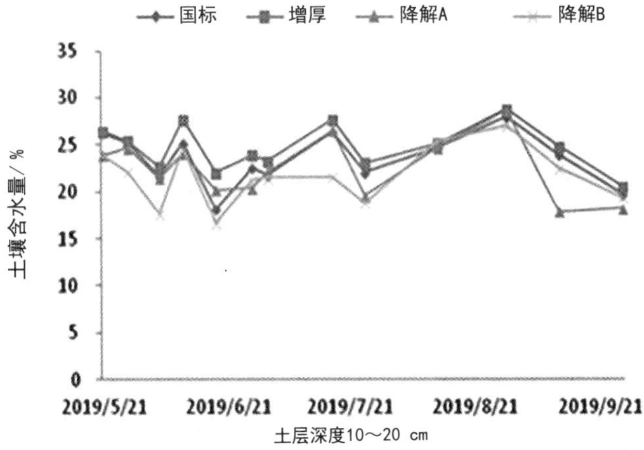

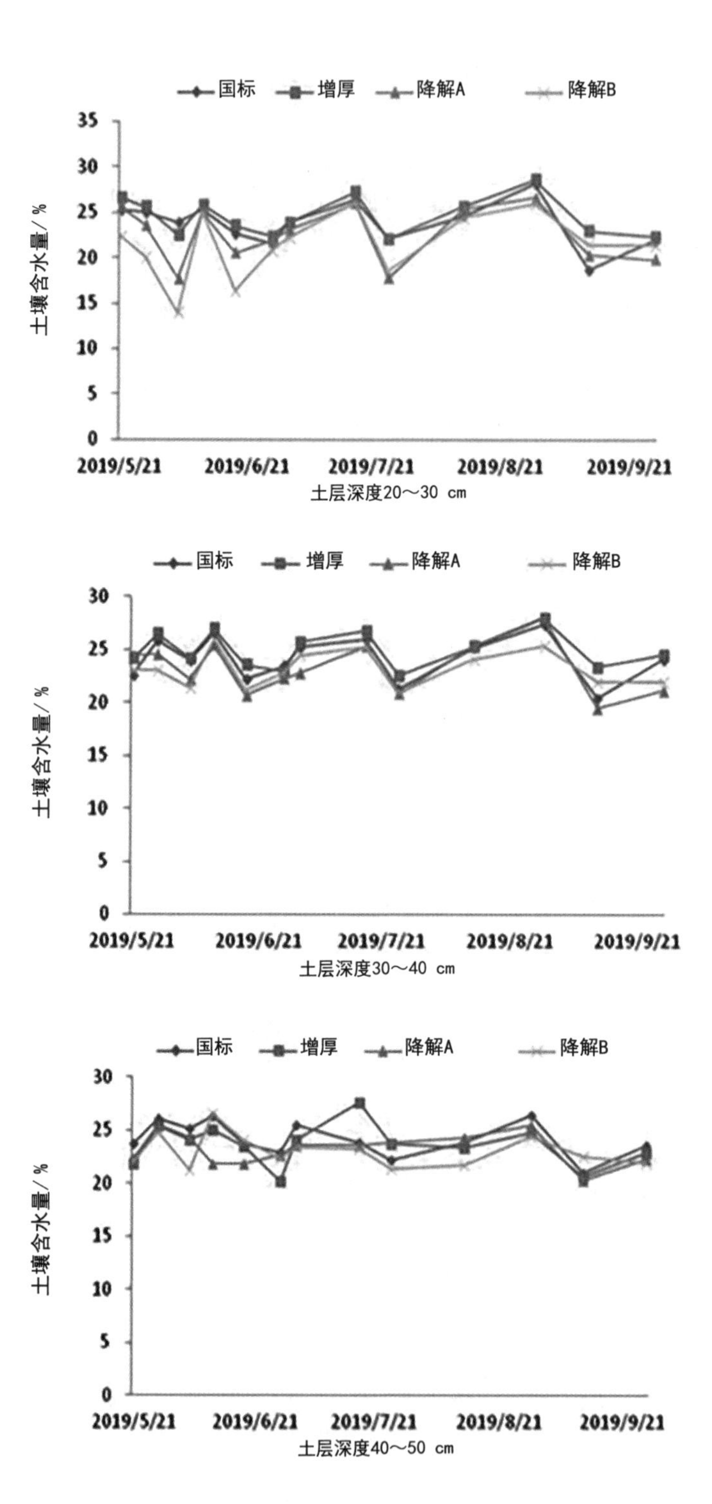
国标
增厚
降解A
降解B
土壤含水量/%
35
30
25
20
15
10
5
0
2019/5/21
2019/6/21
2019/7/21
2019/8/21
2019/9/21
土层深度20～30 cm
国标
增厚
降解A
降解B
土壤含水量/%
30
25
20
15
10
5
0
2019/5/21
2019/6/21
2019/7/21
2019/8/21
2019/9/21
土层深度30～40 cm
国标
增厚
降解A
降解B
土壤含水量/%
30
25
20
15
10
5
0
2019/5/21
2019/6/21
2019/7/21
2019/8/21
2019/9/21
土层深度40～50 cm

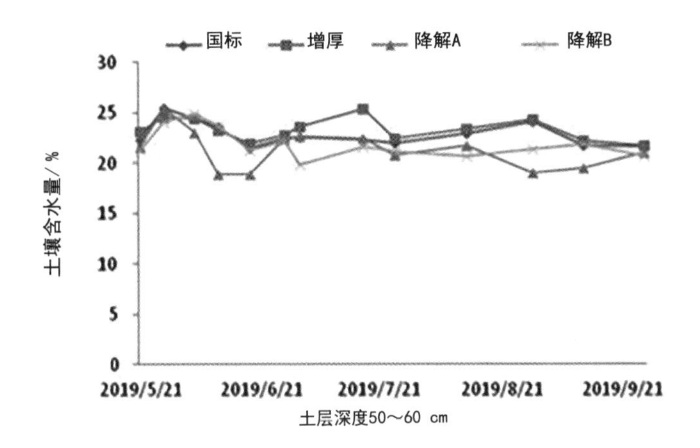

图 4-60 不同地膜覆盖玉米各生育时期不同土层土壤含水量变化

表 4-31 不同地膜类型不同月份 0 ～ 60 cm 土壤平均含水量变化

地膜类型	5 月	6 月	7 月	8 月	9 月	整个生育期
国标	24.08a	23.13a	23.54b	24.89b	21.72b	23.47b
增厚（高标准）	24.71a	23.27a	24.19a	25.72a	23.82a	24.34a
降解 A	24.34a	22.78a	22.48c	24.32b	18.62c	22.51c
降解 B	23.82a	23.43a	22.12c	24.31b	18.79c	22.49c

（3）不同地膜类型对玉米产量构成要素的影响

从表 4-32 可知，不同地膜类型对玉米穗粗、百粒重的影响差异不显著，而秃尖程度差异显著；增厚地膜与国标地膜、降解地膜覆盖玉米穗长差异显著；增厚地膜、降解地膜 A 与国标地膜、降解地膜 B 覆盖玉米穗粗、穗粒数差异显著。

表 4-32 不同地膜覆盖玉米产量构成要素

地膜类型	穗长 / cm	穗粗 / cm	穗行数 / 行	穗粒数 / 粒	秃尖程度 / cm	百粒重 / g
国标	20.90a	4.83a	15.07a	610a	0.47a	38.00a
增厚	21.12b	4.85a	14.40b	620b	0.93b	38.91a
降解 A	20.75a	4.89a	14.80b	615b	0.81b	38.54a
降解 B	20.73a	4.83a	15.07a	596b	1.27c	38.36a

（4）不同地膜类型对玉米地上部、地下部生物量的影响

由图 4-61 可知，不同地膜覆盖玉米地上部、地下部生物量随生育进程不断增大，且各生育时期生物量差异显著；成熟期不同地膜覆盖地上部、地下部生物量差异显著，其中地上部生物量基本表现为增厚地膜 > 国标地膜 > 降解地膜 A > 降解地膜 B，而地下部生物量基本表现为降解地膜 B > 降解地膜 A > 增厚地膜 > 国标地膜。整体来看，不同地膜覆盖玉米生物量表现为：增厚地膜 > 降解地膜 > 国标地膜。

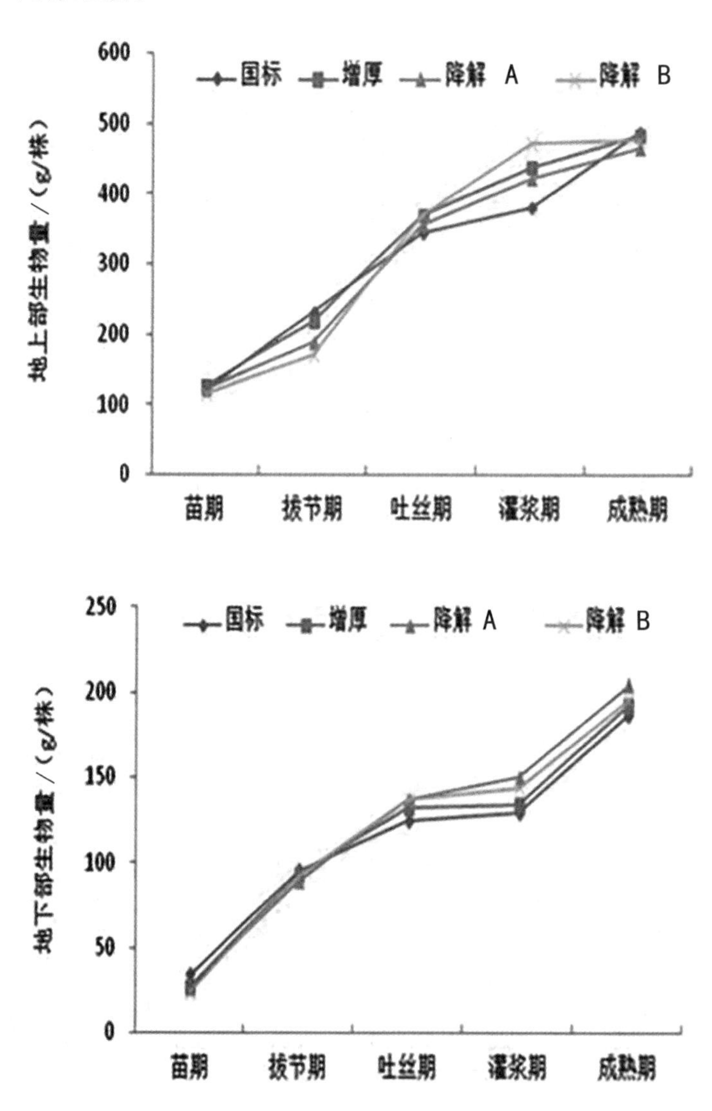

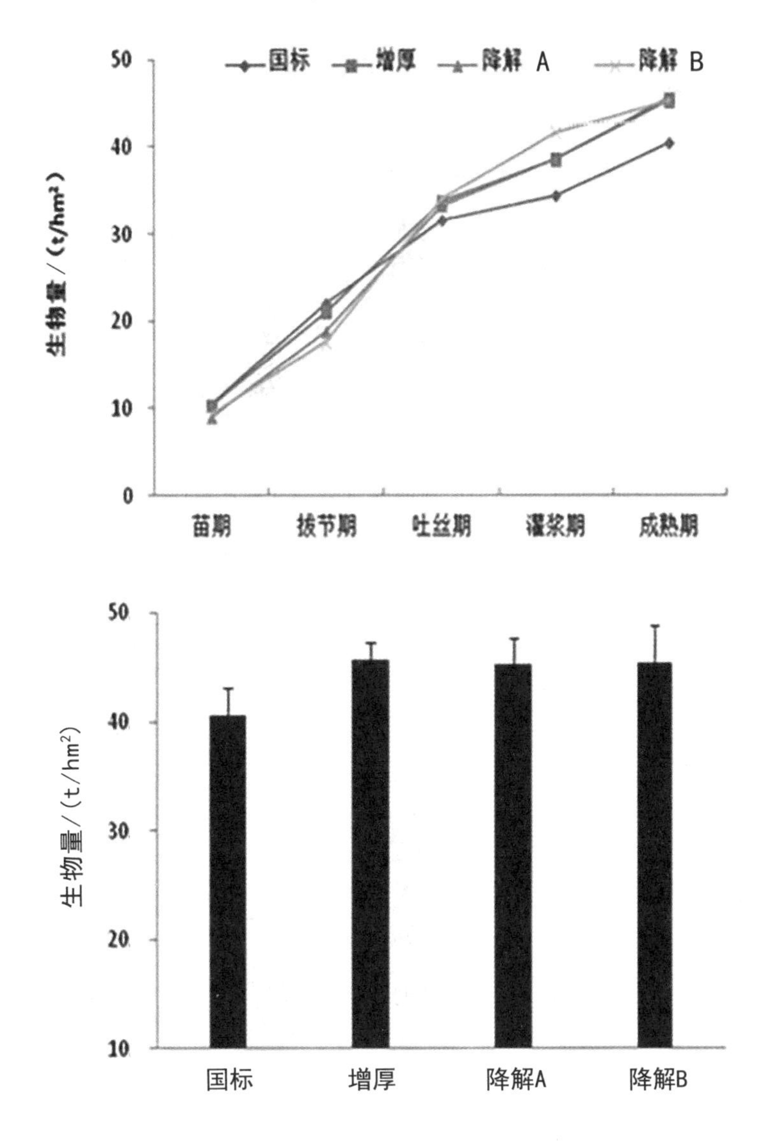

图 4-61 不同类型地膜覆盖处理玉米干物质量

（5）不同地膜类型对玉米产量的影响

由图 4-62 可知，不同地膜覆盖玉米产量大小顺序为：降解地膜 > 增厚地膜 > 国标地膜，且两降解地膜对玉米产量的影响与国标地膜差异显著，两种降解地膜玉米产量较国标地膜增产 9.91% ~ 14.82%，说明与国标地膜覆盖处理相比，降解地膜覆盖处理同样具有较好的增产增收效果；而增厚地膜较国标地膜玉米增产 6.89%。

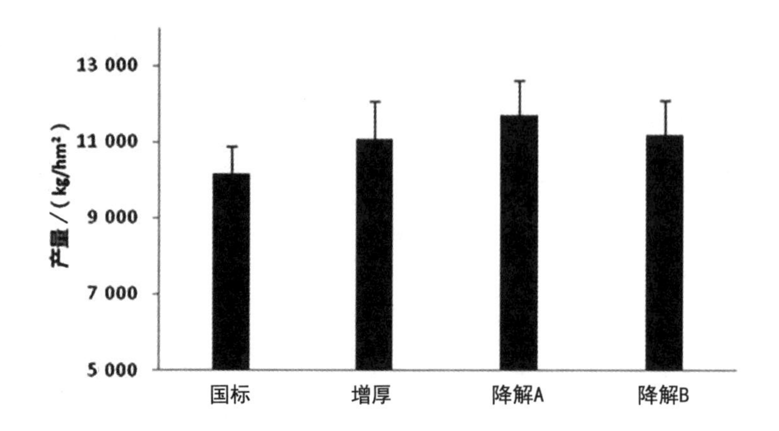

图 4-62 不同类型地膜覆盖处理玉米产量比较

（6）不同类型地膜当季回收率

由图 4-63 可知，不同类型地膜的当季回收率差异较大，且增厚地膜与国标地膜、国标地膜与降解地膜的回收效率差异达显著水平，其中增厚地膜回收效率最高，达 77.42%，其次是国标地膜，降解地膜回收率最低。

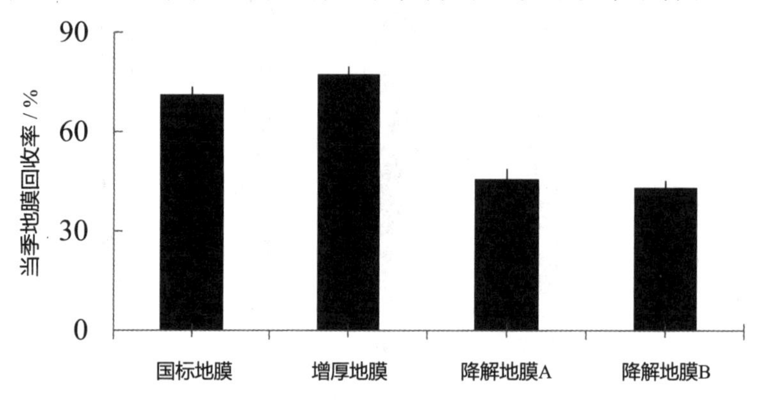

图 4-63 不同类型地膜当季回收率

4.5.3 小结

生物降解地膜降解现象明显，光降解地膜降解现象不是特别明显，与普通地膜一致，始终未出现降解现象。收获后，到第二年春天，全生物降解膜呈现碎片化。光降解膜裂解后失重率变化较小，与普通地膜无显著性差异。降解地膜在土壤保墒方面与普通地膜无显著差异。

不同地膜覆盖对不同土层土壤温度的影响各不相同，0 ~ 15 cm 土层土壤温度表现为：国标地膜 > 降解地膜 B > 增厚地膜（0.012 mm）> 降解地膜 A；20 cm 土层土壤温度表现为：增厚地膜（0.012 mm）> 国标地膜 > 降解地膜 B > 降解地膜 A。

在玉米的整个生育期内不同地膜类型土壤含水量的变化趋势基本一致，且不同土层土壤含水量变化趋势基本表现为增厚地膜 > 国标地膜 > 降解地膜 A > 降解地膜 B。

不同类型地膜覆盖玉米穗粗、百粒重差异不显著，而秃尖程度差异显著；增厚地膜与国标地膜、降解地膜覆盖玉米穗长差异显著；增厚地膜、降解地膜 A 与国标地膜、降解地膜 B 覆盖玉米穗粗、穗粒数差异显著。

整体来看，不同地膜覆盖玉米生物量表现为：增厚地膜 > 降解地膜 > 国标地膜。不同地膜覆盖玉米产量大小顺序为：降解地膜 > 增厚地膜 > 国标地膜，且两种降解地膜对玉米产量的影响与国标地膜差异显著，两种降解地膜玉米产量较国标地膜增产 9.91% ~ 14.82%。

4.6 农田有毒有害物质综合防控技术模式应用与效果

4.6.1 微生物强化原位消减防控技术应用

4.6.1.1 应用区概况

原位农田试验设在吉林省农科院公主岭试验基地内进行，基地内土壤类型为典型的东北黑土。试验田所处地区年平均气温 5.6 ℃，≥ 10 ℃积温 2 600 ~ 3 000 ℃，无霜期 125 ~ 140 d，日照时数 2 500 ~ 2 700 h。年平均降水量 450 ~ 650 mm，7 至 8 月份降水量约占全年降水量的 70%，土壤类型为发育于黄土母质上的中层黑土，成土母质为第四纪黄土状沉积物，地势平坦，上述土壤理化性质见表 4-33。

表 4-33 土壤基本理化性质

pH 值	有机质 /（g/kg）	全氮 /（g/kg）	有效磷 /（mg/kg）	速效钾 /（mg/kg）
6.41	33.45	1.74	42.5	213

4.6.1.2 修复方式简介

选取复合菌群中降解效果最好的菌剂 SPI1 开展原位修复试验，菌剂设置高、中、低三个等级的田间投加量，分别为 5、10、15 kg/ 亩。处理如表 4-34 所示，并设置 3 次重复。

供试作物为玉米，结合阿特拉津应用时期以及玉米田间种植农艺操作特点，上述三种功能菌剂均以追肥的形式在玉米追肥期（6 月中旬）投加至农田土壤中。

表 4-34 试验处理

编号	处理设置	简称
1	未投加菌剂	CK
2	菌剂 SPI1 施用量 5 kg/ 亩	SPI1-5
3	菌剂 SPI1 施用量 10 kg/ 亩	SPI1-10
4	菌剂 SPI1 施用量 15 kg/ 亩	SPI1-15

4.6.1.3 功能菌剂原位修复效果分析

为探究功能菌剂在原位修复应用中的效果，分别于 7 月中旬（玉米拔节期）和 9 月底（玉米收获期）两个时间点，对上述各处理小区的土壤和玉米植株进行取样。通过测定土壤和玉米样品中阿特拉津含量，评价功能菌剂的原位修复效果。同时，通过测定土壤样品的全氮（TN）、全磷（TP）、碱解氮、有效磷以及收获期玉米百粒重和亩产，考察功能菌剂对于土壤理化性质以及玉米产量的影响。

4.6.1.4 生长季中农田除草剂阿特拉津的消减特征

玉米拔节期土壤阿特拉津含量如图 4-64 所示，未投加菌剂的空白处理土壤中阿特拉津含量为 1.62 ± 0.13 mg/kg，与未添加菌剂处理相比，添加菌剂后均能够有效降低土壤中阿特拉津含量。具体来说，随着菌剂投加量增加（5 kg/ 亩，10 kg/ 亩，15 kg/ 亩），土壤中残留的阿特拉津含量呈先降低后升高的趋势，其中菌剂 SPI1 处理投加量为 10 kg/ 亩对阿特拉津去除效果相对较好，土壤中残留量为 1.33 ± 0.14 mg/kg，较未添加菌剂的 CK 处理阿特拉津消减速率提升了 18.90% 左右。上述结果表明：研发的 SPI1 菌剂在 10 kg/ 亩的投加条件下，对降低玉米拔节期土壤中阿特拉津的残留量具有较好的效果。

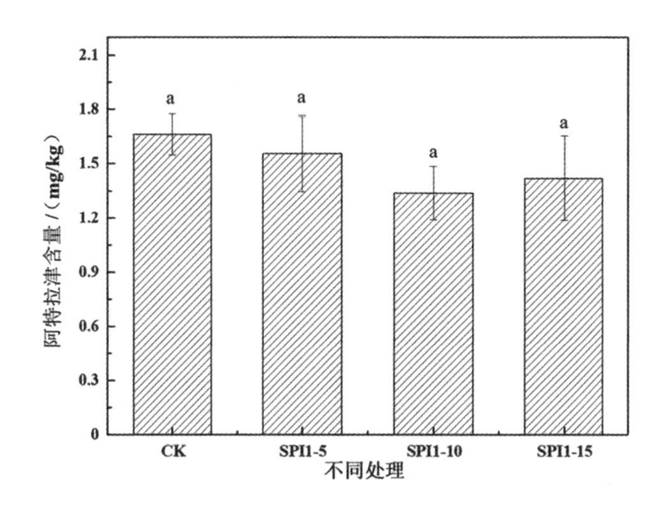

图 4-64 拔节期不同处理土壤阿特拉津变化情况

注：小写字母表示同一指标在相同地区同时期处理组内的差异显著性（$P < 0.05$）。

收获期土壤阿特拉津含量如表 4-35 所示，未投加菌剂处理的土壤中阿特拉津含量为 0.23 ± 0.07 mg/kg，菌剂 SPI1 的投加均能够有效消除土壤中阿特拉津的残留，且随投加量的递增去除效果呈升高的趋势，菌剂 SPI1 投加量为 10 kg/ 亩和 15 kg/ 亩时，土壤中基本未检测出阿特拉津的残留。结果表明，上述菌剂对于去除土壤中阿特拉津残留影响具有良好的效果，SPI1-10 处理对土壤中的阿特拉津残留效果更好，在开展后续应用中考虑进一步验证。

表 4-35 收获期土壤中阿特拉津含量情况

处理	CK	SPI1-5	SPI1-10	SPI1-15
阿特拉津含量 /(mg/kg)	0.23 ± 0.07	0.17 ± 0.05	未检测出	未检测出

4.6.1.5 复合菌剂对土壤氮磷含量的影响

（1）复合菌剂对土壤氮素的影响

土壤中的氮素是活细胞的组成部分，是作物生长所需的重要元素之一，能够增强作物抗寒和抗旱的能力、促进作物的生长等。

在玉米拔节期，未添加复合菌剂的土壤中全氮的含量为 2.22 ± 0.34 g/kg，不同复合菌剂添加量的处理土壤的全氮含量范围为 2.12 ~ 2.72 g/kg（图 4-65）。与未投加菌剂组相比，SPI1-5 处理组的全氮含量略有下降。在菌剂 SPI1 处理组中，全氮含量随着投加量的增加呈上升趋势，菌剂 SPI1 在投加量为 15 kg/亩的条件下效果最好。较未投加菌剂的处理相比，SPI1-10 和 SPI1-15 处理土壤全氮含量有一定程度的提高。

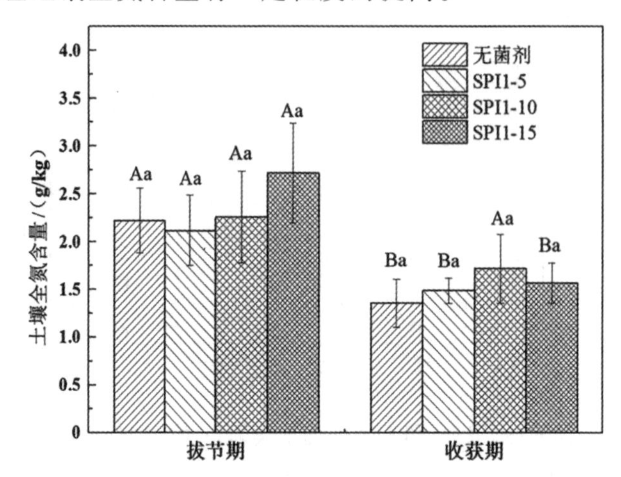

图 4-65 不同菌剂处理下玉米拔节期和收获期土壤全氮含量变化情况

注：大写字母表示不同时期相同处理组间的差异显著，小写字母表示相同地区同一时期处理组内的差异显著，（$P < 0.05$）。

在玉米收获期，不同菌剂添加量处理下土壤中全氮含量为 1.36 ~ 1.72 g/kg。与未投加菌剂的对照组相比，SPI1-5、SPI1-10、SPI1-15 处理的土壤中全氮含量略有升高，分别提高了 0.13 ± 0.10 g/kg、0.36 ± 0.09 g/kg、0.21 ± 0.03 g/kg，其中投加量为 10 kg/亩时，对土壤全氮含量的提高效果最好。

玉米不同时期土壤中碱解氮含量的变化情况如图 4-66 所示。发现相同处理下不同时期土壤中碱解氮的含量变化情况不显著。在玉米生长的各时期投加菌剂的土壤较未投加菌剂的土壤中碱解氮含量更高，说明菌剂的添加对提升土壤碱解氮含量具有一定作用。

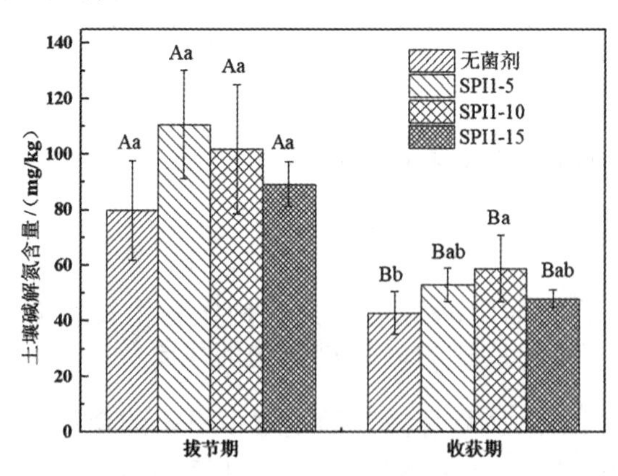

图 4-66 不同菌剂处理下土壤碱解氮变化情况

注：大写字母表示不同时期相同处理组间的差异显著，小写字母表示相同地区同一时期处理组内的差异显著，（$P < 0.05$）。

在玉米拔节期，未投加菌剂的对照处理中土壤碱解氮含量为 79.8 ± 17.9 mg/kg，与空白处理相比菌剂的添加均能够一定程度上提升土壤中的碱解氮含量。菌剂 SPI1 处理随着投加量递增，土壤的碱解氮含量呈下降趋势，范围在 89 ~ 110 mg/kg 之间，处理组间在统计学中无显著性的差异。菌剂 SPI1 投加量为 5 kg/亩和 10 kg/亩时，较对照组土壤碱解氮含量分别提高了 30.90 ± 1.31 mg/kg 和 22.00 ± 4.33 mg/kg。

在玉米收获期，未添加菌剂的土壤中碱解氮含量为 42.93 ± 7.8 mg/kg。投加不同菌剂的处理中碱解氮的含量在 48 ~ 59 mg/kg 之间，与未投加菌剂的处理相比菌剂的添加均能够提升土壤中的碱解氮含量，且具有显著差异。菌剂 SPI1 处理中，随着投加量增多，土壤的碱解氮含量呈先增加后减少的趋势。其中 SPI1-10 处理较其他菌剂处理对提升土壤的碱解氮含量具有更好的效果，较未投加菌剂的处理能够显著提升土壤中碱解氮的含量 15.87 ± 3.35 mg/kg。

结合不同时期菌剂不同投加条件下土壤碱解氮含量变化的规律，发现菌剂的投加在一定程度上提升土壤中作物所需的氮素。微生物菌剂存在一个适宜的投加量，综合看来 SPI1 投加量为 10 kg/亩的效果最好，在收获期对土壤中碱解氮含量的提升能够达显著性差异的水平。

（2）复合菌剂对土壤磷素的影响

玉米不同时期土壤中全磷含量的变化情况如图 4-67 所示，未投加菌剂的土壤中全磷含量在 1.02 ± 0.17 g/kg，投加微生物菌剂的土壤中全磷的含量范围在 1.22 ~ 1.34 g/kg 之间，可以发现菌剂的添加对土壤全磷含量均有一定程度的提升，但作用不显著。随着菌剂 SPI1 投加量的增多，土壤全磷含量呈先升高后降低的趋势，在 SPI1-5、SPI1-10、SPI1-15 处理下的土壤全磷的含量较未添加菌剂土壤中的全磷含量分别提升了 0.24 g/kg、0.34 g/kg 和 0.22 g/kg，菌剂 SPI1 在 10 kg/ 亩的条件下略优于其他处理。

成熟期时，未添加菌剂土壤中的全磷含量在 0.79 ± 0.25 g/kg。投加微生物菌剂处理土壤中全磷含量均高于未投加菌剂的处理，含量范围在 0.89 ~ 1.08 g/kg 之间。随着菌剂 SPI1 投加量的递增，较空白对照组土壤中的全磷含量分别提高了 0.29 ± 0.04 g/kg、0.17 ± 0.10 g/kg、0.10 ± 0.02 g/kg，呈逐渐下降的趋势。在菌剂不同投加量的条件下，组内差异不明显。

对比玉米不同时期土壤中全磷含量差异可以发现，收获期各处理土壤中全磷含量均低于拔节期，表明玉米在生长过程中吸收一部分来自土壤的磷元素，进而使得玉米收获期土壤全磷含量减少。而菌剂的投加对提高土壤中磷的含量具有一定的作用，其中 SPI1-5 和 SPI1-10 效果较好。

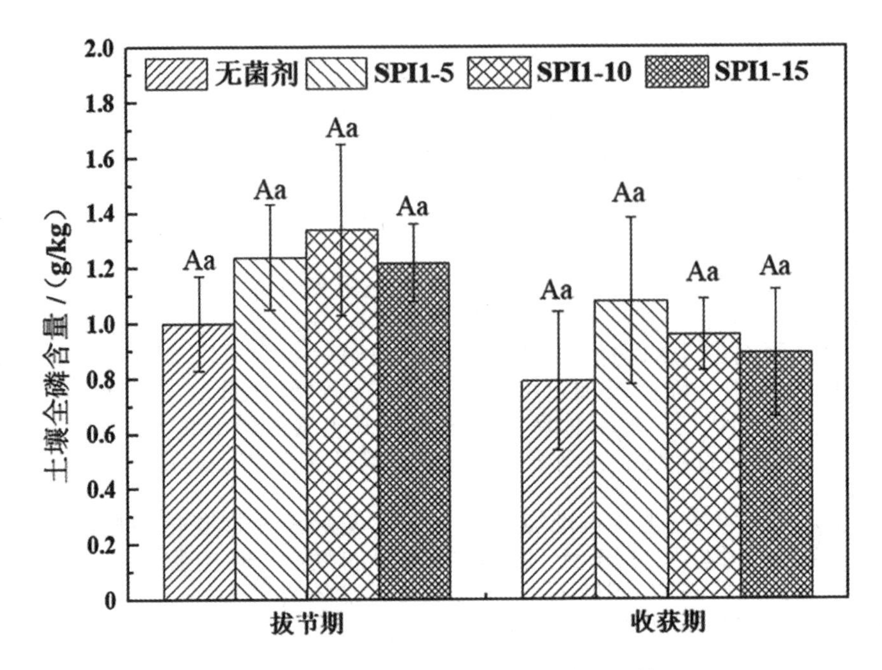

图 4-67 不同菌剂处理下土壤全磷变化情况

注：大写字母表示不同时期相同处理组间的差异显著，小写字母表示相同地区同一时期处理组内的差异显著，（$P < 0.05$）。

玉米不同时期土壤中有效磷含量变化情况如图 4-68 所示。在玉米的拔节期，菌剂处理对土壤中的有效磷梯度变化幅度影响不大，未添加菌剂土壤中的有效磷含量为 35.86 mg/kg，菌剂处理下土壤有效磷含量的范围在 34.92 ~ 37.14 mg/kg 之间，处理间未达到显著差异水平。较未投加菌剂的处理相比，SPI1-5 和 SPI1-10 处理土壤中的有效磷含量略有提高，分别提高了 1.24 mg/kg 和 3.54 mg/kg。

在玉米收获期，未添加菌剂土壤中的有效磷含量为 30.54 mg/kg，不同菌剂处理下土壤有效磷含量的范围在 34.03 ~ 35.81 mg/kg 之间，各处理组的土壤有效磷含量变化幅度较小，未达到统计学的显著差异水平。

对比玉米拔节期和收获期土壤有效磷含量的差异变化时，可以发现收获期的土壤中有效磷的含量显著低于拔节期，而添加菌剂可以缓解这种情况，菌剂中的溶磷菌 P1 具有将难溶无机磷转化为可被植物利用的有效磷的能力，使得土壤有效磷含量增加。

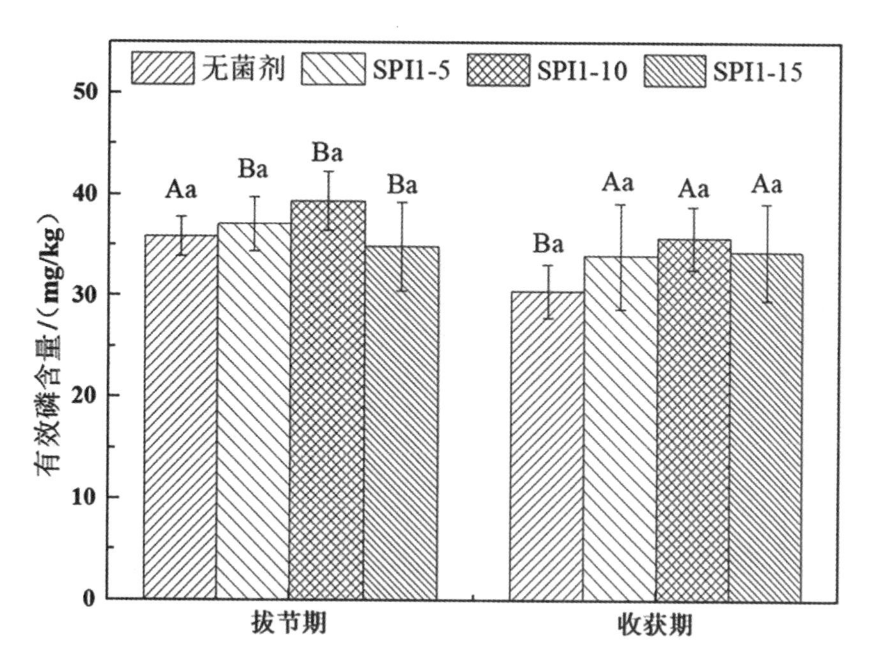

图 4-68 不同菌剂处理下土壤有效磷含量变化

注：大写字母表示不同时期相同处理组间的差异显著，小写字母表示相同地区同一时期处理组内的差异显著，（$P < 0.05$）。

（3）复合菌剂对作物产量的影响

分别考察玉米作物收获期各微生物菌剂添加处理区域内玉米的百粒重以及产量（亩产）等能够直接反映玉米长势的关键性指标。

从图 4-69 中可以看出，未投加菌剂的处理中玉米的百粒重为 34.01 ± 1.49 g。菌剂 SPI1 在投加量为 10 kg/ 亩的条件下能够微弱提升玉米的百粒重。玉米亩产指标表明，菌剂三种投加量的处理较未投加菌剂的处理均对玉米的亩产量有不同程度的提升，与百粒重的变化趋势基本一致，随着投加量的递增呈先升高后降低的趋势，SPI1-5、SPI1-10、SPI1-15 条件下，较对照玉米的亩产分别提升了 5.21%、5.29%、1.86%。综上所述，菌剂 SPI1 投加量为 10 kg/亩时，对玉米的百粒重和亩产量提升效果最为明显。

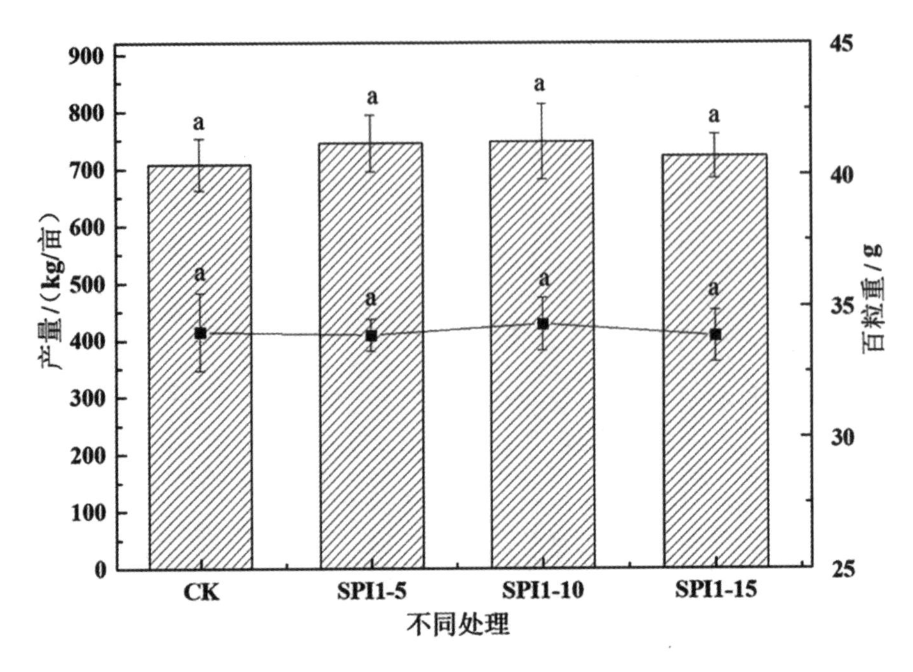

图 4-69 不同菌剂处理下区域内的玉米产量的变化情况

注：小写字母表示同一指标在相同地区同时期处理组内的差异显著性（$P < 0.05$）。

4.6.1.6 小结

本部分采用已制备的阿特拉津污染修复菌剂开展污染玉米农田原位修复研究，取得的研究结果有：添加了菌剂 SPI1 的处理在玉米的拔节期和收获期土壤中的全氮、碱解氮、全磷、有效磷含量均有一定程度的提升，整体上看对土壤中典型性质均具有积极的提升作用。综合分析菌剂 SPI1 处理在投加量为 10 kg/亩的条件下较为适宜，能够改善土壤的理化性质，提高土壤的肥力，同时对增益作物的产量也具有良好的效果，SPI1-10 较未投加菌剂处理的百粒重提高了 4.50%，对玉米的亩产量也有较好的提升作用，较未投加菌剂处理的亩产量提高了 5.29%。

4.6.2 Fe-C/PMS 体系在除草剂消减中的应用

考虑到东北地区 ATZ 用量较大、用时较长，采集了东北地区的地下水和地表水，以此为背景水质进行催化降解实验，评估 Fe-15%C/PMS 体系的实际应用能力。上述两种水体经过滤处理后，对其主要水质组分进行测定。表 4-36 呈现了两种天然水体的水质参数，其中地表水的 UV_{254} 为 0.245、TOC 为 50.85 mg/L 和 Cl^- 浓度为 16.46 mg/L，远远高于地下水的 0.007 mg/L、8.23 mg/L 和 2.02 mg/L。此外，还对东北地下水和地表水进行了三维荧光光谱分析，如图 4-70A 所示，地表水中存在蛋白质类和腐殖质类的物质，而地下水图谱中未观察到明显的荧光信号，说明相比于地下水，地表水含有更多的杂质。进一步地，以东北地下水和地表水为背景水质，在初始 pH 值为 3.58、PMS 浓度为 0.25 mmol/L、Fe-15%C 用量为 0.06 g/L 的实验条件下，地下水中 ATZ 的降解率可达 85.5%，而地表水中的 ATZ 去除率仅为 20.3%，这可能是因为地表水中的杂质消耗了大部分活性物种，从而阻碍了 ATZ 的降解。然而，当保持溶液初始 pH 值不变，PMS 浓度和 Fe-15%C 用量分别增加到 1 mmol/L 和 0.3 g/L 时，地表水中 93.2% 的 ATZ 被降解（图 4-72C），并伴随着蛋白质类和腐殖质类物质的大幅减少（图 4-72B）。上述结果表明，Fe-15%C/PMS 体系除能降解 ATZ 外，还具有去除天然水中蛋白质和腐殖质的潜能。

表 4-36 东北地下水和地表水的水质参数

指标	单位	地下水	地表水
pH 值		7.13	7.66
UV_{254}		0.007	0.245
TOC	mg/L	8.23	50.85
Cl^-	mg/L	2.02	16.46
NO_3^-	mg/L	4.03	0.06
SO_4^{2-}	mg/L	1.79	4.68
Na^+	mg/L	23.45	8.21
K^+	mg/L	1.34	2.76
Fe^{3+}	mg/L	0.003	0.009
Al^{3+}	mg/L	未检出	0.009
Ca^{2+}	mg/L	92.81	22.83
Mg^{2+}	mg/L	40.93	50.58

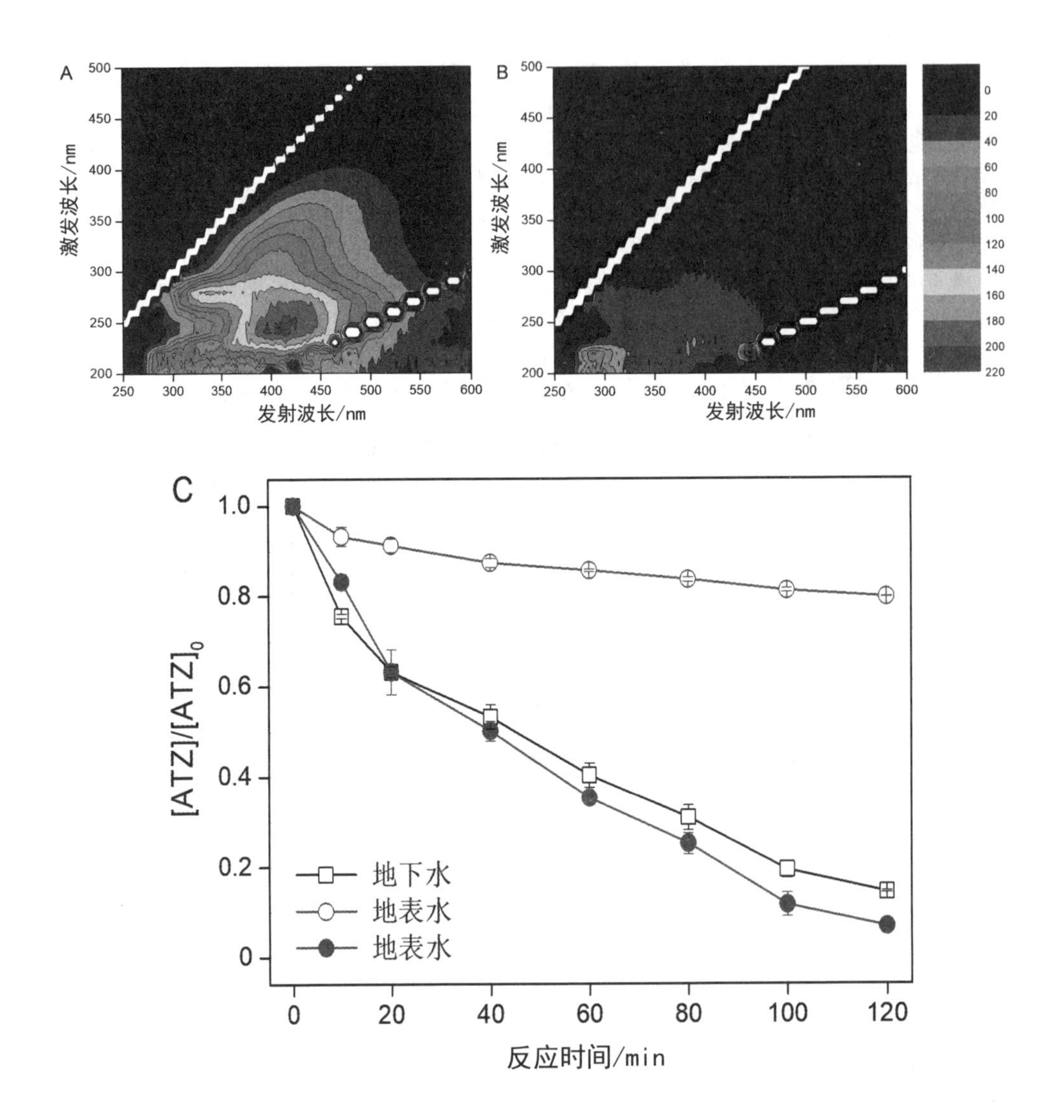

图 4-70 (A)地表水原水和(B)经 Fe-15%C/PMS 体系处理后的地表水的三维荧光光谱;(C) Fe-15%C/PMS 体系对地下水和地表水中 ATZ 的降解

4.6.3 生物炭基土壤重金属稳定剂的应用

生物炭被认为是用于处理环境污染和生态恢复的有前途的材料。作为新型的土壤改良剂和吸附剂，生物炭已成为农业、环境、能源等领域的热点(姚玲丹等，2015)。将生物炭改性，可对生物炭的吸附性能极大提高，特别是对土壤重金属的吸附固持作用。然后将改性的生物炭与肥料混合，作为土壤改良剂可较好地应用到农田土壤修复。所提供的养分可以减少肥料消耗、防止土壤压实、疏松土壤并保护水资源。同时，生物炭可以固定土壤养分，生物炭的多孔结构、表面碱度、吸附能力等特性也可以固定土壤中的重金属（李金文等，2018；李正兴和李海福，2015），通过此方法降低土壤中重金属含量。通过生物炭与肥料配施来修复土壤中重金属的污染研究领域是未来值得关注的方向（赵青青，陈蕾伊，史静，2017）。

位于内蒙古自治区东部通辽地区、松辽平原西端的西辽河平原污灌区，为我国重要的玉米主产区，也是重要的国家粮食基地，其主栽作物为玉米。通辽市孔家乡农田土壤有多年污水灌溉历史，其污染量占当地农田面积的20%以上（赵静，2010）。本试验将土壤重金属稳定剂应用于通辽市科尔沁区孔家乡排污水道周边农田土壤，进行修复试验示范，并获得一定的修复效果。

4.6.3.1 应用区概况

（1）供试区土壤

在沿着污水渠道周边取得适量土壤，测定其中的重金属镉（Cd）和铬（Cr）的含量分别为 0.35 mg/kg 和 63.68 mg/kg。

（2）试验设计、测定方法与统计

1）试验设计。利用对照法设计试验，设置 7 个处理（表 4-38），采用随机区组。

表 4-38 供试材料种类

处理	处理方式	用地大小
1	特制肥 25 kg/亩	2 垄
2	玉米专用肥 25 kg/亩	1 垄
3	玉米专用肥 35 kg/亩	1 垄
4	玉米专用肥 45 kg/亩	1 垄
5	化肥 CK	1 垄
6	化肥 CK	1 垄
7	配方肥 + 蚯蚓酶 20+10 kg/亩	1 垄

2）样品的处理与制备。玉米测定：7 个试验组，每试验组取 3 组样品，共 21 组样品。随机在每区组取 15 穗玉米，并且量取选中玉米植株的株高，记录数据。将每区组取的 15 穗玉米保存在聚乙烯塑料袋和塑料瓶中封口并标

好处理序号，将其送回实验室，放在报纸上，然后在实验室风干。当样品完全风干后，用游标卡尺分别量出每穗玉米的穗直径、轴直径及每个处理组玉米的总重。将玉米粒剥下并且称取其质量。将21组样品随后用粉碎机分别粉碎并分组保存，置于自封袋中密封干燥保存，贴好标签，并立即进行分析。

茎、叶测定：采取样品共21组。保存在聚乙烯塑料袋和塑料瓶中封口，将其送回实验室，放在报纸上，然后在实验室风干。当样品完全风干后，将21组样品用粉碎机分别粉碎并分组保存，并置于自封袋中密封干燥保存，贴好标签，并立即进行分析。

3）分析方法。分别称取0.1 g（精确到0.000 1 g）玉米粒/茎/叶+1.0 mL HNO_3于ETHOS UP微波消解仪（北京莱伯泰科仪器股份有限公司）中消解，消解后的样品分别倒入50 mL容量瓶中，用蒸馏水定容至刻度线标好标签并密封保存。取镉（Cd）和铬（Cr）的标准溶液稀释100倍放入石墨炉原子吸收仪。随之将定容的21组样品按序号依次倒入仪器的样品槽中测定玉米粒、叶、茎中镉（Cd）和铬（Cr）的含量。

4.6.3.2 生物炭基肥对玉米生长发育的影响

玉米性状的测定结果见图4-71。与对照组相比，生物炭基肥的加入有效改善玉米的株高、茎粗、穗粗、穗重、轴重、穗行数和行粒数。施用配方肥和蚯蚓酶的玉米的植株明显高于施用常规化肥的植株，增幅3.20%。说明生物炭基肥料促进玉米植株生长。同样，配方肥和蚯蚓酶使玉米穗重增加，提高了7.14%。同时，施用特制肥和生物炭基肥也使穗重增加了14.29%和4.29%。在各种处理条件下，玉米轴重均无明显差异。但是施用特制肥、生物炭基肥均使玉米植株茎粗增粗4.84%、4.41%。唯有施用配方肥和蚯蚓酶使玉米植株茎粗减小。相对而言施用生物炭基肥的效果不怎么明显。相反的是，施用生物炭基肥使玉米的穗粗增加效果最好，增大了3.70%。说明生物炭基肥能够促进玉米生长。施用特制肥也将玉米穗粗提高了1.67%。唯有配方肥和蚯蚓酶未能改善玉米穗粗。不仅如此，施用生物炭基肥玉米的穗行数提高了14.64%，效果最明显。施用特制肥、配方肥和蚯蚓酶均使玉米穗行数增幅4.00%。另外，各个处理对玉米的行粒数的影响也具有相同的趋势。施用生物炭基肥使玉米的行粒数提高了14.61%。相对其他的处理效果最明显。其次，施用特制肥的玉米行粒数增多了12.33%。另外一种施加的肥料基本没有明显的差异。这些指标的增长表明玉米产量增加，而生物炭基肥料的应用对玉米生长具有显著的刺激作用。

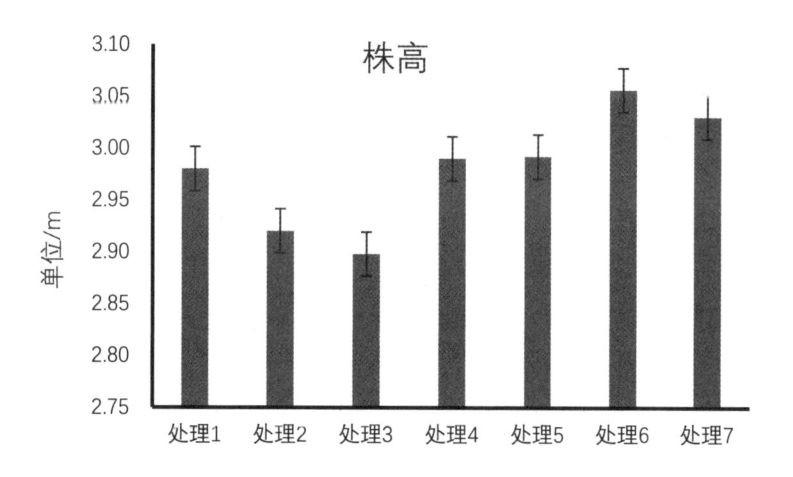
株高
单位/m
3.10
3.05
3.00
2.95
2.90
2.85
2.80
2.75
处理1
处理2
处理3
处理4
处理5
处理6
处理7

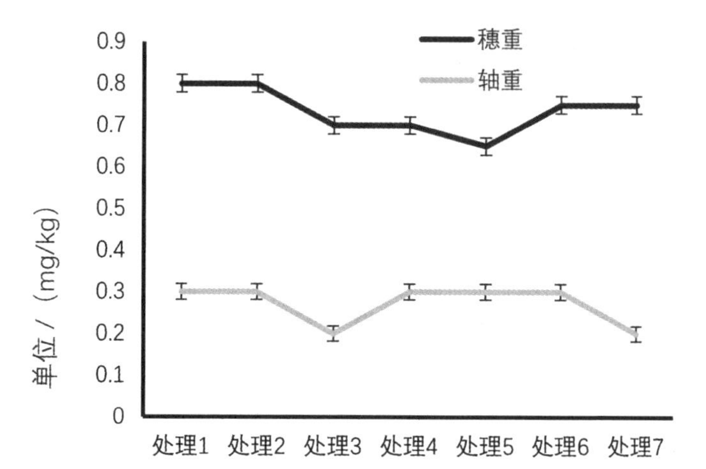
穗重
轴重
单位 /（mg/kg）
0.9
0.8
0.7
0.6
0.5
0.4
0.3
0.2
0.1
0
处理1
处理2
处理3
处理4
处理5
处理6
处理7

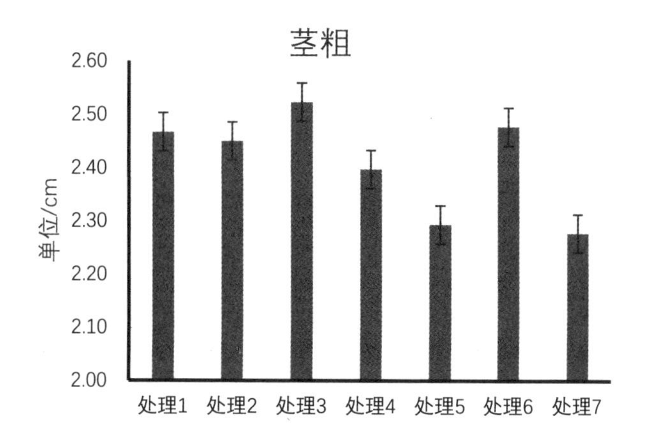
茎粗
单位/cm
2.60
2.50
2.40
2.30
2.20
2.10
2.00
处理1
处理2
处理3
处理4
处理5
处理6
处理7

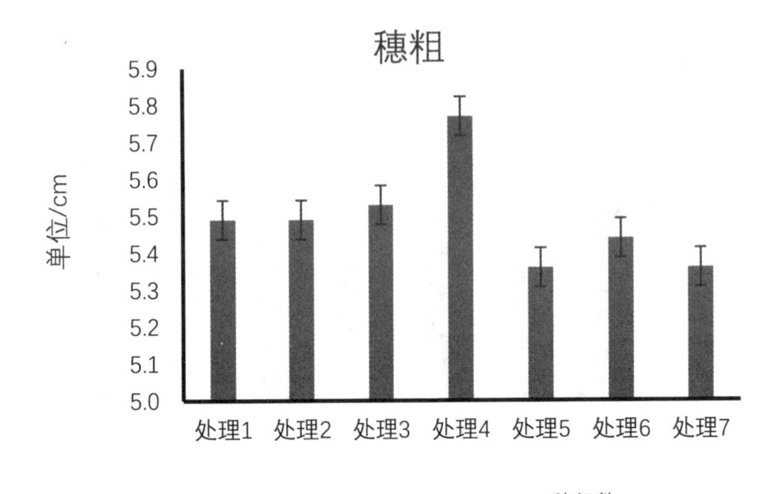

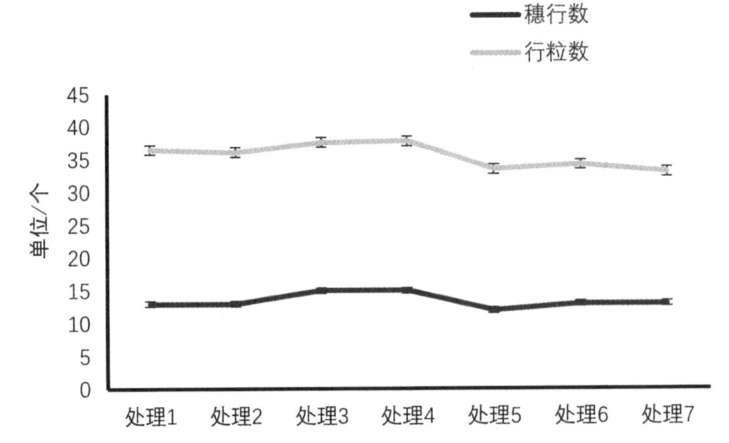

图 4-71　不同处理对玉米性状的影响

4.6.3.3 生物炭基肥对玉米产量的影响

由图 4-72 可知，施用不同种类的生物炭基肥料对玉米产量的影响也是有区别的。玉米亩产量表现为施用特制肥 > 生物炭基肥 > 配方肥和蚯蚓酶 > CK，结果表明，生物炭的施用可以提高每亩玉米的产量。施用特制肥使玉米亩产量提升最明显。而与施用常规化肥相比，各个处理均使玉米产量增加。施用特制肥、生物炭基肥、配方肥和蚯蚓酶玉米亩产量分别增幅 14.61%、12.33%、8.22%。参考图 4-71、图 4-72 说明了改性生物炭基肥在改善玉米性能的同时提高了玉米的亩产量。

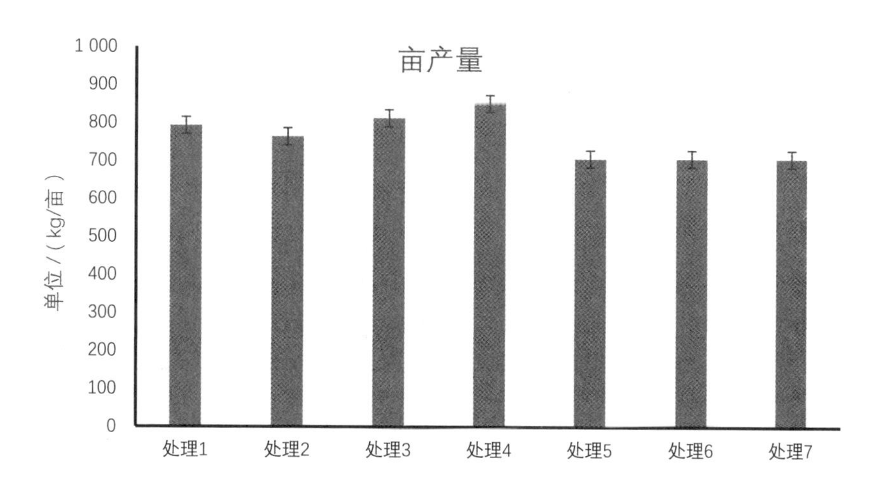

图 4-72 不同处理对玉米产量的影响

4.6.3.4 生物炭基肥对玉米重金属有效性吸收的影响

从图 4-73 可以看出，施用不同种类的生物炭基肥料对玉米的茎、叶、粒对重金属镉（Cd）和铬（Cr）的吸收的影响也是有差别的。所有的处理与对照处理相比都使茎、叶、粒中的重金属镉（Cd）和铬（Cr）的含量降低。其中，施用生物质炭基肥的玉米达到最优效果。施用生物炭基肥的玉米的茎、叶、粒中重金属镉（Cd）的含量分别降低了 30.21%、39.48%、45.03% 和重金属铬（Cr）的含量分别降低了 25.43%、67.60%、44.95%。其次，施用特制肥的玉米，它的茎、叶、粒中重金属含量降低得也比较明显。其茎、叶、粒中重金属镉（Cd）的含量分别降低了 36.87%、46.88%、63.35% 和重金属铬（Cr）的含量分别降低了 21.59%、72.76%、59.49%。与另外两组对比，施用配方肥和蚯蚓酶的玉米的茎、叶、粒中重金属含量降低得较少。但是，与对照组相比其对玉米的茎、叶、粒中重金属含量降低的量也相对有效。其茎、叶、粒中重金属镉（Cd）的含量分别降低了 9.14%、23.74%、24.29% 和重金属铬（Cr）含量削弱了 21.59%、46.09%、32.06%。由上可见，施用生物炭基肥可有效稳定地抑制玉米对重金属镉（Cd）和铬（Cr）的吸收，从而减少玉米植株中重金属镉（Cd）和铬（Cr）的含量。

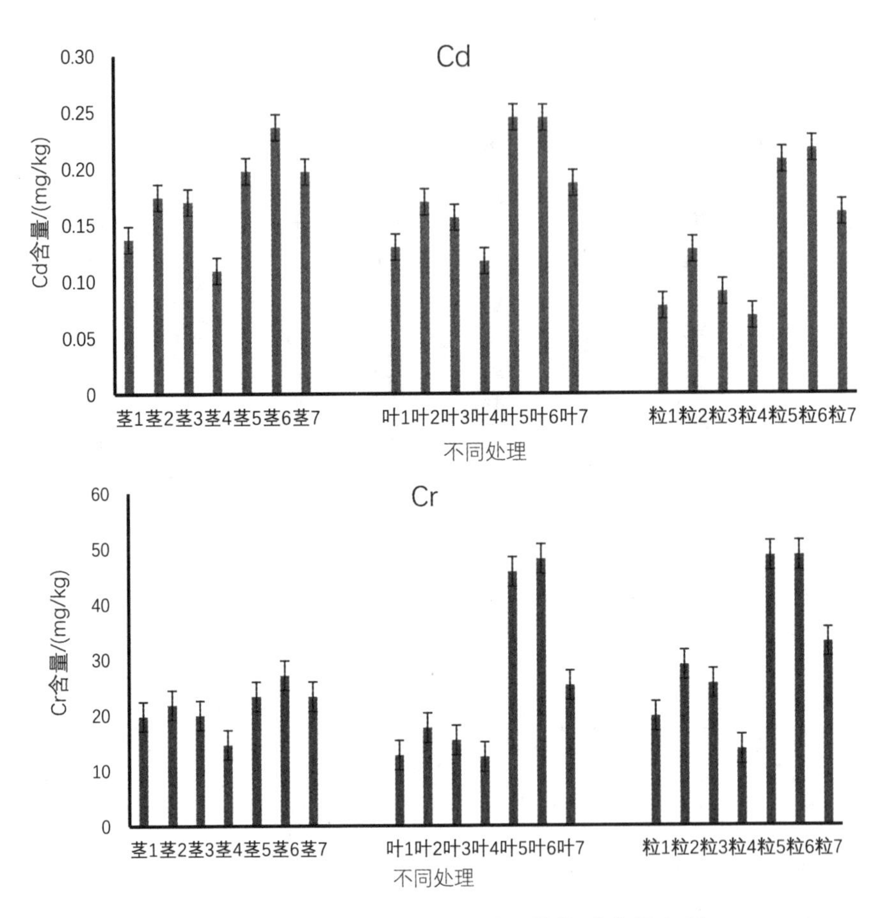

图 4-73 收获后玉米中茎、叶、粒的重金属含量

4.6.3.5 农作物中重金属的吸收及土壤中重金属含量的相关性

由图 4-74 可得出，玉米植株中的重金属镉（Cd）和铬（Cr）的含量均在土壤中重金属镉（Cd）和铬（Cr）含量以下。并且玉米的茎、叶、粒的重金属镉（Cd）的含量呈下降趋势。但是，玉米的茎、叶、粒的重金属铬（Cr）的含量呈上升趋势。施用生物炭基肥的玉米，茎中重金属镉（Cd）含量与地表中重金属镉（Cd）含量相比降低了 0.19 mg/kg，下降了 53.25%；重金属铬（Cr）含量降低了 43.41 mg/kg，下降了 68.18%。施用生物炭基肥的玉米，叶中重金属镉（Cd）含量与地表中重金属镉（Cd）含量相比降低了 0.19 mg/kg，下降了 51.61%。叶中重金属铬（Cr）含量降低了 40.22 mg/kg，下降了 63.16%。施用生物炭基肥的玉米粒中重金属镉（Cd）含量与地表中重金属镉（Cd）含量相比降低了 0.23 mg/kg，下降了 65.09%。粒中重金属铬（Cr）含量降低了 34.69mg/kg，下降了 54.47%。施用生物炭基肥可有效抑制玉米对重金属镉（Cd）和铬（Cr）的吸收。

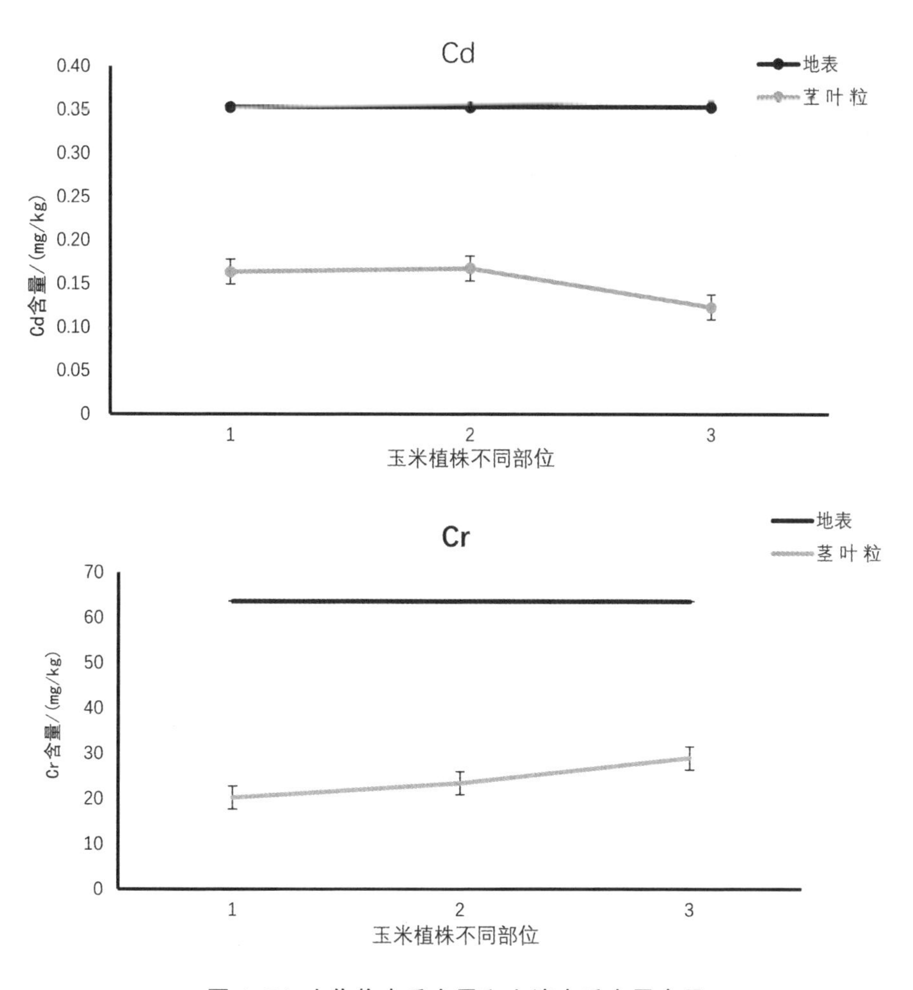

图 4-74 农作物中重金属和土壤中重金属含量

4.6.3.6 生物炭基肥对土壤重金属稳定的抑制作用

由图 4-75 可以看出，与对照组相比，每一个处理均可有效稳定地抑制玉米植株对金属镉（Cd）和铬（Cr）的吸收。施用特制肥抑制玉米粒对重金属 Cd 的吸收效果最好，其抑制比高达 63.35%。抑制玉米叶对重金属 Cd 的吸收效果最好的也是施用特制肥，抑制比为 46.88%。特制肥抑制玉米茎对重金属 Cd 的吸收效果依然是最显著的，抑制比达到了 36.19%。由上可知，施用特制肥可最有效稳定地抑制玉米的茎、叶、粒对重金属镉（Cd）的有效吸收。施用生物炭基肥对抑制玉米茎对重金属镉（Cr）的吸收效果显著，抑制比可达 25.40%。但是，对于玉米叶、粒对重金属镉（Cr）的吸收抑制效果最好的依然是特制肥。施用特制肥抑制玉米叶、粒对重金属（Cr）的吸收的抑制比分别为 72.76%、59.49%。根据《食品安全国家标准——食品中污染物限量》（GB 2762—2017）中的规定，玉米粒中的重金属镉（Cd）和铬（Cr）限量分别为 0.2 mg/kg、1 mg/kg。从施用生物炭基肥的玉米来看，重金属镉（Cd）的含量低于限量。重金属铬（Cr）含量依然不符合国家限量标准（姜玉玲，2017）。可见，特制肥可稳定抑制玉米植株对重金属镉（Cd）和铬（Cr）的有效吸收，并且具有明显的抑制作用。

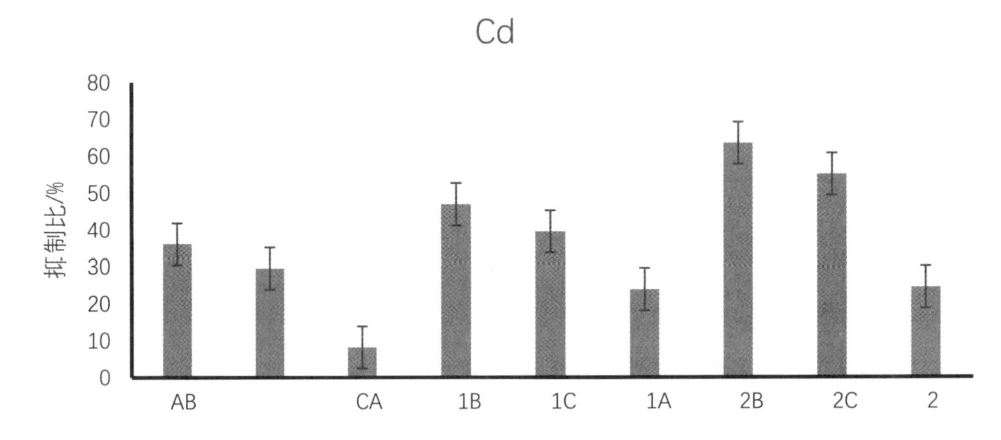

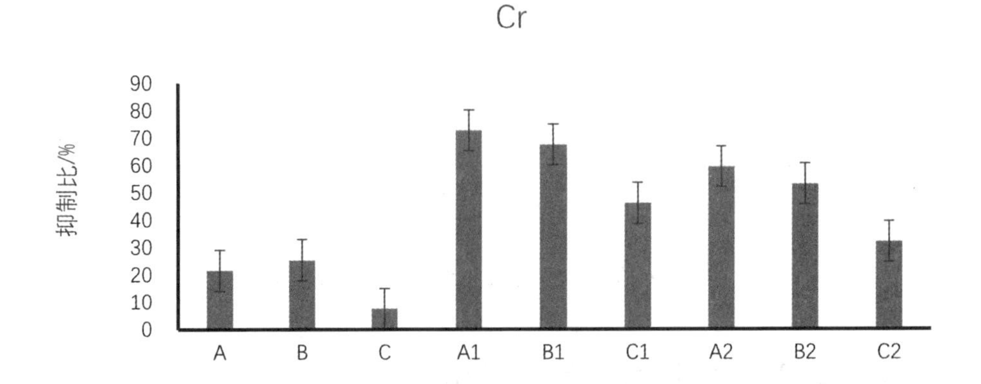

A（茎，特制肥）；B（茎，生物炭基肥）；C（茎，配方肥和蚯蚓酶）；A1（叶，特制肥）；B1（叶，生物炭基肥）；C1（叶，配方肥和蚯蚓酶）；A2（粒，特制肥）；B2（粒，生物炭基肥）；C2（粒，配方肥和蚯蚓酶）

图 4-75 生物炭基肥对植物吸收重金属的抑制效果

4.6.3.7 小结

以通辽市科尔沁区孔家乡排污水道周边农田为研究对象，探究不同种类的生物炭基肥对玉米生长的改善效果及对重金属镉（Cd）和铬（Cr）的含量的削弱情况。结果表明：施用生物炭基肥料可以有效促进玉米的生长发育，改善玉米的产量特性，提高产量。其中，施用生物炭基肥穗粗增加了 3.70%，穗行数提高了 14.64%，行粒数提高了 14.61%，玉米亩产量增幅 12.33%。施用特制肥将稳定抑制玉米植株茎、叶、粒对重金属镉（Cd）和铬（Cr）的有效吸收。施用特制肥抑制玉米茎、叶、粒对重金属镉（Cd）的有效吸收的抑制比分别达到了 63.35%、46.88%、36.19%。而对铬（Cr）的抑制作用未达到食品安全国家标准。但是，施用特制肥也对茎、叶、粒对重金属铬（Cr）的有效吸收起到了明显的抑制作用。抑制比达到了 36.19%、72.76%、59.49%。由此可见通过对污水灌溉污染的农田土壤进行炭基重金属修复剂修复，可有效改善土壤重金属的生物有效性，从而降低土壤中重金属对作物生长的毒害抑制和粮食产品高残留。

4.6.4 地膜污染防控技术模式应用

4.6.4.1 示范区概况

内蒙古兴安盟科右前旗巴日嘎斯台乡良种场建立示范基地，该区域属半干旱大陆性气候，是典型的低山丘陵旱作农业区；该旗县粮食生产以旱作农业为主，旱地占总耕地面积的 89%，覆膜种植 75% 以上。科右前旗巴日嘎斯台乡良种场示范基地为合作社流转土地，地块平整、集中连片面积大、肥力适中，交通便利，与当地科研所有良好的合作基础。

4.6.4.2 示范内容

图 4-76 为玉米地膜污染综合防治技术推广示范图。

图 4-76 玉米地膜污染综合防治技术推广示范

4.6.4.3 示范效果

2019 年在科右前旗巴日嘎斯台乡良种场示范基地建立核心示范面积 60 亩，其中高标准增厚地膜 30 亩、降解地膜各 20 亩，国标地膜 10 亩。2020 年在兴安盟农牧业科学研究院科研示范基地建立核心示范区 50 亩。

通过可降解地膜应用与推广示范，证明了可降解地膜替代普膜应用的科学性和可行性，解决了残膜污染的重大难题，为大面积推广应用提供了科学依据和数据支持。

通过高标准地膜应用与高效回收技术推广示范，核心示范区玉米田当季地膜回收率为 77% ~ 82%，辐射区当季地膜回收率为 80% 以上。

5 农业废弃物综合利用技术

5.1 农业有机废弃物面源污染现状与特征分析

东北黑土区曾是生态系统良好的温带草原或温带森林景观，20 世纪 50 年代大规模开垦以来，东北黑土区逐渐由林草自然生态系统演变为人工农田生态系统，由于工农业生产发展和人口快速增长，长期以来土壤侵蚀、耕地质量下降、环境污染不断加剧，农牧业生产产生的有机废弃物资源化利用率低，致使归还土壤的有机物不足，土壤理化性状与生态功能退化，农业面源污染等问题日益突出。2017 年，科技部和农业农村部共同发出国家“十三五”科技指南，将“东北粮食主产区农业面源污染综合防治技术示范”确定为重点研究方向，围绕东北作物秸秆结构性过剩、畜禽粪便资源利用率低所产生的面源污染问题，将秸秆、畜禽粪便进行肥料化、基质化综合利用，依据区域生态特点和区域玉米、水稻生产特征推广适合特定环境的玉米秸秆原位全量还田技术并进行了集成与示范。

目前在东北区作物秸秆利用方式主要有肥料化、饲料化、基料化、能源化和工业原料化 5 种形式。秸秆是农业生产产出的有机物，主要含碳水化合物，灰分元素及粗蛋白等营养成分。从专业角度看，做饲料，它的营养价值低；做能源物质，它的燃烧值低；做工业原料，附加值低、替代品多；基料化，它的产能过剩。因此秸秆肥料化是秸秆综合利用效益最高的一种形式。东北玉米年播种面积 2.3 亿亩以上，水稻栽培面积可达 0.6 亿亩，年产玉米、水稻秸秆 2 亿余 t，秸秆资源总量巨大。在东北，目前主要是受气候条件及机械条件所限，一般作物多在秋季收获，作物收获后气温迅速下降，随后进入冬季，农事作业时间很短，早春低温冷凉，土壤融冻慢、湿度大，也不利于耕作，同时受春风及少降水气候影响，扰动土壤会造成失墒从而影响春播保苗，因此在东北进行秸秆还田一直存在方式方法不配位、效果效益欠佳、农民不易接受、新技术难于推广等问题，制约了秸秆农业利用，也导致秸秆直接还田大面积实施的“困难重重”现象。调研结果表明，目前东北地区玉米和水稻秸秆作为肥料化利用主要包括直接还田和间接还田，占比约为 25%；作为青贮、黄贮、微贮等饲料化利用的占比约为 5%；作为水稻床土、花木基料等基质化利用的占比约为 1%；作为固化燃料、秸秆沼气、秸秆发电等能源化利用的占比约为 35%；作为造纸、建材等工业原料的占比约为 4%。总利用率在 70% 左右，剩余 30% 左右均被废弃或焚烧。

从资源合理利用及效益角度分析，玉米水稻秸秆资源最适于直接还田培肥土壤，其次是作为动物饲料和乡村生活能源。目前东北地区秸秆资源化利用存在的主要问题：一是秸秆资源化利用缺乏科学的总体规划，导致丰富的秸秆资源未能发挥其应有的作用，普遍存在关键技术不配套、现有技术应用不规范、附加值低、效益不高等问题。二是在秸秆肥料化利用方面，东北地区主要采取机械化粉碎直接还田、覆盖还田、留高茬部分还田等方式，近年利用玉米水稻秸秆加工有机肥也有应用。但目前玉米秸秆直接还田除受玉米生产规模化经营程度限制外，仍存在因秋冬两季低温造成秸秆的腐解率低，不利于农业生产，如苗期质量差等，农业机械不能实现作业标准的自动化控制及数字化管理等亟待解决的问题。三是在秸秆饲料化及能源化等产业化利用方面，存在利用方式粗放、附加值低、效益不高等问题，导致大量秸秆资源被浪费。秸秆在发电、造纸、工业原料生产等技术含量较高的工业化利用方面远远没有达到应占有比例，利用技术水平落后，产业化发展缓慢。其原因主要是生产企业多为中小型企业，产业链条较短、科技含量不高、运转主要依赖政府补贴。同时产品检测及装备、工艺标准都尚未建立，秸秆加工企业的产业间配套、上下游间的协作发展滞后，秸秆收购、储运、运输等社会化流通与服务网络尚未形成，服务体系尚未建立，秸秆便捷处理设施不配套，等等，严重制约着秸秆综合利用的产业化发展。

此外，东北各省区多未形成促进秸秆综合利用的政策体系，缺少对国家政策的细化措施，部门职责分散，缺乏互通，难以形成合力；在秸秆还田领域，现行农业补贴未能有效解决秸秆直接还田多重良性效应的滞后与农民眼前利益之间的矛盾；在秸秆能源化、工业化利用方面，缺乏调动企业和农民积极性的激励机制和政策体系。

5.2 玉米秸秆还田技术

对东北地区目前实施的玉米秸秆全量还田方式方法进行了集成和试验，总结出一套适合冷凉气候条件的“玉米宽窄行（均匀垄）栽培 + 秸秆带状覆盖（归行）+ 快速腐解菌剂 + 免耕播种”和“秸秆粉碎 + 快速腐解剂 + 深翻”的玉米秸秆全量原位还田耕作模式，并为此配套开发了新型秸秆腐解剂和改进了秸秆归行机具，在大面积示范、推广中取得了一定的效果。

模式由“玉米秸秆粉碎深翻还田”“玉米秸秆条带覆盖还田”“玉米秸秆覆盖还田归行播种”三种主要的、成熟的技术组装而成，也可加入“宽窄行”和“均匀垄”栽培技术，模式实施中以三年为周期，可用“翻（粉碎深翻）带（条带覆盖）归（覆盖归行）”“翻带带”“翻归归”或“翻归带”形式灵活组配，实现土壤深翻耕作与保护性耕作在周期内有机融合和对动力、机具、人力、资源等的统筹，同时也使秸秆粉碎深翻还田的深耕整地后效起到作用。

5.2.1 玉米秸秆全量深翻还田地力提升技术模式

5.2.1.1 技术原理

针对东北早春易低温、干旱频发、土壤质量下降等生态条件及玉米生产上存在的化肥与农药施用量大、利用效率低、病虫草害频发等问题，以秸秆全量深翻还田耕种为核心，耕作栽培、养分调控、病虫草害防治等技术优化集成，构建半湿润区玉米精播密植秸秆深还地力提升技术模式。

秸秆机械翻埋还田技术就是用秸秆粉碎机将摘穗后的农作物秸秆就地粉碎，均匀抛撒在地表，随即翻耕入土，使之腐烂分解，有利于把秸秆的营养物质完全地保留在土壤里，增加土壤有机质含量、培肥地力、改良土壤结构，并减少病虫危害。对比传统耕作模式，土壤有机质增加 5% ~ 10%，氮肥利用率平均提高 8% 以上，生产效率提升 20%，节本增效 8% 以上。

5.2.1.2 适用区域

东北降雨量在 450 ~ 650 mm 的地区，要求土地平整、黑土层厚度在 30 cm 以上。

5.2.1.3 操作要点

（1）秋整地、秸秆翻埋

玉米进入完熟期后，采用大型玉米收获机进行收获，同时将玉米秸秆粉碎（长度≤ 20 cm），均匀抛散于田间，玉米收获后用机械粉碎秸秆。喷施玉米秸秆腐解剂 2 kg/ 亩。采用液压翻转犁（图 5-1）将秸秆翻埋入土（动力在 150 马力（1 马力≈ 0.735 kW）以上，行驶速度应在 6 ~ 10 km/h，翻耕深度 30 ~ 35 cm），将秸秆深翻至 20 ~ 30 cm 土层（图 5-2），翻埋后用重耙耙地，耙深 16 ~ 18 cm，达到不漏耙、不拖堆、土壤细碎、地表平整达到起垄状态，耙幅在 4m 宽的地表高低差小于 3 cm，每平方米大于 10 cm 的土块不超过 5 个（图 5-3）。

如作业后地表不能达到待播状态，要在春季播种前进行二次耙地，当土壤含水量在田间持水量的 70% 以上时，镇压压强为 300 ~ 400 g/cm^2；当土壤含水量低于 70% 时，镇压压强为 400 ~ 600 g/cm^2。

图 5-1 LQTFZ-44 型液压翻转犁

图 5-2 秸秆深埋还田

图 5-3 液压翻转犁田间工作图及效果图

（2）春整地，播种

整地。在秋季秸秆深翻还田整地的前提下，采用圆盘轻耙压一体整地机进行整地，将中、小土块打碎，至待播状态。

播种。采用机械化平地播种方式，一次性完成施肥与播种等环节。当土壤 5 cm 处地温稳定通过 8 ℃、土壤耕层含水量在 20% 左右时可抢墒播种，以确保全苗。出苗率应保证在 90% 以上，播种深度 3 ~ 5 cm，在机械精量播种的同时，进行机械深施肥，施肥深度在种床下 3 ~ 5 cm，选择玉米专用肥。播后对苗带及时进行镇压。

补水播种。播种期内土壤水分低于 20%，可采用外挂补水装置（图 5-4）进行补水播种，播种时注意水流速度及水流方向，预防种子随水移动，造成种子堆积、断苗。

图 5-4 补水装置

播种密度。低肥力地块种植密度 5.5 万 ~ 6.0 万株 $/hm^2$，高肥力地块种植密度 6.0 万 ~ 7.0 万株 $/hm^2$。

品种选择。选择中晚熟品种，玉米株型为紧凑型或半紧凑型较为理想，株高适合在 2.5 ~ 2.8 m 之间，穗位较低，抗倒防衰，适合机械收获的品种。

（3）养分管理

施肥。根据土壤肥力和目标产量确定合理施肥量。肥料养分投入总量为 N 180 ~ 220 kg/hm^2、P_2O_5 50 ~ 90 kg/hm^2、K_2O 60 ~ 100 kg/hm^2。氮肥 40% 与全部磷、钾肥做底肥深施。

追肥。在封垄前，8 ~ 10 展叶期（拔节前）追施氮肥总量的 60%。

（4）除草管理

封闭除草。视当季雨量选择苗前或苗后除草，若雨量充沛，应在降雨之后选择苗后除草；若雨量较小，选择苗前封闭除草。

播种后应立即进行封闭除草。选用莠去津类胶悬剂及乙草胺乳油，在玉米播后苗前土壤较湿润时进行土壤喷雾。

苗后除草。苗前除草效果差，可追加苗后除草，使用烟嘧磺隆和苞卫以及与阔草清、耕杰、溴苯腈混用可有效防除玉米田杂草。药剂用量严格遵照说明书。

（5）病虫防治

玉米螟防治。于7月初释放赤眼蜂及新型白僵菌颗粒或粉剂，采用新型球孢白僵菌颗粒剂，应用无人机或人工实施白僵菌颗粒剂田间高效投放技术（图5-5），具有较好的防治效果，防效达70%以上。

图5-5 无人机实施白僵菌颗粒剂田间高效投放技术

黏虫防治。按照药剂说明书使用剂量喷施丙环嘧菌酯+氯虫·噻虫嗪。

（6）收获

使用玉米收割机适时晚收。玉米生理成熟后7～15 d，籽粒含水率20%～25%为最佳收获期，田间损失率≤5%，杂质率≤3%，破损率≤5%。

（7）注意事项

秸秆深翻还田应秋季收获后进行，避免春季动土散墒。秸秆深翻还田要抢在收获后、上冻前这一时间段，但同时要注意土壤水分，土壤水分过高时不宜进行秸秆翻埋，会造成土块过大、过黏，不宜于春季整地操作。秸秆深翻条件下，注意玉米生长期的杂草控制，杂草过多不利于玉米苗期生长，同时带来玉米中后期病虫害风险。

5.2.1.4 效益分析

（1）经济效益。传统耕作模式下，秸秆需在收获后进行打包处理，然后进行灭茬整地、镇压起垄，而秸秆深翻还田模式下，秸秆在收获后用液压翻转犁进行深翻深埋，然后进行耙地、压地平整耕地。

表 5-1 经济效益对比

类别与项目 /（元 /hm²）			成本 /（元 /hm²）	产量 /（kg/hm²）	总产值 /（元 /hm²）	纯效益 /（元 /hm²）
农民习惯种植	秸秆清理费用	200	5 200	10 000	15 000	9 800
	整地费用（包括灭茬）	500				
	收获费用	900				
	播种费用	300				
	肥料、种子、农药费用	3 300				
秸秆深翻还田	翻地费用	700	5 400	11 010	16 515	11 115
	整地费用（联合整地机 + 镇压）	500				
	收获费用	900				
	播种费用	300				
	肥料、种子、农药费用	3 000				
节本增效情况			-200	1 010	1 515	1 315

秸秆深翻还田的农机耕作成本比传统耕作模式略有增加，但多年试验结果表明，前者增产幅度在 10% 以上，收益增加明显。

2018—2019 年试验结果（表 5-1）显示，秸秆深翻模式平均成本总计约 5 400 元 /hm^2，平均产量为 11 000 kg/hm^2 左右，纯收益约为 11 115 元 /hm^2；传统耕作模式农机耕作成本总计约 5 200 元 /hm^2，平均产量为 10 000 kg/hm^2 左右，纯收益约为 9 800 元 /hm^2，平均增收 1 315 元 /hm^2。

（2）社会效益。在社会效益上，可以改善农村环境，增加农民收入，提高农业的综合收益，促进农业的可持续发展，在农业经济的发展中发挥重要的作用，可谓利国利民，一举多得。

根据国内外大量研究及实践经验，从资源合理利用及效益角度分析，将东北地区玉米秸秆 2/3 直接还田，保障黑土资源永续利用，另 1/3 用于燃料、饲料及其他用途，并以此作为秸秆资源利用的基本准则长期坚持，是我国东北地区科学、合理的秸秆资源化利用结构和方式。

（3）生态效益。秸秆全量还田，一方面可以极大地减少秸秆焚烧、无序堆放等现象，同时可以减少有害气体的排放，对环境保护也具有重要的意义；另一方面可以有效地改良土壤，改善土壤的物理性状，增加土壤有机质。

玉米秸秆全量还田相当于公顷施用 110 kg 尿素、30 kg 磷酸二铵、170 kg 硫酸钾，土壤有机质年均增 0.01%。秸秆还田还能够增加土壤微生物数量，提高酶活性，加速有机物质分解和矿物质养分转化。可以有效解决东北黑土因长期重用轻养而导致的土壤有机质衰减，耕层结构变差，肥力退化等问题，是提高黑土资源的可持续利用的有效措施。玉米秸秆还田能够增强土壤的固碳量，减少其向大气中排放二氧化碳，对保护农田生态环境起着重要作用。

5.2.2 宽窄行秸秆全覆盖还田归行播种模式

5.2.2.1 技术流程

收获（秸秆覆盖还田）→秸秆归行处理→免耕播种施肥→防治病虫草害→必要的土壤深松，实现农业生产的全程机械化。

5.2.2.2 技术要点

（1）收获

收获时采用具有秸秆粉碎装置的玉米联合收获机（图 5-6）收获果穗或籽粒后，秸秆和残茬以自然状态留置耕地表面越冬。

图 5-6 机械收获

（2）秸秆归行处理

由于秸秆覆盖量大，在播种时易出现拥堵，需对播种带（苗位）的秸秆进行整理，使用改制的归行机具耙（图 5-7）将宽行（播种带即苗位）的秸秆搂归到窄行里，倒出播种位置，形成无秸秆覆盖的条带（图 5-8），保证播种质量。由于播种带没有秸秆覆盖，可以有效地接受阳光照射，提高了地温，保证了种子发芽所需的温度。

图 5-7 改制的秸秆归行机具

图 5-8 宽窄行秸秆归行处理效果

（3）免耕播种施肥

用牵引式重型免耕播种机直接播种施肥。一次性完成侧深施肥、压实种床、播种开沟、单粒播种、施口肥、覆土、重镇压等作业工序。宽窄行免耕播种第一年实施时，由于上一年是常规种植，即均匀垄种植，将免耕播种机行距调整为 40 ~ 50 cm，在相邻两垄内侧播种，隔一个垄沟再在另外两垄内侧播种，形成窄行、宽行模式。第二年在宽行中播种窄行，以后每年依此类推（图 5-9）。

图 5-9 免耕播种施肥

播种时必须根据土壤、肥力等条件的不同选择不同的玉米品种，播种数量可以根据需要调节，一般下种量为 2.0 ~ 2.5 kg/ 亩，种子要选颗粒饱满、优质的良种，发芽率 95% 以上，并对种子进行包衣处理。肥料要选用颗粒肥料，粉状化肥易结块、流动性差，会影响施肥效果。施肥前对颗粒肥需进行检查，结块要去除，以免堵塞排肥管影响施肥量，施肥量每亩 50 ~ 65 kg 为宜。播种作业时，宜将种子播入土壤 3 ~ 5 cm 深，化肥要施到土壤中 8 ~ 12 cm 深，种肥分施距离达到 5 cm 以上。不漏播、不重播、播深一致，覆土良好，镇压严实。免耕播种的播期一般较常规播种晚些。

（4）病虫草害防治

1）化学除草。化学除草可选择在播种后苗前封闭除草或苗后期喷施茎叶除草。苗前封闭除草药适合玉米播种后，草没出来之前使用（图 5-10）。一般在播后 7 d 内喷完，如果玉米苗已经露头，就不要喷药了。喷药时的外界平均气温在 15 ℃以上，同时土壤墒情要好。亦可在杂草 3 叶期用选择性或“灭生型”除草剂进行除草（12 h 内下雨后重新喷施）。近年来玉米苗后选择性除草剂渐受农民欢迎，这类除草剂主要有硝磺草酮 · 莠去津或四甲基磺草酮或烟嘧磺隆，多在玉米 3 ~ 5 片叶、杂草 2 ~ 4 片叶时喷施。苗前封闭除草，应当选择风幕式喷药机；苗后除草，可选择喷杆喷雾机或风幕式喷药机。

图 5-10 化学封闭除草

2）病虫害防治。与其他常规种植方式的生产田一样，要根据各地情况以及病虫害发生情况有针对性地进行防治。由于秸秆常年不回收，玉米螟发生相对较多，应注意防治。可采用释放赤眼蜂的方法防治玉米螟。

（5）必要的土壤疏松

土壤疏松环节很重要，但不是每年都要进行，主要根据以下两个方面来确定是否进行土壤疏松：一是耕地存在犁底层过厚，可供根系生长的空间过小；二是耕层板结严重。这两种情况都应该进行土壤疏松。

关于宽窄行的土壤疏松时间，夏季作业是最佳的，可以在玉米苗期雨季到来之前进行，一般是在 6 月下旬，这时正是追肥期，可以结合追肥进行深松作业。夏季作业一是可以充分接纳雨季降水，确保下渗效果；二是有利于地温的提高，弥补了免耕播种地温低的缺陷；三是被深松的条带通过雨水的淋溶和冬春季的冻融、沉降，加速耕层土壤的熟化。在秋季收获后土壤封冻前进行土壤疏松也可以达到理想的效果，但禁止春季作业。土壤疏松作业方法一般选择间隔疏松，即只对宽行（播种带）作业（图 5-11）。作业深度以打破犁底层为标准，一般在 30 cm 左右。机具选择，一般使用高性能多功能深松整地联合作业机，一次进地完成土壤疏松、平地、碎土、镇压等工序。

图 5-11 玉米行间深松

5.2.2.3 适宜区域

宽窄行秸秆全覆盖还田模式适宜大部分耕地上采用，但个别二洼地、低洼地块不适宜这种种植方式。

5.2.3 均匀行秸秆全覆盖还田归行播种模式

5.2.3.1 技术流程

收获（秸秆覆盖还田）→秸秆归行→免耕播种施肥→防治病虫草害→中耕→必要的土壤疏松，实现农业生产的全程机械化。

5.2.3.2 技术要点

（1）收获

收获时采用玉米联合收获机收获果穗或籽粒，收获后，秸秆和残茬以自然状态留置玉米行间表面越冬封闭（图 5-6）。收获机一般选用 2 行以上自走式收获机，作业效果理想。均匀行平作在收获作业时，将秸秆粉碎装置的动力切断，不粉碎秸秆，这样秸秆就能均匀覆盖在地表。均匀行垄作在收获时将秸秆粉碎后全部覆盖在垄沟即可。

（2）秸秆归行

使用改制的归行机具将播种带的秸秆归到非播种带内，倒出播种位置，待播。同时，播种带没有了秸秆覆盖，可以有效地接受阳光照射，提高地温，保证种子发芽所需的温度（图 5-12）。

图 5-12 秸秆归行，清理出苗带

（3）免耕播种施肥

免耕播种机一次性完成播种开沟、侧深施肥、压实种床、单粒播种、施口肥、覆土、重镇压等作业工序。均匀行平作耕播种第一年实施时，由于上一年是常规种植的均匀垄，如果垄较突出，需将垄旋平。播种时均匀行距，行距要在 65 cm 以上，第二年实施时在上年播种行的行间进行播种，以后每年依此类推；均匀行垄作在灭茬旋耕的垄上进行免耕播种均匀行，行距要在 60 cm 以上，以后每年以此类推。

玉米品种必须根据土壤、肥力等条件来选择，播种数量可以根据需要调节，一般下种量为 2.0 ~ 2.5 kg/ 亩，种子要选颗粒饱满、优质的良种，发芽率 95% 以上，并对种子进行包衣处理。肥料要选用颗粒肥料，粉状化肥易结块、流动性差，会影响施肥效果。施肥前需对颗粒肥进行检查，结块要去除，以免堵塞排肥管影响施肥量，施肥量每亩 50 ~ 65 kg 为宜。播种作业时，宜将种子播入土壤 3 ~ 5 cm 深，化肥要施到土壤 8 ~ 12 cm 深，种肥分施距离达到 5 cm 以上。不漏播、不重播、播深一致、覆土良好、镇压严实。免耕播种的播期一般较常规播种晚些。

（4）病虫草害防治

病虫草害防治方法与宽窄行秸秆全覆盖还田模式相同。

（5）结合中耕培垄

原垄垄作地块在6月中下旬，这时垄沟内的秸秆已部分腐烂，秸秆的韧性已弱化，此时结合中耕进行拿大垄作业，这样接下来的雨季时可以起到散墒和提高地温的作用，而且有利于秋季收获时秸秆的存放。

（6）必要的土壤疏松

对于均匀行来说土壤疏松很重要，因为采用均匀行秸秆全覆盖还田模式种植机械作业时，机械碾压处很难避开的播种带，所以土壤疏松很重要，但不是每年都要进行。主要根据以下两个方面来确定是否进行土壤疏松：一是耕地存在犁底层过厚，可供根系生长的空间过小；二是耕层板结严重。这两种情况都应该进行土壤疏松。均匀行的深松主要是在秋季收获后土壤封冻前进行，禁止春季作业。作业方法一般在播种带进行深松，如深松后播种带不平整需进行一次行上旋耕，以达待播状态。深松的作业深度以打破犁底层为主，一般在30 cm左右。机具选择：一般使用高性能多功能深松整地联合作业机，一次进地完成土壤疏松、平地、碎土、镇压等工序。

5.2.3.3 适宜区域

均匀行秸秆全覆盖还田模式适宜大部分耕地，其中均匀行平作更适于保护性耕作，归行播种出苗齐（图5-13），适于规模化经营的耕地，但个别低洼地块不适宜这种种植方式；原垄垄作用于风沙、盐碱地块效果更好。

图5-13 归行播种出苗质量

5.2.3.4 效益分析

（1）经济效益

玉米秸秆条带还田保护性耕作技术较常规耕作方式每公顷节约成本700元，增加产量10%左右，公顷节本增效合计1 900元（表5-2）。

表5-2 与常规耕作方式机械作业成本对比

玉米秸秆条带还田/（元/hm²）		常规耕作方式/（元/hm²）	
播种	500	播种	500
除草	100	除草	100
深松	600	灭茬起垄施底肥	900
秸秆归行	200	中耕	600
收获	1 000	收获	1 000
合计	2 400	合计	3 100

（2）社会效益

保护性耕作新技术农机与农艺技术相结合，带动了项目区玉米机械化生产技术的应用，相关机具的生产已经形成了产业化。随着新技术的大面积示范推广，形成了以合作社或农机大户带动下的土地规模化经营模式，加快了玉米生产机械化及土地集约化规模化生产进程，具有显著的社会效益。

（3）生态效益

建立的以玉米条带覆盖深松少耕为主体的保护性耕作技术模式，显著增加了有机物料还田量；通过条带深松打破了犁底层，加深了耕层，改善了土壤物理性状，与常规耕作方式相比，土壤容重降低，孔隙度增加，耕层土壤含水率显著增加，自然降水利用效率提高10%以上。与常规耕作措施比较，减少了对土壤的扰动，有利于土壤结构的恢复。建立的保护性耕作技术体系集土壤培肥与自然降水高效利用于一体，大面积推广应用具有显著的生态效益。

5.2.4 玉米秸秆条带式覆盖免耕生产技术规程

规程适用于适宜全程机械化生产作业的辽宁省、吉林省、黑龙江省、内蒙古自治区大部分地区等积温条件适宜的雨养农业玉米种植区，更适合低洼涝和积温偏低区域。主要生产环节包括收获与秸秆覆盖、土壤疏松、免耕播种施肥、病虫草害防治等。

5.2.4.1 技术流程

玉米秸秆条带式覆盖免耕生产技术是在玉米田间生产过程中，利用机械完成收获与秸秆全覆盖、土壤疏松、免耕播种施肥和病虫草害防治等环节的技术。技术流程：收获与秸秆条带集中覆盖—土壤疏松—免耕播种施肥—病虫草害防治。

5.2.4.2 栽培模式

第一年在平整的地块的一侧首先种植窄行，隔一个宽行的距离再种植窄行，以此类推，形成窄行、宽行交替种植模式；第二年及以后，在上一年宽行之间种植窄行。4090 模式：窄行 40 cm 宽行 90 cm。50130 模式：窄行 50 cm 宽行 130 cm。

5.2.4.3 操作规程

（1）收获与秸秆覆盖

作业时期符合表 5-3 中的四项以上指标要求时，即可进行收获作业。

表 5-3 玉米适合收获的标志

类别	项目名称	指标要求
物理指标	气温（℃）	< 16.0
	含水率（%）	30 ± 2
	果穗下垂率（%）	≤ 15.0
生理指标	植株形态	果穗变黄，苞叶松散，植株上部叶片变黄
	籽粒黑色层	出现
	籽粒乳线	消失

（2）作业方法

依据驱动形式选择自走式四轮驱动机型，轮距可以调整。作业质量要求符合表 5-4 的规定。

表 5-4 收获作业质量要求一览表

序号	检测项目名称	质量指标要求
1	籽粒损失率（%）	≤ 2
2	果穗损失率（%）	≤ 5
3	籽粒破损率（%）	≤ 1
4	苞叶剥净率（%）	≥ 85
5	油污染	果穗、籽粒无油污染

（3）秸秆覆盖

收获时利用玉米收获机的秸秆处理装置将秸秆至根部以上留 30 ~ 50 cm 高度，上部秸秆切成 30 cm 左右长度均匀集中铺放在窄行内，尽量避免秸秆进入宽行。

（4）作业方法

作业方法主要有深松、浅松（表 5-5）。对宽行的土壤进行疏松，松土铲中心线与宽行中心线重合：一是在苗期，在宽行中间对土壤疏松或培土起垄；二是在收获后封冻前，在宽行中间对土壤疏松或培土起垄。

表 5-5 土壤疏松的种类和指标

类别	作业时期	作业深度 /cm	要求
深松	秋季深松在收获后至土壤封冻前；苗期深松在出苗后至雨季前	≥ 30	土壤含水率在 15% ~ 23% 之间。耕层土壤容重 ≥ 1.3 g/cm³，有犁底层的地块
浅松	秋季浅松在收获后至土壤封冻前；苗期浅松培土起垄在出苗后至雨季前	< 30	土壤含水率在 15% ~ 23% 之间。耕层土壤容重 ≥ 1.3 g/cm³，没有犁底层的地块

（5）注意事项

土壤含水率过低或过高时慎重作业。苗期作业严格控制拖拉机碾压位置和松土铲位置，尽量减少伤根、伤苗。在易干旱区域禁止春季作业。

（6）免耕播种施肥

作业时期：耕层 5 cm 处土壤温度稳定通过 10 ℃为播种期的始日，根据品种熟期和当地气象条件确定播种期的终日。播种时期一般在 4 月 20 日至 5

月 10 日。5 ~ 10 cm 内耕层土壤含水率在 15% ~ 23%。

（7）作业方法

第一年，先播种窄行，隔一个宽行的距离再播种窄行，窄行、宽行交替进行；第二年及以后，在上一年宽行中间播种窄行。

（8）播种前的准备

选用适宜当地自然条件的且较传统栽培模式早熟 1 ~ 2 d 的品种，纯度达到 95% 以上，净度达到 98% 以上，发芽率达到 95% 以上；播种前对种子进行晾晒 5 ~ 7 d，晾晒后进行药剂包衣，播种时用种子润滑剂拌种。

（9）肥料选择

底肥选用颗粒状且流动性好的肥料，口肥选用颗粒状且流动性好的专用口肥或含氮量低的二铵。

5.2.4.4 技术要求

（1）播种量和株距

单粒播种，根据品种特性和目标产量确定播种量（粒数）。根据播种行距和播种粒数确定粒距。播种株距的调整按照播种机使用说明书规定进行。根据土壤墒情和土质确定播种深度。墒情好的宜浅，墒情差的宜深；黏土质宜浅，沙土质宜深；低洼地块宜浅，岗上地块宜深。一般应在 2 ~ 3 cm。根据选择的作物品种与当地自然条件，按照土壤养分检测结果确定肥料品种与施肥量，应选用缓控释肥料。底肥施入深度 8 ~ 12 cm。公顷施肥量小于 700 kg 时，底肥与种子的横向距离应为 7 cm 左右；公顷施肥量大于 700 kg 时，底肥与种子的横向距离应为 10 cm 左右。选用专用口肥或含氮量低于 15% 的复合肥；施肥量每公顷 50 kg 左右。口肥施入与种子同床。

（2）依据行距和作业行数选择

选用偶数行数机型。4090 模式主要选择两行、四行、六行等机型；50130 模式主要是两行机型。免耕播种作业质量应符合表 5-6 的规定。

表 5-6 玉米免耕播种机作业质量检测项目和质量指标要求

序号	检测项目	质量指标要求
1	种子机械破碎率（%）	机械式排种器：≤ 1.0 气力式排种器：≤ 0.5
2	播种深度合格率（%）	≥ 80.0
3	施肥深度合格率（%）	≥ 75.0
4	行距合格率（%）	≥ 90.0
5	晾籽率（%）	≤ 1.5
6	粒距（株距）合格率（%）	≥ 95.0
7	漏播率（%）	≤ 2.0
8	重播率（%）	≤ 2.0
9	地表覆盖变化率（%）	≤ 25.0
10	地表地头覆盖状况	地表平整，镇压连续，无因堵塞造成的地表拖堆。地头无明显堆种、堆肥，无秸秆堆积，单幅重（漏）播宽度≤ 0.2 m

5.3 水稻秸秆还田技术

水稻秸秆是一种重要的生物资源，是种植业和养殖业可持续发展的重要物质基础，也是构建农业循环经济系统的重要纽带。国内外大量研究及经验表明，从资源合理利用及效益角度分析，水稻秸秆资源化利用最适于原位还田，培肥土壤。水稻秸秆还田能够有效提升土壤肥力，改善土壤理化和生化性状，增强土壤保肥保水能力，增强土壤的固碳量，减少其向大气中碳的排放，对保护农田生态环境、防止面源污染起着重要作用。

在寒地，水稻秸秆一直也是一种重要的燃料资源，然而，由于农村能源结构改善，加之秸秆产量增加，目前也普遍存在着地区性、季节性和结构性的秸秆过剩现象。同时，东北水稻收获多实现了机械化，但机收后秸秆捡收的设备和后续再利用问题一直没有得到解决，随着机收面积的扩大，秸秆原位焚烧的面积也在不断扩大。据估计目前有 50% 以上的水稻秸秆由于机收后农民无法处理而被迫烧掉或丢弃，严重污染了空气，阻塞了河道，对环境造成明显的污染。

近年来国内许多科研单位在水稻秸秆高效利用方面进行了大量研究及实

践，从资源合理利用及效益角度分析，提出将东北地区水稻秸秆 2/3 用于还田，保障黑土资源永续利用，另 1/3 用于燃料、饲料及其他用途，并以此作为秸秆资源科学、合理利用的基本准则长期坚持。2016 年中央一号文件提出实施东北黑土地保护工程，建设高标准农田，实现“藏粮于地”。东北是我国重要粮食产区，秸秆资源丰富，实施以秸秆还田为核心的秸秆肥料化利用将成为黑土资源可持续利用的重要保障措施之一；同时以机械化为载体的规模化、标准化的秸秆综合高效利用技术体系也必将成为实现寒地经济与生态效益双赢的技术支撑。

5.3.1 寒地水稻秸秆粉碎搅浆还田技术

5.3.1.1 技术简介

在秋季采用水稻直收机或秸秆粉碎机，将水稻秸秆粉碎到 5 ~ 10 cm，均匀抛撒田面；采用深翻犁，将秸秆翻埋到土壤 25 cm 以下，深翻扣严；第二年春季，运用旋耕整地机进行旱旋平地；采用双轴搅浆机进行浅层搅浆；使用压沉机械，将没有完全进入土壤的秸秆压沉到泥浆中；运用大马力的插秧机进行移栽；在底肥施用上，适当增施氮肥，适当晒田通气，注重防治病虫草害等环节的技术。

5.3.1.2 适用范围

该技术能解决水稻秸秆还田农机农艺不配套造成的漂秧、争肥、机械整地难等问题，主要适宜大马力机械作业的水田区。

5.3.1.3 技术流程

技术流程如图 5-14 所示。

图 5-14 寒地水稻秸秆粉碎搅浆还田技术流程图

5.3.1.4 技术要点

（1）机械收获秸秆覆盖

在收获作业时选择带有秸秆粉碎还田装置的水稻收获机，收获同时将秸秆粉碎后均匀覆盖在稻田。

（2）秋季深翻

一年一次，秋季采用大马力的翻转犁进行稻田的深翻，深翻深度为25 ~ 40 cm。

（3）耙田起浆

插秧前，结合底肥施用，采用重耙机进行平整耙田，将秋翻稻田地表进行耙田平整，将裸露秸秆进一步粉碎，将95%以上的秸秆翻压在土壤中，稻田灌水进行泡田，水层不宜过深，刚淹没土壤为宜，采用双轴搅浆机进行起降、沉压，将水稻秸秆全部压到土壤中。

（4）机械插秧

采用20马力以上的插秧机进行插秧。

（5）追肥

一般在水稻返青期追施氨态氮肥，在分蘖期追施缓释氮肥和氮钾肥。

（6）病虫害防治

依照灾害发生情况确定，病虫害防治在发生初期进行。

5.3.1.5 效益分析

（1）作业成本分析

1）收割机配备粉碎机直接抛撒成本：10元/亩。

2）拖拉机配备秸秆粉碎机二次还田作业费：20元/亩。

3）深翻作业费：10 ~ 15元/亩。

（2）经济效益

水稻秸秆直接还田比例达60%以上，作物增产10%，实现农民增收。

（3）社会与生态效益

水稻秸秆还田利用措施在东北的大面积推广应用，能够提高黑土区土壤水肥利用效率，改善土壤环境，实现土地用养结合，促进黑土的可持续利用，有效保护自然资源和生态环境，加快农业和农村经济的发展，提高人们生活水平，促进农业生产可持续发展。

水稻秸秆还田利用措施可以减轻环境污染，改善生态环境，生产绿色农产品，有助于人们的健康。同时实现水稻秸秆资源有效利用，大幅度提高农业废弃物资源的利用效率，从根本上改变东北地区农业生产的环境条件，逐步恢复土壤肥力，增强抵御自然灾害的能力。保护耕地资源，实现低碳农业，显著降低粮食生产对生态环境的压力。

5.3.2 寒地秸秆原位堆腐还田技术

5.3.2.1 技术简介

在田间地头、林带沟渠等场所，采用人工或机械方法将作物秸秆收集堆垛，调整水分和碳氮比，并以寒地秸秆腐熟菌剂接种，然后利用作物收获后的短暂温光条件启动秸秆发酵过程，进行秸秆原位堆腐，次年春天就近就便还田。实现了秸秆离地不离田，降低秸秆还田成本。

5.3.2.2 适用范围

适用于东北粮食生产区。

5.3.2.3 操作流程

操作流程见图 5-15。

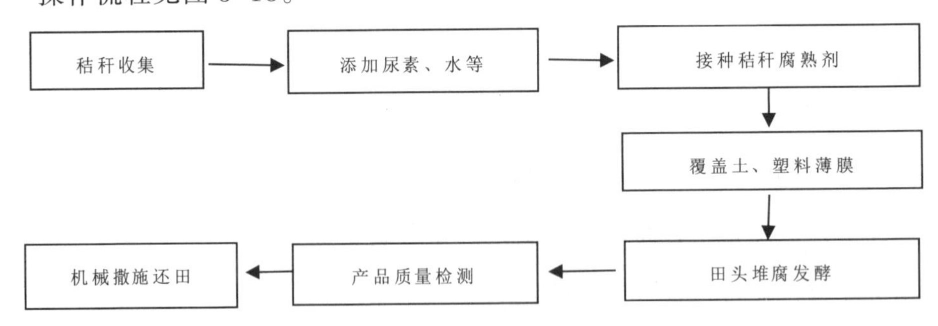

图 5-15 寒地秸秆原位堆腐还田技术流程图

5.3.2.4 技术要点

（1）生物强化发酵

采用秸秆高效降解菌和降解菌促进剂，对秸秆进行生物强化发酵，使堆体快速启动发酵，缩短发酵周期。

（2）秸秆原位堆腐

因地制宜，将秸秆就近搜集，快速发酵，原位还田，减少秸秆收储运费用，降低作业成本。

5.3.2.5 效益分析

（1）作业成本分析

秸秆原位堆腐还田最佳运输半径为 100 m 左右，辐射种植面积 20 亩，堆腐秸秆 10 余 t。秸秆堆肥成本：① 秸秆打捆、收集成本，60 元/t；② 秸秆建堆、翻堆成本，50 元/t；③ 菌剂成本，20 元/t；④ 尿素、水、塑料布等辅料成本 50 元/t；合计 180 元/t 左右。

（2）经济效益

还田 1 t 秸秆有机肥可以替代尿素 22 kg、磷酸二铵 6 kg、硫酸钾 25 kg 左右。

（3）社会与生态效益

秸秆还田后，可以改良土壤，土壤有机质增加 0.1% 左右，土壤速效氮磷钾养分也略有提高，大大降低化学肥料的投入，减少了氮肥、磷肥对土壤、农产品、地下水的污染，降低重金属在农产品中的蓄积。如经过长年的还田可以提高黑土层厚度，耕地质量提升明显，社会效益显著。

5.4 畜禽粪便堆肥化处理技术

堆肥是通过微生物的协同作用，利用微生物具有氧化、分解有机物的能力，在一定温度和 pH 值条件下，使有机物发生生物化学降解，将复杂的有机物通过降解得到细胞可以吸收利用的小分子物质及腐殖质作为最终产品，用作肥料和改良土壤，并释放 CO_2、H_2O 和能量。因此，微生物在固体废弃物的堆肥过程中起着关键作用，相关领域有关微生物的研究越来越受到重视。探明堆肥化过程中微生物群体特征及不同微生物群落的动态变化，同时对于揭示整个堆肥化过程中的物质转化规律、腐熟度进程等起着非常重要的作用。堆肥过程中，温度控制的目标是使堆肥无害化和稳定化；适宜的 pH 值利于微生物的有效发挥及控制氮素的损失；而电导率、物料粒径等指标是衡量堆肥产品是否合格的主要参数。因而，很多学者认为，温度、pH 值、电导率及堆肥物料的粒径等理化性质的变化情况能够反映堆肥内部微生物的活动，也能够反映堆肥物料中各种物质转化趋势和反应的强烈程度。

堆肥过程中，堆体的碳素、氮素作为微生物的碳源和氮源，能够被微生物直接用来合成自身生命体的重要组成部分，有机物料中起始有效态碳、氮物质及分解过程中产生的碳、氮库，尤其是碳库强烈地影响着整个分解过程和氮的生物固定。同样，氮素在整个堆肥过程中起着重要的作用，因为它具有肥料价值，若不采取有效的措施控制氮素的损失，不仅会降低堆肥的肥料效应，而且对大气和水体环境也会产生不利的影响。堆肥过程中氮素的迁移转化主要包括氨化、硝化、反硝化、固定以及淋洗液和废气排放的形式。

5.4.1 复合微生物菌剂制备

依据自然堆肥过程中温度变化和微生物区系演替规律分别筛选用于堆肥的低温型、中温型和高温型菌种，共筛选出低温型菌种 3 株（黑曲霉、假单胞、芽孢杆菌各 1 株）、中温型菌种 4 株（假单胞、芽孢杆菌、黑曲霉、链霉菌各 1 株）和高温型菌种 2 株（黑曲霉、链霉菌各 1 株）。利用 PDA 培养基分别在 15 ℃、25 ℃、50 ℃条件下进行摇瓶培养 48 h，获得微生物总数量分别为 2.4×10^{8} cfu/mL、8.8×10^{8} cfu/mL、1.2×10^{8} cfu/mL 培养液，保存备用。使用前按低温型、中温型和高温型 2 ∶ 2 ∶ 1 比例混合（*V*/*V*），即成为液体复合微生物菌剂。接种量为 10%。

5.4.2 堆制材料

鸡粪取自长春市净月区十里铺村蛋鸡饲养场，玉米秸秆取自吉林农业大学试验站的试验田，经过粉碎为 2 cm 左右的小段秸秆。基本性状见表 5-7。

表 5-7 堆肥材料主要成分

原料	全氮 /（g/kg）	全碳 /（g/kg）	C/N	全磷 /（g/kg）	全钾 /（g/kg）
鸡粪	22.4	186	8.3	23.10	17.8
玉米秸秆	8.3	523	63.0	2.38	11.4

5.4.3 堆肥效果分析

5.4.3.1 微生物区系变化

（1）细菌

细菌是最小的生物体，其比表面积大，可以快速将可溶性底物吸收到细胞中。因此，细菌往往比真菌多得多。图 5-16 表明，堆肥过程中细菌的数量变化呈现出先升高后降低的规律。峰值出现在 10 d，分别达到 5.8×10^8 cfu/g（未添加菌剂处理）、8.8×10^8 cfu/g（添加菌剂处理），然后细菌的活菌数逐渐下降，最后稳定在 6.0×10^7 cfu/g 左右，细菌数量的最终值略高于初始值。

堆肥前期，添加菌剂处理的细菌数量显著多于未添加菌剂处理；后期，2 个处理间的细菌数量较为接近。

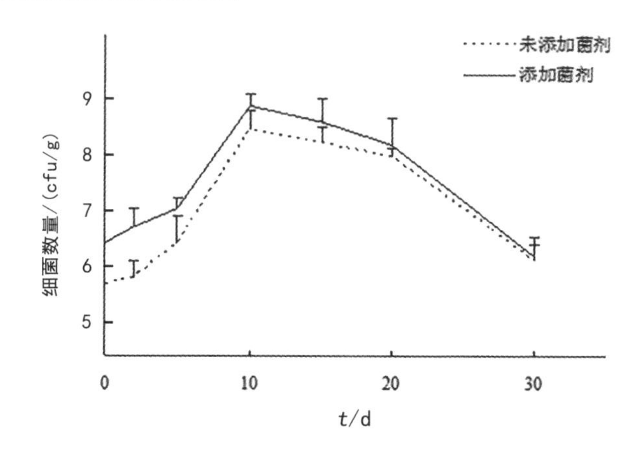

图 5-16 堆肥过程中细菌数量变化

（2）放线菌

放线菌通常由许多细胞菌丝缠绕在一起，是具有多细胞菌丝的细菌。放线菌较容易利用半纤维素，并能在一定程度上改变木质素的分子结构，继而分解溶解的木质素。尽管放线菌繁殖慢，其降解纤维素和木质素的能力不及真菌，但是它比真菌能够忍受更高的温度和 pH 值，且在恶劣的条件下，可以孢子形式存活，所以放线菌是堆肥高温期分解木质纤维素的优势菌群。

图 5-17 表明，堆肥过程中放线菌的数量变化呈现出前期迅速增加、后期趋于稳定的趋势。堆肥结束后，放线菌的数量分别达到 2.8×10^8 cfu/g（未添加菌剂处理）、3.6×10^8 cfu/g（添加菌剂处理）。放线菌数量显著低于细菌，但与堆肥之前比较，数量增加 2 个数量级左右。

未添加菌剂和添加菌剂 2 个处理比较发现，接种复合微生物菌剂能够显著增加堆体内放线菌数量，在升温期更加明显。

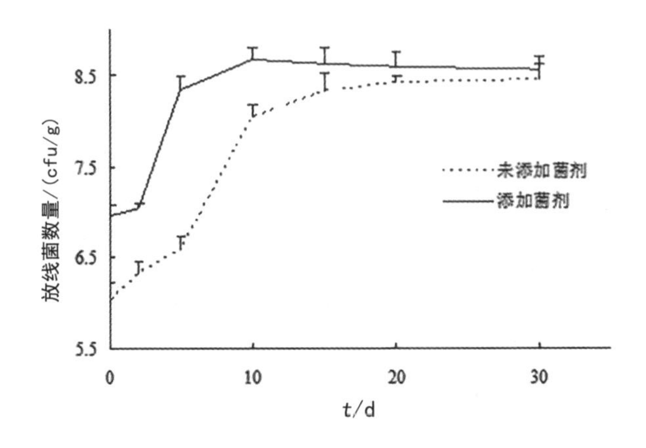

图 5-17 堆肥过程中放线菌数量变化

（3）真菌

与细菌相比，真菌抗干燥能力较强，并且可以较彻底地利用堆肥底物中的木质纤维素，因此，真菌对于堆肥底物的腐熟和稳定具有重要意义。随着堆肥的进行，真菌的数量逐渐增加，前期增幅较大，后期增速趋缓或略有降低，与细菌在堆肥后期大量死亡的趋势不同。堆肥结束后真菌的数量分别达到 8.4×10^{6} cfu/g（未添加菌剂处理）、8.1×10^{6} cfu/g（添加菌剂处理），明显低于细菌和放线菌的数量。但与堆肥之前比较，真菌数量增加近 10 倍（图 5-18）。

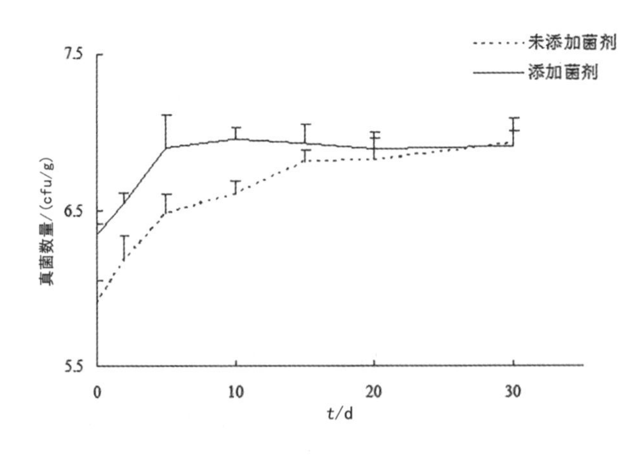

图 5-18 堆肥过程中真菌数量变化

未添加菌剂和添加菌剂 2 个处理比较发现，接种复合微生物菌剂能够显著增加升温期堆体内真菌的数量。

5.4.3.2 基本性状变化

（1）温度

温度是堆肥物料中微生物生命活动的重要标志，堆肥的目的是使堆体温度快速上升，并在适宜的温度维持一段时间，使有机物降解并杀死其中的病原菌。在堆肥过程的不同阶段，不同的微生物起着不同作用。

研究表明：新鲜堆肥物料进入堆肥装置时，堆体温度与外界温度基本一致。由于堆料中含有大量的有机质，且温度和水分条件也很适宜，这促使微生物大量繁殖，分解大量有机质时会产生热量，加之热量在堆体内累积，堆料温度也随之迅速升高（图 5-19）。当温度达到 65 ℃左右时，某些微生物的生命活动受到了一定的抑制，有机质分解速度下降，温度也随之下降，此时堆肥进入一个比较稳定的时期。当温度下降至大量微生物的生命活动适宜范围之内，就会再次出现微生物繁殖高潮，大量的有机质分解产生热量，堆肥温度也随之略有增高。随着有益菌对有机质的分解作用，堆料中的有机质逐渐减少，温度也逐渐降低，经过 30 d 后，堆体温度达到 30 ℃左右，与外界温度接近，堆肥过程结束。

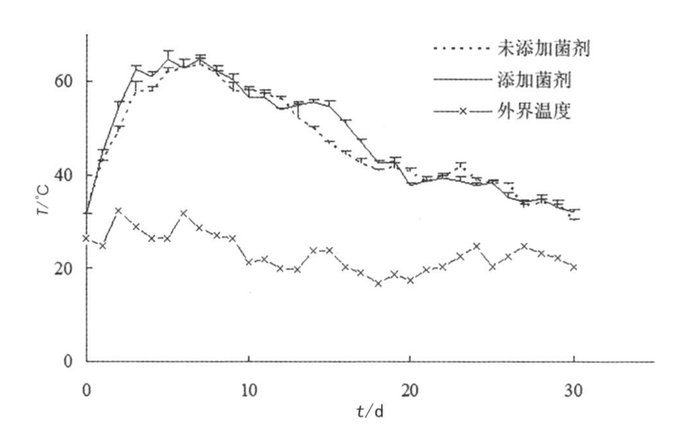

图 5-19 堆肥过程中温度变化

试验结果表明：在初始碳氮比为 23.8 ∶ 1.0，水分为 60%，适当搅拌条件下，未添加菌剂和添加菌剂 2 个处理的温度变化与外界温度差异明显，并且整个堆肥期间温度变化明显，均经历了一次发酵和二次发酵 2 个阶段。由于添加的复合菌剂的作用，有机物料得到迅速分解，进入发酵期，添加菌剂处理发酵期要早于未添加菌剂处理发酵期，温度达到 55 ℃的时间早于未添加菌剂 1d 左右，且发酵期内的整体温度显著提高。对 2 个处理发酵的不同阶段分别进行方差分析表明，升温阶段（0 ~ 8 d）二者差异显著，而降温期未见显著性差异。

（2）pH 值

堆肥过程中（图 5-20），pH 值有逐渐上升的趋势，初期上升幅度较大，后期趋于平缓，最后稳定在 8.5 左右。对 pH 值变化进行方差分析：整个堆肥期间 pH 值变化达到极显著水平，表明堆肥处理对于堆肥物料的 pH 值有显著影响；未添加菌剂和添加菌剂 2 个处理间的 pH 值变化差异也达到显著水平，添加菌剂处理使 pH 值降低 0.1 ~ 0.2，说明所添加的菌剂对 pH 值升高有较强的控制能力，尤其在氨气的挥发比较集中的堆肥前期表现得更为明显。

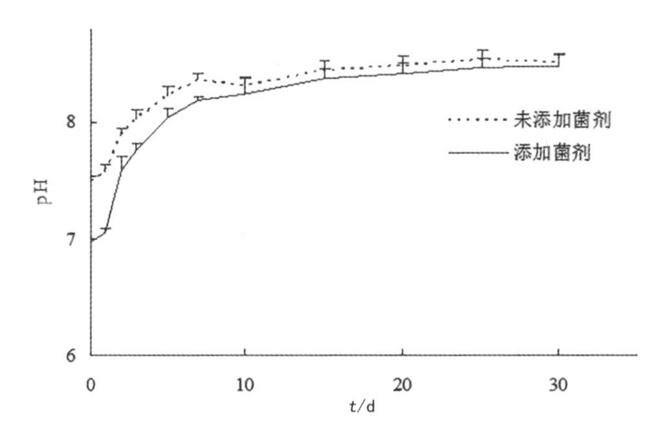

图 5-20 堆肥过程中 pH 值变化

（3）EC 值变化

电导率（electrical conductivity，EC）反映了溶液中含盐量的多少。在堆肥成品中，如果电导率较高，其所含无机盐离子较多，施用于土壤后则容易被作物根际吸收，有利于作物生长。但堆肥体系无机盐含量过高，长期施用后，盐分积累过量容易造成土壤盐渍化并损害作物根部功能，影响作物生长。

在本试验的 2 个处理中，电导率的变化趋势是（图 5-21）：初期表现为 *EC* 值上升，随后缓慢下降。在整个堆肥过程中，堆肥物料的 *EC* 值由 4.27 mS/cm 分别降至 3.71 mS/cm（未添加菌剂处理）和 3.63 mS/cm（添加菌剂处理），即堆肥处理有利于物料中无机盐含量。当堆肥进行到 15 d 之后，*EC* 值稳定在 4 mS/cm 之下。2 个处理 *EC* 值变化的方差分析显示二者未有显著性差异。

从图 5-22 可以看出，*EC* 值与 pH 值之间呈一定的负相关关系，2 个处理的相关系数分别为：R 未添加菌剂 = 0.736** > R（0.01，10）= 0.708、R 添加菌剂 = 0.756** > R（0.01，10）= 0.708，达到极显著水平。

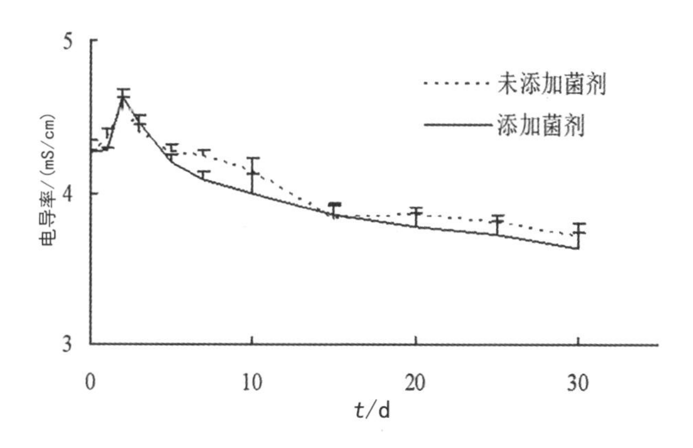

图 5-21 堆肥过程中电导率变化

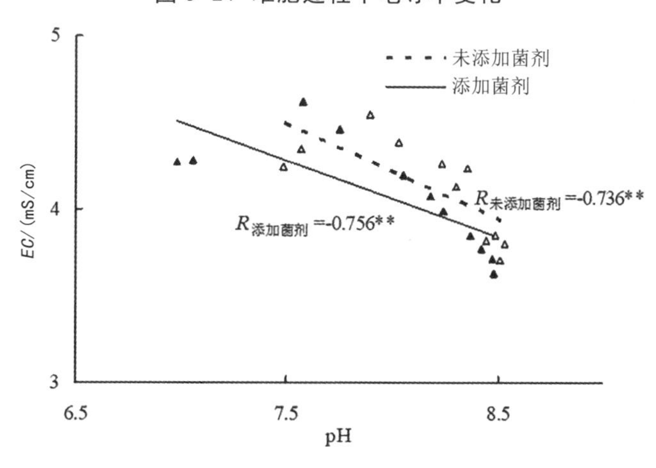

图 5-22 pH 值和 EC 值的相关性分析

（4）物料粒径变化

一般来说，pH 值、EC 值和 C、N 含量等化学指标被认为是衡量堆肥产品的重要指标，堆肥的颗粒大小等物理指标往往被人们忽视。由于粒径 < 5 mm 堆肥产品更接近土壤团粒结构，在表观性能上更易被人们接受，并且产品的粒径分布也是评价堆肥的质量和腐熟度的指标。因为在土壤学上，通常把直径在 0.25 ~ 5.00 mm 的水稳性团粒含量的多寡作为判别土壤结构好坏的标准，其含量越高土壤结构越好，反之则差。所以建议将堆肥产品中直径大于 5 mm 的颗粒全部剔除或进行粉碎处理，这种堆肥产品施入土壤中不会造成土壤渣化，不会使土壤物理结构变差。本试验研究堆肥过程中物料粒径的变化情况。

图 5-23 表明：随着堆肥过程的进行不同粒径所占的百分比逐渐增加，说明颗粒逐渐变小。在堆肥的初期（1 ~ 10 d），是物料变化最快的时期，粒径≤ 5 mm 的物料比例，从堆肥开始时的 43.3% 增加到了 68% 以上；粒径≤ 2 mm

的物料比例，从堆肥开始时的 10.4% 增加到了 19.8%；粒径≤ 1mm 的物料比例，从堆肥开始时的 6.0% 增加到了 9.5%。当进入堆肥后期（10 ~ 30 d），生物作用有所降低，粒径变化趋于平稳，粒径≤ 5 mm 的物料比例，从 68.0% 增加到了 78.0%；粒径≤ 2 mm 的物料比例，从 19.8% 增加到了 28.3%；粒径≤ 1 mm 的物料比例，从 9.5% 增加到了 13.7%。因此，堆肥处理对于堆肥物料颗粒的变小有极其显著的作用，有利于物料的均一性的提高。

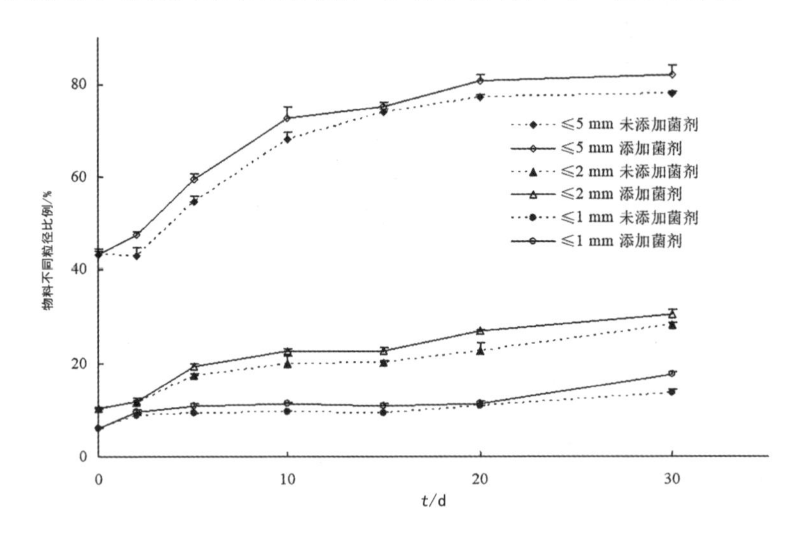

图 5-23 堆肥过程中物料粒径的变化

分别对堆肥过程中 3 组粒径（≤ 5 mm、≤ 2 mm、≤ 1 mm）的动态变化进行方差分析，所添加的菌剂对不同粒径颗粒比例的增加均有显著或极显著的影响。

5.4.3.3 养分指标变化

（1）全氮

堆肥过程中，由于有机氮的矿化、持续性氨气挥发及硝态氮的可能反硝化等均可引起氮素向体系外转移，所以氮素的绝对数量有一定的损失，但由于堆体质量下降，在堆肥结束后，全氮（TN）含量不一定会下降。

本研究表明（图 5-24），堆肥前期全氮含量明显升高，但在 10 ~ 15 d 期间有一个全氮含量下降的过程，分别从峰值的 14.42 g/kg（未添加菌剂）、14.74 g/kg（添加菌剂）降至 13.75 g/kg、14.30 g/kg，这是由于此过程中氮素分解产生大量的 NH_4^+，并在碱性环境中挥发而损失。随着堆制时间的延长，2 个处理全氮含量呈增加趋势，主要由于在氨挥发减缓后，碳以二氧化碳挥发的形式进行降解，导致总干物重的下降幅度明显大于全氮下降幅度。

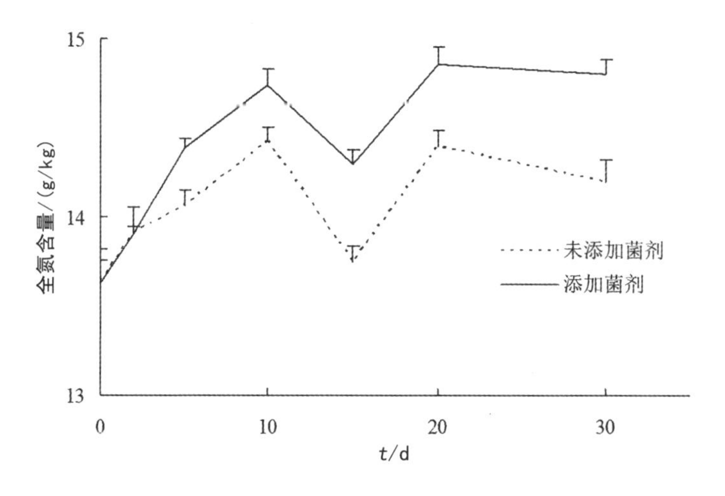

图 5-24 堆肥过程中全氮变化

2 个处理的堆体初始质量均为 15.00 kg，经堆肥处理后，未添加菌剂处理堆体质量下降至 11.17 kg，全氮含量从堆肥初始的 13.64 g/kg 增加到堆肥结束的 14.20 g/kg，氮素绝对量由 204.6 g 下降至 158.6 g，损失比例为 22.5%；添加菌剂处理堆体总质量下降至 10.96 kg，全氮含量从堆肥初始的 13.63 g/kg 增加到堆肥结束的 14.80 g/kg，氮素绝对量由 204.4 g 下降至 162.2 g，损失比例为 20.1%。

未添加菌剂和添加菌剂 2 个处理的方差分析表明，二者差异显著，表明添加的复合菌剂对氮素的损失具有一定的抑制作用，使氮素增加 2.4%。

（2）全碳

堆肥过程中，微生物的新陈代谢和细胞物质的合成需要大量的营养元素和微量元素，碳在微生物新陈代谢过程中约有 2/3 变成二氧化碳而被消耗掉，其余主要用于细胞质的合成，所以堆肥材料中碳素物质为微生物活动提供能源和碳源。

对堆肥过程全碳（TC）含量变化（图 5-25）进行分析：随着堆制时间的延长，堆肥干物质因不断分解释放 CO_2 而减少。其分解过程可以明显地分为两个阶段，即初期（0 ~ 10 d）的快速分解阶段和中后期（10 ~ 30 d）的缓慢分解阶段。堆肥初期，全碳含量由 324.5 g/kg 下降到 283.9 g/kg（以添加菌剂处理为例），下降了 40.6 g/kg，比后 20 d 的下降幅度（38.3 g/kg）还要略高一些，主要是因为在堆肥过程中，微生物首先利用可溶糖、有机酸和淀粉等简单、易降解的有机物进行新陈代谢和矿化，所以在一次发酵阶段全碳降解较快，为微生物生长提供较多能量，这个时期堆体温度较高；在堆肥的 15 d 以后，进入二次发酵期，微生物开始利用纤维素、半纤维素和木质素等较难分解的物质，全碳含量缓慢下降。结合氮素含量的变化特点，堆肥的分解主要发生在初期阶段，堆肥发酵期中的前 10 d 是控制养分损失的关键时期，必须严格控制好这个阶段的水气条件，保持该时期堆肥体系具有合适的温度和湿度是快速获得优质堆肥产品的关键。

经堆肥处理后，未添加菌剂处理碳素绝对量由 4.87 kg 降为 2.85 kg，碳素损失达到 41.5%；添加菌剂处理碳素绝对量由 4.87 kg 降为 2.69 kg，碳素损失达到 44.8%。

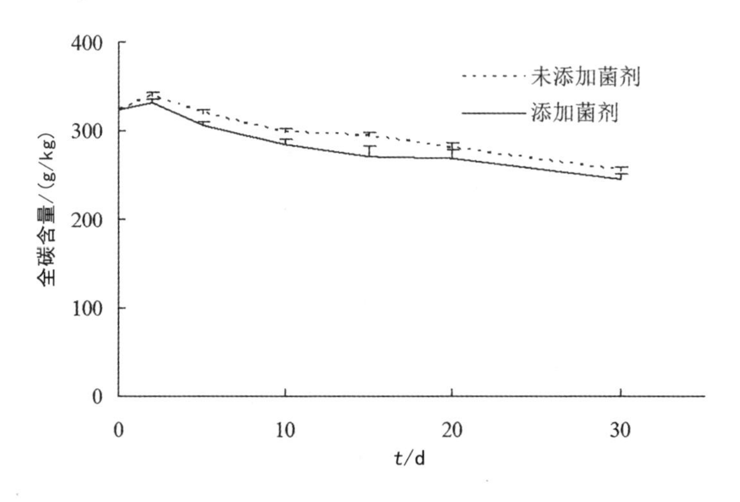

图 5-25 堆肥过程中全碳变化

对试验数据进行统计分析表明：堆肥过程不同时间的全碳变化达到极显著水平，即堆肥处理对于堆肥物料的全碳有显著影响；未添加菌剂和添加菌剂 2 个处理间的全碳变化差异也达到极显著水平，说明所添加的菌剂有利于碳素的分解，能够加快堆肥的进程。

（3）碳氮比

碳素和氮素在堆肥过程中有各自不同的转化途径和含量变化趋势，由于全碳含量降低幅度较大，随堆制时间延长 C/N 值呈现出下降的趋势，由堆肥之初的 23.8 降低到 18.0（未添加菌剂）、16.6（添加菌剂）。表现出初期降低幅度较大、后期较小（图 5-26），这与前期碳素降低幅度较大有关。

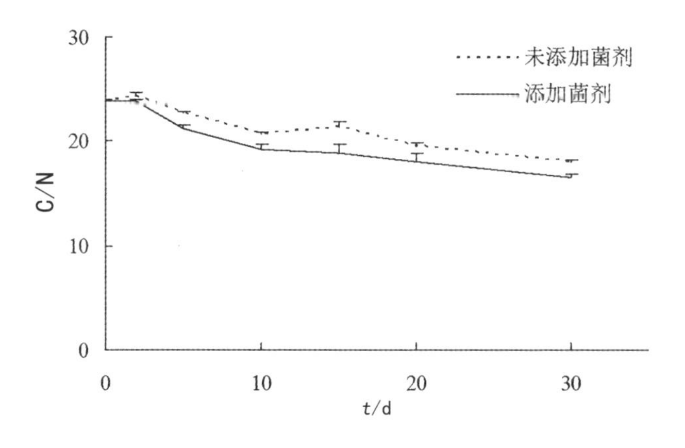

图 5-26 堆肥过程中碳氮比变化

试验结果的 F 检验表明：堆肥过程中碳氮比变化有极显著差异，说明堆肥处理能够降低有机物料的碳氮比；另外，2 个处理间的差异性也达到极显著水平，表明添加菌剂能促使碳氮比降低。

（4）速效养分变化

堆肥过程是一个复杂的生物化学过程，堆肥化进程伴随着氮素的挥发损失和磷钾的固定与释放，而水解性氮、有效磷、速效钾等速效养分含量直接影响堆肥的品质，也是评价堆肥产品的重要指标。

堆肥处理过程中速效养分变化情况见表 5-8。

表 5-8 速效养分的变化情况

单位：g/kg

时间		0	2	5	10	15	20	30
水解性氮	未加菌剂	1.94 ± 0.01	2.17 ± 0.06	2.63 ± 0.05	2.37 ± 0.03	2.16 ± 0.06	1.64 ± 0.06	1.74 ± 0.03
	添加菌剂	1.95 ± 0.02	2.21 ± 0.04	2.98 ± 0.03	2.62 ± 0.01	2.26 ± 0.03	1.78 ± 0.05	1.97 ± 0.05
有效磷	未加菌剂	7.90 ± 0.19	8.12 ± 0.11	8.27 ± 0.18	8.88 ± 0.18	9.11 ± 0.27	10.22 ± 0.18	10.67 ± 0.10
	添加菌剂	7.94 ± 0.21	8.25 ± 0.16	8.83 ± 0.15	9.01 ± 0.19	9.63 ± 0.14	10.81 ± 0.21	11.21 ± 0.10
速效钾	未加菌剂	10.07 ± 0.09	10.27 ± 0.12	11.63 ± 0.26	12.35 ± 0.12	12.96 ± 0.08	14.92 ± 0.30	16.04 ± 0.41
	添加菌剂	10.07 ± 0.09	10.20 ± 0.18	11.40 ± 0.18	12.75 ± 0.14	13.97 ± 0.48	15.90 ± 0.30	16.54 ± 0.46

①水解性氮。水解性氮（hydrolysis nitrogen）又称植物有效氮，是指用一定浓度的碱溶液，在一定的条件下使易水解的有机氮水解生成氨时所测得

的氮物质。它包括无机氮矿物态和部分有机物中易分解的、比较简单的有机态氮，它是氨态氮、硝态氮、氨基酸、酰胺和易水解的蛋白质氮的总和。

从图 5-27 可以看出，水解性氮的含量表现为先升后降再缓慢增加的趋势，与全氮变化趋势相似。堆肥初期（0 ~ 5 d）水解性氮迅速增加，分别由 1.94 g/kg（未添加菌剂）、1.95 g/kg（添加菌剂）增加到 2.63 g/kg、2.98 g/kg，随着堆肥进行水解性氮分别迅速降低至 20 d 的 1.64 g/kg、1.78 g/kg，之后堆体水解性氮至堆肥结束略有增加。试验结果的 F 检验表明，添加菌剂处理与常规处理差异显著，即所添加的菌剂有助于水解性氮的提高和氮素的固定。

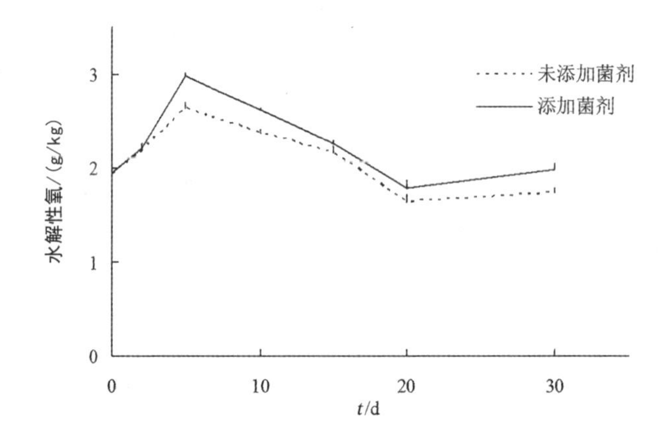

图 5-27 堆肥过程中水解性氮含量变化

②有效磷。在堆肥过程中，在 0 ~ 10 d 期间内有效磷含量仅增加 0.51 g/kg（以添加菌剂处理为例），在 10 ~ 20 d 内增加 0.86 g/kg，在 20 ~ 30 d 期间仅增加 0.19 g/kg（图 5-28）。表现为在碳素分解较快的堆肥初期，有效磷增加的幅度较小，堆肥中期增幅较大，在堆肥后期有效磷含量相对稳定。

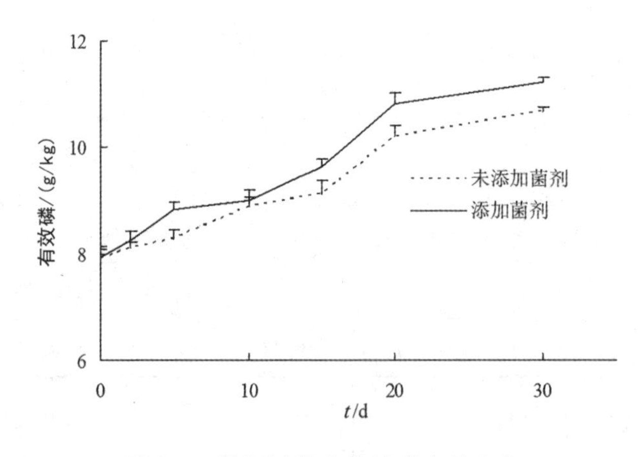

图 5-28 堆肥过程中有效磷含量变化

试验结果的 *F* 检验表明：堆肥处理促进了有机物料中有效磷含量的显著提高，同时添加外源微生物能够促进磷素向有效态转化，增加磷素的供应能力，改善堆肥产品的质量。

③速效钾。由于堆肥过程中存在渗滤液问题，且钾移动较强，以至于钾的含量会有所损失，全钾含量呈现出稳中有降的趋势。由于本试验所用的堆肥设备密闭性强，不存在溶液外流的现象，速效钾的含量呈现出逐渐增加的趋势（图 5-29）。未添加菌剂处理表现为：由 10.07 g/kg 增加到 16.04 g/kg，绝对量从 151.1 g 增加到 179.2 g，增加幅度为 18.6%；添加菌剂处理表现为：由 10.07 g/kg 增加到 16.54 g/kg，绝对量从 151.0 g 增加到 181.1 g，增加幅度为 19.9%。

试验结果的 *F* 检验表明：堆肥处理过程中速效钾含量变化表现出极显著的差异，而未添加菌剂和添加菌剂 2 个处理并未有显著性差异，说明添加的外源菌剂对速效钾含量的提高并未有显著作用。

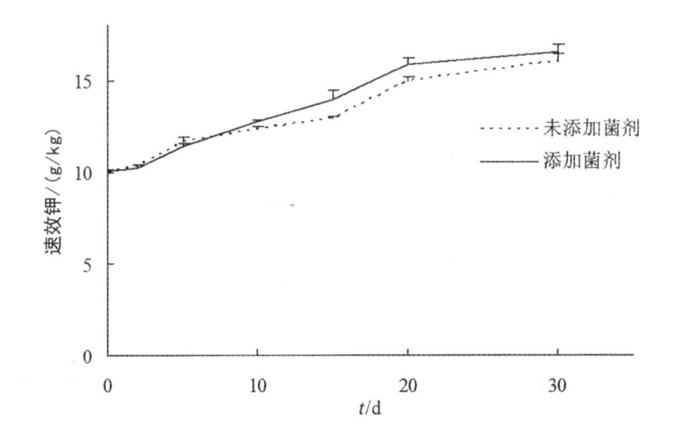

图 5-29 堆肥过程中速效钾含量变化

5.4.3.4 无机氮素转化

（1）硝态氮

有机物料在堆腐过程中，我们把 NH_3 或 NH_4^+ 氧化成 NO_3^- 的过程称为硝化作用。硝化作用分为两个阶段，第一阶段是由亚硝化细菌将 NH_4^+ 氧化成 NO_2^-；第二阶段是由硝化细菌把 NO_2^- 氧化成 NO_3^-；亚硝化细菌和硝化细菌都是化能自养菌。除了自养硝化，也存在真菌的异养硝化，但在硝化作用中所占的比例比较低。

本研究表明（图 5-30），堆肥前后，未添加菌剂和添加菌剂 2 个处理的硝态氮含量分别由最初的0.320 g/kg、0.321 g/kg上升到堆肥结束的0.428 g/kg、0.449 g/kg，总体表现为增加的趋势。对堆肥过程中硝态氮变化进行F检验发现，2个处理间有显著性差异，表明添加菌剂对硝态氮变化有一定的影响。

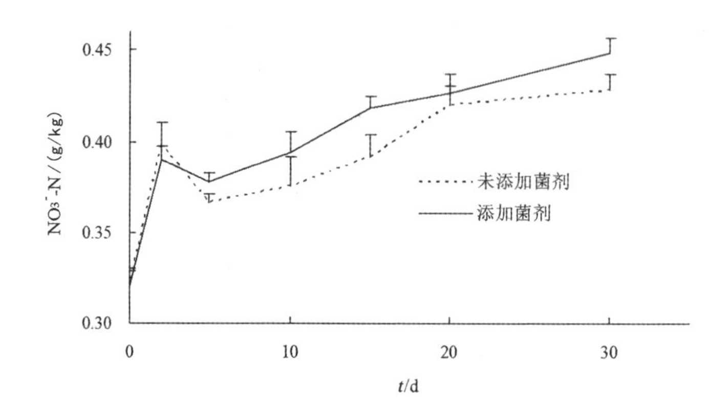

图5-30 堆肥过程中硝态氮含量变化

(2) 铵态氮的转化及氨气的挥发

铵态氮在堆肥的5 ~ 7 d出现一个明显的峰值（图5-31），分别为2.31 g/kg（未添加菌剂）、2.60 g/kg（添加菌剂）。这是由于易利用氮素含量较高，随着微生物快速生长和繁殖加速了有效氮的分解，并以铵态氮的形式快速积累的结果。而后随着温度、pH值的升高，积累的铵态氮以氨气的形式向外界挥发，也有部分铵成为细胞组织合成过程中的氮源，导致铵态氮积累下降，堆肥结束时铵态氮含量分别为1.29 g/kg（未添加菌剂）、1.40 g/kg（添加菌剂）。

在畜禽粪便的堆肥化处理过程中，一般都伴有大量氨气排出，它是臭气中浓度最高的成分之一。本研究的氨气挥发速率变化趋势（图5-32）表明：氨气挥发分别在3 d和6 ~ 8 d出现一次峰值，但是在最初阶段排放的氨气量最为集中，这可能与该时期堆体pH值迅速上升有关。因此，堆肥的最初阶段是抑制臭气产生的关键时期。堆制过程中的2个发酵阶段出现氨气挥发的峰值说明微生物的强烈活动对氨气的挥发贡献较大。

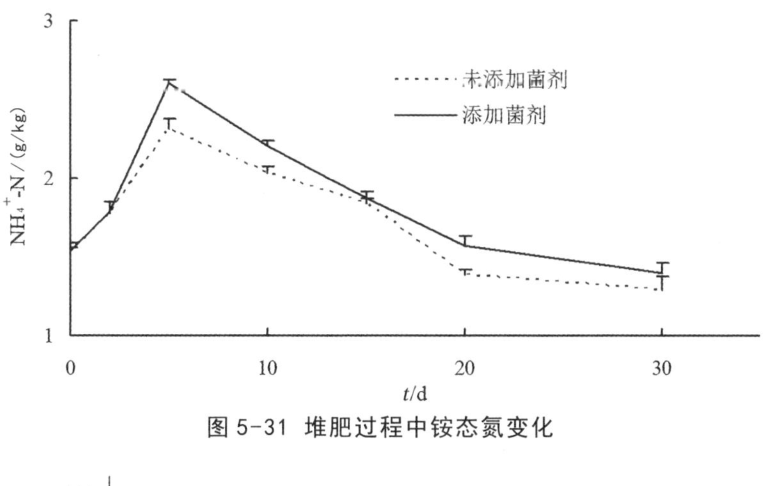

图 5-31 堆肥过程中铵态氮变化

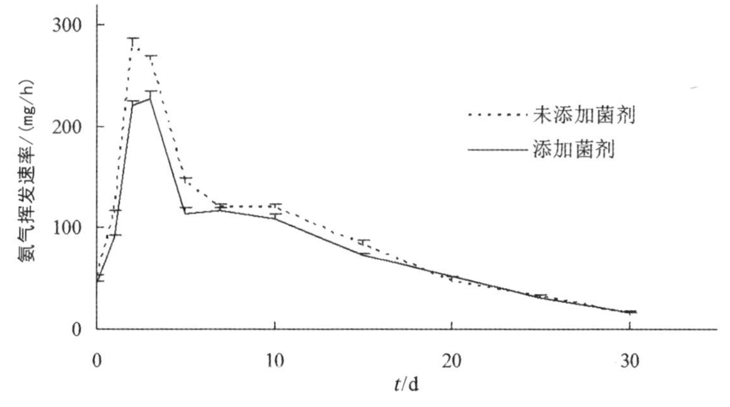

图 5-32 堆肥过程中氨气挥发速率变化

对铵态氮和氨气挥发速率变化进行统计分析发现：堆肥期间内，这 2 项指标差异达到极显著水平，说明在堆肥的不同时期，铵态氮含量和氨气挥发均存在较大差异，应该加强对氨气挥发较集中时期的管理，控制氨气的挥发，减少氮素损失和对环境的污染；2 个处理间的差异均达到显著水平，表明添加菌剂处理的铵态氮含量显著高于未添加菌剂处理，腐熟堆肥中铵态氮含量增加 13.1%，说明添加的菌剂有助于氮的固定。

5.4.3.5 有机氮转化

堆肥物料中的氮包括有机氮和无机氮，无机氮（包括 NH_4^+-N、NH_3^--N 和黏粒矿物固定态氮）很少，有机氮化合物的种类很多，作为 NH_4^+-N、NH_3^--N 的源和汇，长久以来一直受到研究者的极大关注。因此，广大研究者在堆肥过程中采用物理、化学及生物方法对控制氮素的矿化和挥发进行了广泛研究，但堆肥过程中氮素转化规律的研究主要集中在全氮及水溶性氮组分及氨挥发方面，对于有机态氮组分的转化规律研究报道较少。

1965 年 Bremner 完善和发展了酸水解理论，在 6 mol/L HCl 中加热条件下水解有机态氮，将有机氮划分为氨态氮、氨基酸态氮、氨基糖态氮、酸解未知部分氮和非酸解态氮等组分。酸解液中的氨态氮部分来自无机氮，部分则来自氨基糖和氨基酸氮。氨基酸氮主要来自蛋白质的水解；氨基糖氮的主要成分为葡萄糖氨；酸解未知氮部分可能包括核酸及其衍生物、磷脂、维生素及其他衍生物。氨态氮、氨基酸态氮、氨基糖态氮在土壤中通过矿化形成无机态氮，可以有效地提供植物的营养需要。由于堆肥最终要作为肥料施用，其有机态氮的组成及含量是评价堆肥产品质量的关键因素之一。本研究采用该方法分别测定了不同时期堆肥样品中酸水解性总氮、氨态氮、氨基酸态氮、氨基糖态氮、酸解未知态氮的含量，具体结果见表 5-9。

表 5-9 有机氮含量的变化

单位：g/kg

时间 d		0	2	5	10	15	20	30
酸水解性总氮	未添加菌剂	11.13 ± 0.05	10.99 ± 0.44	11.08 ± 0.23	11.56 ± 0.18	11.03 ± 0.31	11.62 ± 0.63	11.32 ± 0.35
	添加菌剂	11.07 ± 0.07	10.97 ± 0.22	11.30 ± 0.17	11.66 ± 0.14	11.42 ± 0.21	12.38 ± 0.56	11.98 ± 0.41
氨态氮	未添加菌剂	1.84 ± 0.02	2.17 ± 0.07	3.18 ± 0.16	1.97 ± 0.04	2.30 ± 0.14	2.28 ± 0.08	2.06 ± 0.06
	添加菌剂	1.84 ± 0.01	2.23 ± 0.05	3.60 ± 0.18	2.11 ± 0.14	2.42 ± 0.09	2.42 ± 0.09	2.09 ± 0.06
氨基糖态氮	未添加菌剂	1.55 ± 0.01	0.77 ± 0.02	1.78 ± 0.06	0.84 ± 0.01	5.62 ± 0.11	3.78 ± 0.26	3.59 ± 0.14
	添加菌剂	1.55 ± 0.01	0.80 ± 0.03	2.07 ± 0.01	1.09 ± 0.03	5.81 ± 0.22	4.33 ± 0.23	3.82 ± 0.18
氨基酸态氮	未添加菌剂	0.58 ± 0.01	1.28 ± 0.04	1.39 ± 0.03	0.87 ± 0.01	0.76 ± 0.05	0.54 ± 0.03	0.75 ± 0.04
	添加菌剂	0.58 ± 0.01	1.32 ± 0.03	1.39 ± 0.04	0.87 ± 0.02	0.78 ± 0.02	0.59 ± 0.02	0.79 ± 0.03
酸解未知态氮	未添加菌剂	7.16 ± 0.04	6.78 ± 0.34	6.46 ± 0.03	7.89 ± 0.13	1.76 ± 0.02	5.06 ± 0.41	4.91 ± 0.27
	添加菌剂	7.11 ± 0.06	6.62 ± 0.21	4.33 ± 0.39	7.66 ± 0.26	2.48 ± 0.33	5.07 ± 0.74	5.36 ± 0.56

（1）酸水解性总氮

研究表明（图 5-33），整个堆肥期内，酸水解性总氮呈现出 2 次先增加后降低的趋势，分别在 10 d 和 20 d 出现 1 次峰值，最高值出现在 20 d，含量分别为 11.62 g/kg（未添加菌剂）、12.38 g/kg（添加菌剂）。酸水解性总氮占全氮的 80.2% ~ 86.9%，二者达到显著性水平相关（未添加菌剂处理 R = 0.854**> R（0.01，6）= 0.834；添加菌剂处理 R = 0.884**> R（0.01，6）= 0.834），表明鸡粪堆肥过程中氮素组分以有机氮为主，同时也说明堆肥中氮素的损失主要来源于酸水解性有机氮的矿化。

酸水解性总氮变化的 F 检验表明，未添加菌剂处理与添加菌剂处理间具有显著差异，即外源菌剂能够促进有机氮的固定。

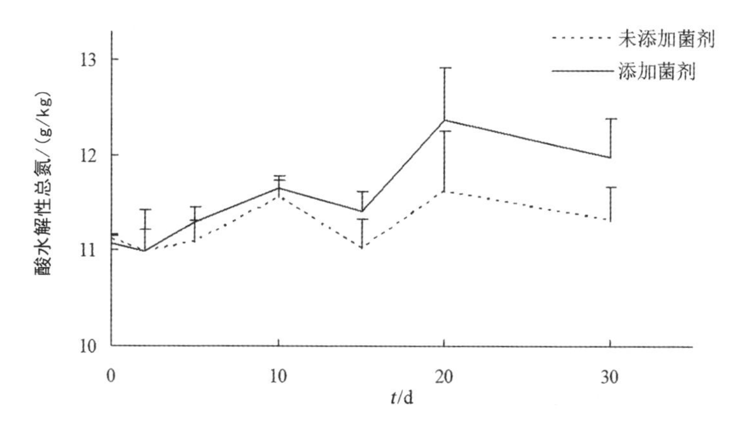

图 5-33 堆肥过程中酸水解性总氮变化

（2）氨态氮

在堆肥过程中，氨态氮占酸水解性总氮比例在 17% ~ 28% 之间，与其他形态有机氮相比，所占比例较高。在堆肥升温与高温阶段，氨态氮含量呈增加的趋势，并在第 5 d 时氨态氮含量达到最高，分别为 3.18 g/kg（未添加菌剂）、3.60 g/kg（添加菌剂）；在堆肥的腐熟后期趋于稳定至 2.1 g/kg 以下（见图 5-34）。氨态氮可认为是氨挥发的重要来源之一，氨挥发主要发生在堆肥的前期，这与堆肥前期氨态氮变化一致。

氨态氮变化的 F 检验表明，2 个处理间差异显著，即外源微生物的加入能够在一定程度上缓解氨态氮向氨气的转化，防止氮素过量流失。

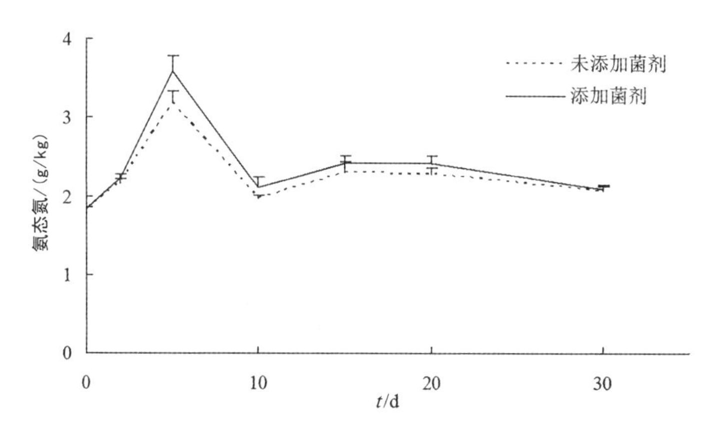

图 5-34 堆肥过程中氨态氮变化

（3）氨基糖态氮

在鸡粪发酵过程中，氨基糖态氮占酸水解性总氮的比例在 7% ~ 38% 之间，变化幅度较大。通常情况下，大多数氨基糖态氮都是构成微生物体的重要成分，因此氨基糖态氮的变化应与微生物量的变化有密切的关系，实验也证明了这一点，分析结果表明（图 5-35），在发酵的 0 ~ 2 d，氨基糖态氮含量下降，可能是堆肥最初期与堆肥之前的条件变化很大，微生物还未能立即适应新的环境，随着发酵进行，微生物量的逐渐增加，氨基糖态氮含量呈逐渐增加的趋势；在堆肥后期，随着微生物的逐渐死亡、分解，氨基糖态氮含量又逐渐降低，这与他人的结论一致。但在 10 d 以后氨基糖态氮又出现了一次迅速升高的过程，并且上升幅度大于第一次，在 15 d 达到峰值，分别为 5.62 g/kg（未添加菌剂）、5.81 g/kg（添加菌剂）。这可能与堆肥的二次发酵有关，相关机理有待于进一步研究。

试验结果的 F 检验表明：不同时间的差异性均达到极显著水平，说明堆肥过程中氨基糖态氮含量变化较大，这可能与微生物的种类和数量变化较大有关；由于处理不同，氨基糖态氮含量变化差异极显著，表明通过外源微生物处理可提高氨基糖态氮的含量。

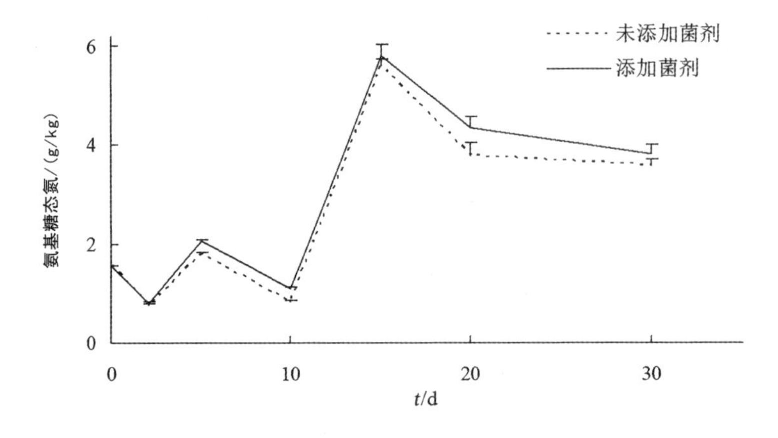

图 5-35 堆肥过程中氨基糖态氮变化

（4）氨基酸态氮

氨基酸态氮是酸解有机氮的主要形态之一，研究结果表明，在堆肥过程中，氨基酸态氮占酸水解性总氮的比例在 10% 以下。氨基酸态氮含量介于 0.5 ~ 1.5 g/kg，变化幅度较小。在堆肥的第 5 d 左右含量达到最高（1.39 g/kg）后逐渐降低（图 5-36），堆肥结束后，氨基酸态氮含量分别为 0.75 g/kg（未添加菌剂）、0.79 g/kg（添加菌剂）。

氨基酸态氮变化的 F 检验表明，2 个处理间的差异达到显著性水平，所添加的外源微生物对氨基酸态氮的含量有一定影响。

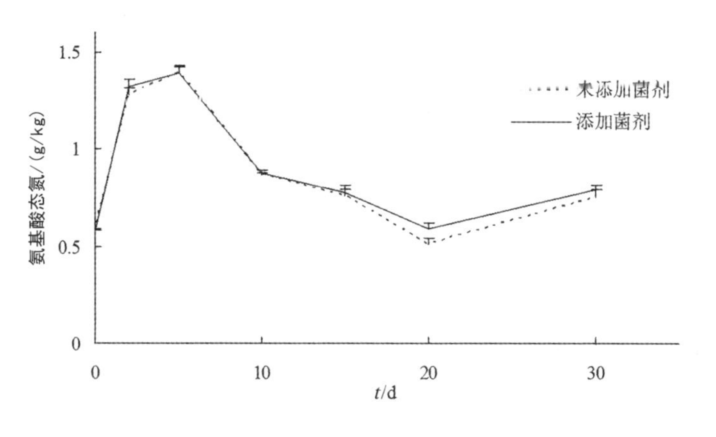

图 5-36 堆肥过程中氨基酸态氮变化

（5）酸解未知态氮

酸解未知态氮是酸水解性总氮扣除氨态氮、氨基糖态氮、氨基酸态氮三者之后的剩余部分，可能包括核酸及其衍生物、磷脂、维生素、非 α－氨基酸、N- 苯氧基氨基酸态、嘧啶、嘌呤等杂环氮及其他衍生物。酸解未知态氮包含的成分较多，因而占酸水解性总氮的比例相对较大，最高达到 50% 以上，峰值发生在堆肥的 10 d 左右（图 5-37）。试验结果的 F 检验表明，2 个处理间未见显著性差异。

由于酸解未知态氮成分复杂，导致其在堆肥过程中变化也没有很明确的规律性，当然，也极有可能某些组分的规律性很强，只不过是由于测试手段和方法的原因而没有检测到，或者由于取样间隔设置得不够合理而未表现出明显的规律性。因而应该加强相关领域的深入研究，以探明堆肥过程中无机态氮素的固定和有机态氮素的转化规律，为减少氮素的损失提供理论依据。

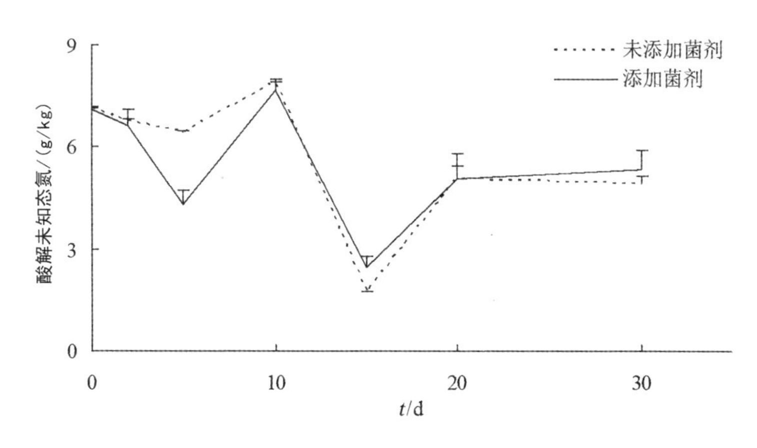

图 5-37 堆肥过程中酸解未知态氮变化

5.4.4 小结

（1）堆体内，细菌数量最高、放线菌次之、真菌最低，腐熟堆肥每克样品中数量分别在 10^8、10^8 和 10^6 数量级；堆肥过程中，细菌数量表现为先增后降的趋势，放线菌和真菌先是迅速增加而后趋于平缓；所添加的复合菌剂在堆肥前期对于微生物数量的增加具有明显的作用，有利于发酵反应的快速启动。

（2）在试验条件下，在堆肥过程中鸡粪等有机物料经过了升温期、高温期和降温期 3 个阶段，能够保证在 55 ℃以上持续 9 ~ 10 d，符合无害化的要求。添加菌剂能够促进堆体温度的上升。

（3）堆肥过程中堆体的 pH 值变化呈现上升的趋势，在堆肥前期所添加的复合菌剂对 pH 值的升高具有一定的抑制作用。*EC* 值在堆肥初期迅速上升，而后逐渐下降，最后稳定在 4 mS/cm 之下。由于在堆肥过程中有机酸及酸性离子含量降低而导致 *EC* 值下降、pH 值升高，所以 *EC* 值与 pH 值间呈现出极显著的相关性。

（4）堆肥过程中，堆体的小粒径物料所占比例逐渐增加，表明堆肥产品较接近土壤的团粒结构，有利于土壤物理性状的改善。

（5）在试验条件下，在鸡粪堆肥过程中堆肥物料的总质量逐渐下降，碳素损失达到 43% 以上；全碳含量下降表现为前期快、后期缓的特点，堆肥结束后全碳含量低于 260 g/kg。所添加的菌剂有利于碳素的分解。

（6）水解性氮的变化趋势与全氮一致，即 5 d 时出现峰值后逐渐降低后趋于平稳，受外界因素影响较大的有效磷的变化极具特点，一直为上升趋势，但出现了“缓慢上升—快速上升—缓慢上升”的过程，主要是由于微生物大量活动产生的有机酸等物质有助于磷素向有效态转化；速效钾的含量呈现出逐渐上升的趋势，绝对量增加，增幅超过 20%。所添加的菌剂对水解性氮和有效磷均有显著影响，即有助于氮素、磷素的有效化；对速效钾未见显著影响，可能与钾的溶解能力较强、受外界条件的影响较小等因素有关。

（7）堆肥过程中，堆体氮素向体系外流失，氮素绝对量损失达到 20% 以上，但全氮含量总体表现为上升的趋势，主要是由于碳素转化为二氧化碳而挥发，导致总干物重的下降幅度明显大于全氮下降幅度；基于相同的原因，堆肥过程中碳氮比逐渐下降，由堆肥之初的 23.8 降为堆肥结束的 18.0 以下。未添加菌剂处理与添加菌剂的常规处理相比，全氮和碳氮比变化均有显著性差异。

（8）硝态氮由堆肥之初的 0.320 g/kg 上升到堆肥结束的 0.428 g/kg 以上；铵态氮含量和氨气挥发速率均表现为迅速上升到峰值后缓慢下降的趋势，二者相关性极显著。所添加的菌剂对硝态氮、铵态氮和氨气挥发均有显著影响，表明添加的复合菌剂有利于控制氨气的挥发和氮素的固定。

（9）在整个堆肥期内，酸水解性总氮占全氮的 80% 以上，变化趋势与全氮一致；酸水解性总氮中的氨态氮占前者的 17% ~ 28%，在堆肥升温与高温阶段呈现增加趋势，在 5 d 时达到峰值后下降并逐渐趋于稳定；作为构成微生物体的重要成分的氨基糖态氮与微生物数量变化的关系密切，分别在 5d 和 15 d 出现 1 次峰值；氨基酸态氮占酸水解性总氮的比例为 10% 以下，也是在第 5 d 左右达到最高含量，与氨态氮变化规律类似；酸水解性氮中规律性最不明确的是酸解未知态氮，其组分复杂，所占比例也较高。在酸水解性总氮、氨态氮、氨基糖态氮、氨基酸态氮等 4 项指标方面，未添加菌剂和添加菌剂 2 个处理均达到显著性差异，酸解未知态氮未见显著性差异。

5.5 秸秆基质化关键技术

5.5.1 概述

东北地区每年产生畜禽粪污近 5 亿 t，农作物秸秆近 1.7 亿 t，食用菌栽培废料近 1 亿 t。受耕作模式和生活方式的影响，这些废弃物完全处于高消耗、高污染、低产出的状况，相当多的一部分农作物秸秆和畜禽粪污被随意丢弃在田间、路旁和树丛中或者进行焚烧，没有得到合理的开发利用，还对农村人居环境和农业生态环境造成了持续的污染压力，不仅滋生蚊蝇、产生恶臭污染空气、堵塞河道，而且严重污染地表水体和地下水，成为农业面源污染的重要来源，制约农业可持续发展，破坏农村的绿色环境。

东北地区每年水稻育秧用土需求约为 300 万 m^3，果蔬育苗用土需求约为 100 万 m^3，每年损失耕地 20 万亩。连年大量取土已经给农田耕地等生态植被带来严重破坏，目前水稻、果蔬种植集中区域已面临“取土难、买土难，破坏耕地”的现状。另外，东北三省设施棚室面积已达 1 200 万亩，每年创造产值逾千亿元，不仅给种植户带来了巨大的经济效益，也带动了地方经济的发展。由于设施栽培需要长期覆盖种植、高度集约生产，得不到“休闲”，随着设施栽培面积的迅速扩大及栽培年限的增加，设施土壤普遍出现次生盐渍化、养分失调、土传病害加重等一系列质量退化及连作障碍问题，形成对作物生长的逆境条件，导致作物产量和品质下降，并已经成为设施农业可持续发展的瓶颈，亟须大量无病虫害残留的基质进行改良。东北地区农户每年用于购土的花费就高达数亿元，基质加工业蕴藏着巨大的商机。

农业废弃物基质化即是以农作物秸秆、食用菌栽培废料和畜禽粪便等为主要原料，通过堆肥将这些废弃物转变为农作物生长基质的过程。目前，基质生产多采用静态条垛堆肥技术，虽然该技术具有投资少、处理规模可调、平面布置灵活等特点，但是静态条垛堆肥技术也存在会产生臭气造成二次污染、需要频繁翻堆能耗大、受气候影响大和自动化程度低等问题，因此其应用受到了诸多限制。针对以上问题，吉林省农业科学院植物保护研究所生防微生物研究与利用团队 2017 年开展了新型无臭智能农业废弃物基质化利用技术的相关研发工作，并成功开发出适合我国东北寒冷地区的智能膜覆盖堆肥发酵工艺，堆肥过程中臭气排放减少 80% 以上，堆肥运行成本仅为静态条垛堆肥工艺的 1/4。该技术通过在堆肥垛体上覆盖一层具有防水透气功能的膜材料，使发酵过程在膜覆盖的环境中进行，将臭味、病菌和粉尘截留在堆体内，并使发酵堆体不受风雨雪等气候影响，为堆体创造了一个极佳的发酵环境，短时间内即可将废弃物转化成农作物育苗 / 栽培基质。本技术在降低环境污染和资源浪费的同时，可为绿色种植提供大量成本低廉、养分充足、无农药病害残留的栽培基质，有效降低种植过程中农药和化肥施用量，解决了目前水稻育苗和果蔬种植生产上面临的无土可取、设施土壤土传病害加重等难题，实现畜禽粪便和秸秆的资源化和高质化利用的同时，为养殖企业和农户提供了一种环保、易操作、低成本的农业废弃物利用途径，助力农业绿色发展。

5.5.2 秸秆栽培基质营养块生产技术

国内外对以作物秸秆为主要原料的育苗钵主要进行了以下几方面的研究：一是秸秆物理特性和压缩流变特性等方面的研究；二是以秸秆和胶黏剂为原料进行钵盘成型质量和成型工艺等方面的研究；三是以秸秆等多种物料制备钵盘等方面的研究。目前较好成型质量和育苗效果的钵盘，大多是采用作物秸秆和大量胶黏剂制备的单钵，适合结构简单、性能可靠、有序育苗移栽的自动化机械移栽机具的需求。

秸秆基质化生产流程主要包括秸秆原料预处理、与其他物料合理配比（复配）以及基质性状调控 3 部分。

5.5.2.1 秸秆栽培基质营养块生产工艺

原料：玉米秸秆（长度≤ 10 cm）；畜禽粪便（鸡粪或猪粪，水分含量≤ 80%）；秸秆腐熟剂（主要成分为解淀粉芽孢杆菌、胶冻样类芽孢杆菌、酵母菌、黑曲霉等菌体及载体，活菌含量应大于 1×10^{11} CFU/g）。

混料：每吨玉米秸秆需要加入 300 kg 畜禽粪便，同时添加秸秆腐熟剂（秸秆重量的 1‰）以促进堆肥过程的快速进行。将三者加入到混料机中搅拌均匀，用水将料堆水分调节至 60%。采用条垛式堆制，将原料堆成宽 2 m、高 1.5 m 左右的长垛、梯形、不规则四边形或三角形断面，条垛之间间隔 1 m，条垛长度可根据发酵车间长度而定。

覆膜通风发酵：通过卷膜机将无臭发酵膜覆盖在堆体上，四周用沙袋压紧。由鼓风机通过通风管道强制通风供给氧气，使膜内形成微正压，通过调节通风次数和时间保证堆体内部氧气浓度始终高于 5%，为物料提供好氧的堆肥环境，避免物料在堆肥过程中厌氧发臭。2 d 内堆肥温度即可上升至 55 ℃以上，处理周期一般为 20 ~ 30 d(图 5-38)。

腐熟：经过高温发酵后，堆体温度下降至 50 ℃左右时，将堆制产物按照条垛式堆置的方式，堆积在专门的场地内进行后腐熟，堆体宽 5 ~ 6 m，高 2.0 ~ 2.5 m，每 7 d 翻堆 1 次，直至温度下降至 30 ℃以下即可。

图 5-38 膜覆盖堆肥工艺流程图

预处理：向每吨腐熟堆肥中加入 0.5 kg 羧甲基纤维素和 1 kg 农用益生菌，用水将料堆水分调节至 80%，使用混料机将物料充分混匀。

压块成型：将物料填满模具，运送至液压制砖机工作台上，0.15 MPa 压力对模具内物料进行压制，物料压缩比为 1:1，将压制好的营养块放在平整场地晾干。

圆柱状营养块配套模具尺寸：直径 15 cm，高度 30 cm 的圆柱体，并在液压制砖机活动横梁上安装多个直径 8 cm，高 6 cm 圆柱，用于压制栽种孔穴。

长条状营养块配套模具尺寸：宽度 30 cm，高度 30 cm，长度 100 cm 的长方体，并在液压制砖机活动横梁上每隔 25 cm 处安装直径 8 cm、高 6 cm 圆柱，用于压制栽种孔穴。

5.5.2.2 秸秆栽培基质营养块应用效果

（1）应用试验

供试薄皮甜瓜品种为龙甜一号。试验于 2019 年 3—6 月在公主岭市獾子洞村甜瓜种植户大棚内（N43° 31′ 10″，E124° 47′ 21″）进行，该大棚已于 2017 年和 2018 年连续两年种植过薄皮甜瓜，2018 年同期甜瓜白粉病发生较重，发病率 71.1%。大棚宽 9 m，长 40 m，其中试验组栽种 180 m^2，对照组栽种 180 m^2。

整地做栽培床：试验组采用机械平整土地后起垄，垄台宽 10 cm，高 8 cm，垄沟宽 20 cm，垄距为 70 cm。用农用薄膜覆盖垄台和相邻两侧垄沟。在垄台上铺设滴灌带，垄沟上按株距 40 cm 摆放营养块。对照组采用机械翻地、耙地、起垄，垄距 70 cm。在垄台上铺设滴灌带，用农用薄膜覆盖垄台。

施肥与灭菌处理：试验组不施肥；对照组采用机械破垄夹肥，每公顷施磷酸二胺 600 kg、硫酸钾 150 kg。每公顷土壤用 50%多菌灵可湿性粉剂 80 kg 进行消毒。

育苗：3 月 4 日在大棚内按照常规方法进行育苗。育苗营养土：腐殖土加秸秆肥混合。

定植：4 月 9 日定植，定植前对幼苗进行定心。株距 40 cm，行距 70 cm。试验组与对照组各栽植 480 株。

田间管理：整枝管理。选留主蔓上部 3 ~ 4 条健壮子蔓结瓜，瓜前留 2 ~ 3 片叶摘心，及时摘除底部不结瓜的孙蔓，若子蔓头几节无瓜，可及早摘心促孙蔓结瓜，每株结瓜 3 ~ 5 个。

追肥：试验组不追肥。对照组在茎蔓生长期，施肥量为每公顷施 150 kg 硫酸铵；坐果期，施肥量为每公顷施 300 kg 硫酸钾；膨瓜期，每公顷追施 600 kg 磷酸二胺，以促进甜瓜的果实发育和成熟。

叶面肥：试验组与对照组均喷施叶面肥。坐果后每隔 5 d 喷 1 次 0.3%的磷酸二氢钾，共喷施 4 次。

授粉与水分管理：采用常规管理方式。

病情调查：统计甜瓜白粉病病株数，计算病株率及病情指数。按以下分级标准进行病情指数的调查，并计算出病情指数。

0 级：叶片没有发病；

1 级：叶片发病面积在 10%以下；

3 级：叶片发病面积在 10% ~ 25%之间；

5 级：叶片发病面积在 25% ~ 50%之间；

7 级：叶片发病面积在 50% ~ 75%之间；

9 级：叶片发病面积在 75% ~ 100%之间。

病情指数 = 100 × Σ（各级病叶数 × 病级数）/（总叶数 × 最高病级数）

（2）试验结果

试验结果表明，秸秆基质营养块营养全面、肥效持久、无病虫害残留，使用简便，无须进行施肥、消毒和追肥（表 5-10）。栽植甜瓜每公顷可减施 1 800 kg 化肥和 80 kg 农药，节省化肥农药投入 9 362.5 元和相关生产投入。在没有化肥施用的情况下，秸秆基质栽培的甜瓜比土壤栽培提前 1.9 d 采收，易获得市场先机；甜瓜平均果重和单株坐果数均与对照组接近（表 5-11）。

秸秆基质营养块栽培的植株生长健壮、根系发达、抗病能力强，植株基本不发病，病株率仅为 5.3%，病情指数 0.6，明显优于对照组（表 5-11）。对照组植株根系发育受阻，甜瓜白粉病发生较重，病株率 39.3%，病情指数 29.5。秸秆基质营养块能够有效解决因连作引起的地力下降、生长发育不良、产量低卖相差、土传病害严重等难题，生产的甜瓜达到了 A 级绿色农产品标准，显著提升了果蔬品质，大大提高了农户的收益。

另外，使用栽培基质营养块能够快速在受连作障碍的土壤上搭建栽培床，通过薄膜有效隔绝土传病害的传播，操作简便且节约投入。营养块可实现栽培基质的快速更换和农作物工程化快速种植。

表 5-10 不同处理肥料和药剂施用量

处理	基肥	追肥	叶面肥	土壤灭菌处理
试验组	无	无	0.3% 磷酸二氢钾，4 次	无
对照组	磷酸二胺 600 kg/hm²，硫酸钾 150 kg/hm²	硫酸铵 150 kg/hm²，硫酸钾 300 kg/hm²；磷酸二胺 600 kg/hm²	0.3% 磷酸二氢钾，4 次	50% 多菌灵可湿性粉剂 80 kg/hm²

表 5-11 不同处理甜瓜生育期、产量及发病情况比较

处理	定植至始收天数 /d	平均果重 /g	单株坐果数	单株产量 /g	折合亩产量 /kg	病株率 /%	病情指数
试验组	35.3	381.2	4.8	1 829.76	4 216.6	5.3	0.6
对照组	37.2	393.4	4.7	1 849.98	4 263.2	39.3	29.5

5.5.3 秸秆育秧盘生产技术

5.5.3.1 秸秆育秧盘生产工艺

原料：玉米秸秆，长度≤ 0.5 cm；造纸废浆渣；工业沸腾炉渣粉，粒径

≤ 0.2 cm；畜禽粪便，鸡粪或猪粪，水分含量≤ 80%。秸秆腐熟剂，主要成分为解淀粉芽孢杆菌、胶冻样类芽孢杆菌、酵母菌、黑曲霉等菌体及载体，活菌含量应大于 1×10^{11} CFU/g。

发酵：每吨玉米秸秆加入 0.5 kg 秸秆腐熟剂和鸡粪 50 kg，用水将料堆水分调节至 55% ~ 65%，即水分以“手握成团不滴水，松手散落”为宜；将料堆充分混匀，覆膜封闭保湿，堆垛温度达到 60 ℃时进行翻动混拌，每天至少翻动 1 次，发酵时间 10 ~ 15 d，温度无变化时发酵结束。

混合搅拌：每吨发酵产物加入 150 kg 造纸废浆渣、50 kg 工业沸腾炉渣粉混合，提升到搅拌罐中进行搅拌，转数为 20 ~ 30 r/min，时间为 3 ~ 5 min。

打浆：将混合后的物料提升到浆料罐中，加入 80% ~ 150% 水量进行搅拌，转数为 20 ~ 30 r/min，时间为 3 ~ 5 min。

装模压制成型：打浆浆料通过管道输送到模压线上，装入模具后送入成型机吸压成型；脱模，烘干定型（秸秆育秧盘在带式干燥机中 45 ℃进行烘干 10 min）。

5.5.3.2 秸秆育秧盘应用效果

（1）应用试验

育秧盘和育苗营养土：秸秆水稻育秧盘；标准塑料育秧盘（58.5 cm × 28 cm × 2 cm）为市售塑料育秧盘，育苗营养土为表土加农家肥混合。

水稻品种：天源 28，吉林省天源种子研究所培育的粳型常规水稻。

种子备量：每公顷大田 45 kg 种子。

晒种：在干燥的场地上，将种子翻晒 2 d，每天翻动 3 次。

盐水选种：将种子放到浓度为 1.14 g/cm³ 盐水中，去掉浮在表面的空秕谷，捞出沉在下面的饱满稻谷，用清水洗掉盐分。

浸种消毒：将种子浸入水与咪鲜胺药液的混合液中。浸种积温 80 ℃。浸种后用清水冲洗。

催芽：将浸好的种子置于 30 ℃条件下催芽，待 90% 以上的种子破胸露白后即可。

晾干：催芽后将种子置于通风阴凉处摊晾，达到内湿外干、不黏手、易散落状态。

秧盘准备：每公顷大田备足500个秧盘，同时准备50个硬盘用于托盘周转。

播种期：2019年4月5日。

底土厚度：盘内底土厚度为20 mm，铺放均匀平整。

洒水量：底土淋透，表面无积水，盘底无滴水；

播种量：每盘播85 g；

覆土厚度：厚度为5 mm，均匀一致、不露籽，采用镇压辊镇压。

温度管理：播种至出苗期，保温保湿。出苗至一叶一心期，开始通风炼苗，棚内温度不超过28 ℃。1.5 ~ 2.5叶期，棚内温度控制在25 ℃以下，严防秧苗徒长。2.5叶期以后棚内温度控制在20 ℃以下，晴好天气可做到昼揭夜盖。

水浆管理：二叶一心前保持床土湿润，二叶一心后苗床干旱时，利用早、晚时间及时浇水，任其自然落干，再浇水。移栽前1 ~ 2 d脱水，使床土硬实成型，插前床土绝对含水率35% ~ 45%。

病、虫、草害防治：根据秧田病、虫、草害实际情况进行施药防治。

（2）试验结果

秸秆水稻育秧盘育秧秧苗素质优于塑料盘育秧，表现为根长、根多、根色白、水根多、直立根系比重大，且大多数根系透过分解的秸秆水稻育秧盘扎入育苗床中（表5-12），秧苗颜色正，生长整齐无徒长秧苗，非常适合于机械作业插秧。

试验中还发现，秸秆水稻育秧盘育苗床温平均比塑料育秧盘育苗升温快，保水保温，浇水次数减少，床温高1.5 ~ 2.0 ℃，可提早育苗5 ~ 7 d，早插秧，保增产（表5-13）。

采用秸秆水稻育秧盘培育的秧苗密度大、秧苗素质好，机插不丢穴，显著降低漏插现象的发生；直立根系比重大，根系盘结没有塑料育秧盘秧苗紧密，插秧时秧爪对根系破坏作用较小，减少了伤秧概率。另外，秸秆水稻育秧盘秧苗根系生长旺盛，且根系色白，水根直根多，根系适应能力强，显著缩短缓苗时间。

表 5-12 育秧盘对秧苗素质的影响

处理	叶龄 /d	株高 /cm	茎基宽 /cm	最长根长 /cm	总根数 / 条	透根数 / 条	透根率 /%
秸秆育秧盘	3.5	21.6	0.35	7.2	14.2	9.2	84.3
塑料育秧盘	3.7	23.4	0.30	4.1	10.9	0.2	0

表 5-13 不同处理对秧苗机插影响

处理	空穴率 / %	伤秧率 / %	缓苗时间 / d
秸秆育秧盘	0.4	0.1	2.3
塑料育秧盘	15.3	5.4	5.1

5.5.4 农作物育苗 / 栽培基质化利用技术

5.5.4.1 技术流程

（1）原料预处理和混料

对作物秸秆进行粉碎，采用机械将畜禽粪便和粉碎的作物秸秆按照 1:1（*w*/*w*）进行混合，调整混合后物料水分至 55% ~ 65%，同时可以添加一些有机物料腐熟剂以促进堆肥过程的快速进行。

（2）铺设通风管道和堆垛

在堆肥场地铺设 2 ~ 3 根通风管道，通过装载机或皮带输送机将物料堆置在管道上，堆体最大高度为 2.5 m。

（3）覆膜通风

将膜材料覆盖在堆肥垛体上，并用沙袋等重物将膜边缘压到地面上。开启通风控制系统，由鼓风机通过通风管道为堆体强制通风供给氧气，使膜内形成微正压，为物料提供好氧的堆肥环境，避免物料在堆肥过程中厌氧发臭。2 d 内堆肥温度即可上升至 55 ℃以上，处理周期一般为 20 ~ 30 d。然后再进行陈化处理 10 d。

（4）筛分调配基质

经滚筒筛筛分后的 <10 mm 陈化堆肥由装载机输送到成品加工区，并根据作物生长特性合理添加沙、珍珠岩、蛭石、灰渣等惰性材料。

5.5.4.2 效益分析

（1）经济收益

本技术模式具有设备简单、投入少、不受气候影响、处理周期短、占地面积小、智能化运行、成本低等优点，且具有极高的环保性，对周围居民生活无影响，为种植大户、养殖场户提供了一个价格低廉的农作物秸秆和粪便资源化利用的解决方案。相较于其他堆肥工艺，本技术场地要求简单，无须建厂房，可露天使用；发酵过程不用翻抛，无须购置专业翻抛机；操作简便、自动化运行，不需专人看管；处理能耗低，每吨为 5 ~ 10 kW·h电，运行成本仅为其他工艺的 1/10 ~ 1/4。

（2）生态效益

本技术环保性好，采用的膜材料可有效阻控发酵过程中硫化氢、氨气、甲硫醇等异恶臭气体排放，使氮养分溢出减少 30% 以上，使发酵过程中养分损失大为减少，温室气体、臭气排放量分别降低 50% 和 90% 以上。本技术的应用，可以将畜禽粪便和秸秆等转化为可供作物生长的基质，使作物达到绿色或有机标准，实现了农业绿色发展，具有显著的生态效益。

（3）社会效益

为养殖场户、蔬菜种植合作社、食用菌栽培场户和各农村基层提供了一种投入小、运行成本低、无须专人操作、自动化运行且无臭的有机废弃物堆肥技术模式。技术的推广应用可有效提升畜禽粪便和秸秆等资源化利用水平，可显著改善农村环境质量。本技术的应用，不仅极大地降低了畜禽粪便和秸秆等转运和处理成本，而且可以将畜禽粪便和秸秆等转化为植物生长所需基质，实现了废弃物资源化和高质化利用，为畜禽粪便和秸秆等长效治理奠定了坚实的基础，为尽早完成畜禽粪污资源化利用行动方案和打赢污染防治攻坚战提供了切实可行的技术途径。

5.5.4.3 典型案例

双阳区在吉林省内率先开展了农业废弃物集中收集资源化利用及就近还田处理整区示范，已在其 8 个主要乡镇各建设 1 个面积 2 000 m^2 的畜禽粪便和秸秆等农业废弃物集中收集堆肥利用处理中心，每个站年可处理畜禽粪便 10 000 t 和秸秆 8 000 t，可生产栽培基质 10 000 t（图 5-39）。设施的建立显著提高了双阳区农村垃圾资源化利用水平，完善了农村垃圾收运处置体系，助力双阳区获得了 2020 年住建部组织评选的“农村生活垃圾分类和资源化利用示范县”称号（建办村函〔2020〕423 号）。该技术模式环保、易操作、投入少，运行成本低，可切实改善农村生态和人居环境，实现了畜禽粪便和秸秆等农业废弃物的资源化和高质化利用。

图 5-39 双阳区 5 个集中处理站现场实景

2019 年 2 月，在长春奢爱农业科技发展有限公司开展了基质育苗试验（图 5-40），利用本技术模式加工生产的育苗基质培育各类蔬菜幼苗 2 万余株。结果表明，利用农业废弃物生产的基质与市售草炭育苗基质理化性质十分接近，且发芽率无明显差异，可完全替代市售草炭育苗基质。

图 5-40 长春奢爱农业科技发展有限公司基质育苗试验

5.5.4.4 执行标准

NY/T 3442—2019《畜禽粪便堆肥技术规范》；

NY/T 1168—2006《畜禽粪便无害化处理技术规范》；

GB/T 33891—2017《蔬菜育苗基质》；

NY/T 2118—2012《蔬菜育苗基质》；

LY/T 2700—2016《花木栽培基质》；

Q/220100-RYNY 03—2019《有机废弃物膜覆盖好氧堆肥技术规程》。

5.5.4.5 技术水平

农业废弃物基质化利用技术模式于2020年6月被吉林省畜牧业管理局选为《关于开展畜禽粪污资源化利用典型模式示范推广工作方案》（吉牧加发〔2020〕89号）示范项目，并已在全省范围内进行推广。

本技术模式已获得国家发明专利授权2项，实用新型专利授权1项，具体如下：

一种抗病虫秸秆栽培基质营养块及其制备和使用方法（发明），ZL 201810251357.5。

一种基于农业废弃物的抗病虫栽培基质及制备方法（发明），ZL 201810252028.2。

一种适用于间歇进料的膜覆盖好氧堆肥系统（实用新型），ZL 201921304761.0。

5.5.5 寒地“秸秆－食用菌－基质”技术模式

5.5.5.1 技术简介

充分考虑东北地区的种植结构、生态条件、秸秆资源禀赋，针对东北地区土壤质量下降、秸秆还田难、焚烧秸秆污染环境及水稻育秧取土难等问题，充分利用闲置水稻育秧大棚的光温条件，通过集成食用菌菌种驯化选育、闲置大棚种植草腐菌、菌渣制取育苗基质原位育秧等技术，按照物质能量的循环规律，构建适合东北地区现代农业发展的秸秆基质化利用技术模式，实现秸秆高质化利用。

5.5.5.2 适用范围

该技术能解决水稻种植区育秧稻棚闲置和水稻育秧取土难等问题，主要适宜寒地水稻种植区。

5.5.5.3 操作流程

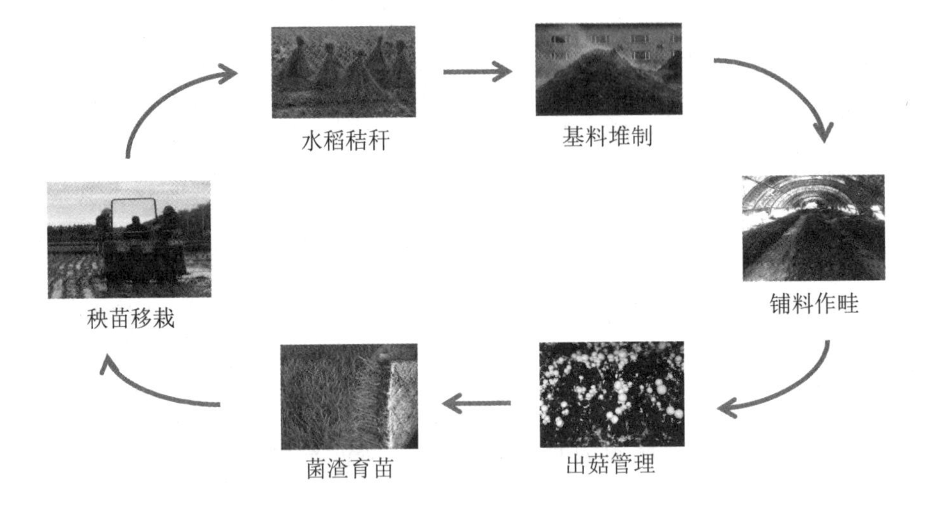

图 5-41 寒地“秸秆 - 食用菌 - 基质”技术模式流程图

5.5.5.4 技术特点

（1）充分利用闲置的水稻育秧大棚资源，增加农民收入。

（2）筛选适合北方水稻育秧大棚栽培的广适性食用菌菌种，提高食用菌产量和品质。

（3）利用菇渣进行水稻育苗，并随着秧苗移栽将菇渣还田到土壤中，实现秸秆循环利用。

5.5.5.5 效益分析

（1）经济效益

利用该技术种植双孢菇 1 000 m^2，其中，菌种、原料及人工等成本 34.3 元/m^2，预计双孢菇产量 5.5 kg/m^2，市场批发价 10 元/kg，种植双孢菇净利润（10 元/kg × 5.5 kg/m^2-34.3 元/m^2）× 1 000 m^2=20 700 元，同时，利用种植双孢菇产生的菇渣进行水稻基质育苗，节省育苗成本

1.55 元/m^2 × 4 000 m^2=6 200 元（1 000 m^2 的菇渣可育 4 000 ~ 5 000 m^2 的水稻秧苗），利用闲置水稻育秧大棚种植双孢菇 1 000 m^2 可实现利润总额 26 900 元。

（2）社会与生态效益

利用闲置水稻育秧大棚种植双孢菇，每栋 300 m^2 的水稻育秧大棚可利用 1 亩的水稻秸秆。种植双孢菇产生的菌渣经处理后，可原位进行水稻基质育苗，有效缓解水稻育苗取土难等问题，同时培肥地力、改善土壤。

双孢菇产业属于劳动密集型产业，有利于带动当地剩余劳动力就业，同时对于清洁和保护农村环境、促进农民增收、建设资源节约型和环境友好型社会具有重要推动作用。

5.6 农业有机废弃物面源污染防控技术模式应用与效果

5.6.1 玉米秸秆还田培肥模式应用与效果

5.6.1.1 玉米秸秆还田方式

在我国北方特定气候条件的玉米秸秆还田方式主要有堆腐还田、覆盖还田、粉碎翻压还田和高茬还田等几种模式。

（1）秸秆堆腐还田

秸秆堆腐还田技术模式是将秸秆通过加入人畜粪尿、生物菌剂或化学催腐剂、化学肥料等助腐物质人工堆积发酵成肥的一种秸秆还田技术模式，也是我国传统农业进行秸秆综合利用的最主要的方式。主要包括秸秆传统堆腐技术和秸秆快速堆腐技术两大类，技术类型有秸秆夏季高温堆肥还田技术、寒区秸秆堆肥还田技术、秸秆垫圈堆制还田技术、田头秸秆堆沤还田技术、秸秆腐解剂快速堆腐还田技术、玉米秸秆就地快速腐熟当季还田技术。

投入分析：堆腐 1 000 kg 秸秆需要劳力约 20 元，秸秆腐熟菌剂 15 元，化肥 5 元，共 40 元。全部施入农田可增产粮食 100 kg，减少化肥投入 30 元，亩年增加纯效益约 50 元。

效益分析：试验证明，500 kg 秸秆肥相当于 3 000 kg 土杂肥的肥效，比等量土杂肥增产 5% ~ 10%。连续 3 年施用可提高土壤有机质 0.1%，耕地地力有明显提高。

（2）秸秆机械（粉碎）还田

秸秆机械（粉碎）还田技术模式，是将作物秸秆通过机械化操作的办法，或就地进行粉碎（或切段）处理后直接翻入土壤，或直接将作物秸秆（根茬）深翻入土的一种技术模式。包括玉米秸秆机械粉碎还田、玉米整秆机械翻压还田等技术类型。

投入分析：一般秸秆机械粉碎还田增加的投入主要有两项：一是秸秆粉碎时增加的机械作业费，二是将秸秆深翻入土时的机械作业费。根据目前柴油价格和机械作业台班量考核，实施秸秆机械粉碎每亩需要费用30元左右，利用深耕犁对秸秆进行耕翻入土的机械作业每亩需要费用40元左右。

效益分析：实施秸秆机械还田，可一次完成收获、粉碎、播种及耕翻与秸秆还田等多道工序，具有便捷、快速、低成本的优势；不仅可使秸秆就地还田，抢农时，解决大量秸秆就地堆放影响下茬作物及时播种的问题，还避免了焚烧秸秆带来的环境问题，使作物秸秆得到高效利用。连续实施秸秆粉碎还田3年以上的地块，土壤肥力明显改善，玉米秸秆粉碎还田比常规耕作增产20～40 kg/亩，作物生长期节省化肥10%～15%，水分利用率提高15%～25%，每亩节本增效平均在35元以上。

（3）秸秆覆盖还田

秸秆覆盖还田技术是将农作物收获后的秸秆整株铺放在地表，伴随翌年作物的生长和田间农事活动完成自然腐熟，腐解物可为后茬作物直接利用。该技术方法简便易于推广，节本增收成效明显，包括玉米秸秆覆盖还田技术、水稻秸秆覆盖旱作还田技术、豆科作物秸秆覆盖还田技术类型。

效益分析：秸秆覆盖能抗旱保墒、调温抑草、增加土壤有机质和钾素营养，可减少化肥投入量10%左右。连年秸秆覆盖还田可优化土壤结构，改善土壤耕性，提高土壤保水保肥能力。可节省机械粉碎秸秆等工本，亩节支约50元。增产增收。秸秆覆盖还田，作物产量可增加5%～10%。

（4）秸秆留高茬还田

采用机械或人工的收割方式，人为提高收割高度，仅收割作物上部籽粒与分枝茎叶，留下一定数量的作物基部茎秆（高茬）直接耕翻入土的还田方式。

经济效益：推广该技术亩平均可增产8%左右，亩平均节省化肥成本60元左右，亩平均增收节支100元以上。

5.6.1.2 玉米秸秆＋添加快速腐解剂还田效果

（1）对土壤有机质含量的影响

初步发现两个明显规律：一是相对秸秆还田前的耕层基础有机质含量（对照），无论是否添加秸秆腐解剂，在进行二年秸秆还田后，土壤有机质含量均呈增加趋势（表 5-14），说明秸秆还田提升有机质含量的效果明显；二是添加腐解剂可加快秸秆的腐烂速度和腐殖化程度，更好地促进耕层土壤有机质含量的提升。实施秸秆还田耕层土壤有机质平均增加数量在 0.1 ~ 1.3 g/kg。

表 5-14 秸秆翻埋还田试验示范区土壤有机质平均含量

单位：g/kg

地点	秸秆还田前基础对照	2017 年		2018 年	
		不加腐熟剂	加腐熟剂	不加腐熟剂	加腐熟剂
朝阳坡镇	19.6	19.7	19.9	19.7	19.9
农科院试验地	25.6	25.6	26.2	25.8	26.1
刘房子镇	21.1	21.3	22.1	22.2	22.4

（2）改善土壤性质

秸秆还田后增加了农田有机物投入，可明显改善土壤理化性状。

对土壤 pH 值的影响。秸秆连续还田 3 年耕层土壤 pH 值整体变化规律不明显，说明秸秆还田对土壤 pH 值影响不显著。添加腐解剂条件下秸秆还田较不加腐解剂秸秆还田耕层土壤 pH 值整体略有降低，说明加腐解剂有微弱调节耕层土壤 pH 值的作用。

对土壤养分含量的影响。秸秆本身含有一定量的氮、磷、钾等营养元素，因此，秸秆还田可直接补偿土壤潜在肥力的消耗，加速土壤营养物质的生物循环，从而培肥地力。与对照区相比，经过连年的秸秆还田培肥，耕层土壤全氮、全磷、全钾、速效磷、速效钾、缓效钾含量和 CEC 均有不同程度的增加，在添加腐解剂的秸秆还田处理区更为凸显。此外，受土壤质地、小气候因素、耕作管理、秸秆粉碎程度等多种因素的影响，不论是否添加腐解剂，不同试验点秸秆还田提升耕层土壤养分的程度存在较大差异。

表 5-15 秸秆还田土壤理化性质变化情况

地点	pH			全氮 /（g/kg）		全磷 /（g/kg）		速效磷 /（mg/kg）	
	基础对照	不加腐熟剂	加腐熟剂	不加腐熟剂	加腐熟剂	不加腐熟剂	加腐熟剂	不加腐熟剂	加腐熟剂
朝阳坡镇	7.02	7.07	7.02	0.07	3.83	5.87	8.62	27.73	39.53
农科院试验地	7.07	7.09	7.14	3.89	10.20	1.72	5.56	5.23	9.34
刘房子镇	6.74	7.00	6.67	1.99	4.76	—	—	0.56	21.81

地点	全钾 /（g/kg）		速效钾 /（g/kg）		缓效钾 /（mg/kg）		CEC/（cmol/kg）	
	不加腐熟剂	加腐熟剂	不加腐熟剂	加腐熟剂	不加腐熟剂	加腐熟剂	不加腐熟剂	加腐熟剂
朝阳坡镇	22.3	22.9	2.42	8.77	38.82	45.01	3.54	7.83
农科院试验地	25.9	26.2	4.66	12.88	6.94	18.69	3.91	18.04
刘房子镇	22.2	22.4	6.24	13.36	7.15	11.15	5.32	12.79

CEC 起着贮存和释放速效养分两方面的作用，是土壤保肥、供肥能力和酸碱缓冲能力的重要标志，CEC 含量的提升是土壤肥力提高的间接体现。从表 5-15 中可以看出，秸秆还田后 CEC 含量均明显提升。相比秸秆不还田对照，不加腐解剂秸秆还田年均 CEC 提升 0.61 cmol/kg，增幅 4.26%；加腐解剂秸秆还田年均 CEC 提升 1.76 cmol/kg，增幅 12.89%。添加腐解剂秸秆还田 CEC 含量提升效果明显好于不添加腐解剂秸秆还田。秸秆还田后 CEC 平均增加 1.19 cmol/kg，增幅 8.58%，充分体现出秸秆还田对土壤肥力的提升效应。

秸秆还田对土壤 pH 值的影响不明显，土壤养分指标含量均有不同程度提升。相比秸秆不还田对照，耕层土壤全氮、全磷、全钾、速效磷、速效钾、缓效钾和 CEC 年均增幅分别在 4% ~ 26%。与不加腐解剂秸秆还田相比，加腐解剂秸秆还田后土壤养分含量分别多增加了全氮 9.98%、全磷 5.13%、全钾 3.06%、速效磷 7.55%、速效钾 11.31%、缓效钾 6.85% 和 CEC 8.63%，表现出腐解剂明显提升土壤养分含量的效果。

（3）秸秆还田的增产效果

秸秆还田因其具有良好的土壤效应、生物效应和农田效应，故而成为培肥土壤、提高作物产量直接而有效的一项措施，其增产效果已经得到了国内外大量长期定位试验的证实。但秸秆还田的增产效益因区域不同、秸秆类型差异、不同作物等因素而存在较大差别。

使用秸秆腐解剂后，在北方寒冷条件下玉米秸秆腐解加快（可提前3 ~ 15 d），这有利于玉米前期营养吸收，加快生长发育，为增产奠定了基础。另一方面，对于连续试验三年的同地块来说，不论是否添加秸秆腐解剂，作物产量均随着时间的延长呈增加趋势（表 5-16）。

表 5-16 秸秆还田玉米平均产量

单位：kg/ 亩

地点	作物种类	2017 年		2018 年		2019 年	
		不加腐解剂	加腐解剂	不加腐解剂	加腐解剂	不加腐解剂	加腐解剂
朝阳坡镇	玉米	570.9	575.6	585.6	603.6	744.0	789.2
农科院试验地	玉米	670.4	7.6.3	704.0	776.6	840.0	846.2
刘房子镇	玉米	611.2	632.0	714.4	752.8	728.0	759.4

5.6.1.3 不同耕作模式下秸秆还田效果

在“宽窄行”和“均匀垄”2 种耕作方式下，进行了玉米秸秆全量覆盖还田和玉米秸秆全量翻压还田 2 个秸秆还田方法试验示范。玉米秸秆还田的方法是用联合收割机收获的同时将玉米秸秆粉碎，长度 < 10 cm。全量粉碎翻埋还田是在玉米收获后立即结合深翻将粉碎秸秆翻压深埋，埋深大于 25 cm；玉米秸秆全量粉碎覆盖还田则保持收割机收获后粉碎秸秆平铺在地表的状态。两种还田方法下玉米产量和生物量均表现为明显增加的趋势（表 5-17)，玉米秸秆全量粉碎翻埋还田在两种种植方式下玉米籽粒产量分别增加 8.9% 和 13.3%，生物产量分别增加 17.1% 和 22.5%。玉米秸秆全量粉碎覆盖还田在两种种植方式下玉米籽粒产量分别增加 11.5% 和 11.6%，生物产量分别增加 18.0% 和 22.1%。同时证明，随秸秆还田时间的延长，籽粒产量和生物产量增产幅度加大。

表 5-17 不同秸秆还田方法玉米产量及生物量

耕作方式	处理	籽粒产量 /（kg/hm^2）	增加 / %	生物产量 /（kg/hm^2）	增加 / %
宽窄行种植	全量翻埋	10 420.2	8.9	23 420.2	17.1
	全量覆盖	11 024.0	11.6	24 428.3	22.1
均匀垄种植	全量翻埋	11 187.0	13.3	24 512.6	22.5
	全量覆盖	11 014.4	11.5	23 610.5	18.0
对照（均匀垄）	NPK	9 874.0	–	20 004.2	–

5.6.1.4 秸秆和生物炭还田效果

土壤有机碳是黑土基础肥力的主要驱动因素，与土壤肥力呈显著的正相关；在东北黑土区南部薄层瘠薄黑土区，土壤有机碳与土壤生产力的关系是，土壤有机碳含量每增加 1 g/kg，黑土基础产量可提高 220 kg/hm^2 左右；不合理施肥是导致土壤有机碳数量减少和质量下降、土地生产力下降的主要因素；合理施肥可保持和提高土壤有机碳数量，肥力可持续提高。在施用 NPK 化肥基础上配合全量秸秆还田及等碳量的黑炭都可显著提高耕层 (0 ~ 20 cm) 土壤碱解氮和速效磷的含量，降低土壤容重，增加土壤含水量，同时可有效缓解土壤酸化（表 5-18），增加玉米产量（表 5-19）。

表 5-18 施不同物料对土壤（耕层 0 ～ 20cm）理化性状的影响

处理	有机质 /(g/kg)	碱解氮 /(mg/kg)	速效磷 /(mg/kg)	容重 /(g/cm^3)	自然含水量 /%	pH 值
NPK	27.4	124.0	22.4	1.31	24.4	6.7
黑炭	27.8	130.0	24.8	1.22	27.4	6.9
秸秆	28.1	123.0	25.1	1.25	26.1	6.8
CK	27.1	95.0	19.1	1.33	23.2	6.8

表 5-19 施不同物料对玉米产量的影响

处理	百粒重 / g	平均产量 /(kg/m^2)
NPK	36.1	0.78
黑炭	35.5	0.82
秸秆	36.5	0.89
CK	24.6	0.12

5.6.1.5 秸秆覆盖和旋耕还田效果

秸秆还田是保持和提高黑土有机炭（SOC）最有效的方法之一，但在东北黑土区，低肥黑土在地形分布上多处于慢坡慢岗上部，黑土层薄，耕层浅，土壤自然肥力水平较低，土壤保蓄水分能力弱，秸秆还田不当会导致土壤失墒和春季干旱，造成作物播种保苗困难。为探明秸秆不同还田方式对低肥黑土培肥效果与玉米高产稳产的影响，我们连续多年进行了秸秆不同还田方式和不同还田数量的田间试验。结果表明，连年进行了秸秆还田都可明显提高黑土土壤有机质含量，同时改善土壤理化性状（图 5-42）。

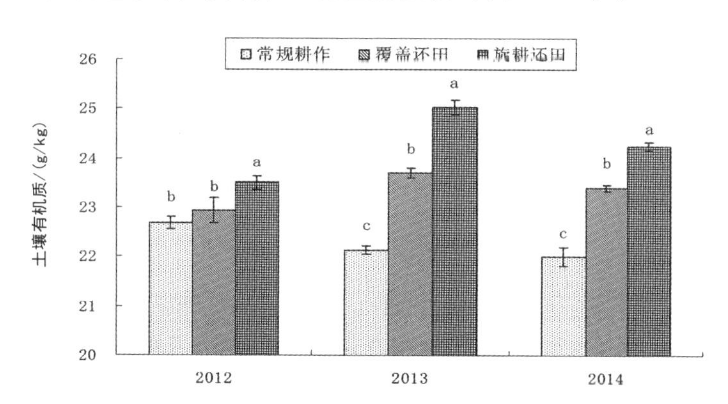

图 5-42 不同秸秆还田方式对土壤有机质的影响

经过三年秸秆还田，秸秆旋耕还田、秸秆覆盖还田和常规耕作处理间土壤有机质差异显著（$P < 0.05$），旋耕还田有机质含量比常规耕作土壤有机质高 2.3 g/kg 以上。表明秸秆旋耕还田方式能较快促进土壤有机质含量的积累。

与对照相比，秸秆还田没有增加 53 ~ 250 μm 土壤团聚体有机碳含量，但秸秆覆盖还田 250 ~ 2 000 μm 团聚体有机碳含量显著增加（表 5-20），而对其他颗粒级团聚体有机碳没有显著影响；秸秆旋耕还田显著促进 > 2 000 μm、250 ~ 2 000 μm 和 < 53 μm 团聚体有机碳增加（$P<0.05$）。

表 5-20 不同秸秆还田方式对土壤团聚体有机碳含量的影响

处理	团聚体有机碳含量 /（g/kg）			
	> 2 000 μm	250 ~ 2 000 μm	53 ~ 250 μm	< 53 μm
常规耕作	14.41 ± 1.09b	15.18 ± 0.83b	9.83 ± 0.86a	8.49 ± 0.56b
覆盖还田	14.05 ± 0.88b	17.63 ± 1.07a	10.26 ± 0.91a	9.69 ± 0.43b
旋耕还田	19.22 ± 1.41a	18.29 ± 0.88a	9.97 ± 0.46a	12.13 ± 1.53a

秸秆还田前二年，各处理玉米产量差异不显著；第三年后秸秆旋耕还田比其他二处理显著增加了玉米产量，并达到差异显著水平（$P<0.05$），秸秆旋耕还田比常规耕作增产了 9% 以上（图 5-43）。

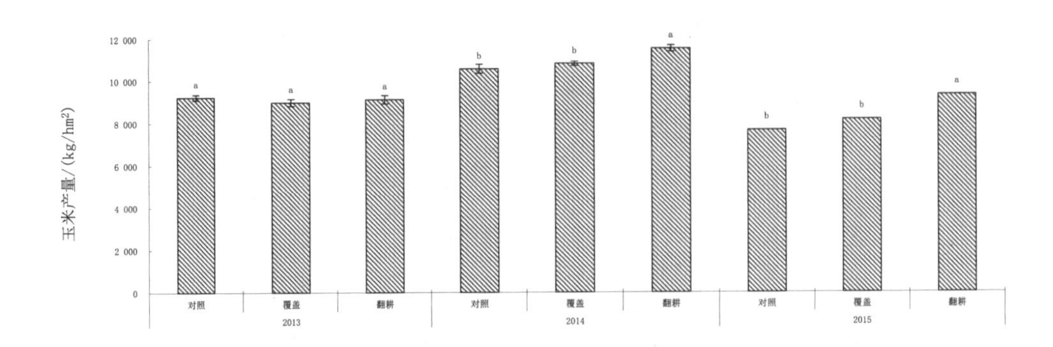

图 5-43 不同秸秆还田方式对土壤玉米产量的影响

5.6.2 稻草粉碎深翻起浆压沉还田技术集成与示范效果

5.6.2.1 秸秆腐熟剂在长秸秆上的应用效果

随着温度的升高，秸秆的腐熟效率增加，但是，添加秸秆腐熟剂处理和对照之间的差异也在减少，当温度达到 15 ℃的时候，高秸秆腐熟剂用量处理和低秸秆腐熟剂用量处理之间差异不显著，和清水对照之间差异明显。所以在高温度覆土和长秆的情况下，秸秆腐熟剂的用量可为 2 L/hm^2，在低温条件下，秸秆腐熟剂的用量可为 4 L/hm^2（图 5-44）。

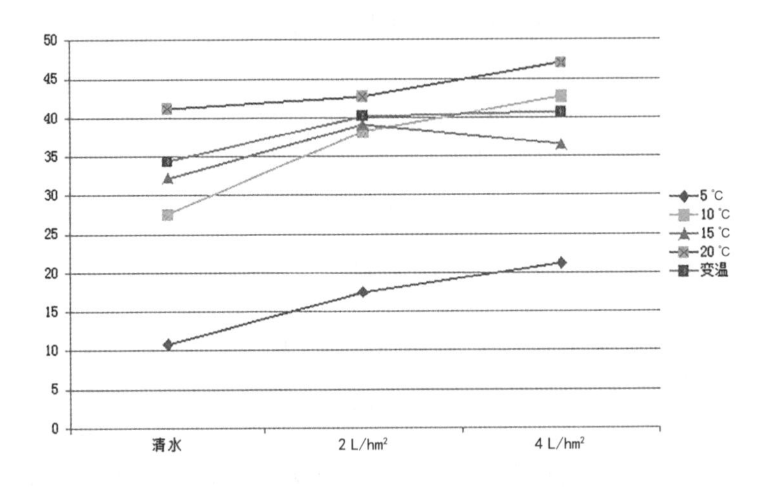

图 5-44 不同温度对长秸秆腐熟效果的影响

在变温条件下，高用量秸秆腐熟剂处理的秸秆腐熟率明显高于低用量处理，所以在变温的条件下，秸秆腐熟剂的用量可为 4 L/hm^2。在恒温条件下，高秸秆腐熟剂用量处理和低秸秆腐熟剂用量处理之间差异不显著，和清水对照之间差异明显，秸秆腐熟剂的用量可为 2 L/hm^2。

5.6.2.2 秸秆腐熟剂在粉碎秸秆上的应用效果

在秸秆粉碎的情况下，变温和覆土的条件下，秸秆腐熟剂处理的秸秆腐熟速率大，随着秸秆腐熟剂用量的增加，秸秆的腐熟效率也增加，腐熟效果明显好于对照（表 5-21）。

在秸秆粉碎的情况下，10 ℃和 20 ℃条件下，秸秆腐熟剂处理的秸秆腐熟速率大，随着秸秆腐熟剂用量的增加，秸秆的腐熟效率也增加，腐熟效果明显好于对照，在粉碎和覆土的条件下，每公顷 4 L 秸秆腐熟剂的用量为最佳用量。在其他温度条件下，随着温度的升高，秸秆的腐熟效率增加，但是，在同一温度下，秸秆腐熟剂的用量对秸秆腐熟效率影响不大，所以从经济性上看，秸秆腐熟剂的用量 2 L/hm^2 最佳。

表 5-21 不同温度下秸秆腐熟剂对粉碎秸秆腐熟效果影响

处理	5℃腐熟率 / %	增加 / %	10℃腐熟率 /%	增加 / %	15℃腐熟率 /%	增加 / %	20℃腐熟率 /%	增加 / %	变温腐熟率 /%	增加 / %
清水	39.3		54.9		55.8		56.5		55.8	
2 L/hm^2	48.2	18.9	58.2	3.3	59.2	3.4	58.3	1.8	58.9	4.1
4 L/hm^2	47.5	18.2	58.4	3.5	58.6	2.8	59.7	3.2	59.1	4.3

5.6.2.3 对土壤有机质的影响

秸秆还田可以提高土壤肥力，在腐解 60 d 后，土壤中的有机质有所增加（表 5-22），氮磷钾等营养基本不变。

表 5-22 秸秆腐熟剂对土壤有机质含量的影响

处理	5℃有机质 /%	增加 /%	10℃有机质 /%	增加 /%	15℃有机质 /%	增加 /%	20℃有机质 /%	增加 /%	变温有机质 /%	增加 /%
原土	2.89		2.89		2.89		2.89		2.89	
清水	2.90	0.01	2.90	0.01	2.92	0.03	2.91	0.02	2.93	0.04
2 L/hm^2	2.91	0.02	2.94	0.05	2.98	0.09	2.97	0.08	3.00	0.1
4 L/hm^2	2.92	0.03	2.94	0.05	2.97	0.08	2.97	0.08	3.01	0.11

5.6.2.4 水稻秸秆粉碎还田示范

2018 年示范地点为延寿县六团乡富源村水田种植区，由当地的水稻现代农机专业合作社实施。2018 年 4 月初，直接将水稻捡收粉碎成 10 cm 以内的小段，用抛撒机扬施到地表，翻压在 20 ~ 25 cm 土中，5 月进行耙耢整平，采用 IBPQ-360 型水田灭茬平地搅浆机进行水整地，进行机械插秧，底肥采用大连金玛集团的专用有机无机生态肥，总含量达到 55%，其中，有机质含量 15%，亩用量为 30 kg，追肥采用金玛专用氮钾肥，花达水间歇灌溉、采用枯草芽孢杆菌等生物菌剂防病。

2019 年示范地点为兴凯湖农场水田种植区。2018 年 10 月，在水稻收获时，运用联合收割机直接将水稻捡收粉碎成 10 cm 以内的小段，扬施到地表，翻压在 20 ~ 25 cm 土中，2019 年 5 月进行耙耢整平，采用 IBPQ-360 型水田灭茬平地进行整地，运用改造的双轴搅浆机进行起浆沉压，将秸秆沉压于土壤中，进行机械插秧。底肥采用大连金玛集团的专用有机无机生态肥，总含量达到 55%，其中，有机质含量 15%，亩用量为 30 kg。追肥采用自己研发的秸秆还田专用生物炭基氮钾肥。花达水间歇灌溉，采用枯草芽孢杆菌等生物菌剂防病。

筛选出的秸秆腐熟剂，可加快秸秆腐熟速率，促进水稻秸秆还田技术的推广和应用，示范结果表明，采用技术模式平均增产 4.7%，增产水稻 26.8 kg/ 亩，增收 52 元 / 亩。

5.6.3 养殖业废弃物污染防控技术模式应用与效果

吉林省的德惠市是区域内较为重要的养殖基地，在吉林德大有限公司等龙头企业的带动下，养殖业得到了迅猛发展，不仅带动农民致富，也带动了相关产业的发展。由于养殖业产生的废弃物污染严重，养殖场及周边的生态环境遭到破坏。

自 2017 年以来，德惠市隽氏农牧发展有限公司采用本研究的技术生产有机肥（图 5-45），不仅改善了周边环境，同时还提高了畜禽粪便的商品附加值。生产中，由于添加了本研究所发明的调理剂进行固氮，氨气释放量大幅降低，减少了恶臭气体的释放，并在一定程度上提高了有机肥磷素含量偏低的缺点，提高了该有机肥的品质。

图 5-45 有机肥堆制及加工

5.6.3.1 畜禽粪便堆制与有机肥生产过程中的主要问题

梳理出现行的畜禽粪便有机肥堆制与加工过程中的五大问题，为环保型肥料生产线的改造和堆肥工艺优化找到切入点，以便提出解决方案。

（1）粪便存放及堆肥过程中“跑冒滴漏、臭气四溢”。

（2）对粪便质量意识淡薄，存在重金属超标的风险。

（3）堆肥温度不够，堆肥产品水分含量过高。

（4）堆肥过程中，臭味过大，氮素损失严重。

（5）有机肥产品结构单一，商品附加值不高。

5.6.3.2 规范粪便堆放场地建设的最低标准

（1）地面做防渗和硬化处理，防止对地下水的污染。

（2）顶部有棚，防雨水浇灌导致粪污溢流。

（3）侧面有墙，防臭味溢出。

5.6.3.3 粪肥质量控制

《有机肥料标准》（NY 525）中对 Hg、Cd、As、Cr、Pb 等重金属含量进行了严格的限制。以往，有机肥生产企业认为，畜禽粪便中重金属含量不超过 NY525 中规定的限值即可。这种认识是错误的，因为堆肥过程中物料质量损失在 30% 左右，重金属含量增幅在 33% 左右。

5.6.3.4 加入高效菌剂，实现快速腐熟

依据自然堆肥过程中温度变化和微生物区系演替规律分别进行用于堆肥的低温型、中温型和高温型菌种筛选，共筛选出低温型菌种 3 株（黑曲霉、假单胞、芽孢杆菌各 1 株）、中温型菌种 4 株（假单胞、芽孢杆菌、黑曲霉、链霉菌各 1 株）和高温型菌种 2 株（黑曲霉、链霉菌各 1 株）。

5.6.3.5 添加保氮调理剂，降低臭味释放

堆肥过程恶臭气体的产生是一个不容回避的问题，有害气体的控制一直是国内外的研究热点问题。学者认为：堆肥过程中产生的臭气主要是粪便中因含有硫化氢、粪臭素（甲基吲哚）、脂肪族的醛类、硫醇、胺类和氨气等，并指出避免厌氧条件是减少硫化氢释放的主要途径，而氨气是好氧发酵过程中产生的主要无机臭气之一，堆肥高温和 pH 值升高容易造成氨气的逸出。学者先后提出了利用微生物、添加调理剂或者利用腐熟的堆肥、粒状泥炭等吸附材料作为主要原料的生物过滤器等方法来控制一些臭气的释放，但这些技术的实用性方面尚需进一步完善。

由于堆肥种类、分解阶段以及操作条件的不同，主要致臭物质的组分有很大差别。因而，在明确整个好氧堆肥过程中氨气等主要恶臭气体产生机制和释放规律的基础上，提出各阶段的臭气控制措施、优化鸡粪的快速高温堆肥工艺，为工厂化生产提供理论依据和技术支持。

（1）调理剂对氨气挥发的影响

试验表明，堆肥物料中加入过磷酸钙作为调理剂，过磷酸钙在生产过程中会残留一定的游离酸，具有一定的降低氨气释放的作用。添加过磷酸钙之后，挥发性氨的挥发趋势与无调理剂的处理一致。堆肥初期，随着堆温的上

升，氨气的挥发量迅速增加（图 5-46），随后随着硝化作用和反硝化作用的进行以及堆肥温度的逐渐下降，氨的挥发量降低。添加调理剂处理与未添加调理剂处理相比，虽然氨气挥发规律一致，但挥发强度明显减弱，处理Ⅲ、Ⅳ与处理Ⅱ相比，氨气最大挥发速率分别降低了 14.2% 和 16.7%。

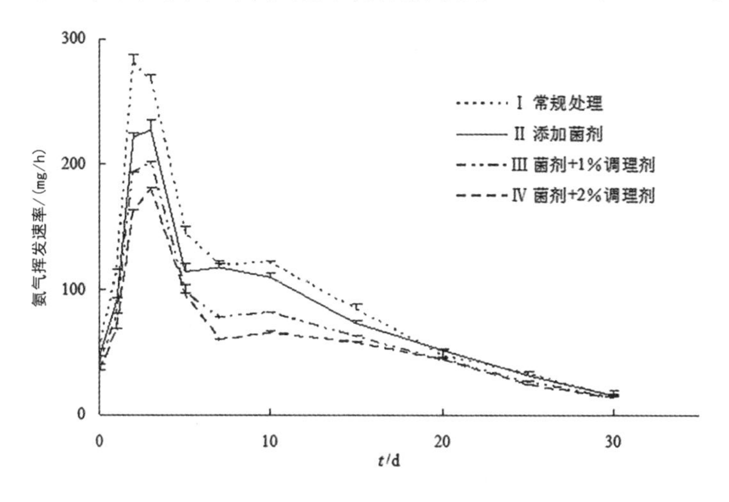

图 5-46 堆肥过程中氨气挥发情况变化

对氨气挥发强度比较集中的堆肥前 15 d 不同处理氨气挥发速率情况进行比较发现（图 5-47），添加复合菌剂和调理剂均有助于控制氨气的挥发，在一定范围内，随着调理剂加入比例的增大，氨气挥发控制效果增强。

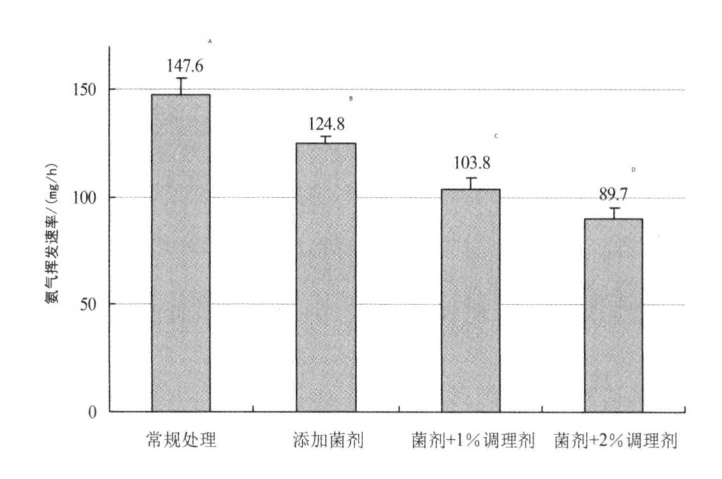

图 5-47 不同处理的氨气挥发速率（0 ～ 15 d）

（2）不同处理堆肥产品养分成分分析

设置未添加菌剂和调理剂处理、添加菌剂处理、菌剂 +1% 调理剂处理、

菌剂 +2% 调理剂处理，对相同的堆肥物料在同一条件下进行堆肥，30 d 后测定堆肥产品中全氮及有效磷的含量，结果见表 5-23。

表 5-23 不同条件下堆肥产品的养分含量分析

单位：g/kg

处理	全氮	有效磷
Ⅰ 常规处理	14.25 ± 0.12	10.67 ± 0.10
Ⅱ 添加菌剂	14.80 ± 0.07	11.21 ± 0.10
Ⅲ 菌剂 +1% 调理剂	15.89 ± 0.16	11.93 ± 0.14
Ⅳ 菌剂 +2% 调理剂	16.43 ± 0.14	12.65 ± 0.12

从表 5-23 中数据可知：将调理剂投加到有机物料中，堆肥处理后，添加比例为 1% 时全氮含量增加 1.09 g/kg，增幅为 7.36%，添加比例为 2% 时，全氮含量增加 1.63 g/kg，增幅为 11.0%，表明调理剂具有一定的保氮能力；有效磷含量分别增加了 0.72 g/kg（添加比例为 1% 处理）、1.44 g/kg（添加比例为 2% 处理）。

5.6.3.6 优化堆肥工艺

生产的示范企业有机肥生产工艺流程见图 5-48，技术要点如下：

（1）严把粪便质量关。未腐熟粪便重金属含量不能仅仅满足于《有机肥料标准》（NY 525—2012）中规定的限值，因为堆肥过程中物料质量损失在 30% 左右，重金属含量上升。

（2）秸秆作用：调节 C/N（25 ∶ 1），控制水分（50% ~ 60%）。

（3）秸秆粉碎：有机肥需要造粒的话，秸秆粉碎后过 5 mm 筛。

（4）过磷酸钙作用：增磷保氮的作用，其中的游离酸减少氨气释放，减臭增氮。

（5）过磷酸钙施用时期：堆肥前混料时加入。因为氨气释放主要在堆肥前期。

（6）如果堆肥过程中氨味过重，可适当喷洒稀硫酸后翻堆。

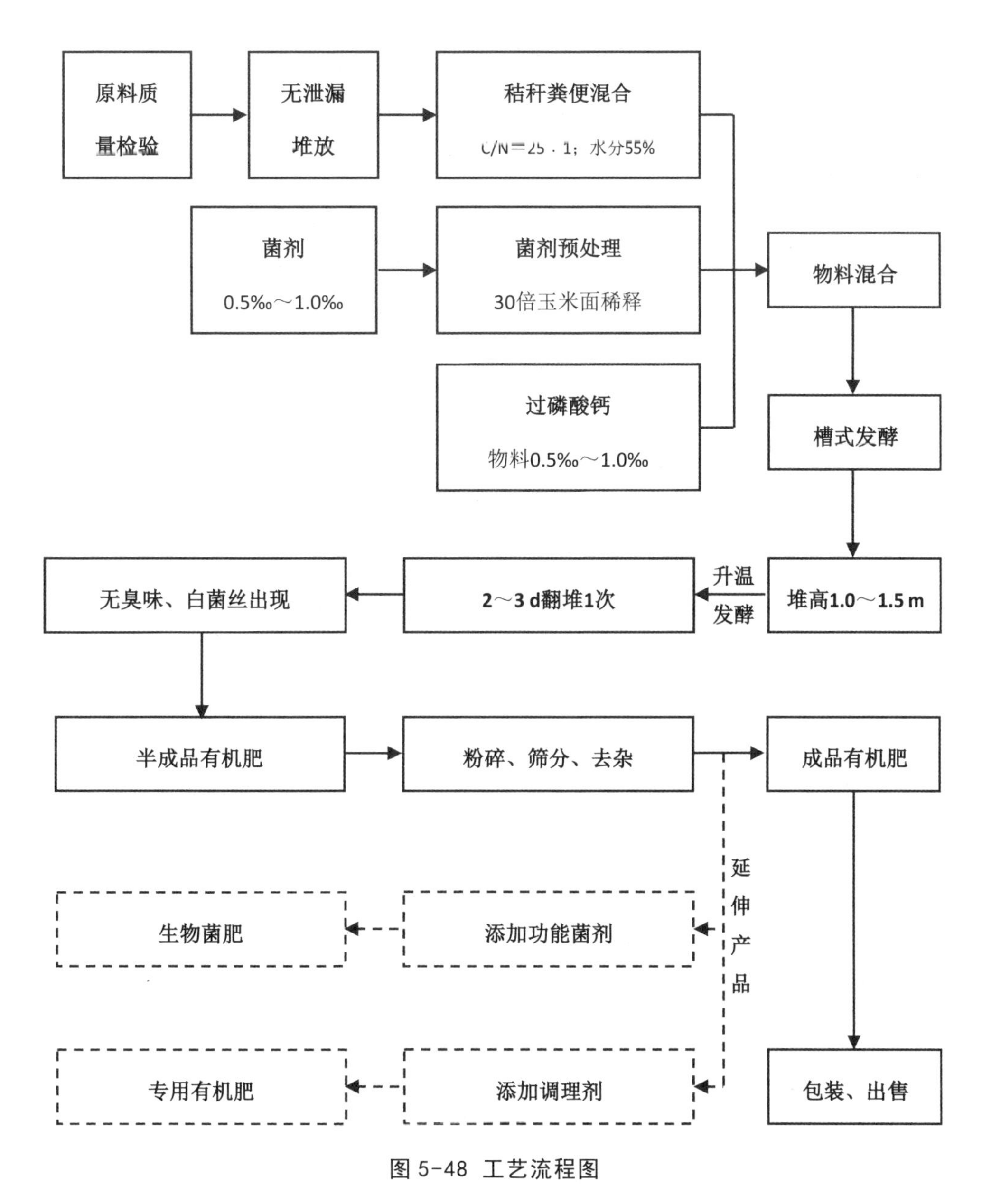

图 5-48 工艺流程图

5.6.3.7 有机肥替代化肥应用效果

（1）应用方案设计

共设 3 个处理，分别是全量化肥、1/3 有机肥替代、2/3 有机肥替代。每个小区面积为 3 333 m^2。实验设计：种植作物为玉米，品种为吉单 550。种植密度均为 6.5 万株 /hm^2。在 4 月 29 日播种，10 月 4 日收获，所有处理均无灌溉，其他农艺与当地农艺相一致。有机肥施用方案见表 5-24。

表 5-24 试验地施肥方案

编号	处理	有机肥/(kg/hm²)	化肥/(kg/hm²)		
			N	P_2O_5	K_2O
T1	全量化肥	0	210	90	90
T2	1/3 有机肥	3 500	140	90	90
T3	2/3 有机肥	5 250	105	90	90

（2）对土壤物理性状的影响

容重：土壤耕作最直接改变的就是耕层的三相比，从而改善了土壤的结构，而土壤容重则是土壤构造的表现之一。结果见表 5-25。

表 5-25 不同施肥处理对土壤容重的影响

单位：g/cm³

处理	土层				
	O	A	B	C	D
T1	1.48	1.53	1.47	1.35	1.49
T2	1.21	1.38	1.48	1.35	1.54
T3	1.18	1.24	1.46	1.34	1.53

由表 5-25 可知，有机肥替代化肥，对 O、A 层的土壤容重影响较大，有机肥施用量越高，容重降低越明显，说明有机肥施用有助于土壤物理结构的改善；有机肥替代化肥，对底层土壤容重影响不大。

土壤孔隙度：土壤孔隙度与土壤容重密切相关，是衡量土壤通气状况的物理量，也是衡量土壤紧实度的重要指标之一，不同大小的孔隙对土壤的影响不同，过大的孔隙会导致土壤水分的流失，而过小的孔隙则不利于作物根系的生长和空气、水分的流通。

由表 5-26 可知，土壤孔隙度表现出与容重相反的规律。有机肥施用导致土壤孔隙度增加，改善了土壤结构，有利于作物生长。

表 5-26 不同施肥处理对土壤孔隙度的影响

处理	土层				
	O	A	B	C	D
T1	44.2%	42.2%	44.6%	49.2%	43.8%
T2	54.2%	48.0%	44.2%	49.2%	41.7%
T3	55.4%	53.4%	45.1%	49.6%	42.2%

土壤水分：土壤水分在农业生态系统中的水循环中起着十分重要的作用，控制着农田生态系统，这说明土壤水分是作物生长发育所必需的成分，而人类可通过耕作活动去改变土壤理化性状，进而影响土壤的水循环能力，充分的土壤水分有助于作物的生长发育，而缺少水分的土壤则会使作物很难存活。玉米生育期内土壤含水量见表 5-27。

表 5-27 不同施肥处理对土壤含水量的影响

土层 /cm	处理	苗期 / %	拔节期 / %	抽雄期 / %	灌浆期 / %	成熟期 / %
0 ~ 20	T1	17.85	17.85	14.35	15.93	16.32
	T2	19.30	19.30	14.38	16.45	16.70
	T3	19.68	19.68	14.36	16.70	16.98
20 ~ 40	T1	17.92	17.92	13.98	15.55	16.13
	T2	18.90	18.90	16.36	16.66	19.14
	T3	19.48	19.48	16.54	16.90	19.96
40 ~ 60	T1	18.37	18.37	15.37	15.20	17.22
	T2	19.63	19.63	16.83	17.35	19.56
	T3	19.98	19.98	17.45	17.62	20.74

由表 5-27 可知，在玉米苗期阶段，0 ~ 60 cm 的土体中，无论哪个层次，有机肥替代处理土壤中的含水量均高于纯化肥处理，提高了 7.79% ~ 10.40%，差异显著；在 0 ~ 40 cm 土层中，水分平均含量高低顺序为 T3>T2>T1，这说明有机肥施用的土壤水分含量要高于农民习惯的纯化肥处理，说明土壤更容易使水分扩散，使降雨更加容易下渗和贮存。

（3）对土壤化学性质的影响

有机质：玉米收获时土壤剖面有机质含量的变化情况见表 5-28。土壤的 O 层和 A 层，土壤有机质含量比全化肥处理有所增加，增幅为 5.2% ~ 9.6%，而在下方的土层，翻耕对土壤有机质含量的影响并不明显。

土壤速效养分：土壤速效养分变化规律由表 5-28 可知，随着土壤深度的不断增加，各土层碱解氮、速效磷、速效钾含量呈现下降趋势。各处理间的差异为：在土壤的表土层，有机肥处理土壤碱解氮含量较全化肥土壤的含量有所上升，提高了 6.4%，而在下方土层，翻耕对其影响并不明显，没有明显的规律。

表 5-28 不同施肥处理对不同土层土壤养分的影响

处理	土层 /cm	有机质 /（g/kg）	碱解氮 /（mg/kg）	速效磷 /（mg/kg）	速效钾 /（mg/kg）
T1	0 ~ 15	22.7	134.29	37.53	257.45
	15 ~ 30	21.8	67.91	6.63	140.93
	30 ~ 50	18.5	53.57	4.99	156.99
T2	0 ~ 15	23.0	136.64	35.21	250.79
	15 ~ 30	22.7	72.74	7.68	134.50
	30 ~ 50	22.4	50.67	6.54	125.40
T3	0 ~ 15	24.6	123.81	29.86	161.57
	15 ~ 30	27.2	81.89	8.55	132.41
	30 ~ 50	26.6	49.98	6.32	146.02

（4）对玉米产量构成及玉米产量的影响

玉米百粒重及穗粒数受玉米品种本身的特性影响较大，但环境也能对其造成一定程度的影响。由表 5-29 可知，百粒重大小顺序为 T2>T1>T3，且各处理间差异不显著；穗粒数大小顺序为 T3>T2>T1，各处理间无显著性差异；在穗数方面，三个处理间几乎相同。

表 5-29 不同施肥处理对玉米产量及产量构成的影响

处理	穗数 /（穗 /10 m^2）	穗粒数 /（粒 / 穗）	百粒重 /g	产量 /（kg/hm^2）
T1	61.7	729.5	48.4	13 788.7
T2	62.0	733.6	51.3	13 903.6
T3	61.8	738.6	48.2	13 889.8

在产量方面，产量大小顺序为 T2>T3>T1，即有机肥代替部分化肥，不仅没有造成减产，而且产量略有增加。

6 农田排水污染减排与循环利用技术

6.1 农业排水面源污染物流失现状与特征分析

6.1.1 农田排水面源污染物输出途径与负荷

6.1.1.1 东北粮食主产区（三江平原、松嫩平原、辽河中下游平原）渠系分布、密度与特征

（1）东北地区灌区状况

排水沟渠与灌区的建设密不可分，东北地区的灌区主要由内陆盐碱湿地（松嫩平原西部）、滨海盐沼湿地（盘锦）、内陆淡水沼泽湿地（三江平原）开垦及周边旱改水而来，给水主要是提取附近的河水或湖库水，少量灌区是抽取地下水。为了满足灌区初期排涝、正常运行期农业排水和洗盐排水的需要，灌区都建设了完善的各级排水沟渠，排水沟道是灌区农业可持续发展的重要保障。新中国成立初期东北地区的灌溉面积（包括水田、水浇地、坐水种旱田）仅 495 万亩（33 万 hm^2）（王于洋，1997），只有盘锦、梨树、前郭、查哈阳 4 个水稻灌区（杜仲，1984）；到改革开放初期（1984 年），东北地区实际灌溉的水田面积已达到 1 805.47 万亩（120.36 万 hm^2），其中辽宁 685.63 万亩（45.71 万 hm^2）、吉林 536.05 万亩（35.74 万 hm^2）、黑龙江 564.89 万亩（37.66 万 hm^2）、内蒙古东四盟（市）18.90 万亩（1.26 万 hm^2）。90 年代初期，水田面积增加到 3 150 万亩（210 万 hm^2），大型灌区（30 万亩以上）有 18 个（王于洋，1997）。90 年代中期，水田面积增加到 3 600 万亩（240 万 hm^2）。据统计，2015 年黑龙江省共有灌区 317 806 个，其中大型灌区（30 万亩以上）32 个，中型灌区 306 个（1 万 ~ 30 万亩），小型灌区（1 万亩以下）9 136 个，纯井灌区 308 332 个，全省灌区有效灌溉面积达 7 787.3 万亩（刘巍，2017）。三江平原作为我国重要的优质商品粮豆生产基地，在保障国家粮食安全方面具有举足轻重的地位。“全国新增千亿斤粮食生产能力”规划实施以来，三江平原农业种植结构不断调整，2015 年已有灌区 56 个，水田面积 20 203.73 km^2，其中大型灌区有 23 个，水田面积总计 17 553.63 km^2；中型灌区 32 个，水田面积总计 2 643.98 km^2；小型灌区只有 1 个，水田面积为 6.12 km^2（关桐桐，2019）。目前，三江平原水田面积已发展到 26 501.80 km^2，占区内耕地总面积的 45.7%。随着粮食需求压力增加，各地还在新建和扩建灌区，如正在建设的松原灌区，通过引松花江水到干旱缺水的吉林省西部地区，开发盐碱荒地为水田，实施旱改水，水田面积将由现有的 46.41 万亩扩展至 185.04 万亩（程品，2016）。

（2）东北粮食主产区排水沟渠分布与特征

排水沟渠是灌区建设的必要基础设施，不同地区排水沟渠的类型和密度存在较大差异。滨海盐沼湿地开发为水田后，如盘锦灌区，由于存在较严重的盐渍化危害，排水系统一般采取深排盐沟（间距 200 ~ 300 m、深 1.2 ~ 1.3 m）

与浅沟密网的毛沟（间距 50 ~ 60 m、深 0.7 ~ 0.8 m）相结合的方式，每隔数条毛沟平行布置 1 条排盐（碱）沟。松嫩平原西部的内陆盐碱湿地开发为水田后，如梨树、前郭灌区和松原灌区，多为轻、中、重度内陆盐碱湿地，地下水位较高，排水系统一般以浅沟密网的毛沟（间距 60 m、深 1 m）为主。松嫩平原周边，位于大小兴安岭、老爷岭山前冲洪积扇上，水田多为引河水自流灌溉，排水条件良好，如查哈阳灌区，排水沟渠密度较低，沟深 1.0 ~ 1.2 m（杜仲，1984）。

三江平原曾是我国最大的内陆平原淡水沼泽湿地分布区，也是湿地丧失最为严重的区域之一。从 20 世纪 50 年代开始，三江平原湿地开展大规模农业开发，主要措施是开挖排水沟渠，排干湿地造田，因此三江平原的排水渠网十分发达。据统计，挠力河流域有灌区 41 处（刘红玉，2004），1985—2000 年间建成各类排水渠系 5 327 km，控制排水面积 3 782 km^2，沟渠密度 1.4 km/km^2。农垦建三江分局有灌区 16 处，2004 年有各类排水沟渠 19 177 条，长度 26 450 km，其中支沟、斗沟（宽度 10 m 左右）的密度区域差异较大，高密度地区可达 0.76 km/km^2，沟渠面积占比达 4.2%，而中、低密度地区仅为 0.38 km/km^2、0.24 km/km^2，沟渠面积占比分别为 2.0%、1.1%，这只是宽度 10 m 左右的支沟、斗沟的面积，如果加上农沟、毛沟的面积，沟渠面积占比可达 5% 左右（卢涛等，2008）。

总体来看，东北地区各类灌区排水沟渠的密度在 0.5 ~ 1.5 km/km^2，沟渠面积占比在 4% 左右。农田退水既是一种水资源，但又包含了大量的面源污染物，如松原灌区水田设计年灌溉用水达 11.07 亿 m^3，水田灌溉年退水总量约 2.68 亿 m^3（马广庆，2010），春季洗盐排水中总氮可达 0.358 ~ 7.862 mg/L、总磷 0.278 ~ 1.204 mg/L。排水沟渠是一种特殊的人工湿地，具有污染拦截与净化、水资源存储与调节、生物栖息与廊道等多种功能。因此，充分利用排水沟渠巨大的生态与环境功能，对东北粮食主产区环境安全、经济发展具有重要意义。

6.1.1.2 三江平原排水沟渠中主要污染物浓度的季节变化

三江平原是重要的商品粮基地，是集约化的水田区，阎百兴（2001）研究发现，集约化水田区单位面积水田的污染输出负荷是旱田的 5 ~ 21 倍，可见集约化水田区已经成为农业面源污染的关键源区，是农业面源污染防治的重点区域。此外，三江平原排水沟渠形成了错综复杂的廊道网络系统，大规模农田开发及农用化学品的大量投入，造成农田养分流失量增加、农业面源污染加重，且以氮、磷的污染为主。

三江平原排水沟渠中主要污染物氮和磷的季节变化如图 6-1 所示，可见 TN（总氮）和 NH_4^+-N 具有明显的季节变化，而 NO_3^--N 和 TP（总磷）的季节变化较小。NH_4^+-N 浓度范围在 0.05 ~ 3.01 mg/L，NO_3^--N 浓度范围在 0.19 ~ 2.36 mg/L，TN 浓度范围在 0.41 ~ 8.86 mg/L，TP 浓度范围在 0.015 ~ 1.020 mg/L。TN 浓度在 6、7 月份较高，主要原因是该时段施加基肥（插秧前）、分蘖肥，施肥量较大，水稻植株小，吸收量有限，造成土壤中 N、P 通过暴雨径流、人工排水及侧渗排入沟渠，增加了 TN 和 NH_4^+-N 的浓度。

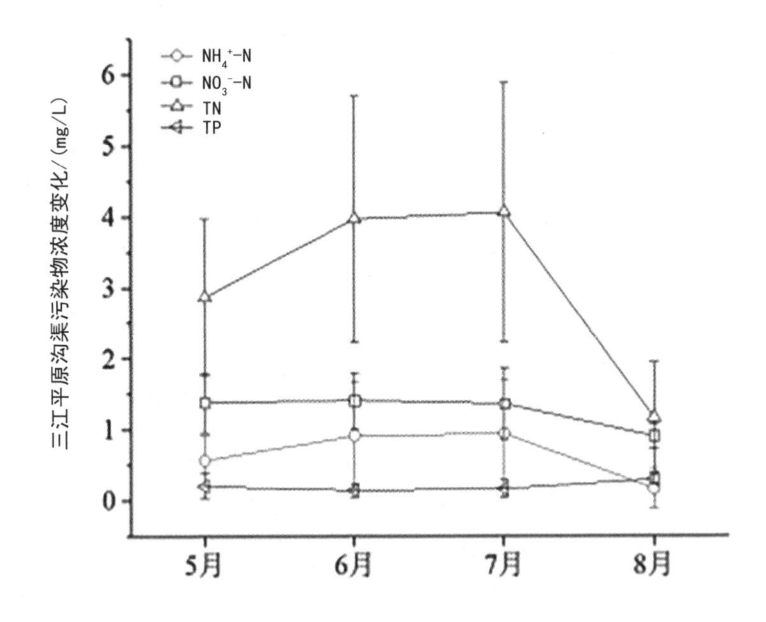

图 6-1 渠系中主要污染物氮和磷的季节变化（2019）

6.1.1.3 三江平原水田面源污染物输出途径

三江平原属于沉积环境，地表以下分布有厚度 30 m 以上的黏土层，水的垂直渗透率非常低，Yoh 等（2008）研究发现，三江平原稻田土壤中水的垂直渗透率 <0.2 mm/d，稻田田面水的下渗流失量（P）可忽略不计。因此，三江平原水田的排水主要包括人工排水（插秧前泡田排水、晒田排水等）、侧渗和暴雨径流三部分。

（1）人工排水

生长期降雨偏少年份，人工排水 2 次，第 1 次在泡田打浆后、插秧前，排出约 5 cm 的田面水；第 2 次排水在乳熟后，排水量约 4 cm。生长期降雨较大年份，人工排水次数会增加，总体上，水稻生长季人工排水次数每年在 2 ~ 4 次。通过田间安装的 Odyssey 水位计，可以监测到每次人工排水的深度，经统计计算，三江平原水田人工排水占总排水量的 44% 左右（祝惠，2011）。

（2）侧渗

在本田期，插秧后到晒田期（8 月 20 日左右）田面始终保持 5 ～ 12 cm 厚度的水层，由于田间水面和渠系水面存在一定的落差（50 ～ 150 cm），就存在水田水向邻近渠系渗漏的现象（图 6-2）。渗漏量大小取决于水位落差、土壤渗透性、田埂宽度等因素。每天的侧渗量有限，但本田期约有 100 d（5 月 10 日—8 月 20 日）处于连续淹水状态，侧渗过程持续发生，因此年侧渗总量不容忽视。经监测计算，三江平原水田侧渗排水量占总排水量的 39% 左右（祝惠，2011）。

图 6-2 三江平原田埂侧渗现象

（3）暴雨径流

一般降雨（次降雨量小于 30 mm）情况下，受田埂和排水堰口高度的限制，水田不会产生排水，只有发生大暴雨（次降雨量大于 30 mm），即稻田积水高度超过田埂排水堰口高度时，才有径流经排水口排出进入农渠、斗渠。次暴雨径流量可通过次降雨量与降雨前后田面水位变化求得，田间水位由安装的 Odyssey 水位计实时动态监测。经监测计算，三江平原暴雨径流占总排水量的 15% 左右（祝惠，2011）。

根据灌溉水源的不同，三江平原的灌区有两种，即地表水灌区和井水灌区。地表水灌区主要分布在河流两岸或湖滨或水库下游，地形有起伏，排水条件好，而井水灌区位于平原腹地，地势低平，远离大江大河，排水缓慢。由于二者地形及土壤等条件的差异，其排水量存在差异，监测获得 3 种途径的排水量见表 6-1。总体来看，地表水灌区侧渗、人工排水、暴雨径流量均明显高于井水灌区，地表水灌区的年排水量为 8 065 m^3/hm^2，井水灌区为 3 830 ~ 4 100 m^3/hm^2（祝惠，2011），井水灌区的水资源利用效率更高。

表 6-1 三江平原水田不同途径年排水量

单位：m^3/hm^2

灌区类型	侧渗	人工排水	暴雨径流
地表水灌区（兴凯湖农场）	3 190	3 600	1 275
井水灌区（洪河农场）	1 930 ~ 2 200	900	1 000

6.1.1.4 三江平原水田排水中面源污染物浓度变化

侧渗水中污染物浓度受田埂宽度和季节的影响较大，田埂宽时，侧渗水量相对较少，但侧渗水中 NO_3^--N、TN 浓度较高，且季节波动大；而 NH_4^+-N、TP 的浓度较低，且受田埂宽度的影响小，季节波动也很小（图 6-3、表 6-2）。季节变化主要受施肥和降雨的影响，主要原因是土壤中 NO_3^--N 浓度较高，侧渗水横向迁移过程中，土壤中的 NO_3^--N 会释放到侧渗水中。不同宽度田埂以及不同深度的侧渗液中 NO_3^--N 和 TN 的季节变化趋势一致，且季节变化幅度较大，主要原因是 TN 以 NO_3^--N 为主，TN 浓度变化受控于 NO_3^--N 浓度的变化，而 NO_3^--N 浓度变化主要受侧渗速率的影响。

人工排水中 TN 以 NH_4^+-N 为主，NH_4^+-N 浓度是 NO_3^--N 的 2 倍多，TN 和 NO_3^--N 浓度明显低于侧渗水，NH_4^+-N 浓度明显高于侧渗液，TP 浓度与侧渗水接近（表 6-2）。

暴雨径流中 TN 以 NO_3^--N 为主，NH_4^+-N 浓度远小于 NO_3^--N 浓度，TN 浓度明显低于侧渗水和人工排水，TP 浓度与侧渗水、人工排水接近。暴雨径流中各污染物浓度的季节变化很小。主要原因是 8 月中下旬施肥量很少，田面水中 N、P 浓度降低，暴雨也会稀释田面水中的 N、P 浓度。暴雨径流中 NH_4^+-N 浓度明显低于人工排水，而略小于侧渗液，而 NO_3^--N 浓度远低于侧渗液，但高于人工排水（表 6-2）。

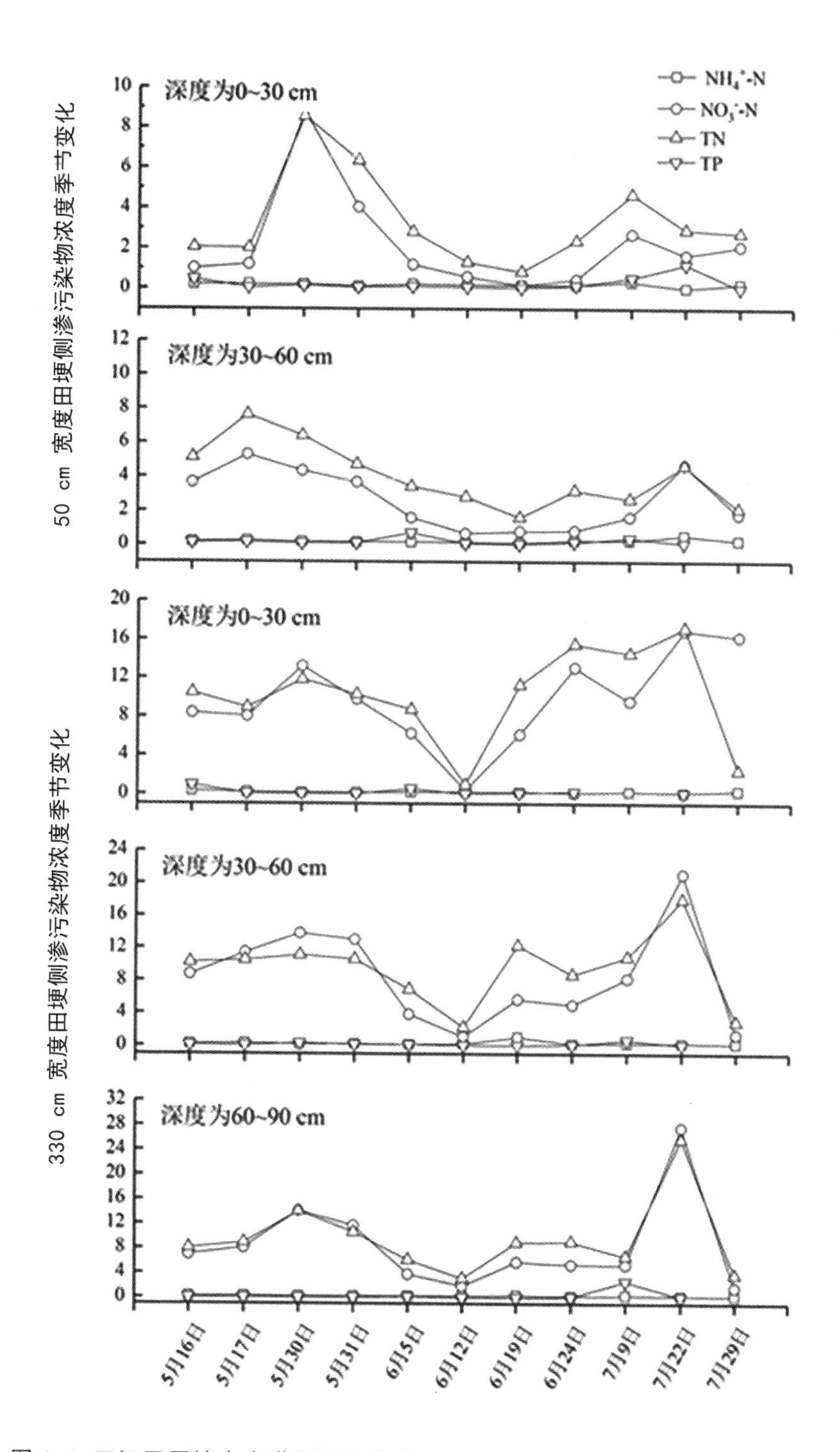

图 6-3 三江平原地表水灌区不同宽度田埂侧渗液中污染物浓度及季节变化

表 6-2 三江平原不同排水途径水体中污染物浓度

单位：mg/L

类型指标		NH_4^+-N	NO_3^--N	TN	TP
侧渗液	Mean	0.23	6.28	7.36	0.24
	SD	0.14	5.77	5.11	0.43
	Min	0.02	0.16	0.84	0.01
	Max	1.05	27.57	25.71	2.64
人工排水	Mean	1.30	0.62	3.75	0.27
	SD	4.01	0.53	6.10	0.38
	Min	0.02	0.02	0.07	0.01
	Max	22.54	2.28	37.49	2.08
暴雨径流	Mean	0.19	1.00	1.04	0.30
	SD	0.23	0.27	0.78	0.28
	Min	0.16	0.59	0.26	0.04
	Max	0.89	1.59	2.99	1.63
沟渠水	Mean	0.55	1.23	2.65	0.22
	SD	0.56	0.42	1.66	0.19
	Min	0.05	0.19	0.41	0.01
	Max	3.01	2.36	8.86	1.02

6.1.1.5 三江平原水田面源污染物输出负荷

在不同途径农田排水量核算的基础上，根据同步采集的水样水质数据，采用浓度加权法，计算出面源污染物输出负荷。每次人工排水中污染物浓度按照排水前实测的田面水中污染物浓度计算，次暴雨径流中面源污染物浓度按照实测的次径流中污染物浓度与次暴雨径流量加权平均计算获得，月 / 季侧渗排水中面源污染物浓度按照同期多次收集的侧渗液中污染物浓度与侧渗水量加权平均计算获得。

三江平原地表水灌区、井水灌区水田面源污染物年输出负荷见表 6-3，可见，两类灌区面源污染物输出负荷差异明显，地表水灌区明显高于井水灌区，特别是侧渗、人工排水途径的输出负荷。

表 6-3 三江平原水田主要面源污染物年输出负荷

单位：kg/hm^2

灌区类型	污染物	侧渗	人工排水	暴雨径流	总负荷（田块尺度）	总负荷（区域尺度）
地表水灌区	NH_4^+-N	0.82	4.68	0.24	5.74	6.19
	TN	28.13	13.50	0.33	41.96	23.41
	TP	0.54	0.97	0.39	1.90	1.51
井水灌区	NH_4^+-N	1.40	0.90	1.50	3.80	
	NO_3^--N	0.60	0.30	0.40	1.30	
	TN	11.00	5.50	8.80	25.30	
	TP	0.04	0.08	–	0.19	

6.1.2 农田排水与利用状况

6.1.2.1 东北粮食主产区农田排水特征

（1）三江平原灌区

三江平原处于乌苏里江、黑龙江和松花江三江交汇之处，自然资源丰厚，总耕地面积将近占到黑龙江省耕地面积的三分之一。三江平原共有萝北、同抚、挠力河、安邦河、倭肯河及穆棱河六个分区。

萝北地区位于三江平原的西北部，地处松花江和黑龙江汇合角区，北靠黑龙江，东、南界松花江，西部与汤旺河流域接壤。行政区划隶属鹤岗市、绥滨县、萝北县、汤原县及农垦宝泉岭分局。总控制面积 1.78 万 km^2，占三江平原总面积的 16.84%。该区内水资源总量为 42.04 亿 m^3，其中地表水 27.2 亿 m^3，平原区地下水 14.84 亿 m^3。由于该区地处黑龙江、松花江汇流地带，过境水资源较丰富，具有得天独厚的水资源开发条件。区内共有大型灌区 9 处，分别为以梧桐河为主要水源的梧桐河引水灌区和团结引水灌区，以松花江为主要水源的普阳提水灌区和松江提水灌区（绥滨县），以区域外汤旺河为主要水源的汤旺引水灌区，以黑龙江为水源的江萝、绥滨、德龙及二九零界江提水灌区；中型灌区 6 处，分别为以梧桐河上游关门咀子水库为水源的关门咀子灌区，以区域外汤旺河为主要水源的汤旺河引水灌区，以松花江为主要水源的莲江口提水灌区、群英提水灌区、莲望引水灌区、振兴提水灌区，全区灌溉总面积为 36.38 万 hm^2。

同抚地区位于三江平原东北部，地处松花江、黑龙江和乌苏里江的汇合区，西、北、东三面环江，南与挠力河流域接壤。行政区包括同江市、抚远县、富锦市部分乡镇及农垦建三江分局所属部分农场。总控制面积 1.45 万 km^2，占三江平原总面积的 13.72%。本区水资源总量约为 28.33 亿 m^3，其中地表水 11.08 亿 m^3，平原区地下水 17.25 亿 m^3。该区地处黑龙江、松花江、乌苏里江汇流地带，地下水资源丰富，外江径流量非常大，具有得天独厚的水资源开发利用优势。由于地形条件限制并缺少工程，水资源开发利用程度非常低。丰富的过境水量没有得到合理开发利用。同抚地区主要河流有乌苏里江支流别拉洪河，黑龙江支流青龙河、莲花河、浓江和鸭绿河。区内共有大型灌区 8 处，分别为以松花江为主要水源的富锦提水灌区和莲花河提水灌区；以黑龙江为主要水源的三村、青龙山、勤得利及临江提水灌区；以乌苏里江为主要水源的乌苏镇及八五九提水灌区。全区灌溉总面积 52.33 万 hm^2。

挠力河地区地处三江平原中部，北、东部与同抚地区接壤，北、西部隔松花江与萝北地区相望，东靠乌苏里江，南与穆棱河地区相连，西与安邦河流域为邻。行政区划包括宝清县、富锦市、饶河县、友谊县、集贤县及农垦建三江、红兴隆分局所属的 15 个农场，总控制面积 2.66 万 hm^2，占三江平原总面积的 25.12%。该区水资源总量为 37.65 亿 m^3，其中地表水 25.15 亿 m^3，平原区地下水 12.50 亿 m^3。该区地处三江平原腹地，水资源较贫乏，但北部靠松花江。松花江水资源丰富，沿江地势平坦，具备较好的调水条件。该区内主要河流有挠力河及主要支流内、外七星河。该区域共有大型灌区 5 处，分别为以挠力河流域为主要水源的龙头桥灌区、蛤蟆通灌区、七里沁灌区、八五三灌区，以松花江为主要水源的幸福灌区；中型灌区 4 处，分别为以七星河为主要水源的三环泡提水灌区和七星河引水灌区，以乌苏里江为主要水源的乌苏里江及饶河提水灌区。全区灌溉总面积 57.33 万 hm^2。

安邦河地区位于三江平原的西部，北、西部隔松花江与萝北地区相望，东部分别与挠力河流域、穆棱河流域接壤。南部与倭肯河流域为邻。行政区包括佳木斯市、双鸭山市、桦川县、集贤县及农垦红兴隆分局所属的 5 个农场。总控制面积 0.6 万 hm^2，占三江平原总面积的 5.68%。该区水资源总量为 9.18 亿 m^3，其中地表水 4.78 亿 m^3，平原区地下水 4.40 亿 m^3。区内人口密度大，城市化率较高，工农业生产较发达，用水需求量大，水资源较贫乏。区内共有大型灌区 3 处，分别为以松花江为主要水源的悦来提水灌区、江川提水灌区、锦江提水灌区；中型灌区 3 处，分别为以松花江为主要水源的星火提水灌区、新河宫提水灌区、新城提水灌区。全区灌溉总面积 13.63 万 hm^2（含水浇地）。

倭肯河地区位于三江平原西部，西与牡丹江流域相邻，北与安邦河流域、东与挠力河流域、南与穆棱河流域接壤。行政区包括七台河市、桦南县、勃利县、依兰县。总控制面积 1.15 万 km^2，占三江平原总面积的 10.85%。该区水资源总量约为 16.0 亿 m^3，其中地表水 12.87 亿 m^3，平原区地下水 3.13 亿 m^3。没有引用外江水的自然条件。区内人口密度大，水资源量少，水资源开发利用程度已经较高。该区存在的主要问题是水资源供需矛盾较大，地下水超采严重。区内主要河流为倭肯河。倭肯河两岸大部分为山区，主要支流包括七虎力河、八虎力河、松木河、吉兴河、双河、头道河等。流域内现有桃山、向阳山两座大型水库，吉兴河、互助、种马场、安兴等 5 座中型水库，石龙山等 27 座小型水库。该区有大型灌区 2 处，分别为以倭肯河支流、八虎力河上游向阳山水库为主要水源的向阳山灌区，以倭肯河为主要水源的倭肯河灌区；有中型灌区 5 处，分别为以倭肯河上游桃山水库为主要水源的倭肯灌区和大鲜灌区，以互助水库为主要水源的互助灌区，以民主水库为主要水源的民主水库灌区，以寒虫沟水库为主要水源的七虎力灌区。全区灌溉总面积 11.11 万 hm^2（含水浇地）。

穆棱河地区位于三江平原东南部，北至完达山分水岭，与倭肯河流域、挠力河流域为邻，南接绥芬河流域和兴凯湖，东至乌苏里江和松阿察河。行政区划包括鸡西市、穆棱市、虎林市、密山市、鸡东县及农垦牡丹江分局所属的 14 个农场。总控制面积 2.93 万 km^2，占三江平原总面积的 27.74%。该区内主要河流有穆棱河、七虎林河、阿布沁河。该区水资源总量约为 50.13 亿 m^3，其中地表水 35.22 亿 m^3，平原区地下水 14.91 亿 m^3。区内共有大型灌区 6 处，分别为以穆棱河及其支流为主要水源的鸡东灌区，以穆棱河干流及位于其支流裴德里河上游的青年水库为主要水源的密山引水灌区，以乌苏里江支流为主要水源的阿布沁引水灌区，以七虎林河及其支流水库为主要水源的七虎林灌区，以兴凯湖及松阿察河为水源的兴凯湖灌区，以乌苏里江为水源的虎林灌区；有中型灌区 6 处，分别为以穆棱河为主要水源的穆兴（穆棱市）引水灌区、朝阳引水灌区、穆兴（农垦）引水灌区，以穆棱河支流上的雷锋水库为主要水源的八面通灌区，以乌苏里江支流七虎林河为主要水源的大王家提水灌区，以兴凯湖为水源的湖滨灌区。全区灌溉总面积为 36.66 万 hm^2（含水浇地及菜田灌溉）。

各区灌溉水量按照黑龙江省地方标准“用水定额”（DB23/T 727—2017）中的相关标准确定。按照上述用水定额，三江平原田间水量损失按照中小的情况、水稻渠灌灌溉定额按 4200 ~ 5700 m^3/hm^2 分别计算各区灌溉用水量，同时通过实地调研与资料收集，将农田退水率定为灌溉量的 10% ~ 15%（李佳琪，2012）。

（2）吉林西部灌区

五家子灌区的水源为嫩江水，其中用于农业灌溉供水 1.97 亿 m^3，规划的水田面积为 242.2 km^2。灌区通过输水总干渠将部分嫩江水引入洋沙泡水库进行调蓄，再通过洋沙泡水库西坝北端设引水闸，经白音河引渠引水至全家围子屯西南 700 m 处，再由五家子泵站通过各支渠及斗、农渠向灌区水田供水。灌区提水泵站设计提水流量为 29.0 m^3/s，加大提水流量为 33.92 m^3/s。灌区总干渠 1 条，长 16 km；支渠 13 条，总长 86 km；排水干沟共 3 条，总长 54 km；支沟 8 条，总长 66.68 km（程品，2016）。

大安灌区是通过引嫩江水，在北起月亮泡，南至查干湖的大安古河道盐碱区建设的一个大规模综合性农业灌区。蛤蟆泡调节工程作为灌区的补偿灌溉水源。项目区涉及 9 个乡镇、1 个国有草原站。灌区总引水 5.86 亿 m^3，其中用于农业灌溉供水 4.775 亿 m^3，其余为输水损失。灌区设计灌溉面积 594.4 km^2，其中，水田面积 365.3 km^2，水浇地 229.1 km^2。渠首三道岗子泵站位于大安市太山乡长春村嫩江右岸的三道岗子处，设计引水流量 63.04 m^3/s，扬程 13.1 m。蛤蟆泡调节工程作为灌区的补偿灌溉水源，在 5 月份补充灌溉用水，设计年最大补水能力 0.28 亿 m^3，再利用灌溉间歇期由嫩江补给蛤蟆泡，能够减少用水高峰期引用嫩江水。工程总干渠 1 条，长 28 km。分干渠 4 条，长 107 km。支渠 41 条，总长 291.1 km。工程设排水总干沟 3 条，长 66.67 km。

松原灌区位于吉林省西部，地处松嫩平原西南侧，灌区东临第二松花江，南以前郭县的套浩太及乾安县的大情字井连线为界，西到乾安县大布苏镇和大安市的大岗子镇，北到霍林河北股及查干湖一线，总土地面积 511.66 万亩。引水工程以第二松花江作为灌区的供水水源，由新建哈达山水利枢纽工程挡水坝抬高水位，使江水自流入输水总干渠，最终流入花敖泡、道字泡，沿途为各灌片供水。其中前郭灌区大部分区域采用直接灌溉，小部分区域为抽水灌溉，乾安灌区和大安龙海灌区利用有字泡、花敖泡、道字泡的调蓄作用，通过修建泵站提水灌溉。除前郭灌区部分灌溉退水排入第二松花江以外，其余灌区灌溉退水主要排入附近泡沼。

松原灌区以改造区内的中低产田、开发盐碱地为主要目标，在加强商品粮建设的同时，促使区域经济协调快速可持续发展。灌区设计灌溉面积 285.08 万亩，分为前郭灌区、乾安灌区、大安龙海灌区三个子灌区，共有 12 个子灌片，其中：规划水田 185.04 万亩，旱田 55.51 万亩。水田部分分为现有水田和规划水田。现有水田主要在灌区东部的松花江河谷平原区（前郭灌区），规划水田主要设置在乾安灌区北部和西部大安龙海灌区地势低洼的盐渍化耕地，以及尚未开垦的盐渍化荒地。

前郭灌区覆盖区域有戎字片、前郭片、红星片，控制水田灌溉面积 83.44 万亩；乾安灌区位于前郭灌区以西、查干湖以南的霍林河下游地区，包括有字片、水字片、余字片、洪字片、安字片、大布苏片，控制水田灌溉面积 52.90 万亩。大安龙海灌区位于道字泡以北，霍林河下游左、右岸，控制水田灌溉面积 48.69 万亩。松原灌区农田灌溉与退水量见表 6-4。

表 6-4 松原灌区农田灌溉与退水量

		水田 / 万亩	旱田 / 万亩	灌溉量 / 亿 m^3	退水量 / 亿 m^3
前郭灌区	前郭片	72		3.53	0.71
	红星片	5.2		0.25	0.05
	戎字片	6.24		0.31	0.06
	套浩太片	0		0	0
	小计	83.44		4.09	0.82
乾安灌区	有字片	10.48		0.51	0.10
	水字片	14.93		0.73	0.15
	潜字片	0	9.75	0.18	0.04
	余字片	10.63		0.52	0.10
	洪字片	6.86	45.76	1.16	0.23
	安字片	6.94		0.34	0.07
	大布苏片	3.07		0.15	0.03
	小计	52.91	55.51	3.59	0.72
大安龙海		48.7		2.39	0.48
总计		185.04	55.51	10.07	2.02

6.1.2.2 东北粮食主产区农田排水利用状况

（1）三江平原灌区

我国对农田排水的回收利用起步比较晚，目前尚没有大规模的回收利用，仅在局部灌区有限利用，大部分农田排水未经处理直接排入天然河流或湖库。该区域 2019 年地表可利用水资源量为 116 亿 m^3，年灌溉需水量为 78 亿 m^3，仅农业用水已占地表水量 67% 以上，接近水资源利用上限。同时由于区域水资源时空分布不均，大量利用地下水进行灌溉。由于抽取地下水费用较高，因此在夏季 6 — 7 月份，当地农户自发地将沟渠中存留的农田排水用水泵抽回农田进行补水，但是由于是各家各户的随机行为，因此回用率很难准确估算，大概不到 10%。在兴凯湖农场区域，水资源丰富，主要采用渠道输送湖水灌溉，因此农户回用意愿更低，仅当出现干旱天气或春季育秧阶段有少量回用，回用率低于 5%。

（2）吉林西部灌区

吉林西部地区是世界三大盐碱地之一，其农田退水含盐量高，如不妥善处理极易发生土壤次生盐渍化。目前国内含盐退水回用主要在西部地区开展，如在黄河下游灌区，对含盐量小于 4 mg/cm^3 的农田排水用于冬小麦后期的补灌；在新疆的塔里木河灌区，利用沟渠将农田排水引入荒漠，拓展乔灌草防沙带、增加盐渍土荒漠耐盐植被的覆盖度，使人工绿洲边缘的荒漠能够恢复耐盐植物。而该区域的退水以向周边水体直排、补给为主。前郭灌区始建成于 20 世纪 50 年代，通过开发水田改造盐碱化土地，农田退水进入新庙泡承泄区，经净化后用于查干湖补水。吉林省西部地区灌区的设计基本采用这一模式，如五家子灌区的水源为嫩江水，用于农业灌溉的供水量为 1.97 亿 m^3，灌区退水排入与灌区相邻的平齐铁路东侧的胜家围泡子、苇子沟泡子、六家泡子和杨戏法泡子，用于退化盐沼湿地的生态补水。大安灌区是通过引嫩江水建设的一个大规模综合性农业灌区，灌区西部退水排入小西米泡，灌区北部退水进入王家苇子附近的人工芦苇湿地，灌区中部和南部退水排入大安灌区南部的人工湿地芦苇湿地。松原灌区的乾安灌片、龙海灌片的水田退水排入附近的天然泡沼及苇田等。

6.2 农业排水污染减排技术

6.2.1 生态沟渠

6.2.1.1 净化原理

排水沟渠是重要的农业基础设施，位于道路两旁或农田间，是人工挖掘的排水、泄洪通道。农田排水沟渠既是农田退水（含降雨径流、土壤水）和面源污染物的最初汇集地，也是农田退水和面源污染物向下游河流、湖泊迁移的通道。沟渠不仅能够调控区域农田生态系统水分运移的数量和方向，还可通过排水沟渠内底泥吸附、植物拦截与吸收、微生物降解等作用截留净化农田排水中的面源污染物。由于其长时间的积水或季节性过水，沟渠也具有河流和湿地的生态特性，是一种特殊类型的人工湿地。沟渠对氮、磷等污染物具有明显的去除效能，将其改造为生态沟渠后可以作为一项新的“最佳管理措施”用于农业面源污染控制。

生态沟渠是由植物、土壤 / 底泥、微生物所组成的半自然生态系统，它可以将流经沟渠的污染物溶解或吸附在土壤颗粒表面，随沟渠坡面漫流或沟渠径流迁移，通过底泥吸附、植物吸收、生物吸收和降解等一系列作用，降低进入受纳水体中的污染物含量。生态沟渠是目前国内外在灌区普遍采用的较为简单实用的水污染修复技术。据报道，美国和加拿大有 65% 的农田利用沟渠网排水。20 世纪 70 年代，生态沟渠对于氮磷流失的拦截作用就有研究。因传统型土沟渠容易引起水土流失且保土能力差，现代型混凝土沟渠虽不具备这些缺点，但只要起到农田排水的作用，同样会造成环境污染问题。而生态沟渠不仅具有沟渠应有的排灌功能，还能强化拦截农田氮磷等养分的流失，且景观效果好，具有较好的推广前景。

相比传统沟渠，生态沟渠延长了水—植物—基质之间的相互作用时间，拦沙更多，对污染物的净化能力更强，污染负荷削减幅度更大。生态沟渠由工程部分和生物部分组成，工程部分包括渠体、生态拦截坝 / 箱、节制闸等，生物部分包括渠底、渠壁两侧的植物。两侧沟壁和沟底可以由当地土壤砌筑，也可以由蜂窝状水泥板或其他吸附材料砌筑；沟体内相隔一定距离布设低坝或生态箱等，以减缓水速、延长水力停留时间，使流水携带的营养物质等被吸收、悬浮物质被沉淀和拦截。因此生态沟渠具有以下特点：

（1）生态沟渠的净化原理包括植物吸收和拦截、底泥和土壤吸附、生态坝 / 箱的吸附和过滤、微生物参与的硝化与反硝化、有机物的水解和光解。

（2）生态沟渠中各类水生植物和生态坝 / 箱能减缓水的流速，促进流水携带的颗粒物沉淀和拦截、溶质吸收；挺水植物根系具有泌氧功能，创建好氧环根际环境，促进有机物矿化，同时水生植物根系分泌的有机物为微生物提供了养分，提高微生物多样性和丰度，促进氮和有机物的去除；水生植物根茎叶还为微生物提供了附着载体，根茎叶上的表皮组织也具有一定的吸附、过滤功能。

（3）收割植物解决了二次污染问题。生态沟渠中水生植物对污水中的氮、磷有很好的吸收能力，水生植物定期被收割后，彻底将吸收的污染移出生态沟渠。

（4）生态沟渠建造灵活、无动力消耗、运行成本低廉。

6.2.1.2 设计

（1）水生植物配置

生态沟渠在设计过程中应考虑植物配置和工程措施种类的搭配，根据湿地自然环境特征，选择耐污能力强、净化效果好、抗逆性强及景观美化作用效果好的水生植物，为生态修复工程奠定基础。物种筛选坚持以本地物种为主，在引进外来物种时进行充分论证，并对水生植物历史与现状分布情况进行分析筛选。充分利用生态沟渠独特的空间结构，在沟壁经常淹水段和沟底种植生物量大、易成活的挺水植物、水生植物，常用的有芦苇、蒲草、荸荠、香蒲、水生鸢尾、再力花、黄香蒲、铜钱草或梭鱼草等，种植密度为 20 ~ 30 株 /m^2；在沟壁偶尔淹水段种植多年生草本植物，如美人蕉、千屈菜、大丽花以及鸢尾等多年生植物中的一种或多种，种植密度为 40 ~ 50 株 /m^2；在沟壁上部非淹水段种植经济植物，如空心菜、金花菜、水芹、韭菜或茭白以及其他经济类植物中的一种或多种，种植密度为 30 ~ 40 株/m^2。生态沟渠常年有水且水深大于 50 cm 的区段还可以种植沉水植物，常见的有黑藻、狐尾藻、小茨藻、光叶眼子菜、菹草等的一种或多种，种植密度为 30 ~ 50 株/m^2。一般来说，为不阻碍排水，沟底挺水植物的种植密度为沟壁挺水、水生或湿生植物种植密度的 1/3 ~ 1/2。为增强净化能力，同类植物分段配置，不同类型和高度的植物可以混种。

（2）生态坝/箱构建

为了增加生态沟渠去污能力，每隔 200 ~ 300 m 设置生态基质坝（图 6-4）。生态基质坝用网格不锈钢板材制作，内部填充沸石、砾石、炉渣等吸附基质，其高度为平均水深的 1/2 ~ 2/3，水位波动较大时，可设置为 30 ~ 45 cm，厚度 40 ~ 60 cm，长度为沟渠底部长度。在两个生态基质坝之间可以布设若干个长方体生态箱（30 cm × 30 cm × 80 cm），箱内填充吸附材料，上端种植景观植物，下端固定在沟底，防止生态箱漂移。

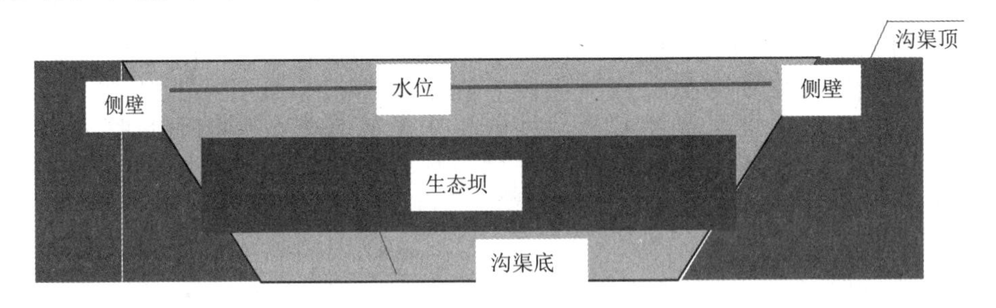

图 6-4 生态坝位置图

（3）生态沟底/壁构建

沟底/壁一般采用当地土壤砌筑，对水质要求高或有景观需求的地区，可以采用生态混凝土等材料固化。生态混凝土由水泥、河沙、活性炭、锯末、铁矿废料和沸石按质量比为 1.00 ∶（2.00 ~ 3.00）∶（0.50 ~ 2.00）∶（0.25 ~ 1.00）∶（0.10 ~ 0.25）∶（1.00 ~ 3.00）组成，经充分搅拌均匀后，加水得到生态混凝土混合物，经模具成型后固化，然后就可以作为沟底/壁的铺筑板材。生态混凝土混合物包括有机吸附材料（活性炭和沸石）和渗透性材料（河沙），同时含有废料，如锯末、铁矿废料（铁矿选矿中产生的废料）等，实现“以废治废”的目的。生态混凝土板材具带孔穴结构，对沟壁进行硬化时，生态混凝土板材上的通孔为多边形（建议不小于四边形）；对沟底进行硬化时，生态混凝土板材上的通孔为等边多边形，这样其力学性能可以满足工程使用要求，并具有良好的透水、透气性能，这一结构具有较大的比表面积，能有效保育沟底植物以及增加沟底植物丰富度，同时也能充分利用沟渠土壤中的微生物及其吸附能力，进而提高生态沟渠的吸附截留过水、排水中的污染物的能力，不仅保障了沟渠植物的抗击冲刷能力，也为有益微生物和土壤动物提供了附着载体和栖息地。

（4）节水闸设置

根据排水沟渠设计相关标准，在生态沟渠的入口处、出口处及控制部位均可设置节水闸，以调控生态沟渠的进水、排水以及蓄水，节水闸两端设置有滑轮，利用滑轮对闸门进行上下升降调控，实现生态沟渠内水位、流速、蓄水时间的灵活控制，强化沟渠内水分、污染物与土壤、植物的交换。

（5）构建植被缓冲带

缓冲带是生态沟渠附属配置中的一项主要措施，增加污染物在生态系统中的循环过程，减少污染物质向系统外输出。具体分为以下三类：

1）消落区植被净化带

河滨湿地消落带是指河滨湿地常水位与洪水位间的岸带，其立地环境特殊，淹露交替，生态环境很脆弱，一般植物难以生存。净化带应选择坡度自然舒缓，水位落差小，水流平缓的区域进行建设。沿岸土壤和植物，适当采用置石、叠石，以减少水流对土壤的冲蚀。主要采用植被保护河堤，以保持自然堤岸特性，如种植柳树、碧桃、木芙蓉、池杉、苘麻等耐湿乔灌木，及鸢尾、鸭跖草等草本，按水位高低分布相应植株高度的芦苇、香蒲、再力花等挺水植物，由它们生长舒展的发达根系来固稳堤岸，增加其抗洪、保护湖堤的能力，并利用地势地形使景观逐步延伸到岸边，水体种植野菱、苦草等浮叶、沉水植被，呈现出自然河滩的原始风貌（图 6-5）。

图 6-5 河滨湿地自然缓坡植被景观

2）乔灌草生态堤

在河滨湿地局部不具备全演替系列植被营建的区域，通过营造生态林乔灌草生态护堤，林带宽度控制在 20 ~ 50 m，选择耐水湿的速生树种进行带状布置，地表种植结缕草属草皮，建立适合立地条件的乔灌草相结合的植物生态堤。栽植形式呈点块状或带状混植分布。栽植树种选择池杉、水杉、垂柳、河柳、水竹、意杨。主要考虑植物的耐水湿性及固堤隔离功能，同时兼顾观赏性和一定的经济性。

3）缓冲林带

为维护河滨湿地的生态修复工程质量，提升河滨带绿化景观层次，在河滨交错带结构以上有条件的区域建设 20 ~ 50 m 宽的缓冲林带，选择合适的乡土植物材料，营造具有一定观赏价值和经济价值的乔灌木林带，同时在地表以上种植草皮，构建适合立地条件的乔灌草复层植物防护隔离带。在改造后地表高程 4.7 m 以上区域，进行带状植被栽植，选择耐水湿的速生阔叶树种进行带状布置，同时栽植的各树种呈不规则的块状混交分布。栽植树种为垂柳、水杉、意杨等经济树种，在景观区域栽植罗汉松、雪松、紫薇等常规园林树种，灌木选择开花的杜鹃等景观树种。综合考虑植物的观赏性、经济性和一定的隔离功能，间种植物多选早熟禾属、结缕草属等草皮植被，或者本地开花的铁线莲等草本植物。

通过沿江湿地植物筛选及群落配置技术，使沿江带从近岸到远岸形成由挺水植物 - 浮叶浮水植物 - 沉水植物群落系列构成的水生植被带，在地势较高处形成乔灌草相结合的配置格局，其具有净化水质、抑制蓝藻水华、提高生物多样性及改善河滨自然生态景观等多种生态功能。

6.2.1.3 运行管理

生态沟渠运维管理应符合 SL/T 246—1999 规定的要求。根据水田需水或调水情况等，建议在作物需水期，排水在沟渠的停留时间为 1 周左右，在排水污染负荷大或非需水期，应适当延长排水在沟渠的停留时间，根据当地暴雨降雨频次和雨量、排水速率等情况，利用闸阀调控生态沟渠水位以及沟渠干湿交替情况，利于强化生态沟渠去污能力及保育生态沟渠植物生长。

生态基质坝易加速沟底淤积，当淤泥厚度超过 20 cm，影响正常过水、排水和沟渠的容量，应及时对这些区段进行清淤，可每年对坝前区域清淤 1 次。一般情况下，3 年左右应对所有沟渠进行清淤 1 次。相关研究发现，生态沟渠中底泥中含有丰富的去除氮磷的微生物、植物根系、种子以及植物生长所需的微量元素，清淤时应保留 1/4 的原有淤泥，以促进微生物种群快速繁育。当沟渠水生植物过密，洪涝期间影响排水时，应在暴雨季节及时进行刈割。一般情况下，每年可以刈割 1 ~ 2 次，北方秋季植物枯黄后，应及时对地上组织进行收割，将植物吸收的 N、P 等污染物彻底移出沟渠。

生态沟渠种植的挺水植物应为多年生植物，也应选择耐药性较强的植物。生态沟渠构建前期，应控制适当水位，对沟壁定期浇灌，以保证沟底、沟壁植物的成活。在生态沟渠构建初期，也应减少人为活动，减少踩踏、牛羊采食等活动。

6.2.2 人工湿地

6.2.2.1 净化原理

人工湿地生态系统在世界各地逐渐受到重视并被运用，是在20世纪70年代德国学者Kichunth提出根区法（the root-zone-method）理论之后开始的，根区法理论强调高等植物在湿地污水处理系统中的作用，首先是植物能够为其根周围的异养微生物供应氧气，从而在还原性基质中创造了一种富氧的微环境，微生物在水生植物的根系上生长，与较高的植物建立了共生合作关系，增加废水中污染物的降解速度，在远离根区的地方为兼氧和厌氧环境，有利于兼氧和厌氧净化作用，另一方面，水生植物根的生长有利于提高床基质层的水力传导性能。

人工湿地能够通过物理、化学和生物的协调作用有效去除包括有机物、氮、磷、悬浮物、微量元素、病原体等在内的污染物，从而实现对污水的高效净化。目前，较常见的人工湿地类型包括表流湿地和潜流湿地。表流湿地通常用于处理各种已初步处理的工业和生活废水以及雨水等，潜流湿地较适于净化低污染物浓度的大量废水。

根据水体流动的方式，通常将人工湿地分为三类：表面流人工湿地（surface flow wetland，简称SF）、水平潜流人工湿地（horizontal subsurface flow wetland，简称HF）、垂直流人工湿地(vertical flow wetland，简称VF)，三类湿地构造如图6-6所示。

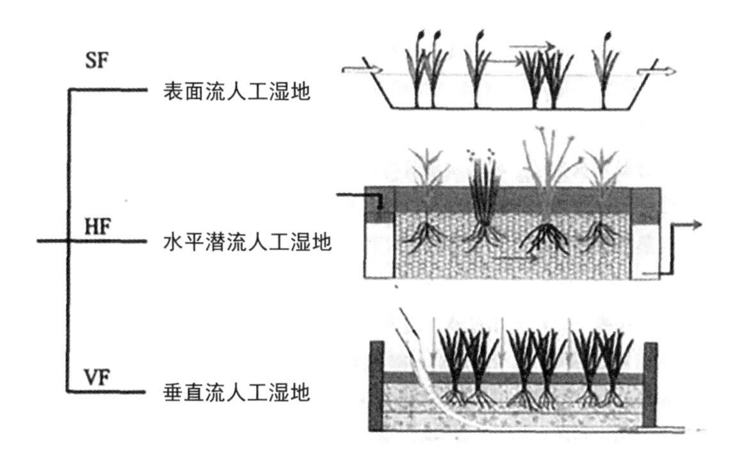

图6-6 人工湿地类型及构造示意图

（1）表面流人工湿地

表面流人工湿地类似于天然沼泽，水面暴露于大气，污水在人工湿地基质表面漫流，水位较浅，一般在 0.1 ~ 0.6 m，绝大部分有机物的去除是由生长在植物水下部分的茎、秆上的生物膜来完成。所以这种系统难以充分利用生长在基质表面的生物膜和生长丰富的植物根系对污染物的降解作用，其处理能力较低。与潜流湿地工艺相比，其优点是投资少、操作费用较低；缺点是负荷小、占地面积较大，冬季北方地区表面会结冰，夏季易繁殖蚊蝇，散发臭味，而且在 SF 系统中，底层一般未经密封，有可能造成地下水污染。

（2）水平潜流人工湿地

20 世纪 60 年代，Kickuth 等在德国开发出潜流人工湿地水质净化系统。在这种系统中，污水由人工湿地的一端引入，经过配水系统（一般由卵石构成）均匀进入根区基质层。基质层一般由土壤和砾石构成，表层上壤上栽种耐水植物，通常是芦苇。这些植物有发达的根系，可以深入到表土以下 0.6 ~ 0.7 m 的基质层中，这些根系交织成网，与基质一起构成一个透水的系统。同时，根系具有输氧功能，在根的周围水中溶解氧浓度较高，适宜好氧微生物的活动。

3）垂直流人工湿地。在 VF 系统中，污水水流方向和床区垂直，其水流状况综合了 SF 和 HF 的特点，污水被投配到床区表面后，淹没整个表面，随后逐步垂直渗流到底部，由底部的集水系统收集后排放。VF 可分为下行流和上行流两种类型，往往采用间歇方式运行。潮汐流人工湿地是近些年伯明翰大学提出的，充水和落干间歇交替运行。在进水间隙，空气填充到床体中，保证下一周期投配的污水与空气充分接触，提高了氧传递效率，从而强化了 BOD 去除和氨氮硝化的效果。

6.2.2.2 设计

（1）基质

人工湿地在设计过程中要考虑基质种类。目前，用于人工湿地的基质主要有石块、砾石、沙粒、细沙、沙土和土壤，还有矿渣、煤渣和活性炭等。这些基质可以为微生物的生长提供稳定的依附表面。除此之外，基质还可以为水生植物提供支持载体和生长所需的营养物质，当这些营养物质通过污水流经人工湿地时，基质通过一些物理、化学途径（如吸附、吸收、过滤、络合反应和离子交换等）净化污水中的氮、磷等营养物质及其他污染物。

（2）湿地植物

人工湿地植物最常选用的种类是灯芯草、香蒲和芦苇。在温度低的情况下，香蒲和芦苇间隔种植对人工湿地去除污染物更为有利。垂直流人工湿地：莎草、灯芯草和香菇草；表面流人工湿地：荇菜、水鳖、慈姑、大薸、芡实、茭白、黑三棱；水平潜流人工湿地：泽泻和千屈菜。具有较强净化能力的植物：芦苇、千屈菜、美人蕉、风车草、水葱、再力花和花叶美人蕉；具有中等净化能力的植物：菖蒲、芦竹、香蒲和梭鱼草；具有较弱净化能力的植物：鸢尾、野芋、灯芯草、葱兰、泽泻和花菖蒲。在不同的地域用相同的湿地植物对同一种污染物的净化效果是不同的，要因地制宜，寻找适合本地自然环境的湿地植物。

6.2.2.3 建设

（1）表面流人工湿地

SF对悬浮物、有机质的去除效果较好，但对氮磷的去除率偏低（10%～15%）。氮在SF中的去除主要依靠硝化/反硝化作用，氨在好氧区被硝化细菌氧化，而硝酸根在缺氧区被反硝化细菌转化为氮气或氮氧化物；磷在SF去除主要通过吸附、吸收、络合和沉淀作用完成。

（2）水平潜流人工湿地

HF系统中，污水在湿地床的内部流动，因而一方面可以充分利用基质表面生长的生物膜、丰富的植物根系及表层土和基质截留等作用，以提高其处理效果和处理能力；另一方面由于水在地表以下，故具有保温性较好、处理效果受气候影响小、卫生条件较好的特点，是目前研究和应用较多的一种湿地处理系统。通常，HF出水水质优于传统二级处理的出水水质，但HF受纳污水的功能不过是在厌氧环境下处理外加过滤，通常处于厌氧或缺氧状态，所以硝化反应不足，限制氮的去除。

（3）垂直流人工湿地

同SF相比，VF氧的传递速率要高出数倍，因为氧气在空气中的扩散速度是水中的10^4倍。VF由于净化效率高和相对较小的土地需求等优点而变得越来越普遍，但是其对悬浮物的去除效果不佳，这是由于间歇进水使得短时间内水力负荷过高造成，并且容易发生堵塞现象。另外，由于布水系统覆盖整个表面，基建费用相对较高，故不如HF应用广泛。

根据不同类人工湿地对水体中污染物的净化特点，在建设过程中要因地制宜，根据当地净化需求进行基质、植物筛选以及人工湿地类型选择。

6.2.2.4 运行维护

人工湿地在运行维护过程中要注意以下过程：

（1）水位和水流控制

如果水位突然变化很大，应立即调查，可能是由于池底漏水、出口堵塞、隔堤溃决、暴雨径流或其他原因引起。季节性地调节水位可以防止冬天结冰，维持湿地水温。

（2）进出口维护

湿地系统的进口和出口端应定期检查和清理，及时清除可能引起堵塞的垃圾、污泥等。堰或栅格表面的碎片和细菌黏液需要及时清除。浸入式进水管和出水管也要定期冲洗。

（3）植物管理

如果系统在设计参数下运行，就不需要对植物进行日常维护。植物管理的主要目的在于维持湿地需要的植物种群，通过稳定的预处理、偶尔小幅度的水位变化、定时植物收割等可达到这个目的。如果植物覆盖率不足的话，还需要采取包括水位调节、降低进水负荷、植物杀虫、植物补种等补救措施。

（4）臭味控制

通常可以通过减少进水中有机物和氮的负荷对气味加以控制。

（5）蚊虫控制

可以在湿地放养一些食蚊鱼和蜻蜓幼虫来控制蚊子，但食蚊鱼对控制蚊子有一定局限性。其他一些控制蚊子的自然方法包括架设鸟类栖息的树枝和搭建鸟窝。

（6）隔堤和围堤维护

隔堤和围堤的维护工作主要是割草、侵蚀控制。

6.2.3 生态基质坝

生态基质坝是由基质作为填料放置在排水沟道中，对排水中氮磷污染物起过滤作用的结构。

6.2.3.1 净化原理

农田排水沟渠（宽深一般都在 2 m 以下）作为最常见的农田排灌设施，沟网密度大，面积一般占总土地的 3% 左右（韩例娜，2012）。传统土制沟渠虽有一定吸附氮、磷的作用，但保土能力差，易引起水土流失；混凝土沟渠只能进行排水，无氮、磷拦截消纳功能，已有研究把自然排水沟渠通过改造，在满足农田排涝防滞前提下，将基质作为填料，以沟渠植物吸收、拦截作用和水、底泥中化学转化、微生物作用等方式有效拦截和转化沟渠中氮、磷等污染物，减少其进入河流和湖泊（周俊，2013；FU，2014；于淼；2015）。上述研究中对原有排水沟渠改造为植物沟渠的研究较多，而有关沟渠底部拦截坝设置及使用湿地填料作为填充物筑坝对排水中氮磷污染物进行拦截的研究较少，生态基质坝是将自然排水沟渠进行改造，在不影响排水沟渠正常排水情况下，改造原有排水沟渠，在沟渠中进行坝体砌筑，不仅便于填充基质对水体中氮、磷的吸附，亦可为微生物的附着提供载体，进而提升沟渠各组分对农田排水中氮、磷的截留净化能力。

6.2.3.2 设计

结合已有湿地填料研究成果，针对农田排水氮磷污染物性质筛选出高效、经济的基质材料（卢少勇，2016；金相灿，2008）。本技术中共筛选出 4 种基质坝材料，分别为沸石、生物炭、蛭石和炉渣，结合已有研究以及湿地填料实际粒径确定了基质坝填料粒径，沸石基质坝粒径为 9 ~ 11 mm，柱状生物炭长度为 10 ~ 30 mm，柱状蛭石长度为 5 ~ 8 mm，块状炉渣粒径为 30 ~ 50 mm。考虑到蛭石具有密度小的特征，采用蛭石与块状炉渣混合进行基质坝基质填筑，其余两种基质作为单一基质材料进行基质填筑。

基质坝砌筑间隔为 50 m，高度为渠深 2/3，宽度为 0.5 m。不同基质类型基质坝基质用量见表 6-5。

表 6-5 基质坝尺寸、用量信息

序号	基质类型	基质坝体积 /m^3	用量 /t
基质坝 1	沸石	0.5 × (1+2) × 0.4 × 0.5=0.3	0.60（2 t/m^3）
基质坝 2	生物炭	0.5 × (1+2) × 0.4 × 0.5=0.3	0.57（1.9 t/m^3）
基质坝 3	蛭石	0.5 × (1+2) × 0.4 × 0.2=0.12	0.024（0.2 t/m^3）
	炉渣	0.5 × (1+2) × 0.4 × 0.3=0.18	0.18（1 t/m^3）

6.2.3.3 基质坝建设

基质坝筑坝方式为：在春季稻田泡田排水前，首先构建基质坝结构框架，该框架由角铁焊接而成，四周包裹铁丝网；将其固定在排水沟道内，然后用已装入吸附材料的纱网或透水袋填入其中。具体结构如图 6-7 所示。

a：结构框架；b：安装方式；c：吸附材料使；d：最终布置实物

图 6-7 基质坝结构

6.2.3.4 运行维护

基质坝布设后，能够截留氮磷污染物，这是由于基质坝的基质材料对氮磷具有吸附作用，同时基质坝结构在沟道中会拦截稻田排水，使排水沟道内水位上升，延长排水在沟道中的水力停留时间。研究结果表明在排水通过基质坝过程中会出现基质坝前水体总氮、总磷浓度高于基质坝后水体总氮、总磷浓度的情况，这可能是由于基质坝在春季泡田排水前进行布设对沟道造成扰动，导致沟道内底泥吸附的氮、磷污染物释放到水体中，同时基质坝作为挡水结构，会造成沟道内水位上升，基质坝边壁与沟道连接处排水时水流流速过大，排水对沟道边壁进行冲刷，促进沟道边壁土壤中氮磷污染物向沟道中水体运移。同时，在稻田排水量过大时，基质坝会被排水淹没，基质坝结构对排水中氮磷污染物拦的截作用减弱，造成坝后水体总氮、总磷含量高于坝前。因此，在基质坝构建过程中，应考虑在秋季稻田生产完成后水位较低时进行，减少沟道中氮磷污染物向水体中运移，秋季筑坝后也可使为沟道内土壤与基质坝结构更好融合，更好地发挥拦挡沟道内氮磷污染物作用。同时，在基质坝中基质达到饱和吸附后，可以将吸附氮磷污染物的基质作为缓释肥料用于农作物种植，进行养分重新利用。

6.2.4 复氧、曝气

6.2.4.1 净化原理

复氧集土池是一种放置在稻田排水口对稻田退水起复氧和净化作用的装置。复氧集土池主要功能是提高退水溶解氧含量、促进退水中泥沙沉积，为硝化细菌进行硝化作用创造高氧环境，为实现稻田退水中氮磷污染物的净化提供前提条件。

稻田退水面源污染治理中，已有研究将农田排水沟渠改造成兼具排水与湿地双重作用的生态沟渠（朱金格，2019；何军，2010；吴军，2012；杨林章，2005；张树楠，2015）。由于退水径流在排入受纳水体之前需要一定的迁移时间，在此过程中沟道底泥通过吸附、植物吸收、生物降解实现沟道对污染物净化的功能，因此排水沟道成为控制稻田退水中氮磷污染物净化消解的理想场所（乔斌，2016；梁善，2019；CHEN，2015；彭世彰，2013）。硝化作用是稻田退水中氮素污染治理的关键环节，同时沟道内水体溶解氧的浓度和分布决定了微生物活性、氮磷污染物去除效果。已有研究表明在人工湿地水体中氧转移速率可能限制硝化过程（WU，2014），湿地中的氧主要来源于植物根系泌氧、大气复氧和进水溶氧等（殷强，2019）。同时稻田退水中大部分有机氮以泥沙吸附的形态进入水体（欧阳威，2014），颗粒态磷污染物会附着在土壤颗粒物表面（郑晓通，2018），在稻田退水过程中，氮磷污染物会随稻田退水进入排水沟中，对下游受纳水体造成污染。因此增加稻田退水过程中水体溶解氧含量，可为沟道内微生物硝化作用提供充裕的耗氧环境。针对稻田退水曝气这一环节，相关研究结果证实了湿地植物可以增加水体中溶解氧含量（COLMER，2003；TAKAHASHI，2014）。但湿地植物根系泌氧受温度、光照、淹水条件、土壤含水率、土壤氧化还原电位等环境因子的影响（罗敏，2017），当湿地植物活力不强，根系不能制造有氧条件，则无法进行泌氧这一过程（ZOU，2018）。

6.2.4.2 设计及安装

上述研究成果中，针对稻田退水过程中源头溶解氧含量增加技术和退水中氮磷污染物拦截技术少有报道。针对上述情况，为实现稻田退水全过程曝气和实现对稻田退水中氮磷污染物的初级拦截，结合实地调查设计发明出一种集扰流增氧与土壤颗粒拦截技术于一体的稻田排水口复氧集土池装置。复氧集土池是一种放置在稻田排水口对稻田退水起复氧和净化作用的装置。复氧集土池主要功能是提高退水溶解氧含量、促进退水中泥沙沉积，为硝化细菌进行硝化作用创造高氧环境，为实现稻田退水中氮磷污染物的净化提供前提条件。

复氧集土池侧视截面为梯形的“斗”状物，由入水口、沉沙池、出水口和扰流板四部分组成，如图 6-8 所示。与稻田相近侧为入水口，稻田退水经入水口处的扰流板后，进入沉沙池，再由出水口溢出，进入稻田排水沟道。出水口与排水沟一侧相近，且高度低于进水口，可以避免产生回流。复氧集土池设计平板（图 6-8 a、b）、三角堰（图 6-8 c、d）两种出水口形式。

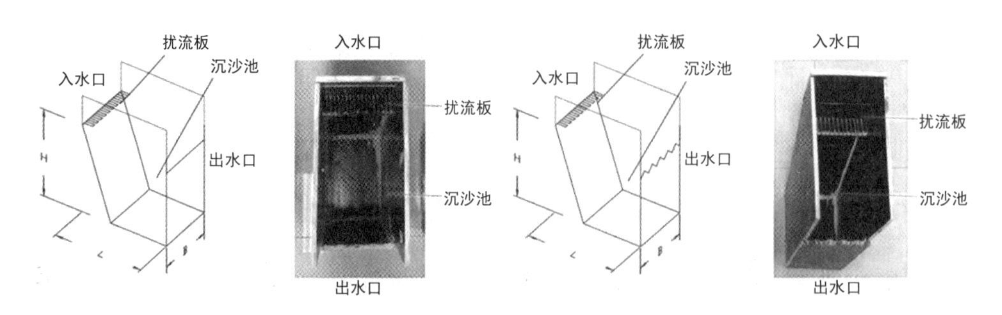

图 6-8 复氧集土池示意图

复氧集土池各结构尺寸参数如下：复氧集土池长度 L（m）参照田埂宽度设计（田埂宽度一般为 0.4 ~ 1.0 m），该研究选用 0.3 m 作为复氧集土池的长度；集土池进、出水口宽 B（m）参照稻田排水口管道尺寸设计（该试验区内稻田排水口管道直径为 0.16 m），该试验在不改变试验区内集约化农田排水口管道口径的前提下，将复氧集土池出水口宽设为 0.2 m；复氧集土池的高度 H（m）的选定会影响试验装置拦截土壤颗粒的能力，研究中设置了 0.2 m、0.3 m、0.4 m 三种高度。通过室内模拟实验、田间试验对不同尺寸复氧集土池溶解氧增加、氮磷污染物拦截效果进行验证。复氧集土池在样地出水口处的布置要保证进水口上沿与稻田出水口下沿紧密连接，复氧集土池出水口低于进水口。具体操作为春季泡田前在稻田排水口处挖出复氧集土池所需空间，将复氧集土池放置其中，确保稻田田面与复氧集土池进水口最高处平行连接。

6.2.4.3 装置运行维护

在稻田退水过程中，复氧集土池可以增加退水中溶解氧含量、降低退水中氮磷污染物浓度，在水稻生产周期完成后，可以将复氧集土池中拦截的土壤颗粒进行回收，放回田间再利用，减少了稻田排水过程中的土壤流失以及排水沟道淤积。根据复氧集土池使用过程观测，复氧集土池在秋季将土壤颗粒回收后，要在第二年春季稻田排水前进行安装，否则其结构会在土壤冻胀作用下被破坏，影响其正常使用。

6.2.5 菌剂强化技术

6.2.5.1 净化原理

现有治理排水污染有效措施包括削减排水量和降低污染物浓度两方面。削减排水量主要是针对目前农田排水系统缺乏控制机制，容易出现排水过量、污染物流失严重的现象。20 世纪 70 年代以来，国际上广泛倡导控制排水措施，即在排水沟（或排水暗管）的出口加筑控制闸、堰进行按需调整排水强度，减少排水及污染物输出。已有研究表明控制排水可削减氮素输出 40% 以上（Gilliam, 1979），这种措施被认为是一种环境友好型的农业水管理措施。但由于控制排水的效果主要来自排水量的减少，对氮素浓度削减则不明显。从理论上讲，控制排水增加田间土壤湿度后，反硝化作用会增强，因此可减少硝态氮的输出负荷；但目前只有实验室土柱研究数据支持此结论（Meek，1970）。

近年来，国内学者已经开展的排水污染治理研究包括控制排水、节水灌溉以及沟塘湿地等内容，取得了一定的研究成果和应用效果。但利用农田生物反应器来净化农田排水方面的研究目前还鲜有报道。

目前有多种水质净化装置使用固体碳源来增强脱氮作用，它们被统称为生物反应器。大田使用的生物反应器包括“墙”和“床”2 种，这一理论方法最早由 Robertson 和 Cherry 提出（Robertson，1995）。反硝化墙是将固体碳源垂直安置在浅层地下水中，并与水流的方向垂直。“反硝化墙”用木屑或木屑与土壤的混合物填充，具有良好导水性，有利于地下径流的通过（Schipper，2010）。

6.2.5.2 设计

大田生物反应器净化排水最需要考虑设计流量。因受到降雨随机性的影响，农田排水流量在一年之中呈现动态变化，流量变化过程取决于降雨的分布规律。虽然将排水模数乘以排水面积可以估算出给定排水系统的峰值流量，但是从经济角度考虑，按最大流量来设计反应器是不可行的。在较早开展生物反应器应用研究的美国中西部地区，各州提出了自己的设计参考方法；相关学者在确定生物反应器尺寸时，根据排水流量峰值及选定的一个水力停留时间，取峰值流量的某一特定比例作为生物反应器的设计处理能力（Christian-son，2012）。Moorman 根据排水沟基流估算农田排水流量，然后利用流量历时曲线和负荷历时曲线计算了污染物输出负荷（Moorman，2015）；结果表明占流域总面积 0.27% 的生物反应器每年可减少 20% ~ 30% 的 NO_3^--N 输出（HRT=0.5 d）。Verma 等研究发现，每 1.4 hm^2 的排水区域设置约 9.3 m^2 的生物反应器，可以实现 60% 的 NO_3^--N 负荷削减（Verma，2010）。Wildman 设计出一个根据排水面积与排水模数估算生物反应器尺寸的计算表格（Wild-man，2001），但这 2 个参数在实际当中存在不确定性，尤其是在排水系统分布较为复杂的地区。由于各地气象、土壤以及种植结构等方面的差异，现有各类设计方法都不具有普适性；不同排水条件下大田生物反应器的设计方法仍需要进一步研究和探讨。除了体积大小以外，现有研究对于生物反应器的代替结构也做了部分探讨；Jaynes 在排水管线的两侧使用一种混合式的反硝化墙作为被动处理技术（Jaynes，2008）；Robertson 和 Merkley 则在排水沟道中安装了由木屑填料加上砾石廊道组成的生物反应器，并在下游设置了防淤层和护堤（Robertson，2009）。在其他试点试验中，研究人员设计了不同截面形状的生物反应器，如矩形、梯形和正方形。不过，观察到不同截面生物反应器处理效果无明显差异，在中试规模条件下均可达到 30% ~ 70% 的负荷削减（Christianson，2011）。此外，相关研究人员尝试在生物反应器中添加挡板或者并联生物反应器来提高水质净化效果，结果发现，污染物削减得到不同程度提高（Christianson，2012）。但上述设想只有适用于农田尺度，才能取得真正的效果。对于农田排水污染的治理，单方面的生态工程措施往往难以见效；各地可以根据实际情况，将生物反应器与人工湿地、控制排水等措施相结合，综合处理，改善排水水质。

碳源选择对于生物反应器来说至关重要，填料的性质决定了生物反应器的水质净化作用及使用寿命。已有研究表明反应器填料的选择应基于其成本、孔隙率、碳氮比和使用寿命（Robertson，2005）。因此，对于不同地区，填充材料可获得性是考虑因素之一。已有研究中，常用来作为填料的材料包括不同种类的木屑、玉米芯、玉米秸秆、麦类秸秆、坚果外壳和稻壳等。由于木屑成本较低，具有高碳氮比[（30 ：1）~（300 ：1）]（Gibert，2008），且使用寿命比较长，因此常作为大田生物反应器试验主要碳源。另有部分学者采用其他类型的碳介质（麦秆、稻壳）作为生物反应器碳源介质，并发现 NO_3^--N 的去除率高于木质介质，NO_3^--N 削减量最高可达 105 g/（m^3 · d）；但随着碳源的逐渐分解，不稳定碳源的渗透系数明显减小（Shao，2009）。相关研究表明，在 24 个月研究期内，玉米芯填料对氮素的去除率是木质填料的 6.5 倍，但玉米芯的渗透系数下降得更为明显（Schipper，2010）。因此，使用碳氮比低的材料，如玉米秸秆等对排水中的氮污染物的去除率比木质填料更高，但是碳源消耗速度较快，需要更为频繁补给或更换。除化学性质之外，生物反应器填充材料的物理性质（包括孔隙率、粒径级配和渗透系数）也很重要，并随时间变化。木屑孔隙度一般在 0.60 ~ 0.86 之间（Woli，2010），稻壳为 0.75 ~ 0.80 之间。增加含水量和填充密度都会影响填料孔隙度，填料粒径和形状变化范围也很大（Christianson，2012）。一些研究使用粗质材料以获得更好的流动特性；但试验中发现，在水流作用下，填料中的细小物质被冲走，导致孔隙度和渗透系数发生变化（Chun，2009）。相关研究指出向木屑填料中添加砾石可以提高孔隙度，但使其均匀混合存在一定难度（Wildman，2001）。除氮生物反应器介质的渗透系数是重要的物理参数之一。Cameron 等对木质材料的渗透系数进行了测量，变化范围从 0.35 cm/s（锯末）到 11.6 cm/s（61 mm 木屑）不等。随着时间推移，反应器内填料的渗透系数会因为生物膜的形成而减小（Cameron，2010；Chun，2009；Robertson，2009）。尽管实验室研究中测试了不同碳介质对 NO_3^--N 的去除潜力以及水力性能，但对于较大规模的实地应用，实现所需的目标去除率，这些指标的可靠度还有待验证。这是因为在小尺度试验中，溶解氧含量不稳定对污染物去除率有影响。另外，实验室实验的持续时间较短，通常少于6个月。

6.2.5.3 安装

大田生物反应器的安装需要考虑可用空间、排水流量以及入流和出流位置等实际情况。安装包括：在生物反应器水流的入口和出口处设置排水流量控制结构进行导流，根据设计尺寸开挖沟槽后，铺设不透水土工膜防止排水下渗，连接入流、出流管道，然后填充碳源介质至指定高度，并在上部加盖土工布，最后回填一定厚度的土壤来恢复原有地貌。在生物反应器内进行防水衬砌的目的是防止排水入流外渗，保证反应器内部水质净化过程的正常进行。虽然介质的导水性一般高于周围土壤，大田环境的不确定性很难保证水流正常通过反应器。即使在较为黏重的土壤条件下，未采取防水衬砌的生物反应器不能正常出流。生物反应器上部覆盖土壤一般是用来防止填料的沉降，同时也有利于缓解生物反应器中 N_2O 气体的排放。在土地资源稀缺的情况下，用土壤覆盖后的生物反应器上方仍可用来种植作物，达到经济效益的最大化。由于不同地区在气象、土壤与农作物等方面差异较大，大田生物反应器的安装与运行需要因地制宜地进行设计和管理。

6.2.5.4 运行维护

生物反应器的使用寿命取决于碳源类型和农田排水过程等多种因素（Christianson，2018）。相关研究表明，生物反应器系统的寿命是有限的，其取决于填充材料的质量，内部反应速率以及填料的物理特性（孔隙度和渗透率）（Blowes，1994）。其他微生物过程也会影响生物反应器的使用期限，如硫酸盐的还原、部分溶解的有机碳浸出等。基于半衰期或碳损失的化学计量显示，木屑填料的生物反应器寿命可达到数十年以上（Robertson，1995）。一些研究显示，尽管反硝化过程消耗碳源，在反应器运行的前几年，碳源衰减并不明显。相关研究指出，使用年限达9年的木屑生物反应器中碳源损失量仅为13%。当反应器中水饱和时，固体碳源分解非常缓慢。大多数情况下，碳分解速率比较缓慢，相对于输 NO_3^--N 量，存在大量可供消耗碳源（Moorman，2010）；相关研究表明，在生物反应器7年的运行时间内，NO_3^--N 浓度对反应器效果影响更大，碳源对反应器影响甚微（Schipper，2005）；反硝化生物反应器系统工作的前2年内，其对 NO_3^--N 的去除率超过60%，在接下来的6年中，去除率略高于50%（Jaynes，2008）；已有研究数据表明，在生物反应器内不饱和界面的木屑由于氧化作用在最初8年呈指数速度分解，8年后碳介质剩下25%，计算半衰期为4.6年；而淹没在生物反应器内较深处的木屑，超过80%的碳介质依然存在，计算的半衰期为36.6年（Moorman，2010）。反硝化生物反应器中碳源介质如果消耗过快，其经济可行性就较差。所以选用持久有效填料，延长生物反应器的使用寿命也是生物反应器研究的一项重要内容。

6.2.6 生态浮床

6.2.6.1 净化原理

20 世纪 80 年代以来，为了改善水库、湖泊、饮用水源地的水质，同时减少传统的物理、化学方法处理所带来的投资大、操作难、产生二次污染等问题，生态浮床技术被越来越多地应用于富营养化水体的修复研究中，特别是在日本和欧美等国家和地区的应用更为广泛。自 1991 年以来，我国利用生态浮床技术在大型水库、湖泊、河道、运河等不同水域成功种植了 46 个科的 130 多种陆生植物，美人蕉、旱伞草等花卉比在陆地种植取得了更好的群体和景观效果。

随着现代技术的发展，生态浮床技术在实际应用过程中得到了发展。孙连鹏等采用海藻酸钠 / 氯化钙包埋法，制作了添加活性炭的反硝化菌小球，将其置于生态浮床系统改善了脱氮效果。吴春笃等针对接触氧化法脱氮除磷能力有限以及生态浮床 HRT 过长的问题，提出生态浮床与接触氧化法协同处理高 N、P 含量的生活污水，并且取得了良好的除污效果。李先宁等将植物浮床、填料浮床和生物浮床技术结合成组合型生态浮床，浮床整体为长方体结构，分为上、中、下三层，其中最上层为水生植物区，种植水生经济植物；中层为水生动物区，笼养滤食性水生动物贝类；下层为人工介质区，悬挂兼具软性及半软性人工填料。郑剑锋等构筑了植物 / 陶粒生态浮床，以美人蕉、风车草等植物为浮床主体植物，结果表明在低温条件下该浮床系统对重污染河水的治理效果较好。曹家顺等采用天然木材制成浮床并种植植物，下方悬挂用聚烯烃、聚酰胺合成的仿生型填料，填料下端系一重物克服浮力。浮床上设置水气交换区以利于水体自然复氧，强化了浮床植物的处理效果。李英杰等通过分析浮床建成前后、浮床撤除前后以及浮床边和开阔水道之间水质的差异，说明实施生态浮床工程对河口水质净化的效果起到了重要的作用。秦伯强等基于生物净化技术与工程措施相结合的思想，选择以漂浮植物和浮叶植物为主的水生植物恢复手段，结合消浪、挡藻和控藻等技术措施，同时在试验区内布设大量用于附着生物富集的人工介质，取得了良好的治理效果。

生态浮床技术是运用无土栽培技术原理，以高分子材料为载体和基质，采用现代农艺与生态工程措施综合集成的水面无土种植植物技术。通过水生植物根系的截留、吸附、吸收和水生动物的摄食以及微生物的降解作用，达到水质净化的目的，同时营造景观效果，见图 6-9。

图 6-9 生态浮床

6.2.6.2 设计

一般来说浮床的边长为 1 ~ 5 m，考虑到搬运性、施工性和耐久性，边长为 2 ~ 3 m 的比较多。形状上以四边形的居多，也有三角形、六角形或各种不同形状组合起来的。生态浮床根据水和植物是否接触可以分为湿式浮床与干式浮床。一般大型的干式浮床采用混凝土或发泡聚苯乙烯制作，但对水体没有净化作用。湿式浮床可再分为有框和无框两种，有框架的湿式浮床，其框架一般可以用纤维强化塑料、不锈钢加发泡聚苯乙烯、特殊发泡聚苯乙烯加特殊合成树脂、盐化乙烯合成树脂、混凝土等材料制作。据统计，目前框架型的湿式人工浮床比较多。无框架浮床一般用椰子纤维编织而成，对景观来说较为柔和，又不怕相互间的撞击，耐久性也较好。还有用合成纤维做植物的基盘，然后用合成树脂包起来的做法。

6.2.6.3 建设

生态浮床构建：在聚乙烯桶底板上均匀打孔（孔距 5 ~ 8 cm），在矩形塑料泡沫板的中央位置开挖空洞（与桶底端直径接近），将聚乙烯桶放进塑料泡沫板的空洞中，使二者紧密结合，以桶底露出 2 ~ 3 cm 为宜。

泥炭藓移植：将泥炭藓移植于聚乙烯桶中，种植密度为 5 ~ 15 棵 /cm^2，然后将浮床放置于水位波动的沿江退化湿地水体中，用绳子固定在附近的塔头苔草或沼柳上，绳子预留长度为 1 ~ 2 m。

6.2.6.4 运行维护

目前生态浮床载体主要使用高分子材料，在生态浮床投入运行后，栽植的植物到衰老期后，如不能及时进行收割植物，生态浮床中植物残体又重新释放吸收的养分到水体，存在二次污染的风险。且生态浮床不能用于流速较大的水体，否则其整体的稳定性会受到损害，从而影响净化效果。同时，生态浮床的大规模应用会影响河道的航运能力。

6.3 农业排水循环利用技术

农田氮磷流失导致的环境污染问题受到广泛关注，其造成的环境污染对现代农业和社会经济的可持续发展及农业生态环境安全构成了严重威胁。传统的高肥高水等不良农业投入方式使氮磷污染问题更加突出，尤其是农田退水过程中，氮磷流失污染引起的一系列环境社会问题已成为制约我国农业生产可持续发展的瓶颈，因此，削减农田退水中污染物负荷至关重要。

6.3.1 微型湿地蓄水回用技术

湿地是自然界最富生物多样性的生态景观和人类最重要的生存环境之一，它不仅为人类的生产、生活提供多种资源，而且具有巨大的环境功能和效益，在抵御洪水、涵养水源、调节气候、降解污染、保护生物多样性、防涝防旱、维护生态安全等方面具有举足轻重的作用。同时，还可以充分发挥湿地在净化水质、提高环境质量以及旅游、科普教育等方面的重要功能。水是湿地重要的组成部分，湿地维持自身发展和各项功能的发挥，必须满足湿地的基本生态用水。我国的湿地普遍遭遇水资源短缺的挑战，湿地保护区周边农业的竞争性用水，是导致湿地生态缺水的一个普遍原因。相反，在农田退水时，利用地势的天然优势，将退水引入周边湿地进行储存，一是满足湿地用水需要，对湿地生态环境加以保护，也可以在农田灌溉时再被泵回农田使用。

近年来在一些国家，微型湿地蓄水回用技术被广泛应用于城市周边的绿地区。例如，于 2013 年开放的澳大利亚 First Creek 湿地在阿德莱德植物园的东南角湿地设计了含水土层恢复系统（ASR），其对改善区域洪水泛滥、净化雨水径流起到十分重要的作用。First Creek 湿地较为完备的水处理系统，促进了阿德莱德植物园生态的良性循环。在建成后的 5 ~ 8 年间，湿地每年能够补充 100 mL 的含水层，其足以满足整个植物园的灌溉需求。降雨后的部分雨水，最多有 25 L/s 的雨水改道从 First Creek 湿地进入花园，运用湿地通过一系列净化过程来优化水质，然后对水进行储存。根据植物园湿地的水文站统计，年平均径流量为 2 700 m^3，该方案能够吸纳处理 7.5% 的径流。阿德莱德植物园 First Creek 湿地的水处理过程：首先雨水径流经过初步过滤后，水被储存在沉淀池，悬浮物等可沉降到沉淀池底部，污染物质也在此进行初步的沉降。经过沉淀的水流入过滤池，池中原生植物和微生物能够去除水中的污染物、病毒和细菌等。经过沉淀池和滤水池的水体再经过最后的机械过滤，被泵入地下 100 m，并储存在岩石含水层中。当需要时，清洁的水再被泵回地面上的蓄水池以备使用。

美国波特兰坦纳斯普林斯公园位于波特兰珍珠区，项目场地的前身是一块湿地，后被开发为工业用地。设计利用场地地形由南向北逐渐降低的特点，汇集周边下垫面的雨水，汇入净化系统，结合喷泉曝气功能形成趣味性水景。湿地植物的选择根据由干到湿的驳岸生境布置，由此显示出湿地区域土壤含水量的干湿变化。收集的雨水通过植物逐层的过滤吸收，净化截留径流污染物。当遇到强降雨时，过量的雨水被释放到坡地下方的蓄水池中。

哈尔滨群力公园为雨洪公园，在历史上该区域为洪涝发生频繁的区域。场地原有一处原生湿地，由于城市的发展，周边大面积的硬质地表对湿地的生态系统造成很大威胁。设计应用湿地蓄水回用技术，目的是在保护原生湿地的基础上收集、净化、积蓄雨水，且使净化后的雨水补充地下水。在硬质地表与原生湿地之间创造湿地，形成城市与湿地之间的缓冲带，起到过滤膜的作用，湿地四周接入雨水管网，将城市绿地、道路、屋面等产生的地表径流面源污染物汇入各湿地中进行沉淀、过滤、净化再汇入原生湿地，湿地内植物、微生物、砾石等对水质进行净化，有效地降低径流流速、沉降悬浮物，以保护原生湿地的水安全。群力公园能够积蓄雨水、削减径流，减轻洪涝灾害，还能够净化径流水质，补充地下水，同时，湿地受到雨水的滋养，改善场地生态环境。公园正常蓄水量为71 905.85 m^3，最大蓄水量达137 674.64 m^3。一般情况下公园能够直接消纳123 hm^2范围的雨水，最多可收集144.89 hm^2雨水；极端暴雨情况，最多能够收集48.92 hm^2的雨水。哈尔滨群力雨洪公园建成后出现湿地干涸或水质差的情况，对污染物的控制能力较弱，应结合相应的工程性措施加以改善。但湿地景观效果较好，且成为周边居民的主要活动场所。

以上三个城市应用微型湿地蓄水回用技术充分利用了暴雨的雨水径流，在农业生态系统中的微型湿地蓄水回用技术充分借鉴了“海绵城市”对暴雨径流的利用方式，即利用微地貌的地势差异储存洪峰时的农田退水，通过湿地对来水水量的调节和对水质的处理，最大限度地利用湿地含蓄水源、净化水质的优势，对来水“错峰处理”，保护湿地环境的同时将水源蓄存，便于日后再次利用。

技术原理：农田退水具有瞬时量大、污染难控制等特征，会对受纳水体等造成很大影响。微型湿地蓄水回用技术利用农田区存在的一定数量的坑塘，通过构建坑塘与排水沟渠、稻田的稳定水力联系，可将其恢复为微型湿地。在补给湿地的同时，实现对农田排水的蓄存，可削减农田排水面源污染物、沉淀泥沙，便于采用机泵进行回灌，同时也可为生物提供栖息地，改善区域农田系统生态稳定性。

技术参数：筛选位于渠系节点、靠近水田的坑塘，适当进行微地貌改造，配置沉水（黑藻）、浮水与挺水植被，投放占湿地体积5%左右的砾石、生物炭等作为基质，同时要保证湿地水深不低于1 m。

技术效果：微型湿地蓄水回用技术可实现补给湿地田块的30%农田排水

循环利用，同时面源污染负荷削减率达 40%。

应用微型湿地蓄水回用技术收集利用城市雨水在国内外的发达城市已有几十年的历史，但在农业生态系统中应用并不普遍。应用微型湿地蓄水回用技术收集利用农田排水的经验和方法，对我国一些采用地下水灌溉农田的地区很有借鉴意义。农田退水收集利用对保持水土和改善生态环境发挥了重要的作用，不但减少了地下水开采，而且还可以补充部分地下水，减轻整个自然界水循环系统的压力。减少水土流失，对建设生态农业和保护环境都具有十分重大的意义。水资源的缺乏已成为世界性的问题。在传统的水资源开发方式已无法再增加水源时，湿地蓄水成为一种既经济又实用的水资源开发方式。微型湿地蓄水回用技术将在很大程度上改变地下水资源日益枯竭的现状。

6.3.2 生态基质坝蓄水回用技术

污染物向水体迁移的过程中，应通过一些物理的、生物的以及工程的方法对污染物进行拦截阻断和强化净化，延长其在陆域的停留时间，最大化减少进入水体的污染物量。目前常用的技术有两类，一类是农田内部的拦截；另一类是污染物离开农田后的拦截阻断技术。生态基质坝蓄水回用技术就是面源污染过程阻断技术中的重要代表。生态基质坝是将人工湿地与渗滤原理相结合研发的技术，在保证水体流动的同时，利用砾石、卵石等垒筑坝体，对污染物等进行拦截，起到净化农田排水水质的作用，同时还能形成多样化生境，在农田生态系统减少排水量、净化农田排水水质方面有很高的实用价值。

生态基质坝的主要作用在于：①可以减缓水流流速，促进水流中悬浮物、营养盐等的沉降；②可以抬高水位，为后续的处理工艺提供动力，节约能耗；③利用砾石、沸石等基质材料表面附着微生物的分解、转化和富集作用去除水体中的 COD、氨氮等污染物。

生态基质坝的坝体组成成分多样化，可依据处理排水的水质、水量和当地的实际情况选择合适的坝体基质。基质是构建生态滤坝的基本材料，也是去除污染物的关键区域。基质不但为水流中微生物提供附着场所，而且能够通过拦截、过滤、吸附、沉淀等途径来净化河流中的污染物。常见的基质包括天然材料、人造材料和工业副产品这三种，天然材料有沸石、火山岩等，人造材料有陶粒、陶瓷滤料等，工业副产品有炉渣、钢渣等。对于基质的筛选，一般选择孔隙率高、比表面积大、吸附容量高，具有一定机械强度，廉价易得的材料。

倪志凡等（2016）构建了由填料浮床和植物浮床组成的生态坝，选择空心菜作为供试植物，空心菜的浮床载体选用聚乙烯泡沫塑料（EPE）浮板，尺寸为 25 cm×20 cm×2 cm，并按照 3 行 5 列（行距为 5 cm，列距为 3 cm）的布置方式开 15 个 0.5 ~ 1.0 cm 的定植孔，并在阳澄湖大闸蟹养殖区构建的 200 m^2 生态坝示范区进行了为期四年的连续监测，考察填料上生物膜的微生物活性及空心菜对氮、磷营养盐的去除效果，以获得生态坝的水质净化机制。生态坝微生物和空心菜对 NH_4^+-N 的去除潜力分别是 0.49 g/(m^2 · d) 和 0.004 g/(m^2 · d)，表明生物膜微生物对 NH_4^+-N 的去除贡献人于水生植物。

于鲁冀等（2018）用沸石、砾石及铁屑和活性炭混合组成铁碳滤坝，先采用沸石和砾石混合建立混合滤坝，砾石和沸石体积比为 2:3，填充厚度为 30 cm。后又在此基础上建立铁碳滤坝，铁屑和活性炭以 1:1 的质量比混合，混合物被分层添加到沸石和砾石的混合物中。沸石和砾石表面有利于假单胞菌属微生物的生存，从而有利于假单胞菌属进行脱氮除磷。而在活性炭上的菌群更为丰富，除了假单胞菌属，还有狭义梭菌属、微小杆菌等的存活，提高了生态滤坝对污染物的净化作用。实验表明混合滤坝对 COD 平均去除率为 18.50%，TN 平均去除率达到 90.09%，对多种悬浮物和污染物均有较好的去除效果。铁碳滤坝对污染物的去除效率又有了进一步提升，使 NH_3-N 浓度由进水时的 8.04 ± 4.29 mg/L 降低到出水时的 0.49 ± 0.36 mg/L，去除率达到 92.95%，对 TN 的去除率达到 92.21%，NO^-_2-N 去除率为 83.22%。

刘海声等（2015）在河体旁建立的生物基质生态混凝土（BSC，Bio-substrate Concrete）结构，是先将较大粒径的骨料黏结成型，将生物基质储存在骨料间隙中，利用生物基质种植植物，起到抗洪抗流以及生态修复的作用。生物基质生态混凝土是利用基质层丰富的生物活性菌群，将各种污染物及有机物分解转化，提高土壤生物活性，为植物生长提供养分。这种基质坝结构实际抗冲流速达 5 m/s，工程区域过洪后均无水损现象，同时生物基质使植物发芽时间提前 3 d，生物量增加约 25%，在拦蓄排水的同时，分解污染物为植物提供养分，满足生态和景观需求，同时避免使用化肥对土壤和水体产生二次污染。

生态基质坝的形状多样，例如施卫明等（2013）结合生态浮床、人工湿地的基本原理开发设计了生态丁型潜坝。这种生态坝是借鉴水利工程中丁字坝的设计思路，其主要设置在河道支浜承纳污水的端头，作为陆 - 水界面的交接断面，对进入水体后的面源污染物进行有效拦截。生态丁型潜坝技术是在不影响河流泄洪等功能需求的情况下，通过河底丁型潜坝的设置，改变河流底部地形，从而在河水通过坝体与浮床间空隙进行流动时，影响水流方向中污染物的扩散和迁移路径，增加污染物在丁型潜坝前的水力停留时间，利用丁型潜坝沸石基质的吸附作用、离子交换作用等对污染物进行去除。同时，河底生境条件的改变，促进了实施区域水体内微生物的增殖，提升了微生物的降解作用，能够持续去除污染物；垂直于坝体框架浮床的设置，为实施区域的氧气输送提供了条件，浮床植物根系又促进了坝体范围内微生物的繁衍，植物生长过程中同时还吸收部分氮、磷等污染物，可持续拦截与净化河流外源污染。

生态丁型潜坝技术在太湖流域直湖港小流域朱家浜的运行效果表明，生态丁型潜坝的设置使输入污染物在扩散迁移方向上降解速率明显加快，工程前污染物下降比例分别为 COD_{Mn} 19.2%、TN 19.5%、NH_3-N 34.3%、TP 39.4%，工程后污染物下降比例增加到 COD_{Mn}51.0%、TN 66.3%、NH_3-N 82.0% 和 TP 53.0%；生态丁型潜坝两侧的污染物浓度差异显著，TN、TP、铵态氮和 COD_{Mn} 最高可下降 4.2 mg/L、0.25 mg/L、3.9 mg/L 和 6.8 mg/L，说明生态丁型潜坝系统的设置使污水排放对河流水质的影响逐步缩小。

以秸秆、枯枝落叶堆肥材料为基质，在保证污染物削减效率的基础上，实现农田废弃物的循环利用。该材料适应东北地区寒冷气候，冻融可提高其削减效率，同时也更容易冻结，有利于冰坝的形成。

技术内容：基于透水率、吸附能力、施工成本及还田风险等因素，基质材料组合分别为生物炭（30%）+ 粗沙（70%）、秸秆或枯枝落叶堆肥材料（20%）+ 炉渣（80%）、秸秆或枯枝落叶堆肥材料（20%）+ 粗沙（80%）。根据质量比例装填生态袋，堆叠成坝，坝宽为 40 cm，坝高为沟渠深度的 70% 左右。生态袋之间及生态袋与沟渠接触的底部和侧部通过连接扣固定。每隔 2 年，替换有机物质滤料（生物炭、秸秆堆肥材料）。

技术效果：可实现沟渠内 30% 农田排水回用，同时农业与生活废弃物（秸秆、炉渣）也可循环利用，面源污染负荷削减率达 55%。

6.3.3 地下水回灌技术

地面入渗法主要是利用天然洼地、河床、沟道、较平整的草场或耕地，以及水库、坑塘、渠道或开挖水池等地面集（输）水工程设施，常年定期引、蓄地表水，借助地表水和地下水之间的天然水头差，使之自然渗漏补给含水层，以增加含水层的储量。

这类回灌又可分为两种：①在生长作物的田块或休闲地上，结合正常灌溉引地表水回灌，这种方法可减少地下水的开采量，本身就起着涵养地下水源的作用；引地表水灌溉，经各级渠道及灌水田块的渗漏水也有补给作用。因此，在井灌区引地表水进行补充性灌溉，就是最有效和简便易行的回灌方法。②汛期引洪，或在非灌溉季节引河川基流，专门进行地下水回灌。为了在有限的时间内补给大量的水，需选择适宜的地形和渗透性强的地块作为回灌场地，修筑引水渠和地边埂，进行深水淹灌或大水漫灌。

直接回灌适用条件：（1）该方法主要适用于地形平缓的山前冲洪积扇、冲积河谷和平原的潜水含水层分布区，以及某些基岩台地和岩溶河谷地区。例如在山丘区，利用沟谷地形修建山塘水库；在平原地区，利用洼地修建平原水库。其中有些工程可能由于库区漏水，不具备蓄水的条件。但这类工程有拦洪、滞洪作用，渗漏的水还可补给周围和下游地区的地下水。北京市房山区的天开水库（中型山谷水库）和大宁水库（永定河卢沟桥下游右岸的平原水库）即属此类工程，对补给地下水有显著作用。

（2）为增大补给效率，地面入渗法要求地表具有透水性较好的土层：如沙土、砾石、亚沙土、裂隙发育层等。覆盖着卵砾石、砂或沙土的干河滩，地表废弃的古河道，以及修建在沙土和壤土地区的灌溉渠系和排水沟道，都具有较强的渗水能力。利用这些沟渠行水，或构筑工程蓄水，对沿岸地下水有显著的补给作用。

（3）接受补给的含水层应该具有较大的孔隙和孔隙度，分布面积较大，并有一定的厚度。

（4）为保证补给水在到达含水层之前能更好地净化，以满足水质要求，要求入渗建筑物与取水建筑物之间有一定距离。

在城市和工业区，向井中注水回灌是一种直接补给地下水的方式，占用场地小，也是补给深层承压水的有效途径。但是这种回灌方法由于井的滤水管过水面积小，易堵塞，堵塞后清除也较困难，故回灌用水应加消毒、过滤处理。管井注入法是将补给水源通过钻孔、大口径井或坑道直接注入含水层中的一种方法。

优点：①可因地制宜地利用自然条件；②工程设施较简单，投资费用低；③回灌入渗量大，④便于清淤，保持较高的渗透率。

缺点：①回灌场所设施等占地面积较大；②受地质、地形条件限制；③地面蓄水蒸发损失较大；④可能引起蓄水场地周边土地盐渍化、沼泽化；⑤可能影响蓄水场所周边建筑物基础地基。

真空回灌适用条件：当净水池内水位高于回灌井内水位时，可用水平管或虹吸管将水流直接导入回灌井。用虹吸管连接，俗称真空回灌，须在开始回灌时，先向管内充水排气，方可使净水池内的水流连续不断地流向回灌井。向井中注水回灌常需先抽水清淤。因地面弱透水层较厚、或地面场地限制不能修建地面入渗工程的地区，特别适合通过真空回灌来补给承压含水层或埋藏较深的潜水含水层，故回灌井均各有水泵。虹吸回灌的管道充水，亦可用回灌井中的水泵解决。自流向回灌井注水，若井水位与地下水水位的水头差较小，则回灌流量小，效率低。为了提高回灌效率，需对井水加压。加压的办法是将井口密封，将加压的水流从进水管导入回灌井。进水管接自来水管，或与从水源地（净水池）抽水的水泵压力水管连接。

优点：①不受地形条件限制；②不受地面以下厚层弱透水层分布和地下水位埋深等条件的限制；③回灌场所占地面积小；④几乎没有地面蒸发，水量浪费少；⑤对周边环境影响小。

缺点：①由于水量集中注入，在含水层中扩散速度慢，因此回灌效率较低；②井管和井管附近含水层易被阻塞；③对回灌的水质要求较高；④需经常对回灌井进行回扬、洗井等处理，管理费用较高。

主要问题：堵塞问题，按其性质可分为物理堵塞、化学堵塞和生物化学堵塞三大类。物理堵塞是由于补给水源中悬浮物（包括气泡、泥质、胶体物、各种有机物）充填于滤网和砂层孔隙中所造成。当回灌装置密封不严时，大量空气随回灌水流入含水层，也可能产生堵塞（亦称气相堵塞），主要是采用定期回扬抽水方法进行处理（对于气相堵塞还应及时密封回灌装置）。生物化学堵塞，特别是铁细菌和硫酸还原菌所造成的堵塞，是许多地区回灌井堵塞的主要原因，主要采用注酸方法进行洗井处理。

技术原理：经过处理的农田退水是回灌地下水源之一，生态坝出水削减70%左右氮磷等营养物质，出水中悬浮固体低于100 mg/L，生态坝的吸附层可以洗脱农田退水的颜色、重金属及难以降解的有毒物质，出水标准达到了国家地下水回灌基本控制项目的标准，且避免了回灌过程中因悬浮物高的问题发生的堵塞等问题，技术实现了地下水的循环利用。

技术参数：在支渠汇入干渠的交汇口设立地下水回灌井，直接补给地下水，该技术占用场地小，回灌速度快，是补给浅层地下水的有效途径。在回灌井前建造净水池（加药池），进入净水池的农田退水加入氯、硫酸铝（10%溶液）、碳酸钠（10%溶液），形成絮凝状物质沉淀于池里，净水池出水水质具有低浊度、低铁、低溶解氧、无细菌和有机物的特征，不会对井管有腐蚀作用，可直接用于回灌。

当沟渠内水位高于回灌井内水位时，可用水平管或虹吸管将水流直接导入回灌井。用虹吸管连接，须在开始回灌时，先向管内充水排气，使沟渠内的水流连续不断地流向回灌井。向井中注水回灌常需先抽水清淤，回灌井需配有水泵。

6.3.4 湿地生态补水技术

技术原理：湿地生态补水是针对湿地生态需水量短缺所造成的湿地退化现象所采取的一种生态恢复措施。在明确了湿地生态需水机制和需水量的基础上，对湿地的生态补水就是恢复退化湿地的有效手段。湿地生态补水近年来在国内外已有广泛的实践，国内对生态补水的实践是从2001年由嫩江向扎龙湿地补水，紧接着由长江向南四湖应急生态补水，此后生态补水成为恢复退化湿地的重要手段。生态补水的主要目标是恢复退化湿地的水文情势和土壤条件、修复植被和动物的生存环境、增加物种组成并恢复生物多样性以及最终实现湿地生态系统的可持续发展。湿地补水的影响评价是对生态补水后湿地的水文条件、动植物的生存环境、湿地生态系统等影响的合理预测分析。生态补水效益的预测指标主要包括湿地环境效益、湿地动植物物种丰富度、经济效益等方面。将农田退水作为地下水回灌的水源，短距离输送，进行地下水的原位恢复，减轻地下水资源的负担，可用地下水量在一定程度上有了增加，一定程度满足了农业对水的需求。有效缓解因地下水超采而引发的地表沉降等环境问题，实现了地下水循环利用的目标。

技术参数：选址时首先考虑区域地形的变化（洼地识别）；其次应集中在污染物主要流经的地带（水系沟渠缓冲区）或低洼水田、坑塘与未利用地；最后应参考退化湿地或低洼易涝地自身特征，尽量选择明水面大、植被覆盖度高的区域，使其具有足够的空间使污水有合理的停留时间。最好选择黏性土壤的底质（图 6-10）。

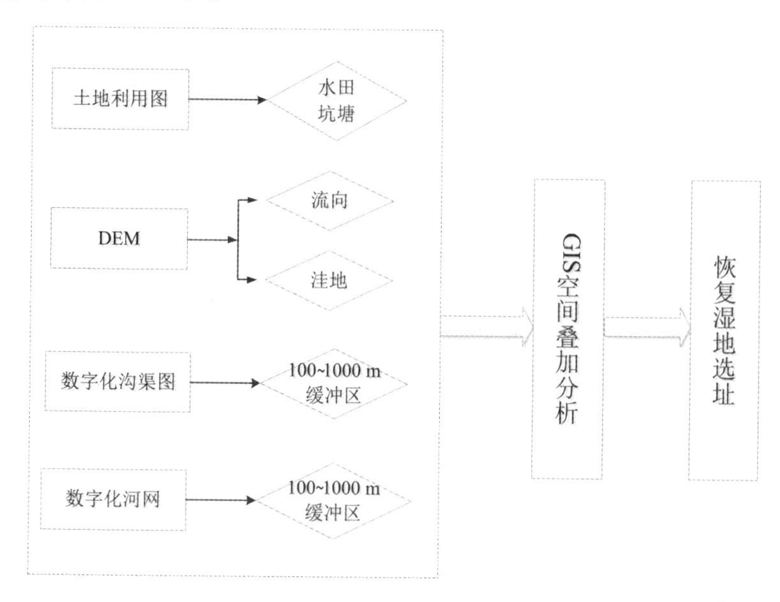

图 6-10 技术路线

技术效果：农田退水可直接作为湿地生态补水的水源进行天然退化湿地的恢复，充分发挥湿地的水质净化功能，在削减氮磷污染物的同时，实现湿地其他生态功能的恢复。

6.4 农业排水循环利用技术模式应用与效果

6.4.1 技术模式

目前以湿地水生态健康为约束，以经济、环境效益最大化为目标，已有较为成熟的农田排水循环利用的技术方法，在退化湿地、洼地集中区域，充分利用稻田退水这一宝贵资源，实现净化后退水补给地下水源、湿地生态补水和农田回用灌溉等，促进我国农业的可持续发展。农田排水循环利用技术模式遵循以下原则：

（1）不同灌溉水源农田退水：地下水灌溉区退水尽量直接农田回用，地表水灌溉区退水尽量作为湿地生态补给水源。

（2）不同尺度农田退水：就近回用，即通过抽取田块周边沟渠、生态坝（冰坝）截留退水或微型湿地蓄水，就近回用至农田；跨区域调配，即通过GIS空间分析，估算农田周边洼地面积与容纳退水体积，并利用基础地理数据与统计年鉴估算农田面源污染物入河风险及负荷，在此基础上筛选适用于恢复的低洼地及退化湿地进行生态调水补给。

6.4.1.1 流域尺度农田排水补给退化湿地

针对三江平原多数湿地保护区因缺水退化，以及区域集约化水田大量农业退水排放带来的面源污染等问题，利用农田退水补给现有低洼易涝地及残存的退化湿地，净化水田退水中的污染物，并将净化后的退水作为保护区湿地生态补水的水源，以达到充分利用水资源、补充湿地生态用水和区域水质安全“三重”目标。通过改造原有退化湿地以及低洼易涝地作为水田退水处理区来实现对退水中面源污染物的净化以及水田退水在湿地保育中的应用，还需要考虑多种因素，如每个保护区的地形地貌特征和周边农田、排干分布，农田化肥施用量变化，年内和年际间降雨和蒸发等气象因素变化导致的需水量变化以及面源污染物浓度和退水量的季节性差异等。

6.4.1.2 微型湿地蓄水回用

以人工湿地构建原理为依据，通过强化措施，使坑塘成为微型湿地，进而实现蓄水与削减营养盐功能，使其成为潜在的水质防控 BMPs 措施削减区域农业面源污染负荷，为保护与利用这一宝贵的自然资源提供了新思路。通过构建坑塘与排水沟渠、稻田的稳定水力联系，可将其恢复为微型湿地。在补给湿地的同时，实现对农田排水的蓄存。

6.4.1.3 生态基质坝蓄水回用技术

结合东北地区的气候特点和试验区污染物特征，构建了一种施工简便、易维护、耐冻胀，并能够高效去除农田退水中氮磷污染的生态基质坝。该生态基质坝可在沟渠内拦截农田退水中的氮磷等污染物质，并有效解决了低温冻胀容易破坏坝体骨架的问题，具有建造和维护成本低廉、美化环境的效果；对沟渠干扰相对较小，改善沟渠生态功能，有利于寒区农田退水面源污染的防治。生态基质坝蓄水回用技术的原理是，作物生长季基质坝通过拦蓄沟渠排水，去除污染物与泥沙，并根据稻田水位变化直接进行补给回用；进入冬季，以基质坝为核心，浇筑冰坝，贮存农田退水与雪水，用于春季泡田。

6.4.2 应用

6.4.2.1 流域尺度农田排水回用

（1）地点

东北三江平原。

（2）示范内容

低洼、易涝闲置地可容纳农田排水估算。

（3）技术参数优化

1）数据来源及预处理

东北地区2015年土地利用数据源于中国科学院东北地理与农业生态研究所，由TM与中巴资源卫星CBERS遥感影像经人工目视解译得到，将区域内25类二级土地利用类型按照分析需求进行合并，最终得到7类一级土地利用类型，分别为林地、草地、湿地、水体、居民点、耕地和其他。DEM、DLG数据来源于国家基础地理信息中心，精度为1:25万；土壤质地图来源于数字化东北地区土壤图，精度为1:50万。

2）洼地识别

洼地一般是指相邻8个栅格的高程都不低于中心栅格的高程，还有一种洼地叫入流洼地，是指满足洼地的条件时，存在相邻栅格的高程大于中心单元高程。首先，遍历DEM的所有栅格，遇到入流洼地和洼地进行如下处理：以洼地栅格为中心，使用5×5的窗体对窗体内的栅格进行遍历，中心栅格和中心栅格相的8个栅格首先被标记，剩下的栅格如果能沿着下坡和平地到达中心栅格，则标记，否则不标记。这些被标记的栅格单元组成洼地集水区，集水区外围的栅格单元组成了集水区边界，需要在集水区中找到潜在的出流栅格。潜在出流栅格是指它至少有一个高程比它低的栅格，并且这个栅格不在窗体内，高程最低的潜在出流栅格叫最低潜在出流栅格。如果没有潜在出流栅格或者最低潜在出流栅格的高程比集水区边界最低栅格的高程高，那么填洼还没有结束。扩大窗口为7×7，以此类推，直到存在潜在出流栅格且最低出流栅格的高程不高于集水区边界的最低栅格高程。比较最低潜在出流点的高程和中心栅格的高程，如果最低潜在出流点的高程比中心栅格的高程高，那么该处是个洼地。把集水区内高程比出流栅格低的栅格赋值为出流栅格的高程，完成填洼。

在填洼基础上，运用原始DEM进行空间分析，得到三江平原洼地面积2 9817 km^2，占三江平原总面积的27.47%，可蓄水体积为1 363亿m^3。

3）可利用地提取

将土地利用类型中水田、坑塘水面、裸地等作为湿地建设的可利用地，提取为一个栅格文件为下一步分析做准备，面积为 17 839.80 km^2。

6.4.2.2 微型湿地蓄水回用

（1）地点

黑龙江省密山市兴凯湖农场。

（2）规模

在面积为 2 000 亩的水田灌溉区域开展应用，发现多处天然及人为活动造成的坑塘，共计构建微型湿地 10 余处。坑塘水面面积为 20 ~ 80 m^2，深度为 1.5 ~ 3.0 m。

（3）示范内容

坑塘湿地储蓄农田排水回用。

（4）技术参数优化

选择渠系连接处并毗邻水田的坑塘，同时适当加深、加宽废弃坑塘，配置黑藻、睡莲、荇菜与香蒲、菰，投放碎石、生物炭等作为基质，并用水泵抽取蓄水向水田供水。

6.4.2.3 生态基质坝蓄水回用

（1）地点

黑龙江省密山市兴凯湖农场。

（2）规模

在面积为 2 000 亩的水田灌溉区域开展应用，共设置 30 余处不同填充物料基质坝。生态坝长度为 1.0 ~ 3.0 m，平均水位为 0.5 m，建造生态坝高度为 0.7 m，坝体宽度为 1.5 m，其中植物层为 0.3 m、吸附层为 0.5 m、过滤层为 0.4 m、排水层为 0.3 m。

（3）示范内容

夏季基质坝蓄水回用；冬季浇筑冰坝，春季插秧、育秧用水。

（4）技术参数优化

生态坝建造简单易行，各层生态袋基质强度高、耐高寒且易于微生物附着。农田退水在植物层通过土壤和植物根系吸收或吸附污染物质，吸附层为吸附污染物主要单元，在吸附层去除农田退水中TN、TP、NO_3^-、NH_4^+，农田退水通过过滤层和排水层后完成处理。生态袋由土工布缝制而成，长 × 宽 × 高为50 cm × 30 cm × 30 cm。植物层的生态袋内装有当地土壤和植物种子；堆叠吸附层的生态袋内装有吸附材料；所述堆叠过滤层的生态袋内装有当地土壤和过滤材料；所述堆叠排水层的生态袋内装有排水材料。生态坝沿水流方向依次为植物层、吸附层、过滤层和排水层，各层均由多层生态袋堆叠而成，生态袋之间及生态袋与沟渠接触的底部和侧部通过连接扣固定。本实施方式各层生态袋内基质由以下体积比组分组成：植物层1生态袋5：当地土壤85%，植物种子15%，其中植物种子为美人蕉；吸附层2生态袋5：生物炭100%；过滤层3生态袋5：土壤50%，细沙50%；排水层4生态袋5：陶粒80%，粗沙20%。

6.4.3 应用效果

6.4.3.1 流域尺度农田排水回用

可恢复湿地面积及蓄水容积，其中蓄水量最小（30.13亿 m^3）的是将深度为5 m以下100 m水系缓冲带内水田恢复成湿地，占地面积为315.46 km^2；蓄水量最大（246.92 m^3）的是将1 000 m水系缓冲带低洼水田恢复成湿地，占地面积为4 464.81 km^2（表6-7）。

表6-7 可恢复湿地面积及蓄水体积

洼地深度 / m	体积 / 亿 m^3	面积 / km^2	占洼地总体积比例 / %	占洼地总面积比例 / %	占三江平原水田面积比例 / %
大于0	40.16	758.54	0.70	2.54	4.33
	74.02	1 393.46	4.52	4.66	7.96
	157.52	2 901.04	9.63	9.70	16.57
	246.92	4 464.81	15.09	14.93	25.50

续表

洼地深度 / m	体积 / 亿 m^3	面积 / km^2	占洼地总体积比例 / %	占洼地总面积比例 / %	占三江平原水田面积比例 / %
大于 3	36.33	495.38	0.46	1.66	2.83
	66.95	907.30	4.09	3.03	5.18
	143.02	1 904.74	8.74	6.37	10.88
	224.93	2 954.80	13.75	9.88	16.88
大于 5	30.13	315.46	0.29	1.06	1.80
	55.56	577.25	3.40	1.93	3.30
	119.61	1 225.93	7.31	4.10	7.00
	184.13	1 920.18	11.25	6.42	10.97

6.4.3.2 微型湿地蓄水回用

可蓄积近 400 亩耕地的农田退水，实现 25% 农田排水循环利用，同时面源污染负荷削减率达 35%。实际效果见图 6-11。

图 6-11 微型湿地蓄水回用实际效果图

6.4.3.3 生态基质坝蓄水回用

技术效果：可实现沟渠内30%农田排水回用，同时农业与生活废弃物（秸秆、炉渣）也可循环利用，面源污染负荷削减率达55%（图6-12，图6-13）。

图6-12 生态坝蓄水回用实际效果图

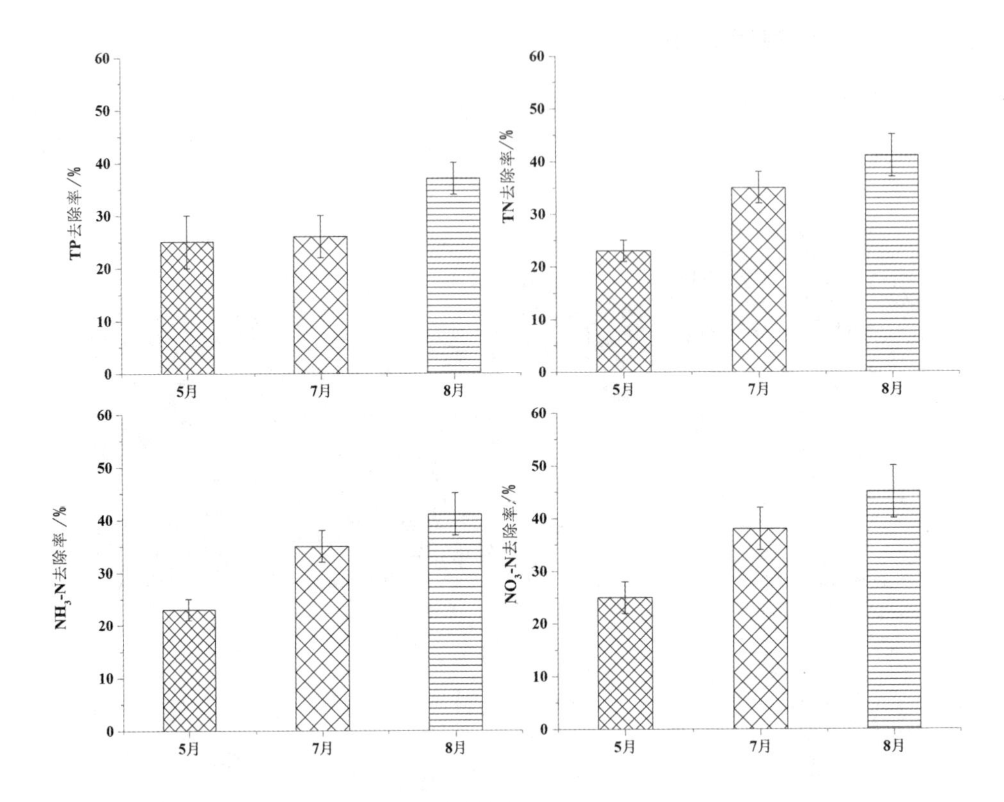

图 6-13 生态基质坝污染物去除效率

参考文献

[1] 安婧，宫晓双，陈宏伟，等 . 沈抚灌区农田土壤重金属污染时空变化特征及生态健康风险评价 [J]. 农业环境科学报，2016，35(01)：37-44.
[2] 安娜 . 辽宁省农业面源污染现状及管控措施 [J]. 现代农业科技，2015(21)：212-213.
[3] 安增莉 . 生物炭的制备及其对 Pb(Ⅱ) 的吸附特性研究 [D]. 泉州：华侨大学，2011.
[4] 卜元卿，孔源，智勇，等 . 化学农药对环境的污染及其防控对策建议 [J]. 中国农业科技导报，2014，16(02)：19-25.
[5] 蔡强国 . 坡面细沟发生临界条件研究 [J]. 泥沙研究，1998(01)：3-5.
[6] 曹春 . 甘肃白银污灌区土壤 - 蔬菜体系金属循环过程：植物富集与释放 [D]. 兰州：兰州大学，2016.
[7] 曾伟，潘扬彬，李腊梅 . 农户采用环境友好型农药行为的影响因素研究——对山东蔬菜主产区的实证分析 [J]. 中国农学通报，2016，32(23)：199-204.
[8] 柴华，何念鹏 . 中国土壤容重特征及其对区域碳贮量估算的意义 [J]. 生态学报，2016，36(13)：3903-3910.
[9] 陈宝奎，陈洪存，郑克勤，等 . 水稻田施用生物有机肥替代无机化肥试验 [J]. 北京农业，2007(09)：13-14.
[10] 陈海潇 . 不同类型土壤氨挥发特性和硝态氮累积的研究 [D]. 长春：吉林农业大学，2015.
[11] 陈立才，李艳大，秦战强，等 . 侧深施用控释肥对机插中稻生长、产量及氮肥农学效率的影响 [J]. 安徽农业大学学报，2020，177(05)：158-163.
[12] 陈能场，郑煜基，何晓峰，等 .《全国土壤污染状况调查公报》探析 [J]. 农业环境科学学报，2017，36(09)：1689-1692.
[13] 陈守伦，杜森，高祥照，等 . 我国玉米施肥存在问题及建议 [J]. 中国

农技推广，2001(02)：34-35.
[14] 陈帅，陈强，孙涛，等．黑土坡耕地秸秆覆盖对表层土壤结构和导气性的影响 [J]. 水土保持通报，2016，36(01)：17-21.
[15] 陈体先．现代农业视域下果园化肥、农药“双控双降”路径研究 [J]. 中国园艺文摘，2015，31(12)：192-195.
[16] 陈温福，张伟明，孟军．生物炭与农业环境研究回顾与展望 [J]. 农业环境科学学报，2014，33(05)：821-828.
[17] 陈雪，蔡国强，王学强．典型黑土区坡耕地水土保持措施适宜性分析 [J]. 中国水土保持科学，2008，6(05)：44-49.
[18] 陈雨生，乔娟，闫逢柱．农户无公害认证蔬菜生产意愿影响因素的实证分析——以北京市为例 [J]. 农业经济问题，2009，30(06)：34-39.
[19] 程红玉，肖占文，赵芸晨，等．地膜残留对春玉米生长发育和产量的影响 [J]. 农业开发与装备，2019(09)：108-109.
[20] 程名望，史清华．个人特征、家庭特征与农村剩余劳动力转移——一个基于 Probit 模型的实证分析 [J]. 经济评论，2010，1(04)：49-55.
[21] 程品．松原灌区开发对土壤盐渍化的影响研究 [D]. 长春：吉林大学，2016.
[22] 仇相玮，胡继连．我国农药使用量增长的驱动因素分解：基于种植结构调整的视角 [J]. 生态与农村环境学报，2020，36(03)：325-333.
[23] 初炳瑶，陈法军，马占鸿．农业生物多样性控制作物病虫害的方法与原理 [J]. 应用昆虫学报，2020，57(01)：28-40.
[24] 代允．结合“土十条”谈我国土壤污染及其防治问题 [J]. 资源节约与环保，2018，30(06)：96-98.
[25] 丁叮，杨波．吉林省农业面源污染成因及对策 [J]. 农业与技术，2014，34(10)：26-27.
[26] 丁雪．湖南浏阳市镉污染社会问责问题研究 [D]. 沈阳：辽宁大学，

2012.
[27] 多馨曲 . 缓释氮肥与脲酶 / 硝化抑制剂对东北黑土玉米农田温室气体排放的影响 [D]. 延吉：延边大学，2019.
[28] 樊贵盛，贾宏骥，李海燕 . 影响冻融土壤水分入渗特性主要因素的试验研究 [J]. 农业工程学报，1999(04)：88-94.
[29] 樊霆，叶文玲，陈海燕，等 . 农田土壤重金属污染状况及修复技术研究 [J]. 生态环境学报，2013，22(10)：1727-1736.
[30] 冯国忠，焉莉，王寅，等 . 吉林省玉米推荐施肥指标体系的建立 [J]. 玉米科学，2017，25(06)：142-147.
[31] 付强，侯仁杰，李天霄，等 . 冻融土壤水热迁移与作用机理研究 [J]. 农业机械学报，2016，47(12)：99-110.
[32] 高凤杰，张柏，王宗明，等 . 基于 GIS 与 USLE 的牡丹江市退耕还林前后水土流失变化研究 [J]. 农业现代化研究，2010，31(5)：612-616.
[33] 高洪军，朱平，彭畅，等 . 不同施肥方式对东北春玉米农田土壤水热特征的影响 [J]. 水土保持学报，2015，29(04)：195-200.
[34] 高阳俊，张乃明 . 施用磷肥对环境的影响探讨 [J]. 中国农学通报，2003(06)：162-165.
[35] 耿婵 .GIS 技术支持下的小流域土壤侵蚀量研究 [D]. 西安：西安科技大学，2011.
[36] 贺缠生，傅伯杰，陈利顶 . 非点源污染的管理及控制 [J]. 环境科学，1998(05)：88-92.
[37] 宫斌斌，刘帅， 杨宁，等 . 东北三省粮食产量结构变动分析与对策建议——基于偏离 - 份额分析法 [J]. 江苏农业科学，2017，45(19)：128-131.
[38] 谷学佳，王玉峰，张磊，等 . 施肥插秧一体化技术对水稻产量及氮素流失的影响 [J]. 黑龙江农业科学，2017(08)：12-16.
[39] 顾峰雪，黄玫，张远东，等 . 氮输入对中国东北地区土壤碳蓄积的影

响 [J]. 生态学报，2016，36(17)：5379-5390.
[40] 顾娟，李秀芬，齐希光，等. 固态微生物菌剂的制备及其在好氧堆肥中的应用 [J]. 环境工程学报，2020，14(01)：253-261.
[41] 关桐桐 . 三江平原灌区对耕地利用及生产力的影响研究 [D]. 哈尔滨：东北农业大学，2019.
[42] 国务院办公厅 . 国务院办公厅关于切实加强高标准农田建设提升国家粮食安全保障能力的意见 [EB/OL].(2019-11-21)[2022-12-30].http://www.gov.cn/zhengce/content/2019-11/21/content_5454205.htm.
[43] 国务院 . 国务院关于在自由贸易试验区开展“证照分离”改革全覆盖试点的通知 [EB/OL].(2019-11-15)[2022-12-30].http://www.gov.cn/zhengce/content/2019-11/15/content_5451900.htm.
[44] 韩例娜，李裕元，石辉，等 . 水生植物对农田排水沟渠氮磷迁移生态阻控效果比较研究 [J]. 农业现代化研究，2012，33(01)：117-120.
[45] 韩文辉，赵颖，刘娟 . 基于重金属污染的太原市小店污灌区土壤综合肥力质量评价 [J]. 中国水土保持，2018，46(03)：50-69.
[46] 何超，王磊，郑粉莉，等 . 垄作方式对薄层黑土区坡面土壤侵蚀的影响 [J]. 水土保持学报，201，32(05)：24-28.
[47] 何传瑞，全智，解宏图，等 . 免耕不同秸秆覆盖量对土壤可溶性氮素累积及运移的影响 [J]. 生态学杂志，2016，35(04)：977-983.
[48] 何军，崔远来，王建鹏，等 . 不同尺度稻田氮磷排放规律试验 [J]. 农业工程学报，2010，26(10)：56-62.
[49] 和继军，蔡强国，王学强 . 北方土石山区坡耕地水土保持措施的空间有效配置 [J]. 地理研究，2010，29(06)：1017-1026.
[50] 和鑫 . 西安原污灌区土壤重金属生态风险评价及健康风险评估 [D]. 西安：西北大学，2018.
[51] 洪传春，刘某承，李文华 . 我国化肥投入面源污染控制政策评估 [J].

干旱区资源与环境，2015，29(04)：1-6.
[52] 洪春来，魏幼璋，黄锦法，等 . 秸秆全量直接还田对土壤肥力及农田生态环境的影响研究 [J]. 浙江大学学报（农业与生命科学版），2003，29(06)：627-633.
[53] 侯云鹏，孔丽丽，刘志全，等 . 覆膜滴灌条件下磷肥后移对玉米物质生产与磷素吸收利用的调控效应 [J]. 玉米科学，2019，27(06)：138-144.
[54] 胡心亮，夏品华，胡继伟，等 . 农业面源污染现状及防治对策 [J]. 贵州农业科学，2011，39(06)：211-215.
[55] 胡雨彤，郝明德，付威，等 . 不同降水年型和施磷水平对小麦产量的效应 [J]. 中国农业科学，2017，50(02)：299-309.
[56] 黄昌勇，徐建明 . 土壤学 [M]. 北京：中国农业出版社，2010：199-202.
[57] 黄季焜，齐亮，陈瑞剑 . 技术信息知识、风险偏好与农民施用农药 [J]. 管理世界，2008，32(05)：71-76.
[58] 黄满湘，章申，张国梁 . 应用大型原状土柱渗漏计测定冬小麦 - 夏玉米轮作期硝态氮淋失 [J]. 环境科学学报，2003，23(01)：11-16.
[59] 黄晓丽 . 浅谈高标准农田水稻育苗技术 [J]. 农业与技术，2018，301(08)：51.
[60] 黄祖辉，钱峰燕 . 茶农行为对茶叶安全性的影响分析 [J]. 南京农业大学学报（社会科学版），2005，12(01)：39-44.
[61] 嵇东，孙红 . 农田土壤重金属污染状况及修复技术研究 [J]. 农业开发与装备，2018，10(12)：74-75.
[62] 吉艳芝，刘辰琛，巨晓棠，等 . 根层调控对填闲作物消减设施蔬菜土壤累积硝态氮的影响 [J]. 中国农业科学，2010，43(24)：5063-5072.
[63] 贾利 . 东北黑土带土地资源可持续发展问题与对策研究 [J]. 中国农学通报，2005，30(04)：352-354.

[64] 贾林 . 施用农药造成面源污染的调查及防治对策 [J]. 现代农业科技，2008(06)：108-109.
[65] 贾雪莉，董海荣，戚丽丽，等 . 蔬菜种植户农药使用行为研究——以河北省为例 [J]. 林业经济问题，2011，31(03)：266-270.
[66] 姜健，周静，孙若愚 . 菜农过量施用农药行为分析——以辽宁省蔬菜种植户为例 [J]. 农业技术经济，2017，27(11)：16-25.
[67] 姜玉玲 . 河南省重点污灌区土壤重金属的垂直分布特征 [D]. 开封：河南大学，2017.
[68] 蒋华云，冯有智，王一明，等 .Bacillusasahii OM18 菌剂载体筛选及其对玉米的促生效果 [J]. 南京师范大学学报（自然科学版），2020，43(01)：122-128.
[69] 焦珂伟，李凤祥，周启星 . 松花江流域营养盐的空间分布及污染等级评价 [J]. 农业环境科学学报，2015，34(04)：769-775.
[70] 焦少俊，胡夏民，潘根兴，等 . 施肥对太湖地区青紫泥水稻土稻季农田氮磷流失的影响 [J]. 生态学杂志，2007(04)：495-500.
[71] 金涛，陆建飞 . 江苏粮食生产地域分化的耕地因素分解 [J]. 经济地理，2011，31(11)：1886-1890.
[72] 金相灿，贺凯，卢少勇，等 .4 种填料对氨氮的吸附效果 [J]. 湖泊科学，2008(06)：755-760.
[73] 金泽平 . 从云南曲靖铬渣倾倒案件谈铬污染 [J]. 科技风，2011，12(19)：10-13.
[74] 隽英华，田路路，刘艳，等 . 农田黑土氮素转化特征对冻融作用的响应 [J]. 中国土壤与肥料，2019(06)：38-43.
[75] 冷疏影，宋长青 ."土壤腐殖酸与酶相互作用机制及其对酶特性的影响"研究成果介绍 [J]. 地球科学进展，2013，28(11)：1283-1284.
[76] 李佰重 . 不同施氮水平对春玉米氮素利用及土壤氮素残留的影响 [D].

呼和浩特：内蒙古农业大学，2014.
[77] 李光宇 . 浅谈高标准农田水稻育苗技术 [J]. 农村实用科技信息，2015(10)：10.
[78] 李昊，李世平，南灵，等 . 中国农户环境友好型农药施用行为影响因素的 Meta 分析 [J]. 资源科学，2018，40(01)：74-88.
[79] 李佳琪 . 农业灌溉退水环境影响评价方法及案例应用研究 [D]. 哈尔滨: 哈尔滨工业大学，2012.
[80] 李建军，李玉庆 . 农田面源污染现状及研究进展 [J]. 中国科技信息，2017(19)：65-67.
[81] 李金文，顾凯，唐朝生，等 . 生物炭对土体物理化学性质影响的研究进展 [J]. 浙江大学学报（工学版），2018，21(01)：192-206.
[82] 李静 . 黑龙江省粮食生产影响因素研究 [D]. 哈尔滨：东北农业大学，2014.
[83] 李立新，陈英智，董景海 . 东北低山丘陵区小流域水土流失防治措施的布设及效益评估——以黑龙江省宁安市和盛小流域为例 [J]. 水土保持通报，2016，36(01)：253-258.
[84] 李娜，黎佳茜，李国文，等 . 中国典型湖泊富营养化现状与区域性差异分析 [J]. 水生生物学报，2018，42(04)：854-864.
[85] 李青山，苏保健 . 新立城水库藻类污染成因分析及治理对策措施 [J]. 水文，2008，28(06)：45-46.
[86] 李如忠，邹阳，徐晶晶，等 . 瓦埠湖流域庄墓镇农田土壤氮磷分布及流失风险评估 [J]. 环境科学，2014，35(03)：1051-1059.
[87] 李胜龙，李和平，林艺，等 . 东北地区不同耕作方式农田土壤风蚀特征 [J]. 水土保持学报，2019，33(04)：110-118，220.
[88] 李爽 . 基于 GIS 的吉林省耕地地力评价研究 [D]. 长春：吉林农业大学，2017.

[89] 李卫伟，张武云，王丽英，等．山西省农药使用量主要影响因素分析及减量对策探讨 [J]. 中国植保导刊，2018，38(10)：81-84.
[90] 李文超，刘申，刘宏斌，等．国内外磷指数评价指标体系研究进展 [J]. 土壤通报，2016，47(02)：489-498.
[91] 李文戈，金华峰．α -Fe2O3 纳米粉体的低温燃烧合成与表征 [J]. 微细加工技术，2008，12(02)：12-14.
[92] 李文明，秦兴民，李青阳，等．控制释放技术及其在农药中的应用 [J]. 农药，2014，53(06)：394-398，438.
[93] 李新旺，门明新，王树涛，等．长期施肥对华北平原潮土作物产量及农田养分平衡的影响 [J]. 草业学报，2009，18(01)：9-16.
[94] 李轶，巩俊璐，卢丹妮，等．沼肥对污灌区棕壤土重金属 Cd 和 As 的影响 [J]. 中国沼气，2018，36(01)：15-18.
[95] 李永涛，蔺中，李晓敏，等．蚯蚓和堆肥固定化添加模式对漆酶降解土壤五氯酚的影响 [J]. 生态环境学报，2011，20(11)：1739-1744.
[96] 李长一．炭砖石墨化度的 X 射线衍射测定方法——非晶态定量相分析 [J]. 钢铁研究，1992，11(02)：32-35.
[97] 李正兴，李海福．生物炭对土壤理化性质影响的国内外研究现状分析 [J]. 农业开发与装备，2015，10(02)：61，67.
[98] 连彩云，马忠明．北方平原区春玉米化学氮肥投入阈值 [J]. 西北农业学报，2016，25(01)：9-15.
[99] 梁善，郭秋萍，杜建军，等．生态沟渠对水中氮磷去除效果的模拟研究 [J]. 广东农业科学，2019，46(12)：74-82.
[100] 梁卫，袁静超，张洪喜，等．东北地区玉米秸秆还田培肥机理及相关技术研究进展 [J]. 东北农业科学，2016，41(02)：44-49.
[101] 廖青，韦广泼，江泽普，等．畜禽粪便资源化利用研究进展 [J]. 南方农业学报，2013，44(02)：338-343.

[102] 刘宝元，阎百兴，沈波，等 . 东北黑土区农地水土流失现状与综合治理对策 [J]. 中国水土保持科学，2008，6(01)：1-8.
[103] 刘琛，张莉，林义成，等 . 不同施肥模式下苕溪流域水稻田和蔬菜地氮磷流失规律 [J]. 浙江农业学报，2019，31(02)：130-139.
[104] 刘大千，刘世薇，温鑫 . 东北地区粮食生产结构时空演变 [J]. 经济地理，2019，39(05)：163-170.
[105] 刘红江，郭智，郑建初，等 .2017. 太湖地区氮肥减量对水稻产量和氮素流失的影响 [J]. 生态学杂志，2017，36(03)：713-718.
[106] 刘红玉 . 流域湿地景观变化及其累积效应研究——以三江平原典型流域为例 [D]. 北京：中国科学院研究生院，2004.
[107] 刘欢 . 西安污灌区土壤的调查与修复 [D]. 西安：西北大学，2017.
[108] 刘钦普 . 中国化肥施用强度及环境安全阈值时空变化 [J]. 农业工程学报，2017，33(06)：214-221.
[109] 刘庆玉，焦银珠，艾天，等 . 农业非点源污染及其防治措施 [J]. 农机化研究，2008(04)：191-194，230.
[110] 刘晚苟，山仑 . 不同土壤水分条件下容重对玉米生长的影响 [J]. 应用生态学报，2003(11)：1906-1910.
[111] 刘巍 . 黑龙江省灌溉水利用效率时空分异规律及节水潜力研究 [D]. 哈尔滨：东北农业大学，2017.
[112] 刘宪春，温美丽，刘洪鹄 . 东北黑土区水土流失及防治对策研究 [J]. 水土保持研究，2005，12(02)：74-76，79 .
[113] 刘晓永，王秀斌，李书田，等 . 中国农田畜禽粪尿氮负荷量及其还田潜力 [J]. 环境科学，2018，39(12)：5723-5739.
[114] 刘星，郑贵廷 . 东北地区粮食安全影响因素和保障措施分析 [J]. 长春师范学院学报，2013，32(05)：11-15.
[115] 刘星 . 东北地区粮食储备安全研究 [D]. 长春：吉林大学，2013.

[116] 刘兴士，阎百兴 . 东北黑土区水土流失与粮食安全 [J]. 中国水土保持，2009(01)：17-19.
[117] 刘绪军，延秀杰 . 黑土区植物篱带对土壤抗蚀性作用效果研究 [J]. 土壤通报，2018，49(05)：1214-1219.
[118] 刘玉，高秉博，潘瑜春，等 . 基于 LMDI 模型的黄淮海地区县域粮食生产影响因素分解 [J]. 农业工程学报，2013，29(21)：1-10.
[119] 刘玉，潘瑜春，任旭红，等 . 基于 LMDI 的粮食生产因素分解模型及实证分析——以河南省为例 [J]. 北京大学学报（自然科学版），2014，50(05)：887-894.
[120] 卢平 . 日本农用薄膜的应用 [J]. 世界农业，1991，10(09)：17-18.
[121] 卢少勇，万正芬，李锋民，等 .29 种湿地填料对氨氮的吸附解吸性能比较 [J]. 环境科学研究，2016，29(08)：1187-1194.
[122] 卢涛，马克明，傅伯杰，等 . 三江平原沟渠网络结构对区域景观格局的影响 [J]. 生态学报，2008，28(06)：2746-2752.
[123] 鲁如坤，时正元 . 施用磷肥对红壤保水能力的影响 [J]. 土壤，2000(03)：165-166.
[124] 罗敏，黄佳芳，刘育秀 . 根系活动对湿地植物根际铁异化还原的影响及机制研究进展 [J]. 生态学报，2017，37(01)：156-166.
[125] 罗毅，张永利，夏先江，等 . 一种茶树促生菌固化剂的研制及其施用效果 [J]. 中国土壤与肥料，2020(01)：216-222.
[126] 罗振军 . 种粮大户借贷行为及其福利效果研究 [D]. 沈阳：沈阳农业大学，2017.
[127] 吕文强，党宏忠，周泽福，等 . 北方带状植物篱土壤水分物理性质分异特征 [J]. 水土保持学报，2015，29(03)：86-91，97.
[128] 马广庆 . 吉林省西部松原灌区水田开发对地表水质和土壤环境的影响 [D]. 长春：吉林大学，2010.

[129] 马广文，王业耀，香宝，等 . 松花江流域非点源氮磷负荷及其差异特征 [J]. 农业工程学报，2011，27(14)：163-169.
[130] 马雪晴，胡琦，潘学标，等 .1961—2015 年华北平原夏玉米生长季气候年型及其影响分析 [J]. 中国农业气象，2019，40(2)：65-75.
[131] 马叶舟 . 山西省静乐县污灌区农田土壤养分含量及重金属污染评价 [D]. 太原：山西农业大学，2018.
[132] 马永胜，魏永霞，冯江，等 . 垄作区田的设计方法 [J]. 沈阳农业大学学报，2004，35(Z1)：583-585.
[133] 梅四卫，朱涵珍，王术，等 . 不同覆盖方式对土壤水肥热状况以及玉米产量影响 [J]. 灌溉排水学报，2020，39(04)：68-73.
[134] 孟楠 . 典型污灌区 Cd 超标农田的安全利用技术研究 [D]. 北京：中国农业科学院，2019.
[135] 倪志凡，黎岭芳，陆嘉麒，等 . 生态坝微生物与水生植物的水质净化机制研究 [J]. 中国给水排水，2016，32 (05)：32-37.
[136] 聂艳，周勇，朱海燕 . 基于 GIS 和 PSR 模型的农用地资源评价研究 [J]. 水土保持学报，2004，18(2)：92-96.
[137] 牛晓乐，秦富仓，杨振奇，等 . 黑土区坡耕地几种耕作措施水土保持效益研究 [J]. 灌溉排水学报，2019，38(05)：67-72.
[138] 欧阳威，蔡冠清，黄浩波，等 . 小流域农业面源氮污染时空特征及与土壤呼吸硝化关系分析 [J]. 环境科学，2014，35(6)：2411-2418.
[139] 庞树江，王晓燕 . 流域尺度非点源总氮输出系数改进模型的应用 [J]. 农业工程学报，2017(18)：213-223.
[140] 裴瑞娜 . 长期施肥下我国典型农田土壤有效磷对磷盈亏的响应 [D]. 兰州：甘肃农业大学，2010.
[141] 彭畅，朱平，牛红红，等 . 农田氮磷流失与农业非点源污染及其防治 [J]. 土壤通报，2010，41(02)：508-512.

[142] 彭畅 . 吉林半湿润区玉米旱田氮素收支特征及适宜用量研究 [D]. 沈阳：沈阳农业大学，2015.

[143] 彭畅，朱平，张秀芝，等 . 基于渗漏池法研究施肥对东北中部雨养区玉米氮素地下淋溶的影响 [J]. 玉米科学，2015，23(06)：125-130.

[144] 彭世彰，熊玉江，罗玉峰，等 . 稻田与沟塘湿地协同原位削减排水中氮磷的效果 [J]. 水利学报，2013，44(06)：657-663.

[145] 彭星辉 . 淹水稻田氮素淋溶损失及其控制 [J]. 湖南农业科学，2006(05)：58-61.

[146] 蒲玉琳 . 植物篱 - 农作模式控制坡耕地氮磷流失效应及综合生态效益评价 [D]. 成都：西南大学，2013.

[147] 蒲玉琳，谢德体，倪九派，等 . 紫色土区坡耕地植物篱模式综合生态效益评价 [J]. 中国生态农业学报，2014，22(01)：44-51.

[148] 乔斌 . 农田生态沟渠对稻田降雨径流氮磷的去除实验与模拟研究 [D]. 天津：天津大学，2016.

[149] 乔少卿 . 不同施肥措施对东北春玉米氮素利用率和温室气体的影响 [D]. 延安：延安大学，2018.

[150] 丘雯文，钟涨宝，李兆亮，等 . 中国农业面源污染排放格局的时空特征 [J]. 中国农业资源与区划，2019，40(01)：26-34.

[151] 邱立春，孙跃龙，王瑞丽，等 . 秸秆深还对土壤水分转移及产量的影响 [J]. 玉米科学，2015，23(06)：84-91.

[152] 瞿逸舟，阳检，吴林海 . 分散农户农药施用行为与影响因素研究 [J]. 黑龙江农业科学，2013，13(01)：60-65.

[153] 曲咏，许海波，律其鑫 . 东北典型黑土区水土流失成因及治理措施 [J]. 长春师范大学学报，2019，38(12)：111-114.

[154] 任天志，刘宏斌，范先鹏，等 . 全国农田面源污染排放系数手册 [M]. 北京：中国农业出版社，2015.

[155] 任重，薛兴利 . 粮农无公害农药使用意愿及其影响因素分析——基于 609 户种粮户的实证研究 [J]. 干旱区资源与环境，2016，30(07)：31-36.
[156] 邵振润，唐启义，束放，等 . 未来五年我国农药用量趋势预测 [J]. 农药，2010，49(05)：317-320.
[157] 申越，王琰，崔博，等 . 刺激响应型农药控释剂的研发与应用进展 [J]. 精细化工，2020，37(05)：876-882，911.
[158] 沈昌蒲 . 坡耕地水土保持新技术——垄向区田 [J]. 中国水土保持，2007(12)：77.
[159] 沈昌蒲，刘福 . 坡耕地垄作区田最佳挡距数学模型及其检验 [J]. 水土保持通报，1997，17(03)：1-5，20.
[160] 沈昌蒲，尹嘉峰 . 国内外研究垄作区田的情况 [J]. 水土保持科技情报，1995(02)：62-65.
[161] 沈体忠，朱明祥，肖杰 . 天门市土壤 - 水稻系统重金属迁移积累特征及其健康风险评估 [J]. 土壤通报，2014，45(01)：221-226.
[162] 沈万斌，刘景帅，杨玉红，等 . 新立城水库总磷优化管理 [J]. 水资源保护，2010，26(05)：20-23，28.
[163] 沈意 .Al/Fe 掺杂酸性水钠锰矿的表征及表面化学性质 [D]. 武汉：华中农业大学，2013.
[164] 师岩，李凤红，姜天赐 . 可生物降解膜材料的研究进展 [J]. 化工新型材料，2020，48(05)：16-19，25.
[165] 施君信，杨丹，孙忠辉 . 水稻促根壮苗营养液浸种及催芽断根应用技术研究 [J]. 黑龙江科技信息，2013(05)：214.
[166] 施卫明，薛利红，王建国，等 . 农村面源污染治理的“4R”理论与工程实践——生态拦截技术 [J]. 农业环境科学学报 . 2013，32(09)：1697-1704.
[167] 施迅 . 坡地改良利用中活篱笆的种类选择和水平空间结构初步研究

[J]. 生态农业研究，1995(02)：51-55.
[168] 石倩 . 辽宁省农业面源污染产生原因及对策 [J]. 农业科技与装备，2020(03)：79-81.
[169] 石玉林 . 东北地区有关水土资源配置、生态与环境保护和可持续发展的若干战略问题研究（农业卷）[M]. 北京：科学出版社，2007.
[170] 束放，唐启义，邵振运，等 . 我国农药需求影响因子分析 [J]. 农药，2010，49(04)：241-245.
[171] 司友斌，王慎强，陈怀满 . 农田氮、磷的流失与水体富营养化 [J]. 土壤，2000(04)：188-193.
[172] 宋科，徐爱国，张维理，等 . 太湖水网地区不同种植类型农田氮素渗漏流失研究 [J]. 南京农业大学学报，2009，32(03)：88-92.
[173] 宋伟，陈百明，刘琳 . 中国耕地土壤重金属污染概况 [J]. 水土保持研究，2013(02)：6.
[174] 宋玥，张忠学 . 不同耕作措施对黑土坡耕地土壤侵蚀的影响 [J]. 水土保持研究，2011，18(02)：14-16，25.
[175] 隋欣 . 基于USLE模型的黑龙江省水土流失动态变化研究 [D]. 哈尔滨：东北林业大学，2011.
[176] 孙铖，周华真，陈磊，等 . 东北三省农田化肥氮地下淋溶污染等级评估 [J]. 农业资源与环境学报，2017，35(05)：405-411.
[177] 孙款款，高露梅，刘龙超，等 . 农户减少施用农药的影响因素研究 [J]. 农村经济与科技，2019，30(13)：18-21.
[178] 孙秀秀，包丽颖，郁亚娟，等 . 哈尔滨地区农业面源污染负荷估算与分析 [J]. 安全与环境学报，2015，15(05)：300-305.
[179] 唐珧，刘平，白光洁，等 . 设施菜地氮素淋溶影响因素研究进展 [J]. 山西农业科学，2017，45(03)：473-476，481.
[180] 唐毅 . 黑土区生物炭对阿特拉津胁迫下玉米幼苗生理特征影响 [D].

哈尔滨：东北农业大学，2018.
[181] 陶春，高明，徐畅，等. 农业面源污染影响因子及控制技术的研究现状与展望 [J]. 土壤，2010，42(03)：336-343.
[182] 田蕴，杨雾晨. 重金属在地下水波动带土壤中的迁移规律研究 [J]. 环境科学与管理，2019，44(10)：40-44.
[183] 佟立杰，王莉，金龙日. 寒地低温高湿水稻大棚旱育壮苗技术 [J]. 北方水稻，2014，44(01)：43-45.
[184] 童霞，吴林海，山丽杰. 影响农药施用行为的农户特征研究 [J]. 农业技术经济，2011，20(11)：71-83.
[185] 童晓霞，崔远来，史伟达. 降雨对灌区农业面源污染影响规律的分布式模拟 [J]. 中国农村水利水电，2010(09)：33-35.
[186] 汪军，王德建，张刚，等. 连续全量秸秆还田与氮肥用量对农田土壤养分的影响 [J]. 水土保持学报，2010，24(05)：40- 44.
[187] 王宝桐，丁柏齐. 东北黑土区坡耕地防蚀耕作措施研究 [J]. 东北水利水电，2008，26(01)：64-65.
[188] 王斌. 基于 INTEC 模型估算黑龙江省森林碳源 / 汇时空变化 [D]. 哈尔滨：东北林业大学，2019.
[189] 王常伟，顾海英. 市场 VS 政府，什么力量影响了我国菜农农药用量的选择？ [J]. 管理世界，2013，50(11)：187-188.
[190] 王朝辉，李生秀，王西娜，等. 旱地土壤硝态氮残留淋溶及影响因素研究 [J]. 土壤，2006，38(06)：676-681.
[191] 王丹. 东北地区玉米施肥存在的问题与解决途径 [J]. 农业科技通讯，2013(07)：201-203.
[192] 王国敏，薛一飞. 东北地区农业水资源有效配置：理论阐释与实证研究 [J]. 天府新论，2013(03)：56-60.
[193] 王红丽，张绪成，于显枫，等. 半干旱区周年全膜覆盖对玉米田土

壤冻融特性和水热分布的影响 [J]. 应用生态学报，2020，31(04)：1146-1154.
[194] 王吉鹏，吴艳宏 . 磷的生物有效性对山地生态系统的影响 [J]. 生态学报，2016，36(05)：1204-1214.
[195] 王计磊，李子忠 . 东北黑土区水力侵蚀研究进展 [J]. 农业资源与环境学报，2018，35(05)：389-397.
[196] 王建华，李硕 . 基于质量兴农视角的农户安全生产行为逻辑研究——以农药施用为例 [J]. 宏观质量研究，2018，6(03)：119-128.
[197] 王娇娇 . 东北地区秸秆能源化利用现状调查与前景分析 [J]. 价值工程，2020，39(11)：50-51.
[198] 王静 . 不同土壤改良物质对燕麦生长发育及土壤理化性状的影响 [D]. 呼和浩特：内蒙古大学，2019.
[199] 王连峰，蔡延江，解宏图 . 冻融作用下土壤物理和微生物性状变化与氧化亚氮排放的关系 [J]. 应用生态学报，2007(10)：2361-2366.
[200] 王玲玲，何丙辉，李贞霞 . 等高植物篱技术研究进展 [J]. 中国生态农业学报，2003(02)：137-139.
[201] 王娜，范美蓉，刘双全，等 . 东北三省典型春玉米土壤剖面氮库变化及平衡特征 [J]. 中国农业科学，2016，49(05)：885-895.
[202] 王启，张辉，廖桂堂，等 . 四川省主要农业投入品时空变化特征及影响因素 [J]. 生态与农村环境学报，2018，34(08)：717-725.
[203] 王庆仁，李继云，李振声 . 高效利用土壤磷素的植物营养学研究 [J]. 生态学报，1999(03)：129-133.
[204] 王秋萍 . 果园农药污染成因及其治理措施 [J]. 中国果业信息，2014，31(09)：26-28.
[205] 王森，朱昌雄，耿兵 . 土壤氮磷流失途径的研究进展 [J]. 中国农学通报，2013，29(33)：22-25.

[206] 王文娟，张树文，李颖，等 . 基于 GIS 和 USLE 的三江平原土壤侵蚀定量评价 [J]. 干旱区资源与环境，2008，22(09)：112-117.
[207] 王星龙 . 农村面源污染治理对策研究 [J]. 农业资源与环境学报，2005，22：38-40.
[208] 王雪蕾，蔡明勇，钟部卿，等 . 辽河流域非点源污染空间特征遥感解析 [J]. 环境科学，2013，34(10)：3788-3796.
[209] 王于洋 . 东北地区的农业灌溉和大型灌区的调查 [J]. 东北水利水电，1997，152(02)：35-38.
[210] 王玉峰，谷学佳，张磊 . 水稻施肥插秧一体化技术在黑龙江省的应用前景 [J]. 黑龙江农业科学，2018(01)：129-132.
[211] 王志超，李仙岳，史海滨，等 . 残膜埋深对滴灌条件下粉砂壤土水分入渗影响的试验研究 [J]. 土壤，2014，46(04)：710-715.
[212] 王志荣，梁新强，隆云鹏，等 . 化肥减量和秸秆还田对油菜地磷素地表径流的影响 [J]. 浙江农业科学，2019，60(02)：193-200，203-207，211.
[213] 韦朝阳，陈同斌 . 重金属超富集植物及植物修复技术研究进展 [J]. 生态学报，2001，21(07)：1196-1203.
[214] 魏欣，李世平 . 蔬菜种植户农药使用行为及其影响因素研究 [J]. 统计与决策，2012，11(24)：116-118.
[215] 魏永霞，李晓丹，胡婷婷 . 坡耕地保护性耕作技术模式的保水保土增产效应研究 [J]. 东北农业大学学报，2013，44(05)：51-55.
[216] 乌艺恒，赵鹏武，周梅，等 . 季节性冻土区土体冻融过程及其对水热因子的响应 [J]. 干旱区研究，2019，36(06)：1568-1575.
[217] 吴迪，蒋能辉，王宇，等 . 沈抚污灌区农田土壤生态健康风险评价 [J]. 山东科学，2017，30(02)：95-105.
[218] 吴电明，夏立忠，俞元春，等 . 坡耕地氮磷流失及其控制技术研究

进展 [J]. 土壤，2009，41(06)：857-861.
[219] 吴军，崔远来，赵树君，等 . 沟塘湿地对农田面源污染的降解试验 [J]. 水电能源科学，2012，30(10)：107-109，149.
[220] 吴靓 . 稻麦轮作下施氮量对氮素损失影响及氮肥投入阈值研究 [D]. 合肥：安徽农业大学，2016.
[221] 吴林海，侯博，高申荣 . 基于结构方程模型的分散农户农药残留认知与主要影响因素分析 [J]. 中国农村经济，2011，17(03)：35-48.
[222] 吴媛 . 土壤污染防治行动计划分析与实施建议 [J]. 环境与发展，2020，32(06)：40-42.
[223] 武际，郭熙盛，鲁剑巍，等 . 连续秸秆覆盖对土壤无机氮供应特征和作物产量的影响 [J]. 中国农业科学，2012，45(09)：1741-1749.
[224] 习斌 . 典型农田土壤磷素环境阈值研究 [D]. 北京：中国农业科学院，2014.
[225] 习斌，翟丽梅，刘申，等 . 有机无机肥配施对玉米产量及土壤氮磷淋溶的影响 [J]. 植物营养与肥料学报，2015，21(02)：326-335.
[226] 夏文静，周惠，沈莹，等 . 生物竹炭固定化漆酶对苯酚的吸附降解 [J]. 食品工业科技，2017，38(23)：53-57.
[227] 向达兵，雍太文，杨文钰，等 . 不同种植模式对西南坡地水土保持及作物产值的影响 [J]. 应用生态学报，2010，21(06)：1461-1467.
[228] 项大力，杨学云，孙本华，等 . 土壤深度对⊠土磷素淋失的影响 [J]. 植物营养与肥料学报，2010，16(06)：1439-1447.
[229] 肖波，喻定芳，赵梅，等 . 保护性耕作与等高草篱防治坡耕地水土及氮磷流失研究 [J]. 中国生态农业学报，2013，21(03)：315-323.
[230] 谢德体，张文，曹阳 . 北美五大湖区面源污染治理经验与启示 [J]. 西南大学学报（自然科学版），2008，30(11)：81-91.
[231] 谢德体 . 三峡库区农业面源污染防控技术研究 [M]. 北京：科学出版

社，2014：78-79.
[232] 谢坤，马格，黄丽. 石英砂表面锰胶膜的合成及其影响因素研究 [J]. 岩石矿物学杂志，2020，39(04)：495-503.
[233] 谢贤鑫，陈美球，李志朋，等. 不同类型农户农药使用特征及影响因素——以江西省为例 [J]. 江苏农业科学，2017，45(18)：289-293.
[234] 谢小兵，周雪峰，蒋鹏，等. 低氮密植栽培对超级稻产量和氮素利用率的影响 [J]. 作物学报，2015，41(10)：1591-1602.
[235] 辛艳，王瑄，邱野，等. 辽宁省不同耕作方式对坡耕地水土及氮磷养分流失的影响效果 [J]. 水土保持学报，2013，27(01)：27-30.
[236] 徐虎. 长期施肥下我国典型农田土壤剖面碳氮磷的变化特征 [J]. 贵阳：贵州大学，2017.
[237] 徐小千，裴久渤，李双异，等. 基于生态位理论的东北黑土区高标准农田建设标准研究 [J]. 江苏农业科学，2018，46(07)：252-257.
[238] 徐学荣，王林萍，谢联辉. 农户植保行为及其影响因素的分析方法 [J]. 乡镇经济，2005，21(12)：51-53.
[239] 徐振兴，周磊，陈燕. 东北地区秸秆综合利用难题亟待破解 [J]. 农机科技推广，2019 (01)：18-20.
[240] 许淑青，张仁陟，董博，等. 耕作方式对耕层土壤结构性能及有机碳含量的影响 [J]. 中国生态农业学报，2009，17(02)：203-208.
[241] 许晓鸿，隋媛媛，张瑜，等. 黑土区不同耕作措施的水土保持效益 [J]. 中国水土保持科学，2013，11(03)：12-16.
[242] 薛颖昊，曹肆林，徐志宇，等. 地膜残留污染防控技术现状及发展趋势 [J]. 农业环境科学学报，2017，36(08)：1595-1600.
[243] 焉莉. 不同施肥管理对东北玉米连作地农业面源污染影响研究 [D]. 长春：吉林大学，2016.
[244] 焉莉，高强，张志丹，等. 自然降雨条件下减肥和资源再利用对东

北黑土玉米地氮磷流失的影响 [J]. 水土保持学报，2014，28(04)：1-6，103.
[245] 焉莉，操梦颖，胡中强，等 . 施肥方式对东北玉米种植区氮磷流失的影响 [J]. 环境污染与防治，2018，40(02)：170-175，180.
[246] 闫德智，王德建 . 添加秸秆对土壤矿质氮量、微生物氮量和氮总矿化速率的影响 [J]. 土壤通报，2012，43(03)：631-636.
[247] 闫梦，王效举，程红艳，等 . 污灌区玉米地土壤重金属铜化学形态时空变化及风险评价 [J]. 灌溉排水学报，2019，38(S2)：106-114.
[248] 严昌荣 . 中国地膜覆盖及残留污染防控 [M]. 北京：科学出版社，2015.
[249] 严昌荣，刘恩科，舒帆，等 . 我国地膜覆盖和残留污染特点与防控技术 [J]. 农业资源与环境学报，2014，31(02)：95-102.
[250] 严昌荣，何文清，薛颖昊，等 . 生物降解地膜应用与地膜残留污染防控 [J]. 生物工程学报，2016，32(06)：748-760.
[251] 阎百兴，欧洋，祝惠 . 东北黑土区农业面源污染特征及防治对策 [J]. 环境与可持续发展，2019，44(02)：31-34.
[252] 阎百兴，杨育红，刘兴土，等 . 东北黑土区土壤侵蚀现状与演变趋势 [J]. 中国水土保持，2008(12)：26-30.
[253] 阎百兴，汤洁 . 黑土侵蚀速率及其对土壤质量的影响 [J]. 地理研究，2005，24(04)：499-506.
[254] 阎百兴 . 吉林西部农田面源污染负荷研究 [D]. 长春：中国科学院长春地理研究所，2001.
[255] 颜佩风 . 辽西坡耕地不同植物篱对水土流失及土壤养分空间分布的影响 [J]. 水土保持应用技术，2017(02)：4-6.
[256] 杨光 . 农业农村部：我国农药利用率已达到 38.8%[J]. 农药市场信息，2018，28(11)：11.

[257] 杨和川，樊继伟，任立凯，等 . 种植密度与施氮量对稻麦轮作体系作物产量及地表径流氮素流失的影响 [J]. 江西农业学报，2018，30(07)：13-18，23.
[258] 杨坤宇，王美慧，王毅，等 . 不同农艺管理措施下双季稻田氮磷径流流失特征及其主控因子研究 [J]. 农业环境科学学报，2019，38(08)：1723-1734.
[259] 杨林章，周小平，王建国，等 . 用于农田非点源污染控制的生态拦截型沟渠系统及其效果 [J]. 生态学杂志，2005，24(11)：1371-1374.
[260] 杨林章，薛利红，施卫明，等 . 农村面源污染治理的“4R”理论与工程实践——总体思路与“4R”治理技术 [J]. 农业环境科学学报，2013，32(01)：1-8.
[261] 杨林章，冯彦房，施卫明，等 . 我国农业面源污染治理技术研究进展 [J]. 中国生态农业学报，2013，21：96-101.
[262] 杨世琦，邢磊，刘宏元，等 . 松干流域不同种植模式对坡耕地土壤氮磷流失的影响 [J]. 西北农林科技大学学报（自然科学版），2018，46(03)：61-69.
[263] 杨伟红，李振华，王雪梅 . 开封市污灌区土壤重金属污染及潜在生态风险评价 [J]. 河南农业科学，2016，45(11)：53-57.
[264] 杨宪龙，路永莉，同延安，等 . 施氮和秸秆还田对小麦 - 玉米轮作农田硝态氮淋溶的影响 [J]. 土壤学报，2013，50(03)：564-573.
[265] 杨新明，庄涛，韩磊，等 . 小清河污灌区农田土壤重金属形态分析及风险评价 [J]. 环境化学，2019，38(03)：644-652.
[266] 杨雪 . 2009—2014 年吉林省松花江干流流域农业面源污染研究 [D]. 兰州：西北师范大学，2017.
[267] 杨雨东 . 非点源污染的经济学防治措施 [J]. 工业技术经济，2005，24(06)：74-76.

[268] 杨育红，阎百兴 . 中国东北地区非点源污染研究进展 [J]. 应用生态学报，2010，21(03)：777-784.
[269] 姚玲丹，程广焕，王丽晓，等 . 施用生物炭对土壤微生物的影响 [J]. 环境化学，2015，12(04)：697-704.
[270] 佚名 . 东北地区玉米种植结构调整防范除草剂药害风险技术指导意见 [J]. 山东农药信息，2017，12(03)：36.
[271] 殷强 . 微动力曝气强化复合垂直流人工湿地脱氮效果试验研究 [D]. 株洲：湖南工业大学，2019.
[272] 于鲁冀，吕晓燕，李阳阳，等 . 生态滤坝处理微污染河水实验研究 [J]. 水处理技术，2018，44 (05)：88-92.
[273] 于淼，马国胜，赵昌平，等. 氮磷生态拦截集成技术治理湖泊岸区农业面源污染分析研究 [J]. 环境科学与管理，2015，40(01)：72-74.
[274] 于伟，张鹏 . 中国农药施用与农业经济增长脱钩状态：时空特征与影响因素 [J]. 中国农业资源与区划，2018，39(12)：88-95.
[275] 于晓华,刘芳,鲁垠涛,等.通辽市灌区土壤重金属污染现状及评价 [J]. 北京交通大学学报，2015，39(04)：112-117.
[276] 余清 . 内蒙古东来地区土壤 - 植物 - 地下水系统重金属迁移规律研究 [D]. 北京：中国地质大学，2018.
[277] 袁文静，单子豪 . 污灌区土壤的可持续利用研究——以沈阳张士污灌区植物修复研究为例 [J]. 中国资源综合利用，2019，37(10)：57-61.
[278] 展晓莹 . 长期不同施肥模式黑土有效磷与磷盈亏响应关系差异的机理 [D]. 北京：中国农业科学院，2016.
[279] 张丹，付斌，胡万里，等 . 秸秆还田提高水稻 - 油菜轮作土壤固氮能力及作物产量 [J]. 农业工程学报，2017，33(09)：133-140.
[280] 张迪龙，张海涛，韩旭，等 . 冻融循环作用对不同深度土壤各形态氮磷释放的影响 [J]. 节水灌溉，2015(01)：36-42.

[281] 张福锁，王激清，张卫峰，等 . 中国主要粮食作物肥料利用率现状与提高途径 [J]. 土壤学报，2008(05)：915-924.
[282] 张富仓，康绍忠，李志军，等 . 施肥对旱地土壤供水特征的影响 [J]. 沈阳农业大学学报，2004，35(5—6)：408-410.
[283] 张宽，赵景云，王秀芳，等 . 吉林省主要土壤氮磷化肥用量与配比的试验研究第六报黑土磷肥力指标与建议施肥量 [J]. 吉林农业科学，1986(01)：50-55.
[284] 张丽 . 长期施肥黑土有效磷演变与磷平衡关系及其机理 [D]. 北京：中国农业科学院，2014.
[285] 张鸣 . 水库上游污染源的控制对水库水质的影响分析 [J]. 环境保护科学，1991(01)：16-20.
[286] 张乃明，余扬，洪波，等 . 滇池流域农田土壤径流磷污染负荷影响因素 [J]. 环境科学，2003(03)：155-157.
[287] 张琪雯，周飞，陈啸，等 . 固定化菌剂的制备及其对含油土壤的修复研究 [J]. 当代化工，2019，48(02)：251-255.
[288] 张曲薇 . 东北地区玉米种植面积调整及影响因素研究 [J]. 哈尔滨：东北农业大学，2019.
[289] 张瑞 . 吉林省气象干旱时空演变规律研究 [D]. 沈阳：沈阳农业大学，2020.
[290] 张淑华，孙岩松 . 水稻旱育苗稀植培育壮苗技术 [J]. 黑龙江农业科学，1999(01)：25-26.
[291] 张树楠，肖润林，刘锋，等 . 生态沟渠对氮、磷污染物的拦截效应 [J]. 环境科学，2015，36(12)：4516-4522.
[292] 张四代，王激清，张卫峰，等 . 我国东北地区化肥消费与生产现状、问题及其调控策略 [J]. 磷肥与复肥，2007(05)：74-78.
[293] 张天宇，郝燕芳 . 东北地区坡耕地空间分布及其对水土保持的启示 [J].

水土保持研究，2018，25(02)：190-194，389.
[294] 张万付 . 黑土地区土壤酸化产生机理、危害及控制措施 [J]. 现代农业，2018(04)：43-44.
[295] 张汪寿，耿润哲，王晓燕，等 . 基于多准则分析的非点源污染评价和分区——以北京怀柔区北宅小流域为例 [J]. 环境科学学报，2013，33(01)：258-266.
[296] 张薇，倪邦，许秀春，等 . 氮肥使用对北方夏玉米季氨挥发的影响 [J]. 环境科学，2020，41(11)：9.
[297] 张维理，武淑霞，冀宏杰，等 . 中国农业面源污染形势估计及控制对策 I.21 世纪初期中国农业面源污染的形势估计 [J]. 中国农业科学，2004，37(07)：1009.
[298] 张伟明，陈温福，孟军，等 . 东北地区秸秆生物炭利用潜力、产业模式及发展战略研究 [J]. 中国农业科学，2019，52(14)：2406-2424.
[299] 张鑫，隋世江，刘慧颖，等 . 秸秆还田下氮肥用量对玉米产量及土壤无机氮的影响 [J]. 农业资源与环境学报，2014，31(03)：279-284.
[300] 张信宝 . 关于中国水土流失研究中若干理论问题的新见解 [J]. 水土保持通报，2019，39(06)：302-306.
[301] 张誉耀，尹军霞，陈璐，等 . 应用混料设计优化发酵废羽毛生产蛋白饲料的复合菌剂配比 [J]. 黑龙江畜牧兽医，2016，16(13)：154-280.
[302] 张展，隋媛媛，常远远 . 东北低山丘陵区坡耕地水土流失特征分析 [J]. 人民黄河，2017，39(10)：89-93.
[303] 张正河 . 习近平关于粮食安全的重要论述解析 [J]. 人民论坛，2019(32)：12-15.
[304] 章起明，曾勇军，吕伟生，等 . 每穴苗数和施氮量对双季机插稻产量及氮肥利用效率的影响 [J]. 作物杂志，2016(03)：144-150.
[305] 赵滨，卢宗志 . 莠去津在吉林省的应用和残留现状调查 [J]. 东北农业

科学，2018，43(03)：28-31.
[306] 赵国华，张志军 . 辽宁大伙房水库水体中氮、磷污染的变化趋势及其防治对策 [J]. 中国环境监测，2001，17(01)：49-51.
[307] 赵静 . 通辽市污灌区土壤重金属的空间分布特征及迁移转化规律的研究 [D]. 北京：北京交通大学，2010.
[308] 赵堃，苏保林，管毓堂，等 . 不同降雨水平年条件下旱作玉米面源污染试验 [J]. 南水北调与水利科技，2016，14(02)：15-20.
[309] 赵鹏,陈阜 . 秸秆还田配施化学氮肥对冬小麦氮效率和产量的影响 [J]. 作物学报，2008，34(06)：1014-1018.
[310] 赵其国，黄季焜 . 农业科技发展态势与面向 2020 年的战略选择 [J]. 生态环境学报，2012(03)：397-403.
[311] 赵青青，陈蕾伊，史静 . 生物质炭对重金属土壤环境行为及影响机制研究进展 [J]. 环境科学导刊，2017，36(02)：12-18.
[312] 赵赛东 . 不同水土保持措施对黑土坡耕地土壤侵蚀及肥力的影响 [D]. 哈尔滨：东北农业大学，2015.
[313] 赵伟，王宏燕，陈雅君，等 . 农肥和化肥对黑土氮素淋溶的影响 [J]. 东北农业大学学报，2010，41(11)：47-52.
[314] 赵杨，季杨，李燕，等 . 污灌区土壤危害及防治对策 [J]. 资源节约与环保，2019(11)：68.
[315] 赵瑶瑶 . XDE-175 在甘蓝和豇豆上的残留检测及消解动态研究 [D]. 天津：天津理工大学，2008.
[316] 赵永根，卞觉时 . 现代高效农业发展中农民植保行为研究 [J]. 植物医生，2010，23(02)：5720-5723.
[317] 赵志坚，胡小娟，彭翠婷，等 . 湖南省化肥投入与粮食产出变化对环境成本的影响分析 [J]. 生态环境学报，2012(12)：2007-2012.
[318] 郑秋颖，周连仁，赵红 . 坡耕地不同保护性耕作措施对土壤酶活性

的影响 [J]. 东北农业大学学报，2012，43(05)：122-125.
[319] 郑珊，张凌飞 . 不同类型农户参与农村生态环境治理意愿影响因素探析——基于环保型化肥、农药使用视角 [J]. 南方农业，2017，11(12)：100-101.
[320] 郑晓通 . 天津地区稻田排水沟渠氮磷排放特征及其吸附去除研究 [D]. 天津：天津大学，2018.
[321] 郑雄伟，严向军，郑国权 . 湖北省钟祥市竹皮河污灌区土壤重金属 Cd 和 As 污染预测探讨 [J]. 资源环境与工程，2018，32(01)：61-67.
[322] 郑学昊， 孙丽娜，王晓旭，等 . 植物 - 微生物联合修复 PAHs 污染土壤的调控措施对比研究 [J]. 生态环境学报，2017，26(02)：323-327.
[323] 中国农村统计年鉴委员会 . 中国农村统计年鉴 [M]. 北京：中国统计出版社，2019.
[324] 中国农业年鉴编辑委员会 . 中国农业年鉴 2017[M]. 北京：中国农业出版社，2018.
[325] 中华人民共和国水利部 . 中国水土保持公报（2018 年）[EB/OL]. (2019-08-21)[2022-12-30]. https://www.sohu.com/a/335195293_781497.
[326] 中华人民共和国统计局 . 中国统计年鉴 [M]. 北京: 中国统计出版社，2018.
[327] 钟茜，巨晓棠，张福锁 . 华北平原冬小麦 / 夏玉米轮作体系对氮素环境承受力分析 [J]. 植物营养与肥料学报，2006(03)：285-293.
[328] 周俊，邓伟，刘伟龙. 沟渠湿地的水文和生态环境效应研究进展 [J]. 地球科学进展，2008，23(10)：1079-1083.
[329] 周伟，王宏，李志峰，等 . 大力推广地膜覆盖栽培技术 , 促进内蒙古粮食生产发展 [J]. 内蒙古农业科技，2010，12(01)：13-15.
[330] 朱波，周明华，况福虹，等 . 紫色土坡耕地氮素淋失通量的实测与模拟 [J]. 中国生态农业学报，2013，21(01)：102-109.

[331] 朱广娇 . 东北区域金融中心的建设研究 [D]. 北京：中国地质大学，2013.
[332] 朱金格，张晓姣，刘鑫，等 . 生态沟 - 湿地系统对农田排水氮磷的去除效应 [J]. 农业环境科学学报，2019，38(02)：405-411.
[333] 朱思睿 . 杭嘉湖地区河流水体富营养化水平及氮磷阈值核算 [D]. 杭州：浙江大学，2015.
[334] 朱兆良，孙波，杨林章，等 . 我国农业面源污染的控制政策和措施 [J]. 科技导报，2005(04)：47-51.
[335] 祝惠，阎百兴 . 三江平原水田氮的侧渗输出研究 [J]. 环境科学，2011，32(01)：108-112.
[336] 祝惠 . 三江平原水田面源污染物输出机制及负荷 [D]. 北京：中国科学院研究生院，2011.
[337] ACERO JL，BENTEZ FJ，REAL FJ，et al. Degradation of selected emerging contaminants by UV-activated persulfate：kinetics and influence of matrix constituents[J]. Separation and Purification Technology，2018，201：41-50.
[338] AGRIOS G N. Plant Pathology 5th edition[M]. San Diego：Academis Press，2005.
[339] AI L，KOHYAMA K. Estimating nitrogen and phosphorus losses from lowland paddy rice fields during cropping seasons and its application for life cycle assessment[J].Journal of Cleaner Production，2017，164：963-979.
[340] ALAIN C，CELINE B，ANTOINE L. Photodegradation and biodegradation study of a starch and poly (Lactic Acid) coextruded material[J].Journal of Polymers and the Environment，2003，11(04)：169-179.
[341] AMMAR S，OTURAN MA，LABIADH L，et al. Degradation of tyrosol by a novel electro-Fenton process using pyrite as heterogeneous source of iron catalyst[J].Water Research，2015，74：77-87.

[342] ANG B W. Decomposition analysis for policymaking in energy: which is the preferred method[J]. Energy Policy, 2004, 32(09): 1131-1139.
[343] ANG BW. The LMDI approach to decomposition analysis: a practical guide[J]. Energy Policy, 2005, 33(07): 867-871.
[344] ANIPSITAKIS G P, DIONYSIOU D D. Degradation of organic contaminants in water with sulfate radicals generated by the conjunction of peroxymonosulfate with cobalt[J]. Environmental Science & Technology, 2003, 37(20): 4790-4797.
[345] BAI L L, WANG C H, HE L S, et al. Influence of the inherent properties of drinking water treatment residuals on their phosphorus adsorption capacities[J]. Journal of Environmental Sciences, 2014, 26(12): 2397-2405.
[346] BASTOS AC, MAGAN N. Trametes versicolor: potential for atrazine bioremediation in calcareous clay soil, under low water availability conditions[J]. International Biodeterioration and Biodegradation, 2009, 63(04): 389-394.
[347] BECHMANN M, STDLNACKE P, KUCERN S, et al. Integrated tool for risk assessment in agricultural management of soil erosion and losses of phosphorus and nitrogen[J]. 2009, 407(02): 749-759.
[348] BELTRAN FJ, GONZALEZ M, RIVAS FJ, et al. Aqueous UV radiation and UV/H2O2 oxidation of atrazine first degradation products: deethylatrazine and deisopropylatrazine[J]. Environmental Toxicology and Chemistry: An International Journal, 1996, 15(06): 868-872.
[349] BLOWES D W, ROBERTSON W D, PTACEK C J, et al. Removal of agricultural nitrate from tile-drainage effluent water using in-line bioreactors[J]. Journal of Contaminant Hydrology, 1994, 15(03): 207-221.
[350] BOERS PCM. Nutrient emissions from agriculture in the Netherlands, causes and remedies[J]. Water Science and Technology, 1996, 33(4/5): 183-

189.
[351] CANERON KC，DI HJ，MOIR JL. Nitrogen losses from the soil/plant system：a review[J]. Annals of Applied Biology，2013，162(02)：145-173.
[352] CAMPBELL JM，JORDAN P，ARNSCHEIDT J. Using high-resolution phosphorus data to investigate mitigation measures in headwater river catchments[J]. Hydrology and Earth System Sciences Discussions，2015，19(01)：453-464.
[353] CAO X，HARRIS W. Properties of dairy-manure-derived biochar pertinent to its potential use in remediation[J]. Biorcsource Technology，2010，101(14)：5222-5228.
[354] CAPRIEL P，HAISCH A，KHAN SU. Supercritical methanol：an efficacious technique for the extraction of bound pesticide residues from soil and plant samples[J]. Journal of Agricultural and Food Chemistry，1986，34(01)：70-73.
[355] CARPENTER SR，CARACO N F，CORREL D L，et al. Non-point pollution of surface waters with phosphorus and nitrogen[J]. Ecological Applications，1998(08)：559-568.
[356] CHEN C，MA T，SHANG Y，et al. In-situ pyrolysis of Enteromorpha as carbocatalyst for catalytic removal of organic contaminants：considering the intrinsic N/Fe in Enteromorpha and non-radical reaction[J]. Applied Catalysis B：Environmental，2019，250：382-395.
[357] CHEN F，HUANG GX，YAO FB，et al. Catalytic degradation of ciprofloxacin by a visible-light-assisted peroxymonosulfate activation system：performance and mechanism[J]. Water Research，2020，173：1155-1159.
[358] CHEN L，LIU F，WANG Y，et al. Nitrogen removal in an ecological ditch receiving agricultural drainage in subtropical central China[J]. Ecological Engineering，2015 (82)：487-492.

[359] CHENG X，LIANG H，DING A，et al. Ferrous iron/peroxymonosulfate oxidation as a pretreatment for ceramic ultrafiltration membrane：control of natural organic matter fouling and degradation of atrazine[J].Water Research，2017，113：32-41.

[360] CHRISTIANSON LE，BHANDARI A，HELMERS MJ. A practice-oriented review of woodchip bioreactors for subsurface agricultural drainage[J]. Applied Engineering in Agriculture，2012，28(06)：861-874.

[361] CHRISTIANSON LE，BHANDARI A，HELMERS MJ. Pilot-scale evaluation of denitrification drainage bioreactors：reactor geometry and performance[J]. Journal of Environmental Engineering，2011，137(04)：213-220.

[362] CHUN JA，COOKE RA，EHEART JW，et al. Estimation of flow and transport parameters for woodchip-based bioreactors：laboratory-scale bioreactor[J]. Biosystems Engineering，2009，104(03)：384-395.

[363] COLMER TD. Long-distance transport of gases in plants：a perspective on internal aeration and radial oxygen loss from roots[J]. Plant，Cell and Environment，2003，26(01)：17-36.

[364] CORNELISSEN G，GUSTAFSSON . Sorption of phenanthrene to environmental black carbon in sediment with and without organic matter and native sorbates[J]. Environmental Science andTechnology，2004，38(01)：148-155.

[365] CORRELL DL. Phosphorus：a rate limiting nutrient in surface waters[J]. Poultry Science，1999，78(05)：674-682.

[366] MARCIO LB，SILVA D，KAMATH R，et al. Effect of simulated rhizodeposition on the relative abundance of polynuclear aromatic hydrocarbon catabolic genes in a contaminated soil[J]. Environmental Toxicology Chemistry，2006，25(02)：386-391.

[367] DAVEREDE IC，KRAVCHENKO AN，HOEFT RG，et al. Phosphorus

runoff:: effect of tillage and soil phosphorus levels[J]. Journal of Environmental Quality，2003，32(04)：1436-1444.
[368] DAVIS KF，RULLI MC，SEVESO A，et al. Increased food production and reduced water use through optimized crop distribution[J]. Nature Geoscience，2017，10(12)：919-924.
[369] DOWD BM，PRESS D，HUERTOS ML. Agricultural nonpoint source water pollution policy：The case of california's central coast[J]. Agriculture Ecosystems and Environment，2008，128(03)：151-161.
[370] DUAN X，AO Z，SUN H，et al. Nitrogen-doped graphene for generation and evolution of reactive radicals by metal-free catalysis[J]. ACS Applied Materials and Interfaces，2015，7(07)：4169-4178.
[371] SUNDAY EE，VINCENT R，GEORGIOS K，et al. Removal of Pb2+ and Cd2+ from aqueous solution using chars from pyrolysis and microwave-assisted hydrothermal carbonization of Prosopis africana shell[J]. Journal of Industrial and Engineering Chemistry，2014，20(05)：3467-3473.
[372] FAO. FAO Statistical Databases[DB]. Rome：Food and Agriculture Organization of the United Nation，2018.
[373] FENG GZ，HE XL，COULTER JA，et al. Effect of limiting vertical root growth on maize yield and nitrate migration in clay and sandy soils in Northeast China[J]. Soil and Tillage Research，2019，195：104407.
[374] FU DF，GONG WJ，XU Y，et al. Nutrient mitigation capacity of agricultural drainage ditches in Tai lake basin[J]. Ecological Engineering，2014，71：101-107.
[375] FU J，WU Y，WANG Q，et al. Importance of subsurface fluxes of water，nitrogen and phosphorus from rice paddy fields relative to surface runoff[J]. Agricultural Water Management，2019，213：627-635.

[376] GBUREK WJ, SHARPLEY AN, HEATHWAITE L, et al. Phosphorus management at the watershed scale: a modification of the phosphorus index[J]. Journal of Environmental Quality, 2000, 29(01): 130-144.

[377] GENTILE R, VANLAUWE B, CHIVENGE P, et al. Trade-offs between the shortand long-term effects of residue quality on soil C and N dynamics[J]. Plant and Soil, 2011, 338(1/2): 159-169.

[378] GIBERT O, POMIERNY S, ROWE I, et al. Selection of organic substrates as potential reactive materials for use in a denitrification permeable reactive barrier[J].Bioresource Technology, 2008, 99(16): 7587-7596.

[379] GILLIAM J W, SKAGGS R W, WEED S B. Drainage control to diminish nitrate loss from agricultural fields[J].Journal of Environmental Quality, 1979, 8(1): 137-14.

[380] Gu N, Wu Y, Gao J, et al. Microcystis aeruginosa removal by in situ chemical oxidation using persulfate activated by Fe2+ ions[J]. Ecological Engineering, 2017, 99: 290-297.

[381] GUAN Y H, MA J, REN Y M, et al. Efficient degradation of atrazine by magnetic porous copper ferrite catalyzed peroxymonosulfate oxidation via the formation of hydroxyl and sulfate radicals[J]. Water Research, 2013, 47(14): 5431-5438.

[382] GUO S, ZHU H, DANG T, et al. Winter wheat grain yield associated with precipitation distribution under long-term nitrogen fertilization in the semiarid Loess Plateau in China[J]. Geoderma, 2012, 189-190(Complete): 442-450.

[383] GUO Y, ZENG Z, ZHU Y, et al. Catalytic oxidation of aqueous organic contaminants by persulfate activated with sulfur-doped hierarchically porous carbon derived from thiophene[J]. Applied Catalysis B: Environmental, 2017, 220: 635-644.

[384] HAHN C，PRASUHN V，STAMM C，et al. Phosphorus losses in runoff from manured grassland of different soil P status at two rainfall intensities[J]. Agriculture Ecosystems and Environment，2012，153：65-74.
[385] HAMMES K，SCHMIDT M，SMERNIK RJ，et al. Comparison of quantification methods to measure fire-derived (black/elemental) carbon in soils and sediments using reference materials from soil, water, sediment and the atmosphere[J].Global Bogeochemical Cycles，2007，21(03)：GB3016-1-18.
[386] HOREMANS B，BREUGELMANS P，SAEYS W，et al. Soil-bacterium compatibility model as a decision-making tool for soil bioremediation[J]. Environmental Science and Technology，2017，51(03)：1605-1615.
[387] HU X，DING Z，ZIMMERMAN A R，et al. Batch and column sorption of arsenic onto iron-impregnated biochar synthesized through hydrolysis[J]. Water Research，2015，68(10)：206-216.
[388] HUA L，ZHAI L，LIU J，et al. Characteristics of nitrogen losses from a paddy irrigation-drainage unit system[J]. Agriculture Ecosystems and Environment，2019，285：106629.
[389] ICHIKI A，YAMADA K. Study on characteristics of pollutant runoff into Lake Biwa，Japan[J].Water Science and Technology，1999，39(12)：17-25.
[390] INGMAN M，SANTELMANN MV，TILT B. Agricultural water conservation in China：plastic mulch and traditional irrigation[J]. Ecosystem Health and Sustainability，2016，1(04)：1-11.
[391] ISABELLE M，VILLEMUR R，JUTEAU P，et al. Isolation of estrogen-degrading bacteria from an activated sludge bioreactor treating swine waste，including a strain that converts estrone to β-estradiol[J].Canadian Journal of Microbiology，2011，57：559-568.
[392] ISIN S，YILDIRIM I. Fruit growers，perceptions on the harmful effects of

pesticides and their reflection on practices: the case of Kemalpasa, Turkey[J]. Crop protection, 2007, 26(07): 917-922.
[393] JGERMEYR J, PASTOR A, BIEMANS H, et al. Reconciling irrigated food production with environmental flows for Sustainable Development Goals implementation[J]. Nat Commun, 2017, 8: 15900.
[394] JALLOW M, AWADH D G, ALBAHO M S, et al. Pesticide risk behaviors and factors influencing pesticide use among farmers in Kuwait[J].Science of the Total Environment, 2017, 574: 490-498.
[395] JAYNES D B, KASPAR T C, MOORMAN T B, et al. In situ bioreactors and deep drain-pipe installation to reduce nitrate losses in artificially drained fields[J]. Journal of Environmental Quality, 1993, 37(02): 429-436.
[396] JIANG Z, JIANG D, ZHOU Q, et al. Enhancing the atrazine tolerance of Pennisetum americanum (L.) K. Schum by inoculating with indole-3-acetic acid producing strain Pseudomonas chlororaphis PAS18[J]. Ecotoxicity and Environmental Safety, 2020(202): 110854.
[397] JONES D L, MURPHY D V. Microbial response time to sugar and amino acid additions to soil[J].Soil Biology and Biochemistry, 2007, 39(08): 2178-2182.
[398] KAMYABI A, NOURI H, MOGHIMI H. Characterization of pyrene degradation and metabolite identification by Basidioascus persicus and mineralization enhancement with bacterial-yeast co-culture[J].Ecotoxicology and Environmental Safety, 2018, 163: 471-477.
[399] KRUGER D J, POLANSKI S P. Sex differences in mortality rates have increased in China following the single-child law[J].Letters on Evolutionary Behaviral Science, 2011, 2(01): 1-4.
[400] LEE J, MACKEYEV Y, CHO M, et al. Photochemical and antimicro-

bial properties of novel C60 derivatives in aqueous systems[J].Environmental Science andTechnology，2009，43(17)：6604-6610.
[401] LI D，DUAN X，SUN H，et al. Facile synthesis of nitrogen-doped graphene via low-temperature pyrolysis：the effects of precursors and annealing ambience on metal-free catalytic oxidation[J]. Carbon，2017，115：649-658.
[402] LI J J，POPPO L，ZHOU K Z. Do Managerial Ties in China Always Produce Value ? Competition, Uncertainty，and Domestic vs Foreign Firms[J].Strategic Management Journal，2008，29(04)：383-400.
[403] LI M，ZHAO X，ZHANG X，et al. Biodegradation of 17 β -estradiol by bacterial co-culture isolated from manure[J]. Scientific Reports，2018，8(01)：3787.
[404] LI P，LIU Z，WANG X，et al. Enhanced decolorization of methyl orange in aqueous solution using iron-carbon micro-electrolysis activation of sodium persulfate[J]. Chemosphere，2017，180：100-107.
[405] LI X，LIU X，LIN C，et al. Activation of peroxymonosulfate by magnetic catalysts derived from drinking water treatment residuals for the degradation of atrazine[J].Journal of hazardous materials，2019，366：402-412.
[406] LI X，LIU X，LIN C，et al. Catalytic oxidation of contaminants by Fe0 activated peroxymonosulfate process：Fe(IV) involvement，degradation intermediates and toxicity evaluatio[J].Chemical Engineering Journal，2020，382：123013.
[407] LIMA D，VIANA P，ANDR S，et al. Evaluating a bioremediation tool for atrazine contaminated soils in open soil microcosms：the effectiveness of bioaugmentation and biostimulation approaches[J]. Chemosphere，2009，74(02)：187-192.
[408] LIU C，WANG YP，ZHANG YT，et al. Enhancement of Fe@porous

carbon to be an efficient mediator for peroxymonosulfate activation for oxidation of organic contaminants: Incorporation NH2-group into structure of its MOF precursor[J]. Chemical Engineering Journal, 2018, 354: 835-848.

[409] LIU T, ZHANG D, YIN K, et al. Degradation of thiacloprid via unactivated peroxymonosulfate: the overlooked singlet oxygen oxidation[J]. Chemical Engineering Journal, 2020, 388: 124264.

[410] MA B, HE Y, CHEN H H, et al. Dissipation of polycyclic aromatic hydrocarbons (PAHs) in the rhizosphere:synthesis through meta-analysis[J]. Environmental Pollution, 2010, 158(03): 855-861.

[411] MA W, NA W, FAN Y, et al. Non-radical-dominated catalytic degradation of bisphenol A by ZIF-67 derived nitrogen-doped carbon nanotubes frameworks in the presence of peroxymonosul- fate[J]. Chemical Engineering Journal, 2018, 336: 721-731.

[412] MA Z, YANG Y, JIANG Y et al. Enhanced degradation of 2,4-dinitrotoluene in groundwater by persulfate activated using iron – carbon micro-electrolysis[J]. Chemical Engineering Journal, 2017, 311: 183-190.

[413] MEEK B D, GRASS L B, WILLARDSON L S, et al. Nitrate transformations in a column with a controlled water table[J].Soil Science Society of America Journal, 1970, 34(02): 235-239.

[414] MICJAEL-KORDATOU I, MICHAELC, DUAN X, et al. Dissolved effluent organic matter: Characteristics and potential implications in wastewater treatment and reuse applications[J]. Water Research, 2015, 77: 213-248.

[415] MICHIYUKI Y, KATSUHIKO K. Waste decomposition analysis in Japanese manufacturing sectors for material flow cost accounting[J].Journal of Cleaner Production, 2019, 224: 823-837.